江苏省人民政府高等教育教学成果特等奖
江 苏 省 高 等 教 育 精 品 教 材

大学研究型课程
专业系列教材
总主编 周 宪

中国语言文学类

欧美文学研究导引

唐建清 等 编著

南京大学出版社

大学研究型课程专业系列教材

顾　问

［学校按拼音顺序排列］

北京大学	温儒敏
北京师范大学	张　健
复旦大学	陈思和
华东师范大学	陈大康
南开大学	陈　洪
清华大学	王中忱
山东大学	陈　炎
武汉大学	尚永亮
中山大学	欧阳光

序

周　宪

近些年来，大学文科的教材建设可谓突飞猛进。各类教材林林总总，百花齐放。实际上，作为教学改革的一个"抓手"，教材的变化反映了教学改革的深化。

诚然，教材数量增多并不足以表明教学理念的深刻转变。不少在教学第一线的教师感到，虽然教材的品种很多，但是真正合用的、有特色的教材却并不多见。常见的情况是多本教材虽然体例结构有所差异，但内容上并无根本不同，只是排列组合上有所不同。这表明，教材建设需要从根本上加以改变，而如何改则取决于我们有什么样的教学理念。

说到这里，我想对大学文科教育目前存在的一些问题谈一点看法。过去我们通常认为，应试教育主要反映在基础教育（中小学）阶段，大学基本上没有这种情况。这些年来，应试教育的某些征兆也出现在大学教育中。"背多分"的现象不再是少数，高分低能现象也随处可见。死啃一本教材，就可以得到高分。这其中一方面有学习考核方式的问题，但另一方面也反映出搞定一本教材便可过关，甚至得到高分评价。这就向我们提出了一个严峻的问题，如何使得教材更符合大学文科教与学的特点？如何激发学生钻研问题的主动性和积极性？如何通过教材让学生进入更广阔的知识领域？一言以蔽之，如何更好地培育出学生敏锐的问题意识？这是当前教材建设亟须解决的问题，也是所谓研究型教材的主旨所在。

此处推出的"大学研究型课程专业系列教材"，从浅层看，好像只是把过去教材编写者的"一言堂"，转变为读本性质的"群言堂"。但往深层看，这里有一系列教学理念及教材编写理念上的变化。

首先，这套教材旨在强调研究性。研究性主要体现为两个方面：第一，突出教材本身的问题型结构和理路。传统教材的通史通论型结构，因照顾到知识的系统性和全面性，往往对特定学科的核心或前沿问题关注不够。这样对学生训练偏重于全面掌握知识却忽略了问题意识（主要是发现问题和解决问题的意识及其能力）的培养。这套教材以问题为核心来架构，每章或每个单元以一个相对独立的重要问题为中心来设计。这样可以改变过去教材的单纯的历史线索或逻辑结构的束缚。因此，不再强调知识面面俱到，也不强调学习平均用力，而是聚焦于本学科的重要问题，强化学术研究上的问题意识。这种问题结构使教材更具弹性和灵活性。对编者来说，可以根据学科知识的发展不断修订增删，进而改变过去教材编写的误区，即受制于结构很难修订，不得不推倒重来。对教师来说，以问题为中心的结构框架，也可以为他们富有个性的授课留有充分的空间和自由，教师可以根据自己的知识结构和研究特长作相应的调整。第二，注重学生思维方式的训练和研究能力的培养。这套教材以典范性研究论文为主干，因此选文凸现了如何发现和确定问题、如何研究问题、如何采集相关资料、如何思考和分析问题、如何得出科学的结论等。每章都有一个导论，每篇范文都有具体的分析和概括，还附有延伸阅读以及思考题，这些设计都在强化问题意识这一主旨，这有助于改变传统教材只注重知识性而忽略研究性的倾向。

其次，这套教材意在突出研究范例性。依据美国科学哲学家库恩的研究，科学知识的范式要素之一是所谓研究范例，通俗地讲，就是特定学科发展史上重要的、经典的研究个案。中国哲学史家冯友兰则指出，学术研究有"照着讲"和"接着讲"两种方式。前者是别人怎么说的，后者是从前人说到之处讲下去。把这两种看法结合起来，可以用来描述这套教材的典范性。就是通过研究范例的学习，首先学会"照着讲"，然后进一步发展出"接着讲"。因此，所谓范例性主要体现在如下两个方面：第一，选文的经典性。亦即力求把特定问题及其研究领域中具有代表性和经典性的学术论文选出来，这些论文不但具有权威性，而且代表了一定时期特定问题的研究水平。经过对这样的选文的解读，可以让学生了解具体的问题史和研究成果。选文不但关注问题史，同时也注重当前的发展和前沿性，将最新成果吸纳进教材中。第二，范例性还指选文作为具体的研究个案，对教师来说，是绝佳的授课内容；对学生来说，是上好的学习范本。老师通过讲解让学生掌握特定文本的研究范例，学生通过研读，模仿和学会如何研究问题、如何写作学术论文。由此实现研究型教材的特定功能。

最后，这套教材彰显了学术观点的多元化。传统教材有时为了突出编写者个人的学术观点，往往采用一家之说，而对其他各种观点的介绍评析不足。由于本教材采用选文与导言相结合的方式，因此可以实现教材内容、学术观点和研究方法的多元化，进而达到学术研究上的“视界融合”。多元化一方面体现在博采各家之说，尽显研究特定问题的思路或方法的多样性，形成了各家之说的对话性。另一方面，选文在学术论文的文体、方法和表述风格上也明显多样化，这有助于学生掌握多种阐释途径和写作方法，进而避免研究方法和写作上的“八股”文风。

由于这套教材采用了新思路和新构架，所以也面临一些新问题。

对教师来说，由于不同于传统教材，这套教材便对授课教师提出了较高的要求。教师不但要具有广泛的知识背景，而且对特定选文及其问题要有较深入的了解。如何编写教学提纲？如何选择其他相关资料？如何安排延伸阅读？如何考试和评价？如何强化教材的可操作性？这些问题都有待于授课教师进行的创意性探索。

对学生来说，由于教材侧重于研究能力和问题意识的培养，因此，如何使用这套教材？如何在使用过程中紧扣研究能力和问题意识的训练？如何做到课堂听讲与课外阅读、课堂讨论和课程考试等诸多方面的有效结合，也有待学生的创造性的探索。

这套研究型教材凝聚了南京大学中文系诸多同仁的心血，尤其是中文系副主任徐兴无教授做了大量组织协调工作。借此机会谨向他们表示由衷的谢意！正是他们的敬业、合作和努力使新的教学理念得以实现。

总之，研究型教材是一个值得尝试的教材改革思路。作为编撰者，我们很希望听到来自各个方面的意见和建议，以便将来再版修订，进而发展出更多更好的研究型教材。

前　言

我国高校(主要是中文院系)的外国文学教学习惯上分成“东方文学”和“西方文学”两块,本书选文集中在西方文学,未涉及东方文学。

西方文学即欧美文学。欧洲在地域和文化上存在同一性、同源性,欧洲文学的发生发展及传承变迁构成了“史”的范畴和模式。欧美文学并称也情有可原,因为北美文化及文学主要属于欧洲传统。拉美文学或许有很强的地域性,但无论从殖民历史、语言和文化传统来看,和欧洲文学有着十分密切的关系,不妨看作是广义的西方文学的一部分。

本书是欧美文学研究文选,精选中外学者的文学评论和研究性论文三十余篇。本书可以作为教师组织教学和学生进一步学习和研究、撰写论文的参考资料,但也可以作为教学改革和教材创新的一种尝试和新思路,积极参与课堂教学。本书采用“历史的方法”,即按欧美文学的发展进程进行分章,并根据不同阶段的文学精神(或主题)进行选文,同时尽可能兼顾课堂教学的可行性。本书分上下两编,共十章。

上编五章:人文精神的肇始、神学文化的建构、世界的发现和人的发现、理性的权威、启蒙时代,涵盖自荷马史诗至18世纪歌德的欧洲文学。下编五章涉及19、20世纪欧美文学:浪漫激情、现实之镜、世纪末思潮、对传统的反叛与形式的实验、荒诞体验与文学虚构。上编五章与欧洲文学史上的古希腊罗马文学、中世纪文学、文艺复兴时期文学、17世纪文学、18世纪文学相对应,而下编五章则可以分别看作对19世纪初期、中期、后期欧美文学及20世纪上半叶和下半叶欧美文学精神的一种概括。

本书在尊重文学阶段性发展的基础上,注重把握不同时代的文学精神和文化内涵。本书选文的依据,除有助于把握一个时代文学的内在精神和形式变迁外,还多半考虑有助于进行课堂教学和组织讨论。主要因篇幅的关系,文章大多为节选。

本书除每章“导论”外,选文前都有“导言”,但本书所谓研究“导引”,

并不是要刻意引向某种观念或结论，而是提供问题语境和讨论平台，借此希望将学生引向鲜活的文本（作品），引向活跃而开放的思维。文学史不应是一个封闭的系统，各种观点学说也只是一家之言，并非确定的不易之论。教材及课程本身可视为一种多元文本。

为了把握一个时期的文学精髓和更好地参与课堂讨论，我们就学生的作品阅读提出一些建议。当然，文本阅读是开卷有益，但也因人而宜，不妨有所偏爱有所选择。我们在一篇或若干篇选文后安排一组“补充材料”，与选文大致组合成讨论或研究性专题。“问题研讨”是在文本阅读基础上，结合选文和补充材料提出一些可供讨论的思路和问题意向，但这并不意味在这一专题中只有这些问题或只能讨论这些问题。文本是开放的，问题也是开放的。而且问题的大小、主次也只是相对而言。但不管提出何种问题，作何种讨论，作品应是中心，应避免泛泛而论和不着边际的空谈。“研究实践”的设计主要是鼓励学生在课余进行不同层面的学术性研究，为撰写学年论文和毕业论文打下基础，形式上可以灵活多样，如学术论文、读书笔记、专题报告等。“延伸阅读”可以认为是本书选文的补充和扩展，以深化对某一文学现象和某个问题的理解和把握。

总之，本书的基本思路是以作品为中心，强调对文本的阅读、讨论和研究，变单一的灌输性教学为多元的启发性教学，变被动学习为主动学习，培养学生动口（讨论）动手（研究）的能力。倡导开放的、对话的、过程的新型教学理念。

本书所选文章及补充材料多为译文，入选时译文基本不作改动，人名、地名也未作统一，原文注释或有所删节，在此向各入选文章的作者和译者表示感谢。

本书选编工作由南京大学中文系比较文学与世界文学教研室承担。各章的选编者分别为：唐建清（第一章—第五章）、余斌、董晓、叶潇（第六章—第八章）、昂智慧（第九章、第十章）。全书选编得到了本专业学科带头人杨正润教授的指导。

由于编者水平所限，本书定有许多不足之处，恳请全国同行专家学者批评指正。

目　录

上　编

下　编

上编

第一章 人文精神的肇始

导论

西方古代文学即古希腊罗马文学，大约从公元前 8 世纪到公元 4 世纪，1200 余年。

古希腊文学是欧洲文学的源头。

同世界上其他民族一样，古代希腊亦经历过它的漫长而久远的"神话时代"，但丰富多彩的古希腊神话并没有它自己的文本形式，只是在文字时代开始后，以"散见"的形式出现在诸如史诗、戏剧之中。作为有完整的文字记录和确定的文本形式的荷马史诗成为古希腊文学的开端，而产生并繁荣于公元前 5 世纪的希腊悲剧则标志了古希腊文学的最高成就。

古希腊文学具有浓厚的世俗气息和鲜明的人本意识，因而成为西方文化中人文主义思想的滥觞。古希腊文学的人文精神主要体现在：以人为中心，从人的需求出发，关注人的利益和个体生存价值，认为"人是一切事物的尺度"，并强调人对外部环境（包括自然和神灵）的抗争，充分肯定人的生命意志和世俗生活情趣。古希腊文学所展现出的古代希腊人的生活风范及人生姿态被现代西方人视为他们的精神家园。

古代文学中的长篇叙事诗称为"史诗"，它是在神话的基础上，由英雄故事和历史传说敷衍而成。希腊文学中的两大史诗《伊利昂纪》和《奥德修纪》据说由公元前 8 世纪的盲诗人荷马所作，故又称"荷马史诗"。荷马虽被称为西方文学最早的一位大诗人，但生平事迹不详，说法不一，"荷马问题"由此产生。这两部史诗挂在荷马名下，但荷马史诗属于口传文学，应是通过口耳相传的方式，由一代又一代的民间歌吟诗人共同创作的。作为古代史诗的典范之作，荷马史诗是古希腊人集体意识的结晶。荷马史诗的形成过程就是希腊民族精神的建构过程。

《伊利昂纪》的主题是战争。虽然由于神话思维的作用，神的因素决定着战争的成败进退，但史诗展现的是人类的生活、意志和情感。《伊利昂纪》表现了古希腊人对战争及其人类暴力的认识和感受。战争从来就是人类的悲剧，但"特洛伊大战"却被艺术地表现为宏大的"史诗"。荷马描写战争，也描写和平，战争与和平构成了人类生活的整体图景。荷马笔下的英雄热爱生活，渴望和平，追求荣誉，但他们也勇于面对苦难和死亡。

《奥德修纪》的主题为“还乡”。奥德修斯的航海故事体现了在与自然抗争中人的智慧和勇气。奥德修斯虽然归心似箭，期待早日与家人团聚，但作为一个英雄他不会苟活偷生。在10年战争和随后的10年漂泊中，他克服无数的困难，拒绝种种诱惑，体现了生命的顽强。当他在地狱中面对阿喀琉斯的鬼魂时，诗人显然更欣赏生气勃勃的奥德修斯，因为他是生命的象征。

荷马史诗体现了古希腊人的“诗性智慧”，构成了希腊文化的基础，有“荷马时代的百科全书”之称。色诺芬认为，希腊人“从一开始都从荷马那儿学习”。柏拉图指出，荷马被他的赞赏者称为“希腊的教育者”。可以认为，伟大的史诗英雄已成为希腊人的人生楷模。同样，荷马笔下的奥林波斯神祇也成为希腊宗教和艺术取之不竭的源泉。“荷马是最古老、最重要的一个诗人，又是最伟大的导师。荷马的影响不仅整个渗透于希腊文学中，而且遍及希腊生活的各个领域。”①荷马史诗中洋溢着的人本主义思想，更是对西方人文精神的伟大贡献。荷马史诗“对于后来的古典思想具有深刻的影响”②。荷马史诗在性格描写、情节结构等方面取得了很高的艺术成就，奠定了西方叙事文学的基础。

本章所选《荷马的智慧》一文有助于认识古代文学的“诗性”特征，而《奥德修斯的伤疤》则让我们把握荷马史诗的叙事风格。补充材料中荷尔德林和别林斯基都强调希腊英雄阿喀琉斯在史诗中的中心地位，而茅盾就《伊利昂纪》和《奥德修纪》所作的比较，涉及到“荷马问题”的一个重要方面。延伸阅读中推荐的维柯的《新科学》第三卷谈“荷马问题”、欧文论述荷马史诗所蕴含的思想观念的章节都具有参考价值，而且由此可以进入荷马史诗研究的一些重要课题。法国学者韦尔南的论文和美国学者伯纳德特解读《奥德修纪》的章节恰可以构成一对非常有意义的话题。

希腊悲剧的前身是作为民间歌舞的“酒神颂歌”，因而亚里士多德认为悲剧意在“严肃”而不在“悲”。希腊悲剧取材神话，主人公多为具有高贵血统的英雄人物，他们的苦难构成了悲剧情节的核心。苦难指“毁灭或痛苦的行动”。悲剧主人公因不应遭受的厄运而引起我们的怜悯，又因他们和我们相似而引起我们的恐惧。对希腊舞台上的悲剧英雄来说，苦难和厄运都是不可抗拒和无可逃避的，它揭示了人与命运的悲剧性冲突。亚里士多德论悲剧时虽未提及“命运”，但他所说的情节三要素其实就是命运三要素：除“苦难”外，“突转”是命运的突转，“发现”是对命运的发现。“命运”就是苦难的必然性和厄运的无可逃避。英雄便是这种命运的承担者，是行动（及其后

① （英）利奥那德·辉伯雷编著《希腊研究指南》，转引自《外国文学教学参考资料》（第一册），福建人民出版社，1980年版，第117页。

② （美）特伦斯·欧文《古典思想》，覃方明译，辽宁教育出版社，1998年版，第1页。

果）和责任的承担者。英雄对苦难的承受和对厄运的抗争造就了希腊悲剧的崇高风格。

希腊悲剧先后有埃斯库罗斯、索福克勒斯和欧里庇得斯三位大师。亚里士多德在其《诗学》中对悲剧作了理论上的阐述和总结。① 索福克勒斯是希腊悲剧艺术的代表，他的《安提戈涅》和《俄狄浦斯王》是希腊悲剧的经典之作。本章所选德国施克教授的文章主要围绕索福克勒斯的创作阐述了古典悲剧的“人性主题”和悲剧冲突。除索福克勒斯的上述两部作品外，建议学生重点阅读埃斯库罗斯的《阿伽门农》和《普罗米修斯》、欧里庇得斯的《美狄亚》。中国社会科学院外国文学研究所选编的《古希腊三大悲剧家研究》是学习和研究古希腊悲剧的一本很重要的参考资料。希腊戏剧的中文译者主要是罗念生，他的《论古希腊戏剧》一书也值得参考。一组补充材料主要围绕索福克勒斯和他的代表作品《安提戈涅》、《俄狄浦斯王》，大多探讨古希腊悲剧的悲剧冲突和命运主题。

早期罗马文学大多仿效希腊文学，到公元1世纪前后，罗马文学进入它的黄金时代，其代表是诗人维吉尔。维吉尔的《埃涅阿斯纪》是对荷马史诗的模拟，开西方文人史诗的先河。因篇幅关系本章没有罗马文学选文，请参阅延伸阅读中的有关文章。

选文：荷马的智慧②

导言——

此文选自美国学者古斯塔夫·缪勒（Gustave E. Mueller，1879—1954）的学术著作《文学的哲学》（1948）。作者在书中采取“历史的方法”，即以自荷马史诗至20世纪存在主义为例，研究西方文化的价值观（哲学）与想象（文学）的关系。

缪勒将首章题为“荷马的智慧”可能是受了18世纪意大利思想家维柯的启发。维柯在他的《新科学》中将原始人类的智慧，即人类“最初的智慧”定义为“诗性的智慧”（poetic wisdom）。诗性的智慧的核心是想象。维柯断言：“荷马的智慧绝不是另外一种不同的智慧”。缪勒没有直接采用“诗性”一词，但他开宗明义地指出：“荷马揭示了诗的神奇力量：缪斯”。在希腊神话中，缪斯是诗与艺术女神。维柯认为智慧是从缪斯女诗神开始的。缪勒视荷马为缪斯的“预言者”，荷马以“神奇的想象”和“神圣的语言”，吟唱古代的英雄故事。接着缪勒在似乎信手拈来，以“缪斯”、“技巧”、“生命”、“激情”、“神”、“宇宙”为题的几节文字中，概括出荷马的智慧的诸种特征：“明晰”和“平衡”；以人为中心，关爱人的肉体生命；“高贵的激情”；赋予众神予“人性”并也使

① （古希腊）亚里士多德《诗学》，罗念生译，人民文学出版社，1982年版。

② （美）古斯塔夫·缪勒《文学的哲学》，孙宜学、郭洪涛译，广西师范大学出版社，2001年版。

他们“成为可以想象地存在”;“完美的现在时风格”。由此看来,荷马的智慧不仅是创造性的诗性智慧,也是世俗性的生活智慧。

维柯曾自诩“诗性的智慧”是打开“新科学”的万能钥匙,我们则可以将缪勒昭示的“荷马的智慧”作为进入荷马史诗的通道。

缪 斯

荷马揭示了诗的神奇力量:缪斯。生活被看作是为了她而举行的节日庆典场面。神圣而温柔的爱以光芒四射的先兆改变了人及其本性。神奇的想象幻化成各种不同的面相把灵与肉融为一体。人就是在这种“神圣的语言唤起的形象”中找到了与自己可见的宇宙的和谐与统一的。

特洛伊的海伦以及俄底修斯回家的故事都是用来揭示行动中的人以及人与世界的相互关系的情境,它们是外在的形式。

缪斯战胜了时间、环境和纯粹的实际生活的无效,而荷马则是其预言者。“神已经决定了希腊人和特洛伊人的命运,”国王阿尔喀诺俄斯①对俄底修斯说,“这样,将来的人就有谱歌的材料了。”

阿基琉斯坐在自己的帐篷前,尽情享受着里拉②弹奏的洋溢全身心的音乐,唱着古代的英雄故事;当他停顿下来时,他的朋友帕特洛克罗斯就接着唱下去。英雄们的过去成了现在的娱乐,出现在我们面前的英雄将永远出现在不朽艺术的不朽想象之中。

当人们感觉到缪斯的存在时,他们不禁欣喜若狂。他们在神圣的圆形场地跳起赞美神的舞蹈。音乐是他们简单宴乐的高贵客人。费阿刻斯人③坐着,当他们听着俄底修斯,这伟大的寓言家的甜言蜜语时,不知不觉地陷入迷醉状态。

荷马源自缪斯的灵感是预言性的、权威性的。缪斯赋予他一种权力,让他在将来的所有人中间预言英雄们的不朽故事。我的名声,俄底修斯说,升到了天堂。对永恒的荣誉和不朽名声的渴望使荷马的贵族世界生机勃勃;但荣誉和名声只能在艺术中实现,而不是在行动中实现。人们行动的目的,是为了使自己的行为值得回忆。历史之所以成为历史,只是因为历史想成为神话或传说。荷马所做的一切都将永远成为典范。信仰的破灭以及因而产生的忏悔,对所有将来的时代来说都是一个足以引起

---

① 阿尔喀诺俄斯,荷马史诗《奥德修纪》中斯刻里亚岛上淮阿喀亚人之王,是一个英明、好客、气度豁达的统治者,曾殷勤接待被海浪抛到岛上的俄底修斯,并帮助他返回故乡。——译注

② 里拉,古希腊的一种七弦竖琴。——译注

③ 荷马史诗《奥德修纪》中居住在希尔里亚岛上的一个民族,以航海为生。——译注

警觉的典范，阿伽门农如是说。

艺术不是主观性的，也不是私人或心理的愉悦，诗人不是为了减轻自己的痛苦才吟唱的，而是为了照亮这个世界。他的想象一定为世界所充满，而无法传达的感觉却永远与此无缘。这是诗人神圣的、启示性的呼唤，是缪斯的呼唤："因为你们是神，显现于一切事物中，你们知道一切，但我们只听到谣言，什么也不知道。"诗人塔密里斯①想用自己的歌压过缪斯，结果受到她的惩罚，被打成盲人，并被剥夺了天才。使他盲目是公正的惩罚。之所以公正，是因为它使诗人回复到未得神救的人的自然命运，"无论如何我们一无所知"。特定的感觉如果不在激情和感情中再生，如果不被缪斯提升、再造和祝福，它们就是缄默而盲目的。

她赋予诗歌、艺术工作一种神圣的狂乱。赫淮斯托斯②，这众神中的跛子，浑身烟灰的工匠和技师，在自己酷热的铺子里自得其乐地工作了整整九年，孤独地从事着创造的工作。他从创造中得到的幸福和快乐都从他的作品中闪射出来，这些作品再现了人、神的创造。他为银足的忒提斯的儿子阿基琉斯锻造的盾表现了可见世界的平面，太阳、月亮、星星、天空和地球，两个忙碌的城市，一次婚礼的庆宴，一次人民的集会，一次法庭开庭，围攻和战斗，耕地和收获，秋天的葡萄园，收获者中有一个弹着思慕的曲调唱着歌的男孩，在草地上悠闲地吃草的牛和长满毛的羊群，舞蹈和翻筋斗，而这一切的周围就是大洋河③。

当美被看作是神的展示时，它就能拯救邪恶的世界。神看流血的战争一如我们看一场棋赛。他们喜欢战争。人忍受着自己不得不忍受的痛苦，但在自己的歌中又为自己辩护。艺术中的不朽者一定要消失在存在之中。诗歌表现的是没有激情的党派的公正，时运的济与不济，焦虑与胜利。那是荷马艺术的"太阳"，是他那罪恶世界的光和晕。他所能想起来说的最伤人的话是：你的言行无标准，或者说，你没有美丽的秩序。

技　巧

莱辛在其《拉奥孔》中通过描述阿基琉斯的盾表明了得自于荷马的主题，即诗不是绘画。诗人将一切场面都分解成叙述出来的行动，而画家则将一切场面都凝固在一个富有成效的瞬间，一个与可见的环境交织在一起的瞬间。这是真的。不仅荷马

---

① 塔密里斯，希腊神话中色雷西亚的歌手，乐师菲拉蒙和神女之子。他竟敢向缪斯女神提出比赛音乐，结果被缪斯打成盲者，失去歌喉和演奏竖琴的技艺。——译注

② 赫淮斯托斯，火神和锻冶之神，宙斯和赫拉的儿子。他与其他神不同，并不在宴饮闲适中打发时光，而是热爱体力劳动。他制造出许多奇妙的东西。——译注

③ 大洋河，神话中环绕大地的河流。按古代人的观念，一切海流、河川、水泉都发源于大洋河；太阳、月亮和星辰都从大洋河升起，又落入此河。——译注

的主要行动是移动的，而且其明喻和隐喻的宝藏也都是移动的。

但一切行动同时也都静止在幻觉、直觉之中。每一个情节都是一个圆形的整体，自身是显现于外的。荷马给我们展示了一幅画面，并且同时叙述了其行动。他总是让听者立刻知道每一事件的结果和后果。这使人感觉到一种无所不在的控制，一种平衡和优势。这种被表达出来，被注视到的运动着的生活之梦的明晰，就是想象的特性。

荷马始终处于紧张的运动之中，但他避免了对惊奇的廉价的好奇心；他有时翱翔，有时安静地滑翔，有时戏剧般地停在一处不动，他从来都是不急不忙的。例如，当最需要帮助的希腊人哀求阿基琉斯帮助他们阻止特洛伊人接近在燃烧的船，阿基琉斯同意让帕特洛克罗斯出战时，诗人利用这一平静的时刻，用可爱的细节描写了帕特洛克罗斯的恋爱；他甚至告诉读者，当众神接受了献祭之后，阿基琉斯是多么仔细地将奠酒杯放回柏树箱子上。

荷马从来不让他的读者忘记他们是在读诗，他们也永远不会迷失在行动中。完美而灵活的场面从来不是独立的，但总能构成一部睿智作品的庞大整体的一个有机组成部分；帕特洛克罗斯的葬礼平衡了赫克托尔的哀歌。

这种诗歌的奥林匹斯风格表明了对具体时刻的喜爱与在这一时刻中迷失之间的巧妙的平衡。荷马让你生活在瞬间，同时又不断迫使你从宽泛的视觉范围看这一瞬间；他让你参与，但又将你拒之门外。

军队在伊达山下相互残杀，但宙斯从战场上抬起双眼，停留在天真的色雷斯牧羊人所在的平静的山谷。这同样的场面变化不时发生着，从争吵着的商人的忧郁、混乱到奥林匹斯的宁静、和平，这种变化提醒读者：诗的世界是一个宇宙，在这个宇宙中，悲哀与幸福，祝福与诅咒，充满激情的人类目标与神的命运并存。诗作为理想的艺术将世界作为神的展示表现出来。

永恒的标志，有规律重复出现的程式，如人与人的见面，宴会的开始，一天的开始，登陆离岸，都介绍了进来，提升了这种诗歌理想和形式。

荷马的风格类似于所谓的古代希腊艺术风格，它也用几何模式约束人物形象；战斗中的女神衣服上的褶皱和细绉被战争抚平。她们微笑着战斗。人被想象为宇宙的一部分，一种合法并接受精确指令的自然。

生　命

荷马以一种无限的激情和温柔来爱有限的甜蜜的人类生活。无论什么东西，只要他一触及，就会开始闪射出意义的光芒，就如神拜访人的住所时一样。

生活与肉体是一致的，没有肉体就没有生活。灵魂本身是软弱而悲哀的阴影。肉体生活的优雅与美，健康与力量，唤醒了隐蔽的尊敬和爱。神和人部是这样。鲜活肉体的每一部分都受到深情的爱的注意：银足，乞援人抓着的膝，充满活力、灵巧无比的四肢，毛茸茸的胸脯，强壮的手臂，硕大的头颅，可爱的眼睑，美丽的皮肤。邪恶的忒耳西托斯①弯曲的驼背与他灵魂的弯曲正好相当。

因为生活与肉体是一致的，因此对生活的这种审美的爱使一切服务于其培养和保存的东西具有了神圣的价值：神麦做成的白面包被装在编织得非常美丽的篮子里送走；人就是吃面包的人，荷马知道：即使处于悲哀之中，人也必须吃面包。他们喝着泛着泡沫的酒，火炬照亮了欢乐的大厅，他们来到这里休息，并被温柔的睡眠征服；许普诺斯②，死神之弟，舒展开他们的四肢，安抚着他们焦虑的心。但有时宙斯也会给他们送来梦；当他们离开自己的角门或象牙门时，他们可能是狡诈的，或者是会预言的。

上床、起床是这种肉体文化的仪式。他们在接近自己的神之前沐浴，客人到时，先要沐浴，在提出任何问题之前，他先吃饭。受到赞美的礼物换成了芬芳的油料、陈年老酒、著名的武器；它们从带屋顶的藏宝屋中被带走。国王住在威严的宫殿里；金、铜、象牙、银器装饰着他们的大厅。这些大厅周围环绕着庭院、花园、葡萄园和果园，一直延伸到永远存在的大海。

生活是男男女女的生活。关于男女两性及它们在世界上的作用，荷马刻画了一幅令人难忘的画卷。特别是他笔下的女性：等待丈夫归来的帕涅罗珀③；王后阿瑞特④坐在宫殿里纺织，并用智语安抚着人与人的争吵；公主瑙西卡⑤，她管理着一个大洗衣坊。——她们都被写进这种高贵的作品之中，使她们至今还是令人尊敬的象征。女人谈着她们精力旺盛的丈夫，丈夫则谈着心细的妻子，或使他们心仪的扎着金色的辫子、束着美丽的腰带的姑娘。

人类生活深植于土壤和民族传统：他们为自己的家乡而骄傲，这些家乡与代表它们的英雄一样是个人化的、是不可替代的；他们赞美自己的土地，不管它是沙质的还是用来养马的，都是美丽的女人的母亲，或是美丽的羊的母亲，上面长满了松树或草，盛产小麦，或可爱万分。

特洛伊永远象征着处于危险中的家乡。荷马作为诗人的人性使他对朋友和敌人

---

① 忒耳西托斯，希腊军的普通一兵，他由于在特洛伊城下的军队会议上同阿伽门农及其他将领争辩而遭到俄底修斯的痛打。从他身上反映出普通的农村公社社员试图捍卫自己的权利，抵制氏族显贵的侵犯。荷马代表将领们的利益，在《伊利昂纪》中把他描写成可笑的人物，饶舌、凶狠、丑陋。——译注

② 许普诺斯，睡眠之神，夜的儿子，死神的兄弟。——译注

③ 帕涅罗珀，《奥德修纪》主人公之一，俄底修斯的妻子，在丈夫离家外出的二十年里，拒绝了众多求婚者的求婚，一直等到丈夫归来，是品行高尚、忠于爱情的理想女性。——译注

④ 阿瑞特，淮阿喀亚人的王后，在人民中间享有崇高的威信。——译注

⑤ 瑙西卡，淮阿喀亚人国王的女儿。雅典娜托梦给她，让她清晨到海边去，在那里她发现了遭遇海难之苦的俄底修斯，于是给他衣服穿，引他进入父亲宫廷，并爱上了他。——译注

表示了同等的同情。战败的普里阿诺斯①和勇敢的勇士反抗着命运，赫克托尔与敏捷而可怕的阿基琉斯以及足智多谋的俄底修斯在地位上是平等的。

根植于他们的土壤，听命于高尚的雄辩，以自己的英雄为代表，忠诚于自己的传统，这些人投身于战争，贪婪地攫取战利品，满怀报复的野心、渴望着不朽的荣誉。荷马一方面将他们表现为一个活的整体，同时又对每一个人都表示了喜爱之情，并将他们活生生地表现在你面前：当杀人的阿基琉斯想到自己亲爱的父亲再也不会出现在自己眼前时不禁悲哀痛哭；一切凡人彼此之间的感情都蕴含在赫克托尔与自己最小的儿子吻别，以及他是怎样再将儿子交回到昂多马格手上这一细节了。

家与冒险，和平与战争，离家和返家，痛苦的焦虑和胜利的进攻，冒险生活的这种"起"和"伏"，像大海一样有力，它一会儿如波涛汹涌，一会儿又如潺潺细流。

激情像雄狮一样跃过大门或像狂吠的狗一样被系在皮带上，恐惧使膝颤抖，也使心颤抖。

人是中心，在这个中心周围是一个神圣的消耗着生命的地球，它已消失在传说中的遥远大陆的边缘，这里住着奇怪的生物。

除了卡吕普索岛上悬长着葡萄藤的田园诗般的洞穴外，史诗中再没有任何独立的自然描写；但无限丰富的自然形象就生活在明喻和比较之中，这是人类存在的宝贵领域和背景。山上长满深绿色饱经风霜的森林，狮子在牧场上咆哮；耕耘过的可爱风景，物产丰富，盛产麦子和葡萄的田地。荷马对独特风景的描写是如此出色，以至于现代的摄影家曾沿着俄底修斯的航海路线去发现荷马笔下的景色。

地球回应着人们对它的感激的爱和尊敬，但大海就像一个伟大的幽灵一样令人难以捉摸：它是远航者的一条危险的高速公路；鱼的王国；它那懒散的光亮反射着无情的自然，以及其潜在的威胁：没人喜欢穿梭于如此深不见底的咸水之中；大海心胸开阔，幅员辽阔，它喷吐着汹涌的海浪，雷鸣般冲击着海岸；当大海的精灵抚平自己的海面时，它也许从不静止，从不险恶，从不怀有恶意：荷马花了大量篇幅描绘它的颜色、节奏；它总是离我们很近，各种各样的小船、大船穿梭其中。

值得一提的是荷马笔下的动物以及人与它们的关系：阿基琉斯的两匹不朽的马，像帕尔式奴神庙中阿波罗的马一样美丽、健壮，它们在帕特洛克罗斯②的葬礼上昂着头，悲哀地嘶鸣着，而当阿基琉斯告诫它们将他自己从战场上平安带回时，克珊托斯(阿基琉斯的马)向他预言了结局。

当俄底修斯假装成乞丐回到家时，是他的老狗阿耳戈斯最先认出了自己的主人，然后死在粪堆上。

---

① 普里阿诺斯，赫克托尔的父亲，特洛伊的老国王。——译注

② 帕特洛克罗斯，特洛伊战争的参加者，阿基琉斯的朋友，曾代替阿基琉斯出战，被赫克托尔杀死。——译注

激　情

荷马笔下或刚强或柔顺的男女主人公似乎都是超人。然而，就像菲迪亚斯[①]雕刻的神，他们超人般的伟大永不会僵硬；他们的意义完全是人的意义。他们完全知道个体化的生存，他们的姿势、形象和行动都是明晰的。

荷马努力使自己的世界具有一种柔和的光泽，因而，他使自己的事件摆脱了平庸的世界，而进入到一种美丽高贵的“过去”的世界。但他笔下的人所经历的一切都来自于永恒存在的人的经验，并会进入任何一个时代的中心。

他们过着一种高度文明的生活，适合这种生活的人或物都必须符合一种标准，一种内在的感觉。他们能相信自己的本性，因为那种本性“天生”具有教养。

相反，像库克罗普斯（独目巨人）那样的野蛮人是未开化的，因为他们不知道这个未形诸文字的标准法则。他们说话，就是在喊叫；他们傲慢无礼，不受约束；他们都只为自己活着，没有法律；他们愚蠢、野蛮、残酷、邪恶。他们不尊敬来到他们岸边的穷人和陌生人；他们应该知道这两种人都从宙斯那儿来，那个主宰着宇宙间的自然和人的秩序的神。

荷马笔下人类的中心问题是高贵的激情。激情控制着灵魂，但人不是它们孤独无助的牺牲品。他对自己所做的一切负责。他自己与自己争辩。《伊利亚特》的主要道德主题谈的就是阿基琉斯的愤怒以及由此导致的致命的后果，解决激情并使之和谐是《伊利亚特》的奇妙结局。阿基琉斯必须克服自己内心中的复仇之心，赫克托尔被交回到战胜了自己的骄傲的老国王、老父亲之手；他们一起在帐篷里哭泣，虽然此时仍处于战争状态，但一条人的纽带将他们紧紧相连。

如果激情战胜了人，并且驱使他们采取激烈的行动，那他们也不会被认为是坏人，而是被看作盲目的没有理性的人。他们是应受到怜悯而不是受到谴责的受害者。他们被人祈祷，祈祷者是宙斯的女儿们。她们的脸上布满皱纹，她们都是内斜视者。她们缓慢费力地跟在激情后面，但激情迅疾而强烈，一直走在祈祷者的前面，愚弄了整个世界。祈祷者跟在后面，试图修复被激情毁灭的一切。听从激情的人得到了很好的抚慰；他自己或许有时会需要它们。

荷马坚持认为，人尽管有激情，但他是自主的。人们该知道做什么，什么适合自己。当他打破了这一“激情”法则时，一切后果都会落到他自己的肩膀之上。

人应该勇敢，勇敢战胜恐惧的激情；但战争不是生活的目的，这是一个将希腊人与北欧日耳曼民族的英雄传奇区别开的特征。领袖应该勇敢，因为他们的地位要求他们这样，因为他们无论怎样都必须死。对勇敢的奖赏是名誉和声望。但战争本身

---

① 菲迪亚斯，活动时期为公元前490年至公元前430年，希腊雅典雕刻家，主要作品有雅典卫城的三座雅典娜纪念像和奥林匹斯宙斯神庙的宙斯坐像，均已无存。——译注

是罪恶，世界和平才是真正的目的。

这种和平来自于成功地克服激情，它使荷马的世界“充满阳光”。活着就是为了看到太阳。这是阿波罗，这净化者的太阳，它的光明亮、快乐、公正。它照射到善和恶上的光都一样。在它那强烈的阳光下，只有朝气蓬勃、强壮明亮的东西才能显露出来。宁静的大胆沉思是其本质。

投射到这个世界上的巨大阴影是死亡。甜蜜温暖的生活，赫利俄斯①的结晶，是最高的善，是其他一切善的容器。这也就说明了神为什么是神，不朽，没有老年，没有忧虑和痛苦；他们住在万里无云的奥林匹斯山上，吃的是令人长生不老的仙果，喝的是令人长生不老的仙浆；但我们是悲哀的，我们终有一死，我们来自泥土也终要归于泥土。我们知道自己的命运，并且知道自己无力反抗可怕的命运女神，这就是我们必须勇敢地承受的悲哀，但反对这种悲哀是不会得到什么安慰和舒适的。宁愿做农场里的奴隶，也不做幽灵中的王子，阿基琉斯如是说。

抱怨无济于事。这就是生活。神有两个桶，他们在里面将我们混合成善恶一体。他们将恶给了谁，谁就将生活在悲哀中，受人轻视；但没有一个人是只在善的容器里接受神的恩遇的。

一代代的人延续着，就如秋天被风吹落的树叶；甚至都不需要问他们的名字或询问他们。他们被遗忘了。

在这样一个充满激情的世界，责任的内在声音是最好的也是唯一的导师。赫克托尔宣布：他不在乎什么神谕，不在乎鸟儿是往左飞还是往右飞；唯一的神谕就是为城邦而战，不管是胜利还是失败。人就生活在阿波罗自然的太阳和死亡的阴影之间，他机智、勇敢地面对着生活，没有幻觉，也没有迷信。

但他也必须生活在彼此冲突的神之间。他们彼此不断发生冲突，就如火神赫淮斯托斯与河神斯卡曼德罗斯的冲突，智慧女神雅典娜与战神阿瑞斯的冲突。但神之间的冲突不会对他们自己造成太大的伤害，因为他们是永生的。当他们为凡人的拥有权和命运争吵不休时，最后的结局总是和平，因为他们认为凡人的事情不值得他们大动肝火。作为自然力，他们弥漫于自然的一切层面，也弥漫于人的心，因为人本身就是自然的一部分。他们用引诱和欺骗使人们盲目，神魂颠倒，他们引导着人犯罪，采取毁灭性的行动，随后又抛弃他们，让他们以痛苦和忏悔偿还这种由神注定的罪行。

整部《伊利亚特》都建立在这种悲剧模式上。阿伽门农因对权力的贪婪与攫取而盲目，阿基琉斯因愤怒而盲目。希腊领袖间的这种分裂几乎造成了整个远征的彻底失败，而反过来说，这次远征也是出于贪婪和欲望。只有当他们将自己带到毁灭的边

① 赫利俄斯，太阳神。神话中，他每日驾驭由四匹喷火快马曳引的太阳车从东方出发，傍晚落入西方的大洋河里。《荷马史诗》将他写成一个无所不在的神。——译注

缘时，他们才忏悔，才和解，才因残酷的痛苦控诉神和阿忒①，这可怕的幻觉，宙斯的女儿。

荷马笔下的人都陷入一种以人与人之间冷漠无情的战争为法则的自然。就像狮子杀死鹿，就像隼杀死鸽子，人杀死人。他毫无怜悯之心地、无情地、彻底地做着这杀人的勾当。当一个城市被征服时，所有男人都死，女人和孩子都成为俘虏，一切物品都为更强者所掳掠。被俘的女人成为竞技比赛优胜者的奖品，虽然她们的价值还不抵一只漂亮的金瓶。对这种长年不断的必然的战争，荷马没有一句赞扬的话。他称战争是凄凉的、悲哀的、悲惨的。但人命定要忍受战争。人对此只能束手无策。他必须适应它。许多诗歌都用冷静、客观、专家般的兴趣描写了残害和杀戮的各种各样的可能性。

即使自然不是战争，她也是季节的节奏、时代的节奏、占领的节奏，她是自发的、重复再现的，总是一模一样。人们是自然的一部分，并在她有规律的复发中摇摆，在秋季则衰落，被席卷而走。《伊利亚特》中的每一个事件每一个人都陷入这种命运之中并认识到这种命运。赫克托尔知道他的特洛伊注定要陷落，但这并没有阻止他去为它的存在和自由而战斗。阿基琉斯知道自己杀死赫克托尔之后注定要死亡，但这并没有阻止他为自己朋友帕特洛克罗斯的死而报复，并因此挽救了自己的荣誉。

荷马笔下的人都像高贵的动物，像狗一样天真、心胸开朗，像食肉动物一样狡猾、奸诈。当神支持他们胜利时，他们是胜利者，并嘲笑对手；当命运与他们作对时，他们就悲哀、哭泣。阿基琉斯对人的憎恶远胜于对哈得斯（冥王）之门的憎恶，后者将自己心里所想的都隐藏于口里所说的。人们应该为展示自己的本质而骄傲。

他们努力挣扎着，要"始终成为最好的，并超过别人"。但因为他们爱自己以及自己的权力，所以他们也赞美别人的才干。这个人可能好在强壮，那个人可能好在智慧。这个人可能好在有年轻人的力量，那个人可能好在有老年人的经验。但行动的施行者以及语言的言说者应该是同一个人，即使这是一个超越经验的理想："一个人不可能具备所有的能力，在战场上英勇，在音乐和舞蹈方面杰出，而在造福于许多人的思想方面又伟大。"

遵守自然的秩序总是对的。宙斯之所以能在众神之间维持着秩序，是因为他们都害怕他更强大的力量。就如遵守万物的自然和神的秩序一样，在人类社会中也是一样。更强者制订法律，因为"这样使他愉悦"。统一之所以得以维持，是因为只有这样才能加强统一。当它得不到加强时，也就是它遇到了力量相当的对手的时候，"强化法则"也就不可能有了。因为每一个人都是自己的法则，他的骄傲、他的威望和荣誉都是他自身的一部分。因为不朽的神统治着人，并且随心所欲地对人做着他们喜欢做的一切，而人只能害怕他们，因此，在人与人的关系中，贵族统治着受轻视的不知

① 阿忒，希腊神话中能使人一时发狂而失去理智的女神，宙斯的女儿。——译注

其名的奴隶和仆人。

神

被赞美的神比悲惨的凡人更强大，就如史诗中的英雄比现在活着的人更强大一样，但神、英雄和人体现着同样的自然功能和力量。人的化身是暂时性的，他们只能在诗人的想象中才能成为永恒，而神却是这些无所不在的力量的永久的化身。诗人在赋予他们人性时也使他们成为可以想象的存在。诗的想象与神和人活动的区域有关。

想象不是去发明神，而是在自然、在人以及会使艺术的理解可以接触到的形象中塑造实际的普遍的生活功能。在完成这一使命时，艺术的想象是自由的。神的外表和故事没有什么教条的东西。希腊人的神话想象一直是活跃的，有创造性的，这种状态几乎一直保持到希腊—罗马文化的终结。举个例子，阿普列乌斯①在小说《金驴》中讲述了《厄洛斯与普绪刻》的故事，这是比较晚期的传说，也体现了这个特点。不自由、不改变的是自然人的生活功能，而诗人和思想家的想象则使这些功能清楚明白。

他们的运动与它们外表的变化一样自由和广泛。

当波赛冬从萨莫色雷斯岛茂盛的森林降下时，山摇树动；他三脚两步，第四步已经在埃盖岛了。阿波罗像迅疾的鹰俯冲而下；赫耳墨斯像只海鸥一样飞过波涛汹涌的海面；雅典娜像一颗流星般闪烁而下，或像一只鸣叫着的猎鸽高手隼一样突然转向。

宙斯，众神和人之父，指挥着，命令着；他有远大的计划，他预言着、决定着；黑云密布，翻卷起伏，他从奥林匹斯山上猛掷下惊雷闪电，军队被恐惧所笼罩。他赞美着自己的统治力，用浓雾弥漫、冰冷刺骨的塔尔塔洛斯②威胁着那些敢于阻止他的人。他比其他一切神和人都更有力量，他就用自己的这种实际力量牢牢地控制着自己的王位。作为不停移动着、沉思着的神，他将战争的平衡棒牢牢握在自己手里。当他看到其他神如何混入地球上的战争时，他可爱的心不禁快乐地笑了。他将人引入悲伤，就如他对待特洛伊人那样，然后让他们尽其所能适应环境；他闪烁的目光已在别的地方得到了满足。他不是个暴君。他尊重其他神的自由和意志，他常常抑制自己，以使天堂里的和平不被打乱。这个天上的国家非常像地球上人的国家，它没有四分五裂，没有陷入无秩序状态，简直是个奇迹；使其免于陷入这种状态的原因是这个国家一直采取甜言蜜语的劝告方式，而这种方式总能获得尊敬和内在标准；但它的稳定也取决

① 阿普列乌斯，公元2世纪罗马作家及哲学家，《金驴》是其长篇小说，原名《变形记》。——译注

② 在希腊神话中，塔尔塔洛斯是地的最深处，它到地面的距离，等于地面到天穹的距离。它的周围是三层黑暗和一道铁墙，四周狂风怒号。它与地狱同义。——译注

于那些拥有实际优势权力者的终极理性。

阿波罗是其父亲最爱的儿子。他服从自己的意志，他用银箭远远射中的那种意志。他像夜一样不可阻挡地走着——荷马的比较经常用来比较事物的直觉作用，而从不比较事物本身。阿波罗是自己的主人，他聪明，是缪斯们的领袖。他长发飘飘。他的妹妹雅典娜很像他，但她同宙斯的一致不太稳定。她认为自己可以随心所欲，并想当然地认为父亲会原谅自己。她没像阿波罗那样，表现出对激情有成熟的控制能力，当她在战场上打败了阿瑞斯和阿佛洛狄特时，她就曾因胜利而狂欢。

赫拉，宙斯爱嫉妒的妻子，是一个专横跋扈的意志的化身。即使当她的嘴唇在微笑时，她的眼睛也一动不动。她不遵守或者不分享自己丈夫的意志。阿耳戈斯、斯巴达、迈锡尼，这些是她最喜欢的城市，但如果宙斯愿意将特洛伊送给她作为回报，以满足她毁灭的欲望，她也会愉快地将它们牺牲掉。她引诱特洛伊人违背了他们严肃的和平契约。为了向阿佛洛狄特显示自己是多么强大，她将两手握在一起，用自己的箭打自己的脸，在做着这一羞辱性的行为时，她脸上始终带着笑。她处心积虑，卖弄风情迷惑宙斯来达到自己或他人的目的，她用恶毒的言辞责骂他。诗人说她卑鄙狡诈。

波赛冬黑发飘飘，驾驭着自己金毛闪闪的马穿过海面；深海中的怪物从自己隐藏的地方跳出来向他致敬。他用自己巨大的三叉戟掀起了灾难性的波浪；风听从他的指挥，他用云使人迷失方向。他是大地的主人，他摇动大地，使地狱之王埃多俄斯从座位上跳起来，惟恐地球被劈开，自己战栗着的无形的王国会被打开给不敬神的人看到。

阿瑞斯，战神，猛烈而迅疾地走着，令人迷惑的杀人者，盾牌和城市的破坏者，他被称作彻头彻尾的恶人，一个血贩子。与他同行的是厄里斯①，引起纷争的、煽动激情的、鼓动宣战的、制造混乱的天才。恐惧和恐慌是他的坐骑，他喊叫时就像一万个男人一起喊叫，他像一阵黑色的旋风。他愚蠢、固执，在这方面就像他的母亲赫拉。

赫耳墨斯是信使；他接引灵魂到冥国；他在交叉路口受到尊敬，当船拔锚起航时，人们把最后一杯奠酒敬献给他。他不仅是商人的庇护神，而且也是窃贼的保护神。

人与这种神的关系自然既不密切也不可信。人不得不屈服于更有力量的神的权力，他们害怕神，试图抚慰他们。但他们永远不敢肯定自己要做的一切。涅斯托尔②乞求宙斯的帮助，宙斯打雷，但特洛伊人则将之解释为对自己有利的征兆，形势对希腊人来说不是变得更好，而是更糟。宙斯给阿伽门农送去一个欺骗的梦。普里阿摩

① 厄里斯，司纷争的女神，阿瑞斯的妹妹和战斗中的伙伴。关于她的神话最流行的是她在珀琉斯和忒提斯的婚礼上投下一个引起纷争的金苹果，上写“送给最美的女神”，引起三位女神阿佛洛狄特、雅典娜和赫拉的纷争。——译注

② 涅斯托尔，皮罗斯国王，参加了对特洛伊的战争，是最有名的英雄之一，也是个擅于辞令的演说家。——译注

斯谴责神造成了这一场毫无意义的战争的一切悲剧。人本来可以更有理性地生活，但这不取决于他们自己的意志和权力。他们依赖神而存在。

神光辉灿烂却冷漠无情；没有什么公正或爱能抚慰他们的心。他们偶尔也会眷顾某个凡人，而从这个人不同寻常的幸运中，其他人会看出神的影响。

美之太阳闪烁在一个邪恶残酷的世界之上。道德哲学家，其中最主要的是柏拉图，他们谴责荷马的这种宗教。柏拉图在探求一种战斗性的道德二元论和一种形而上学的一神教过程中，是反对这些欺骗、背信弃义、变化无常的神的，他发现他们变换形象的奇迹是幼稚的。这样的批评从柏拉图哲学和雅典悲剧的角度看是非常正确的。但这对荷马特有的那种结果的真实、崇高来说却并不公正。他的神都是自然力，而自然力确实就如他所描写的那样。自然毁灭数百万计的微生物才创造出几个个体，就如赫拉蹂躏自己所爱的城市来实现自己的意志，来廓清自己的道路一样。荷马的形而上学是自然主义的，如果你要删除他的某一部分，那其世界观的整个有机结构就都会瓦解。荷马忠诚于自己的神学，就如他忠诚于其他的一切。

在他的神之外，就如在他的人之外一样，潜藏着强壮、邪恶、不和谐的命运女神，这死亡和无情的命运，她将一切现世的神力带往覆灭。悲观主义对应着自然主义。

宇　宙

荷马是苏格拉底前的宇宙神学在诗歌领域的对应者。他的史诗揭示了客观世界壮丽的全景画面，在这个世界里，人类主体只是其中的一个有机、必要的成员。这种成员资格同时也是人类的悲惨命运，阿波罗明亮但发散的太阳闪烁其上。善与恶是自然的事实，自然的事件，它们以追寻理性的公正智慧显现出来。当人们犯错误时，那是因为他们不知道还有更好的。激情和同情都是构成人类生活的材料。当作品描绘他们时，他们似乎成了动物，天真而美丽。一代代人像数不清的树叶从树上飘落一样一闪而过。这就是源于古希腊文化的荷马——苏格拉底前古希腊哲学中的自然主义。

荷马是崇拜太阳神的：他的风格是那种丰满、柔顺的现在时风格，是完美的现在时风格。一切都是明晰的，一切都是饱满的。他的场面就像希腊的饰带：花纹从不交叉重叠，而是彼此轻轻地温柔地触摸。阿波罗艺术的太阳憎恶未润饰的含糊不明：各种梦都必须显露出来，并找到一个共有的化身。这种阿波罗风格使荷马的世界"阳光灿烂"，一个邪恶的、充满情欲的、悲观主义的世界在天真的歌里是善的、快乐的、荣耀的，是足与阿波罗匹配的，而阿波罗永恒的存在既不是来自昨天，也不在明天，而是在永远。阿波罗在自己的得洛斯神岛上并不须忍受生与死，忍受模糊的转变。这种统一的感觉、完整的感觉、永恒存在于一切变化中的感觉，这种幻象的完整的单一性感觉也构成了伟大的苏格拉底前古希腊哲学体系建造者的动机。

荷马提出并帮助创造了文化的民族统一性。这儿是希腊人，那儿是野蛮人。一个共同的幻想出的神话世界与英雄历史传说被用来形成古希腊一切理想的统一性。我们在苏格拉底前的古希腊哲学家中也发现了这同一种非政治的文化统一性，这些哲学家将“希腊人”与野蛮人区别开来，根据是：“希腊人”意味着对公平思考的容纳力，或将真理看作目的和真实生活的兴趣。荷马在自己的诗歌世界里将各希腊民族组织起来，就像苏格拉底前的哲学家认为在一切政治组织之后都有其哲学自然界的体系和法则一样。

对荷马和苏格拉底前的哲学家来说，世界都“充满着神”，就像泰利斯①和赫拉克利特②所说的。但这些世界力量或机能权力充满于自然王国和人的王国，它们都服从于《荷马史诗》中的复仇女神不可阻挡的进展，就像它们都服从于形而上学家关于宇宙的哲学概念一样。荷马对待自己作品中的神，在尊敬中又混合着幽默和冷嘲热讽。

荷马的哲学是一种人道主义和自然主义；就像信奉埃利亚③学派哲学的人和苏格拉底前的哲学家所认为的那样。人类的理性宣称自己与存在是一致的，思想发现自己是自己所思考的世界的一个中心和代表，虽然从另一方面来说它仍沉浸于自己宇宙的客观秩序，还没有从中摆脱出来。

选文：奥德修斯的伤疤④

导言——

此文选自德国当代文学批评家埃里希·奥尔巴赫（Erich Auerbach，1892—1957）的名著《摹仿论》（1946）。《摹仿论》全书20章，分别研究上自荷马史诗下迄20世纪英国作家弗吉尼亚·伍尔夫的《到灯塔去》的西方文学经典。

“奥德修斯的伤疤”以荷马史诗之一的《奥德修纪》中的一段情节为切入点，分析作为西方叙事诗开端的荷马史诗的叙事特征。奥尔巴赫借助歌德和席勒有关荷马史诗的通信指出：荷马史诗中采用插入故事情节的“延缓法”除了追求“轻松”的叙事效果，这与悲剧制造“紧张”气氛有所不同之外，还在于荷马史诗的文体需要。奥尔巴赫认为荷马史诗具有写实主义的叙事风格，包括具体、清晰、连贯、单纯等特征。奥尔巴

① 泰利斯（前624？—前546？），古希腊哲学家、数学家、天文学家，米利都学派创始人，“希腊七贤”之一，认为水为万物的本原。——译注

② 赫拉克利特（前540？—前470？），古希腊唯物主义哲学家，辩证法奠基人之一。认为“火”是万物的本原，一切都在流动变化中，“人不能两次踏进同一条河流”。——译注

③ 埃利亚，意大利西南部的古希腊城市，色诺芬尼等在此创立埃利亚学派。——译注

④ （德）埃里希·奥尔巴赫《摹仿论》，吴麟绶等译，百花文艺出版社，2002年版。

赫还将荷马史诗与同为古典、同为叙事作品的《圣经》中的以撒献祭的故事进行比较，指出后者具有抽象、神秘的叙事特征。

此章的后半部分通过与圣经(旧约)文学的比较，指出荷马史诗重在表现“感官生活的愉悦”，人物性格较为简单、“没有发展”。最后奥尔巴赫概括出两种不同的叙事类型。奥尔巴赫对荷马史诗叙事风格的分析可以加深我们对缪勒所说荷马的“现在时风格”的理解。相比之下，奥尔巴赫的比较分析饶有趣味，也更令人信服。

读过《奥德赛》的人一定记得第十九卷那个经充分酝酿的、激动人心的场面：曾是奥德修斯奶母的老女仆欧律克勒娅从腿上那块伤疤认出了远出归来的奥德修斯。这位陌生人获得了佩涅洛佩①的好感，她按照奥德修斯的愿望吩咐女仆给他洗脚，在所有古老故事中，这通常是向疲惫的浪游者表示好客的第一道礼节；欧律克勒娅打了凉水，兑上热水，她伤心地说起了一去不归的主人，说他与客人年纪相仿，也许此时同他一样正在可怜地浪迹天涯——这时，她发现客人和自己的主人惊人地相似——此时奥德修斯记起了自己的伤疤，于是把身子转向暗处，他知道已经藏不住了，但还是不愿意现在就与家人相认，起码不愿让佩涅洛佩认出他来。老女仆碰到了他的伤疤，又惊又喜地一松手，奥德修斯的脚便掉进盆里；洗脚水溢了出来，她还没有来得及高兴地叫出声，奥德修斯便轻声地对她又哄又吓，不让她出声。老人克制住自己，强压住自己的激动。佩涅洛佩的注意力正被雅典娜事先采取的行动所吸引，什么也没发觉。

这一切描绘得细致入微，讲述得不慌不忙。详尽流畅的直接引语表达出两个女人的感情；尽管这种感情掺进了对人类命运的最为一般的观察，但各部分语句结构之间的联系仍然十分明了，毫不含糊。用具的摆放、手部动作和人物表情的说明性描写也都安排得十分得体，地点和时间交代得清清楚楚；甚至在最富于戏剧性的相认场面，也没有忘记告诉读者，奥德修斯用右手按住老女仆的喉头不让她说话，用另一只手把她拉近身边。在一览无余的场景中，人和物的位置及活动表述明确，着墨均匀。同样，人物的感情及心理活动表达得十分明确，毫无保留。

在对这一过程的复述中，我一直都未提到好几十行诗句，它们将这一事件拦腰截断。它们是七十多行诗句——而描写事件的诗句在中断前约有四十行，中断之后约有四十行。中断描写出现在女仆认出伤疤的紧要关头，接着插入对伤疤来历的描述，那是年少的奥德修斯去看望外祖父奥托吕科斯时在一次猎猪中受的伤。这样一来，首先就得使读者对奥托吕科斯有所了解，得知道他住在什么地方，他的亲属关系、他的性格，书中既详细又感人地描述了外孙出生后他的表情举止，然后又交代了长成少

① 佩涅洛佩是奥德修斯的妻子。——译注

年的奥德修斯的来访，写了对他的欢迎，为他洗尘的宴会，就寝和醒来，一大早启程行猎，发现野兽踪迹，搏斗，野猪的獠牙刺伤了奥德修斯，包扎伤口，痊愈，返回伊塔卡，父母忧心如焚地询问，他向他们讲述事情的经过，把所有的事件和与之有关的细节详情都交代得清清楚楚。在这之后，史诗作者才又回过头来接着讲述佩涅洛佩的寝房，而在叙述中断之前便已认出伤疤的欧律克勒娅在中断之后才在惊喜之中松开了手，让那只抬起的脚掉进了水盆之中。

现代读者会觉得，这里应该出现情节的高潮，这种想法虽然不完全错，但对于解释荷马的写作技巧来说这无论如何并不是最重要的。因为在荷马史诗中，情节高潮的因素是微不足道的，史诗的总体风格并非要紧紧扣住读者或听众的心弦，那样的话，首先就要运用写作手法使读者或听众"紧张"，而不是"轻松"起来，而后一种情形却经常出现，上面所讲述的故事也是如此。这个娓娓道来、让人感到惬意、细致描述的狩猎故事以其所有的温馨和那些田园诗般的画面所要做的就是抓住凝神谛听的听众——让他们忘却刚才洗脚时所发生的一切。要用插入法来渲染紧张的气氛，所插入的叙述就不应该完全占据现实空间，不应让人在焦急地期待着危机得到解决时忘却危机，以致破坏了"紧张"气氛，应该保持住这种危机和紧张气氛，使其有意识地保留在背景中。只是荷马不懂得什么背景故事，这一点我们以后还要谈到。他每次叙述的都是目前发生的事情，他的讲述完全占据了活动场所和人的意识。这里也是如此。当年轻的欧律克勒娅(第 401、402 及 403 行)在宴庆之后把新生婴儿奥德修斯放在祖父奥托吕科斯膝头上时，那位在这几行诗句前还抚摸着浪游人脚的老女仆便完全从活动场所和读者意识中消失了。

歌德和席勒在 1797 年 4 月底的通信中虽然没有提到这里所说的插曲，但却论及了荷马诗篇中的"延缓法"，他们直截了当地指出这种方法与制造紧张气氛的写作方法全然不同，他们虽然没有使用"紧张气氛"这个词，但其意思却十分明确。这种延缓法本来属于史诗，它与悲剧截然不同(见 4 月 19、21 和 22 日的通信)。我也觉得荷马诗篇中这种通过插入故事情节而"推前和推后"的延缓法与为了某一目的渲染紧张气氛根本不同，席勒显然认为荷马的处理是正确的，他"仅仅是按照事物的本来面貌给我们描述事物的平静状态和作用"；他的目的"已然存在于他的动作的每个点中"。歌德和席勒两人将荷马的这种延缓法上升为叙事诗的准则，上面引用席勒的那番话应针对叙事诗作者而言，是与悲剧作者相对而言的。然而，无沦是古代还是近代，都有那么些重要的叙事作品，它们未采用这种意义上的延缓式叙述手法，而的的确确制造了席勒认为悲剧作者才会制造的、完全"剥夺了我们感情自由"的紧张气氛。此外，说荷马诗篇之所以运用延缓法主要是出于美学考虑，或仅仅是歌德和席勒所认为的美学方面的感受，我觉得这种看法没有根据，也不大可能。当然，这种方法的作用确如同歌德与席勒所描写的那样，并且叙事诗这个概念也的确是从荷马作品中引申出来的，歌德和席勒自己及所有受古典主义文学影响的作家也都接受了这个概念。但我仍然觉得这种延缓现象的存在另有别的原因，这就是荷马文体的需要，这种文体要求凡是提到的事情就不能模模糊糊，不能不加表述。那段关于伤疤来历的说明与许多段落都大致相同：要么是描述新出现的人物、事物或器具的种类或来源，哪怕正在进行最激烈的酣战，要么就是讲述什么地方出现了一位神灵，他最后呆在什么地方，做了什么，从哪条路上来等等，我觉得，甚至埃皮特亚最终也可归于感性描述这些现象的需要。在这里，伤疤出现于情节的展开之中，而对于荷马的情感来说，仅仅让伤疤浮现于若明若暗的往事中是不能容忍的，应该让伤疤明朗化，与它相关的是主人公青年时代的一段经历——在这一点上，《奥德赛》与《伊利亚特》并没有什么不同。在《伊利亚特》中，当第一艘战船已经燃烧起来，米尔密多人终于奉命赶去救助时，书中不仅有足够的时间将米尔密多人与野狼做一番精彩的对比，不仅有足够的时间描绘米尔密多人的阵形，而且还有足够的时间细致地描述几个下级军官的来历。这样一来，读者当然肯定会感觉到进而探寻所取得的美学效果，不过荷马文体最感人、更地道的大概是下面几个方面：所描述的事件的每一部分都摸得着，看得见，可以具体地想象出各种情况发生的时间和地点。内心的活动也是如此：没有可以隐瞒的、不可表述的事情。人物的情绪也处理得很好。荷马笔下人物的言谈话语毫无保留地表达出自己的内心世界。他们要是不说给别人，便在心里说给自己听，因此读者知道他们在想些什么。在荷马史诗中发生了许许多多可怕的事情，但这些事情从来都不是悄然发生的；波里芬和奥德修斯侃侃而谈，奥德修斯动手杀自由民时也与他们交谈；战前和战后黑克托及阿基琉斯都有十分详细的道白；没有一个人说话时因心惊胆战或怒气冲天而缺乏语言逻辑或语无伦次。对话如此，作品的整个叙述也都是如此。各个事件的环节之间联系得十分清楚；使用大量连词、副词、小品词和其他句法修辞手段，意义明确、层次分明地将人、物和事件区分开来，同时又将它们置于一种不间断而通畅的联系之中；如同各个事件本身一样，它们之间的联系，它们在时间、地点、原因、目的、结果、比较、让步、对照以及有条件的限定都表达得十分完备，这样一来，所有事件便都呈现出一种连续不断的、有节奏的动态的过程，任何地方都不会留下断简残篇或不明不白的表达方式，任何地方都不会有疏漏和裂缝，不会有可以继续深究的地方。

这些现象的进展总是处在主要位置，就是说，始终处在地点和时间的现时性中。人们会以为，那许多插入的情节，即提前推后叙述的故事，一定会形成一种时间和地点的视角；然而荷马文体却从未给人以这样的印象。如何避免视角影响的方式可以从插入情节的方式来观察，这是任何荷马史诗的读者都很熟悉的一种构句方式。这既能在我们的引文中看到，也能在短得多的插入情节中看到。紧接着“伤疤”这个词（第 393 句行）的首先是一个定语从句（是以前一头野猪咬的……），这个从句又扩展成一个范围广泛的框式结构，它里面又出现了一个主句（第 396 行：一位神明亲自所赐……），它从整个构句的从属地位悄然而出，一直延伸到第 399 行为止，而这句诗又非常自由地连接上了新的内容，于是又一个新的现在时开始了，这一用现在时讲述的故事一直讲到第 467 行(老女仆抚摸着伤疤……),才又回到前面中断的地方。要从构句上安排这么长一段插入情节本来是不大可能的;用以此为目的来安排内容的方法将视角切入重要情节似乎要简单的多,就是说,如果把伤疤故事作为此时在奥德修斯意识中复苏的回忆讲出来要容易得多,这样就简单极了,只需在此两行诗句之前,即在第一次提到"伤疤"这个词时讲述伤疤的故事就可以了,此时,"奥德修斯"和"回忆"这两个主题已然为这个故事做好了铺衬。然而,这种制造前景和背景,先讲一大段往事之后再讲现在的这种现时主观性视角的写作技巧在荷马文体里是找不到的。荷马只懂得运用前景,只会运用着墨平均的客观现在时;因此,插入的故事就只能在欧律克勒娅发现了伤疤后两行才开始——这样,视角切入的可能性不复存在了,于是,伤疤的来历便只能是一个独立、完整的现时故事了。

如果将一个同为古典、同为叙事作品的另一种形式的文章与荷马的作品相对照,后者独特的风格便更加一目了然。我试着用将以撒献祭的故事来与之进行比较,这是一个所有文学原始资料里都记载的故事[①]。路德译文的开头是:发生了这许多事情之后,上帝想试探试探亚伯拉罕,于是对他说:亚伯拉罕!亚伯拉罕说:我在这儿!——如果我们读了荷马的作品,再看看这个开头,就会感到震惊。这两个说话的人身在何处?文中没有交代。然而读者却知道,这两个人并不是随时随地都处在尘世间的同样一个地方,读者知道,两人之中的一个必定是上帝,他要对亚伯拉罕说话,于是便从某处而来,从某高山或低谷来到人间。上帝来自何方?他站在哪个地方对亚伯拉罕说话?对此未作交代。上帝不像宙斯或波塞冬来自举办祭典盛宴的埃塞俄比亚。文中也没有说明他对亚伯拉罕进行可怕试探的原因。他不像宙斯那样,在与诸神议事的大会上有条有理地说明他行为的原因。上帝心中有何打算我们也不得而知。他突然而神秘地就从不知名的高山或低谷来到世间喊道:亚伯拉罕!有人会立刻说,这可以从犹太人对神的独特想象中得到解释,他们与希腊人对上帝的想象全然不同。这么说是对的,但这并不是异议。因为,犹太人对神的理解又该如何解释呢?他们从前所信奉的沙漠神就是身无定型、居无定所的孤家寡人,说到底,与前亚细亚地区直观得多的众神相比,犹太神的无形、无处和孤独形象不仅保留了下来,甚至还给人以更深刻的印象。犹太人对神的想象不仅仅是一种原因,而且更是他们理解和表现方式的标志。如果我们再来看看对话的另一方亚伯拉罕就更明了了。他在什么地方?我们不知道。他虽然说:我在这儿——然而这句希伯来语意思仅仅是:"看着我",或者如贡克尔所译的"我听着呢",起码这句话并不是表明亚伯拉罕所处的真实地点,而是表明他与呼唤他的上帝之间的一种道德关系:我在这儿等待你的训喻。但他的确切所在,究竟是在贝尔斯巴还是在其他什么地方,究竟是在屋里还是在屋

① 典出于《创世纪》:上帝想考验一下亚伯拉罕的虔诚,吩咐他把爱子以撒作为祭物燔祭上帝。——译注

外,这些都没有交代;作者无意说明,读者无从知晓。再有,当上帝呼唤亚伯拉罕时他正在做什么,文中也没有说。为了理解这一区别,可以想想赫尔墨斯①对卡吕普索的造访,那里用了许多诗句详述来访者的任务、旅行、到达及对来访者的接待、被访者的地位和工作;即便是众神突然出现的时候——不管是去帮助自己最钟爱的一个弟子,还是为了迷惑或者毁灭一个他们最痛恨的凡人——在众神显现的那段很短的时间里,他们的形象总是被描写得十分具体,在大多数情况下连到达和离去的方式都交代得一清二楚。而在这里,上帝从某个地方出现时是无形的(然而他毕竟是"出现"了),我们只闻其声,这声音呼唤的只是名字;没有形容词,也没有荷马式的谈话中常用的对谈话对方的描写。而亚伯拉罕回答上帝说:我在这儿,除此以外,也没有说出什么有意义的话来——当然,可以想象他说这番话时的表情一定是真切的顺从和情愿——然而这种想象是读者自己的事。除了简短的、不连贯的、突如其来的、硬邦邦的几句话以外,两个说话的人没有说什么明确的话语;最多可以想象出后者顺从的表情;其余的一切都是模模糊糊的。此外,两个说话人并不是站在同一个地方:可以设想亚伯拉罕位于前景之中,可以想象他的形象,或匍匐在地,或双膝下跪,或伸展双臂,或仰望上方,而前景中并没有上帝:亚伯拉罕的话语神情为心中的形象而发,或是朝着上面一个不确切的、模糊的、绝对不属前景中地方,向他发出上帝声音的地方。

就这样,在这个开场白之后,上帝发出了他的训喻,故事本身就开始了;这个故事人人皆知;它没有任何插入情节,是在几个句法上联系极少的主句中展开的。很难想象这里会描绘使用的工具、走过的田野风光及护送一列人马的仆人或驴子,比如用赞扬的口气描写这些人所得到的机会,他们的出身,用具的质地、外表或用途,这里甚至连一个形容词都没有使用。就是仆人、驴子、燔柴和刀子,再无其他,没有任何修饰;这一切都服从于上帝所定的目的;他们其他情形如何,他们的过去或将来如何,这些都不得而知。将要走上一条路,因为上帝告诉了燔祭的地点;但对这条路却什么也没有讲,只说需要走三天,并且采用的叙述方式也颇令人费解:亚伯拉罕带着他的一行人马"一大清早"上了路,前往上帝告诉他的那个地方;第三天他举目远望,看见了远处的那个地方。举目远望是唯一的神情,甚至是关于旅途报道中绝无仅有的神情,虽说可以认为那个地方位置很高,他得抬眼才能看见,但正因为是绝无仅有的唯一,因此这种神情还是加深了旅途空寂的印象;好像亚伯拉罕在这之前的途中既没有向右也没有向左看过,好像他压制住自己和旅伴的一切生命迹象,人们听见的只有他们的脚步声。如此说来,这个旅途便如同在不确定和暂时之中默默穿行,令人屏气凝神,是一个没有现在、介乎过去和眼前之间的过程,它如同一个未完成但却可以衡量的长度:三天!这三天在招呼着它们后来获得的象征性含义。这三天是从"一大清早"开始的。但是亚伯拉罕是在第三天的什

① 赫尔墨斯(Hermes),古希腊神话中宙斯之子,神使。——译注

么时候抬眼看见了他的目的地的？文中对此没有说明。显然不会是“很晚”，因为看来还有时间走上山的路，还有燔祭的时间。因此“一大清早”不是为了划分时间界限，而是出于道德上的意义；它表达的应是受到如此重大打击的亚伯拉罕那种刻不容缓、准点守时及仔细认真的顺从。对他来说，一大清早就给驴子备鞍、叫上他的仆人和儿子以撒上路是很痛苦的事情，但他顺从了，他一直走到第三天，到那时抬眼看见了那个地方。他从哪儿来，我们不知道，但他的目的地却很清楚：摩利亚地区的亚路埃尔。它指的是什么地方并不明了，尤其是“摩利亚”，也许后来改成了另一个名字——不管怎么说，它已经被说明，不管怎么说，由于和亚伯拉罕的燔祭联系在一起，它便成了一个特别庄严的圣地。如同“一大清早”并不非用来限定时间一样，“摩利亚地区的亚路埃尔”也不是用来限定地点的；两种情形都没有做出相对的限定，就像我们不知道他什么时候抬眼远望一样，我们也不了解亚伯拉罕的出发地在什么地方——亚路埃尔这个地方之所以很重要，不仅因为它与其他地方的地理关系而作为世间旅行的一个目的地，而且也因为它与上帝的关系，即被上帝不同寻常地选中作为这次燔祭行动的场所，因此必须说出这个地名。

在这个故事中还出现了第三个主要人物以撒。上帝、亚伯拉罕、仆人、驴子和用具等等都被直呼其名，既没有提到他们的性格特点，也没有给他们冠以其他的名称，而以撒却有一个同位语。上帝说道：带上你唯一的爱子以撒。然而除了和父亲的关系，除了这个故事以外，这个同位语并没有说明以撒到底是怎样的一个人，这不是一种对描述对象的转移及话题的中断，因为它并不是一个对以撒的界定，不是对其存在的性格刻画；他长得美或丑，聪明或愚蠢，高大或矮小，惹人喜爱或招人讨厌——这些在这里都没有说。只有此时此地，只有在他的行动范围之内必须让人知道的事情才做了交代——为的是突出亚伯拉罕所受的考验有多么可怕，而上帝对此知道得一清二楚。从这个相反的例子可以看出，荷马史诗中起修饰作用的形容词和偏离主题的情节插入有着什么样的意义；它们指的是其他的、没有完全被现状裹挟的、仿佛是绝对存在的东西，这些形容词和离题的叙述可以阻止读者将注意力单方面地集中在眼前的一种危机上；即便在最可怕的事件中，它们也可以阻止令人窒息的紧张局面出现。而在亚伯拉罕献祭时，则存在着这种令人窒息的紧张局面；席勒认为只有悲剧作家才会做到的——剥夺我们情感的自由、将我们内心的力量（席勒称之为“我们的行动”）集中到唯一的一个方面——在这个确实应该称为叙事性的圣经故事中做到了。

如果对文中所用的直接引语进行比较，也可以看出同样的区别。圣经故事里也有对话；然而与荷马史诗不同的是，对话不是用来表述内心所思所想，而是恰恰相反：它说明的是一种没有说出来的观点。上帝用直接引语发出了命令，但他并没有明说他的动机和意图。亚伯拉罕得到命令时一声不吭便奉命行事。亚伯拉罕和以撒在前往燔祭地途中的对话只不过是悲伤沉默的一个中断，它使沉默变得更加令人难以承受。以撒和亚伯拉罕“二人同行”，以撒拿着燔柴，亚伯拉罕拿着火把和尖刀。以撒犹犹豫豫地问道，火和柴都有了，祭祀的羊羔在哪里，亚伯拉罕做出了人所共知的回答①。接着，文章重复写道：“于是二人同行”，其他什么都没有说明。

我们对两篇文字，接着又对其代表的两种文体进行了比较，试图获得欧洲文化对现实进行文学描述的出发点。这两种文体表现出完全不同的基本类型：一个是详尽的描述，着墨均匀，部分连接紧密，表述自如，发生的一切均在幕前，一目了然，在历史发展及人类问题方面有局限；另一个是突出几个部分，淡化其他部分，支离破碎，未完全表达的东西具有强烈的作用，后景化，含义模糊，需要诠释，世界历史的要求，历史发展观念的形成及问题的深化。

荷马作品的写实主义不能与古典写实主义相提并论，因为到后来才形成的文体分用在崇高的框架内绝不允许平静从容地描写日常生活事件，尤其是悲剧中没有这种描写的位置。另外，希腊式的文化修养很快便对历史发展现象及人类问题的多样性表示关注，并以其自己的方式对此进行研究；最后，在罗马现实主义中又出现了新的自成一家的认识方式。（吴麟绶译）

＝补充材料＝

众英雄中我尤敬重他，如此英武而脆弱，英雄世界里最成功最易逝的花，正因为他如此美，用荷马的话说“如此为瞬息而生”。我几乎愿这样想，老诗人极少让他出现于情节中，而让其他人喧嚣呐喊，他的英雄端坐在帐内，是为了尽量不使他在特洛亚面前的一片混乱中世俗化。诗人可以大书特书尤利西斯的事情。尤利西斯是一只装满硬币的口袋，人们得花很长的时间去数，而对付阿喀琉斯这样的金子就快得多。

为了阿喀琉斯的缘故，我最喜爱和叹服这位一切诗人的诗人。空前绝后，他是以怎样的爱和怎样的精神透视了这种性格，把捉他，提高他。年长的阿伽门侬、尤利西斯和纳斯托(Nestor)以他们的智慧和愚蠢，咆哮的狄奥美德(Diomed)，鲁莽的阿亚克斯(Ajax)，把他们放到天才般的、万能而忧郁温柔的众神之子阿喀琉斯面前，面对自然的骄子，而正如诗人将他，这位充满雄狮的力量、精神和优美的青年，置于明哲与质朴的中间，你会在阿喀琉斯的性格中发现艺术的奇迹。阿喀琉斯与赫克托耳，这位高贵、忠诚、虔敬的男子构成最美的对照，赫克托耳是一位完全出自义务和纯净良知的英雄，而阿喀琉斯则一切来自丰饶而美的自然。他们就像相互亲近一样，也迎面对峙，从而，当阿喀琉斯最后作为赫克托耳的死敌登场时，才愈加富有悲剧性。友善的帕特罗克鲁斯十分可爱地与阿喀琉斯结伴，恰如其分地顺从这位倔强的人。

也可看到，荷马多么推崇他心目中的英雄。人们时常惊叹，荷马为何几乎不让他

① 《圣经》故事上说，亚伯拉罕回答道：“我的孩子，上帝会自己准备羊羔的。”——译注

亮相，诗人却是要吟唱阿喀琉斯的怨恨。他不愿众神之子在特洛亚前的骚乱中变得俗气。

理想者不可以世俗的面目出现。而让他隐退，诗人确实没有比这更美好更温柔的方式来歌咏他（因为这位青年在他的天才般的自然中感觉被地位显耀的阿伽门侬所侮辱，后者作为无限者，其侮辱是无限量的），于是希腊人的每一个失败，从缺少这独一无二的人的那一天起，都在提醒他的超绝于这庞然的主仆一群之上的力量，而诗人让他出现在我们面前的那些罕见的瞬息，由于他的缺席就更加光彩。这些场面也用神工鬼斧加以刻画，安排错落有致，时而喊冤复仇，时而不可言传地令人感动，转而又变得可怖，直到最后，他的痛苦和怨恨上升到极至，在凶猛的爆发之后，雷雨骤歇，而众神之子，面临他所预如的死亡，与所有人和解了，甚至与庞亚姆斯（Priamus）的父亲也和解了。①

在所有已往的一切之后，这最后的场面是天国的。

（德）荷尔德林：关于阿喀琉斯，《荷尔德林文集》，
戴晖译，商务印书馆，1999 年版，第 201—202 页。

长篇史诗的登场人物必须是民族精神的十足的代表；可是，主人公主要必须是通过自己的个性来表现出民族的全部充沛的力量，它的实质精神的全部诗意。荷马笔下的阿喀琉斯便是这样的。你喜爱赫克托耳，这垂危的民族和家室的擎天柱，温柔的丈夫和父亲，仅次于阿喀琉斯的勇敢的、强有力的勇士；你痛苦地哀悼他的死亡，仿佛责怪命运和众神不该为了主持公道而保护阿喀琉斯：可是，你再仔细审视一下，你就会看到，勤奋的、愤怒的、勇迈的和诗情的彼里德②有权对赫克托耳占上风。他主要是一位从头到脚沐浴着荣誉的无法逼视的光辉的英雄，是希腊精神的一切方面的十足的代表，是值得赞许的女神之子。赫克托耳比阿喀琉斯更富有人性，可是，阿喀琉斯比赫克托耳更富有神性。阿喀琉斯要比所有其他的英雄高出一头；阿亚克斯跟他力量匹敌，但跑起来却没有他快。年高德劭、头发全白的议会活动家涅斯托耳，是对于积累起长时期生活经验而智慧陡增的老年人的颂赞，是对于圣洁而又温暖的心灵以及老年人的温和慈祥的颂赞。奥德修斯是政治方面的智慧的结晶。阿亚克斯充满着勤奋精神、粗犷的勇气和充沛的体力。各民族的牧人，阿伽门农，以庄严雄伟见胜。总之，《伊利亚特》里的每一个登场人物都表现出希腊民族精神的某一个方面；可是，阿喀琉斯是这个民族的实质力量的总和。他无敌于天下，仅仅在议会中才自愿地向有些人表示让步。阿喀琉斯是对于英雄的希腊的诗意颂赞；这是长诗中的名符其实

① Priamus 是特洛亚国王，赫克托耳的父亲，史诗中“和解”的是 Priamus，而不是“他的父亲”。——编注

② 即阿喀琉斯之别名。——译注

的主人公；他的伟大的、英雄的灵魂寄寓在美丽的、神灵般的肉体中；在他的脸上，英勇和美丽融而为一；他的动作显出壮伟、优雅和体态匀称之美；他的语言显出高贵和毅力。众神和命运本身在暗中保护他，这是毫不奇怪的；他虽然手无寸铁，只要一出现在土墙上，大喝三声，就能使特洛伊军队溃不成军，弃甲遗兵而走，这也是毫不奇怪的。他是整部长诗的中心，他对阿伽门农生气以及跟他和解，赋予了长诗以开场和结局，开端、中部和结尾。他怒气冲冲，一动不动地坐在自己的帐篷里，弹着金线做弦的竖琴，不去参加战争；可是，他无时无刻不是长诗里的主人公：在这部长诗里，一切都从他那里引发出来，一切又都回到他那里去。可是，这是因为他不是用自己的名义，而是用民族的名义，作为民族的代表，参加在长诗里的缘故……

（俄）别林斯基：诗歌的分类与分科，《别林斯基文学论文选》，
满涛、辛未艾译，上海译文出版社，2000 年版，第 347 页。

《伊利亚特》的主要写法是"第三人称"的写法，《奥德赛》主要的却是"第一人称"；《伊利亚特》不过是几天内的故事，而《奥德赛》却是十年间的记录；《伊利亚特》描写的中心点是"战争"，而《奥德赛》的却是"人情世故"；《伊利亚特》的中心人物是"男子"，《奥德赛》的却是"女人"；——这都是显而易见的。如果我们再进一步看，则《伊利亚特》是"雄伟"的，而《奥德赛》是"瑰奇"的；《伊利亚特》有的是所谓"阳刚之美"，《奥德赛》是"阴柔之美"；《伊利亚特》给我们看一些狮子般勇猛，老虎样暴烈的男子，——自然，这些男子也不是粗鲁的，海克托宫中诀别妻儿那一个场面固然凄美动人，而容易生气、傲慢固执、报仇要报到底的阿喀琉斯接待他的敌人特洛亚老王普赖安的光景，也是温柔大度，感动人心到深处；可是《奥德赛》写的女人却柔媚如猫，狡谲如蛇，皮涅罗皮对付那些求婚人的态度不像一位贞烈的妇人而像一个老练的交际花，即如会魔术的赛栖，奥吉吉亚岛上的女妖卡力普索也都不是一副泼妇脸，都是怪温柔的。再说到那些"神"罢，女神雅典娜在《伊利亚特》和《奥德赛》中都居于主角的地位，可是《伊利亚特》中的雅典娜是一个"战士"，不是女人；反之，《奥德赛》中的雅典娜却是个"女人"而非战士。再从结构一方面讲，《伊利亚特》是紧凑的，激动的，处处火惹惹的；然而《奥德赛》却是舒缓幽闲，一步一步引人入胜。

这一切，就充分说明了这两部名著各擅胜场，合起来就成为西洋古代"文艺技术"的高度发展的结晶。

也是因为从各方面看来，《伊利亚特》是那么"男性"的，而《奥德赛》是那么"女性"的，所以蒲勒以为这两部书决非出于一人之手，而且以为《奥德赛》的作者是一个女子。"决非出于一人之手"，自来研究"荷马问题"的学者都这么说。可是蒲勒的辩证却别有其立场。他以为《奥德赛》的作者是一个女子，年青而出身贵族，而且是现在我们叫做西西里岛上的人民，——就是说，并非希腊人。他以为《奥德赛》里那位菲细亚国的公主诺息揆亚就是作者自己的影子；他并以为俄底修斯的"海上冒险"实际只

是从特洛亚到西西里，在西西里四周绕了一个圈子。他列举了许多论据，证明《奥德赛》的观点是一个女人的观点，而这女人是西西里人。在这里，我们没法详细引据，因为蒲勒研究这个问题是写了二十多万字的专书，名为《〈奥德赛〉的作者》(*The Authoress of the Odyssey*)，谁对于这个问题特别有兴趣，还是请去读这本书罢。可是有一点，我们却不能不多说几句话，就是，假定我们承认了蒲勒的议论，则“荷马问题”的翻案文章就又来了。上面我们说过，《伊利亚特》和《奥德赛》是同一题材下许多歌曲的“集团”，经过几百年的演变，无数“盲诗人”的增饰，然后形成了的。这“假定的说法”要是不能适用于《奥德赛》，自然也就不能适用于《伊利亚特》。现在若据蒲勒的“一面之辞”，则《奥德赛》既是古代一位女子的“创作”，自然《伊利亚特》也可以是“个人的作品”了，这个“个人”说他是荷马也好，不是荷马也好，总之是一个人而不是数百年无数集体的盲诗人(也许不一定全是盲的)。然而据现在我们推想得到的纪元前一千年到五百年那时候的希腊文化程度来看，这样伟大的“个人作家”是断断不能产生的。

现在推想起来，当时从“特洛亚战争”所产生的口头文学，本来多到不可胜数，而且具备了各种的体式；当时也许各篇自有独立的名称，而没有《伊利亚特》和《奥德赛》那样的名称的，即使有了，也不过是无数篇名中之一罢了。后来从口头文学厘定为书面的时候，雅典王庇西特拉图朝的那些文士们(他们的文学才能一定也不小吧)大概很尖利地看到了那大群诗歌里分明有两种风格，有两个中心点，于是各从其类，整理出《伊利亚特》和《奥德赛》这么两部来。

所以仅据《奥德赛》是“女性的”这一点来推定必为女人的作品，且为女子个人的作品，像蒲勒之所辩证，也未必妥当。我们只能说，古代希腊那些无名诗人中，一定也有女性的。因为古希腊不但有伟大的女诗人莎福(Sappho)——我们现在还有她的著作的断片，——而据斯密司(Smith)的《古代名人字典》(*Dictionary of Classical Biography*)所记，除莎福以外，与莎福齐名对立者有古尔古(Gorgo)和安特罗美达(Andromeda)，而莎福的弟子中有厄林娜(Erinna)尤为特出，她写过一篇长诗，在当时以为她足以和荷马匹敌。古代希腊是曾经有过许多天才的女诗人的。蒲勒引此以证《奥德赛》作者之为女性的可能，但是我们却以为也可以证明有些无名的女诗人曾经也取特洛亚战争为题材，因而在那特洛亚战争诗歌大集团中增加了“女性的”或“女性观点”的一部分，却未必遂能断定《奥德赛》乃出于某某女性一人之手呵！

……总之《伊利亚特》和《奥德赛》是两部好书。两部好书，然而是完全不同的两种题材，完全不同的两副笔墨。不过这两部书在不同之中，又有其同者在。有人说，《伊利亚特》的主要关键是阿喀琉斯的两次发怒。第一次是因为分配在他名下的一个女俘虏被统帅阿伽门农硬夺了去；女子在当时是看作财产的，所以这一怒是经济的意味。阿喀琉斯第二次发怒是因为他的好朋友被海克托杀死，但这并不怎样了不得，两军相战，死伤是难免的，最使阿喀琉斯生气的，是海克托夺了他的甲盾战车；这也是财产，因而这一怒也是经济的意味。至于希腊联军攻打特洛亚，是为了一个女子，女子是财产，已经明白了，但尤关重要的，是这女子还带了许多财产到特洛亚，书中凡说到海伦的时候一定附带一句“以及她带来的宝贝”，所以这一战争的基本意义也是经济的。《伊利亚特》又说海伦拐逃的原因是为的神们争一金苹果，那么连这也有着经济的意味了。我们再看《奥德赛》。这是“复仇”的故事。但是俄底修斯最痛恨的，倒不是那般无赖的求婚人想骗他的妻，而是几乎花光了他的家财。书中每逢写到那班无赖们浪费俄底修斯的家财，都是用重笔的。不但俄底修斯，他的儿子忒楞马卡斯最最痛心的，也是看着家财耗费将尽。不但忒楞马卡斯，女神雅典娜把俄底修斯家中情形提起时，主要的也是说他的家财快要弄完。这经济的意义也是很显然的。而这一点，却是题材风格完全不相同的两部书所共同的。

并且也就为的这一点，《伊利亚特》和《奥德赛》虽然充满了荒诞不经的“神话”以及“超人”式的英雄，可是我们所感得的精神却是写实的。

茅盾：《伊利亚特》和《奥德赛》，《世界文学名著杂谈》，百花文艺出版社，1980年版，第19—23页。

＝问题研讨＝

1. “荷马的智慧”是一种怎样的智慧？有哪些特征？

2. 马克思说，“希腊人是正常的儿童”，如何理解？借助荷马史诗和赫西俄德《神谱》中的神话材料，谈谈什么是“神人同形同性”。

3. 在荷马史诗中，古希腊人如何看待战争与和平、生命与死亡、人与神、人与命运、人与自然的关系？

4. 在荷马史诗中，诗人如何表现“人是中心”这一主题，这一主题与希腊文学的人文思想有何关系？

5. 产生史诗的时代常被称为“英雄时代”，古代史诗称为“英雄史诗”，史诗塑造了众多的英雄形象，洋溢着英雄主义气息，如何理解“英雄”的含义？

6. 俄国批评家别林斯基认为，“长篇史诗的登场人物必须是民族精神的十足的代表”，你认为阿喀琉斯是“希腊民族精神的十足的代表”吗？

7. 怎样理解荷马史诗的叙事风格？缪勒认为是“现在时风格”，奥尔巴赫认为属于“写实主义”，你的看法呢？

8. 亚里士多德认为荷马史诗是“严肃的诗”，并具有“悲剧成分”；美国学者大卫·丹比认为《伊利昂纪》使人震惊的是它的“残忍和高贵”①，如何理解荷马史诗的“严肃”、“悲剧成分”和“高贵”？

---

① （美）大卫·丹比《伟大的书》第一章“荷马”，曹雅学译，江苏人民出版社，2003年版。

═研究实践═

1. 维柯与"荷马问题"。(材料见延伸阅读中维柯的《寻找真正的荷马》,并分别参阅《奥德修纪》第八卷中有关盲诗人的片断、吉尔伯特·默雷著《古希腊文学史》第一章中"传说中的诗人"、杨宪益及王焕生译本序)

2. 阿喀琉斯的"漂亮之死"与奥德修斯的"抉择"。(材料见延伸阅读中韦尔南《神话与政治之间》中同名文章及伯纳德特《弓弦与竖琴》第三章)

3. 人们认为《伊利昂纪》和《奥德修纪》的作者并非同一个人,它们是不同时代的作品,这其实是说这两部作品存在一些差异,结合文本分析它们在主题或艺术层面上的差异。(另参阅张月超"《伊利亚特》与《奥德赛》的分析和比较",《欧洲文学论集》,江苏人民出版社,1981 年版)

4. 亚里士多德认为荷马环绕一个"整一性的行动"构成史诗的情节,贺拉斯指出荷马"写特洛亚战争也不从双胞胎的故事写起",他们都很重视并高度评价荷马史诗的艺术结构。荷马史诗的情节结构有哪些特点?它们对西方史诗文学有什么影响?(参阅亚里士多德《诗学》第八章、第二十三章,贺拉斯《诗艺》)

5. 英国古希腊文学专家默雷高度评价《伊利昂纪》的结尾,"阿喀琉斯和普赖姆两大敌人痛哭过去彼此所做的惨事,以及战胜者允许他的高贵的敌人的尸体满载荣誉运回,这种结束场面之精美,简直是无与伦比的"。你如何看待《伊利昂纪》的结尾?(参阅吉尔伯特·默雷著《古希腊文学史》,孙席珍等译,上海译文出版社,1988 年版)

6. 黑格尔认为"在荷马的作品里,每一个英雄都是许多性格特征的充满生气的总和","每一个人都是一个整体,本身就是一个世界,每个人都是一个完满的有生气的人,而不是某种孤立的性格特征的寓言式的抽象品",他尤其欣赏荷马笔下阿喀琉斯这一形象,"这是一个人!高贵的人格的多方面性在这个人身上显出了它的全部丰富性"。荷马史诗的性格描写有什么特点?它是否达到了黑格尔肯定的如此高的成就?(参阅黑格尔《美学》第一卷第三章中有关"人物性格"的论述,朱光潜译,商务印书馆,1982 年版)

7. 什么是"荷马式的比喻"?举例说明。统计《伊利昂纪》和《奥德修纪》中这类比喻的使用情况并做出分析。

8. 荷马史诗的中译本有散文体的,如傅东华译《伊利亚特》(人民文学出版社,1958 年版)和杨宪益译《奥德修纪》(上海译文出版社,1979 年版),也有诗体的,如罗念生、王焕生译《伊利亚特》(人民文学出版社,1994 年版)和王焕生译《奥德赛》(人民文学出版社,1997 年版)。你喜欢读诗体译本还是散文体译本?为什么?

9. 什么是"拟史诗"?什么是"文人史诗",以罗马诗人维吉尔的《埃涅阿斯纪》为例,分析它与荷马史诗的关系。西方文学史上还有哪几部重要的文人史诗?

10. 荷马在《伊利昂纪》中有几处描写到海伦，这种描写有什么特点？比较维吉尔在《埃涅阿斯纪》中对狄多的描写。

选文：古典悲剧：索福克勒斯[①]

导言——

此文选自陈洪文、水建馥所编《古希腊三大悲剧家研究》中"希腊悲剧"(1981)一文，作者施克(G. A. Seeck，1933—)是德国研究古希腊文学的学者，法兰克福大学教授。他的这篇文章原有八节，从悲剧的起源一直谈到悲剧的晚期传统。《古希腊三大悲剧家研究》选译了文章中介绍三位悲剧作家的文字，前后两节的标题分别为："建立传统：埃斯库罗斯"和"古典时代的问题悲剧：欧里庇得斯"。

在本书的选文中，施克教授主要探讨作为古典悲剧大师的索福克勒斯的创作的重要特征。施克教授首先肯定索福克勒斯的才能之一是，"对效果强烈的戏剧表演和悲剧性主题的注意同明确而有意识的形式和艺术(人性的)生命力，以一种向来被认为是独特的方式溶为一体"。施克教授还提到一系列技巧上的创新都可追溯到索福克勒斯，其中，通过采用第三个演员，"提高戏剧的灵活性和可变性"。然而，施克教授特别强调索福克勒斯创作中的"充满自信的人性表现"，他在人们看到"两个价值范畴对立"的《安提戈涅》一剧中看到的是人物身上的人性，认为"真正私人的感情高于一切原则之上"。这样，"索福克勒斯使悲剧的重心最终从原则过渡到人"。在施克教授看来，索福克勒斯的悲剧中心是"让人的行为举止面对一个为人无法洞悉的、使人即使怀着最善良的愿望仍要归于失败的某种力量或原则所控制的世界"。《俄狄浦斯王》正是希腊悲剧中命运主题的集中体现。双目失明的忒拜国王是人类悲剧性的一个象征。

据索福克勒斯自己说，他开始时学习埃斯库罗斯的风格，后来才渐渐找到自己的路子。他保留下来的最早的剧《埃阿斯》已显示出，他距离埃斯库罗斯已经有多远。在这个剧中，他显示出自己是能可靠地预感到舞台效果的高度自觉的匠师，但是重点不再在于视觉的生动形象，而在于舞台上动作的表现力。开始奥德修斯寻找着上场，在台上四处搜索，雅典娜告诉他已到了目的地，真的把已疯了的埃阿斯带到他面前。戏剧中比较困难的多层次在序幕中已可以看出来了。女神冷静客观地对待所发生的一切事件。疯子被表现成立刻就会可怕地清醒过来，最后是对立面的代表，他的敌对

① 《古希腊三大悲剧家研究》，陈洪文、水建馥选编，中国社会科学出版社，1986年版。

情绪变成了同情。与此相应，索福克勒斯在继续发展中，为了突出关键时刻，也利用了舞台画面。例如歌队离开舞台——这是很不寻常的——为了让埃阿斯能完全孤独寂寞地出现在舞台上，以便宣告他要自杀，尽管也许不是要让观众直接看到。索福克勒斯也不惧怕效果太强烈。在《奥狄浦斯王》中弄瞎双眼的奥狄浦斯最后单独来到台上，让观众看到最可怕的场面，一个盲人双目血流如注，跌跌撞撞地到处摸索。在他的《埃勒克特拉》中和埃斯库罗斯的《奠酒人》一样，克吕泰墨斯特拉的尸体被搬到宫殿门口，而且索福克勒斯还增加了几乎令人毛骨悚然的效果。他让不知底细的埃吉斯托斯亲手掀起尸布，吓得连连向后倒退，他以为裹着的是奥瑞斯忒斯的尸体；在这一刹那他明白了，克吕泰墨斯特拉的死，同时便是他自己的末日的到来。

索福克勒斯懂得寻找和加强这种效果，使之在戏剧范围内表现得如此清楚，以至人们把它看作自古典文学以来全然是情节的不言而喻的组成部分。在阿里斯托芬让他笔下的欧里庇得斯嘲笑索福克勒斯效果过于强烈的画面时，似乎没有发现索福克勒斯的舞台艺术处理上有什么可以给恶作剧式的批评提供借口的东西。这适用于他整个对索福克勒斯的态度。在索福克勒斯的剧中他想必发现了这样精当的剪裁没什么可讥笑的。如果有人从阿里斯托芬的作品中看出他承认索福克勒斯的值得称赞的、但却稍显苍白无力的艺术性，那这个印象是错误的。他对索福克勒斯评价很高，他的保留只是说明这个诗人实际的伟大之处很难描述，任何嘲笑都只能是歪曲。在索福克勒斯作品中，对效果强烈的戏剧表演和悲剧性主题的注意同明确而有意识的形式和艺术的（人性的）生命力，以一种向来被认为是独特的方式溶为一体。他成功地把悲剧固有的语言、形式和思想内容的不同倾向协调起来，使得在埃斯库罗斯笔下本来还明确的伸延性被和谐完整的印象所代替。这并不是磨光了棱角，在索福克勒斯身上也谈不到古典主义的节制性。自 18 世纪以来，人们把他称为“希腊诗歌的最高目标”，并简单地把他列为古典作家，致使人们有时把他理解为和谐与美好信念的诗人。这不是他，因为他的艺术的剪裁与自然质朴与温和是不相干的。索福克勒斯是不相信古典主义唯美论的古典作家。但是仅靠冷静而理性的分析仍不能理解他，因为这种分析经常有丢掉最本质的东西的危险。如果今天人们一再认为这种艺术只可意会不可言传的话，那绝不是听天由命。

一系列技巧上的创新都应追溯到索福克勒斯。是他发明了舞台布景，舞台绘画。当然不能把它理解为现代剧意义上的舞台布景，而只是挂在剧场墙上的一块板。它与演出的戏有多大关系也还说不清。索福克勒斯把歌队队员由十二人扩大到十五人也是一种革新，但本来的意图已经看不出来了。就戏剧本身来讲是第三个演员的采用，和埃斯库罗斯加上第二个演员一样，他也是逐渐扩大演员的任务的。最初的意图不是狭义上的三人对话，即可能出现三方谈话的情况，而是通过迅速变换和更大的综合的可能性提高戏剧的灵活性和可变性。尽管《埃阿斯》一开始三方同时出场，但并没有形成雅典娜、奥德修斯和埃阿斯同时参加的谈话。雅典娜分别对这两个人间的伙伴说话。剧终场时情形也类似。奥德修斯在阿伽门农和透克罗斯之间传话。后来索福克勒斯才创造了真正的三人对话。但是它对于悲剧来说不像二人对话那样具有同样中心的意义。如同柏拉图的《对话》告诉我们那样，没有人比希腊人更懂得谈话基本上只是在两个参加者之间进行的。因此，索福克勒斯也不是让他的第三者参加谈话，而主要是表示他的在场和参与到整个谈话场面中去。

这可能与最初的拜神活动有关，希腊悲剧基本上不是对话表演，而是动作表演；对话或一般的口头表达只是动作的一部分或者动作的陪衬。因此，情节总是受到偏爱，在情节中纯行动的因素尽可能清晰可辨，例如礼仪性的请求或哀祈行动，或者欢迎一个人，或者报信人的出场。在埃斯库罗斯的《阿伽门农》中卫兵进行观察，克吕泰墨斯特拉得到消息，报信使者报告到来的消息，阿伽门农从战争中归来，这一切都意味着动作，第二位的才是谈话和独白。的确，在《波斯人》中开场一幕就表明悲剧早已为自己开创了活动空间，而且不再觉得被严格限制在规则上。就剧本来看，歌队在舞台上不再起一种官方的职能，为劝说服从义务或请求行动，而是对国王和军队的忧虑促使波斯显贵们除了谈论公务以外也相互交谈起来。阿托萨也不是以国王的母亲的官方身份出场，而是她私人的忧虑促使她走到显贵中间来。埃斯库罗斯选择了忧虑作为动机而不写礼仪上的聚会，主要是把私人会面作为歌队和王后谈话的基础。但是直到索福克勒斯才有这样的场面，在这里只把谈话作为重要的因素，除了谈话没有别的，这就是《安提戈涅》的开场。安提戈涅自己把她妹妹领到房前，为了和她单独谈话。谈话的起因不是伊斯墨涅此刻听到的新闻——禁止安葬的布告，而是安提戈涅在克瑞翁的布告后开始的行动。这一场戏对于埃斯库罗斯的戏剧来说是一个根本变化。伊斯墨涅在剧情中没有自己的作用，因为她与已死的哥哥既没有特别近的联系，也没有戏剧性的任务要完成，好像是一个消息的传递人。她的作用只在于和安提戈涅的关系，即局限于和另一个人的联系上。常常用于称呼伊斯墨涅的“反衬人物”正是指的这种情况。

更重要的是在安提戈涅身上也有与此相应的表现。过去解释中一直争论，她和克瑞翁的矛盾是否涉及到两个价值范畴的对立，两人之中谁有道理，安提戈涅是否自己承担了责任等，因此都走入歧途。安提戈涅的特点正在于在这个人物身上的人性，真正私人的感情高于一切原则之上。尽管安提戈涅自己这方有神的支持，有要求安葬的权力，但她不是为这种权力斗争的斗士，而是为安葬她的哥哥而斗争。这时她看事物完全是从个人的角度出发，而不顾克瑞翁一定要维护的那种高于一切的准则。安提戈涅身上吸引人之处是她的几乎是不顾一切限制的人性。她不去考虑对方合理的要求，也不顾伊斯墨涅踌躇的谨慎小心。那句著名的活“我在此是为了爱，不是恨”，不是表示赞成基督教的基本精神，而是把个人的爱置于任何仍有理由存在的原则之上。安提戈涅以一种“不理智”的执拗态度径直走她自己的路，根本不顾错综复杂的情况和从原则考虑产生的相反理由。

这种充满自信的人性表现在索福克勒斯所有的人物身上，而在《安提戈涅》一剧中，人性本来就是它的主题。海蒙正是为这种人性的自信才发表了一篇辩护词，因为他比安提戈涅更了解事物的反面并从理性上把问题看透了……

但是克瑞翁也是一个——以完全另外的方式——具有这种特点的人物形象。克瑞翁通常被解释成固执的专制君主，他后来受到了应有的惩罚，开头是一个肩负相应任务、起官方职能的人物，但后来渐渐变成普通人，变成安提戈涅一样的人。《安提戈涅》让一群人落到原则的转盘机中，让他们各自做出不同的反应，最终走向毁灭。这是完全不同于埃斯库罗斯的《奥瑞斯忒斯》三部曲中克吕泰墨斯特拉和奥瑞斯忒斯的世界的另一个世界。在《奥》剧里人也落入到两个更高准则的冲突之中，但是奥瑞斯忒斯不像安提戈涅那样对此置之不理，而是同时承认双方，在极度的人性的痛苦之中把希望寄托于阿波罗的帮助。因此，在《欧默尼德斯》一剧中我们看到在开释奥瑞斯忒斯时不是人性的胜利，占第一位的原则是通过妥协达到和解，第二位的才是允许人，奥瑞斯忒斯幸免。索福克勒斯是使悲剧的重心最终从原则过渡到人的形象。他那不可思议的质朴的核心和人性的亲切感可能就在于此。

索福克勒斯的悲剧对我们来说不仅从外表结构上，而且在许多方面都比埃斯库罗斯更现代化。歌队的削弱并将其作为分节的因素，为后来的分幕剧作了准备；对于个别人物的兴趣以及由此产生的戏剧进程的紧张形势，预示了后来亚里士多德在《诗学》，特别是在他的“一致”这个概念中使用的美学标准。诚然，这并不是说索福克勒已放弃了排列原则。这在《埃阿斯》中表现得更明显，致使现代观察家在解释他的作品时感到困难，因为埃阿斯的死在剧的中间已发生，而且第二部分是围绕着他的安葬进行的。从现代剧的眼光看来，这个剧似乎是分割成了两部分。人们想通过一个美学上的比喻（记事板结构）来解决这一难题，于是就从错误的角度了解考察这种现象。索福克勒斯的悲剧其实不是一致的，只是在偏离他自己的道路或在早期才分为双层次或多层次，它基本上是排列式的，但同时也通过不断上升，紧张或者发展的线索，表现了渐趋一致的倾向。在《安提戈涅》剧中克瑞翁的戏紧接着安提戈涅的戏，同时在第一部分他的戏已经开始了，因此就出现了一个相对来说复杂的、交织在一起的现象。就是在从现代戏角度看已经是完整的封闭式的《奥狄浦斯王》一剧中，这种排列原则仍然看得出来。人们早在数十年前就指出了由此而产生的从现代意义上讲的困难。在说明它时，人们有一种关于个别场景是特殊现象的错误观念，似乎这里是为了取得更强烈的瞬间效果才破坏了本身的完整性。事实正好相反：索福克勒斯原则上的个别性是以一定的先决条件为前提的，并从特定的意义上说多少服从于整体。

《奥狄浦斯王》是索福克勒斯艺术的高峰。但现代化的解释却往往掩盖了剧的本质及其思想的、美学的成就。它既不是心理分析解释的恰当对象，也不是在这种研究中人们将勾画一个尽可能完整的奥狄浦斯形象，而这个形象是由个别台词和情节拼凑起来的。在这个戏里，索福克勒斯把情节和个别人物相互联结起来用，就我们所知，在这前后他从未试图用过这样的方式。奥狄浦斯开始是城邦的“救星”，大家都把希望寄托在他身上。后来，由于从外部发生的事件和传来的消息以及奥狄浦斯自己行动的综合作用，使他不可避免地走向毁灭。在每一场戏里，奥狄浦斯都是舞台上的中心人物。这种令现代美学观点感到特别满意的完整性，是一种偶然的次要效果。索福克勒斯要把这样一点特别明显地表现在舞台上，他的所有悲剧都是以这样一点为中心的，这就是让人的举止行为面对一个为人所无法洞悉的、使人即使怀着最善良的愿望仍要归于失败的某种力量或原则所控制的世界。与《安提戈涅》的克瑞翁不同，奥狄浦斯一开始就不只是一个国家的君主和最高权威；他想施以人性的安慰，他承担调查追究已发生的罪行的任务，尽管正是他自己对此知道的最少。从此开始，不管他在哪里询问或行动，总碰到最可怕的纠葛，杀父和娶母，而他自己毫不知情地落到这个网中。他在任何地方都忠于原则，就是在他除了用计谋别无办法的时候，也总是能从人性去理解，因为他完全靠自己的力量，他不可能逃脱被揭露的后果，或是像奥瑞斯忒斯那样，求救于更高的权威。这可能是结尾一场的意义，索福克勒斯让奥狄浦斯双目失明登场，以此使人类悲剧性的独立在一个象征性的场面上出现。

我们不知道，当亚里士多德谈到悲剧几经变迁达到它自己的本性时，是否想到了索福克勒斯，但那定义毫无疑问是确切的，在埃斯库罗斯作品中是主导的、能够展开的因素，发展到了一个新的高度，越过它只能带来原有水平的变种或冒风险的偏离，而不再是合乎规则的继续发展：情节作为功能结构产生了很大的差别，比如说可能不再要求增加演员数量。悲剧的一般形式已经相当固定，比如演员登场（开场）是在歌队出场（进场歌）之前，接下去是歌队合歌（合唱歌）和场次的交替以及个别人物的某种典型化；最终神话主题完全从人和人的问题的角度来看。这种悲剧从此以后便成了标准悲剧，并决定着以后的传统。在这个框框之内仍可能出现的重大差别，则反映了索福克勒斯和欧里庇得斯的并存。（宁瑛译）

＝补充材料＝

在英雄时代的情况里，主体既然和他的全部意志、行为和成就直接联系在一起，所以他也要对他的行为的后果负完全责任。我们现代人却不然，如果我们有所行动，或是评判一种行动，我们就须要求主体对他的行动和他完成这行动的情境要认识清楚，才能要他对这行动负责任。如果情境的内容是另样的，客观现实所具有的特性不是像主体在行动时所认识的那样，现代人就不会对他所作的事负完全责任，如果由于对情境的无知或误解而做出与本来意志相违的事，他就会拒绝负责，他只会承认他认识清楚的，并且根据这种认识，下过决心，蓄意做出来的事。但是英雄性格就不作这种分别，而是要以他的全部个性对他的全部行动负责。举例来说，奥狄普在去求神降预言的途程中和一个人发生争执，就把他打死了。在那个好勇斗狠的时代，这种行为并不算什么罪行；本来那人对奥狄浦斯就很凶狠，但是那人正是他的父亲。他和一位王后结了婚；这位妻子就是他的母亲，他在不知不觉中犯了蒸淫的罪过。但是知道了之后，他完全承认了这宗罪行，把自己当作一个弑父娶母者来惩罚，尽管打死父亲娶母亲既出于他的无知，就不出于他的意志。独立自足的坚强而完整的英雄性格就不肯卸脱自己的责任，也不认识到主观意图与客观行动及其后果之间的这种矛盾。而在近代，每一个人的行动都和旁人有千丝万缕的纠葛和牵连，他就尽可能把罪过从自己身上推开。在这一点上，我们近代人的观点是比较符合道德的，因为主体方面对于情境的知识、对于善行的信心以及行动时内在的意图这三件事是道德行为的主要因素。但是在英雄时代里，个人在本质上是个整体，客观行动既是由他做出来的，就始终是属于他的，主体也愿意要把他所做的事看成完全是由他做的，对它的后果负完全责任。

在真正的美里，冲突所揭露的矛盾中每一对立方面还是必须带有理想的烙印，因此不能没有理性，不能没有辩护的道理。各种理想的旨趣必须互相斗争，这个力量反对那个力量。这些旨趣就是人类心中的有关本质的要求，也就是动作的本身必然的目的；它们是本身有辩护道理的，符合理性的，因此就是心灵性事物的普遍永恒的力量：它们不是绝对神性本身，而是某一绝对理念的儿子，所以是统治的，发生效力的；它们是某一普遍真实的东西的子女，尽管只是这普遍真实的东西的受到定性的特殊方面。由于它们得到定性，它们固然可以陷入矛盾，但不管它们怎样显出差异对立，它们却必须本身具有真实性，才可以显现为得到定性的理想。这些普遍力量就是艺术的伟大动力，就是永恒的宗教的和伦理的关系：例如家庭，祖国，国家，教会，名誉，友谊，社会地位，价值，而在浪漫传奇的世界里特别是荣誉和爱情等等。这些力量在有效的程度上是不同的，但是却必须本身符合理性。同时，它们都是人心的力量，人就其为人来说，就必须承认它们，让它们在他身上体现和活动。但是这些力量又不能只是正规法律所规定的权利。因为我们在上文已经看到，正规法律的形式有时与理想的概念和形状处于对抗地位，有时正规权利的内容可能本身不正义，尽管它具有法律的形式。我们所谈的那些关系并不是只从外面规定的力量，而是本身真实的力量；这些力量因包含人性和神性的真正内容（意蕴），在动作中就不但是推动的力量，而且最后还是完成动作的力量。

在索福克勒斯的《安提戈涅》悲剧里，就是这种旨趣和目的在互相斗争着。国王克瑞翁，作为国家的首领，下令严禁成了祖国敌人进攻忒拜的奥狄浦斯的儿子受到安葬的典礼。这个禁令在本质上是有道理的，它要照顾到全国的幸福。但是安提戈涅同样地受到一种伦理力量的鼓舞，她对兄弟的爱也是神圣的，她不能让他裸尸不葬，任鸷鸟去吞食。她如果不完成安葬他的职责，那就违反了骨肉至亲的情谊。所以她悍然抗拒克瑞翁的禁令。

（德）黑格尔：《美学》第一卷，朱光潜译，商务印书馆，1979 年版，第 240—241、279—280 页。

使人不寒而栗、并且连众神都毫不抗辩地对之俯首听命的这个“命运”，到底是个什么东西呢？希腊人所谓的命运，就是我们新时代的人称之为合理必然性、现实法则、原因与结果之间关系的东西，总而言之，就是客观的行动，这客观的行动像蒸汽机一样，被自己的合理性的内在力量推动着，独自前进，——它决不半途而废，或是转入歧途，如果路上遇到人，它就把它碾死，如果遇到巉岩，它就自己撞得粉碎……

我们深深地怜恤在战斗中牺牲、或者在胜利中灭亡的英雄；可是我们却不知道，如果没有这牺牲，或者这灭亡，他就不能成为英雄，就不会通过他的个性，把永恒的、实体的力量，世界性的、并非转瞬即逝的生活法则实现出来。如果安提戈涅埋葬波里尼克的尸体，不知道这样做了之后，不可避免的死刑在等待着她，或者根本没有遭罹死刑的危险，那么，她的行为就将是善良的、值得称赞的，但却是普通的、绝不是英勇的行为。在这种情况下，安提戈涅就不会引起我们的全部同情，如果她立刻在一个偶然的机缘中死掉，我们也不会惋惜她的死亡：因为每时每刻在这地球上都要死掉千千万万人，如果每一个人的死亡都使我们为之惋惜，那就连喝一杯茶的工夫都不会有了。不，年轻而又美丽的安提戈涅的过早夭折之所以会震撼我们的整个存在，仅仅因为我们在她的死亡中看到了人类尊严的补偿，普遍的、永恒的事物对转瞬即逝的、局部的事物的胜利，以及对之进行观察后会把我们的灵魂向上提升、使我们的心灵因为感到崇高的欢乐而搏跳不已的这样一种丰功伟绩！命运选取了最高贵的精神容器，站在人类前列的最高尚的人物，体现着精神世界所赖以维持的实体力量的英雄们，来解决伟大的道德任务。伊斯美娜也是波里尼克的姊妹；她的一颗善良的、关切的心灵，一想到死去的兄弟所受到的耻辱，也感到万分同情；可是，在她身上，这种同情并不表现得比对于死亡的恐惧更为强烈些；而在安提戈涅看来，忍受凶恶死刑的折磨，要比忍受同胞兄弟的耻辱轻松些；她舍不得离弃那充满着希望和诱惑的年轻生命；她很不忍心割断吉美涅伊[①]的引诱，那种甜味是命运还没有让她有机会尝到的；可是，她决不恳求赦免、宽恕，她不摈斥咄咄逼人的死亡，反而赶快投入它的怀抱：因此，这两个姊妹之间的差别，不在于感情，而是在于感情的力量、能量和深度，正因为这样，所以其中的一个，是善良的、但却普通的人，而另外一个则是女英雄。如果在任何一部悲剧中抽掉了宿命的灾变，那么你也就剥夺了它的全部壮伟的特点，它的全部意义，使它从一部伟大的作品一变而为平凡不足道的东西，首先对于你就会失掉它的全

① 吉美涅伊是希腊神话中的结婚之神。——译注

部令人神往的力量。

(俄)别林斯基：诗歌的分类和分科,《别林斯基文学论文选》,满涛、辛未艾译,上海译文出版社,2000年版,第320、370—371页。

＝问题研讨＝

1. 怎样解读古典悲剧的“人性主题”？为什么说俄狄浦斯王是“希腊舞台上最悲惨的人物”(尼采语)？

2. 人们常称古希腊悲剧是“命运悲剧”,为什么？如何把握《俄狄浦斯王》一剧的命运主题？古希腊三大悲剧家对“命运”的理解和表现有何不同？

3. 亚里士多德在《诗学》第十一章中提出,悲剧情节的三个成分是“突转”、“发现”和“苦难”,如何理解？索福克勒斯在《俄狄浦斯王》中如何运用这三个情节成分？

4. 英雄的“苦难”源于他们的“过失”还是他们的“美德”？英雄的苦难与悲剧的崇高风格有什么关系？

5.《安提戈涅》的悲剧冲突是什么？是否为“两个价值范畴”之间的冲突？

6. 希腊悲剧为什么主要取材神话？神话与悲剧存在何种关系？

＝研究实践＝

1. 亚里士多德认为悲剧“借引起怜悯与恐惧来使这种情感得到陶冶”,怎样理解“陶冶”(Karthasis)这一概念？你有这样的体验吗？(参阅朱光潜《西方美学史》上卷,第三章第三部分,人民文学出版社,1981年版。另参阅罗念生《论古希腊戏剧》中“卡塔西斯笺释”)

2. 亚里士多德指出,索福克勒斯“按照人应当有的样子来描写”,欧里庇得斯则“按照人本来的样子来描写”,你认为这一观点是否成立？以作品为例分析他们创作的差异。

3. 伏尔泰指出《俄狄浦斯王》存在诸多“错误”,你认为他的批评有道理吗？(材料：伏尔泰“关于《俄狄浦斯王》的第三封信”,见《古希腊三大悲剧家研究》)

4. 论歌队在希腊悲剧中的作用(参阅尼采《悲剧的诞生》第七章,周国平译,三联书店,1986年版)。尼采认为古希腊悲剧兼有“酒神精神”和“日神精神”,什么是“酒神精神”和“日神精神”？

5. 马克思称普罗米修斯是“哲学的日历中最高尚的圣者和殉道者”,结合埃斯库罗斯的悲剧《普罗米修斯》谈谈对马克思这一评价的理解,并比较一下雪莱的《解放了的普罗米修斯》一剧中的英雄形象。

6. 什么是“三联剧”？阅读《奥瑞斯提亚》并概括三联剧的主要特征。(参阅汤姆逊“《奥瑞斯忒斯》三部曲”,见《古希腊三大悲剧家研究》。另参阅罗念生《论古希腊戏剧》中“埃斯库罗斯”)

7. 美国学者大卫·丹比认为,“盲目,而不是命运,是《俄狄浦斯王》的中心比喻”,你怎么理解?(参阅《伟大的书》第六章“索福克勒斯”,曹雅学译,江苏人民出版社,2003 年版)

8. 有评论家认为,欧里庇得斯“首先在希腊文学的领域里发现了女人”;欧里庇得斯还被誉为“出色的女性心灵专家”。以《美狄亚》为例,分析欧里庇得斯对女性形象的塑造和对女性心理的描写。(参阅谢·伊·拉茨格“对欧里庇得斯的《美狄亚》进行历史—文学分析的尝试”,见《古希腊三大悲剧家研究》)

9.《俄狄浦斯王》是否符合亚里士多德所提出的好悲剧的定义?怎样解释该剧中的非理性因素?(参阅米勒“亚里士多德的俄狄浦斯情结”一文)

10. 简述弗洛伊德所谓“俄狄浦斯情结”的内容。(参阅弗洛伊德《释梦》第五章第四节,孙名之译,商务印书馆,2005 年版)

=延伸阅读=

1. (意)维柯:寻找真正的荷马(维柯《新科学》,朱光潜译,人民文学出版社,1987 年版)

2. (美)特伦斯·欧文:“荷马”(特伦斯·欧文《古典思想》,覃方明译,辽宁教育出版社,1998 年版)

3. (法)让-皮埃尔·韦尔南:阿喀琉斯的“漂亮的死”(让-皮埃尔·韦尔南《神话与政治之间》,余中先译,三联书店,2001 年版)

4. (美)伯纳德特:奥德修斯的抉择(伯纳德特《弓弦与竖琴》,程志敏译,华夏出版社,2003 年版)

5. (英)基托:《安提戈涅》(陈洪文、水建馥选编《古希腊三大悲剧家研究》,中国社会科学出版社,1986 年版)

6. (美)古斯塔夫·缪勒:《俄瑞斯特亚》(缪勒《文学的哲学》,孙宜学、郭洪涛译,广西师范大学出版社,2001 年版)

7. 罗念生:卡塔西斯笺释(罗念生《论古希腊戏剧》,中国戏剧出版社,1985 年版)

8. (美)希利斯·米勒:亚里士多德的俄狄浦斯情结(希利斯·米勒《解读叙事》第一章,申丹译,北京大学出版社,2002 年版)

9. (法)斯达尔夫人:奥古斯都统治时期的拉丁文学(《斯达尔夫人论文学》,徐继曾译,人民文学出版社,1986 年版)

10. (加)诺思罗普·弗莱:秋天的神话:悲剧(索伦·克尔凯郭尔等著《悲剧:秋天的神话》,中国戏剧出版社,1992 年版)

第二章　神学文化的建构

导　论

公元476年，西罗马帝国灭亡，由此开始了欧洲中世纪的历史。所谓“中世纪”(Middle Ages)指介于古代世界的衰落与现代欧洲兴起之间的十余个世纪。文学史上，一般将公元5世纪到15世纪的欧洲文学称为“中世纪文学”或“中古文学”。

西方中世纪的历史和基督教在欧洲的发展分不开，基督教思想是中世纪占统治地位的思想。基督教教会填补了古代世界崩溃后的权力真空，基督教神学为正在形成中的欧洲封建社会提供了思想文化的统一性，因而欧洲中古文化具有显著的教会宗教特征。基督教文化与古希腊罗马文化既冲突又融合，成为现代西方的文化渊源和文化内核。

希腊文化精神具有朴素的人本思想，张扬人的生命意志，重视人的世俗追求；而以“原罪”为核心的基督教神学则确立上帝的权威，强调人的不完满和自省意识，重视人的精神生活和信仰，将人的兴趣和追求从现世引向彼岸。英国哲学家罗素认为支配中世纪欧洲思想的是天主教哲学，中世纪与古代世界相比，具有不同形式的二元对立的特征：如僧侣与俗人、天国与人世、灵魂与肉体的二元对立。① 法国19世纪批评家泰纳在其《艺术哲学》第四编中比较了古代世俗教育和中世纪宗教教育之不同，他指出，基督教神学和本能抵触，破坏了心灵的原始状态，宣扬人性本恶，压制一切天生的倾向，折磨肉体，放逐现世生活。在基督教看来，感官和理性都是靠不住的、虚妄的，应把启示、信仰和神的点拨作为指路明灯；应用赎罪、舍弃和默想来发展人的心灵，使眼前的生活成为来世和解脱的期待；放弃生命意志，永远皈依上帝，投身极乐世界的幻影，因而，一千余年来，人类生活的楷模是隐士和修士。泰纳认为“要估量这样一种思想的威力，要知道这思想改变人类的机能与习惯到什么程度，只消读一遍伟大

① (英)罗素《西方哲学史》上卷，何兆武、李约瑟译，商务印书馆，1986年版，第376—377页。

的基督教诗歌和伟大的异教诗歌”。[①] 泰纳所说“伟大的异教诗歌”即荷马史诗，而“伟大的基督教诗歌”则是但丁的《神曲》。

但丁是中古文化的集大成者和中世纪文学的杰出代表。他在流放期间（1302—1321）创作的长诗《神曲》被认为唱出了“沉默的十个世纪的声音”。由于基督教会是中古社会的精神领袖，在思想文化领域占有至高无上的地位，中世纪文学自然表现出浓厚的宗教色彩。宗教性的梦幻和象征是中世纪文学的重要特征。《神曲》全诗 100 篇，由《地狱》、《炼狱》和《天堂》三部分构成，叙述诗人“人生中途”（1300 年）“神游”三界的所见所闻所想。但丁从地狱到天堂的历程，寓指人类或个体经受苦难的考验，不断进步，最终到达真理与至善的理想境界。这是“一个从噩梦开始而以极乐告终的梦境”。当然，“神曲”亦是“人曲”，但丁借助宗教形象思考人的苦难和救赎，思考人的历史、现状和未来。“其主题是人，人们在运用其自由选择的意志时，由于他们的善行或恶行，将得到善报或恶报。”[②]只是“异教诗歌”赞美人的肉体的世俗生存，而《神曲》，用卡莱尔的话来说，是诗人的灵魂、中世纪的灵魂、基督教的灵魂的“崇高体现”。

应该看到，中世纪文化并非单一的神学文化，但丁的思想也决非铁板一块。恩格斯曾指出：但丁是中世纪的最后一位诗人，同时又是新时代的最初一位诗人。[③] 作为新旧交替时代的伟大诗人，但丁的思想及创作存在“两重性”。《神曲》既是基督教神学观念的形象化，又闪现出正在萌芽中的新时代的思想曙光。

在西方，但丁最早的研究者及传记作者是但丁的同胞薄伽丘。此后，但丁一直是人们研究中古文学及文化的学术重镇。本章选了以但丁为主题的两篇文章，一篇是激情洋溢的作家论，另一篇侧重讨论《神曲》的《地狱篇》。《神曲》三部分中，建议学生重点阅读《地狱篇》。延伸阅读中 T. S. 艾略特的“但丁”一文以生动的文字传达出作者阅读《地狱篇》的“乐趣”。补充材料中大多涉及但丁和古代文化的关系，实际上也涉及所谓“两希”传统，或希腊精神和希伯来精神的关系。延伸阅读中徐葆耕和蒋承勇的有关论述可以帮助我们重新认识中古文化及与古代文化的关系。

《神曲》中文译本主要有王维克和田德望的散文体译本（人民文学出版社）、朱维基的诗体译本（上海译文出版社）。

在中世纪，除了神学主题的宗教文学之外，尚有诸如英雄史诗、骑士文学和市民文学这些“世俗文学”的存在，其中尤以英雄史诗成就最高。中古英雄史诗除早期盎

① （法）泰纳《艺术哲学》，傅雷译，人民文学出版社，1963 年版，第 282 页。19 世纪的人们普遍认为文艺复兴和中世纪是两个对立的历史时期，泰纳的观点代表了这种贬低中世纪的流行看法。

② 但丁《致斯加拉大亲王书》，《西方文论选》（上），伍蠡甫主编，上海译文出版社，1979 年版，第 160 页。

③ 《马克思恩格斯论文学与艺术》（一），陆梅林辑注，人民文学出版社，1982 年版，第 231 页。

格鲁-撒克逊人的《贝奥武甫》外，主要是后期（11—12 世纪）四大英雄史诗，即《罗兰之歌》（法国）、《熙德之歌》（西班牙）、《尼伯龙根之歌》（德国）、《伊戈尔远征记》（俄国）。它们和古代荷马史诗一样，大多属于民间口头文学，有神话或传奇色彩，但史诗的思想意识带有封建社会的特征，并普遍受到基督教神学的影响。英雄史诗是中古叙事文学的重要文体，对西方长篇小说的发展有一定的影响。

《罗兰之歌》是中古英雄史诗的代表作，主人公罗兰忠君爱国，维护基督教的利益，是典型的中古英雄和封建骑士形象。《罗兰之歌》叙事清晰明快，成为早期法语文学中的佼佼者。上述英雄史诗都已有中文译本。本章延伸阅读中选了德国学者奥尔巴赫论《罗兰之歌》的一篇文章。

选文：作为诗人的英雄：但丁①

导言——

此文选自英国著名作家、学者托马斯·卡莱尔（Thomas Carlyle，1795—1881）的《论英雄与英雄崇拜》（1840）第三讲。全书共六讲，分别论述"作为神的英雄：奥丁异教"、"作为先知的英雄：穆罕默德"、"作为诗人的英雄：但丁、莎士比亚"、"作为教士的英雄：路德"、"作为文学家的英雄：约翰逊、彭斯、卢梭"和"作为帝王的英雄：克伦威尔、拿破仑"。

卡莱尔所谓的英雄，就是人类历史上的伟大人物和创造者。卡莱尔认为，作为神和先知的英雄都是旧时代的产物，而诗人是属于所有时代的英雄。卡莱尔将但丁和莎士比亚尊为"诗圣"。他认为但丁发出的是"沉默的十个世纪的声音"。但丁命运多舛，颠沛流离，然而卡莱尔认为不必为但丁的痛苦而抱怨叫屈，因为"悲愤出诗人"。但丁这个伟大的灵魂，由于在人世间无家可归，于是就在另一世界里营造它的住所，这就是"一切作品中最非凡卓越的"《神曲》。卡莱尔认为，《神曲》是一首"真诚的歌"，其占主导地位的是"一种真正的内在对称美"。但丁的伟大集中体现为"强烈的执著和渊深"。但丁的描写不仅以生动鲜明见长，而且还简洁、真实，像黑暗中的火光那样耀眼。卡莱尔认为，但丁是中世纪的代言人，《神曲》这首"神秘的歌"，唱出的是"最伟大的人类灵魂之呼声"，"主旋律是基督教信仰"。

这是一篇充满理解及同情心，向诗人表达"崇拜"之情，具有浪漫主义文风的作家论。

① （英）托马斯·卡莱尔《英雄与英雄崇拜》，张志民、段忠桥译，中国国际广播出版社，1988年版。

有关但丁及其作品的评注文章或著作可以说是浩如烟海，然而总的说来却没有取得什么重要的成果。他的生平似乎已无法考证。据说他在世时并不为人瞩目，只是一个无足轻重、东游西荡、悲伤满怀的人；有关他的其余材料则都被漫长的历史所湮没了。他停止写作和离开人世至今已有五个世纪。关于他的评注文章和著作虽然很多，但我们了解他还主要通过他本人的作品。或许还应该加上那张据说是乔托①给他画的肖像，看到这张画，不管作者是否是乔托，人们都会觉得它与真人是一模一样的。这是一张感人至深的面容，大概是我所见过的一切面孔中最感人的。画面上，他孤独地站在那里，四周显得空荡荡的，只有一棵月桂树与他相伴；脸上流露出永恒的悲伤和痛苦，以及同样永恒的胜利之情；可以说是表明了但丁的整个一生！我认为这是迄今根据现实画出的最悲哀的面孔，是一张十分悲戚动人的面容。这幅画以孩童般的温顺柔和的感情为基调，然而这些感情仿佛又被凝结成了尖锐的矛盾，变成了克制、孤立、傲慢而绝望的痛苦。就像是透过用粗大的冰柱做成的牢狱，去看一个关在里面的天仙般的温柔的灵魂，使人感到他是那样的坚定、倔强和不可动摇！而且，这还是一种沉默的痛苦，一种沉默而怨恨的痛苦，翘着嘴角，就像神一样对啃啮自己心灵的东西不屑一顾；仿佛这种东西只是平庸之辈，仿佛他比这有力量折磨和扼杀自己的东西更伟大。从这张脸就可以看出，他在反抗这个世界，毕生都在进行着不屈不挠的斗争。他的感情全化作了愤怒，一种难以平息的愤怒；冷漠、深沉、默默无声，就像神的表情那样！还有他那双眼睛，看上去好像感到惊讶、感到疑惑；好像在问，这个世界怎么竟是这个样子？这就是但丁，这就是那"沉默的十个世纪的声音"，他好像还在给我们唱着"他那神秘莫测的歌"。

但丁的生活我们虽知道的很少，但就所知道的而言却同这幅肖像和他的作品很符合。他于1265年出生在佛罗伦萨一个上流社会的家庭。他所受的教育在当时是最好的；学了许多学院神学（school divinity），还有亚里士多德的逻辑学和一些拉丁语的古典作品，——对某些领域有了相当深刻的见解。但丁生性认真聪慧，我们完全可以相信，他所学的已胜过了绝大部分可以学到的东西。他有着一种清楚的饶有素养的理解力，而且是非常敏锐的理解力！这是他从学校教育中努力获得的最佳的成果。他对周围的一切都有着真知灼见；只是由于在当时还没有印刷的书籍，交往也不方便，因而他对在他周围以外的那些事物就不可能有很好的了解，一盏小小的明灯可以将附近照得通亮，也可以若明若暗地照及远方。这就是但丁从学校里所学到的东西。他的生活也经历了与常人相同的命运；他曾两度作为士兵为佛罗伦萨政府出征作战，也曾当过使馆人员；他在三十五岁时，才靠着才干和贡献当上了一名佛罗伦萨的地方行政官。他年幼时曾遇到一个年龄地位均与他相仿的漂亮小姑娘，名叫贝亚德·波提那利；长大以后又远远地见了她一次，她的印象深深地印在了他的心上。所

① 乔托（1266/1267—1337），14世纪意大利画家。——译注

有读者大概都知道他对这段经历的优美动人的描写；后来他们各奔东西；她出嫁后不久就死了。她在但丁的诗中是个重要人物，而且似乎在但丁的一生中都是个重要人物。在万事万物中似乎只有她才是他倾心相爱的，而她却与他分开了，远远地分开了。她死了，但丁自己也结了婚；然而他似乎并不快乐，而且是很不快乐。我想，对这个极为真诚而且还非常敏感的人来讲，要想使他愉快的确是不容易的。

不过，我们却没有必要为但丁的痛苦而抱怨叫屈：倘若他一切如愿以偿，他也许就成了佛罗伦萨的修道院院长，或主要执政官等类的大人物了，受到世人的欢迎，然而，这个世界需要的却是那最负盛名的绝唱。也许佛罗伦萨会幸运地得到一个市长，但这样已缄默了十个世纪的历史将会继续无声无息；而且即使再过上十个世纪（将会比十个世纪更多），人们再怎样留心倾听，也不会听到《神曲》了！我们决没有什么好抱怨的。这位但丁有更高尚的使命；他势必要完成这个使命，就像一个人被押上死刑绞架时肯定要挣扎一样。让他去选择自己的幸福吧！他还不如我们，还不懂得什么是真正的幸福，什么是真正的不幸。

在但丁当修道院长的时候，归尔甫派与吉伯林派①之争、白党与黑党②之争，以及其他的种种混乱纷争达到了高潮，但丁所在的党看起来尚属强大，可但丁及其党人却出乎意外地遭到驱逐流放；从此以后，他只好过着一种颠沛流离的生活。他的财产全被充公；他强烈地感到，当着神与人的面前竟发生这种事，这完全是不公正的，简直是坏透了。他竭尽全力想使自己的地位和财产得以恢复，甚至不惜为此拿起武器进行威胁；但这都无济于事，情况反而变得更糟。我相信，在佛罗伦萨的档案中至今还可找到这样一份记录，通令不管在何处抓住但丁，立即把他活活烧死。活活烧死，据说通令上就是这样写的。这真是一份十分古怪的公文。在过了许多年以后，还有一份古怪的文件，是但丁写给佛罗伦萨执政官的一封信，内容是答复他们的温和的提议，即他们允许他回去，条件是他要道歉并付一笔罚金。但丁带着固执、严肃而傲慢的口气在信中写道："假如我不认罪就不能回去，那我宁愿永不回去。"

从此，但丁在这个世界上再也无家可归。他在各地漫游，到处寻求庇护人，他自己辛酸地说道，"多么艰难的路径"。这话充分地表明了他当时的境况。失意者是不会有快乐相伴的。但丁当时虽然贫困流离，但他却生性傲慢认真，再加之郁郁不乐的心情，因而他不会博得别人的欢心。彼特拉克曾记载过他在肯·德拉·斯卡拉宫廷里的情况，一天他因阴郁寡言而受责怪时，他的回答失去了作为廷臣应遵守的礼节。那时德拉·斯卡拉正站在众廷臣中间，开心地看着那些滑稽的戏子和小丑的表演；他转过头去对但丁说："你瞧这些可怜的傻瓜尚且能这样快活，而你这样一个聪明人却一天到晚坐在那里，拿不出一点东西来给我们逗笑，这不太奇怪了吗？"但丁恨恨地答

---

① 中世纪意大利政治上两个敌对派别的名称。——译注

② 归尔甫派内因政见分歧形成的两派，但丁属于白党。——译注

道:“不,一点也不奇怪,殿下应该记得有那么一句谚语,叫做物以类聚。”有了这种逗乐的人,当然还要有取乐的人!他就是这样一个人,既傲慢又冷漠,既爱嘲笑挖苦人,又有着郁郁不乐的性情,这种人在宫廷里当然是不会得意的。慢慢地,他明白了这个世界再也没有他的栖身之处了,或者说他再也没有好的希望了。世俗世界抛弃了他,使他到处流浪;现在没有一个活着的人爱他,他的痛苦悲哀得不到一点安慰。

这些很自然地加深了他对那个永恒世界的印象;在那个令人敬畏的现实底下,眼前这个暂时的世界,连同它的那些佛罗伦萨和那些驱逐流放,毕竟都只是些幻影在那里飘动。你将永远见不到佛罗伦萨,但是你一定会见到地狱、炼狱和天堂!佛罗伦萨,肯·德拉·斯卡拉,世界,还有人生,所有这一切又都算得了什么呢?永恒,老实说只有这永恒而不是别的地方,才是你们和万事万物的归宿!但丁这个伟大的灵魂,由于在人世间已无家可归,于是就越来越多地在那可敬畏的另一个世界里营造它的住所。他的思想自然也就全用在这上面,仿佛这才是他最重要的事情。这另一个世界,不论是有形的还是无形的,对所有的人来讲都是重大的事实:但在当时的但丁看来,它却是有形的,有着确定不移的科学形式;他对地狱之中的地沟不再怀疑,认为它就是无望的循环,就是“危险止步”,并且认为他本人将会看到它,就像我们相信能见到君士坦丁堡,只要我们走到那里就可以看见一样。这种想法早就在但丁心中萦绕,在他那默默无声的思想和敬畏之情中酝酿,最后终于迸发成一首“神秘莫测的曲子”;这就是《神曲》,可以说这是近代一切作品中最非凡卓越的。

这部作品对于但丁肯定是个极大的安慰,而且我们可以想象,当他想到自己在流放中竟然写出了这样一部著作,该感到多么的骄傲啊;不管是佛罗伦萨还是别的什么人,谁都不能阻止他写这部书,而且进一步讲,正是他们的所作所为促成了他写这部书。他本人也多少意识到这是一部伟大的作品,是一个人所能写出的最伟大的著作。“假使你跟着你的星”,这位英雄在他遭到摈斥,在他处于极其困难的情况下,还这样对自己说,“假使你跟着你的星,你不会不到达那光荣的归宿处!”我们发现,或者说实际上不难理解,他的写作是极为痛苦的;他说,“多少年来,把我累垮的”就是这本书,是的,他是忍受着极度的痛苦和辛劳才把它写完,这决非游戏,而是严肃认真的工作。他的这本书,正像那些最优秀的作品一样,须用心血写成。这本书可以说就是他的全部历史。书完成后他就溘然长逝了,当时他年龄并不大,仅有五十六岁。据说是死于过度的辛劳和伤心,他死后葬于去世时所在的拉文那城。一个世纪后,佛罗伦萨请求归还他的尸骨,但拉文那人没有答应。“我但丁葬于此地,被拒于乡岸之外。”

我说过,但丁的诗是一首歌:蒂克①称之为“一首神秘莫测的歌”;这是对它的特点恰如其分的评价。柯勒律治②曾十分中肯地评论说,你不管在哪里找到一个用音

① 蒂克(1773—1853),德国作家。——译注
② 柯勒律治(1772—1834),英国浪漫主义诗人,文艺批评家。——译注

乐般的语句写成的句子，字里行间有真正的节奏和旋律，那么它里面也一定具有某种深刻精妙的含义。因为灵与肉、词和义无论在哪里都是奇妙地结合在一起的。我们在前面说过，歌曲是语言之英雄！所有的古诗，像荷马及其他人的作品，都确实是歌；严格说来，一切好诗都是歌……

我最推崇但丁，他的《神曲》在任何意义上都是一首真诚的歌。它的语调带有一种 Canto fermo ①的味道，行文有如一首圣歌。在语言方面，他那简朴的三行诗节押韵法无疑也给它增色不少。使人读起来自然感到轻松而有节奏。不过我要补充说，它不可能不是这样，因为该作品的精华和素材本身就富有韵律。它的深度、狂迷之情以及真诚赋予了它音乐性；本来只要发掘得深，哪里都有音乐。它里面占主导地位的是一种真正的内在对称美，人们称之为建筑术的和谐，使它整个结构都很对称；这也使它带有了音乐性。《地狱》、《炼狱》、《天堂》三个王国就像一个大建筑物的三个组成部分，彼此相对着；那里矗立着的是一座伟大的、超自然的世界大教堂，庄严、肃穆、阴森；那里是但丁的灵魂世界！从根本上讲，它是所有诗歌中最真诚的一首；在这里，我们又找到真诚作为价值尺度。它来自作者的内心深处；虽历经了漫长时代仍深深扎根于我们心中。拉文那人看见他在大街上走时常常说，“瞧，那就是去过地狱的人！”一点没错，他的确去过地狱；与地狱相差无几，他处在悲哀与挣扎的生活之中；他的模样完全说明了这一点。如果不是这样，就不会有神性与之相随。思想是一种真正的劳动，是最高的善，是痛苦的女儿。它生于黑暗的旋风；实际上是被迫为解脱自身而斗争的真实成果，这才叫思想。毫无例外，我们都要“通过受苦受难才能变得完善”。然而我认为，没有哪部作品像但丁的那样精致。它仿佛整个熔化在他那沸腾的灵魂熔炉里了。这使他“垮”了许多年。不仅整个作品是如此，而且它的每部分都以强烈的真诚写成，写得既真实又清晰明了。各个部分互相呼应，就像一块块精确雕凿打磨过的大理石那样各得其所。这就是但丁的灵魂，它把中世纪的灵魂用韵律再现了出来，使之永远清晰可见。这工作绝不是轻而易举的，而是极度紧张的；然而毕竟完成了。

或许人们会说，感情强烈是但丁天才的重要品格，他做的大部分事情都离不开它。呈现于我们面前的但丁不是个心胸开阔的天主教徒，毋宁说是个狭隘甚至偏激的人；这部分是由他所处的时代和地位造成的，部分是出于他的天性。不管从哪种意义上说，他的伟大都集中体现为强烈的执著和渊深。他有世界性的伟大，但这并非在于他是世界性的，而是因为他有世界性的深度。他能看穿一切事物，洞察到存在的核心，我不知道有谁比但丁感情更炽热。他那强烈感情的最明显表现是描述能力，让我们以此为例，先从这里谈起。他眼光敏锐，能抓住一事物的根本特征，并能准确地把

① 直译是“坚定的歌”，古时用作教堂里唱的圣歌。——译注

它表现出来。你们大概还都记得他看到地帝殿①的最初景象：红色的尖顶楼，通红的铁锥透过模糊阴暗的巨物在闪闪发光！如此活灵活现，如此鲜明，一眼见到，永世不忘！这就是但丁全部天才的一个象征。他表述问题既简洁而又言必有中，塔西佗②也没他这样简练。但丁的简练仿佛是天生和自发的。一言惊人，接着又沉默不语。他的沉默比说话更加意味深长。奇怪的是，他能敏锐果断地抓住一件事情的真相，就像用闪光的笔探到了事物的内部。百路督③这个暴躁的巨人听到维吉尔的责骂即衰萎不振，就"好比风吹帆断，帆布坠落一样"。还有那可怜的柏吕奈多·拉丁尼④长着一副"烤焦的面孔"，烤得又黄又瘦；"火焰般的雪"飘落那里，那是"无风的火焰般的雪"，慢悠悠地没完没了地飘落下来！还有那些坟盖；安放在寂静昏暗的殿堂里的方形石棺，每一个都装有受苦的灵魂；棺材盖是开着的，要度过永恒，到末日审判那天才把它们盖上。还有法利那⑤如何站了起来，加佛尔⑥又怎样倒了下去——正好听见提起他儿子，听见了"fue"⑦一词的过去式！但丁描写的每一动作都很简洁；迅速、果断，就像是行军打仗。他这种描写天才之最深的本质即在于此。这个人具有烈火般的、急躁的意大利性格，非常沉默，热情，动作敏捷突然，"暴怒时脸色苍白"，默不作声，他的这种性格在上述描写中表现出来了。

虽则这种描写只是这个人最明显的表现之一，但却与一切别的表现相同，是来自于他的本质的才能；这就是这个人整个的面貌。一个人只要能用语言给你描绘出事物的模样，这个人就是有价值的；只要你留意他这样做时的方法，就等于注意到了他的真正特性。首先，他要能够完全了解事物，或要了解一事物的根本类型，就必须先对事物有一种我们所谓的同情心理，从内心同情该事物。而且他还必须有对它的诚意；要真诚，有同情心。一个没有价值的人不可能给你描绘任何东西的模样；对一切事物，他只耽于模糊不清的外在现象、谬误以及浅薄的传闻之中。实际上，难道我们不可以说，全部理智都是借着这种观察事物的力量才将自己表现出来的吗？一个人心中不论有何种才能，都要借此来表现，难道这不也是一种事业，一种该做的事情吗？天才者就是那种看到事物之本质，而把其他当作多余物抛在一旁的人。这也是干事业者之才能，他可以识别他应着手做的事物之真相，排除虚假的、表面的东西。我们这样洞察事物时，能够得到莫大的精神收获；"眼睛在万事万物中看到的，只是视觉官

---

① 参见《神曲·地狱》第八篇。——译注

② 塔西佗(约56—约120)，罗马帝国高级官员，以历史著作名垂千古。——译注

③ 百路督，古希腊神话中的财神，在《神曲》中象征财富。——译注

④ 柏吕奈多·拉丁尼(1210—1294)，佛罗伦萨文人与政治领袖之一。——译注

⑤ 参见《神曲·地狱》第十篇。——译注

⑥ 同上。——译注

⑦ fue是拉丁文，相当于英语的to be，加佛尔听见人家用过去式说他的儿子，就以为他的儿子死了。——译注

能所能见到的那一些!”对于平庸的眼睛,一切事物都是肤浅的,正如黄疸病患者看东西都是黄色的一样。据画家们说,拉斐尔是所有肖像画家中最出类拔萃的。然而,就是最有天赋的眼睛也不可能详尽无遗地看出一个物体的特点。就是最一般人的脸上,也总有许多东西是拉斐尔画不出来的。

但丁的描写不仅以生动鲜明见长,而且还简洁、真实,像黑暗中的火光那样耀眼;广而言之,它的每一方面都是高尚的,是一个伟大灵魂的产物。他笔下的法朗赛斯加①和她的恋人,品质是多么的高尚啊!这是一件在永恒的黑暗背景上用彩虹编织而成的杰作。此中传出的声音就如同无限哀伤的笛音在我们心灵深处回响。这里面还含有女性的情调,“那美人从我这里离去”;可不是,即使是陷入悲哀的深渊,他与她永不分离这件事就是一个安慰!这就是那些沉痛呼号中最悲哀的悲剧。可是在那阴森森的环境中,风掠过又把他们卷走,令他们恸哭不止!想来奇怪,但丁还是那个可怜的法朗赛斯加父亲的朋友,当法朗赛斯加还是个欢乐无邪的小姑娘时,也许还曾坐在这位诗人的膝盖上呢。真是无穷的遗憾,然而这也是规律的无尽的严酷。自然就是这样做成的;但丁认识到,这个姑娘也是这样做成的。有些人卑鄙地认为,但丁的《神曲》是他对人间既感怨恨,但又无可奈何的可怜的诽谤;他把那些他所痛恨的在世间报复不了的人统统送到了地狱!我认为,如果说哪个人的心灵有过母亲般的同情和温柔的话,那就是但丁的心。然而,一个不懂得严酷为何物的人也就不懂得同情。缺少严酷的同情只能是怯弱的、自私的、伤感的,或者更糟。在这个世界上,我不知道有谁能同但丁的感情相提并论。它是一种温柔,一种担忧着、期望着、同情着的爱:就像是风神的琴声,柔和又柔和,就像是小孩稚嫩的心灵;不过也是严厉而愁苦的心灵!他对他的贝亚德之渴望,——他们在天堂上的相会;他注视着她那纯洁美丽的眼睛,而她却早就给死亡所净化,远远地离开了他;人们把这一切比作为天使的歌唱;是最纯洁的感情流露,这也许是有史以来人类灵魂流露出的最纯洁的感情。

感情强烈的但丁对万事万物都怀有强烈的感情;他已把握了一切事物的本质。他那理智的洞察力像个画家,偶尔也像个思想家,但无非都是强烈感情作用于其他一切事物上的结果。我们必须首先考虑到他精神上的伟大,这是一切的开端。他的高傲,他的悲伤像他的爱一样,是卓越的;其实,它们除是他的爱的反面或反题之外,还能是什么?“仇恨神也仇恨神的敌人”;崇高的傲慢,是难抑而又沉默的非难和反感;“我们不想谈论他们,仅仅是瞥了一眼”。或者是这样想,“他们没有死的希望”。一天,但丁受过创伤的心里产生了严厉的宽厚之情,觉得像他这样的遭受不幸、忙碌不息和精疲力竭,肯定会完全死去;“命运本身不可能判决他长生不死”。这是他的心里话。他的严酷、真诚和渊深,在现代世界中是无与伦比的;我们只有钻进希伯来人的《圣经》,生活在那些古代先知们中间,才能找到与他相类似的人。

① 参见《神曲·地狱》第五篇。——译注

我不同意许多现代评论家的看法，他们认为《神曲》中的《地狱》部分写得最好。我想，这种偏颇大概是受了拜伦主义的审美影响，很可能是出于一种短暂的激情。我们可以说，《炼狱》和《天堂》部分，尤其是前者，甚至比《地狱》写得更好。炼狱，“洗罪山”，这是一件高尚之物，是该时代是高尚的概念的象征。如果说，罪孽完全是命中注定的，地狱是而且肯定是严酷可怕的话，那么，人在忏悔中还是可以涤净自己的；忏悔是基督教崇高行为。但丁把它写得很美，黎明时，纯净的晨曦远远地照着那两个流浪者，“海水的颤动”，[①]就是一种心境的转变。当时，希望已经开始出现；即使仍有深深的忧愁，希望也永远不会逝去。恶魔与被上帝抛弃者隐约残留的东西被踩于脚下；一缕忏悔的柔和气息升得越来越高，直抵慈悲的宝座。“为我祈祷吧”，痛苦山上的居民都对他说。“叫我的焦凡娜[②]为我祈祷吧，焦凡娜是我的女儿；我想她的母亲不再爱我了！”他们顺着蜿蜒的道路艰苦地向上攀登，他们之中有的人“像房子的梁托一样躬着身子”，由于傲慢这种罪孽而挤在一起；不过，若干年后，或若干代、若干世之后，他们一定可以登到顶峰，登到天堂之门，被慈悲让进去。一个人成功了，大家也为之雀跃！整座山都被欢乐所颤动，当一个灵魂忏悔完满，洗涤净它的罪孽和苦难时，就会响起赞美诗！我把这一切称为一种真正崇高思想的崇高体现。

不过，这三个部分确实是互相补充的，彼此之间不能缺少。对我来说，《天堂》类似于无声的音乐，是《地狱》的偿还方面；没有《天堂》，《地狱》就是不真实的。所有这三部分构成了中世纪基督教所描绘的真实的无形世界，这是一个永远难忘的世界，在一切人心中，它的本质是永远真实的。也许没有人能像但丁那样准确深刻地描绘过这个世界；但丁是为了歌唱它，使它永世不忘而降生的。最令人注意的是，他对日常生活现实简单扼要地一带而过，立即进入了无形的世界；在第二和第三节里，我们就发现自己已到了精神的世界，从此就逗留在那里，仿佛逗留在可触摸的、不容置疑的事物中！但丁确实是这样认为的；所谓的真实世界及其事实，不过是踏进一个无限的、更高的现实世界之门槛。其实，两个世界都同样是超然的。不是每人都有一个灵魂吗？不仅仅是将成为灵魂，而且本来就是灵魂。在但丁真诚的目光看来，这是十分明了的事实；他相信它、看到它，正因如此，他才成为它的诗人。我再说一遍，真诚是一种必须加以保留的价值，现在如此，永远如此。

此外，但丁的地狱、炼狱、天堂还是一种象征，象征性地表现了他对这个宇宙的信念；未来的一些评论家会像过去那些斯堪的纳维亚评论家一样，根本不会像但丁那样想，反而会认为那也完全是一种“寓言”，甚或是一种无聊的寓言！然而我认为，它是基督教灵魂的一种崇高的、或者说是最崇高的体现。它在遍及世界的巨大结构的种种象征中，表示出基督徒但丁是怎样地把善与恶看作是这个上帝创造物的两极元素；

① 参见《神曲·炼狱》第一篇。——译注

② 同上，第五篇。——译注

一切都在围绕这两极旋转;对善恶两极的区分不是在它们彼此之间进行选择的问题。而是靠着它们彼此间的不可比性,一端像光明天国,卓越崇高,另一端像"地狱之穴",可怕黑暗!永恒的审判,然而又怀有忏悔,怀有永恒的同情,这就是但丁以及中世纪所信仰的基督教的象征。但是,正如我在别处说过的,这种象征靠的是纯粹真诚的目的;自己意识不到任何象征!地狱、炼狱、天堂,它们并非作为象征而形成,在我们现代欧洲人心中,根本没有把它们看作是象征!它们难道不是不容置疑的可怕事实,被人们当作确凿真实,为整个自然所处处证实吗?它们从来就是这样的。人们不会相信它们是寓言。未来的评论家们,不管有什么新思想,如果以为但丁的作品是由寓言构成的,那就大错特错了!我们承认异教是人类对宇宙的真诚敬畏之感觉的诚实表达;是诚实的,真实的,对于我们仍有价值。然而,请注意异教与基督教在这里的区别,一个很大的区别。异教所象征的主要是自然的作用;是人和事物在世界中的命运、努力、结合及盛衰变迁;基督教所象征的是人类责任的法则,人类道德的法则。一个本质在于感性,是人类最初思想的原始而无效的呼号,其主要美德是勇敢,克服恐惧。另一个本质则不在于感性,而在于道德。仅仅就这个方面来讲,这是一个多大的进步啊!

正如我们说过的,沉寂了十个世纪之后,终于在但丁那里听到了一声响。《神曲》是但丁写的;然而它实际上属于那十个基督教世纪,不过是由但丁这个人把它完成罢了。事情总是如此。比方说一个铁匠,有自己的铁块,自己的工具,自己的熟练技巧,然而这一切中真正属于他的微乎其微!所有过去的发明家都在帮他工作;实际上,我们所有人做的每一件事无不如此。但丁是中世纪的代言人,他作品中有那些时代赖于存在的思想,化做永恒的音乐表现出来了。他的这些崇高的思想,既可怕又美丽,是在他之前死去的所有好人的基督教冥想的结晶。他们固然宝贵;但他不也很宝贵吗?他要是不开口,很多事情就会一直无声无息;虽没有死,但却沉默无声。

总的来说,这首神秘的歌,难道不是最伟大的人类灵魂之呼声、不是在欧洲得到实现的最崇高的东西之呼声吗?但丁所歌唱的基督教有别于原始北欧人心中的异教;也有别于七百年前阿拉伯沙漠上表述不清的"杂牌的基督教"!在人类之中实现的最崇高的理念,由一位最崇高的人把它唱了出来,变成了永恒的象征。不管从何种意义上说,我们能占有它,难道不是件大好事吗?据我估计,它将流芳百世。因为,发自人类灵魂内部的东西完全不同于发自外部的东西。外部的有时间性,受时尚制约,要在迅速而无穷的变化中逝去;而内部的则永远如一,无所谓过去现在。真正的灵魂,不管何时看到但丁,都会从他那里得到友爱;他思想的深沉和真诚,痛苦与希望将同样会证明他们的真诚,他们将会把但丁看成为自己的兄弟。拿破仑在圣赫勒拿岛时也时常陶醉于那位老荷马的友好的诚实之中。希伯来人最古老的先知,服饰虽然与我们截然有别,也能同样使人陶醉,因为他说的话都是发自内心,又能到达所有人的心中。这就是永垂记忆的唯一秘密。但丁有着深深的真诚,也像是一个古代的先知；他的言谈也像先知们一样发自内心。如果预测他的诗为我们欧洲迄今所创造的最不朽的东西，那并不为奇；因为，没有什么比真实的语言更为持久。所有铜铸石垒的教堂和主教们的标志，看上去十分持久耐用，但与这类莫测的心曲相比则短暂多了：人们仿佛感到它可以长存下去，并受到人们的重视，而那些东西则会变为无法辨认的新东西。不再是单独的存在。欧洲创造了不少东西，诸如大城市、大帝国、百科全书、各种信条、各种派别的思想和实践；但是它创造的但丁思想一类的东西却是绝无仅有的。荷马也算一个，他确实还呈献于我们每个开放的灵魂面前；然而，希腊今又在何方？荒凉了数千年，远远离去了，消失了，只剩下一堆令人困惑的瓦砾。它的生命与存在都成了往事。就像是一个梦；像是阿伽门农王的尘埃！希腊只有过去，现在希腊不复存在了，剩下的只有它说过的话。

选文：《地狱篇》[①]

导言——

此文选自英国学者乔治·霍尔姆斯(G. Holmes，1927—)的专著《但丁》第三章。正如全书的主题一样，作者在本文中主要探讨的是但丁的思想。他首先指出，但丁《地狱篇》的思想模型来源于罗马诗人维吉尔的《伊尼德》(通译为《埃涅阿斯纪》)，而且作为但丁的"向导"，维吉尔不仅支配着《地狱篇》的始末，也是但丁流放岁月中艺术和政治理论的主要思想来源。

霍尔姆斯认为，但丁笔下的地狱图景明显与人类的历史性堕落相关联，可以将《地狱篇》视为一部关于人类罪恶、人类堕落及其报应的诗体论文。作者还指出，但丁在表达对人类罪恶的道德义愤的同时，也夹杂一些个人怨恨。这表明，但丁的个人生活与《地狱篇》的主题有直接的联系。这一联系的重要性在于：但丁将自己的政治经历与佛罗伦萨的政治斗争结合起来，从而表达了他的看法：派系斗争是灾难性的，美德属于那些超脱这些争斗之上的人们。霍尔姆斯提醒读者：在主要表达基督教观念的《地狱篇》中也可以听出某些"弦外之音"。如位于地狱第八圈的古代英雄尤利西斯"成了一种不断开拓的人类精神的象征"。霍尔姆斯最后认同这样一个观点：《地狱篇》是但丁最辉煌的作品，它实现了生活、思想与艺术的完美结合，尤其是深奥的主题与生动的描写融为一体。

整部《神曲》从这里开始了：在人生旅程的中途，但丁迷失在一座山脚下黑暗的

① (英)乔治·霍尔姆斯《但丁》，裘珊萍译，中国社会科学出版社，1989年版。

森林里，他面对三只令人惊恐的猛兽：象征着淫欲的豹，象征着傲慢的狮和象征着贪婪的母狼。这时，他被维吉尔的幽灵营救。维吉尔告诉他，在一位神秘的救星到来之前，我们无力战胜这只母狼。因此，他要将但丁引上另一条通往地狱之路。他还告诉但丁，自己是贝雅特里齐的使者。在对但丁做了一番劝说之后，终于在第3歌中，他们开始了地狱之行。《地狱篇》的其余部分描写了他们在整个地狱的旅行。他们遇到的幽灵一个比一个罪孽深重，在最底层，他们遇见了撒旦。

但丁《地狱篇》的思想模型，来源于维吉尔《伊尼德》一书第6章。《伊尼德》叙述了伊尼亚斯的故事。当特洛伊城被希腊人毁灭后，伊尼亚斯告别故乡，开始了自己的浪游。途中，他也探访了地下世界，最后，他终于来到意大利，成了罗马人的祖先。维吉尔的地下世界与但丁的地狱有许多相似之处。探访者都必须由卡隆[①]摆渡，穿过地狱之河——阿刻隆。地狱的上下层之间被一座险恶的绝壁隔开（它与《地狱》第8歌中的狄斯城相似），在绝壁后面，所有的罪人都在为各自的罪恶忍受应有的惩罚。在他们到达中心区域前，伊尼亚斯与他从前生活中的人物——他的已被淹死的舵手帕林努斯，他曾爱过而又抛弃了的迦太基女王狄多等——有过许多对话。但是维吉尔的另一个世界与但丁的又有所不同。当伊尼亚斯来到幸福之境时，他见到了自己亡父的幽灵，在谈话中，后者向他预言了罗马的未来。同样，但丁在《天堂篇》中也会见了他的祖先卡基亚归大，这很容易使人想起伊尼亚斯与父亲的谈话。然而一般来说，但丁的炼狱和天堂与维吉尔的著作并无多大关系。但是，在《地狱篇》中，我们却可以看到一种普遍的相似现象，它不仅表现在外部安排和诗中的许多细节上，而且表现在有关地狱的普遍观念上。但丁和维吉尔都写道，在地狱中，惩罚一直持续下去，同时，友善的死者的幽灵也可以回答有关他们命运的询问。正是对于维吉尔的这种热忱推动着但丁，使他写出了《地狱篇》（甚至可能是整部《神曲》）。

作为但丁的向导，维吉尔支配着《地狱》的始末。为了使他成为一个有见地的引导人，但丁甚至创造了一段传奇：他受一位女预言家的差遣而来。但是，为什么将他选作主角呢？维吉尔是但丁的文学英雄和鼓舞者，他刚一出现，便受到了欢迎："你是我的老师，我的楷模，只是从你那里，我才获得了那种为我带来荣誉的优美的风格。"[②]但丁从中世纪的前辈那里接受了这样一种观念，即维吉尔不仅是一位伟大的诗人，同时他还是一位卓越的预言家。这个观念建立在这一假设上，即维吉尔的《牧歌》第4歌本身就是一种预言[③]。但是对但丁来说，更重要的是：维吉尔描写了伊尼亚斯的地下世界之行，他在这一过程中展现了整幅罗马历史的画卷。这一点也正是但丁现在所要从事的工作。"从这次由你（维吉尔）引导的旅行中，

---

① 在但丁的地狱中共有四条大河，卡隆为第一条大河的摆渡者。——译注

② 《地狱篇》，第1歌。——原注

③ 参见维吉尔《牧歌》，杨宪益译，人民出版社，1951年版，第16—19页。——译注

他(伊尼亚斯)知道了许多事情,这就是他的胜利和'圣教的'荣光的原因"[①]。《伊尼德》一书第6卷对但丁具有双重的重要性,其一,它记载了一次地下世界之行,以及伊尼亚斯与许多死者的灵魂的相遇;其二,它展现了伊尼亚斯帝国的命运。维吉尔是但丁文学和基伯林党政治学[②]上的向导,也是但丁流放岁月中艺术和政治理论的主要思想来源。

在《地狱篇》第11歌中,维吉尔为但丁解释了地狱的结构。这时,故事中的两位旅行者已穿过了地狱的前六圈。他们曾在林菩狱遇见过许多善良的异教徒,也在地狱的其他层遇到了各类罪人:暴饮暴食者、贪婪者、挥霍浪费者、暴怒者和信奉异端邪说者,这些人都在为各自的罪恶而忍受惩罚。他们在此止步,向下望去,那是一个更令人厌恶的地方,它发散着一股令人作呕的臭味。维吉尔说,在这以下的三圈(即7、8、9三圈)中的罪人,都是在恶意的驱使下做出非正义行为的人。恶意可能会通过暴力或者欺诈而表现出来。欺诈是人所特有的一种能力,其他生物对此一无所知。所以,人类本性的堕落使上帝更为痛恨。因此,那些犯有欺诈罪的人便被推到了比仅仅犯有残暴罪的人更深的地方。在这个总范围内,维吉尔又对各种犯罪类型作了更为详尽的分析。暴力可以施于邻人(谋杀和盗窃)、施于自身(自杀和挥霍),或施于上帝和自然(亵渎和鸡奸)。欺诈亦可再分为两类:一类是对那些不信任他的人的欺诈(伪善者、谄媚者、妖术惑人者、盗窃者、买卖圣职者、拉皮条者和贪官污吏);另一类则是对于那些信任他的人的欺诈,这是一种忘恩负义的行为,它比前者罪孽更深重。接着,但丁谦恭地问道,为什么他们在前六圈中看到的罪人没有受到这样的惩罚?维吉尔不耐烦地提醒他,难道忘记了亚里士多德《伦理学》中的教诲吗?他告诉我们,有三种罪恶,即纵情、恶意和兽性,其中所谓纵情对上帝的触怒最小。因此,上面那些圈里的罪人,其罪恶仅仅在于缺少自我克制,而不在于所谓恶意。

这里,需要对但丁的地狱之圈做出说明,因为它不符合任何现成的模式。比起炼狱(在这里,只有忏悔神学承认的七种主要罪人)的模型,地狱模型显得更为精巧,也更为离奇。维吉尔所提到的亚里士多德模式,实际上,在以下两个方面并不适用于但丁的地狱之图。首先,亚里士多德并没有依据无节制、恶意和兽行的区别而建立一种分类目录;其次,但丁之使用第三种范畴,即兽行,那也是匆匆地一带而过。但丁所使用的术语和概念,大都来源于同时代的经院神学。例如,他将恶意、非正义等词都作为技术术语来使用。另外,他用来区分伤害自我、伤害他人和上帝的概念,我们都可以从阿奎那的书中找到。最后,关于暴力罪和欺诈罪的区分(地狱最低层之构成即是以此为根本依据的),很可能源于西塞罗的一本题为《论

① 《地狱篇》,第2歌。——原注

② 指但丁的皇权政治学。——译注

义务》的哲学著作。西塞罗在此书中谈到，暴力和欺诈都可以造成“非正义”，“此二者均有违于人性，而欺诈尤甚”。

由此但丁形成了自己的地狱模型。这里包含着亚里士多德、西塞罗和阿奎那的思想因素。然而，我们撇开维吉尔的错误评论[①]不谈，又很难证明新的地狱之图与他们中任何一人的思想直接相关。在通过善良而又未经洗礼的异教徒[②]、亚里士多德以及维吉尔等居住的林菩狱之后，他们又穿过纵情之圈，进入容纳邪教徒的狄斯城。接着，他们来到了地狱上、下两部的分界处。分界线之下，都是些犯有恶意罪的人。他们匆匆通过强暴圈，但却在鸡奸圈停留了很长时间。最精彩的是，但丁在这里遇见了自己的良师益友，佛罗伦萨的勃鲁内托。[③] 自此，《地狱篇》的其他部分（它们占《地狱篇》一半之多）均被用来论述形形色色的欺诈罪。它起自拉皮条者和诱奸者，而终止于那些卖主的叛徒，包括最大的叛徒撒旦。

地狱之图也明显与人类的历史性堕落相关联。在《地狱篇》第 14 歌中，维吉尔讲道，在古典传奇中，克里特是“纯真时代”的人类的摇篮。在克里特的伊达山上，站立着一位“伟大的老人”，他面向着罗马，“好像那里是他的一面镜子”。他的头由纯金制成，手臂和胸膛由白银制成，躯干由黄铜制成，他的大腿由黑铁制成，他的右脚由陶土制成。我们眼前的这一奇异形象是由《旧约圣经》中尼布甲尼撒[④]梦中的人物和奥维德《变形记》(*Metamorphoses*)所记时代的人物混合而成。许多古代作家都认为，早期人类生活在一种幸福的境况下，因此，这位老人身体各个部分的材料象征着自黄金时代的纯真状态以来人性的堕落。那只右脚可能象征着与强健的世俗帝国相对的衰退的精神力量[⑤]。除金色的头颅外，这位老人的全身都是裂缝，从缝中流淌着眼泪，这些泪水奔涌着，汇成了地狱之河——阿刻隆、斯提克斯和菲利哲桑[⑥]。就这样，在但丁精心设计的传奇中，人类的那种世俗善性的堕落便与那个将人的恶行加以分类并依此施以惩处的地狱的结构紧密地联系在一起了。

从一种观点看，可以将《地狱篇》看作是一部关于人类罪恶、人类堕落及其报应的诗体论文。但丁耗费了大量的文学才智，分别使各类罪行受到恰如其分的惩处。例

① 指前述维吉尔关于亚里士多德对于罪行的区分法。——译注

② 异教徒(pagan)和邪教徒(heretics)是有区别的。前者指基督教世界以外的人，如古希腊人、阿拉伯人等。后者则指基督教世界以内的人，如东正教徒之于天主教徒，天主教徒之于新教徒，以及非正统教义信奉者之于正统教义信奉者等。事实上，在但丁(也在许多人)看来，邪教徒比异教徒更可憎，对他们更不能施以宽容。——译注

③ 《地狱篇》，第 15—16 歌。——原注

④ 尼布甲尼撒(Nebuchadnezzar，？—公元前 562 年)，新巴比伦王国国王，公元前 586 年攻陷耶路撒冷，俘大批犹太人而归。——译注

⑤ 指教会。——译注

⑥ 此三者均为地狱中的河流名。——译注

如，占卜者们的头都被紧紧固定住，只能向后看；体格硕大的撒旦因为企图取代三位一体的上帝，而被嘲讽地赋予三重丑脸。对人的弱点的这种系统观察与但丁在流放初年的著作中的那些观点有着某种联系。在写于1302—1304年间的两篇伟大的道德诗歌《三位女性》和《悲伤使我勇敢》中，但丁都尖锐地对同时代人加以评论。《三位女性》一文抱怨人们从自己的心中放逐了正义、慷慨和节制。《悲伤使我勇敢》有一个奇怪的主题，即妇女应该掩盖她们对于男人们的爱，因为他们已经丧失了美德。"男人们已与美德绝缘，虽有人的外表，但已经不是人，而是凶残的野兽。噢，上帝，这是多么奇怪呵，他们竟然愿意从主人堕落为奴隶，从生存堕落到死亡。"在《飨宴》第4篇的最后一章中，但丁论及了个人灵魂的高贵性问题，从这里，我们更为清楚地看到《地狱篇》主题已初露端倪。在这段文字中，作者以一种与《地狱篇》相反的方式讨论了人性的问题。他将人划分为不同的年龄层，并且将各种品德分别归属于不同年龄的人：朝气（Adolescence）属于25岁以前的人；青春（Youth）属于25—45岁的人；衰老（Old）属于45—70岁的人；而陈腐（Senility）则属于70岁以上的人。维吉尔笔下的伊尼亚斯是一个具有多种美德的典型，恰好在他获得这些美德的年龄上，但丁也开始了自己的地狱之行。《飨宴》中的这部分思想主要应归功于亚里士多德的《伦理学》和西塞罗的《论义务》。这两大思想来源曾经对但丁整个思想框架产生过巨大的影响，《地狱篇》第6歌曾对此作了详细的阐述。《飨宴》第4章中表现出的对心理学的兴趣，上述"诗歌"的道德悲观主义倾向，以及对于《伊尼德》一书的推崇等，这些因素可以在一定程度上对《地狱篇》的观念如何出现于但丁头脑中的问题做出解释，《飨宴》正是在这一点上显示出但丁开始将视线转向复杂多变的人类心理，同时，他在这一工作中所采用的方式也预示着《神曲》的诞生。

《地狱篇》所描绘的地狱之图，即外部地理环境和相应的道德层次等，都是极为复杂的。它对于读者的忍耐力的确是一次考验。然而，这张图表本身还不是全部困难之所在。与那种由罪恶而来的分类模型相对，但丁又提出了一种更为扑朔迷离的思考和评论模型。在这一模型中，他以一种不那么系统的方式，就他本人的境况、他的生活经历的结果等发表了自己的看法。当然，在某种程度上，对于罪恶本身的分类，直接表达着但丁本人的道德倾向。他对奸诈的母狼比对强暴的狮子更厌恶。但是，当他来到代表罪恶的人物面前时，他的谴责与他们所属的位置就不成比例了，有时甚至极不相符。在《地狱篇》第8歌的愤怒者圈中，但丁遇到了腓力波·阿真提，但丁对此人表示了极大的厌恶，他甚至愿意将阿真提，而不是那些尽管陷得更深但却为他所尊敬的人，踢回泥淖之中。腓力波·阿真提是佛罗伦萨的一个故弄玄虚、专横跋扈的政治保守主义者。但丁可能一直厌恶他。在这里他表现了一种与道德分类无关的个人仇恨。尽管但丁的道德分类严格地表现出一种道德观，同时，他也曾费尽心机地使罪恶与报应对应起来，但是，他的许多人物所谈的问题，实际上与他们所代表的罪恶并无关系。就这方面而言，但丁是在随心所欲地对待自己的道德分类，他似乎经常只是把它当作一种借口，以便提及某些他因为别的原因而希望与之交谈的人。

但丁忍受着如此巨大的悲痛，坚持让《神曲》开始于1300年的复活节，这一事实本身就表明，这一日期对他具有深远的意义。这是一个新世纪的起始年。在这一年中，罗马教皇颁布了特赦令。但是，除了这一原因外，1300年之于但丁可能还有着一种双重的意义。根据《神曲》第一行所述，它是但丁"人生旅程的中途"，这一年，他恰好35岁。此外，正是在1300年复活节前后，他无可挽回地卷入了佛罗伦萨的派系斗争。我们可以想象，他可能已经看到，他的地狱之行由此开始，他对于人类罪恶的认识同样也由此开始。在《地狱篇》中，但丁的政治经历十分惹眼。这部作品有一条最为明显的辅助性线索，即他对于政治问题的思考，它像是一条彩线，贯穿于各首"歌"的始终。

在某种意义上，但丁的个人生活与《地狱篇》的主题最直接的联系，表现在这一点上，即他本人在尘世中也是一个被判有罪的人。他已经因买卖官职这一政治上的腐败行为而被逐出佛罗伦萨。地狱第8圈中的行刑所，大部分都是为犯有此罪的人准备的。在《地狱篇》第21歌中，但丁和维吉尔看到了一泓沥青湖，湖中，黑色的魔鬼正用铁钯痛打买卖官职者的魂灵。此处，有两个值得注意的问题：首先，这里充满着一种令人非常厌恶的滑稽气氛，这在《地狱篇》中通常很少见到；另外，它也隐隐约约地做出了这样的暗示：即便在公正的惩罚中，也可能存着某些不公正的因素。当但丁和维吉尔到来时，一个魔鬼正在追打一位刚刚来自卢加的魂灵。他高叫着：那边除了庞得洛·达蒂[①]外，个个都是买卖官职者。但是，根据14世纪评论家们的记述，这位达蒂先生恰恰是这座城市中最腐败的人。维吉尔上前与魔鬼们交涉，以便得到它们的帮助，通过此地，继续旅行。此时，但丁却恐惧地躲到了岩石背后。直到维吉尔呼唤时，他才慢慢走了出来。可能是为了造成某种滑稽的效果，这些魔鬼都有奇怪的名字。他们沿湖巡逻，护送但丁等前行。途中，他们看到，但丁前一代人中的一个精灵正纠缠于湖中。这是一个被谋杀了的无名之辈(以后，在地狱的叛徒圈中，我们可以见到那位谋杀者的魂灵)，他大概也犯了买卖官职罪。这次沿湖旅行突然被两个魔鬼的争斗打断。这两个家伙撕咬着，一同跌入沥青湖中。以后的情况表明，这些魔鬼们都是说谎者，它们已经将但丁和维吉尔引上了歧途。这是一幕颇具讽刺意味的场景，它传达了一种对于拷问者和惩罚的不信任情绪。敏感的读者可以想见，一位被诬犯有受贿罪的人，哪怕他是一个明显的受害者，也要多少遭受一点折磨。在《神曲》中，但丁本人就感到了这种威胁。他正是因为害怕魔鬼的进攻，才情不自禁地哆嗦起来。[②]

---

① 庞得洛·达蒂是当时卢加的平民党首领。——译注

② 见《地狱篇》，第21歌。——译注

就其总体而言,《地狱篇》并未探讨哲学问题。在这里,但丁只是从一个不同的侧面考察了人类的天性。然而,它当中的许多段落仍旧可以被解释为哲学和宗教观点的反映。其中最明显的是那些有关邪教徒圈的段落。与人们的想象不同,这里的居民不是早期教会的那些伟大叛逆者,也不是中世纪激进的宗教改革者。实际上,他们都是13世纪意大利的自由思想家。这些人追随"使灵魂和肉体共灭亡的伊壁鸠鲁和他的弟子",①否认灵魂不朽。为了强调他们的错误,但丁使这些人统统深陷于坟墓之中,每个人都占据着一个敞开的棺材。除了法利那太外,这里的主要人物是但丁的朋友归多·卡瓦尔康提之父——卡瓦尔康太·卡瓦尔康提。当维吉尔和但丁进入居住着许多"伊壁鸠鲁主义者"的狄斯城时,但丁受到了"复仇女神"们的攻击,她们威胁说戈刚·美杜萨②将要把他变为顽石。维吉尔要但丁闭上眼睛,"因为戈刚就出现,你若看见了她,就没有回生之望了"。但丁以一种不寻常的方式,评论了诗中的这一情况。他补充道:"呵,聪明的读者,在这神秘的诗幕背后,擅自读出那深奥的含义吧。"③

在这里,但丁所暗含的意义可能就是那种由灵魂可朽这一荒谬学说而来的理智毁灭的危险。但丁感到,他本人就曾遇到过这样一次危险。当见到老卡瓦尔康提时,后者首先问道,为什么归多没有与你同来。这里有着双重的意指,首先是,归多在不到五个月后的猝然死亡;其次是,归多是但丁的亲密朋友。但丁以一段不可思议的话语对此做了回答:"是他(维吉尔)在那里等着,他引导我来到此地;可能你的归多对她太轻蔑了。"④这里的"她"似乎指的是贝雅特里齐。在同时代人眼中,归多是一个"伊壁鸠鲁主义者",而且,从他的诗作中,的确也能找到这方面的证据。无论对"归多的轻蔑"做出怎样的解释,这一点都是可以肯定的,即但丁之所以刻画邪教徒圈,正是要使自己从盛行于意大利某些团体中的唯物主义的思想中分离出来,并通过避免由"伊壁鸠鲁"精神所造成的污染,通过与归多保持着距离,而与自己年轻时信奉过的某些思想分道扬镳。

从另一处,即奸诈的谋士们居住的地狱第8圈中,我们亦可以清楚地听出《地狱篇》的某些弦外之音。在这个区域中,有两个伟大的灵魂,一个是著名的尤利西斯,另一个是13世纪晚期杰出的雇佣军首领归多·达·蒙太潘尔脱洛。⑤ 希腊人尤利西斯之所以被安置于此,乃是因为他提出了"特洛伊木马"这一罪恶的欺骗性的计谋,使

---

① 在《飨宴》,这些人曾因其理性主义而备受推崇,但现在却被冠之以比较庸俗的称号"伊壁鸠鲁主义者"。——原注

② 美杜萨是希腊传说中的复仇女神,她的眼睛所见到的东西都将变为顽石。——译注

③ 《地狱篇》,第9歌。——原注

④ 《地狱篇》,第10歌。——原注

⑤ 归多·达·蒙太潘尔脱洛(Guido da Montefltro,1223—1298),1274年成为罗曼亚基伯林党的首领,后皈依教门,成为圣芳济各会的修士。——译注

高傲的罗马人的祖先——特洛伊人遭到惨败。拉丁人归多之所以被安置于此，则是因为他曾为博尼法斯八世设谋，从而摧毁了博尼法斯的对手克洛纳的红衣主教的堡垒帕尔斯垂那。他的做法促使教会偏离了自己的正确轨道，一味热衷于战争，残害自己的基督教伙伴。这两个人有一点是相似的，即他们都伤害了尘世间的伟大机构——帝国和教会。然而，他们对但丁讲的那些话又表明，他们的行为有着不同的意义，他们之相似处也并非尽在于此。

这里，但丁为尤利西斯设计了另外一种命运，这与《奥德修斯》中的内容大相径庭。但丁笔下的尤利西斯没有回到伊大卡①，恰恰相反，在离开瑟西以后，他便与同伴们开始了漫长的航程。他们经过海格立斯之柱②，进入了大西洋。甚至对家庭的眷恋"也征服不了我心中的热忱，它要去获得关于世界的知识，关于人类的善恶的知识"。在进入未知的大西洋时，他激励所有的水手："想想你们是怎样的种族，你们并非注定要像野兽那样生活，而是要追求美德和知识。"③

他们在大西洋中整整行驶了5个月，突然，眼前出现了一座幽黑的山峰，就在他们行将到达之际，一阵旋风刮过，船倾覆了。我们可以设想，这座他们可望而不可即的高山就是尘世乐园的基石。以后将会看到，为了达及此处，但丁也曾在炼狱中历尽艰辛。在这里，热情奔放的尤利西斯已经成了一种不断开拓的人类精神的象征。然而，尘世乐园不是人们的独立探寻所能企及的。尤利西斯是一位高贵的异教徒，他一心要追求美德和知识，但尽管如此，他的探索最终还是走入了歧途。

相反，归多的错误却是一位基督徒所能犯下的典型错误。在生命的最后时期，这位常胜将军脱下戎装，成了一名修道士。在《飨宴》中，他因此受到了但丁的赞扬。但丁的《地狱篇》第27歌依据的是这样一些传闻：在解甲向圣以后，他又被教皇召见，征询有关帕里斯垂那的军事谋略。正当他犹豫不决之际，圣保罗的法定继承人——教皇④以他那既可以捆缚⑤也可以松绑的权力，庄严地许诺，他将赦免人们的罪恶⑥。归多让步了。但是，现在他发现（这已经太迟了），甚至连圣芳济各——他的团体的创始人——也无法将他救出地狱。归多的故事体现着人们对于教会权威的过分信赖，而尤利西斯的故事则体现着对于人性的过分信赖。然而，他们都受到了欺骗。这两个故事是否也

---

① 伊大卡为尤利西斯的故乡。——译注

② 海格立斯是希腊神话中的伟大英雄，他曾在直布罗陀海峡建立石柱，以阻止人们继续冒险。这一传说反映了希腊人（他们从未离开过地中海）的地域观。而尤利西斯的举动无疑是一次伟大的尝试，是对于这种地域观的伟大突破。《神曲》中关于这一内容的诗章历来广为人们所称颂，它雄浑有力，气魄宏大，具有悲剧色彩和崇高精神。——译注

③ 《地狱篇》，第27歌。——原注

④ 据说圣保罗系第一任教皇，后来者均为他的传人。——译注

⑤ 指教皇具有关闭和开启天国的权力。——译注

⑥ 据《神曲》原文，此处似应为"赦免他（归多）的罪恶"。——译注

反映着但丁本人的遗憾呢？就归多而言，这种看法似乎是没有道理的（当然，我们也可以说，但丁已经从他的政治经历中更加认清了教皇政权的本来面目），至于尤利西斯的情况，则更加难以断言。他的情感是高尚的，——他的叙述可能是《地狱篇》中最具永久魅力的段落——但又是复杂的。但丁是一个为政治而牺牲了家庭的流浪者。他可能已经感到，以前，他本应注意宗教和道德上的责任，而不应该一味地追求"美德和知识"。

《地狱篇》的写作是一个长期的过程，在此提及的段落可能多少反映了但丁在某些比较重要的阶段中的思想倾向。它们并不能展现出全部的中心景物，或者全诗的风貌。像此前的《新生》、《飨宴》和《论俗语》一样，《地狱篇》也表现着那些在某一时期内左右着但丁思想的兴趣域和灵感群。《地狱篇》的主题比以前著作的主题更加难以确定。当然，用致斯加拉大公信中的话（事实上，这封信的内容更适合于《地狱篇》和《炼狱篇》，而不是随信寄去的《天堂篇》的那些片段）来说，它是"亡灵的境遇"和"人们在运用其自由选择的意志时，由于善行或恶行，将得到善报或恶报"。但是，这种抽象的叙述，不仅忽略了《地狱篇》诸诗的孕育过程，而且忽略了那些不断被灌输其中的强烈的个人情感。就传统而言，人们一致认为，《地狱篇》是但丁最辉煌的作品，它实现了生活、思想与艺术的完美结合。但是，可能正因为这一点，我们也最难对它进行分析。像他早期的每一部主要作品一样，这篇作品也在相当大的程度上关注着一个新的主题。这证明，但丁具有一种惊人的能力，他可以调动一切新的知识和艺术经验，从而在每部作品中都创造出一些具有高度创造性的内容。他的作品形态各异，每一部都是那样新奇，简直无法纳入早期文学的分类原则。的确，不能将但丁的成就解释为某一流派既有风格的扩展，甚至不能解释为它的极度扩展。但丁的最大创作特点在于，他常常出人意料地将各种似乎最难相容的因素联结在一起，从而创造出一个完全出人意料的混合体。在《新生》中，圣徒的生平和美艳的诗句被溶为一体；在《地狱篇》中，维吉尔的地下世界与13世纪意大利最普通的名字又被合为一道。正是这一点使但丁实现了文学史上的伟大突破。

但丁的诗风无疑随着其生活的改变而改变。然而，在《地狱篇》中，读者仍旧可以发现这种风格在成熟时期的风采。想要勾勒出它的特征，这的确是一件冒险的事。因为，它的成功在相当大程度上依赖于它所选用的那些词汇。这经常是一些意想不到的词，它们是那样华丽，同时，又是那样贴切。这种情况英语读者也可以见之于莎士比亚的作品之中。对此，我们不能进行过细、过多的分析。《地狱篇》的另一个突出成就在于，它惟妙惟肖地刻画出各种人物。正像我们在本章看到的，这无论在思想上，还是在艺术上，都是一种创新。同时，但丁也展现了他的另外一种能力，即通过一种严格的韵律形式，表达出各种抽象的观念。在《地狱篇》以后的作品，特别是更具哲学意味的《天堂篇》的诸歌中，这种技巧得到了淋漓尽致的发挥。这可能也是但丁在风格上的最显著的变化。与其早期诗作相比，《神曲》中的诗篇更为庄重，它总是维持着一种稳健的、极为严肃的基调。但是，《神曲》的读者们首先记住的却是但丁在不同场景中或以隐喻、或以笑谑、或以白描手法塑造出来的各种栩栩如生的人物。他可能是那位正在讲述亚比阿河畔的蒙太潘提之役的法利那太。在这场惨烈的战斗中："愤怒和屠杀把亚比阿河染成了红色"①。也正是由于这一战役，他被佛罗伦萨的圭尔夫党人恨之入骨。或者，他也可能是那位逃离地狱烟尘的勃鲁内托。他使人想起了味罗那一年一度的赛跑："然后，他转过身去，像味罗那的那些为了绿布而穿过田野的选手一样，急速地跑去，但是，他像是其中的得胜者，而不是失败者。"②

不仅如此，这种生动性也表现在许多场景的描写中。我们仿佛看到，但丁和维吉尔像两个孤独的旅人，在晨曦之中来到了炼狱之岸那寂静的海滩："晨曦趋赶着夜的最后一刻，它正在匆匆逃去，我因此远远看见了大海的颤动。"③

由于这些生动的描写，但丁不仅使另一个世界活生生地展现在人们的面前，同时，又在不损害诗歌的庄严性的前提下，表达了他对于书中人物的怨恨和同情，从而满足了他的读者们最浪漫的遐想。我的这本书主要讨论的是但丁的思想，而不是他的诗歌成就。但是，我们同时应该记住，特别是在那些最伟大的篇章(例如关于尤利西斯的"歌")中，抽象的含义与诗的意境几乎已经溶为一体，因而，根本无法分割。

＝补充材料＝

但丁看到一个幻象，他走出我们这个渺小的暂时的世界，进入永恒的国土。他看到刑罚，赎罪，幸福(地狱，炼狱，天堂)。剧烈的痛苦和惨不忍睹的景象使他心惊胆战；凡是执法者与刽子手逞着狂怒与奇巧的幻想所能发明的酷刑，但丁都看到了，感觉到了，为之魂飞魄散。然后他升到光明中去，身体失去了重量，往上飞翔，一个通体放光的女子(贝阿特里丝)堆着笑容，他不由自主地受她吸引；听见灵魂化为飘飘荡荡的歌声与音乐，看到人的心灵变为一朵巨大的玫瑰，④鲜艳的光彩便是天上的德性与威力；神圣的言语，神学的真理，在太空发出嘹亮的声音。理智在灼热的高空像蜡一般溶化了，象征与幻景互相交错，掩盖，终于达到一个神秘的令人眩惑的境界；而整个诗篇，包括地狱的和天堂的部分，就是一个从噩梦开始而以极乐告终的梦境。——可是荷马给我们看到的景色不知要自然多少，健全多少！他讲到特洛亚，伊萨卡和希腊的各处海岸；⑤我们至今还能追寻那种景色，认出山脉的形状，海水的颜色，飞涌的泉

---

① 《地狱篇》，第10歌。——原注

② 《炼狱篇》，第15歌。——原注

③ 《炼狱篇》，第1歌。——原注

④ 但丁以"永恒的玫瑰"象征极乐的灵魂，不断放出芬芳歌颂上帝。——译注

⑤ 特洛亚是古地名，指小亚西亚西临地中海的一个地区，首都就是发生特洛亚战争的特洛亚。伊萨卡岛在希腊半岛西岸的爱奥尼阿海中，荷马史诗说尤利西斯出征以前是这个岛上的王。——译注

水，海鸟栖宿的扁柏与榛树；荷马的蓝本是稳定而具体的自然界；在他的诗歌中，我们觉得处处脚踏实地，站在现实之上。他的作品是历史文献；写的是他同时人的生活习惯；奥林波斯山上的神明不过是一个希腊人的家庭。我们毋须勉强自己，毋须鼓起狂热的心情，就能发觉自己心中也有他所表现的情感，想象出他描写的世界，包括战争，旅行，宴会，公开的演说，私人的谈话，一切现实生活的情景，友谊，父母子女的爱，夫妇的爱，追求光荣，需要行动，忽而发怒，忽而息怒，对迎神赛会的爱好，生活的兴致，以及纯朴的人的一切情绪，一切欲望。诗人把自己限制在一个看得见的范围之内，那是人的经验在每一代身上都能重新看到的；他不越出这个范围；现世对他已经足够，也只有现世是重要的；“他世界”只是幽魂所住的渺茫的地方。尤利西斯在阿台斯（地狱之神）那儿遇到阿喀琉斯，祝贺他在亡魂中仍然是领袖，阿喀琉斯回答说：“光荣的尤利西斯，不要和我谈到死。我宁可做个农夫，替一个没有遗产而过苦日子的人当差，那比在从古以来所有的死人中间当头儿还强得多。你还是和我来谈谈我光荣的儿子吧，告诉我，他在战场上是不是第一个英雄好汉。”——可见他进了坟墓仍旧在关心现世的生活。“于是飞毛腿阿喀琉斯的幽魂退隐了，在野水仙[①]田里迈着大步走开，非常高兴，因为我告诉他说，他的儿子出了名，勇敢得很。”——在希腊文明的各个时代都出现同样的情况，不过稍有出入而已。他们的世界是阳光普照的世界；临死的人的希望与安慰，无非是他的儿子，他的荣誉，他的坟墓，他的乡土，能够在阳光之下继续存在。

（英）泰纳：《艺术哲学》，傅雷译，人民文学出版社，1963 年版，第 283—284 页。

当我们考虑到《神曲》的独一无二的伟大崇高、它的广袤的天地，它的内在旋律、动作、主题和节奏的联合优势，我们对但丁的天才的羡慕便油然而生，当然，也羡慕他的幸运。

一个法国人说过，天才是一种“长期的忍耐”。他可能是对的。但是，辛劳中长期的忍耐和疯狂的顽强自身依赖更深的源泉。虽然，天才这个词所意味的模糊性是复杂的，但是从根本上说，天才与在无比深刻的层次上，在难以接近的灵魂幽深处形成的诗性直觉有关。一旦天才被用来表述形成那些创造领域的特点的特殊性质时，我们则苦于找不到一个适合于它的名词。我所能设想的一个缺点最少的名词是“创造性天真”，——这种带着诗性直觉的不可遏止的力量和自由的创造性天真，我想，正是但丁天才的最深刻的方面。

天真一词有两重涵义。第一重涵义是天真，[②]一种在注视事物时的全然的单纯和信托。处在其活力的最高阶段上的智力，或仅仅是童稚的无知都能达到的单纯与

① 野水仙是希腊人种在墓地四周的花。——译注

② 另一重涵义是“纯洁”。——编注

信任。就如圣保罗所说的博爱那样，这种全然的单纯和信任“相信一切东西”。

一个人如果什么也不相信，他怎么表达呢？天生的信任，与人自身本质相一致，波德莱尔说它是“一种迂阔”（因为他把自己隐蔽在19世纪后期矫揉细腻文风的诽谤性讽刺里），可任何伟大的诗人都因之相信一切东西——不仅相信由诗性经验带给他的一切事物，还相信滋养和支持着诗性经验的外界和自身的每一个事物，相信种种事件给予他的每一次赞许和启示，相信他自己的感情，以及他对难以言传的他自己的真实的表达欲望——这种天生的信任，使但丁能达到具有坚定信念的境地，他什么也不怀疑，似乎连困扰着许多伟大诗人的对自己作品的怀疑也不存在。

而每一个伟大的诗人都具备的感情——尽管这种感情是令人苦恼地含含糊糊——给诗人带来创造性源泉并使他同旁人隔离开来的某种创痛（通过梦，童年时代的隔离或某种永久性的绝望），在但丁身上表现为一种极为清晰的感知力。他深知自己的创痛，并相信它、珍爱它，贝亚特丽采制造了这种创痛。我们只能全盘接受但丁的表白。弗洛伊德学派依他们的观点解释说，这是但丁在九岁时看到一个九岁女孩的经验的理想化。对我们来说，最重要的是这个事实，即，这个直达精神力量中心的创痛，把他对贝亚特丽采的关系变成一种不可动摇的个人忠诚，——这是他后来的诗性直觉存在的所在——变成他的创造性感情的温床，变成一种根本的信仰。通过它，有形和无形的世界的一切实在将唤醒他的创造性主观性。如果说，贝亚特丽采借助想象和象征的魔力成为具有超凡的精神光芒的星宿，而同时又不失其为贝亚特丽采，那是因为在诗性认识的暗夜中，显示给但丁的每一个事物都在他对她的爱、通过他对她的爱——借助想象得到，但依然保持着原始的冲动——显示出来，并一直与原始直觉保持着联系。这种原始直觉使但丁窥见了女性世界，隐约唤醒了他的欲望。

尽管贝亚特丽采是象征性变形，但她对但丁绝不是一个象征或寓言，她是她本身，又是她所表示的意义。但丁的圣洁的天真是那么深切，以致——在创造力的前意识水平上，在诗性直觉的夜的最深处——他实际上相信了这种一重和多重的身份。没有这个基本的信任，他的全部诗情就消失了。他的天真如此深切，以致他相信他对贝亚特丽采的爱情，无论就爱情本身或对一切人而言，都是像天地一样重要的事情。这种“相信一切东西”的天真，是那么大胆无忌，以致对他来说，似乎没有比这件事更自然的了，出于他对她原先萌发的炽烈的情感，便把她升上天国，描绘为神性的化身。在她的眼里，基督的人性和神性得到了反映，并把她描绘为由沉思的天赋所启示的信仰的化身，被唤起的神游极乐境界的向导的化身。维吉尔和高低明灭的阴曹地府被动用了，从地狱到天堂的伟大航程得以进行了。整部《神曲》全为这个女子的荣名而创作。这是首要而基本的激发点。“因此，”就如他在《新生》的最后一章里写的，“如果上帝假我以笔，但愿我将为她写出从未有任何人为任何女子写过的作品。”

（法）雅克·马利坦：但丁的天真，《艺术与诗中的创造性直觉》，刘有元、罗选民等译，三联书店，1992年版，第272—274页。

＝问题研讨＝

1. “地狱”存在吗？为什么？卡莱尔说，“在一切人心中，它的本质是永远真实的”，艾略特说，“地狱不是一个地方，而是一种状态”，怎么理解？“地狱”是一种象征吗？

2.《神曲》是但丁流放期间写的一部长诗，他生活中的变故和不幸对这部作品的创作产生了什么影响？《神曲》是“失意之作”、“悲愤之作”吗？

3. 为什么说但丁是中世纪的“代言人”？《神曲》的“主旋律”是“基督教信仰”吗？但丁如何看待“罪恶”与“惩罚”、“理性”与“信仰”、“人世”与“天国”？

4.《神曲》中的维吉尔和贝阿特里丝的形象各有什么意义？表达了诗人什么样的信念和情感？

5. 恩格斯认为但丁是“中世纪的最后一位诗人，同时又是新时代的最初一位诗人”，如何理解？作为新旧交替时代的一位伟大诗人，但丁思想和创作中存在哪些矛盾？

6. 学术界对《神曲》三部分的评价存在争议，你更喜欢哪一部分？为什么？

7. 中世纪是对古代世界的“断裂”吗？将中世纪视为“黑暗的世纪”是否是一种偏见？中世纪文化与古代文化是一种什么关系？什么是“希腊精神”？什么是“希伯来精神”？欧洲文化的“两希”传统如何在中古时期冲突和融合？

8. 中世纪文学分为宗教文学和世俗文学是否合理？如何区分？世俗文学主要指哪些文学现象？

9.《神曲》的梦幻故事和象征手法与其宗教性主题有什么关系？

＝研究实践＝

1. 阅读《奥德修纪》第十一卷、《埃涅阿斯纪》第六卷、《神曲·地狱篇》，比较三位诗人对“地狱”的不同描写。

2. 比较《奥德修纪》中奥德修斯和《地狱篇》中尤利西斯这两个人物形象，但丁改写奥德修斯的故事有什么意义？

3. 但丁为什么将弗朗赛斯加和保罗这对情侣的灵魂置于地狱，然而又给予同情？

4.《神曲》是一部长诗，但丁为什么称之为“喜剧”？（《神曲》原名直译为“神圣的喜剧”，参阅埃里希·奥尔巴赫《摹仿论》第八章“法利那太和加发尔甘底”）

5.《地狱》第一圈惩罚的是“异教徒”，《地狱》第六圈惩罚的是“邪教徒”，从但丁的宗教立场看，两者有什么区别？

6. 在《神曲》的结构层面上，数字具有什么作用？会引起怎样的宗教联想？

7. 但丁将艺术作品的意义区分为哪四个层次？以《神曲》为例予以说明。（参阅古斯塔夫·缪勒《文学的哲学》第四章“但丁”）

8. 但丁在神游三界的终点瞻仰上帝，但丁所见上帝呈现一种什么景象？上帝有什么样的形象？为什么？

9. 一个现代读者还能欣赏《神曲》吗？如何解读《神曲》？（参阅大卫·丹比《伟大的书》第十六章“但丁”）

＝延伸阅读＝

1. (英)T. S. 艾略特：但丁(《英国作家论文学》，汪培基等译，三联书店，1985 年版)

2. (美)古斯塔夫·缪勒：但丁(古斯塔夫·缪勒《文学的哲学》第四章，孙宜学、郭洪涛译，广西师范大学出版社，2001 年版)

3. (美)大卫·丹比：但丁(大卫·丹比《伟大的书》第十六章，曹雅学译，江苏人民出版社，2003 年版)

4. 徐葆耕：《神曲》：融会两希文化的伟大尝试(徐葆耕《西方文学之旅》上册第二章第三节，河北教育出版社，2003 年版)

5. 蒋承勇：中世纪文学与文化的“两希”传统(蒋承勇《西方文学“两希”传统的文化阐释》，中国社会科学出版社，2003 年版)

6. (德)埃里希·奥尔巴赫：法国英雄史诗：《罗兰之歌》(埃里希·奥尔巴赫《摹仿论》第五章，“罗兰被任命为法兰克远征军后卫部队司令”，吴麟绶译，百花文艺出版社，2002 年版)

第三章　世界的发现和人的发现

导　论

14—16世纪是西方历史上一个非常重要而又特殊的时期。这是欧洲从古代（包括中古）社会向现代社会进行转型的时期。这一历史时期因“文艺复兴”（Renaissance）而得名。“文艺复兴”一词最早是由意大利人提出来的，他们认为中世纪是“黑暗的世纪”（Dark Ages），而到14世纪才又重新发现或复活灿烂的古代文化。[①] 文艺复兴其实是这一时期的一场思想文化运动，是欧洲新兴阶级借助古代（希腊罗马）文化，批判封建旧文化，建设资产阶级新文化的运动。“新文化在本质上是异教性质的，它仰慕希腊罗马，蔑视中世纪。”[②]文艺复兴运动瓦解了中世纪的神学思想体系，它随同16世纪的宗教改革运动（Reformation）和18世纪的启蒙运动（Enlightenment），为西方现代社会的建立奠定了思想文化的基础。

文艺复兴时期是有着一系列“发现”的激动人心的时期，其中两项最伟大的发现是“世界”的发现和“人”的发现。说到底，对世界和人的发现也就是对世界和人的重新认识和重新定义，并由此构成有别于中世纪基督教神学的人文主义新文化的价值取向。

“世界的发现”主要指“地理发现”。当然，其意义不仅指航海探险和新航道的开辟，更是指一种“世界意识”的成长。它的重要性在于：“从经济方面来说，这些活动和成就替欧洲人开辟了市场和殖民地以及原料和资本的来源，从而在物质上促进了工商业的发展，加强资产阶级的地位和势力。从精神方面来说，这些活动和成就打破了欧洲过去闭关自守的状态，扩大了西方人的眼界，破除了他们的迷信，提高了他们的好奇心和进取的斗志。从此，他们要求脱离中世纪的愚昧和落后状态，发挥固有的智

① 现今西方有些学者认为“黑暗”一说是文艺复兴时期的一个“神话”，所谓中世纪导致西方文化的“中断”也是夸大其词，主张抛弃有关中世纪的错误观念，重新认识中世纪，认为中世纪是西方文明发展的不可或缺的环节，对西方文化的发展做出了贡献。

② （英）罗素《西方哲学史》上卷，第589页。

慧，去从生产斗争和阶级斗争中改变他们的现状。”[①]“世界的发现”还包括对自然科学的兴趣及“自然美”的发现。

“人的发现”即“人性发现”，它是文艺复兴时期人文主义思想兴起的基础。人文主义(Humanism)是文艺复兴运动中逐步形成并与基督教神学抗衡的一种新思想，其核心内容是以对人的充分肯定来反对神的至上权威，肯定人的价值和尊严，肯定人的理性和个性，肯定人的世俗追求和成功，肯定人有充分享受生活的权利，使人成为“一切事物的尺度”。

瑞士史学家布克哈特(Jacob Burckhardt，1818—1897)的《意大利文艺复兴时期的文化》(*The Civilization of the Renaissance in Italy* 1860)是西方第一部文艺复兴史，是欧洲文艺复兴研究的权威性著作，它所提出的“两个发现”及“人文主义”等观点成为西方研究文艺复兴的“正统见解”，然而，20世纪以来，随着对中世纪研究的不断深入及学术思想的变革，该书的许多见解不断受到质疑。如美国中世纪史学家哈斯金斯就认为，“历史的发展是连续不断的。在两个时代之间，根本就没有明显的、剧烈的变化。现代研究的结果证明，中世纪并非如前人所想象的那样黑暗与停滞，而文艺复兴也不是那么光明与突如其来。”[②]

文艺复兴时期的新文学就是体现人文主义思想的文学，即“通过文学来表现人的价值和人性的真实社会性”[③]。

意大利是“现代欧洲的长子”，佛罗伦萨是意大利文艺复兴运动的发祥地，也最早产生人文主义新文学。彼特拉克，这位罗马桂冠诗人，被认为是“文艺复兴的第一个作家”。他对新文学的贡献是倾注其毕生心血的抒情诗集《歌集》。《歌集》虽受但丁《新生》影响，但在意大利诗歌史上，彼特拉克第一次将爱情表现为世俗的个人之爱。彼特拉克的诗歌创作还奠定了西方近代一种主要的抒情诗体——十四行诗体。薄伽丘在其《十日谈》中借助对男女性爱的大胆描写挑战了中世纪神学禁欲主义观念。

在16世纪的法国，新文学的代表早期有拉伯雷，后期有蒙田。拉伯雷笔下的巨人形象、吃喝主题及民间诙谐文化，宣泄了久被压抑的生活激情和世俗欢乐。蒙田是现代散文的始作俑者，他的“随笔”关注人和世界，尤其是个体自我，怀疑和反思中闪现出理性的锋芒。

彼特拉克的《歌集》(即《抒情诗集》)有李国庆、王行人的全译本(花城出版社)。蒙田《散文集》中译名或有不同，如“试笔”、“随笔”等，译林出版社1996年推出三卷本《蒙田随笔全集》。本章所选论彼特拉克和蒙田的两篇论文可提供理解人文主义对人和世界重新认识的讨论平台，巴赫金有关民间“诙谐”文化的论述涉及到俗文学的重

① 朱光潜《西方美学史》上卷，人民文学出版社，1981年版，第147页。

② 见《意大利文艺复兴时期的文化》“中译本序言”。

③ (意)加林《意大利人文主义》，李玉成译，三联书店，1998年版，第20页。

大主题，而延伸阅读中论《十日谈》一文提到“中等文体”的概念，可以看作是介于但丁的《神曲》和拉伯雷的《巨人传》，文学风格从高雅到粗俗、从庄重到狂放的过渡性变迁。

16世纪下半叶，文艺复兴时期文学在西班牙和英国进入高潮，塞万提斯的小说和莎士比亚的戏剧标志着新文学的辉煌成就。《堂吉诃德》揭示了人生中难于回避的理想与现实的巨大矛盾；莎剧则显示了人类自我认识的前所未有的广度和深度。莎剧共有37个剧本，[①]可大致分为喜剧、历史剧、悲剧、传奇剧四类。建议学生重点阅读喜剧中的《仲夏夜之梦》、《威尼斯商人》、《第十二夜》及带有悲剧结局的《罗米欧与朱丽叶》；历史剧中的《亨利四世》；“四大悲剧”：《哈姆莱特》、《奥瑟罗》、《李尔王》、《麦克白》；传奇剧中的《暴风雨》。莎士比亚是世界性大文豪，历代学者孜孜矻矻，研究成果“汗牛充栋”，以至成为一门独特的学问——“莎学”。杨周翰编选，上下两册的《莎士比亚评论汇编》可见一斑；张可、元化译编的《莎剧解读》亦可参阅。限于篇幅，本书只选了俄国作家屠格涅夫的长篇演讲，他将文艺复兴时期两大艺术形象相提并论、横向比较，拓展了对这两部文学经典的解读空间。一组补充材料大多涉及哈姆莱特的“延宕”问题，可谓众说纷纭。

我国对莎士比亚的译介已有百年的历史，无论出版界和还是学界对莎剧都怀有很高的热情，20世纪初出现了文言译本，20年代开始以现代汉语翻译莎剧，50年代出版了朱生豪主译的《莎士比亚戏剧集》，在此基础上，70年代出版了11卷的《莎士比亚全集》(人民文学出版社)，这是我国第一个外国作家作品全集。以后还出版了梁实秋翻译的莎剧全集(中国广播电视出版社)及方平主译的诗体莎剧全集(河北教育出版社)。莎剧研究方面也吸引了几代学者，尤其是80年代以来，逐渐形成了一支莎剧研究队伍，并成立了全国性的莎士比亚研究会，出版莎士比亚研究专刊，借鉴西方莎学成果，不断提高我国莎学研究水平。延伸阅读中选入的赵澧和廖炳惠的两篇文章可以帮助我们了解四百年莎学史及莎士比亚研究的最新发展。

选文：彼特拉克与诗歌创作[②]

导言——

此文选自英国学者尼古拉斯·曼(Nicholas Mann)的专著《彼特拉克》(1984)第四章。作者充分肯定诗歌创作对于彼特拉克的意义，诗歌是彼特拉克以文学形式表现自己社会活动的一个重要组成部分：桂冠诗人形象。彼特拉克从孩童时代起就开

① 一说38个，第38个是莎士比亚与人合著的《两个高贵的亲戚》，已有中译本。

② (英)尼古拉斯·曼《彼特拉克》，江力译，中国社会科学出版社，1992年版。

始写诗，但他的传世之作是《抒情诗集》(通译为《歌集》)。

曼认为，《抒情诗集》的新奇之处在于：诗人将不同类别的诗歌联结起来组成一部前后关联、文笔细腻的诗集。而且诗集并不是一气呵成，而是和诗人一起发生变化，是诗人生活经历和思想情感的记录，是自我价值的积极实现，也是彼特拉克以诗歌对恋人劳拉表达爱慕的极富想象力的创造。曼指出，诗中由劳拉(Laura)到阿波罗的月桂树(lauro，英文为 laurel)的联想，展现了诗人的一种欲望，这种欲望注定要人永久地遭受单相思的苦痛。如果从这一苦痛中可以把握彼特拉克式主题的话，那么由痛苦到绝望、由绝望到忏悔就成了诗集下集的主题。

曼认为，《抒情诗集》的意义远远不只在于它是一部主要描写个人爱情的作品，它还展现了作为意大利第一位古典学者和人文主义者的学术思想的其他方面。曼敏感地注意到了诗人在文学上的自我意识在诗歌中的表现。这一点很重要，表明彼特拉克是一个“现代”意义上的诗人。另外，他与前辈及同时代诗人的关系不仅显示他的博学，更表明他创作的源泉在于对文学的那种“溶解力”。最后，曼概括道：《抒情诗集》既描写爱情、反映精神变化、嘲讽人类境况，又论及诗歌并表现了诗歌的写作过程。这一概括可谓精当。

《抒情诗集》，正名为《方言诗絮》(Rerum vulgarium fragmenta)，包括 366 首诗歌，其中大部分是十四行诗(317 首)和短诗：7 篇短歌、4 篇情歌；此外，也还夹有篇幅较长的诗歌：9 首六节诗(诗中每节有六个音押同一韵，长度为 39 行)、29 首较长的诗歌，有的长达 169 行。在所有的诗歌中，从韵律的角度严格地说，除去大量的韵律同一以外，看不出其他什么新奇之处。它的新奇之处——显著而且极有影响——在于彼特拉克将这些不同类别的诗歌联结起来组成一首前后关联、文笔细腻的诗集这一想法本身；彼特拉克在写好其中很多首诗后才决定将它们编纂成集；诗集告竣后，他对这部诗集的看法在他的后半生中又不断改变。似乎在较早的阶段，大约是在 1347 年，最早的雏形出来近 10 年后，他决定将诗集确定为两部分：幅度较长的上集写劳拉在世时他对劳拉的爱慕；下集写劳拉的死而复生。到那一天(假定为劳拉去世的那天之前)为止，他已写完《流畅诗韵若有声》这首位于上集开篇的十四行诗和《我的思绪似泉涌》这首位于下集开篇的诗歌(《抒情诗集》264)，并且已为它们拟定了各自的位置。

彼特拉克的一个创作特点在于，它不仅吸引人们对他作品的最后形式进行研究，而且也同样地吸引人们对作品的创作过程进行研究；这倒不仅仅是因为他的文学作品不论多么不同凡响，常是未竟之作、或即使是成就之作，也多为含义隐晦、一说多译等原因，而且是因为他令人满意地为我们留下了这种研究所需的材料：他亲笔的草稿和手稿、边注以及涂改和删节。以《田园歌集》为例，学者们将许多功夫花在研究它的起源和开篇部分、它的变化、不断被扩展的过程以及它是如何编辑和被改写的。就对这部诗集的研究来讲，能够看出这种过程——在某种意义上说，《抒情诗集》不能算是完成之作，它处在经常的变动中（在他去世时，彼特拉克仍在对诗的最后部分进行重新整理）——就已经足够了。因而，说这是一部在某一时间内一气呵成的感人的供述，是站不住脚的。《抒情诗集》与彼特拉克一起发生着变化：诗集是我们在他的拉丁文作品中已看到的发展、怀疑以及对死亡进行的思考的典型例子。然而，与此同时，诗集又不容分说地使我们将其作为了解诗人这些特点的一个重要部分。

如彼特拉克自己所说，这些诗歌是零零碎碎的。它们并非一篇绵连相关的叙事诗，虽则看上去所反映的是一系列相关的事件及其后果：作者于1327年与劳拉第一次邂逅，使他万分痛苦地对她的长久未泯的爱慕，他们相遇整21年后的那天她的去世，她死后他对她那斩不断的思恋以及这种思恋在忏悔和盼望得到拯救的过程中日愈深沉。对上述事件，他都有详细记载，这一点在他坚持其真实性的某些信件（《韵文体信札》Ⅰ，6；《致友人》Ⅱ，9）中和他的维吉尔手抄本扉页上的字迹中可以看到，扉页字迹的开端写道："劳拉自身的美德使她光彩照人，并且使我在诗歌中永久地为之歌颂。1327年4月6日，在阿维尼翁的克莱尔教堂做早祷时，我第一次见到她，那时我很年轻。1348年，也是4月6日这一天，在同一时辰、同一城市，她的光彩被从这个世界上劫去了……"

诗集中的细节看来被安排得过于周密，使我们特别感到这一点的是彼特拉克1341年4月6日去罗马受冕一事被精心地安排在他那持续多年的爱思的三分之二处①。这类细节很有可能与事实相悖，但它们所表现的故事却比任何时间上的细节都更重要，因为这个故事不仅是彼特拉克写作的《抒情诗集》全著内在结构的主干，而且还是他精神上自我建设的核心。虽然我们对这段爱情的实情一无所知，但这件事的文学表现形式对我们是没有什么疑问的。《抒情诗集》以诗歌表达爱慕的方法是极富想象力的创造。

一些安排在关键章节的诗歌为我们提供了主要的日期。在第3首十四行诗中，1327年4月6日被看成（有误，但有它的意义）耶稣受难日②，其后的诗歌表明，后来的年代，特别是他们相遇的第7周年、14周年以及21周年（即她去世那天）纪念日（《抒情诗集》30、101、336）。全集中大约共有20首十四行诗和短歌含有精确的可以推断出1327—1358年这段时间的年代的参考材料，在劳拉去世10年后，这些抒情诗歌仍继续着它那种类似记叙文的写作方式，虽然体裁已不是真正的叙述体了。

置于卷首第一篇的十四行诗，跨越空间，表达了诗人到老之后对自己"少不更事时的过失"的看法，以极其唯我主义的方法表示了他的忏悔，并且为他那种可望而不

① 1327—1348年为他思恋劳拉的21年。——译注

② 复活节前的星期五 Good Friday；复活节为星期日 Easter Sunday。——译注

可即的想法和毫无结果的单相思深感羞愧。这样一来，似乎将要与读者见面的整部诗篇全被这一伦理性的反思抵消殆尽。直到诗集的下集，诗中早已明确的主题才开始占据主导地位：爱慕的突现使伦理本能锐气大挫；劳拉出现了，同时，她在诗集中的潜在功能也得到了显露。在前7首十四行诗中，作者遂以她的名字引出文字游戏，欲将她与月桂相连、让她以达佛涅的角色出现的这种意图显而易见。依照奥维德的《变形记》所述，达佛涅是一位为太阳神阿波罗爱慕和追求的仙女，为避开他的追求，她被化作一棵月桂树。然而诗歌从一开始，就显出了伦理家的面貌，因为按照中世纪时人们对这一传说的通常解释，阿波罗在寓言中代表的是追逐名誉和虚荣、最后落得自食苦果的下场的男子，这个主题也是彼特拉克期望在此表现的。

这样，从一开始，对本诗进行探索的一个重要领域便敞开了：Laura 与 lauro 这两个双关字作为令人费解的修饰成分，颇为集中地表现在《微风（L'aura）吹拂着绿色的月桂（lauro）和金色的（L'aureo）发卷》这首十四行诗中，诗中这位女性被微风、绿叶和微风吹拂的金色发卷所围绕。作为诗歌形象的月桂树和潜功能得到发挥，诗人与以恋人出现的太阳神，在对月桂树的感情上的敌对和他们所遇到的同样的命运被表现出来（《抒情诗集》115、188）：

来自苍穹的微风吹拂着那棵绿色的月桂树，
在那树旁阿波罗肋部被爱神之箭射中，
我也被套上一副甜蜜的枷锁，
迟迟不能恢复我的自由……（《抒情诗集》197）

在诗集的第九首中，阿波罗与劳拉眼中闪现的有如太阳般的光彩同化；在另一首诗歌中，达佛涅式的变形成了这位恋人自身的变形，他自己首先被变为月桂树：

这是一个多么大的变化啊！
我第一次意识到我的人体已变了形，
看到我的头发变成我早已向往的、
用以编织我自己的桂冠的叶子，
我那双使我站立行走、
十趾听从心灵摆布的双足，
却已变成深扎于比佩尼厄斯（Peneus）河
更为目空一切的一条河河畔的树根，
而我的一双手臂，却变成了树的枝条！（《抒情诗集》23）

然后，诗人又变化了一连串源于古典作品中的那些形象，仿佛他在仿效传说中的英雄，而不是在仿效古代作家。在劳拉去世相当一段时间后，在接近《抒情诗集》结尾时，劳拉的幻影出现在他面前(曾多次出现在他面前)(《抒情诗集》359)，授予他胜利者的桂冠，并且提醒说，他依然被爱情的“金色套索”(l'aureo nodo)缠绕着。

这种奥维德式的丰富幻想(我们在此勾勒的只是微不足道的一瞥)是彼特拉克本人最富神秘色彩的地方，也是他诗歌灵感的最丰富的源泉之一。在这类幻想中，他展现了一种欲望，这种欲望注定要人永久地遭受单相思的苦痛，使恋人与他不相往来，甚至使他独立于自己的躯体，而最终走上一条绝路。无论诗人是以那种外凝内炽的情感来表达：

胸中一团火、外面一层霜，
满腹思恋，华发平添，
我常饮泪独自徘徊在河边……(《抒情诗集》30)

还是以他那些对爱情时而讴歌、时而懊悔、时而渴望激情、时而寻求平静的、热烈的十四行诗来抒发，这种爱情在实质、后果以及表现形式上，都极为矛盾。这些矛盾表现了这位恋人多变的心态，同时也表明这位恋人的躲闪，以至逃避。诗歌不是以强烈、统一的记叙体或诗歌体来表达，而是以多种韵律的抑扬来展现，从而反映出一个富于想象的试验体的不同方面。如同他的诗歌一样，这位诗人也总在变来变去。因此，在他的作品中，常遇到我们熟悉的主题：岁月的流逝，所有生物的不堪一击，人的乐趣和志趣背后的虚荣心，为寻求一个平静的港口而奔波不息的人生，逃离庸俗众生而隐居遁世——所有这些方面都被我们认为是典型的彼特拉克式的主题(当然古典诗歌与中世纪诗歌中也不乏类似主题)，然而它们都不能帮助我们把彼特拉克自身的主要矛盾与他所刻画的诗歌人物身上的矛盾区分开来。

《抒情诗集》越到后来，它的伦理性就越发明朗。在下集的篇首，恋人感到要走上他清醒地意识到的“正道”还力不从心，而劳拉在世时未曾显示的圣洁品质在她去世后多次在他的梦幻中显现出来。由痛苦到绝望、由绝望到忏悔成为这一集的主题。他认识到，对生死有定的凡人的爱慕是错误的；还认识到，她那抵制他的进攻的贞洁正是为了成就他自己。至此，他想死的念头强烈了，并且产生了他可能追随她奔赴天堂的虔诚想望。在全集的最后两首诗中，他表示了改正错误的最后一着，将他的全部希望寄予上帝，向圣母玛丽亚祈祷，求得宽容和忠告，而最终结束痛苦，得到拯救。

《抒情诗集》的意义远远不只在于它是一部主要描写个人爱情的诗集，正像诗集中所表现的、或让读者感受到的彼特拉克那种伤感情绪的一个主旨那样，诗集还肯定并且证实了我们所熟悉的他的学术思想的其他部分。诗集中有回归罗马和赞颂意大利的诗歌，其中《我的意大利，说你美又有何用》大概是意大利方言文学的第一首爱国诗，同时也表达出他追求和平的愿望（《抒情诗集》128），以及与《给无名收信人的信》中对巴比伦[1]的激烈抨击相同的内容（《抒情诗集》136—138），另一些诗歌则述及声誉、美德、友人和赞助人的亡逝、沃克吕兹、乡间以及孤独恬淡生活的乐趣。然而最重要的、在下集中越来越频繁地提到的题目是写作，这使我们不仅注意到这位诗人在文学上的自我意识，而且注意到他的诗歌中所带有的自我意识。

诗人的困境被从两组矛盾的形式表现出来：他写不下去，但他不得不写；他发现写作是一种医治创伤的疗法，但写作又使他产生了相思的痛苦，这种痛苦又只有通过写作才能消除。如何使文字与事件相对应、如何使表达形式与要表达的感情相适合、甚至他所称的不可写性，这些都是《抒情诗集》较早点出的主题，但这些主题直到诗中劳拉去世后才得到充分显示。另一方面，由命运、主要还是由爱思为原动力所产生的写作热望是我们更为常见的：爱思将他推向诗歌，诗歌创作出并且保留了爱思。文字是表示欲望唯一可以信托的媒介体；文字如他所讲，可以消除由欲望引起的痛苦。从这里以及他在其他地方所阐述的交谈的裨益（《致友人》XⅢ，7；《晚年书简》XⅦ，2；《田园歌集》Ⅳ，45—50）看来，他似乎已经悟出"交谈疗法"这一近似现代心理分析的疗法。而从事写作的无法估量的真正益处在于文字可以使作者获得荣誉，甚至还可以在后辈中为他保留一席之地。

因为这种自我意识的存在，我们不难发现《抒情诗集》收入的抒情诗中（或许也在他的其他作品中）感情的冲动是绝少的；它的抒情诗所表现的是学识而不是生活——他描写劳拉在世时最好的两首十四行诗《微风将土岗上空的云吹散》（《抒情诗集》194）和《来自苍穹的微风吹拂着那棵绿色的月桂树》（《抒情诗集》197）写于1368年，时为劳拉去世后20年，但却适合诗集的上集。内有许多诗篇是韵文大师娴熟的艺术佳作，也有以模仿方式精雕细琢的习作，例如对劳拉病情的哀叹就是严格模拟维吉尔《农事诗》（《抒情诗集》31）中的一个主题而写作的，贺拉斯的诗歌恐怕是前面所谈及的那些主题和他对人性的弱点、飞逝的时光以及其他许多问题进行描写的源泉；奥维德对他的影响则是处处可见的，这不仅表现在对变形和桂树的描写中，而且表现在丘比特将他的神箭射入这位恋人眼中的比喻里。诗集中常有对古典诗人的仿效，也不乏与伦理家和历史学者观点上的共鸣；西塞罗对反复出现的、表现典型的彼特拉克式主题的《我独自沉思在田间》（《抒情诗集》35，这首十四行诗起了特殊作用，这一主题写的是陷于痛苦的恋人为躲避他人而避居幽境的幻想场景；彼特拉克的博学为他提供了阐述"昔日的辉煌哪去了"这一常议主题的无数历史例证，诸如：好景不长在、伟人和他们的业绩皆若过眼烟云等）。我们发现虽然他对古典作品最为频繁的引证出现在早期的诗歌中，但这一习惯作法却伴随

① 巴比伦，这里指在阿维尼翁的教廷中的腐败。——译注

了他的一生。然而，他的模仿很少是亦步亦趋的，纵然有这种情况，已是微乎其微。事实上，由于古代作品那么根深蒂固地印刻在他的记忆里，所以他的模仿往往是不自觉地流溢于字里行间。

这位艺术大师相当了解自己从事写作的意大利方言的传统。在他的诗中，我们看到他与但丁[虽然他说(《致友人》XXI，15)不打算模仿但丁]和其他运用意大利方言写作的诗人、他的前辈诗人如皮斯托亚的奇诺[①]、卡瓦尔坎蒂[②]以及某些普罗旺斯的游吟诗人的共同之处。他将十四行诗体的格式归功于意大利先辈，将六节诗的格式归功于通过但丁得益于阿尔诺·达尼埃尔[③]，因为但丁曾赞誉阿尔诺是"意大利母语的最好的创造者"；他还从普罗旺斯游吟诗人那里借鉴了弗罗托拉(frottola)(《抒情诗集》105)和爱斯孔蒂格(escondig)[④](《抒情诗集》206)，这些进一步证明了他创作规范的普罗旺斯诗歌的特殊技能。最后要提一下的是，我们在诗集中常可见到彼特拉克阅读《圣经》、神父们的作品、特别是《诗篇》、《约伯记》，[⑤]当然也少不了奥古斯丁的作品的痕迹。

所有这些难免流于列清单式的、而且是份不完整的清单的分析是无法表明这一"合金"或混合体的质量的。以上述名字所表示的混合体是使读书转变为写作、知识转化为最美妙的诗歌这一炼金过程的基本成分。彼特拉克创作的源泉不仅在于间或接受的外界影响，更主要的是在于他本人对文学的那种溶解力。一种未被意识到的混沌形态，一经凝聚在他那独特的抒情诗中，作者那苛求的、感受能力很强的大脑便对其精雕细琢起来。

在运用精心选出的有数的几种规范诗体(其中主要是十四行诗体)进行写作时，他的遣词造句是谨慎的、有分寸的，他再三推敲、润色，以确保诗句的对等、和谐、准确，他的诗歌达到既统一又变化多样，既可被认出、又像他本人的影像那样无论在哪遇到都使我们难以捕捉。《抒情诗集》和每篇"诗絮"都可独自成篇，然而它仍是一个壮观的多项合成整体中的某个部分，这种结构是彼特拉克的独到之处，大概也是他留

① 皮斯托亚的奇诺(1270—1336)，意大利诗人兼法官，出生在皮斯托亚的一个贵族家庭。——译注

② 卡瓦尔坎蒂(1250—1300)，意大利诗人兼哲学家。——译注

③ 阿尔诺·达尼埃尔，法国普罗旺斯语诗人和六节诗的首创人。创作时期为1180—1200年。受他作品影响最深的是但丁，但丁模仿他的写作技巧，并在《炼狱》中把他作为方言诗人的典范。——译注

④ 弗罗托拉和爱斯孔蒂格，当时流行于意大利的曲调。——译注

⑤ 《约伯记》，旧约中的一部，其中心人物约伯被描写成一位正直完美的人物。书中写道上帝允许撒旦对约伯进行考验，因之，约伯的10个孩子和所有财产均被夺去，他自己也身染重疾。他的朋友说他罪有应得，但他坚信自己的清白无事。最后上帝出现在他面前告诉他朋友的话不是实情。至此，约伯诚心相信上帝的万能并乞求上帝宽恕自己先前的疑惑。——译注

给后辈诗人的最富独创性的遗产。如何处理好一诗和全诗之间的关系,这是一件使他毕生难以释怀的事。

但在某种意义上说,除了以劳拉的去世为界、将全诗分为上下两集,从而人为地给诗歌安排加上某种不是绝对不变的基本格局外,《抒情诗集》中没有一个严格的固定结构。由跨度长达31年之久的"周年纪念"诗显示出来的年代表并不能够准确地推算出时间,而是在试图超越或打破时间界限。这个年代表并非绝对规则,也不能严格地与单个诗篇创作的日期和那些在排列上与其有关的诗彼此关联,它是以一种虚构的时间节拍对爱情和人生所作的短暂的描写。在复活节前的星期五诗人与劳拉那有着特殊意义的第一次邂逅以及后来复活节时诗人对这次邂逅的几次纪念,引导着学者们去查找某种潜存于366首诗中的那个使一些重要的诗歌与宗教庆典日相互关联的历法结构。其他一些复杂的和含义隐秘的日期安排亦可被人觉察到,它们令人感兴趣,但又令人失望地感到这种别具匠心、隐约显示出来的艺术意图难以被最终破释。《抒情诗集》既描写爱情、反映精神变化、嘲讽人类境况,又论及诗歌并表现了诗歌的写作过程。

彼特拉克的意大利方言诗歌可能不会为他赢得1341年的桂冠,但桂冠却为他终生从事的抒情诗写作创造了一种独特的、颇有影响的文学结构,这种结构源于他生活于其中并受之熏陶的多种传统,然而这种结构走得更远,它脱出了旧的传统、并且超越了它们。《抒情诗集》是第一部有别于但丁的《神曲》或中世纪浪漫故事那种以叙事方法写作的长篇诗集;它虽然没有什么故事情节,但它却把那些往往是古板的抒情诗絮并列连串起来,以这种方式造成了本身特有的活力与长度。诗集中含有古典的和方言诗中的教诲,表现了异教徒和基督徒的渴望,还包括那些把对自负的达佛涅的追求和对拯救灵魂的圣母的祈求融为一体的描写。在希望表达一种既源于文学又出自爱慕的感情时,彼特拉克将这位不以沉湎于古代史迹和隐居静思为满足的伦理家自身的矛盾和对立诉诸于诗歌。

选文:蒙田的人文主义[①]

导言——

此文选自英国剑桥大学P.博克(Peter Burke,1937—)教授的《蒙田》(1981)第二章。《蒙田》一书篇幅短小,但博克教授系统考察了蒙田的时代背景、人文主义思想、怀疑主义,及其宗教、政治立场、历史观、审美观以及作为心理学家和人种学家的独特贡献。

---

① (英)P.博克《蒙田》,孙乃修译,中国社会科学出版社,1985年版。

博克教授首先审视了"人文主义"这一概念在文艺复兴时期的发展,指出,尽管人文主义派别林立,但是他们都赞美古典,都相信古人的智慧能够与基督教精神融合,都以人为中心。在博克教授看来,蒙田如同当时的人文主义者一样,对古代贤哲极其仰慕,也将古人当作评论现世的参照。他不同意简单地将蒙田看作是一位人文主义的批评者,是"反文艺复兴"的一种力量。在有关人的尊严和人类理性的力量方面,蒙田同有些人文主义者态度有所不同,然而,博克教授指出,蒙田是知道人类的弱点而揭示人性的"另一面"。也许,蒙田不是一位"典型的"人文主义者,因为他对人类理性没有信心。博克教授认为,把蒙田称为人文主义者,也就是将他置于一种文化传统之中,而脱离这项传统就很难理解蒙田的《散文集》。

自从布克哈特的名著《意大利文艺复兴时期的文化》(1860)问世以来,"人文主义"这一概念已广为历史学家所接受,但却各有各的理解。有些历史学家运用"人文主义"这个概念来笼统地泛指对人的尊严的关注,并且把以人为中心的文艺复兴时期同以神为中心的中世纪进行对照,这种对照有时过于简单。还有一些历史学家则把"人文主义者"一词理解为1500年意大利各大学中的学生所用的那个俗语"umanista",这个词是指教授"人文科学"——即历史、伦理、诗歌和修辞学——的专业教师。西塞罗(Cicero,公元前106—前43)以及其他古罗马时期的知识分子都认为这四门学科具有"人文"性质,到了文艺复兴时期,这一点也获得肯定,因为当时的人都认为人的根本特点就在于言谈的能力与辨别是非的能力。

在这一意义上的文艺复兴时期的人文主义者,与他们那些学院内的同事不同,这些人文主义者反对那些"经院学者",即中世纪的哲学家诸如托马斯·阿奎那(Thomas Aquinas,1225—1274)、奥卡姆的威廉(William of Ockham,1300? —1349?),以及他们的先师亚里士多德。这些人文主义者讨厌经院哲学那种语言,认为这种语言是非古典的(因此在他们看来是野蛮的),同时也讨厌经院哲学对逻辑的注重,认为那是枯燥无味的,与伦理学研究比较起来更是不切实际。他们抨击"中世纪"文化(他们首次提出"中世纪"这一概念),赞美语言与行为上的古典风范。西塞罗为他们树立了写作的风范,苏格拉底、卡图(Cato,公元前95—前46)和西比奥(Scipio,公元前158—前129)则为他们树立了生与死的典范。

人文主义运动兴盛于15、16世纪,持续得相当久,受其影响的人也相当广。有些人文主义者赞美恺撒,有些人则偏爱刺杀恺撒的布鲁特斯。有些人文主义者——现在常常称之为"有公民感"的人——认为积极入世的人生要比逍遥沉思的人生更有价值。他们可能会这样看问题,认为担任波尔多市长的蒙田要比待在书斋中的蒙田更能使自己的才能得到发挥。另外一些人文主义者则恰恰持相反意见。有些人专攻修辞学,其他一些人则悉心于哲学,这两派之间冲突甚多。有些人文主义者尊奉柏拉图，另外一些人则崇仰亚里士多德（尽管和学院派人士不同，他们读的是他的希腊文著作），还有些人师法斯多葛派学者，尤其是崇拜罗马哲学家塞尼卡（Seneca，公元前4年—公元65年）以及他在《致卢西留书简》（*Letters to Lucilius*）中所表现出来的那种"坚定如一"的理想。在塞尼卡看来，坚定如一的人在人生旅途中步履最轻松，他知道如何克制自己的欲望，因此在难以逆料的命运的打击下能够像橡树那样屹立于风中而纹丝不动。这在乱世之际乃是一种极有教益的哲学。毫不奇怪，这种哲学对于经历着16世纪后半叶宗教战争的欧洲知识分子会有极大的吸引力。在法国，蒙田的一位内弟普列萨（Pressac，1574）和加尔文派的一个贵族莫内（Mornay，1578）两个人先后将塞尼卡的信简译为法文。荷兰也经受了所谓"内战的暴风雨"，当时鼎鼎大名的学者李普修（Justus Lipsius，1547—1606）是一位蒙田的崇拜者，他编辑过塞尼卡的文集，并且撰写了《论坚定如一》的论文（1585）。1590年前后，法国律师瓦尔（Guillaume Du Vair）写了一本书，论述同一主题，当时风行一时。

尽管人文主义者派别林立，但是他们都赞美古典，都相信古人的智慧能够与基督教精神融合，都以人为中心。他们像苏格拉底那样，认为头等重要的事并不是对自然界的认识，而是对自身的认识。他们喜欢援引希腊哲学家普罗泰戈拉（Protagoras，公元前485—前415）的一句格言，这话的含义是深奥的："人是万物的尺度，是存在的事物存在的尺度，也是不存在的事物不存在的尺度。"

从严格的行家的观点看，蒙田绝不是巴黎皇家学院的希腊文教授杜尔涅伯（Adrien Turnebe，1512—1565）那样的人文主义者，蒙田曾称后者"通晓万物"，乃"一千年来"最伟大的学者。然而蒙田确实与人文主义者有着共同的趣味和态度。虽然他可能在希腊文方面所知甚少，但是他的拉丁文却极好。由于他父亲对教育很有兴趣，拉丁文差不多成了蒙田最擅长的语言。他告诉我们，他六岁以前只说拉丁语。因此，当别的小男孩在读16世纪的西方骑士传奇小说时，他却拿读奥维德的作品来解闷儿。蒙田在波尔多新成立的纪延学院继续接受彻底的人文教育。这家学院不仅上学方便，而且是当时欧洲最好的新式学校之一。他的老师中后来名声大著的人文主义者有莫理（Muret，1526—1585）和苏格兰人布沙南（George Buchanan，1506—1582），蒙田曾在他们用拉丁文写的悲剧中扮演过角色。尽管这一点不能得到证实，但他很可能去巴黎大学向杜尔涅伯和其他人学习过。

这种教育在他身上留下了戳记。我们已经知道，蒙田对于离群索居所持的看法是来自古典的和人文主义者的观点。大约五年以后，他在自己书斋的柱梁上贴了57条格言箴语，就像当年的人文主义者菲西诺（Marsilio Ficino，1433—1499）在托斯卡那的卡里基别墅书房贴的那些格言那样。蒙田的这些格言有25条摘自希腊文，32条摘自拉丁文，其中有一条引自罗马剧作家泰伦斯的作品，这句话高屋建瓴，可以作为人文主义者的一条箴言："我是人，我认为人类的一切都与我血肉相关。"

蒙田的散文几乎篇篇都缀满拉丁文引语（共计有1264条）。他自己坦率地承认，他常常通过第二手材料得到这些引语，但从他阅读的书籍和引语的来源可知，他最喜爱的作家都是古人。他援引九位罗马作家和两位希腊作家语句的次数胜过对其他非古典作家的援引。

他最喜爱的作家是（排列顺序愈往后愈重要）：奥维德、塔西佗、希罗多德、恺撒、维吉尔、拉尔修、贺拉斯、卢卡莱修、西塞罗、塞尼卡、普鲁塔克。蒙田和他的同时代人一样推崇塞尼卡，尤其是他的那部《致卢西留书简》。蒙田最早的一些试笔之作不过是些罗马哲学家语录的拼盘儿（蒙田自己称之为"镶嵌"），《散文集》中不拘一格的非西塞罗式的散文也受塞尼卡的很大影响。对于普鲁塔克的作品，蒙田曾通过雅克·阿姆约主教（Jacques Amyot，1513—1593）的法文新译本，细心地琢磨过一番。在他的《散文集》里，有将近四百处谈到并引用普鲁塔克《希腊罗马名人传》中希腊、罗马名人的道义演讲和生活材料。蒙田可能会像亨利四世那样把普鲁塔克称为自己的"良知"。他最喜爱的诗人也像他最喜爱的哲学家一样，都是古典的，不仅包括奥维德、贺拉斯，而且还有卡图勒斯（Catullus，公元前 87—45）、马蒂亚尔（Martial，约 40—104）、朱文纳（Juvenal，约 60—140）。

蒙田心目中的英雄豪杰也全都是古人。他谈论"最出色的人物"，不外乎荷马、亚历山大，特别是底比斯将军伊巴米农达（Epaminondas，死于公元前 362 年）。后来，苏格拉底成为蒙田心目中的英雄，他把苏格拉底看作是"独步一世的人物"，是"仅见的一个最智慧的人"，是"我所知道的最完美的人"。与古代的灿烂业绩相比，蒙田觉得自己所处的这个时代平庸无奇；恰如人文主义者那样，蒙田也把古人当作评论现世的参照。

蒙田像那些人文主义者一样，对经院学者或是"经院学问的祖师"亚里士多德极少问津，至少他对亚里士多德的《逻辑学》或《形而上学》是未曾一顾的。后来又过了很长时间，蒙田才发现《伦理学》和《政治学》，他非常欣赏这两本书，在这一点上，他与同时代人是一样的。像苏格拉底、西塞罗和人文主义者那样，蒙田相信这一点，人类研究的重点原本在于对人的研究，对人的状况的研究，而不是对物质世界的研究。他写道，儿童首先应当学会的是"认识自己，知道生得其乐、死得其所"。蒙田对于自然科学并非一无所知。他知道哥白尼的日心说，也知道伊壁鸠鲁的原子论，留基伯（Leucippus，约公元前 5 世纪）和德谟克利特的原子与虚空说，或是泰勒斯关于万物由水构成的观点，但是这些抽象的观念唤不起他的好奇心。至于哥白尼与托勒密孰是孰非，是太阳绕着地球转还是地球绕着太阳转，蒙田对此并不介意。蒙田对于当时的技术发明、对于精巧的机械倒是更有兴趣，这一点在他的国外旅游日记中显示出来。在日记中，他对纽伦堡的自动门、托斯卡那的普拉托利诺洞穴的奇景和通过水力使雕像走动、使音乐奏鸣这样一些见闻作了精心的描绘。但是，当他抵达罗马以后，他的兴趣便转向人文主义者的偏嗜上来。他来到梵蒂冈图书馆，饱览他所喜爱的作家普鲁塔克和塞尼卡的手稿，在这座古城的遗迹中竟日冥想。他赞美古代和现代的艺术品，但很少具体论述。

蒙田有时被人们看作是一位人文主义的批评者，是“反文艺复兴”的一种力量。蒙田对当时人文主义者的主要代表人物持何种态度，这一点还不太清楚。他从爱拉斯谟那里获益匪浅，但却极少提到他，或许是因为教会已经把爱拉斯谟与路德看成一伙的缘故。蒙田不喜欢卖弄学问，他用爱拉斯谟那种戏谑口吻嘲弄挑灯夜读的学者：“您以为他是在书中寻求一条通向更健全、更快乐、更聪慧的道路吗？没那回事。他会把普劳图斯的诗律、拉丁词的正确拼法教给后人，他甚至会为此而赔上老命。”蒙田偶尔也会像爱拉斯谟那样批评斯多噶派主张的坚定如一的人格理想是“一个僵硬的、毫无感觉的巨石雕像”，不仅缺乏自然的情致而且还没有人情味。如果说人文主义者对于古典语言学、修辞学的价值持着毫无非议的坚信态度，对于人的尊严和人类理性的力量持着绝对信仰的态度，那么蒙田的态度则无疑显得超脱；但是，正如爱拉斯谟的例子所揭示的那样，这种看法把人文主义运动理解得过于简单了，有些人文主义者也批评修辞学或是撰文抨击斯多噶派学说就像当初的古代作家那样，例如普鲁塔克就曾在蒙田的心灵中激起过相似的回响。

谈到人的尊严，如果过分强调皮科（Pico della Mirandola，1463—1494）的名著《论人的尊严》（*Oration on the Dignity of Man*）与蒙田那篇同样著名的揭破人间虚伪的文章《为雷蒙·塞邦辩护》（*Apologia for Raymond Sebond*）两者之间的对立，那将是一种谬误。诚然，蒙田是为了驳斥皮科才写此文，他认为人是渺小的，人这种“可悲而又可鄙的生灵，甚至不能主宰自己……却胆敢自命为宇宙的主宰和君王”。哲学家们在观点上的龃龉，动物的智慧——例如狗能够用鼻子嗅出主人的去向，感官资料的不可靠，还有其他许多争论，都被硬拉来攻击人类的虚荣心和自傲感，尤其是用来抨击“人与动物的区别在于人能运用理性”这种观点。蒙田拈出人文主义者常常援引普罗泰戈拉的那句话，然后加以嘲笑：“真是，普罗泰戈拉给我们编了个难以置信的故事，把人当作万物的标尺，却从来不曾量量自己。”（《散文集》第2卷）

然而，人文主义者并不是不知道人类的弱点。他们在论述人的尊严时常常附带地提到人所遭受的苦难，把这正反两面揭示出来，就像法国作家比埃尔·波耶斯第奥（Pierre Boaystuau）在《世界剧场》（*Theatre of the World*，1559）一书中分析的那样，蒙田的藏书室里有这本书。皮科提出人性的一面，蒙田则提出人性的另一面。那篇“辩护”文章是一篇独立的作品，行文语调与其他散文截然不同。尽管蒙田宣称他根本不信修辞术，但他在此文里对人的苦难做出了精彩的论述。这篇文章的观点并不全面，这一点蒙田自己是知道的。在另一处，他指出：“世界上最好、最合理的事就是很好地、公正地对待人，世界上最难学懂学透的科学就是知道如何享乐此生，知道如何顺应自然；在我们所有的缺点中最严重的就是轻视自己的生命。”（《散文集》第3卷）

蒙田不是一位“典型的”人文主义者，假如真有这样一种典型。他的个性因素特别强盛。他不是新柏拉图主义者，而许多人文主义者都是。他觉得柏拉图的“对话集”令人厌倦,他喜欢在大庭广众之下以“渎圣的勇气”而一吐真言。他认为精通自己国家的语言或邻国的语言,要比通晓拉丁文和希腊文更重要。这一点显然是对他父亲给他的那种教育表示不满。他认为古人并不具有权威性。与绝大多数的同时代人不同,蒙田并不膜拜权威(教会除外)。我们已经知道,蒙田把古典学问的渊博看作是毫无意义的炫耀。他宣称,宁愿多了解自己,不愿去了解西塞罗。他对人类理性几乎没有什么信心。毫无疑问,这是人文主义者中的一个怪才。通过上述各方面因素的考查,如果说人文主义者这个名称对于蒙田还是比较合适的,那么这是因为蒙田常常援引古书典籍作为自己的参照,并且因为他对苏格拉底和普鲁塔克这样一些古人极表仰慕。

苏格拉底为什么受到蒙田的赞美,其原因是很容易看出来的。苏格拉底对自己的无知所具有的洞察,对自知之明的强调,对职业诡辩家的蔑视,不拘小节,反讽的口吻,这一切都使我们联想到蒙田本人的性格。普鲁塔克也与蒙田在精神上灵犀相通。普鲁塔克是个哲学家,同时也是个务实的人,是个贵族,曾在泽尔菲[①]以及自己的家乡担任过官职。他对于人应当如何度过自己的一生这个问题的关心,在他著名的《希腊罗马名人传》以及他那些伦理学论文中表现出来,这些作品在1572年被译为法文,使蒙田能够及时地运用这些东西。普鲁塔克有一篇文章论述动物的理性,蒙田在《辩护》一文中运用了里面的东西,其他有关父母对子女的爱这样的文字,也在蒙田同一论题的散文中得到共鸣。另外例如论述神谕的衰落、论述“迷信”的文章,也使蒙田深受影响。普鲁塔克论说文中的那种自我暴露,那种幽默的口吻和通俗的语调,总是使我们油然想到蒙田,那种行文中的枝节旁逸以及频繁的引章摘句(爱拉斯谟谈到过普鲁塔克的“镶嵌术”)亦使我们作如此想。很明显,普鲁塔克比塞尼卡更显得重要,他使蒙田获得了自己的创作个性。

诚然,古典作家对文艺复兴时期人文主义者的最大功用就在这里。他们是“已往的大师”。把蒙田称为人文主义者,也就是将他置于一种文化传统之中,脱离这项传统就很难理解他的《散文集》。但是我们知道,蒙田乃是处于一个有着特殊意义的一代人中的人文主义者,这一代人所面临着的问题与他们的前辈是截然不同的。

=补充材料=

在中世纪,人类意识的两方面——内心自省和外界观察都一样——一直是在一层共同的纱幕之下,处于睡眠或者半醒状态。这层纱幕是由信仰、幻想和幼稚的偏见织成的,透过它向外看,世界和历史都罩上了一层奇异的色彩。人类只是作为一个种族、民族、党派、家族或社团的一员——只是通过某些一般的范畴,而意识到自己。在

① 泽尔菲(Delphi),旧译“特尔菲”,希腊古城。古希腊最重要的朝圣地。——译注

意大利，这层纱幕最先烟消云散；对于国家和这个世界上的一切事物做客观的处理和考虑成为可能的了。同时，主观方面也相应地强调表现了它自己；人成了精神的个体，并且也这样来认识自己。

文化一旦摆脱中世纪空想的桎梏，也不能立刻和在没有帮助的情况下找到理解这个物质的和精神的世界的途径。它需要一个向导，并在古代文明的身上找到了这个向导，因为古代文明在每一种使人感到兴趣的精神事业上具有丰富的真理知识。人们以一种赞美和感激的心情采用了这种文明的形式和内容，它成了这个时代的文明的主要部分。

这时，出现了一种在中世纪的另一面建立起它自己的基础的新文明，它成为基本上是属于神职人员的和为教会所哺育的中世纪的整个文化的竞争者。它的积极的代表者成了有影响的人物，因为他们知道古人所知道的，因为他们试图像古人曾经写作过那样的来写作，因为他们像古人曾经思索过或感受过那样的开始思索并欣然感受。他们所崇奉的那个传统在各方面都进入了真正的再生。

意大利人已经摆脱了在欧洲其他地方阻碍发展的许多束缚，达到了高度的个人发展，并且受到了古代文化的熏陶，于是他们的思想就转向于外部世界的发现，并表达之于语言和形式中。

文艺复兴于发现外部世界之外，由于它首先认识和揭示了丰满和完整的人性而取得了一项尤为伟大的成就。

虽然我们在彼特拉克的诗歌中看到一些勉强的、不自然的东西，这仅仅是作者在有意地重复自己的格调和按照老调来歌唱，但我们仍不能不叹赏那些灵魂深处的许多美妙的图画——刹那之间的欢乐和悲哀的描写。这些一定都完全是他自己的，因为在他以前，没有一个人作过任何这种描写，而他对于他的国家和全世界的重要意义就在于此。

使文艺复兴时期同中世纪看来成为一个鲜明对比的那种世俗性，首先渊源于那些改变了中世纪对自然和人的观念的新思想、新意志和新观点的浪潮。这种精神本身对于宗教并不比当时取代宗教的“文化”更怀有敌意，可是这种文化对于发现新的伟大世界所唤起的普遍的激昂之情却只能给我们一个微弱的概念。这种世俗性的态度并不是轻薄的，而是认真的，并为艺术和诗歌所提高了的。这种态度一采取就永远不会再失去，一种不可抗拒的动力迫使我们去研究人和事物，而我们也必须把这种研究当作我们的正当的目的和工作，这正是一种近代精神的崇高的必然趋势。

（瑞士）雅各布·布克哈特：《意大利文艺复兴时期的文化》，何新译，商务印书馆，1979年版，第143、170—171、211、279、302、309、483页。

拜占庭灭亡时抢救出来的手抄本，罗马废墟中发掘出来的古代雕像，在惊讶的西方面前展示了一个新世界——希腊的古代；在它的光辉的形象面前，中世纪的幽灵消逝了；意大利出现了前所未见的艺术繁荣，这种艺术繁荣好像是古典古代的反照，以后就再也不曾达到了。在意大利、法国、德国都产生了新的文学，即最初的现代文学；英国和西班牙跟着很快达到了自己的古典文学时代。旧的 orbis terrarum① 的界限被打破了；只是在这个时候才真正发现了地球，奠定了以后的世界贸易以及从手工业过渡到工场手工业的基础，而工场手工业又是现代大工业的出发点。教会的精神独裁被摧毁了，德意志诸民族大部分都直截了当地抛弃了它，接受了新教，同时，在罗曼语诸民族那里，一种从阿拉伯人那里吸收过来并从新发现的希腊哲学那里得到营养的明快的自由思想，愈来愈根深蒂固，为18世纪的唯物主义作了准备。

这是一次人类从来没有经历过的最伟大的、进步的变革，是一个需要巨人而且产生了巨人——在思维能力、热情和性格方面，在多才多艺和学识渊博方面的巨人的时代。给现代资产阶级统治打下基础的人物，决不受资产阶级的局限。相反地，成为时代特征的冒险精神，或多或少地推动了这些人物。那时，差不多没有一个著名人物不曾作过长途的旅行，不会说四五种语言，不在几个专业上放射出光芒。列奥纳多·达·芬奇不仅是大画家，而且也是大数学家、力学家和工程师。他在物理学的各种不同部门中都有重要的发现。阿尔勃莱希特·丢勒是画家、铜板雕刻家、雕刻家、建筑师，此外还发明了一种筑城学体系，这种筑城学体系，已经包含了一些在很久以后被蒙塔郎贝尔和近代德国筑城学重又采用的观念。马基雅维利是政治家、历史学家、诗人，同时又是第一个值得一提的近代军事著作家。路德不但扫清了教会这个奥吉亚斯的牛圈，而且也扫清了德国语言这个奥吉亚斯的牛圈，创造了现代德国散文，并且创作了成为16世纪《马赛曲》的充满胜利信心的赞美诗的词和曲。那时的英雄们还没有成为分工的奴隶，分工所具有的限制人的、使人片面化的影响，在他们的后继者那里我们是常常看到的。但他们的特征是他们几乎全都处在时代运动中，在实际斗争中生活着和活动着、站在这一方面或那一方面进行斗争，一些人用舌和笔，一些人用剑，一些人则两者并用。因此就有了使他们成为完人的那种性格上的完整和坚强。书斋里的学者是例外：他们不是第二流或第三流的人物，就是唯恐烧着自己

① 直译是“地环”，这是古罗马人对世界、地球的称呼。——原注

手指的小心翼翼的庸人。

恩格斯:《自然辩证法·导言》,《马克思恩格斯论文学艺术》(一),陆梅林辑注,人民文学出版社,1982年版,第367—369页。

从文艺复兴开始,"再生"和新生的思想就作为一种纲领和追求,伴随出现在文艺复兴运动的各个方面。在15世纪,认为已出现一个新时代或新时期的看法已普遍流行,以至于不久之前,不少历史学家经过长期的努力,认为整个文艺复兴时期都具有鲜明的特点。如果这个结论尚有待讨论的话,那么,"再生"这个概念所肯定和颂扬的东西,却恰恰是重新返回对古代、古典、希腊和罗马价值观的有计划研究。文艺复兴开始,文化的觉醒就首先表现在从艺术到文明生活的各个领域里对人、对人的价值的重新肯定。所以,从初始阶段起,作家和历史学家们最关心的题材就是人、人的世界和人们在世界上的活动。如果说雅各布·布克哈特的名言"文艺复兴的文明第一次发现并充分显示人的全部和丰富形象"这句话还沉浸在修辞学中,如今读起来几乎已令人难以忍受的话,它确实已在现实中扎下了根,在这样的现实中,人的历史、人的命运、人的形象和人的身体本身成为关注的中心:画家和雕塑家把人的难忘的形象刻画下来,哲学家不厌其烦地说:"人是伟大的奇迹。"

(意)欧金尼奥·加林:《文艺复兴时期的人》,李玉成译,三联书店,2003年版,第3—4页。

但是承认艺术史学家埃尔温·潘诺夫斯基所说的文艺复兴时期与中世纪千丝万缕的关系,并不意味着把连续性当作同一性。以我刚才讨论的问题为例,较早几个世纪看待古代世界的方式,与14、15世纪尤其在意大利看待古代世界的方式,有着关键性的不同。中世纪能够从古代经典中取其所需,正是因为他们与古代世界之间没有分隔感。但是不论他们从古人那里拿来了什么,不管是在艺术、神话、文学或者哲学方面,他们都把拿来的东西融化在他们自己的完全不同的基督教信仰体系之中,改变了这些东西的原来涵义使之适应这一体系,而没有任何不合时代的感觉。只有到了彼特拉克和14、15世纪的意大利人文主义者,古人的世界才开始被看作是一种凭其自身价值而单独存在的文明,不再是一个任人劫掠的货栈。中世纪对古代世界的感觉是轻松随便的熟悉的感觉,而文艺复兴时期则第一次从历史的角度来看待它,觉得它既遥远生疏,又令人着迷。他们所努力的不是吸收它的某一个特点,而是把它当作一个自成一体的极其不同的世界,认为这个世界比他们自己的世界不知优越多少倍,因而佩服得五体投地。

就是14、15世纪的意大利人文主义者发展了古代"复兴"的想法,创造了中世纪一词来称呼他们与那个他们自称要恢复的古代世界之间的鸿沟。彼特拉克1337年初访罗马时,被罗马的废墟遗址所征服,感动得"没有言词能够形容"。他改变了众所公认的历史概念，以罗马共和国和帝国所代表的辉煌时代与基督教罗马的黑暗时代之间的对比，来代替异教徒时代的黑暗与基督降生后所开始的基督教时代之间的传统对比。如今基督教罗马的黑暗即将被过去时代失传的艺术的复活所驱散。这个复活计划后来得到他的后人热情的继续。

毫无疑问，他们是相信这一点的。即使有所夸张（他们肯定是夸张了），他们的有了新起点的感觉仍是一个历史事实，尽管后来的研究恢复了中世纪的一定程度的连续性。而且这也不是最后一次，我们在下面谈到后来温克尔曼和歌德时代的古典复活时就会看到，古人世界的重新发现释放了新的能量，刺激了想象力，最后发现了新的真理，创造了新的形式，而不仅仅是恢复过去已被淹没或歪曲的许多价值。

（英）阿伦·布洛克：《西方人文主义传统》，董乐山译，
三联书店，1997 年版，第 10—12 页。

＝问题研讨＝

1. 什么是“文艺复兴”？为什么要复兴古典文化？只是古典文化的“复兴”吗？存在一种“文艺复兴文化”吗？它与古典文化及中世纪神学文化是什么关系？

2. 什么是“人文主义”？作为文艺复兴时期逐步形成的一种新的世界观，它包括哪些思想内容？它能概括文艺复兴时期的思想特征吗？它同“人本主义”、“人道主义”是什么关系？

3. 布克哈特称彼特拉克是“一个最早的真正的现代人”，在你看来，彼特拉克在其诗作中表达了哪些现代人的意识和观念？他的《歌集》与但丁的《新生》存在哪些差异？他对“凡人的幸福”的追求意味着什么？“十四行诗”是一种怎样的诗体？

4. 蒙田能称为人文主义作家吗？为什么说他“反文艺复兴”？《散文集》主要的思想倾向是什么？他的怀疑思想是对人文主义的反思吗？蒙田提出了什么样的人生价值观念？从彼特拉克到蒙田显示出一条怎样的人文主义思想轨迹？

＝研究实践＝

1. 概括和评述布克哈特《意大利文艺复兴时期的文化》第四篇“世界的发现和人的发现”的主要内容及观点。

2. 简述西方文学史上十四行诗作者及其诗作，并作简要比较。

3. humanism 一词的词义考察及中文表述。（参阅加林《意大利人文主义·导言》及阿伦·布洛克《西方人文主义传统》）

4. 蒙田和培根同为欧洲近代“散文”文体的奠基者，试比较蒙田的“随笔”与培根的“论说文”。（参阅奥尔巴赫《摹仿论》第十二章“人类状况”）

5. 能以“哥特世纪”来表述中世纪吗？你了解哥特文化吗？

选文：拉伯雷笔下的筵席形象①

导言——

此文选自俄国著名批评家巴赫金（M. Вахтин，1895—1975）的《弗朗索瓦·拉伯雷的创作与中世纪和文艺复兴时期的民间文化》（1965）第四章。巴赫金极富创见地将拉伯雷的创作与民间诙谐文化联系起来，通过研究小说《巨人传》中的广场语言、节日形式和各种怪诞形象，提出了著名的“狂欢”理论。

巴赫金首先指出，拉伯雷笔下的筵席形象，即吃、喝、吸纳形象，与民间节庆仪式紧密相连。巴赫金接着探讨整部小说中筵席形象的重要作用，尤其在叙述高康大和庞大固埃巨人父子经历的第一、二部。而小说最后一句话“让我们干杯！”也仍属于筵席形象。巴赫金接着说明筵席形象在长篇小说中的意义：它们同各种节日、诙谐的演出、离奇古怪的肉体形象密不可分，同语言、同富有智慧性的谈话、同令人发笑的至理名言密不可分。它们还具有那种追求丰富性和全民性的倾向。巴赫金进一步说明筵席形象的独特和包罗万象的作用。如饮食是离奇怪诞肉体生命的重要表现形式之一，在远古的一系列形象中食物与劳动密不可分。然而，筵席形象并非是过去时代残留下来的僵化形象。巴赫金认为，筵席形象在《巨人传》这样的荒诞的现实主义文学中特别富有生命力。

在第四章的后半部分，巴赫金考察了西方筵席形象所表现的怪诞传统。最后总结性地指出，民间筵席形象具有多方面的积极意义。

拉伯雷长篇小说中的筵席形象，即吃、喝、吸纳的形象，与民间节庆仪式紧密相联。因为这绝不是一些个别人日常的、局部生活的吃和喝。这是民间节庆仪典上的饮食，是普天同庆。拉伯雷饮食的每一个形象都体现了丰富性和全民性的强烈倾向，它决定着这些形象的外形、它们的正面夸张、隆重而快乐的基调。这种追求丰富性和全民性的倾向就像搅拌在所有饮食形象中的酵母似的。在这些酵母的作用下，它们开始发酵、生长、膨胀开来，达到极其丰富和极其庞大的程度。拉伯雷所有饮食形象就像人们常常在狂欢游行队列中激动地传来传去的巨型香肠和面包。

筵席形象是同所有其他民间节庆形式有机地结合在一起的。筵席是一切民间节

① （俄）巴赫金《拉伯雷研究》，李兆林等译，河北教育出版社，1998年版。

庆欢乐不可或缺的部分。没有筵席就连现有的任何一种令人发笑的戏剧演出都是行不通的。我们看到，在塔波古的房子里人们正是在婚庆宴席进行的时候痛打那些爱搬弄是非的人的。肢解塔波古同样是发生在魔鬼剧的参加者聚集在小酒馆里举行筵席的时候。所有这一切，当然都不是偶然的。

拉伯雷长篇小说中筵席形象的作用是很大的。几乎没有一页这些形象不出场，尽管它们是以从饮食范畴里借用来的比喻和修饰语的形式出现的。

筵席形象是同离奇古怪的肉体紧密相连的。有时很难在它们之间划一道明显的界限，因为它们之间具有一种有机的本质联系，比如我们所分析的牲口屠宰节的情节中，就出现过"吞食者和被吞食者的肉体混合体"。如果我们阅读长篇小说第1部(按年代顺序)《庞大固埃》，马上就会发现，这些形象都是密不可分地联结在一起的。作者讲，阿韦利被杀死之后，大地就吮吸他的血，所以大地就变得非常肥沃。后来，人们吞吃山茱萸的果实，于是，他们的肉体就长得特别大。张开大嘴的主题是《庞大固埃》中占主导位置的主题，与之相联的吞食的主题是建立在肉体形象与吃喝形象紧密的结合点之上的。再往后，从庞大固埃生身的母亲敞开的胸怀里驶出一辆满载腌渍好的下酒菜的大车。这样，我们就清楚地看到吃食形象同肉体形象、生产力形象(肥沃的土地、生长、生育)有着多么密不可分的联系。

我们不妨探讨一下整部小说中筵席形象的作用。

庞大固埃最初的功绩还是他在摇篮里完成的，这就是吃食的功绩。铁钎上烤肉的形象是巴奴日在土耳其的故事情节中的主要形象。拜兹居尔和于莫外纳以及拜兹居尔和图马斯特之间争吵的情节，都是以筵席而告终的。我们看到筵席在表现勇士们强烈情感中起着多么巨大的作用。同国王安那其打仗的全部故事情节都贯穿着筵席形象，主要是一些纵情狂的形象。这些纵情狂几乎成为战争的主要工具。甚至连爱比斯德蒙造访阴间王国的情节也渗透着筵席形象。同安那其打仗的情节就是以阿莫罗人在首都举行民间神农节宴会而结束的。

即使在长篇小说第2部(按年代顺序)里，筵席形象的作用也是很大的。情节是从牲畜屠宰节上的筵席开始的。在教育高康大的情节中食物形象起着最主要的作用。毕可罗寿大战刚开始的时候，高康大回到家里。高朗古杰正在举办筵席，而且详尽地列数了菜肴和野味。我们从中清楚地看到，在毕可罗寿战争初期和在修道院葡萄园鏖战的故事情节中面包和葡萄酒起着怎样的作用。这部书中的隐喻、比喻特别丰富，都是从饮食范畴中借用来的。这部书以"Et grad chere!"(佳肴、盛宴)①结了尾。

① 在同德廉美修道院有关的故事情节中几乎完全没有筵席形象，这引起人们的注意。这里详细地标明了，并且描绘了修道院所有的房屋，但是，奇怪的是却把厨房忘了，好像德廉美修道院里就没有给厨房留个地方。——原注

长篇小说第3部里筵席形象虽然比较少，但是，即使在这里也还有，它们散落在各种故事情节中。我们要特别强调的是，巴奴日召开的神学家、医生和哲学家的咨询会议正是在吃午饭的时候。这个情节的主要内容是对妇女的禀性和婚姻问题的自由讨论，这是"午宴"上最典型的话题。

在第4部里筵席形象的作用又明显地强化了。这些形象在香肠大战的狂欢化的情节中占据主导的地位。在这同一部书的反映巡回演出员生活的故事情节中出现了长长地历数菜肴和饮料的场景，这种场景只有世界文学名著中才会有。这里还大大颂扬了卡斯台尔及其发明创造。吞咽食物在有关巨人布兰格纳里伊和"风岛"的情节中起着极其重要的作用，人们在这里以风为生。这部书里还有一章，是专门写"厨房修士"的。最后，这部书以轮船上的会餐而结束。庞大固埃和他的旅伴借助于这次会餐"使天气变好"。这部书的最后一句话："让我们干杯！"结束了巴奴日冗长的演讲。这也是拉伯雷写的长篇小说中的最后一句话。

所有这些筵席形象在长篇小说中究竟具有什么意义呢？

我们曾经说过，它们同各种节日、诙谐的演出、离奇怪诞的肉体形象密不可分。此外，它们还以其最主要的方式同语言，同富有智慧性的谈话，同令人发笑的至理名言密不可分。最后，我们还指出了它们所具有的那种追求丰富性和全民性的倾向。究竟应该怎样说明筵席形象这种独特的和包罗万象的作用呢？

饮食是离奇怪诞肉体生命的重要表现形式之一。这个肉体的特征，是指它的裸露性、未完成性以及它与客观世界的相互关系。这些特征在与食物的关系中十分明显地和十分具体地表现了出来：这个肉体来到世界上，它吞咽、吮吸、折磨着世界，把世界上的东西吸纳到自己身上，并且依靠它使自己充实起来，长大成人。人与客观世界的接触最早是发生在能啃吃、磨碎、咀嚼的嘴上。人在这里体验世界、品尝世界的滋味，并把它吸收到自己的身体内，使它变成自己身体的一部分。人这种觉醒了的意识，不可能不集中在这一点上，不可能不从中吸取一系列最重要的，决定着人与世界相互关系的形象上。这种人与世界在食物中的相逢，是令人高兴和欢愉的。在这里是人战胜了世界，吞食着世界，而不是被世界所吞食。人与自然界界限的消除，对人来说具有非常积极的意义。

在远古的一系列形象中食物是同劳动密不可分的。它是实现劳动和斗争不可或缺的，它是它们圆满的结果和胜利。劳动的胜利是通过食物来体现的。人与自然界在劳动中的相逢，人与自然界在劳动中的斗争都是通过食物来完成的，即吞食从自然界争夺来的一部分食物。作为劳动最后的胜利阶段，食物往往通过一系列形象，代替整个劳动过程。在较为古老的形象系列中，食物和劳动，一般不可能有明显的界限：这就是同一种现象的两个方面——人与自然界的斗争，以人的胜利而告终。不过，这里需要强调的是，无论是劳动，还是食物，都是集体性的，全社会都参加的。这种集体性的会餐，作为集体劳动过程的结束，不是动物生物性的活动，而是社会性的活动。

假如我们把作为劳动过程的结束的会餐同劳动分离开来，把饮食理解成个别的家庭生活现象，那么从人与世界相遇的形象中，从体验世界的形象中，从张开大嘴的形象中，从食物同语言和欢愉的真理的联系中，就什么也不会存留下来，除了一些冗长的、毫无意义的隐喻。但是，劳动人民通过劳动斗争获得了生存和食物，他们吞食的只是所争取到的自然界的一部分。在劳动人民这一系列的形象中，筵席形象含有重要意义，具有多方面性以及它与生、死、斗争、胜利、喜庆、更新的本质相联系。因此这些形象以其多层含义继续活跃在民间创作的一切领域。它们在这些领域里继续发展、更新，并以新的细微的内涵丰富起来。它们继续与新出现的现象建立新的联系。它们与创造它们的人民一道成长起来，并得到更新。

然而，筵席形象并非是过去时代残留下来的僵化现象，比如不是狩猎时代初期残留下来的现象。那时人们集体去打猎，共同撕碎和吞食被打死和捕获的野兽，正像一些民族学家、民俗学家所确认的那样。这些有关原始狩猎的粗浅的看法，对解释与撕碎、吞食相连的一系列筵席形象的起源，提供了很大的鲜明性和明确性。但是，留传至今的那些最古老的筵席形象（包括怪诞离奇的肉体形象）比这些关于原始现象最简单的看法要复杂得多：寓意深刻、意向明确、富于哲理，含义细微以及与所有相近文本的联系极其丰富多样。它们决不像那些被人们遗忘了的僵化世界观的残余。这些生动的形象在官方宗教系列的祭祀和礼仪中具有完全不同的性质。这里真正以升华了的形式记录了这些形象最古老的发展阶段。不过，到了拉伯雷时代，这些民间节庆形象系列已经走过了一千年的发展和更新的历程，而且会在以后的世纪里继续合理地、有效地、艺术地生存下去。

这些筵席形象在荒诞的现实主义文学中特别富有生命力。正是要在这里寻找拉伯雷筵席形象的主要源泉。古希腊罗马筵席交谈影响具有第二位的意义。

正像我们说过的那样，肉体与世界界限的消除，是通过饮食活动，这对肉体的作用是肯定的：肉体战胜了自然界，战胜了对方，庆贺对它的胜利，并依靠它而成长。这个胜利庆典的时刻必然属于所有的筵席形象。饮食不可能是忧伤的。忧愁与饮食是不相融的（但是死亡与饮食却能很好地结合）。筵席总是为庆祝胜利而举行。这是它的本质属性。宴会式的庆典是包罗万象的：这是生对死的胜利。从这个方面看，它同怀胎、分娩是等同的。胜利了的肉体把被征服了的自然界的食物吸收到自己身上，从而获得新生。

因此筵席作为胜利和新生的庆典，在民间创作中经常起着完成的职能。在这方面它同婚礼（生产行为）是等价的。这两种完成的结局，往往在“婚宴”形象中融合成一起，民间创作也往往以此作为结束。问题在于“宴会”、“婚礼”和“婚宴”并不表示抽象的单纯的结束，而是这种结束总是孕育着新的开始。最典型的是，民间创作里死亡永远不是完结。假如死亡出现在生命结束的时候的话，那么继它之后紧接着就是举行追悼死者的酒宴（即出殡筵席，如《伊里亚特》就是这样结尾的）。出殡酒宴才是真正的结束。这同民间创作中所有形象的双重感情色彩紧密相连：结束应该是新的开始，犹如死亡孕育着新生一样。

任何胜利庆典筵席的本质不仅是事件合适的结束，而且也是一系列重要事件合适的镶框。因此在拉伯雷的作品里筵席几乎总是要么表示事件的完成，要么表示对事件的"包装"（如痛打诽谤者）。

但是，筵席作为对智慧的话语、诙谐的真理的镶边，有着特别重要的意义。话语与筵席之间自古以来就有着联系。在古罗马筵席交谈里，这种联系是通过最鲜明和最古典的形式表现出来的。但是，中世纪离奇怪诞的现实主义也通晓筵席交谈最富独特性的传统，即筵席话语。

到人类语言最早的发源地去寻找饮食和话语这种联系的起源确实很诱人。但是，要是有某种可能确定这种联系的最初的源头的话，那么它就会对我们认识以后的生活，对深入思考饮食同话语之间的这种联系，提供许多帮助。因为，即使对筵席交谈古罗马的作者如柏拉图、色诺芬、普卢塔克、阿费奈、马尔科比、卢奇安等人，话语与筵席之间的联系完全不是僵死的残存的现象，而是经他们能动地深思熟虑过的。无论是在离奇怪诞的筵席交谈那里，还是在它的继承者和完成者拉伯雷那里，这种联系都同样是生动的、经过思考过的[①]。

在《高康大》的前言中拉伯雷直接谈到这种联系。请看这一段："应该指出，写作这样大的一本书，我从未浪费过、也未曾使用过规定满足口腹之欲以外的时间，换句话说，我仅是使用了喝酒和吃饭的时间。喝酒吃饭的时间才是写这种高深的学术文章最适宜的时候。语文学家的典范荷马，还有贺拉斯所证明的拉丁诗人之父埃尼乌斯[②]，就是善于运用这个时间的，尽管有一个粗坯说埃尼乌斯的诗酒味大于油味。"

"一个坏蛋说我的书也是这样，这叫活该！酒味比起油味来，要更可爱、更吸引人、更诱惑人、更高超、更精美到不知道多少倍了！因此有人说我浪费的酒比油多，我感到很光荣，和德谟斯台纳[③]听见说他浪费的油比酒多感到自豪一样。对于我，只要有人说我，称道我是笑话能手，好伙伴，我就感到荣耀和光彩，单凭这个头衔，只要有乐观派在场，我都能受到欢迎。有一个难对付的人曾经非难过德谟斯台纳，说他的演说气味像一个卖油的身上那条又脏又臭的围裙。对于我的言行，你们可要往最完善的方面去解释，请珍惜供给你们这些快活笑料的奶酪形的脑汁，并尽你们的能力，让我笑口常开。"（第1部，作者前言）

---

① 当然，离奇怪诞的筵席交谈的传统是以贫乏的形态继续存在下去；我们在19世纪一系列形象中曾经碰到过（如贝多芬的席间谈话会上）；其实这种传统一直流传到我们今天。——原注

② 埃尼乌斯（前240—前170），古罗马诗人。——译注

③ 德谟斯台纳（前385—前322），古希腊大演说家，曾因演说受辱，发奋苦练，直至成功。——译注

起初作者故意贬低自己的作品，说他只是在吃饭的时候写作，而且他对待写作，就像对待一件小事、一个小玩艺儿一样，花费的时间很少。因此可以从讽喻的角度去理解这种“高谈阔论和内涵深奥的问题”的表达方式。然而，这种贬低现在不再以荷马和埃尼乌斯的创作为依据了，尽管他们曾经是这样做的。

饭桌上的谈话是戏谑的无拘无束的谈话。通过这种形式，人们民间节日期间开怀自由说笑的权利得到扩大。拉伯雷把防御性的滑稽好笑的尖顶帽戴到自己的创作上。但是，饭桌上的言谈，其实同时与其内在的心理活动也是完全相吻合的。他实际上认为酒比橄榄油好，因为橄榄油是“纯素的”、虔敬严肃的象征。

拉伯雷坚信，只有在酒宴的氛围中和吃饭时的交谈中才能说出自由的和坦诚的真理，因为只有这种氛围，才能排除任何谨小慎微的想法，也只有这种交谈的语调才符合真理的本质，正如拉伯雷所理解的那样，真理就内质而言，都是自由的、愉悦的和唯物的。

拉伯雷透过一切高雅的和官方文体虚假的严肃性看到了昔日消逝了的政权和消逝了的真理，即毕可罗寿、阿纳尔斯、约诺土斯、波塔古、好打官司者、进馋言者、诽谤者、刽子手以及任何种类的不会笑之人、野人（他们以吠代替笑）、憎恶人类者、伪善者、伪君子们等的真理。对拉伯雷来说，严肃性要么是过去真理的风格，注定要灭亡势力的风度；要么是被一切恐惧吓坏了的软弱无能人的腔调。与此同时，离奇怪诞的筵席交谈、民间节庆狂欢筵席形象，特别是古代“饭桌上的交谈”给他提供的笑、语调、词汇以及表示他对真理新的理解的完整的系列形象。酒宴和筵席形象是表现绝对无畏的欢愉的真理最良好的媒体。面包和葡萄酒（用劳动和斗争而获得世界）驱散了任何恐惧，并使话语获得了自由。吞食世界而不被它吞食的胜利者的人，在饮食方面与世界进行欢快隆重的相会，这同拉伯雷世界观的本质是很吻合的。这种对世界的征服在吃食行为上是具体的、可感的、肉体物质的。可以直接感受到被征服了的世界的滋味。世界供养着并将继续供养人类。而且在这个征服世界的形象上既没有丝毫神秘的痕迹，也没有丝毫抽象的理想主义的升华。

这个形象把真理具体化了，不让它离开大地，但同时又要保存它的多层性和宏伟性。“饭桌上交谈”的主题和形象——这永远是“高谈阔论”、对“深奥问题的探讨”。可是它们却以同样的形式，在物质肉体方面失掉荣誉和重新振作起来：“饭桌上的交谈”不要求遵守一般物品和珍品之间的等级。它们自由地把庸俗的和神圣的、崇高的和卑微的、精神的和物质的东西搅拌在一起。对它们来说，不存在有失身份的婚姻。

在上面列举的一段里，我们强调了酒与橄榄油的对立。我们也说过，橄榄油是官方虔敬严肃性的象征，是对上帝的敬仰和恐惧的象征，而酒是从恐惧和虔敬的桎梏中解放了出来。“酒中的真理”是自由的、无畏的真理。

必须指出，还有一个重要的方面，即筵席上的话语同未来和褒贬含义的特殊关系。这一点，直到现在还常常出现在宴会上举杯祝酒词中。筵席上的话语仿佛是属于同一个事件中令人悲痛的死亡的时间和令人高兴的生育的时间本身。因为这番话具有双重含义和双重感情色彩。甚至在柏拉图和色诺芬那里最严格、最定型的酒会——筵席交谈上褒扬也保存双重感情色彩，其中含有贬抑（尽管是轻微的）：在颂扬苏格拉底的时候，可以说他其貌不扬的外表，而苏格拉底本人（在色诺芬那里）却能把自己当作拉皮条来颂扬。衰老与年轻、美与丑、生与死在这里往往融合在一个具有两副面孔的形象里。但是，现代节日的主旋律首先是话未来。盛宴庆典不可避免地要采取颂扬美好未来的形式。这就赋予那些摆脱了过去和现在束缚的宴席话语以新的特征。在《希波克拉底文集》里有一篇论文《论风》（这是拉伯雷很熟悉的）。在这篇论文里给筵席狂饮下了这么一个定义："狂饮中人们几乎都是这样：由于血流突然加大，情感以及寓于其中的思想也发生了变化，于是人们把现在的不幸，忘得一干二净，对未来的幸福寄予莫大的希望。"但是，这番宴席话语的乌托邦，依然存在于今天举杯的祝酒词中，它并没有离开大地。人对未来祝福表现在人的丰富和更新的物质—肉体的形象上。

中世纪和文艺复兴时期的筵席形象传统大致就是这样。拉伯雷则是这一传统的继续者和完成者。这些形象在他的作品里大多具有正面隆重庆祝胜利和解放的成分。它们所固有的全民性和丰富性的倾向在这里得到了充分的揭示。

但是，拉伯雷也熟悉僧侣——寄生虫和贪食者形象。这种类型的筵席形象已经被充分揭示出来，例如，第 4 部《为什么教士喜爱厨房》这一章。在描写高康大接受烦琐哲学教育期间消磨时光的时候，拉伯雷运用讽刺的方法表现了主人公的贪食（这里年轻的高康大消磨时光的情景很能使人想起《某教士生活的一天》）。但是，这种狭隘的讽刺观点，在拉伯雷的小说中具有非常局限和从属的意义。

拉伯雷的《卡斯台尔的荣誉》带有极其复杂的特点。这种颂扬同它以前的那一章"关于巡回演出员以及他们对卡斯台尔无限的筵席馈赠"一样，都渗透着矛盾倾向的斗争。在这里，丰盛的筵席同巡回演出者微不足道的暴饮暴食连在一起，巡回演出者都把肚子奉为神。卡斯台尔把这些猴子（即巡回演出者）置于自己的夜壶里，让他们瞧一瞧和认认真真地考虑一下，处在他的粪便里的神究竟是什么样子的。但是，在这些微不足道的暴食的否定形象的背景上（可这种否定并没有触及给巡回演出者送上来的酒菜）竖起一个强大的卡斯台尔形象，一个人类技术和文化的发明者和创造者。

在研究拉伯雷的著作里可以碰到这样的看法，即在颂扬卡斯台尔的荣誉里有着历史唯物主义的萌芽。其实，这种看法也对也不对。因为在拉伯雷创作的这个历史发展阶段不可能去谈严格意义上唯物主义的萌芽。无论如何也不能看到哪怕是粗俗的"胃的唯物主义"。卡斯台尔发明了耕作法、种子收藏法，发明了护身的武器、搬运的方法，学会了建设城堡，也掌握破坏城堡的技艺，与此同时，他创立了科学(数学、天文学、医学等)。这个卡斯台尔不是个别动物的生物肚子,而是有组织的人类集体物质需要的体现。这个肚子研究世界为的是战胜它,征服它。因此在对卡斯台尔的颂扬声中洋溢着胜利筵席的曲调,而且在最后,这种颂扬转变为卡斯台尔对征服未来和发明创造技术的憧憬。但是,这些胜利的筵席曲调中掺和了一些否定的旋律,因为卡斯台尔自私、贪婪和不公道:他不仅发明了建筑城市的艺术,而且也想出了破坏城市的方法,即战争,这就构成了卡斯台尔形象复杂的特征,赋予这一形象深刻的内在矛盾,而解决这一矛盾,拉伯雷是无能无力的。他也没有想去解决这个矛盾。拉伯雷把这个矛盾的复杂性留给了生活,他相信,无所不能的时代必定会找到出路的。

我们要强调的是,拉伯雷胜利的筵席形象始终带有历史色彩,这在变烧死骑士篝火为宴席炉灶的情节中表现得特别明显。筵席像是在近代发生的。甚至连狂欢筵席也像是在乌托邦的未来,是在复归了萨土耳诺斯时代发生的。在整个快乐、喜庆的过程中,人们都是用筵席形象语言说话。这一点,正像我们说过的那样,直到今天,在我们的酒宴中依然存在。

筵席形象还有一个很重要的方面,至今我们还没有涉及到。这就是食物同死亡,同地狱的特殊关系。"死亡"这个词在其含义中也表示"被吞食的"、"被吃掉的"。拉伯雷作品中的地狱形象同饮食形象不可分割地交织在一起。但是地狱在拉伯雷那里同样具有解剖人体下部的含义,他同样用狂欢化的形式描写了地狱。地狱——这是拉伯雷小说重要的枢纽之一,如同整个文艺复兴时期文学一样(这是但丁开创的)。

在作总结的时候,我们要再一次强调,民间节日传统(包括拉伯雷的作品在内)中的筵席形象同个人生活中的饮食,同早期资本主义文学中的暴食和酗酒有着严格的区别。后面的这几种形象是个别的自私自利的人具有的满足和饱食的体现,个人享受的体现,而不是全民性的喜庆的体现。它们脱离劳动和斗争,它们同人民广场没有联系,它们孤单单地住在房子里和房间里(《家庭生活的丰富》)。这不是所有的人都参加的"普天同庆",而是一种同门前的饥肠辘辘的乞丐一起的家庭聚餐。如果这些食物形象是夸张的比喻的话,那么这就是贪婪的表现,而不是社会正义的感情体现。这是一种缺乏任何象征、夸张和多层意义的呆板生活。这同他是否认狭隘的讽刺形式,即与纯粹的否定或者纯粹的肯定(如满足)描写无关。

与此相反,民间节庆饮食形象与这种呆板的生活和个别人的满足没有任何共同之处。这些形象很积极也很得意,因为他们完成了劳动过程以及社会的人同世界的斗争。他们是全民性的,因为取之不尽的日益增长的丰富的物质生活源泉是他们存在的基础。他们的含义是多层次的,而且同生活、死亡、复兴、更新的概念有机地融合在一起。他们同自由、清新的真理(这种真理与恐惧、虔敬格格不入)的概念保持着有机的联系,因为他们同智慧的语言密不可分。最后,他们充满了通向美好未来的快乐。在他们行进的路上，一切都在变化，一切都在更新。

民间筵席形象这一深刻的特征，直到现在还没有被人们所理解。人们往往从个人生活的角度去理解它们，把它们看作“庸俗唯物主义”。因此无论是这些形象非凡的魅力，还是它们在过去的文学、艺术和世界观中起过多么大的作用，都不被人们理解、知晓。同样，阶级思想意识体系中的民间筵席形象的矛盾生活，也没有被人们研究。它们变得像习以为常的日常生活，而且开始退化，当然，退化的程度是不一样的，这决定于阶级发展的不同阶段。因此，筵席形象在符拉芒人[1]居住的地方，尽管这里已经是资本主义生活方式，依然还保留着良好的民间喜庆的本质。虽然，这比起符拉芒人油画中的这些形象的力量和魅力在程度上有所减弱。即使在这个领域内对过去民间文化进行比较深入的研究，也有可能按照新的方法提出并解决一系列的本质问题。（李兆林译）

＝补充材料＝

故事结尾所引用的“谚语”[2]甚至可能被看作是对但丁的一个明确的非难：一个女人的性生活并没有显示在她的脸上；罪孽并没有给她永远带上它的标记。薄伽丘生于佛罗伦萨城外，其时但丁仍然在世，他深爱但丁的作品。他可以说是一种前文艺复兴的人文主义者，用拉丁文写过百科全书式的著作以及早期的“心理”小说，但他也是第一个为《神曲》作注的人，不过他拒绝但丁在他的伟大诗作中所代表的那种中世纪惩罚性的基督教宿命论。在薄伽丘的故事里，身体不被性爱所背叛；肉体和精神也不像在众多的基督教文学里那样相对立。性爱是和性格的长处而不是弱点联系在一起的。上帝创造你是要你在世上完成你自己，贞洁不过是一种浪费。薄伽丘拒绝把女人分成贞女和娼妇的那种教会式分类，而是赞美那种情欲盎然、得到自己想要的东西的女人。……

但当你读这些故事时，它们并没有使你觉得是男性欲望的喷射；它们让你觉得是对一种为我们所不知的叛逆的享乐主义的赞美。通过坚持性爱主要是快乐而不是权力，薄伽丘颠覆了我们对这个问题所抱的最庄严的观念。在他的故事里，性爱可以夷平最令人敬畏的社会分界。出身高贵的女人和仆从、马僮做爱，然后以挑战的口吻和她们看管严厉的丈夫说话。薄伽丘一点也不愚蠢：他故事里的妇女保持着她们的社会地位和体面。但在公开的社会层面下，健康而年轻的身体所拥有的那种自然的优越较之于贵族的地位和富有更吸引人。自然的一切所坚持的是在性爱口味上的恰当配对。这是对

① 指比利时境内的符拉芒人居住的地方。——译注

② 即《十日谈》第二天第七个故事结尾所引谚语证明，“一个被吻过的嘴不会失去它的新鲜，就像月亮一样，它永远是新的”。——编注

两性关系古老而标准的(也即地中海文化的)看法，这是一个人人会赢的游戏，除了那些不愿意玩的人之外。我们又回到了很久以前被逐出的乐园。

比薄伽丘更有甚者，蒙田接受身体的一切活动，它的狂热，它的消化循环和排泄，以及它从饮食、做爱和睡眠当中享受的乐趣。叛逆不从的肉体给奥古斯丁所带来的那种痛苦终于平息了。身体是作为一个整体而授予我们的。蒙田让你在自己的皮囊里感觉自在。……1200 年前，奥古斯丁写了他的精神自传；虽然是一个彻底的天主教信徒，但脾性世俗化的蒙田做了一件也许是更大胆的事：他就自己的身体和心理习惯做了一个全面的盘点，令人惊异地在他身上的每一肢体和每一器官中追寻他的灵魂，从未失去对如何生如何死这一问题的个人把握。哲学、神学、举止、法律以及许许多多其他事情贯穿他的篇章，但他的主要动力始终是自传性的。他执拗地坚守自己的谦卑。"我过着卑微而默默无闻的生活"，他在著名的"论悔过"一篇的开头写道，"这不要紧。一切道德哲学既适用于更丰富的生活，但也适用于平常人的生活。每个人都具备作为人的条件的一切品质。"他真的这么认为吗？还是他认为所有的人都通过一个特定的人蒙田而显现出来？这可不是谦卑。我们也不想要谦卑。蒙田把自我带进了文学中。

……蒙田所不喜欢的正是经院哲学的霸气，一种文字上的霸权。在蒙田的时代，教条主义正在开始衰落，但他比怀疑主义更进了一步。蒙田作为一个文艺复兴后期伟大的人文主义者，不承认有所谓知性和精神上的权威，这种弃绝本身成为他的权威所在。他的兴趣不在于对此物或彼物作学究式的证明，而在于心性的活动以及思想的运动上，他的随笔所写的正是这样的运动。

(美)大卫·丹比：《伟大的书》，曹雅学译，江苏人民出版社，2003 年版，第 295—296、326—330 页。

拉伯雷最长于说笑逗乐，但他是一位才思敏捷、治学严谨的作家，也许还是一位与众不同的博学多才的人。但他总是眉开眼笑。我们当然可以把书中一再出现的庞大固埃主义理解为"幽默"。在迄今为止所下的关于幽默的定义中，庞大固埃主义本身就是其中一个最深刻的定义，如果说拉伯雷有一个特殊的主题，这主题就是教育，最广义的教育。

拉伯雷像蒙田一样，对刚刚过去的 15 世纪和刚刚开始的 16 世纪，持批判态度。他也是我们现在这个世界的创始者之一。他像前辈伊拉斯谟和后辈蒙田一样，在文学作品中引进了积极的怀疑主义。这种怀疑主义，为他那颗永不满足的好奇童心提供了依据。他不愿步路德的后尘，成为基督教教徒。他对 15 世纪的两大对立的宗教观点：对外部世界的细致入微的观察，必将导致灵魂得救；对自我内心世界的认识必将获得同样的效果——都提出了质疑(他是最早提出这些问题的人之一)。绝对真理存在吗？如果存在，它是什么？

拉伯雷的著作企图解决这个问题。它处理这个问题时，只把一件事视为当然（而且发出不断的笑声）：文学是有形的。文学不再是没有个性特征的东西了。拉伯雷通过自己的作品身体力行，探索这么一种可能性：说笑逗乐和寻求真理可以并行不悖。我不能把《巨人传》当作瞎编胡诌的故事来读，也不能把它当作包装滑稽的精微深奥的学术著作来研究。它的包装皱折太多，令人瞪目。的确，拉伯雷在《巨人传》第一部开宗明义就说，读者也许“会推想，书里说的无非是笑话、疯话、愉快的谎言，因为外面挂着幌子……如不深入了解，通常是会被人当做玩笑和开心话对待的”。接着，他激励读者“嚼开它的骨头，吸吮里面的富于营养的精髓”。研究拉伯雷的学者们据此推断：他是一位秉承柏拉图衣钵的寓言作家。事实上，他是最早揶揄柏拉图传统的人之一。他的同时代人可能欣赏不信教的荷马或奥维德的作品，然后用荒唐的比喻对他们妄加解释。他们不会承认这样做是在弄虚作假，皈依基督。拉伯雷发现这实在滑稽可笑。他不鄙薄轻视知识；他头脑清醒、通情达理。他书中的寓意，也许不及蒙田的那么彻头彻尾地怀疑一切。但是，如果他直言不讳，和盘托出，他一定早已死于非命。因此，《巨人传》第一部结尾处的《隐喻祷谜》只不过是“用隐晦的语言描写手球赛而已”。高康大却认为隐语表明“圣教的真话当行遍天下，垂于万世”。在整个作品中，他一直在提醒读者，书中的故事系他杜撰，并不“真实”。换言之，它与真实的外部世界天各一方。

（英）马丁·塞莫尔-司密斯：《欧洲小说五十讲》，罗显华、魏素先译，四川文艺出版社，1991年版，第6—8页。

═问题研讨═

1.《巨人传》中的筵席形象具有怎样的作用？它是否同《十日谈》中的性爱故事一样，是文艺复兴文化意识的体现？是否构成对神学禁欲主义的挑战？身体和欲望是文学的题材吗？文学应该表现生命的悲哀还是欢乐？

2. 拉伯雷笔下的“巨人”是一种象征吗？象征什么？它与古代文学中的巨人形象有什么不同？

3.《巨人传》的文体风格是否是一种“怪诞现实主义”？“怪诞现实主义”指夸张和粗俗吗？指“世俗化和肉体化”吗？它与《十日谈》的“中等文体”有什么差异？拉伯雷称《巨人传》是“一本乐观主义的作品”，怎么理解？

4. 巴赫金的“狂欢”理论包括哪些内容？民间诙谐文化有哪些表现形式？它与正统或官方文化有着怎样的冲突？作为“民间诙谐文化在文学领域里最伟大的表达者”，拉伯雷有什么启发意义？

═研究实践═

1. 文艺复兴时期的欧洲文坛是否存在一种"《十日谈》现象"? 具有什么特点? 什么是"框型结构"?

2. 概括一下《巨人传》中"德廉美修道院"的乌托邦特征,文艺复兴时期的文学中,还有哪些乌托邦形象和描写?(参阅张隆溪"乌托邦"一文,见《永远的乌托邦》,曹莉主编,清华大学出版社,2002 年版)

3. 什么是"庞大固埃主义"? 德廉美修道院的院规是什么? 结合文本加以评析。

选文:哈姆莱特与堂吉诃德①

导言——

"论哈姆莱特与堂吉诃德"是俄国作家屠格涅夫(ИВАН СЕРГЕЕВИЧ ТУРГЕНЕВ,1818—1883)1860 年所作的一次讲演。屠格涅夫不仅比较了文艺复兴时期文学中的两个伟大的艺术形象,而且讨论了哈姆莱特和堂吉诃德各自性格中的一些重要方面,因而成为莎士比亚评论中的名篇。

屠格涅夫反对将堂吉诃德简单理解为"小丑",或认为与"荒唐、愚蠢"意义相等,他指出,"应该承认在堂吉诃德的性格中有着崇高的自我牺牲的因素,只不过是从滑稽的方面来理解罢了"。这是一个非常重要的观点。他认为,哈姆莱特和堂吉诃德"这两个典型体现着人类天性中的两个根本对立的特性",并且,"所有的人都或多或少地属于这两个典型中的一个"。接着,屠格涅夫比较这两个形象从而阐述人们"在对待自己的理想时两种不同的态度"。屠格涅夫的基本立场是充分肯定堂吉诃德而对哈姆莱特有所批判。

他认为堂吉诃德首先表现了对某种永恒的不可动摇的事物,即真理的信仰。他指出堂吉诃德作为一个理想主义者的许多高尚品质,如对理想的忠诚、自我牺牲精神、不可动摇的意志等。反之,他认为哈姆莱特是自我分析和利己主义的,因而缺乏信仰,是个怀疑主义者,他的自我意识产生了与堂吉诃德的"热情"相对立的"冷嘲"。当然,屠格涅夫也承认哈姆莱特有着"痛苦的"灵魂,而堂吉诃德性格中有"可笑的"一面。

屠格涅夫接着指出哈姆莱特的"犹疑不定",而堂吉诃德是果敢和无畏的。他还通过比较波洛涅斯和桑丘、奥菲利娅和杜辛尼娅进一步说明两种性格的差异。他认

① 选自《莎士比亚评论汇编》(上),杨周翰编选,中国社会科学出版社,1979 年版。

为哈姆莱特体现了否定的因素，如同歌德笔下的靡菲斯特，但这种否定不是恶。哈姆莱特的怀疑主义也有其意义和价值。屠格涅夫从这两种性格的差异中看到了"思想和意志的分裂"，认为这一分裂体现了人类生活，甚至是大自然的根本法则。

……我们常常把"堂吉诃德"这几个字简单地理解为小丑，"堂吉诃德性格"这几个字在我们这儿是与荒唐、愚蠢这几个字意义相等的。可是，我们应当承认在堂吉诃德的性格中有着崇高的自我牺牲的因素，只不过是从滑稽的方面来理解罢了。

我说过，我感到《堂吉诃德》与《哈姆莱特》的同时出现是值得注意的。我觉得，这两个典型体现着人类天性中的两个根本对立的特性，就是人类天性赖以旋转的轴的两极。我觉得，所有的人都或多或少地属于这两个典型中的一个，我们几乎每一个人或者接近堂吉诃德，或者接近哈姆莱特。诚然，现在哈姆莱特比堂吉诃德要多得多，但堂吉诃德也还没有绝迹。

现在让我来加以说明。

所有的人——自觉地或不自觉地——都是按照自己的原则，自己的理想而生活，即是说按照他们认为的真善美而生活。许多人接受的理想已经是十分现成的，具有历史地形成的一定的形式的；他们根据这个理想而生活，有时由于情欲或偶然原因离开了这个理想，但他们对它也并不加以议论，并不加以怀疑。相反地，另一些人却以自己的思想来分析理想。无论怎样，如果我们说，对于所有的人说来，这个理想，这个他们生存的基础和目的，或者处于他们自身之外，或者处于他们自身之内，换言之，就是对于我们每一个人说来，或者是我自己，或者是其他他所认为是崇高的事物处于第一位，这是不会太错的。可能有人会反对我说，现实不会有这样极端的分野，在同一个人身上两种观点可能相互交替，甚而可能有某种程度的融合。但是我也并没有想来断定人的天性不可能有改变和不可能有矛盾，我只是想指出人在对待自己的理想时两种不同的态度，因此，我现在根据我的理解，尽力指出这两种不同的态度怎样体现在我所选择的两个典型里。

我们从堂吉诃德开始。

堂吉诃德本身表现了什么呢？如果我们不是匆匆地向他一瞥，停留在表面和琐细的事物上，那我们就不会把堂吉诃德仅仅看作一个悲伤的骑士，一个仅仅为了嘲笑古老的骑士小说而被创造出来的人物。大家知道，这个人物的意义在他的不朽的创造者的笔下是扩大了，下集里的堂吉诃德，是公爵和公爵夫人的可爱的朋友，是他那作了省长的侍从的英明的导师，他已经不是上集里，特别是小说开始时我们所看到的那个堂吉诃德，不是那个饱受打击的怪诞而又可笑的怪物了；所以我也试图深入到事情的本质里去。我再重复一遍，堂吉诃德本身表现了什么呢？首先是表现了信仰，对某种永恒的不可动摇的事物的信仰，对真理的信仰，简言之，对超出个别人物之外的真理的信仰，这真理不能轻易获得，它要求虔诚的皈依和牺牲，但经由永恒的皈依和牺牲的力量是能够获得的。堂吉诃德全身心浸透着对理想的忠诚，为了理想他准备承受种种艰难困苦，准备牺牲自己的生命。他之所以珍视自己的生命，就是因为生命能作为他在世界上实现理想、确立真理与正义的手段。有人说，这个理想是他的心神错乱的想象从骑士小说的幻想世界里吸取来的。我同意这点，堂吉诃德的喜剧的一面也就在这里，然而理想本身仍然保持着完美无疵的纯洁。为自己而生活，关心自己——堂吉诃德会感到这是可耻的。他完全把自己置之度外（如果可以这样说的话），他活着是为了别人，为了自己的弟兄，为了除恶，为了反抗敌视人类的势力——巫师、巨人——即是反抗压迫者。在他身上没有自私自利的痕迹，他不关心自己，他整个儿都充满了自我牺牲精神——请珍重这个字吧！他有信仰，强烈地信仰着而毫无反悔。因此他是大无畏的、能忍耐的，满足于自己贫乏的食物和简单的衣服：这些他是不在意的。他有一颗温顺的心，他的精神伟大而勇敢；他那感人的笃信没有束缚住他的自由；虚荣心与他格格不入，他不怀疑自己和自己的使命，甚至自己的体力；他的意志是不可动摇的意志。永远追求同一个目的使得他的思想有些单调，使得他的才智有些片面；他知道得很少，而且他也不需要知道很多：他知道他的事业是什么，他为什么生活在世上，这就是主要的知识了。堂吉诃德可能会使人觉得完全是一个疯子，因为在他眼前毫无疑义的实体性消失了，像蜡一般由于他的热情的火焰而消溶了（他确实把木偶看作活的摩尔人，把山羊看作骑士），也可能令人觉得他是一个眼光短浅的人，因为他既不善于轻易地同情，又不善于轻易地喜悦；但是他像一棵万古长青的大树，把它的根深深地扎在土壤里，既不能改变自己的信念，又不能转移自己的目标；他的坚强的道德观念（请注意，这位疯狂的游侠骑士是世界上最道德的人）使他的种种见解和言论以及他整个人具有特殊的力量和威严，尽管他无休止地陷于滑稽可笑的、屈辱的境况之中……堂吉诃德是一位热情者，一位效忠思想的人，因而他闪耀着思想的光辉。

哈姆莱特又是什么呢？

首先是自我分析和利己主义，因而就缺乏信仰。他整个是为自己而生存，他是一个利己主义者，但是相信自己，在一个利己主义者都是不能做到的；因为只能相信我们之外或我们之上的事物。但是这个哈姆莱特不相信的我却是他所宝贵的。这是他无休无息地绕来绕去的出发点，因为他在整个世界上找不到他的灵魂可以依附的东西；他是一个怀疑主义者，永远为自己忙忙碌碌；他经常关心的不是自己的责任，而是自己的境遇，哈姆莱特既然怀疑一切，自然，对自己也是毫不容情的；他的才智太发达了，所以他不能满足于在自己身上所发现的东西，那就是他意识到自己的弱点。但是任何自觉都是力量，由此产生了他那与堂吉诃德的热情相对立的冷嘲。哈姆莱特怀着欣赏的心情过分地责骂自己，经常观察自己，永远注视着自己的内心深处，他透彻地了解他的一切缺点，蔑视它们，也蔑视自己，同时，可以说他就是靠这种蔑视哺育着而生活。他不相信自己——却又非常爱好荣誉；他不了解他要求什么，为甚么而生活——却又热爱生活……“呵，上帝，上帝呵！（他在第一幕第二场里悲叹道）如果你，天地的主宰，不禁止自杀的罪恶！……我觉得生活是多么卑鄙、空虚，多么平凡、微不足道！”但他并没有牺牲这平凡而空虚的生命。还在他父亲的鬼魂出现之前，在接受那彻底击碎了他那早已沮丧的意志的重大使命之前，他就幻想着自杀了——然而他并没有自杀。正是这种结束生命的幻想表现了对生命的热爱，凡是18岁的青年都是很熟悉这种情感的：

那是热血在沸腾、那是力量的过剩。①

但是我们不要过于严格地对待哈姆莱特了，因为他很痛苦，而他的苦痛比起堂吉诃德的来是更深切更刺心。堂吉诃德遭受了粗野的牧童、被他释放了的罪犯的毒打，可是哈姆莱特却自己使自己受伤，自己折磨自己；他手里也握了一柄利剑，一把刀刃锋利的自我分析的利剑。

我们也应当认识到，堂吉诃德确实是可笑的。他的样子恐怕是诗人所描画的最滑稽的样子了。甚至在俄国农夫的嘴里，他的名字都成了一个可笑的绰号。这点我们可以亲耳听到而确信无疑的。一想到堂吉诃德，在想象中就出现了一个消瘦的、颧骨高耸、有着一个鹰钩鼻子的人物，穿着一副漫画式的盔甲，骑着一匹瘦骨嶙峋的病马，那匹可怜的、永远是饥饿疲惫的、不能不令人对它有着一种半可笑半感人的同情的罗吉南特。堂吉诃德是可笑的……但在笑声里却有着一种和解与宽恕的力量——如果说，“你所嘲笑的，就是你为之效劳的”这句话不是无缘无故的话，那末还可以补充说：你所嘲笑的人，就是你已经宽恕的人，甚而是你准备去爱的人了。相反地，哈姆莱特的外表是迷人的。他的忧郁，他的苍白而并不消瘦的面庞（他的母亲就指出他是丰腴的），黑天鹅绒的衣服，帽子上的羽毛，优雅的风度，他那毋庸置疑的诗的语言，对别人一贯地有着十足的优越感，同时又辛辣地自我嘲笑、贬低，他身上的一切都使人喜爱，一切都使人迷恋；任何人都会以享有哈姆莱特的美名而引以为荣，没有人愿意担当堂吉诃德这一绰号。普希金给友人写信道：“哈姆莱特式的巴拉登斯基”②，没有一个人想要嘲笑哈姆莱特，而这恰恰就是对他的谴责：要爱他，几乎是不可能的，只有类似霍拉旭那样的人才会爱哈姆莱特。这样的人我们下面再谈。任何人都会同情哈姆莱特，这种同情是可以理解的，因为几乎每人都能在他身上找到自己的特点；但要爱他，我再说一遍，是不可能的，因为他自己不爱任何人。

我们继续来加以比较吧。哈姆莱特是一个王子，他的父亲被篡夺王位的亲兄弟

① 莱蒙托夫的诗《不要相信自己》中的诗句。——译注

② 巴拉登斯基（1800—1844），俄国诗人，曾与普希金有过交往，受过普希金的影响，他的诗工于技巧，充满哀伤、绝望的情绪。——译注

谋杀了，他从坟墓里，从"地狱"里出来托付哈姆莱特替自己复仇，而哈姆莱特犹疑不定，装疯卖傻，以责骂自己而自慰。最后，才偶然地杀死了他的继父，多么深刻的心理特征呵！许多人，甚至聪明而短视的人也为这点而斥责莎士比亚。而堂吉诃德呢，一个贫穷的，几乎一贫如洗的人，没有任何财产和关系，一个年老孤独的人却担负了要在全世界除暴安良（完全与他陌生的人）的重任。至于他第一次要从压迫者手中解救无辜者的企图，由于反而使无辜者遭受加倍的毒打而破灭……但这又有什么关系呢；堂吉诃德想到要对付恶魔，就向有用的风车进攻，这又有甚么关系呢……这些形象的滑稽的外貌不应当使我们的视线离开了它们隐秘的含义。如果谁在牺牲自己时，首先要估计和权衡自己这一行为的一切后果、一切可能的益处，那么这人未必能牺牲自己。哈姆莱特就绝不会发生类似的情况，难道他那深刻细致的怀疑论者的头脑会陷入那样愚蠢的谬误之中吗？不能，他不会去和风车搏斗，他不会相信巨人……而且如果他们确实存在的话，他也不会袭击他们的。哈姆莱特不会像堂吉诃德那样给大家给每人指着理发匠的锡盆而断言它是曼卜林的真正的魔术的头盔。而且我们可以设想，即使真理本身具体地呈现在哈姆莱特眼前，他也是不敢担保这就是它、是真理……谁能知道，或许，真理也像巨人一样是没有的吧？我们嘲笑堂吉诃德……但是，可尊敬的先生们，我们扪心自问，问问过去的以及现在的信念，我们之中谁能够，谁敢于断言，他在任何情况下过去和现在永远能区分理发匠的锡盆和魔术的金盔呢？……因此我觉得事情主要在于信念本身的真诚和力量……而结局是握在命运的手里的。只有命运能给我们表明，我们是和幽灵战斗，还是和真正的敌人战斗，我们头上戴着什么武器……而我们的事情就是武装起来并且进行战斗。

人群，即所谓人民大众对哈姆莱特与堂吉诃德的态度也是意味深长的。

哈姆莱特面前，波洛涅斯是群众的代表，在堂吉诃德面前就是桑丘·班札了。

波洛涅斯是一个干练实际、善于思考，然而同时又是一个眼光短浅、喜欢饶舌的老头。他是一个卓越的行政长官，是一位模范父亲，请大家回忆一下他对儿子雷欧提斯出国的所作的那番教导吧，这番教导足以与桑丘在巴拉塔里岛上作省长时那篇著名的训令相媲美。对于波洛涅斯，哈姆莱特与其说是一个疯子，不如说是一个幼儿。如果他不是一个王子，由于他根本毫无用处，由于他不能够有效地、干练地运用他的思想，波洛涅斯是会轻蔑他的。那在哈姆莱特与波洛涅斯之间的著名的看云的一场，对于我们有着明显的意义。它证实了我的看法，这一场是哈姆莱特想愚弄这老人……我不妨给大家提一下：

波：殿下，娘娘要同殿下谈话，请立刻就去。

哈：看见那朵云吗？像一只燕子。

波：完全是一只燕子。

哈：看，它像一头骆驼。

波：真像骆驼的背哩。

哈：还是像鲸鱼的？

波：完全是一条鲸鱼。

哈：好吧。我就去见母亲。

在这一幕里，波洛涅斯是一个讨王子欢心的宫臣，同时又是一个不愿与有病的、任性的孩子抬杠的成年人，这不是很明显吗？波洛涅斯丝毫也不相信哈姆莱特，他是对的！由于他那特有的狭窄的过分的自信，他把哈姆莱特的古怪念头妄加解释为是为了对奥菲利亚的爱情，自然，这点他是错了，但他对哈姆莱特性格的评价是没有错的。哈姆莱特之流的的确确对群众毫无用处，他们什么也不能给予群众，不能把群众引导到任何地方去，因为他们自己哪里也不去。不知道脚下是否有立足之地，他又能怎样引导呢？何况哈姆莱特之流还是蔑视群众的。一个不尊重自己的人，他还能尊重谁，尊重什么呢？对群众值得关心吗？群众是多么愚蠢肮脏！而哈姆莱特是一个贵族，不仅仅根据他的出身来说是如此。

桑丘在我们面前却呈现出完全不同的现象。相反地，他嘲笑堂吉诃德，他清楚地知道，堂吉诃德是一个疯子，但是他为了跟随这个疯子，三次离别了故乡、家园、妻子和女儿，到处跟随着他，遭受到各种各样不愉快的事，誓死不渝地矢忠于他，信任他，以他为骄傲，跪在老主人临终的病榻前哀声痛哭。这种忠诚不是希冀获得利益，获得个人的好处；桑丘十分理智，他非常清楚地知道，一个游侠骑士的侍从除了挨打而外，别的几乎不能有所期待。他忠诚的原因应该更深刻地去探索，如果可以这样说的话，这忠诚的根源恐怕就在于群众的优秀品质，在于群众能够处在幸福而诚实的迷惑状态之中（唉，群众也是熟悉另一种迷惑状态的！），在于群众具有无私的热情和对个人直接利益的蔑视，对于一个贫穷的人来说，这种蔑视几乎就等于蔑视最急需的面包。这是伟大的、具有世界历史意义的品质！人民群众的结局经常是这样的：他们完全信赖地跟随着那些他们自己加以嘲弄、甚而加以诅咒和追击的人们，然而这些人却既不怕他们的追击与诅咒，甚而也不畏惧他们的嘲笑，勇往直前，全神贯注于只有他们才看到的目标上面，探寻着，跌倒了又爬起来，终于找着了……也只有那被心灵牵引着的人才有权利找着。Les grandes pensées viennet du coeur①——福维那格这样说过。而哈姆莱特之流什么也没有找到，什么也没有发现，除了自己的痕迹而外，没有留下任何痕迹，没有留下任何事业。他们不爱也不相信，这能找到什么呢？就是在化学里（不用说有机界了），为了产生第三种物质，也需要两种物质的化合；而哈姆莱特之流总只关心自己，他们是孤独的，因而也是毫无成就的。

但是，有人会反驳我说："奥菲利娅呢？难道哈姆莱特不爱她吗？"

① "伟大的思想出自心灵"（法语），福维那格是18世纪时的一位法国作家。——译注

我们现在就说说她吧，顺便也谈谈杜里辛尼娅。

这两类典型在对待女性的态度上也有着许多很有意义的东西。堂吉诃德爱着一个实际上不存在的女性杜里辛尼娅，准备为她而死。（请回忆一下堂吉诃德战败了、被击溃时所说的话吧，他对那个将长矛对着他的征服者说道："您刺死我吧，骑士，但我的软弱不会损毁杜里辛尼娅的荣誉；我仍然确信，她是世界上最完美的美人。"）他理想地纯洁地爱着，理想到甚至不怀疑他的热情的对象完全不存在，纯洁到当杜里辛尼娅以一个蠢笨肮脏的农妇的形态出现在他面前时，他还不相信亲眼所见的事情，却认为她是被恶魔变成这样了。在如今这个时代，我们在自己的漫游中曾见到过那些为了几乎不存在的杜里辛尼娅，或者为了某些粗鲁污浊的东西而丧命的人，他们认为这些东西就是自己理想的实现，而且他们把它的改变也归之于遭受了恶的（我几乎要说是恶魔）偶然灾祸或是恶人的影响。我们见过这样的人，如果这样的人没有了，那么历史这本书就要永远搁起来了！它没有什么可读的了。堂吉诃德身上没有一点肉欲的痕迹，他的全部向往都是羞怯的、问心无愧的，在他心灵深处未必会希望和杜里辛尼娅最终的结合，对于这结合他甚至一定感到可怕！

哈姆莱特呢，难道他是在爱么？难道他的嘲讽的创造者本人，这位深刻了解人类心灵的行家，敢于把一颗爱恋的、忠诚的心给予一个利己主义者、怀疑论者、浸透了自我分析的毒汁的人么？莎士比亚没有陷入这矛盾之中，有心的读者不必费多大力气就会相信，哈姆莱特是一个肉欲的甚至于私下里还是一个好色之徒（哈姆莱特当着廷臣罗森克兰兹的面说，对于女人他已经厌烦了时，罗森克兰兹默默地微笑着，这并不是无缘无故的），我说哈姆莱特不是在爱，而仅仅是假装，并且还是漫不经心地假装在爱。我们以莎士比亚自己来作证。

第三幕第一场哈姆莱特对奥菲利娅说：

哈：从前的确爱过你。

奥：真的，殿下曾经使我相信是这样的。

哈：你不应该相信我！……我从前不曾爱过你。①

说了最后这一句话，哈姆莱特倒是比他自己认为的更大大地接近真实。他对奥菲利娅这位天真圣洁的女性的感情或者是厚颜无耻（请回忆一下他在看戏那一场说的那句双关的暗示，请奥菲利娅允许他躺在……她的膝上），或者是漂亮的空话（请注意哈姆莱特与雷欧提斯那一场，哈姆莱特在跳进奥菲利娅墓中时所说的堪与布拉

① 引自卞之琳译《哈姆莱特》，第83页。——译注

马尔巴斯[①]或毕斯托军曹[②]媲美的话:“四万个兄弟的爱全部加在一起也休想抵得上我的分量!那就叫他们朝我们身上堆它亿万亩泥土!”等等)。他对奥菲利娅的整个态度对他说来不是别的,仍然是关心自己,就在他慨叹道:“呵,女神,你做祷告时别忘掉也替我忏悔罪恶”,我们看到的只是深切地意识到自己病弱的无力——无力去爱——几乎迷信地拜倒在“神圣的纯洁”面前的无力。

但是关于哈姆莱特这典型的阴暗面,那些我们更接近更了解因而更使我们激忿的方面已经谈得很多了。我还是努力来评价他身上的那些合乎人情因而也是永恒的东西吧。哈姆莱特体现了否定的因素,也就是另一位伟大诗人从整个纯人性的东西中划出来,以靡菲斯特的形象呈现在我们面前的那个因素。哈姆莱特也就是那个靡菲斯特,但却是包括在活生生的人性范围以内的靡菲斯特,因此他的否定不是恶——否定本身就针对着恶的。哈姆莱特的否定是对于善的怀疑,它不怀疑恶而与恶进行残酷的搏斗。它怀疑善,即是说它怀疑善的真实和真诚,它攻击它而仿佛攻击的不是善,是伪善,在它的伪装下仍然隐蔽着否定的固有的敌人:恶和谎言。哈姆莱特不像靡菲斯特那样恶魔般地、冷漠地狞笑,在他的苦笑里,有着述说了他的苦痛的悲愁,因而人们能够原宥。哈姆莱特的怀疑主义也不是漠然的冷淡,它的意义和价值就在这里;善与恶,真理与谎言,美与丑在他面前不是交溶为某种偶然的、喑哑的、迟钝的东西。哈姆莱特的怀疑主义既不相信真理在目前可以实现,所以毫不调和地与虚伪为敌,因而就成为那个他所不能完全相信的真理的一个主要捍卫者。然而否定也像火一样,有着破坏的力量——如何控制这一力量,当它应该破坏的东西与它应该宽恕的东西常常不可分割地交融和联系在一起时,如何给它指出它恰恰该在何处停止?这就是我们常常指出的人类生活的悲剧性的一面:为了事业,需要意志,为了事业需要思想;但思想和意志已经分裂了,而且一天一天地更加分裂……

> 也就这样子,决断决心的本色
> 蒙上了惨白的一层思虑的惨白。[③]

莎士比亚通过哈姆莱特的嘴这样告诉我们……于是一方面,哈姆莱特们是善于思索的、自觉的,常常是深广的,但也常常是无用的,被斥责为呆滞不动的人;而另一方面,半疯半癫的堂吉诃德们由于他们看见了、认识了仅仅一个目标,甚而这个目标

① 布拉马尔巴斯是丹麦剧作家霍尔培克的戏剧《雅可布·封·丘培》中的一个好打架、好夸口的人物。——译注

② 毕斯托是莎士比亚的史剧《亨利四世》下篇中的人物。——译注

③ 引自卞之琳译《哈姆莱特》,第81页。——译注

照他们所认为的那样还常常是不存在的，却因而带来了益处，推动了人们。这样，自然地就产生了一些问题：难道要相信真理就要作一个疯子吗？难道支配自己的理智因而也要失去它的全部力量吗？

讨论这样一些问题，哪怕是表面地谈谈也会把我们引得太远的。

我们就只谈这一点吧，我们应当承认整个人类生活的根本法则就在我上面所说的这种分裂里，在这个二元论里。这整个生活不是别的，正是两个不停息地分裂着和不停息地融合着的因素的永恒的调和和永恒的斗争。我假如不怕用哲学术语来惊吓诸位的耳朵的话，我就要说，哈姆莱特表现了大自然的基本的向心力，由于它，一切生物都认为自己是创造的中心，而把其他的一切都只看作为他而存在（就像那个停在亚力山大·马其顿额上的蚊子，心安理得地确信自己有权吸他的血来养育自己，好像这是它应有的食物；哈姆莱特也恰恰是这样，虽然他蔑视自己，而蚊子是不会这样做的，因为蚊子还没有发达到这样。我说，哈姆莱特也恰恰是永远把一切都跟自己联系起来）。没有这种向心力（利己主义的力量），大自然就不能存在，同样地，没有另一种力量——离心力，大自然也是不能存在的。按照离心力的法则，一切存在之物只是为了他物而存在（我已经说过，忠诚与牺牲的这个力量，这个原则是辉耀着喜剧性的光芒——不要激怒了鹅——堂吉诃德们本身就是这个原则）。这个守旧与运动，保守与进步的两种力量就是一切存在的基本力量。它们给我们说明了植物的生长，它们也给了我们一把理解各个最强大民族的发展的钥匙。

或许，还是让我们不要谈这些不切题的抽象议论，立即转到别的我们更习以为常的见解上来吧。

我们知道，在莎士比亚的全部作品中，恐怕流传最广的就是《哈姆莱特》了。这个悲剧是属于那种任何时候都毫无疑义地叫座的戏剧的。在我们观众现在的情况之下，在他渴求自觉和思考，在他们还怀疑自己和他还年青这些情况之下，这个现象是可以理解的；我们且不谈这部或许是具有新精神的最卓越的著作所充满的美，就是那位天才也不能不令人惊异，他在许多方面都与自己的哈姆莱特相近，而以自由创造的力量把他与自己区分开来，把他的形象永远让后人研究。创造了这个形象的精神是一个北方人的精神，是反躬自省分析剖视的精神，是沉郁的、阴暗的、失掉和谐明亮的色彩、还没有琢磨成典雅的常是纤巧的形式、但却深刻有力、多种多样、独立而具有指导力量的精神。作者从他的心灵深处取得了哈姆莱特的典型，从而表明，在诗的方面，也像在人民生活的其他方面一样，他却比他所创造的人物站得更高，所以完全了解他所创造的人物。

南方人的精神沉睡在堂吉诃德的身上，这是一个明朗愉快、质朴善感、不深入生活、不能把握生活的各种现象，但却把它们反映出来的一种精神。这里，我不禁要把莎士比亚与塞万提斯对比一下——不过只是指出他们之间的某几点相同的和不同的地方。有人会想，莎士比亚和塞万提斯怎么能比较呢？莎士比亚是一个巨人，一个半神明式的人物……是的，但在创作了《李尔王》的巨人面前，塞万提斯也不是一个侏儒，而是一个人，一个完完全全的人，而人即使在半神明式的巨人面前也是有权利直立起来的。无可争辩地，莎士比亚以他丰富有力的幻想，以他崇高的诗意的光芒，以他巨大深广的智慧是胜过塞万提斯的——而且还不止塞万提斯一人，但是您在塞万提斯的小说里，找不出牵强的讽刺、不自然的比喻、油腔滑调的文体，在他的小说的篇章里，您也看不到割下来的首级，挖出来的眼睛，一切中世纪的野蛮所遗留下来的流血、凶暴的残酷，这些在北方人的顽强的性格中是比较难消失的；但是塞万提斯与莎士比亚同是圣巴托罗缪之夜的[①]同时代人，而且在他们之后异教徒很久很久还是受火刑，鲜血还是在横流，要到甚么时候才不流血了呢？《堂吉诃德》一书以普洛温斯的诗歌，以塞万提斯善心地嘲笑过的那些骑士小说的神话般的优美的折光反照出了中世纪的风貌，而且塞万提斯自己在《毕西列斯与西格吉蒙达》[②]里也为那些骑士小说作了最后的贡献。莎士比亚到处摄取他的形象——天上，地下，无所不至；任何事物逃不出他的洞察一切的眼光，他以不可言喻的力量，如像一只苍鹰扑向它的猎获物时的那股力量，将它们夺取过来。塞万提斯则是亲切地把他的为数不多的人物引到读者面前，就像一个父亲带着他的孩子那样；他只摄取近旁的事物，然而这近旁的事物他是多么熟悉呵！人类的一切在这位英国诗人的强大的天才面前都是被支配的；而塞万提斯只是从自己的心灵，这颗清澈柔和、有着丰富的生活经验却又没有因此而变得残酷的心灵中吸取自己的财富；塞万提斯在七年的困苦囚禁中，如像他所说的那样，学习了忍耐这门科学不是徒然的。他所支配的范围，比起莎士比亚的来，要狭小些；但在他身上，如同在每一个活人身上一样，反映出整个人类。塞万提斯不以闪电般的语言向您照耀，不以征服一切的灵感的威力来震撼您；他的诗不像莎士比亚的有时像阴郁的大海那样的诗，它像一条静静地在各式各样的河岸间流淌着的河流，它微微地使读者陶醉，它的晶莹的水波把读者整个儿吸引住了，读者愉悦地沉溺在它的确如史诗般的静穆和平稳的水流里。想象总喜欢在我面前唤起这两位在同一天，1616年4月26日逝世的同时代的诗人的形象。塞万提斯大约完全不知道莎士比亚；但这位伟大的悲剧作家，在逝世前三年隐居在他的斯特拉福德的幽静的住宅里时，能够读到了那本有名的小说的英译本。……有一幅不愧是出于一位画家兼思想家的笔触的图画：阅读《堂吉诃德》时的莎士比亚！出现了当代人和后代人的教师这样的人物的国家是幸福的！伟大人物所戴的千古不朽的桂冠也戴在他的民族的头上。

在结束我这篇很不充实的短文时，请允许我再向大家谈几点零碎的意见。

---

① “圣巴托罗缪之夜”是指1572年8月24日夜天主教徒在巴黎大肆屠杀他的政治上的敌人胡格诺教徒的流血事件。——译注

② 大家知道，骑士小说《毕西列斯与西格吉蒙达》是在《堂吉诃德》上集之后出版的。——原注

一位英国贵族（在这方面是一位很好的评判者）在我面前称堂吉诃德是一个真正的绅士的典范。如果待人接物的质朴与安详是所谓体面人物的特征的话，那么确实，堂吉诃德有着充分的权利享有这一称号。他是一位真正的贵族，甚至就在公爵的那群淘气的侍女把肥皂涂了他一脸时，他也还是一位贵族。他风度的质朴是由于他没有我不想称之为自尊的那种自负；堂吉诃德不关心自己，他尊敬自己，也尊敬别人，不曾想到要装腔作势；而哈姆莱特，虽然他有着一个高雅的环境，我觉得，恕我用一句法国话吧，却是 ayant des airs de parvenu；①他惶惶不安，有时甚至粗暴无礼，装模作样，挖苦戏弄。但是他赋有独特的尖利的言词的力量，这种力量是任何善于思考和剖解自己的人所特有的—— 因而是堂吉诃德完全不能做到的。哈姆莱特的深刻而精到的分析，他的多方面的教养（不应忘记他是在维登堡大学受教育的）使他的鉴赏力发展到几乎是正确不谬的地步。他是一个优秀的批评家，他给演员的忠告惊人地正确和明智，他的美感几乎和堂吉诃德的责任感一样地强烈。

堂吉诃德深深地尊敬一切现存的秩序。宗教、君主、贵族，然而同时他又是无拘无束，承认别人的自由。哈姆莱特对国王朝臣大加詈骂，实质上他却是暴躁的好压制别人的人。

堂吉诃德差不多不大识字，哈姆莱特大约是记日记的了。堂吉诃德尽管愚昧无知，却对国家大事、行政事务有着确定的见解，而哈姆莱特却没有时间也没有必要来过问这些事。

许多人反对塞万提斯使堂吉诃德遭受那无休止的毒打。我在上面就谈过，在小说的下集里这位可怜的骑士差不多没有遭到毒打了；但我还要补充一句说，没有了这些打击，那些贪婪地读着他的冒险事迹的孩子们，还有我们这些成年人就不会那么喜爱他了，他好像失却了他的真正的一面，而成了与他的性格相矛盾的有点冷漠而傲慢的人了。我刚才说过，在下集里他已不挨打了；但在书末，在堂吉诃德被那位学士改扮的明月骑士彻底击败之后，在他放弃了骑士精神之后，逝世前不久他还遭到一群猪蹄的践踏。我不只一次地听到对塞万提斯的责难——为什么要写这个呢，似乎又在重复旧有的已经摈弃了的无稽之谈了。但是就在这里，指导塞万提斯的还是天才的本能，而且在这一场胡闹的冒险事件里也有着深刻的含意。在堂吉诃德们的生活里——而且恰恰在死亡之前，常常是会遭到猪蹄的践踏的；这是他们对于粗暴的偶然事故，淡漠与冒失的误会所付出的最后的代价……这是法利赛人的一记耳光……然后他们可以死了。他们穿过了熔炉的全部火焰，——赢得了永生，而且永生也在他们面前显现了。

哈姆莱特有时狡诈，甚至残酷。请回忆一下他给国王派遣到英国去的两个宫臣使节所安排的死亡吧，请回忆一下他杀死波洛涅斯时所说的那番话吧。总之，在这里我们看见了，如同我已经说过的，消逝不久的中世纪的反映。另一方面，我们在诚实而真挚的堂吉诃德身上也必须指出他爱好那种半自觉的、半天真的诡骗，爱好自己欺骗自己，

① 像一个暴发户。——译注

这种爱好差不多常常是一个热情的人的幻想所特有的。他讲述他在蒙德齐诺洞窟所见的一切，显然是他臆想出来的，而且也没有骗过头脑简单然而机智的桑丘。

哈姆莱特常因细小的失败而意志消沉，抱怨不已，而堂吉诃德呢，被囚船上的罪犯打得遍体鳞伤，不能动弹，还丝毫也不怀疑他的事业的胜利。据说，多年来傅利叶每年都要去会一个他登报招请的英国人，要付给他一百万法郎去实现他的计划，——自然，那位英国人永远没有出现。这的确是可笑的，但我却想到：古人称他们的神明是嫉妒者，认为必要时自愿献出供奉使他们变得驯顺是有益的（请回忆一下波里克拉特斯投入海中的戒指）[①]；为什么我们不应该这样认为：在那些负有创立伟大的新事业的使命的人们的行为中，在他们自己的性格中必然掺和着某些可笑的成分，就像是给嫉妒的神明的贡品，是安慰神明的供奉呢？无论如何，没有这些可笑的怪物兼发明家，人类就不会有进步——而哈姆莱特们也就没有甚么可思索的。

是的，我再重复一遍：堂吉诃德们在寻找，哈姆莱特们在探讨。但有人会问我，如果哈姆莱特们对一切都不相信，那他们怎么能探讨什么呢？对此我要反驳，由于大自然巧妙的安排，完完全全的哈姆莱特们，正如完完全全的堂吉诃德们一样是没有的，这只是两种倾向的极端的表现，是诗人们安置在两条不同道路上的标杆，人生所追求的但永远也达不到的两个目标。不应忘记，哈姆莱特身上的自我分析的原则造成了悲剧，同样，堂吉诃德身上的热情的原则造成了喜剧，而在生活中完全的喜剧和完全的悲剧是很少遇到的。

由于霍拉旭对哈姆莱特的爱慕，哈姆莱特在我们眼中赢得了优越的地位。霍拉旭是一位优美的人物，在现在，在我们这个时代是常常能遇到的。在霍拉旭身上我们看到了一个信徒、一个弟子（从这个字的最好的含义来说）的典型。他有着坚忍不拔、坦白直率的性格，有一颗热烈的心，稍嫌狭窄的才智，他感觉到自己的缺点而谦逊不傲，这是眼光狭小的人们不常能作到的；他渴求教诲和训诫，因而非常崇敬聪明的哈姆莱特，以他诚挚的心灵的全副力量信赖哈姆莱特，甚而并不要求他对自己也这样。他服从哈姆莱特，不是把他作为一个王子，而是作为自己的首领。哈姆莱特们的主要功绩之一就在于：他们教育了发展了类似霍拉旭这样的人，这些人从他们那里承受了思想的种子，在自己的心灵里成熟了，然后把这些思想传播到全世界。哈姆莱特对霍拉旭的意义的赞赏，也是他自己的光荣。这些言词表现出哈姆莱特自己对人的崇高的尊严的理解，他那不能为任何怀疑主义所削弱的崇高的追求。哈姆莱特对霍拉旭说——

① 波里克拉特斯是公元前希腊萨莫斯岛上的僭主。据古希腊历史学家希罗多德斯记载，波里克拉特斯富有钱财，势力强大。他的朋友阿马西斯担忧他会因此而遭到神的嫉妒，于是劝他扔掉一个有价值的东西，以避免神的惩罚。波里克拉特斯就扔了一个带印的戒指于海中。几天后，戒指被渔夫从鱼腹中取获，送回波里克拉特斯。阿马西斯认为波里克拉特斯必无好报，就不与他做朋友了。——译注

你听着，
自从我亲爱的灵魂会自己选择、
会鉴别人物以来，她就挑中你，
打好了记号。因为你始终一贯，
遭受一切而不受半点伤痛，
无论受命运的打击或是照拂
你都能处之泰然，同样谢谢。
有福的是感情和理智相称的一种人，
他们并不做命运所吹弄的笛子
随她的手指唱调子。只要我看见谁
不是感情的奴隶，我就要把他
珍藏在心坎里，哎，心坎的心坎里，
就像我珍爱你一样。①

正直的怀疑主义者总是尊敬禁欲主义者的。当古老世界崩溃时——而且在类似这个时代的每个时代——优秀的人物在禁欲主义里好像在唯一的避难所里一样获得了解救，因为在这里还能保持人的尊严。怀疑主义者如果没有一死的勇气——“去到那个国度，从那里还没有一个旅客回来过”，那就会变成享乐主义者。这个现象是显明的、悲哀的，我们是太熟悉了！

哈姆莱特和堂吉诃德都死得震撼人心；但他们的结局却又是多么不同呵！哈姆莱特最后讲的那些话优美极了。他顺服了、平静了，吩咐霍拉旭要活下去，为年青纯洁的王位继承人福丁布拉斯发出了他临死前的声音……但哈姆莱特的视线没有朝着前面……“另外……就只有沉默”——这位快要死去的怀疑主义者说道，而他也真正的永远沉默了。堂吉诃德的死给人以难以言喻的感动。在这一瞬间，这个人的全部的伟大意义成为每个人都能理解的了。当他从前的侍从想要安慰他而说他们马上又要出发去从事骑士的冒险事业时，这位垂死的人说：“不，这一切永远过去了，我请求大家的宽恕；我已经不是堂吉诃德，我又是仁慈的阿龙索，过去人家这样叫我的，——Alonsoel Bueno。”

这句话是令人惊异的：他第一次也是最后一次提到这个绰号，这震撼着读者。是的，只有这个绰号在死亡面前还有意义。一切都要过去，一切都要消失，最高的地位，权力，包罗万象的天才，一切都会像轻烟似的消散……

世上一切伟大的

① 引自卞之琳译《哈姆莱特》，第89页。——译注

像轻烟一样都要四下飞散,①

但是善行是不会像轻烟那样飞散的,它比最光辉的美还更要万古长存,主的信徒说:“一切都将过去,只有爱永存”。(尹锡康译)

=补充材料=

……你想一想,像我所形容的这个王子,他的父亲出乎意外地死了。虚荣心和统治欲并不是使他兴奋的热望;他满足于是一个国王的儿子;但是如今他不得不比较注意到国王和臣属之间的距离。继承王冠的权利并不是世袭的,但如果他父亲享寿长久一些,也许会加强他唯一的爱子的要求,而实现他继承王冠的希望。可是现在他的叔父篡夺了王位,虽然有些虚伪的诺言,他却觉得自己也许永远不能继位了;他如今得不到恩宠,得不到财富,对于从青年起一向视为己有的事物,都感到生疏了。这时他的心情才起始有悲哀的倾向。他觉得,他并不比每一个贵族强,甚至还不如他们;他说他是每个人的仆人,他不是客气,不是谦虚,不是的,他只是颓丧、穷乏。

他回顾他从前的情况,有如一个消逝了的梦境。他的叔父要鼓励他,要从另一个观点叫他认识他的处境,都归无效。他的虚无之感再也离不开他了。

他受的第二个打击把他伤害得更深,折磨得更重。那是他母亲的结婚。父亲既然死了,对于这个忠实而多感的儿子,还剩有一个母亲;他希望和他未亡的高贵的母亲相伴,来崇敬那伟大的死去的英雄;但是他的母亲他也失去了,这比死亡把他的母亲夺去还坏。一个幸福的孩子常从他的父母那里得来的可靠的图像,如今是消逝了;在死人那里得不到帮助,在活人身上得不到依靠。她也是一个女人,她也被理解在一般的女性名称“脆弱”的涵义里。

现在他真感到意气消沉,现在才真感到孤独,世界上没有一种幸福能够补偿他的损失。他的天性不是悲哀的,不是沉思的,所以悲哀和沉思成为他沉重的负担。我们看着他这样登场。我不想在这出戏里添上一些枝叶,或是有一点夸张。……

你们生动地想一想这个青年,这个王子,你们设想一下他的处境,当他听说他父亲的形体出现时,你们仔细观察他,在恐怖的夜里当那尊贵的鬼魂在他的面前登场时,你们要站在他的身边。他感到一种非常的恐惧;他向这奇异的形体谈话,看见它招手,他跟随着它,他听——他耳中听到那最可怕的对于他叔父的控诉、报仇的要求和迫切的一再重复的请求:“你要记着我!”

鬼魂消逝了,我们看见什么样的一个人在我们面前呢?是一个迫切要报仇雪恨的青年英雄呢?还是一个天生的王子,他为了要和篡取他的王冠的叔父决斗而感到

① 引自席勒的叙事诗《胜利者的凯旋》,茹可夫斯基俄译。——译注

幸福呢？都不是！惊愕和忧郁袭击这个寂寞的人；他痛恨那些微笑的坏蛋，立誓不忘记死者，最后说出这样意味深长的慨叹的话。“时代整个儿脱节了；啊，真糟，天生偏要我把它重新整好！”

我以为这句话是哈姆莱特全部行动的关键，我觉得这很明显，莎士比亚要描写：一件伟大的事业担负在一个不能胜任的人的身上。这出戏完全是在这个意义里写成的。这是一棵槲树栽种在一个宝贵的花盆里，而这花盆只能种植可爱的花卉；树根伸长，花盆就破碎了。

一个美丽、纯洁、高贵而道德高尚的人，他没有坚强的精力使他成为英雄，却在一个重担下毁灭了，这重担他既不能掮起，也不能放下；每个责任对他都是神圣的，这个责任却是太沉重了。他被要求去作不可能的事，这事的本身不是不可能的，对于他却是不可能的。他是怎样地徘徊、辗转、恐惧、进退维谷，总是触景生情，总是回忆过去，最后几乎失却他面前的目标，可是再也不能变得快乐了。（冯至译）

（德）歌德：维廉·迈斯特的学习时代，《莎士比亚评论汇编》上册，杨周翰编选，中国社会科学出版社，1979 年版，第 295—297 页。

莎士比亚在这方面是一个最好的模范。例如《麦克白》悲剧里的巫婆们显得是些外在的力量，替麦克白预言了命运。但是巫婆们所预言的正是麦克白自己私心里的愿望，这个愿望只是采取这种显然外在的方式达到他的意识，让他明白。《哈姆雷特》里的鬼的出现还更美更深刻，这个鬼只是哈姆雷特自己的内心预感的一种外在形式。哈姆雷特一出台，我们就看到他已有一种朦胧的感觉，觉得总有什么凶恶可怕的事情发生过。接着就是他父亲的鬼魂出现在他面前，向他揭露了所有的罪行。在这警告性的揭露之后，我们当然期待着哈姆雷特马上就勇猛地去惩罚这种罪行，我们认为他有足够的理由去报仇。但是他延宕而又延宕。人们常谴责莎士比亚不应让哈姆雷特这样不采取行动，他的这部悲剧有些部分不免有瑕疵。但是哈姆雷特的性格在实行方面本是软弱的，在心情上是很美的，但是内倾反省的，很难决定下来跳出自己内心的谐和；他是多愁善感的，爱沉思的，患多疑病的，忧伤抑郁的，因此不善于采取迅速的行动。这也就是歌德的看法，他说莎士比亚所要描绘的是“把一件大事责成一个人去做，而这个人是没有力量做这件大事的”。歌德认为这部悲剧从头到尾都是按照这个意思写成的。他说：“这个剧本是一棵大橡树插在一个漂亮的花瓶里，这瓶子本来只宜插好看的花朵；结果树根蔓延开来，而花瓶就破裂了。”

（德）黑格尔：《美学》第一卷，朱光潜译，商务印书馆，1979 年版，第 294 页。

酒神状态的迷狂，它对人生日常界限和规则的毁坏，其间，包含着一种恍惚的成分，个人过去所经历的一切都淹没在其中了。这样，一条忘川隔开了日常的现实和酒神的现实。可是，一旦日常的现实重新进入意识，就会令人生厌；一种弃志禁欲的心情便油然而生。在这个意义上，酒神的人与哈姆雷特相像，两者都一度洞悉事物的本质，他们彻悟了，他们厌弃行动；由于他们的行动丝毫改变不了事物的永恒本质，他们就觉得，指望他们来重整分崩离析的世界，乃是可笑或可耻的。知识扼杀了行动，行动离不开幻想的蒙蔽——这才是哈姆雷特的教训，而绝不是梦想家的那种廉价智慧，后者由于顾虑重重，不妨说由于一种可能性之过剩，才不能走向行动。不是顾虑重重，不！——是真知灼见，是对可怕真理的洞察，战胜了每一个驱使行动的动机，无论在哈姆雷特还是在酒神的人身上均是如此。此时此刻，任何安慰都无济于事，思慕之情已经越过了来世，越过了神灵，生存连同它在神灵身上或不死彼岸的辉煌返照都遭到了否定。一个人意识到他一度瞥见的真理，他就处处只看见存在的荒谬可怕，终于领悟了奥菲利亚命运的象征意义，懂得了林神西勒诺斯的智慧，他厌世了。

（德）尼采：《悲剧的诞生》，周国平译，三联书店，1986 年版，第 28—29 页。

另外一部伟大的诗体悲剧，莎士比亚的《哈姆雷特》与《俄狄浦斯王》来自同一根源。但是，同一材料的不同处理表现出两个相距甚远的文明时代的精神生活的全然不同，表明了人类感情生活中的压抑的漫长历程。在《俄狄浦斯王》中，作为基础的儿童充满愿望的幻想正如在梦中那样展现出来，并且得到实现。在《哈姆雷特》中，幻想被压抑着；正如在神经病症状中一样，我们只能从幻想被抑制的情况中得知它的存在。特别奇怪的是，许多现代的悲剧所产生的主要效果原来与人们对主角的性格一无所知相一致。戏剧的基础是哈姆雷特在完成指定由他完成的复仇任务时的犹豫不决；但是剧本并没有提到犹豫的原因或动机，五花八门的企图解释它们的尝试，也不能产生一个结果。根据歌德提出来的，目前仍流行的一个观点，哈姆雷特代表一种人的典型，他们的行动力量被过分发达的智力麻痹了（思想苍白使他们病入膏肓）。另一种观点认为：剧作家试图描绘出一个病理学上的优柔寡断的性格，它可能居于神经衰弱一类。但是，戏剧的情节告诉我们，哈姆雷特根本不是代表一个没有任何行动能力的人。我们在两个场合看到了他的行动，第一次是一怒之下，用剑刺穿了挂毯后面的窃听者；另一次，他怀着文艺复兴时期王子的全部冷酷，在预谋甚至使用诡计的情况下，让两个设计谋害他的朝臣去送死。那么，是什么阻碍着他去完成他父亲的鬼魂吩咐给他的任务呢？答案再一次说明，这个任务有一个特殊的性质。哈姆雷特可以做任何事情，就是不能对杀死他父亲、篡夺王位并娶了他母亲的人进行报复，这个人向他展示了他自己童年时代被压抑的愿望的实现。这样，在他心里驱使他复仇的敌意，就被自我谴责和良心的顾虑所代替了，它们告诉他，他实在并不比他要惩罚的罪犯好多少。这里，我把哈姆雷特心理中无意识的东西演绎成了意识的东西；如果有人愿意把他看作歇斯底里症患者，那我只好承认我的解释暗含着这样一个事实。哈姆雷特与奥菲丽雅谈话时所表现出的性冷淡，正好符合于这一情况；同样的性冷淡命中注定在此后的年月里越来越强地侵蚀了诗人莎士比亚的精神，而在《雅典的泰门》中，它得到了最充分的表达，当然，哈姆雷特向我们展现的只能是诗人自己的心理。我在乔治·勃兰兑斯评论莎士比亚的著作中看到这样的话(1896)：《哈姆雷特》写于莎士比亚的父亲死后不久(1601)，也就是说，在他居丧的直接影响之下写成的，正如我们可以确信的那样，当时，他童年时代对父亲的感情复苏了。大家也如道，莎士比亚那早夭的儿子被取名为"哈姆奈特"(Hamnet)，与"哈姆雷特"(Hamlet)读音十分相近。正如《哈姆雷特》处理的是儿子与他的双亲的关系，《麦克白》(写于几乎同时期)与无子的主题有关。但是，像所有的神经病症状(同理，也像所有的梦)能有"多种的解释"，也确实需要有"多种的解释"一样——假如它们被充分理解了——所有真正的创造性作品同样也不是诗人大脑中单一的动机和单一的冲动的产物，并且这些作品同样也面对着多种多样的解释。在我所写的文字中，我只想说明创造性作家的心理冲动的最深层。

(奥)弗洛伊德：《俄狄浦斯王》与《哈姆雷特》，《弗洛伊德论美文选》，张唤民、陈伟奇译，知识出版社，1987年版，第17—18页。

=问题研讨=

1. 莎士比亚早期主要创作历史剧和喜剧，大约从1601年始很明显转向悲剧创作，是什么因素导致这一创作转向呢？是人文主义理想的幻灭吗？

2. 哈姆莱特是一个人文主义者吗？他是自私和冷漠的吗？为什么说，没有"王子的忧郁，就没有王子本身"？"生存还是毁灭"的命题是如何被提出来的？

3. 哈姆莱特为什么在复仇行动中一再"延宕"？莎评家怎样解释哈姆莱特的"延宕"？《哈姆莱特》是一部什么性质的悲剧？是"性格悲剧"、"思想悲剧"、"社会悲剧"？

4. 如何比较哈姆莱特和堂吉诃德这两个人物形象和这两种性格？

5. 拜伦认为堂吉诃德"一心追求正义，他的美德使他成了疯子"，如何理解？堂吉诃德的"疯狂"有什么意义？如何解释堂吉诃德性格的"悲剧性的荒谬"？理想与现实的冲突是不可消解的吗？

6. 塞万提斯在小说中批判还是颂扬了堂吉诃德的"理想主义"？

=研究实践=

1. 长期以来人们对莎士比亚的历史真实性抱有疑义，你了解"莎士比亚著作权之争"的由来和新近的发展吗？

2. 在西方近四百年的莎评史上，18世纪的伏尔泰、19世纪的托尔斯泰都曾对莎士比亚进行过颇为严厉的批评，他们的否定性评论是出于对莎剧的不理解呢，还是出于不同的文学观念？（参阅伏尔泰《哲学通信》"第十八封信"和"《塞米拉米斯》序"、托

尔斯泰“论莎士比亚及其戏剧”，见《莎士比亚评论汇编》上册）

3. 分析《威尼斯商人》第四幕第一场。

4.《罗密欧与朱丽叶》是一部喜剧？悲剧？悲喜剧？

5. 以德·昆西的“《麦克白》剧中的敲门声”为例，概括一下浪漫主义莎评的特征。

6. 什么是“福斯塔夫式背景”？什么是“莎士比亚化”？

7. 莎士比亚作品的中译差不多有一个世纪了，你知道先后有哪些莎译名家、哪些译本、哪几种莎士比亚全集？（参阅戈宝权“莎士比亚作品在中国”，《世界文学》1964年第5期）

8.《堂吉诃德》与中世纪骑士传奇。（参阅茅盾“《吉诃德先生》”，见《世界文学名著杂谈》）概括“戏拟”手法的主要特征。《堂吉诃德》的讽刺只是指向骑士小说吗？（参阅蒋承勇《西方文学“两希”传统的文化阐释》第四章第三节）

9. 简评堂吉诃德的“临终醒悟”。

10.《堂吉诃德》与“魔幻现实主义”和“黑色幽默”。

＝延伸阅读＝

1.（瑞士）雅各布·布克哈特：世界的发现和人的发现（雅各布·布克哈特《意大利文艺复兴时期的文化》第四篇，何新译，商务印书馆，1979年版）

2.（英）阿伦·布洛克：文艺复兴时期（阿伦·布洛克《西方人文主义传统》第一章，董乐山译，三联书店，1997年版）

3.（德）埃里希·奥尔巴赫：薄伽丘的《十日谈》（埃里希·奥尔巴赫《摹仿论》第九章“修士亚伯度”，周新建译，百花文艺出版社，2002年版）

4.（法）朗松：蒙田《随笔集》中的道德生活（昂利·拜尔编《方法、批评及文学史——朗松文论选》，徐继曾译，中国社会科学出版社，1992年版）

5.（德）海涅：精印本《堂吉诃德》引言（《海涅选集》，张玉书编选，人民文学出版社，1984年版）

6.（英）德·昆西：论《麦克白》剧中的敲门声（《莎士比亚评论汇编》上册，杨周翰编选，中国社会科学出版社，1979年版）

7.（美）厄内斯特·琼斯：哈姆雷特与俄狄浦斯（《文学批评理论——从柏拉图到现在》，刘象愚等译，北京大学出版社，2003年版）

8.（英）布拉德雷：莎士比亚悲剧的实质（《莎士比亚评论汇编》下册，杨周翰编选，中国社会科学出版社，1981年版）

9. 赵澧：莎学400年（赵澧《莎士比亚传论》，中国人民大学出版社，1991年版）

10. 廖炳惠：新历史主义与莎士比亚研究（《新历史主义与文学批评》，张京媛主编，北京大学出版社，1993年版）

第四章　理性的权威

导　论

以文艺复兴运动为发端的西方的现代化进程既是一个世俗化进程，亦是一个理性化进程。罗素认为中古到近代的思想变迁有两个标志，即教会权威的衰落和科学威信的上升。而所谓"科学的威信"指理智上的威信，"它在本质上求理性裁断"①。

17世纪因唯理主义哲学盛行而被称为"理性的世纪"。法国哲学家笛卡尔，这位"近代哲学的始祖"，给蹒跚走出中世纪经院泥淖的西方哲学带来一股清新气息。他高度评价人类理性思维的作用，将"我思故我在"作为新哲学的"第一原理"：我思维的时候我存在，而且只有当我思维时我才存在；主张用理性来证实存在，用理性来判断真理。笛卡尔的唯理哲学意在用理性来代替盲目信仰，反对宗教权威。在法国君主专制的政治基础及唯理主义的哲学基础上产生了西方近代第一个文学思潮"古典主义"(Classicism)②，并在戏剧领域创作出一批足资楷模的经典作品。

古典主义文学不仅崇拜古人和尊重传统，而且也是高度崇尚理性的文学。古典主义批评家布瓦洛坚持诗人"要爱理性"，"一切文章永远只凭理性获得光芒"。他在解释"三一律"时说："我们尊重理性法则，愿意情节照艺术的要求发展，在一天、一地完成一个事件，一直把饱满的戏维持到底。"③在古典主义创作中，理性被当作一种价值，一种法则。法国古典主义剧作家们或写理智对情感的胜利(高乃依)，或写丧失理性、情欲横流的人物而加以谴责(拉辛)，或对一切不合理性的封建思想、风俗礼教进行嘲笑(莫里哀)。

其实，无论是笛卡尔，还是布瓦洛，他们所说"理性"很大程度上指人与生俱来的"良知"，是"人情之常"。这种"理性"是先天的，具有普遍、永恒的特性，也就是"真"，也就是自然人性。"自然人性"这一思想在18世纪英国作家菲尔丁、法国作家卢梭的

---

① (英)罗素《西方哲学史》下卷，马元德译，商务印书馆，1986年版，第4页。

② 又称"新古典主义"(Neoclassicism)，以区别罗马文学的拟古主义。

③ 《西方文论选》上卷，伍蠡甫主编，上海译文出版社，1979年版，第297页。

创作中都有反映，尽管在后者看来，自然与文明已呈现某种对立。健全的理性和普遍的人性是古典主义文学喜好的主题。诗人自居人类代言人角色。古典主义文学将文艺视为理智的产物，因而注重规范和法则，力求思想明确、描写逼真、构思精密、语言精确，追求形式完美和典雅趣味。古典主义雄踞法国文坛两百余年，并广泛地影响欧洲其他国家，是欧洲第一个国际性文学思潮。

莫里哀是法国古典主义喜剧大师。他认为，“喜剧是以引人入胜的训诫方式，揭露人类缺点的机智的长诗”。与拉辛为代表的古典主义悲剧相比，莫里哀的创作除遵循古典主义艺术法则，坚持健全的理性和自然人性外，与作者所在时代的日常生活有更多的联系，对社会现实有更直接的介入，为此也受到更多的责难。

李健吾是我国莫里哀喜剧的主要译者（主译《莫里哀喜剧全集》），莫里哀研究专家，本书所选《莫里哀的喜剧》一文基本反映了国内学者的研究视角、学术观点和莫里哀研究的成果。本章与古典主义戏剧相关的补充材料及延伸阅读中罗念生的文章主要涉及“三一律”，另外，莫里哀塑造的喜剧性格也一直有争议的问题。

17 世纪中叶，英国率先进行资产阶级革命，同时清教思想兴起。作为 17 世纪欧洲最伟大的诗人，弥尔顿的《失乐园》将革命精神和清教思想糅合在一起，赋予这部巨著以鲜明的时代特色，并成为欧洲文人史诗的“绝唱”。《失乐园》意蕴丰富，主题具有宏大和开放的特征，政治与宗教、知识与理性、民族兴亡与人类命运等，可作多角度解读。在弥尔顿笔下，因违反上帝禁令（原罪），亚当夏娃失去了乐园，但他们的“堕落”却为人类的自我成长开辟了广阔的前景。这又是一个人文主义的文学主题。弥尔顿的《失乐园》虽取材《圣经》，但借鉴古代史诗，向荷马和维吉尔学习，是两希传统融合的又一佳例。

美国学者希利斯·米勒认为：在西方传统中，涉及宗教主题的文艺作品，凡是得以流传并成为经典的，一般都有离经叛道的倾向。① 弥尔顿的《失乐园》正是一例，而叛逆的撒旦形象很大程度上体现了这种“离经叛道的倾向”。本章所选《论撒旦》一文有助于认识作者及读者内心深处的这种“离经叛道的倾向”。殷宝书选编的《弥尔顿评论集》（上海译文出版社）代表了西方弥尔顿研究的主要成果。延伸阅读中杨周翰的论文从《失乐园》中的中国加帆车说起，论及 17 世纪英国作家与知识的涉猎，可见随着“世界的发现”，西方追求异域知识的热潮。杨周翰认为，弥尔顿通过知识的涉猎形成了他的人文主义宇宙观人生观。这一看法很有见地。

① （美）希利斯·米勒《解读叙事》，申丹译，北京大学出版社，2002 年版。

选文：论撒旦[①]

导言——

刘易斯(C. S. Lewis，1898—1963)是英国剑桥大学教授、弥尔顿研究专家。“论撒旦”原是他的专著《〈失乐园〉序言》(1942)的第十三章。

刘易斯首先说明批评的两种不同的角度，即艺术的和道德的。从艺术层面上，我们可以认为弥尔顿对撒旦的描绘是宏伟的诗歌成就，激动人心，令人赞赏。而在道德层面上，撒旦形象应是一个喜剧性的被否定的形象。

撒旦的喜剧性格在于他的困境：他自以为受到伤害、傲慢地反抗创造者及自欺欺人。这就如同锯掉自己所坐着的枝干一样，撒旦陷入荒谬的厄运之中，从天堂坠入地狱。刘易斯认为在史诗中撒旦从英雄到将领，从将领到政客，从政客到密探，从密探到无赖，最后到蛇的这一发展过程，清楚地表明了他的堕落过程。刘易斯通过对撒旦形象的细致分析，否定了浪漫派批评家同情甚至赋予撒旦“英雄”色彩的观点，认为这违反了弥尔顿创作撒旦形象的本意。

刘易斯最后指出，人们同情并赞赏撒旦有着人类心理的深层因素。

可怜的人

他们推动了理性

——但丁

在研究弥尔顿笔下的撒旦性格之前，可能有必要事先澄清一种模棱两可的说法。我们看到，简·奥斯汀的贝茨小姐[②]既可说成一个有趣的人物，又可说成一个讨厌的人物。如果我们主张第一种说法，那就是说作者对她的描绘使我们读起来趣味盎然；如果我们主张第二种说法，那就是说作者描绘了一个《爱玛》中其他人物都觉得讨厌的人物，而我们在现实生活里发现与她类似的人物也是令人生厌的。批评界早已发现，艺术上模仿不愉快的对象，可能是一种愉快的模仿。同样，如果说弥尔顿的撒旦是个雄伟的人物形象，这种说法可能具有两重意义。它可能指弥尔顿对撒旦的描绘是宏伟的诗歌成就，动人心目，令人赞赏。另一方面，它也可能指弥尔顿所描绘的真实人物(若有的话)，或与撒旦一样的真实人物(若有的话)，或与弥尔顿的撒旦相似的

① 选自《弥尔顿评论集》，殷宝书选编，上海译文出版社，1992年版。

② 贝茨小姐，英国女作家简·奥斯汀小说《爱玛》中的人物。——译注

真实人物，都是，或者应该是诗人和读者，各自或共同的，自觉或不自觉地钦慕和同情的对象。据我所知，第一种观点直到现代从未被否定过，而第二种观点布莱克和雪莱时代以前则从未被肯定过——当德莱顿说撒旦是弥尔顿的“英雄”时，他具有颇为不同的含义。按照我的看法，第二种论点是完全错误的。然而，我这样说，已经越出了纯文学批评的范畴。因此，我在下面的阐述，并不是想直接改变那些赞赏撒旦的人们的观点，而只是想把他们赞赏的是些什么，说得更清楚一点。那么，显然，弥尔顿不会跟他们抱同样的赞赏态度，我想，那是不辩自明的。

主要的困难在于，任何真正揭示撒旦性格和撒旦困境的尝试，都可能引起这个问题：“你是否把《失乐园》看作喜剧诗？”对此，我回答说：否；但只有发现它可能是一首喜剧诗的人，才会充分理解它。弥尔顿选择史诗形式来处理撒旦的困境，因而将撒旦的愚蠢荒谬从属于他所遭受的以及使人遭受的痛苦。另一位作家梅瑞狄斯把这种困境作为喜剧来处理，因而使悲剧因素居于从属地位。但是，《利己主义者》仍然是《失乐园》的姐妹篇，正如梅瑞狄斯不能排除威罗俾爵士[①]这个人物中引人哀怜的成分，弥尔顿也不能排除撒旦这个人物中愚蠢荒谬的成分，甚至并不想那么做。这就说明《失乐园》中为什么会出现那种神的笑声，引起某些读者的反感。这种笑声的确使人产生反感，因为弥尔顿轻率地把他的神描绘成具有人的特征，所以他们的笑声理所当然地引起我们的反感——正如我们对待一场普通的意志冲突，感到冲突中的胜利者不应该嘲笑失败者。但是，撒旦和威罗俾爵士一样，要求他在整个宇宙中装腔作势，夸夸其谈，而迟早都不会唤起喜剧的精灵，那是错误的。要使他避免这种喜剧色彩，整个真实的性格就必须改变，而这是不可改变的。正是在撒旦或威罗俾爵士与某些真实的东西相遇这一点上，必然会引起笑声，犹如水与火相遇必然会产生蒸汽一样。弥尔顿对于这种必然性的认识，更不会比任何人差。我们从他的散文作品中知道，他相信一切可憎的事物终究也都是可笑的；而且只凭基督教教义就使每个基督徒相信“魔鬼（终究）是一头蠢驴”。

威廉斯先生[②]指出，撒旦困境之所在是通过撒旦本身来说明的。据撒旦自己说，他因“感到受委屈”（第1卷第98行）而痛苦。这是为人们所熟知的一种心境，我们大家可以在家畜、儿童、电影明星、政治家或二流诗人身上来研究这种心境；或许这更加明显。许多批评家对文学中的这种心境抱有奇特的偏爱，但我不知是否有人在现实生活里也对之加以赞赏。当它无害地出现在妒忌的狗或宠坏的孩子身上时，它往往使人发笑。当它用千百万人的力量武装起来出现在政治舞台上时，只是因为它为害较大才免于人们发笑。撒旦思想中产生这种“感到受委屈”的心境的原因——我再次

① 威罗俾爵士，英国作家梅瑞狄斯小说《利己主义者》中的主人公。——译注

② 威廉斯（1886—1946），英国小说家、诗人、剧作家和文学评论家，曾写过弥尔顿诗选的序言，该诗选为《世界古典丛书》之一。——译注

遵照威廉斯先生的观点——也是一清二楚的。“他以为自己受到损害”(第5卷第662行)。他以为自己受到损害，是因为弥赛亚[①]被宣布为天使们的首领。这就是雪莱所说的“难以估量”的“冤情”。一个创造了他的神，在素质上胜过他、在自然等级中远远高于他的神，比他更受权威的喜爱，而这个权威那样做，其权力是不容置辩的，并且他所采取的方式，正如阿布迪尔[②]所说，是对天使们表示敬重，而不是蔑视(第5卷第323—843行)。实际上，没有人亏待过撒旦;他并未挨饿，无须做劳累的工作，没有被罢官，也没人不理他，憎恨他——他只是自以为受到损害。在充满光与爱的世界中，在充满歌唱、饮宴和舞蹈的世界中，他除了自己的威望之外对任何事物都不感兴趣。必须看到，他个人的威望，除了他否认弥赛亚具有较高威望的那些原因之外，没有、也不能有其他原因。素质上的优越，或上帝的任命，或两者兼而有之——除此之外，还有什么可以作为他自己崇高地位的依据呢?因此，他的反叛从一开头就陷入了重重矛盾之中，他甚至不能不在举起自由、平等旗帜的同时，又在插句中不得不承认“等级和品第并不与自由相冲突”(第6卷第789行)。他既想要等级制度，又不想要等级制度。在全诗中，他忙于锯掉自己所坐着的枝干，这不仅是在我们已经说过的那种带有政治色彩的意义上，而且是在一种更加深刻的意义上来说的，因为被创造者反叛创造者就是反叛他自己力量的根源——甚至也包括他所借以反叛的力量源泉。因此，这种斗争被极其精当地形容为“天堂自天堂坠落”(第6卷第868行)，因为只有从撒旦也是“天堂”这个意义上来说，他才能取得存在——虽然他是病态的，乖戾的，变态的，但仍然是天堂的居民。这就好像花的香气企图毁灭花朵一样。结果，这一种反叛意味着感情的痛苦和意志的堕落，也就意味着智能的消失。

威廉斯先生以令人难忘的词句提醒我们，“地狱是不精确的”，并引起人们注意这个事实，即《失乐园》中撒旦在自己述及的每一个问题上都撒了谎。然而，我不知道我们是否能够把他有意说的谎言，与他几乎甘愿自欺区别开来。当他反叛一开始告诉比埃尔则巴布[③]，弥赛亚将巡视“所有等级的天使……并颁行法令”(第5卷第688—690行)时，我想他也许还是知道自己在说谎;同样，当他告诉他的追随者们，他们是为了他们的新“首领”而奉命进行“这番匆忙的午夜行军”(第5卷第774行)时，他也知道自己在说谎。但在第1卷中，当他声称“此次刀兵”使上帝对“他的帝权”产生疑虑时，我就不敢肯定。当然，这全是胡说。撒旦和上帝从未交过手，只是在撒旦和米迦勒之间才打过仗;但他现在或许相信自己的宣传。在第10卷中，当他向同伙吹嘘说混沌曾企图反对他的“抗拒最高命运”之行(第480行)时，他可能真正自信这是确实的，因为他在早先的生涯中，与其说已经变成说谎者，不如说已经变成谎言本身，变成自我矛盾的化身。

① 弥赛亚，即基督。——译注

② 阿布迪尔，《失乐园》中天使之一。——译注

③ 一名堕落天使，其地位仅次于撒旦。——译注

这种荒谬的厄运——按照蒲柏的意思，亦即愚钝的厄运——是在两个场景中表现出来的。第一个场景是第5卷中撒旦和阿布迪尔的辩论。在这里，撒旦企图坚持那种作为他整个困境的根源的异端邪说：他是自存物，不是派生物，不是被造物。当然，自存物的特性是它能够领悟自己存在的道理；这也就是因自体。被造物的特性则是它仅仅发现自己的存在，它并不知道自己怎样存在，以及为什么存在。但同时，如果一个被造物愚蠢到竟然想去证明它不是被创造出来的，那么它就会极其自然地说"我可不曾看见那创造工程的进行"，而这种说法也是徒劳无益的，因为这样等于承认对自己的起源一无所知，也就证明那起源是处于它的自身之外。撒旦于是立即陷入了这种困境（第850行及以下）——的确，他不能不陷入困境——他提出的自存的证据，实则却是一种反证。但是，他的荒谬更有甚于此者。他在为自己制造的荒谬理论中苦思冥想，随后提出一种巧妙的想法，认为他实际上是"命运"创造的，最后他又以胜利的姿态提出一种理论，说他像青菜一样是从土壤中长出来的。因此，在二十行诗中，这个骄矜自大、拒不承认为上帝所创造的撒旦，欣喜若狂，相信自己就像托普希[①]或芜菁一样是"长出来"的。第二个场景是第2卷中撒旦坐在王位上发表演讲。他在这里的盲目无知使人联想到拿破仑败亡后的言论："不知道威灵顿[②]现在要做什么？——他决不甘愿再当一个普通老百姓的。"正如拿破仑不可能设想，一个相当稳定的共和国里普通诚实的人有什么样企求，更不要说他有什么样美德，撒旦在这篇演讲中也表明，除了地狱的心境之外，他完全不可能设想任何其他心境。他的论点认为理所当然的是：在人人妒羡的美好世界上，臣民必然妒忌君主。唯一的例外则是地狱，因为那里根本没有美好事物，君主不可能比他人享有更多的美好事物，从而也就不会引起妒忌。因此，他断定地狱的君主制度具有天堂的君主制度所缺乏的那种稳定性。温顺的天使可能喜欢服从上帝的这种思想，即使作为一种假设也不会在他脑海中闪现。但是，甚至在这无比的愚昧之中也发生了矛盾，因为撒旦把这个荒唐可笑的论点作为希望获得最后胜利的理由。显然，他没有注意到，通往胜利的道路每前进一步必然减少一些希望获胜的可能。稳定性如果建立在极端痛苦之上，将会随着痛苦的逐步缓解而削弱，他却认为这种稳定性有助于彻底消除痛苦（第9卷第11—43行）。

我们看到，撒旦身上有两种东西可怕地共存着：一是微妙的、不断的智力活动，一是对任何事物都不能理解。他遭到这种厄运是咎由自取；为了避而不见一种东西，他宁愿什么都看不见。因而在全诗中，从某种意义上来说，他的一切痛苦都是自己招致的，而上帝的裁判则可用这句话来表示："你的意愿一定会得到满足。"撒旦说："恶呵，你来做我的善吧。"（这包含着"荒谬呵，你来做我的理智吧"。）于是他的祈求便得到满足。他

---

① 托普希，美国女作家斯陀小说《汤姆大伯的小屋》中的小女奴。托普希认为自己无父无母，是"长出来"的。——译注

② 威灵顿（1769—1852），曾在滑铁卢击败拿破仑的英国著名将领。——译注

起来反叛是根据自己的意愿；但是，“反叛”在剧痛中从他的头颅里冲撞而出，成为一个可与他自己分开的体形，能以使他为之倾倒（第2卷第749—766行），并给他生下预料不到的、不受欢迎的子孙，这却是出乎他自己的意愿之外。在第9卷中，他自愿地变成了蛇；而在第10卷中，不管他是否愿意，他始终都是一条蛇。这种逐渐堕落的过程，他自己如道得清清楚楚，诗中也是精心加以表明的。开头，他为“自由”而战斗，不管他怎样误解“自由”的概念；但是，他几乎立即堕落到为“尊荣、权位、荣誉和声名”而战斗（第6卷第422行）。失败后，他又堕落到要去实现他那伟大的计划，亦即构成本诗主题的计划——毁灭从未伤害过他的两个生物，他不再抱有严肃的获胜的希望，只想去激怒他不能直接进攻的敌人。（鲍蒙特和弗莱彻剧作中的胆小鬼不敢决斗，便决定回家殴打奴仆出气。）这使他成为一个密探，潜入宇宙之中，很快就不成其为政治密探，而只是一个下贱的窥视者，斜着眼，扭着身躯在欲火中偷看一对情侣的隐秘；在这里，诗中头一次没有把他描绘为堕落的大天使，或地狱里可怕的帝王，而是，把他描绘为地地道道的“魔鬼”（第4卷第502行）——民间传说中淫荡的怪物，半似鬼怪半似小丑的东西。从英雄到将领，从将领到政客，从政客到密探，从密探到一个无赖，从卧室或浴室的窗口向室内窥视，又到蟾蜍，最后到蛇——这就是撒旦的发展过程。这种过程若被误解，人们就会相信弥尔顿开头对撒旦这个形象的描绘过于辉煌，超过了他的本意，后来又试图纠正错误，未免过迟了。但是，能把一种“受委屈的感觉”实际上影响性格发展的情况描绘得这么准确，是不可能出于错误和偶然的。我们不必怀疑，诗人的意图是要公平地对待邪恶，是要它感到没有把钱白花了——要表现它最初是在顶峰，夸夸其谈，慷慨激昂，“模仿着上帝的威风”，然后当它与现实接触时，又描绘它的自我陶醉，实际上事与愿违，到处碰壁。幸运的是，我们恰巧知道第4卷中那段可怕的独白（第32—113行）是在第1、2卷以前就构思、并部分写成的。弥尔顿原是从这一构思出发，他所以把撒旦的华而不实的外貌放在诗的开头，因他想凭借那个时代读者头脑中的两种倾向，使他们不会像我们后来人那样发生误解。当时，人们仍然相信确有撒旦其人，而且相信他是说谎者。诗人不曾预见他的作品有一天会遇到过分天真的批评家，他们认为虚伪的魔首在公开演讲中对其部属所说的话都是真实的。

当然，撒旦无疑仍旧是弥尔顿刻画得最好的人物。其原因是不难发现的。在弥尔顿试图描绘的主要人物当中，撒旦是最易刻画的人物。如果让一百个诗人来讲述这同一个故事，那么在九十首诗里，撒旦也将是最好的人物形象。除了少数作家之外，在所有作家的笔下，“好”人物都是最不成功的，凡曾写过很平常的小说的人都应该懂得为什么。要使一个人物比自己坏，只需在想象中放纵他的坏情感就行，这些坏情感在现实生活里总想冲出牢笼；我们每个人的内心深处，时刻都存在着撒旦、伊阿古[①]、贝基·夏

① 莎士比亚戏剧《奥赛罗》中的人物。——译注

普①，一旦牢笼打开，他们就会立即跑出来，在我们的作品中要要闹闹，而这在我们实际生活里是完全受抑制的。但是，如果你想刻画一个比自己好的人物，你所能做的一切就是回想你偶然有过的好思想，并在想象中把这些思想延长，便它们连贯地体现在行动之中。然而，有些真正的崇高品德是我们根本不具有的，这时我们就只能表面上描绘美德的外形。我们确实不如道，做一个远较我们自己为好时人是怎样的感觉。他的整个内心世界是我们前所未见的，我们若去揣测，就会犯错误。小说家们正是在他们"好"的人物身上，不自觉地暴露了自己，使人吃惊不迭。天堂了解地狱，而地狱并不了解天堂；我们所有的人，在不同程度上，都有撒旦的、至少也有拿破仑的昏聩。设想我们自己是一个恶人，我们仅仅需要不做某些坏事情，不做我们已不愿做的某些事情；设想我们自己是一个好人，我们则必须做我们做不了的事情，而且必须变成我们本来不是的那种人。因此，一切关于弥尔顿"同情"撒旦的说法，关于他在撒旦身上表现出自己的骄矜、恶意、愚蠢、痛苦和欲望的说法，在某种意义上、但不是在弥尔顿特有的意义上说来是正确的。弥尔顿内心的撒旦使他能够出色地刻画这个人物，正如我们内心的撒旦使我们能够接受这样人物。撒旦不是作为弥尔顿，而是作为人，踏上了地狱中灼热的土地，对天堂进行没有胜利希望的战争，躲到一边去，侧目而视。堕落的人与堕落的天使是极其相似的。的确，撒旦的困境不致成为喜剧的原因在此。它和我们太相近了；弥尔顿无疑地期望着所有的读者都能看出来，无论是撒旦的困境，抑或是弥赛亚、阿布迪尔、亚当和夏娃顺从上帝的快乐，终究是读者自己的困境与快乐。因此，可以正确地说，弥尔顿在撒旦这个形象中倾注了自己的情感，但却没有正当理由断言，他喜爱自己的这一部分，或者期望我们喜爱他的这一部分。我们不能因为他和我们其他人一样都可能犯罪，就说他和撒旦一样都犯了罪。

然而，即使《失乐园》中"好"人物的形象并非那么不成功，以至于认真对待这首诗歌的人分不清现实生活里究竟是亚当，还是撒旦能成为我们更好的同伴。研究一下他们的言谈吧。亚当说到上帝、禁果树、睡眠、人兽之间的不同、次日的计划、星辰和天使。他探讨梦和云、太阳、月亮、行星、风和禽鸟。他讲述自身的创造，称颂夏娃的美貌和庄严。现在再来听听撒旦的谈话：在第1卷第83行，他开始对比埃尔则巴布讲话；到94行，他陈述自己的见解，告诉比埃尔则巴布他的"初衷不变"，以及"受委屈的感觉"。在241行，他又开始讲述他对地狱的印象；到252行，他陈述自己的态度，并使我们相信(他在说假话)他"还是原来的我"。在622行，他开始对他的追随者们侃侃而谈；到635行，他强调自己卓越的业绩。第2卷开始时，他坐在王位上发表演讲，不到8行，他便就自己的领导权问题向部属讲活。他遇到"罪恶"——并说明自己的情况。他瞧见太阳，想到了自己的情况。他窥视人间的情侣；并陈述自己的情况。在第9卷中，他飞游整个地球；想到自己的情况。这些无需一一赘述。亚当虽然只住在一个小行星上的一座小

① 英国作家萨克雷小说《名利场》中的人物。——译注

林园里，却有权享受“所有天堂的圣乐和人间的安适”。撒旦既到过最高的天庭，又到过地狱的深渊，他查看了天堂和地狱之间的一切，而在整个广阔的空间，只发现一个引起自己兴趣的东西。可以说，亚当的境遇使他更易于想到天南地北，不像撒旦那么集中。但这正是问题的要害。撒旦对自己狂热的关注，对自己假想的权位与委屈，都出于撒旦所处困境的必然。当然，他没有选择。他甘愿没有选择。他希望“他不变初衷”，他不出自己的范围，并为了自己而斗争；他的愿望得到了满足。他带在身上的地狱，从某种意义上说，是一种极其讨厌的地狱。和贝茨小姐一样，撒旦使我们读起来也感到趣味盎然，但弥尔顿却表明去做撒旦这样的人物又是多么无聊。

赞赏撒旦，就是不仅赞同一个苦难的世界，而且赞同充满谎言和宣传，充满痴心妄想，充满不断自我宣扬的世界。但是，选择赞赏的态度是可能的。我们每个人的内心深处，几乎没有一天不在朝着这样的世界缓缓移动。这就是使《失乐园》成为极其严肃的诗歌的因素。上述的事情是可能的，人们对于揭示它感到难过。如果人们不喜爱《失乐园》，那就是对它这个世界深恶痛绝。济慈说得很对（尽管他自己并不完全理解），弥尔顿内心深处“有死亡”。我们已经紧紧靠近撒旦之岛绕行了，大家都想避开这首诗歌的正面冲击。因此，我再说一遍，这种事情是可能的，而且，由于某种目的，还会受到珍视。威罗俾爵士或许是不幸的，但他还是想永远当威罗俾。撒旦也想永远当撒旦。这就是他选择“臣服在天堂，远不如在地狱称王”的真正含义。有些人直到最后都会认为这句话说得很好；而有些人则会认为，它之所以没有成为喧腾的闹剧，只因为它意味着极端痛苦。在文学批评的水平上，这个问题无法进一步争论。各人情趣是不同的。（胡家峦译）

选文：莫里哀的喜剧①

导言——

李健吾（1906—1982）是我国著名的戏剧家、翻译家和莫里哀研究专家。《莫里哀的喜剧》（1955）一文原有七节，从时代背景、思想主题和喜剧艺术诸方面，对莫里哀的创作作了综合性的阐述。本书选取原文的第七节。

李健吾指出，在专制王权和古典主义的创作环境下，莫里哀从艺术与现实的关系出发，坚持艺术创作的独立性和个性，接近民间，走向“自然”，反对食古不化和墨守成规，从而走出了古典主义的狭隘性。李健吾赞赏莫里哀在创作中不为法则所囿，而是努力将艺术法则同有机创造，同生活结合起来。他总结出莫里哀喜剧艺术的三个特点：发挥主题、逗观众笑和说明性格。认为莫里哀喜剧虽有“闹剧”性质，但莫里哀“把刻画人物性格看成他的首要艺术工作”。

① 《李健吾戏剧评论选》，中国戏剧出版社，1982年版。

李健吾强调“生活是莫里哀喜剧艺术的最大根据”，认为莫里哀创作原则是“现实主义”的，这不仅将莫里哀纳入了西方文学的伟大传统，而且标举出莫里哀对古典主义文学的独特贡献：避免如悲剧那样，将艺术与现实分离。

喜剧艺术

莫里哀并不反对艺术法则。在他看来，法则是一种“观察心得”，应当和有机创造活在一起，决不可以成为它的压力。如果不和生活结合，不和作家的愿望结合，换一句话说，不在创造过程中起积极作用，完成作品的主题任务，法则是没有意义的。决定法则使用的，不是法则本身，而是使艺术之所以为艺术的另外一些东西。而这些东西，正是知其一而不知其二的李希大斯之流所不能领会的。在《〈太太学堂〉的批评》里面，李希大斯指摘《太太学堂》缺乏动作，认为：

> 戏剧诗的名字是从一个希腊字来的，意思是“动”，表示这种诗的性质含在动作里头；可是这出喜剧没有动作，一切含在阿涅或者赫拉斯的叙述里头。（第六场）

根据他的学究看法，《太太学堂》就不配算作戏。这种书生见解，到了18世纪，伏尔泰以不同的词句重复道：“虽然全部是叙述，但是通过巧妙安排，一切像是动作。”我们知道莱辛怎样把话掉转过来，取笑伏尔泰：“关于《太太学堂》，我以为自己可以说得更正确些，就是，全部是动作，虽然这里一切像是叙述。”最好的解释，莫过于莫里哀自己提供出来的解释。李希大斯之流的肤浅认识（伏尔泰的评论也应当包括在内），道琅特给了一个发人深省的回答：

> 首先，说整出戏只是叙述，话就不对。动作有许多，全在戏台子上发生，而且根据主题的性质，就连叙述本身也是动作；尤其是这些叙述，都是天真烂漫，讲给当事者听的。他回回听，回回窘，观众先就看了开心。再说他一得到消息，就尽他的力量，想出种种办法，打消他怕遇到的祸事。

莫里哀是一个高度自觉的伟大喜剧作家，十分清楚自己的工作和工作上应有的轻重分配。叙述也好，动作也好，它们“根据主题的性质”，担当着一种明确的任务。既然它们担当任务担当得那样好，不是为本身工作，而是起积极作用，推进戏剧效果，当然像这段对话指出的，它们就是动作。莫里哀还怕这段对话没有交代明白，又让余拉妮进一步发挥道：

就我来说，我觉得《太太学堂》的主题的美丽，正在不断讲秘密话上。我看着相当有趣的，就是一个懂事的人，而且事事有他心爱的一个傻丫头和一个做他的情敌的冒失鬼预先通知，不过，尽管如此，要来的事，他还是打消不掉。

拿这两段话的重复的字句，单提出来看，我们马上知道，莫里哀看重的，第一是主题任务，第二是喜剧效果。不逗笑，不合乎喜剧本身的要求。不说明问题，就失去戏剧的教育意义。他用了两次"主题"；同时，他说，"观众先就看了开心"，然后余拉妮作为观众，就说："我看着相当有趣的"。而这一切结合在一起，通过一个共同的生活动态来表现。

阿尔诺弗是一个有严重封建思想的资产者。他买了一个四岁姑娘，经过13年的教育，要她照样"一无所知"。因为只有这样，她才可以成为他的个人所有物。他有教会修道院给他做后盾，又有经济上的男权便利，可以随时耳提面命，加以督导；还怕不够，他从修道院把她接出来（为了娶她），制造了一个孤立的环境，派她待在里头：他雇了两个老实透顶的乡下人服侍她，他们是非常穷苦的农民，对他又是十分畏惧，而且他单另租了一所房子隐藏她。他以为这样就会万无一失了。他不知道"自是者不彰"，他会在自然面前大栽跟头。为了增加他的声势，莫里哀拿全部技巧送给他用：女孩子受了13年的胡涂教育，的确成了一个小蠢东西，不懂得隐瞒，芝麻大的小事也要讲给他听；同时男孩子诚实可欺，相信他是父亲的老朋友，把他当作城里的保护人，冒冒失失，也拿他的遭遇一五一十告诉他。整个这出戏只是两个无知青年男女的轮流报告。我们的兴趣完全集中在他听取报告时候的反应。他事后加强对女孩子的看管，加强对男孩子的防御。他有的是机会和经验，优势都在他这方面，然而事出意外，他仅仅发现："我一个中年人，居然会上一个傻丫头和一个楞小子的当"（第四幕第七场），在莫里哀的喜剧里面，阿尔诺弗的独白次数最多。他隔绝一个活女孩子的时候，我们看见他自己就很寂寞。他用了绝大苦心，证明一切终归徒劳：生命在他最想不到的地方（就在他的身边）冒出了芽。他的痛苦含有惊奇："啊：我看错了她，要不就是，说实话，一个傻丫头在这上头，比最聪明的人也知道得多。"（第五幕第四场）阿涅丝这个可怜的无知姑娘不但逃跑，而且面对面和他斗起来了。他的压制仅仅促成她的反抗。他放错了赌注，于是哭笑不得，作为一个"滑稽人"，一副苦相，忿忿走开。

叙述在这里不是为了叙述而叙述。对于我们，叙述往往只是叙述。但是莫里哀在这里看出了"戏"，通常观众最腻味的冗赘叙述，如今成了观众深感兴趣的好笑的场面。因为每一次叙述，必然会通过真情暴露，把"戏"带上一步，而更重要的是，像莫里哀说的，它的结果加强性格的反映。同时这个"中年人"满以为这回布置妥帖，万无一失，然而出乎意外，他的布置变成一对青年男女的"撮合山"。戏剧嘲弄在这里是这样强烈，对比在这里是这样触目，观众心醉神往，不由自己，就会发笑。这不是什么法则可以做得到的，然而这是技术、艺术。这里没有什么笑料，可是情形本身先就可笑。而且笑在这里富有意味，因为这是深刻体会主题——生命永远制不住——的成就。制人者被制于人，形势上注定了他是滑稽的。

发挥主题，逗观众笑，同时，说明性格。这末一点是莫里哀喜剧的第三个、也是最大的一个特点。它和前两点，在最好的时候，往往是结合在一起进行。他的造诣最高的喜剧，其所以格调高于一般喜剧，未尝不是由于他在这方面下了极深的功力的缘故。也正由于这种特殊的艺术性能，他的喜剧、即使是彻头彻尾闹剧性质的喜剧，都显出强烈的道德气息。它们具有鲜明的倾向性。恨和爱通过具体形象的对比，在观众心里，留下沉重分量。了解他对《达尔杜弗》的千锤百炼的结构的卓越解释，我们立刻看出，他的艺术匠心首先就是建立人物性格的明朗："……材料要人慎重，而我在处理上，也采取了种种预防步骤，同时我还竭尽所能，用一切方法和全部心思，做好伪君子这种人物和真正信士这种人物的区别。为了这样做，我用了整整两幕准备我的恶棍上场。观众没有一分一秒犹疑不决，根据我给他做的标记，观众立即认出他的面貌；从头到尾，他没有一句话、没有一件事，不是在为观众刻画一个恶人的性格，衬出我放在对立地位的有德之士的性格的。"[①]莫里哀把刻画人物性格看成他的首要艺术工作。《达尔杜弗》这出喜剧的直接任务是打击宗教骗子，如果宗教骗子的伪君子形象没有在观众心里建立起来的话，观众对全部工作就会发生怀疑。我们不妨看一下达尔杜弗和观众见头一面的情形。女仆道丽娜奉夫人命，请他下楼，恰好他走下楼来：

达尔杜弗：（望见道丽娜）劳琅，把我的苦衣和我的教鞭收好了；祷告上帝，使你心地永远光明。有人来看我的话，就说，我到监狱拿募来的钱分给囚犯去了。

根据 1734 年的版本，动作在这里换成：（他一望见道丽娜，就高声对他房间里面的听差说话）请看这人多好！他是一个勤修苦练的信士；他对听差和善；他做好事。但是他说这话，只为别人听见。于是听见的人就在自白里面戳穿了他道：

道丽娜：真会装蒜、吹牛！

但是他走下来了：

达尔杜弗：你有什么事？

① 《达尔杜弗·序》。——原注

道丽娜：告诉你……

达尔杜弗打断她的话，因为他发现一个机会，表示自己做人正派：

达尔杜弗：（从他的衣袋里面掏出一条手绢）啊！我的上帝，我求你了，在说话之前，先给我拿着这条手绢。

道丽娜：做什么？

达尔杜弗：盖上你的胸脯。我看不下去：这类情形败坏人心，引起有罪的思想。

心地简单的观众很有可能让他骗住。莫里哀时代，马赛就有一位主教，不许妇女在公共场合裸露上胸。但是我们的农民出身的道丽娜，这不会装假的直心眼儿女仆，却没有礼貌地抢白他道：

道丽娜：原来你这样经不起诱惑，肉体对你的作用就那样大，说实话，我不知道你心里头起的什么火，可是我呀，简直麻木不仁，我可以从头到脚看你光着，你浑身上下的皮，甭想动得了我的心。

达尔杜弗：你说话要有一点分寸，不然的话，我马上就走。

道丽娜：不，不，该走的是我，你待下来吧，我也就只有一句话同你讲。太太就要到楼底下这间大厅来，希望你赏光谈谈话。

达尔杜弗：哎呀！欢迎之至。

道丽娜：（向自己）他一下子就软下来啦！真的，我总以为我先前的话有道理。

达尔杜弗：她这就来？

道丽娜：我好像听见她来了。是的，是她本人，我留下你们在一起啦。

（第三幕第二场）

一条小手绢，兜了大坏蛋的底。先前他那样古板，听说夫人约他谈话，马上就色迷迷地问："她这就来？"莫里哀不用多少笔墨，就一针见血，其心如揭，在观众面前，点定宗教骗子的伪君子性格。他的性格随着事件，还要往更可怕的情况发展，但是戏已经进行到第三幕了，观众有权利要求接触正面行动，迟延就会松懈，于是剧作者单刀直入，用一个小小的具体形象（小手绢），完成了性格的主要线条。

《达尔杜弗》的结构，仿佛水晶，透明而又坚定。戏从老太太气愤愤和一家人（除去儿子奥尔贡，他出外还没有回来）争吵开始。歌德认为这在开场上，"是一个伟大的例子。只要想想第一场做了什么样介绍工作，也就成了；从一开头，就句句话富有意义，吸引我们注目更重要的事情。莱辛的《米娜》的开场已经不错了，可是像《达尔杜弗》那样开场，世上只有一次：像它这样开场的，是现存最伟大和最好的开场了”。它让我们认识了每一个人，看出这家老少分成两派，争吵很快从一般批评就集中在达尔杜弗这样一个外来人身上，双方的褒贬势如水火。它一下子就吸住观众的注意。观众奇怪老太太为什么发脾气，为什么意见会这样分歧，不知不觉就进了戏。莫里哀从什么地方学来这种美妙的技术？十分简单。他从生活现象直接观察得来的。这是他的“心得”。有些人在街上吵架，立刻就会有一群男女老少在四周厚厚围上一层。他们愿意知道底细；好奇心驱使他们站住了脚：莫里哀透彻了解这种群众心理。这就是他的成功的“秘诀”。

生活是莫里哀喜剧艺术的最大根据。他从舞台表演程式和戏剧文学传统出来，只要结合他的主题要求，完成他的性格塑造，做成他的喜剧效果，他就老实不客气借用过来。但是他借用得最多的、也最巧妙的，却是他自己的社会。他的自然气势也就这样从生活样式直接反映过来，经他根据主题任务，加以选择使用。为了观众容易领会汝尔丹这样一个资产阶级人物的巨大蜕化，莫里哀用了整整两幕展开他和周围社会的反常关系。他不挖空心思，从远地方做起。通过汝尔丹早晨起来以后的日常活动，他把性格上可能的发展——具体告诉了我们。生活在这里相反相成，绚烂一片，观众目迷五色，欣赏剧作者的有趣的世态的描绘，一时就想不到情节这样的问题。汝尔丹是一个大富商，目前唯一的愿望是弄一个头衔到手。为了满足这种痴心妄想，他有可能接受任何意外遭遇。观众掌握了这可笑的性格，剧作者这才让他走进第三幕、也就是末一幕——最长的一幕，接触正常的现实，和正常的人物短兵相接，冲突立刻迸发了。莫里哀的戏剧动力，是从深刻体会主要人物的社会存在得来的。它不靠传奇式情节的布局，也不要求情节过分复杂。他着重的只是生活对性格、性格对生活的相互作用，和通过这种作用所起的社会与道德影响。

他创造性格，从不借重知识分子引以为荣的俏皮话。但是他为他的人物挑选最合各自性格的语言，或者就主要人物来说，最贴切“滑稽人”的恶习的语言。它们不是啰啰嗦嗦一大堆，而是一言半语，妙入秋毫。汝尔丹讨厌太太反对他要贵人做女婿的见解，就说：“我女儿做定了侯爵夫人；你要是惹起我的火儿来呀，我就叫她做公爵夫人。”（第三幕第十二场）他最后心满意足了，女儿嫁给土耳其太子，他做了莫名其妙的大贵人，得意之余，就嚷嚷：“还有我的女人，谁要，谁娶了去。”（最后一场）我们晓得莫里哀那些有名的说明性格、富有喜剧效果的短语重复：阿尔巴贡和他的“不要嫁妆”（第一幕第五场），奥尔贡和他的“可怜的人”（第一幕第四场）……但是，他有时候短语也不要，像在《贵人迷》里面，丫环的狂笑就够说明问题了。她笑垮了主人的上流社会的配备，但是没有笑醒他的痴心妄想。莫里哀顺着他已经建立好了的性格，迅速转入行动，把世态喜剧带到大闹剧，又把闹剧和高潮统一起来，做成最荒诞也最好笑的嘲弄。莫里哀不为俏皮物色俏皮话。李希大斯之流责备“小孩子打耳朵眼儿出来”这句话下流，道琅特解释剧作者使用的理由，说：

> 说到“小孩子打耳朵眼儿出来”，只在和阿尔诺弗有联系的时候，这才有趣。阿涅丝随便说一句傻话，他当作最漂亮的话重复一遍，心里兜起无限喜悦。作者把这句话写下来，不是因为这句话本身俏皮，只是因为表达阿尔诺弗的性格，而且正好说明他多荒唐。

莫里哀寻找的是人物自己的语言，不是卖弄才华，把作家自己的语言当作人物的语言，像17世纪在风雅社会流行的传奇的语言，那是违反他的创作原则的。拉·布吕耶尔指摘莫里哀语言芜杂[①]，实际就是错拿人物的语言，看成莫里哀本人的语言。

莫里哀的创作原则是一个现实主义者的创作原则。他热爱生活。这表现在他的思想上，表现在他对青年的关怀上，对“下等人”的品德的表扬上，表现在他对语言的选择上，同样也表现在他对人物性格的认识上。在《爱情是最好的医生》里面，资产者斯嘎纳耐勒说他只有一个女儿，这个女儿成了他的挂累。“挂累”，因为他爱女儿。女儿害了忧郁症，他请到四个医生来医治。问题只在他不要她嫁人。什么缘故，让我们听他自己来解释：“父亲做儿女的奴才，天下有什么风俗比这更专制的？你千辛万苦赚下钱来，你尽心尽意把女儿带大，结果一样不留，拱手送给一个外姓男子，还有比这更不合理、更滑稽的？不，不！管你什么风俗不风俗，我偏要拿我的钱和我的女儿给自己留下来。”（第一幕第五场）他的思想感情上的矛盾，在阶级性格的基础上面统一了。他和阿尔巴贡一样，反对嫁妆，但是他不和阿尔巴贡一样，还爱女儿。莫里哀没有创造出来哈姆雷特那样一个复杂而有深度的悲剧人物，但是在理论上，他是同意这种创造典型方法的。李希大斯反对阿尔诺耳弗大方：“阿尔诺耳弗给郝拉斯钱，是不是太随便？他既然是戏里的滑稽人物，正人君子的动作怎么也好给他？”道琅特的答复是：“知己朋友的信在他就是一种充分保证，这且不说，其实，一个人在某些事上滑稽，在另外一些事上正派，并不矛盾。”（《〈太太学堂〉的批评》第六场）

但是莫里哀在写喜剧。他没有能够像莎士比亚那样，更深刻地完成他在阿尔诺耳弗这个人物身上所领会到的“矛盾”而又统一的性格。因为他把全部力量集中在打击某一恶习上，而且因为这是喜剧，他必须把恶人变成“滑稽人”，像他在《达尔杜弗》的序里说起的：“一本正经的教训，即使最尖锐，也往往不及讽刺有力量；规劝大多数人，没有比描画他们的过失更见效的了。恶习变成人人的笑柄，对恶习就是致命打击。责备两句，人容易受下去的；可是人受不了揶揄。人宁可做恶人，也不要做滑稽人。”从这样对喜剧的认识出发，喜剧在他不但是一个特殊文学种类，而且因为是一个特殊种类，有它的特殊方法。他要在他的喜剧里面做到“恶习变成人人的笑柄”。恶

① 参阅《性格论》第1章第33节。这样指摘莫里哀的，不止他一个人。——原注

人不但可恶，而且同时还得可笑。没有比哈姆雷特独白再多的人了，没有比阿尔诺耳弗独白再多的人了，哈姆雷特的痛苦是深沉的，阿尔诺耳弗的痛苦是深沉的；哈姆雷特对现实不满意，阿尔诺耳弗对现实不满意；哈姆雷特的聪明使他调侃别人，阿尔诺耳弗的自负也使他调侃别人，哈姆雷特有改变社会现实的要求，阿尔诺耳弗也有这种要求（完全为了自己），而且条件已经准备好了：但是他们不一样，不仅因为故事不一样，性格不一样，身份不一样，教养不一样，各方面全不一样，而且也因为阿尔诺耳弗具有哈姆雷特所没有的那种逗人笑的滑稽情调。全部戏剧嘲弄落在他的头上，这先不说。我们听听他在最后不由自主说的那段表示爱情、可怜而又可笑的话看：

> 我的好小心肝，只要你肯，你就做得到。（他叹了一口气）单只听听这声叹息，就知道我多爱你；单只看看我这要死的模样，张望张望我这可怜的身子，你也就该回绝毛小子和他爱你的心思。他一定是拿妖法迷住了你，可是你和我在一起，比和他在一起，会快活一百倍的。你顶爱打扮得花枝招展一般，好，我把话说在前头，你就老这样下去。我黑夜白日疼你、摸你、香你、舔你。你高兴怎么做，就怎么做；我用不着解说，这话也就够明白的了。（低声，旁白）热情把我带到哪儿去啦？（高声）总而言之，我爱你的情义，就没有东西可以相提并论。负心丫头，你还要我拿什么证据给你看？你要看我哭？你要我打自己一顿？你要我揪下一边头发来？你要我弄死自己？对，你要什么，你就说吧。狠心丫头，只要你相信我爱你，我什么也干。（第五幕第四场）

莫里哀显然要我们听了这段话笑，而不是陪他落泪。莫里哀演这个角色，李希大斯之流嫌他演这段话演得太滑稽："最后，这位德·拉·树桩先生，被写成一位懂事的先生，在好些地方非常严肃，可是临到第五幕，他对阿涅丝解释他的狂热的爱情，却又眼睛拼命转，气叹得滑稽，泪流得荒唐，把人人逗笑了，不也太可笑、太过分？"（《〈太太学堂〉的批评》第六场）他不了解莫里哀刻画喜剧人物，是在真实基础之上要他滑稽。他不要观众同情阿尔诺耳弗，那样一来，他这出喜剧就完全失败了。于是为了把这位求爱的人促狭到底，他叫阿涅丝紧接着就说：

> 算啦，你絮叨了这半天，我一点也不感动，奥拉斯两句话，都比你感动人。（第五幕第四场）

他自叹气，自流眼泪，感动不了那不爱他的"负心丫头"。

莫里哀的喜剧艺术是精通业务的结果，同时又深深把根扎在善良愿望和生活知识之上。悲剧材料，在他处理之下，会有意想不到的喜剧妙趣。他不需要悲剧方式结束，喜剧的定义也不许他用悲剧方式结束，然而他挡不住他的喜剧，往往在使人哄堂大笑之后，引起一种悲剧感觉。[1] 他很难在事件本身发展规律以内，满足喜剧的圆满结束的要求。他大量借用"无巧不成书"的传奇程式。经院法则往往对他成为一种限制，例如地点只许一个，就给他的喜剧带来不小的困难。《太太学堂》是一个显明例子。为了解释阿尔诺耳弗老在一个地点见到奥拉斯，剧作者费了相当难以令人相信的笔墨。但是他的整个喜剧，并不由于这一类限制就缺乏一气呵成的气势。他有一条宽而又深的河床，供给他的喜剧"轻松愉快地"流向它的目的地。

他的喜剧世界是完整的。笑在这里丰盈多彩。我们对封建和资本主义社会的权威人物的丑态开怀大笑，同时我们又在这里看到属于欢乐的生命的茁长。年轻人和"下等人"显出了不可克服的蓬勃的活力。生命饱满到了要泛溢出来。他的愿望是人人快乐。倾向性在这里十分明显。他爱护的生命和自由，人民世代以血汗争取，他所破坏的，也正是人民所憎恨的。他攻击宗教，因为它妨害人类的精神发扬；他鞭挞学院派医学，因为它危害人类的存在。他的爱憎是那样分明、那样强烈，通过他的正确和深刻的观察，他创造的那些即将崩溃或者势必崩溃的统治阶级的典型人物，往往具有强大的艺术概括的性能，并不因为时代过去了，形象就欠生动，丧失教育人民的力量。他受到的损害是多方面的，例如古典主义的法则，宫廷节日的应付，还有他自己的适可而止的改良主义论调都是，然而这挡不住他以现实主义的喜剧艺术和人道主义的崇高精神，为人类的进步事业，尽心尽意服务。

＝补充材料＝

三整一律只有在便于理解时才是好的。如果三整一律妨碍理解，还要把它作为法律来服从，那就不可理解了。就连三整一律所出自的希腊人也不总是服从它的。……由此可见，对于希腊人来说，描绘对象本身比起盲从一种没有多大意义的法律更为重要。莎士比亚的剧本都尽可能地远离时间和地点的整一；但是它们却易于理解，没有什么剧本比它们更易于理解了，因此，希腊人也不会指责它们。法国人却力图极严格地遵守三整一律，但是违反了便于理解的原则，他们解决戏剧规律的困难，不是通过戏剧表演而是通过追述。

《歌德谈话录》，朱光潜译，人民文学出版社，1978 年版，第 62—63 页。

毫无疑问，路易十四时期的法国作家从理论上构想的那种三一律，是建立在对希腊戏剧(及其解释者亚里士多德)的曲解上的。但是，另一方面，同样毫无疑问，他们正是依照他们自己艺术的需要来理解希腊人的，因而在达西埃和其他人向他们正确

① 歌德说："他是一个独来独往的人——他的戏接近悲剧；它们是可畏的，没有人有勇气学他。"——原注

解释了亚里士多德以后，他们还是长时期地坚持这种所谓的“古典”戏剧。

(德)马克思：致拉萨尔，《马克思恩格斯论文学与艺术》(一)，陆梅林辑注，人民文学出版社，1982年版，第414页。

莫里哀是很伟大的，我们每次重温他的作品，每次都重新感到惊讶。他是个与众不同的人，他的喜剧作品跨到了悲剧界限边上，都写得很聪明，没有人有胆量去摹仿他。他的《悭吝人》使利欲消灭了父子之间的恩爱，是特别伟大的，带有高度悲剧性的。但是经过修改的德文译本却把原来的独生子改成一般亲属，就变得软弱无力，不成名堂了。他们不敢像莫里哀那样把利欲的真相揭露出来。但是一般产生悲剧效果的东西，除掉不可容忍的因素之外，还有什么呢？

《歌德谈话录》，朱光潜译，人民文学出版社，1978年版，第87页。

莎士比亚创造的人物，不像莫里哀的那样，是某一种热情或某一种恶行的典型；而是活生生的、具有多种热情、多种恶行的人物；环境在观众面前把他们多方面的多种多样的性格发展了。莫里哀的悭吝人只是悭吝而已；莎士比亚的夏洛克却是悭吝、机灵、复仇心重、热爱子女，而且锐敏多智。莫里哀的伪善者追逐自己恩人的妻子，是口是心非的；接受财产的继承权，是口是心非的；讨一杯水，也是口是心非的。莎士比亚的伪善者怀着虚假的严厉宣读法庭判决词，然而显得是公正的；他以治世能臣的深奥议论来辩护自己的冷酷无情，他的强有力的迷人的诡辩，而不是以又因循而又虔诚的可笑的态度装饰成无罪的样子。安哲鲁是伪善者，因为他的公开的行动与他秘密的欲望相矛盾！这个性格是多么深刻啊！(李邦媛译)

(俄)普希金，论莎士比亚，《莎士比亚评论汇编》(上册)，第426页。

＝问题研讨＝

1. 弥尔顿是一位“清教诗人”，还是一位“民主革命诗人”？如何解读《失乐园》中的撒旦形象？人类失去“乐园”是必然的吗？

2. 作为西方文学史上“最后一部史诗”，《失乐园》如何借鉴荷马及维吉尔的史诗传统？

3. 什么是“古典主义”？古典主义文学有哪些主要特征？法国古典主义悲剧的戏剧冲突是什么？

4. 什么是“三一律”？它和古希腊戏剧的关系是什么？它的合理性及理论缺陷在哪儿？

5. 莫里哀如何调和理性法则与现实主义创作原则的关系？

6. 莫里哀的悭吝人只是悭吝、伪善者只是伪善吗？如何评价莫里哀的喜剧性格刻画？他笔下的人物是否流于“概念化”或“类型化”？

＝研究实践＝

1. 莫里哀喜剧中的闹剧因素与性格刻画有什么关系？（参阅朗松《莫里哀与闹剧》）

2. 分析《伪君子》一剧中的女仆桃丽娜形象。

3. 比较莫里哀的《吝啬鬼》和普劳图斯的《一坛金子》。

4. 何谓“《熙德》论战”？你认为法兰西学院对《熙德》的批评合理吗？（参阅《法兰西学院关于悲喜剧〈熙德〉对某方意见的感想》，《古典文艺理论译丛》第五册，人民文学出版社，1963 年版）比较莎士比亚的《罗米欧与朱丽叶》与高乃依的《熙德》。

5. 弥尔顿为什么选择《圣经》题材？（参阅帕蒂森《弥尔顿传略》第十三章，金发燊、颜俊华译，三联书店，1992 年版）

6. 别林斯基认为，“弥尔顿的诗歌显然地是他那个时代的产物，他自己也并没有料到这一点，他通过那个骄傲而阴沉的撒旦这个人物写出了反抗权威的颂辞，尽管他原来考虑的完全是另外一套。”①你同意这个观点吗？

7. 英国批评家麦考莱认为，“毫无疑义，普罗米修斯在很大程度上像弥尔顿的撒旦”。你认为这两者之间有可比性吗？

8. 分析《失乐园》（朱维之译，上海译文出版社）第十二卷第 610—650 行诗句。

＝延伸阅读＝

1. （英）约翰逊：评弥尔顿的诗（《弥尔顿评论集》，殷宝书选编，上海译文出版社，1992 年版）

2. （美）艾布拉姆斯：弥尔顿、撒旦和夏娃（艾布拉姆斯《镜与灯》，郦稚牛等译，北京大学出版社，2004 年版）

3. 杨周翰：弥尔顿《失乐园》中的加帆车（杨周翰《攻玉集》，北京大学出版社，1983 年版）

4. （法）丹纳：十七世纪的法国文化与古典悲剧（丹纳《艺术哲学》，傅雷译，人民文学出版社，1963 年版）

5. （法）朗松：莫里哀与闹剧（《方法、批评及文学史——朗松文论选》，徐继曾译，中国社会科学出版社，1992 年版）

6. 罗念生：三整一律（罗念生《论古希腊戏剧》，中国戏剧出版社，1985 年版）

① （俄）别林斯基，《一八四七年俄国文学一瞥》，《别林斯基文学论文选》，第 696 页。

第五章　启蒙时代

导　论

启蒙运动是现代理性运动取得的重大成果，它赋予 18 世纪以鲜明的时代特征：社会革命(包括政治和经济)和个性解放的时代，理性权威最终取代神权和君权的时代，《百科全书》成为新的"修身教科书"的时代，总之，一个更世俗、更功利的时代。启蒙运动的核心就是要以世俗的、科学的文化知识启迪教育民众，使人们摆脱各种愚昧和偏见，争取人的解放和发展，进而达到社会改革和人类进步的崇高目标。"进步"观念是一种新思想，既对立于基督教的"堕落"观，又有别于文化史上的各种复古思想。启蒙思想家不再满足古典主义者将理性抽象化，服从现存秩序和外部权威，正如恩格斯所指出的，"他们不承认任何外界的权威，不管这种权威是什么样的。宗教、自然观、社会、国家制度，一切都受到了最无情的批判；一切都必须在理性的法庭面前为自己的存在作辩护或者放弃存在的权利"①。启蒙思想家将理性用作思想解放和社会改造的武器。牛顿的力学使这个世界显得透明起来，它可以解释，可以计算，甚至可以预测。英国吹响了工业革命的号角。德国掀起"狂飙突进运动"。法国大革命将资产阶级共和国从理想变成了现实。

启蒙运动构成了 18 世纪欧洲文学的社会和文化背景。

18 世纪欧洲文学的发展并不平衡，既有国际性流行思潮(如古典主义、感伤主义等)，又表现出不同民族文学的独特性。英国、法国占据着欧洲文学的中心地带，俄国文学慢慢起步，德国文学后来继上，登上西方"古典文学"的峰顶。

古典主义因其自身的"狭隘性"而趋向保守成为"伪古典主义"。文学在酝酿新变。18 世纪长篇小说在英国的兴起是一个伟大的文学事件，它标志西方两千余年的史诗传统的终结，一个以个人主义和日常生活为文学题材的小说时代的到来。笛福、理查逊、菲尔丁是现代小说的共同缔造者。启蒙时代的文学有道德教化的意图，但文学人物出现了非英雄化和世俗化趋向，不再像古代和中世纪那样，具有崇

① 《马克思恩格斯论文学艺术(一)》，第 424 页。

高的悲剧色彩，而是逐渐过渡到日常生活中的普通人。这个时代的文学不再欣赏崇高，而讲究优雅、机智、感伤和理性，虽然古典主义仍是一种文学时尚和美学趣味。18 世纪英国小说中，建议选读笛福的《鲁滨逊漂流记》、理查逊的《帕美拉》、菲尔丁的《汤姆·琼斯》。美国学者伊恩·瓦特的《小说的兴起》是一部研究 18 世纪英国小说的学术名著，主要研究上述英国小说家的作品，本章节选了其中有关笛福的论述。

启蒙运动赋予 18 世纪法国文学一种启蒙激情和战斗精神，使之成为政治革命和社会改革的先锋。孟德斯鸠、伏尔泰、狄德罗这些才华横溢的启蒙思想家，创立了一种独特的小说形式——哲理小说，用作思想启蒙的锐利武器。伏尔泰是法国启蒙运动的领袖，他的《老实人》是哲理小说中的精品。作者以戏拟的方式，对盲目自大的"乐观主义"哲学进行嘲讽，倡导一种清醒明朗的"向善论"。卢梭既是启蒙文学的精英，又是后起浪漫主义文学的先声。他仍坚持理性主义时期"自然人性"概念，但认为这种天然人性已受到文明的腐蚀，因此，他主张回归自然，回归纯朴。他以敏锐而又独特的情感取向，对 18 世纪的人类进步、理性至上持怀疑态度，认为理性已蜕化为社会偏见和陈规陋习。他的思想丰富而又芜杂，深刻而又片面，影响甚大而又争议颇多。本章所选朗松的论文以论战的方式为卢梭作了辩护。卢梭多才多艺，著述丰富，建议重点阅读他晚年的"绝唱"——《忏悔录》。"忏悔录"是一种独特的自传体作品，从圣奥古斯丁到列夫·托尔斯泰，再到 19、20 世纪众多的"忏悔"、"自白"，构成了一种独特的文学传统，可以进行比较性的阅读。延伸阅读中美国学者保罗·德曼以"辩解"为题的文章对卢梭的《忏悔录》作了一种解构性的阅读。狄德罗的《拉摩的侄儿》被誉为是一部"充满辩证思想的杰作"，亦值得一读。

德国文学虽起步较晚，却以其精神探索和思想深邃著称于世，到 18 世纪末已经诞生了两位世界性大作家——席勒和歌德。席勒的《阴谋与爱情》是一部有着"狂飙突进运动"精神的剧作，反映了青年席勒的叛逆精神，是德国启蒙文学的重要作品。歌德一生跨两个世纪，著作等身，可以选读他青年时期的中篇小说《少年维特之烦恼》和贯穿他整个创作生涯的巨著——《浮士德》。卢卡契是匈牙利著名的马克思主义批评家，在对文学进行社会学批评方面硕果累累。本章选了他的《浮士德》研究中论浮士德与靡非斯特关系的部分文字。《浮士德》中译本有董问樵（复旦大学出版社）、钱春绮（上海译文出版社）、杨武能（安徽文艺出版社）的诗体译本和绿原的散文体译本（人民文学出版社）等。补充材料大多涉及浮士德与靡非斯特的关系及浮士德性格的两重性，美国学者马歇尔·伯曼视《浮士德》为"发展的悲剧"，这无疑提供了一种后现代语境下的新的解读视野。

选文：《鲁滨逊漂流记》、个人主义和小说[①]

导言——

伊恩·瓦特(Ian Watt,1917—1999)是美国斯坦福大学教授，英国18世纪文学研究专家。本文选自他的名著《小说的兴起》(1957)第三章的一、二两节。瓦特主要通过对“小说之父”笛福代表作《鲁滨逊漂流记》的分析，探讨个人主义与小说兴起的关系。

瓦特不仅考察个人主义的社会和经济结构的形成，而且考察个人主义在思想文化领域的生长。同样，现代小说也与社会结构中的个人主义联系紧密。瓦特认为，笛福的作品就提供了各种形式的个人主义与小说兴起之间相互联系的独特的证明，尤其是他的《鲁滨逊漂流记》。

瓦特认为，鲁滨逊像笛福的其他主要人物一样，是“几乎不需论证的经济个人主义的化身”，这表现为对金钱的追求、对簿记和契约法的天生敬畏等。瓦特认为，鲁滨逊意识到的“原罪”正是个人主义生活冲动。与传统的旅行冒险小说不同，鲁滨逊的漂流主要表现为对利润的追逐。在瓦特看来，经济个人主义增强了个人的灵活性，削弱了人际关系、群体关系及性关系的重要性。瓦特还分析了劳动分工及经济专门化与小说兴起的关系，指出“一个普通人的日常活动成为文学的持续不断的关注中心，从这个意义上说，《鲁滨逊漂流记》无疑是第一部小说”。

该章的三、四两节主要探讨了清教个人主义对鲁滨逊性格的影响及个人主义与文学的关系。

小说对普通人日常生活的深切关注，似乎依赖于两个重要的基本条件——社会必须高度重视每一个人的价值，由此将其视为严肃文学的合适的主体；普通人的信念和行为必须有足够充分的多样性；对其所作的详细解释应能引起另一些普通人——小说的读者——的兴趣。也许直至最近才广泛获得了小说赖以存在的这样两个基本条件，因为，它们都赖于一个各种因素相互依存的巨大复合体——个人主义——为其特征的社会的建立。

甚至个人主义这个词也是近期才出现的，其起始时间不过是19世纪中期。无疑，在任何时代、任何社会里，都有某些人在下述意义上成为了“个人主义者”——他们是自私的、奇特或引人注目地独立于通行的见解和习惯之外，但个人主义的概念远非如此简单。这一概念断定整个社会主要是受这样一种思想支配的——每一个人天

① (美)伊恩·瓦特《小说的兴起》，高原、董红钧译，三联书店，1992年版。

生的有别于其他的个人，而且与被称作“传统”的过去时代的思想行为的各种各样的忠诚背道而驰。传统永远是一种社会的力量，而不是个人的。这样一种社会存在，反过来又明显地依赖于一种特殊类型的经济政治组织，依赖于一种适当的思想体系，尤为特殊地依赖于一种允许其成员在行动上有广阔选择范围的经济政治组织，依赖于一种主要不是建立在过去的传统的基础上，而是主要建立在个人自主（不考虑其特殊的社会地位或个人能力）的基础之上的一种思想体系。人们普遍认为，现代社会在上述这些方面是属于无可比拟的个人主义的，人们还认为，在个人主义出现的诸多原因中，有两个是至关重要的：其一为现代工业资本主义的兴起；其二为新教，尤其是其中的加尔文教或清教的普及。

资本主义带来了经济特殊化的大幅度增长；它与不很刻板、不很均一的社会结构和不很专制、更为民主的政治体制一道，极大地增加了个人选择的自由。由于它们充分地显示了新的经济秩序的力量，因此，当今社会分类所依赖的有效的实体，不再是家庭，不再是教会、行会、教区，也不再是任何集体单位，而是个人——他基本上是独自负责确定他所扮演的经济的、社会的、政治的和宗教的角色。

这种从整体上影响社会的倾向的变化始于何时很难说清——可能是 19 世纪。但是这一动向肯定开始得要更早得多。16 世纪的基督教改革运动和各民族国家的兴起，就对中世纪基督教世界的物质世界同一性发出了决定性的挑战，用梅特兰的著名言论说，“第一次，绝对的国家正视了绝对的个人”。然而，在政治和宗教领域之外，变化非常缓慢，很可能直到工业资本主义有进一步发展之前一直如此，尤其在英国和低地国家[①]；一个重要的个人主义的社会和经济结构开始存在，并开始对总人口的相当大的部分——尽管绝不是大多数——产生影响。

至少可以得到普遍认可的是，1689 年光荣革命刚刚结束，新制度的基础就已确立了。促成个人主义社会制度的最初动因——商业阶级和工业阶级，当时已积聚了颇大的政治和经济力量；而这种力量在文学领域中也得到了反映。我们业已看到，城市中产阶级正在变成尤为重要的读者大众；与此同时，文学开始赞赏地瞩目于贸易、商业和工业。这是一种相当新的发展。像斯宾塞、莎士比亚、邓恩、本·琼生和德莱登这样的较早的作家，倾向于支持传统的经济社会制度，而对许多刚刚出现的个人主义征兆予以了抨击。但是，到 18 世纪初，阿迪森、斯蒂尔和笛福却有点夸耀地把文学认可的印迹盖在了经济个人主义的主人公身上。

这种新的倾向在哲学领域也同样十分明显。17 世纪伟大的英国经验主义者，在认识论方面也像个人主义者在政治和道德思想方面一样充满朝气。培根希望，通过将他的归纳法用于有关大批特殊个人的真实论据积累，在社会理论上来一个崭新的

① 低地国家，指荷兰、比利时和卢森堡。——译注

突破，[1]霍布斯也感到，他正在涉及一个他先前没有适当接触的问题，于是，他把他的政治理论和道德理论基本建立在以自我为中心的个人心理构成基础之上；[2]同时，洛克在他的《论政府》(上、下篇，1690 年）中，创立了以个人权利不可侵夺为基础的政治思想的等级体制，以此与更传统的教会、家庭、国王的等级体制针锋相对。这些思想家在政治方面和心理学方面都成了新生的个人主义的先锋，正像他们在知识理论上是先驱者一样。这表明他们的重定方向与他们本身、与小说的创新有着何等紧密的联系。古希腊人的文学形式的非现实主义性质、他们关于社会的或市民的、道德的热情观点，与他们在哲学上对一般概念的偏爱有着基本的一致性；与此相似，现代小说也是一方面与现代的现实主义认识论关系密切，另一方面与它的社会结构中的个人主义联系紧密。在文学、哲学和社会等领域，古典时期的那种将注意力集中于理想、一般性和全体的状况已经完全改变了；现代人的视野主要被互不相干的特殊性、直接领悟的感觉和自主的个人所占据。

笛福的哲学观点与 17 世纪的英国经验主义哲学家在很多方面完全相同，他比任何一位以前的作家都表现出了更完全的个人主义的各种要素。他的作品提供了各种形式的个人主义与小说的兴起之间相互联系的独特的证明。这种联系在他的第一部小说《鲁滨逊漂流记》中展现得尤为明显，尤为充分。

鲁滨逊·克鲁梭非常恰当地被许多经济理论家用作他们的"经济人"理论的图解。正像"国家"是先前社会集体方式的思维类型的象征，"经济人"也可以在经济方面作为个人主义的新观点的象征。亚当·斯密曾因这项发明而受指责，实际上，这种观念的历史要更为久远。但是，只有当经济体制中的个人主义本身达到一个高级发展阶段时，这种观念才能作为一种表达总的经济体制中的个人主义的抽象观念自然地涌现出来。

鲁滨逊·克鲁梭，像笛福的其他主要人物摩尔·弗兰德斯、罗克萨那、杰克上校、辛格顿船长一样，都是几乎不需论证的经济个人主义的化身。笛福所有的主人公都追求金钱，金钱被他独特地称为"世界通用的徽章"；[3]他们对钱的追求，很有条理地采用收益损耗的账簿，马克斯·韦伯认为那是现代资本主义与众不同的技术特征。[4]我们注意到，笛福的主人公不需要学习这种技术；无论他们的出身和教育状况如何，他们天生就有了这种技术，而且他们随时向我们提供他们钱财积存的现状。这种情

① 《知识的进步》，第二部，主要是第二十二章第十六节和第二十三章第十四节。——原注

② 《法律的要素》，第一部，第十三章第三节。——原注

③ 《评论报》，第三期(1706)，第 3 页。——原注

④ 《社会和经济体制的理论》，亨德森和帕森斯译，1947 年纽约版，第 186—202 页。——原注

报，他们要比虚构故事中任何人物提供得都更为充分。实际上，克鲁梭的簿记良心已经确立了超出他的其他思想动机的实际的优先地位。当里斯本的那位船长为了减轻他归程中所遇到的暂时困难，给了他一百葡萄牙金币时，克鲁梭叙述道："一边说，我一边止不住流泪。简单地说，我只拿了他一百个葡萄牙金币，并且叫他拿出笔和墨水，写了一张收据给他。"①

簿记只是现代社会制度的中心问题的一个方面。总的说来，我们的文明是建筑在个人契约关系的基础之上的，与先前社会的口头的、传统的、集体的关系截然相反；这种契约思想在政治个人主义的理论发展中扮演了一个重要角色，它在与斯图亚特王朝所进行的斗争中起着突出重要的作用，在洛克的政治体制中也被奉若神明。洛克确实认为，甚至在原始社会中，契约关系就已经被固定下来了；②我们注意到，克鲁梭的行为正像一个杰出的洛克式的人——当别人到达岛上时，他迫使他们签订契约承认他的绝对权力，从而接受他的统治（尽管我们先前曾获知他的墨水已用尽了）。③

但是，经济动机的首要地位、对簿记和契约的天生敬畏，这些绝不是鲁滨逊·克鲁梭为其代表的与经济个人主义兴起相联系的过程中的仅有内容。经济动机的本质，按照逻辑需要其他思想、感觉、行为的模式贬值：各种传统形式的群体关系、家庭、行会、村庄、民族感，这一切都要被削弱，包括从精神拯救到消遣取乐等方面的非经济因素的个人成就和享乐的竞争性要求，也需如此。④

无论工业资本主义在什么地方成为经济结构中的支配力量，人类社会成分的这种范围广阔的重新构成都是易于出现的。⑤ 自然，这种明显的变化在英国出现得尤其早些。事实上，截止到18世纪中叶，这已是司空见惯的事了。例如，哥尔斯密在《旅客》（1764年）一书中就描述了与英国式夸张的自由共存的这种现象：

> 不列颠人对独立自主过于偏爱，
> 人与人相隔，割断了社会纽带，
> 举世无双的自力更生的小贵族们，
> 都想要不可知的生活稳固而又温馨，
> 然而与自然的契约又微弱如丝，

---

① 《鲁滨逊漂流记》，艾特肯编，1902年伦敦版，第316页。——原注

② 第二篇《论……国民政府》，第十四节。——原注

③ 《鲁滨逊漂流记》，第277、147页。——原注

④ 见马克斯·韦伯的《新教伦理与资本主义精神》，帕森斯译，1930年伦敦版，第59—76页；《社会和经济体制的理论》，第341—354页。——原注

⑤ 见罗伯特·理菲尔德的《尤卡坦的民间文化》，1941年芝加哥版，第338—369页。——原注

于是心与心相斗，排斥他人又被他人排斥……
这还不是最糟。自然的纽带已烂掉
而责任、爱情和荣誉仍不可动摇，
虚构的契约，那财富与法律的契约啊，
仍然聚集起力量，迫使人不情愿地对其敬畏。①

与哥尔斯密不同，笛福不是这种新制度的公开敌人，情况恰恰相反；但在《鲁滨逊漂流记》中，却有许多内容证实了哥尔斯密的那番生动写照，而在笛福处理类似于家庭和民族这样的群体关系时，这种证明清晰可见。

大体说来，笛福的主人公或是没有家，像摩尔·弗兰德斯、杰克上校、辛格顿船长，或是少小离家，从未归还，像罗克萨那和鲁滨逊·克鲁梭。但这并不能说明什么问题，因为冒险小说就需要这种传统的社会关系的缺乏。至少在《鲁滨逊漂流记》中，主人公还是有房子和家庭的，他离开家是出于经济人传统的原因，此乃改善他的经济条件之必需。"在对自然的嗜爱中，有某种命中注定的东西"召唤他到海上去冒险，反对他"安居乐业"于出生的那个生活位置——"下等生活的上等位置"；这是对他父亲给予那种生活条件的颂辞的蔑视。后来，他把这种缺乏"对欲望的限制"，这种对"上帝和大自然把他安置在那里的那种状况"的不满足，看成是他的"原罪"。② 但在当时，他与父母争论的不是子女责任或宗教方面的问题，而实际上是出外远游还是老守田园哪一种是最有益处的人生之路：两者都把经济论据放在首位。当然，克鲁梭实际上是因"原罪"而得益，从而变得比他父亲更富有。

克鲁梭的"原罪"实在是资本主义本身的富有生气的趋向，他的目的是绝不仅仅维持现状，而是不断地改造它。为了改善一个人生来注定的命运而离家出走，是个人主义生活模式的一种必不可少的特征。这可以被看作洛克的"不安定"心理的经济和社会形式的体现，而这一心理正是洛克的动机形成体系的中心。③ 这种不安定心理的存在，是终有一死的人的永久痛苦的标志。这与帕斯卡的观点大相径庭。帕斯卡曾经写道："人的所有不幸都由这一事实生成，他们不能安静地呆在他们自己的房子里。"④笛福的主人公决不会赞同此说。甚至当他老了的时候，克鲁梭还告诉我们如何"……在没有提供别的什么东西时，去寻找真正的激情、去做生意、去获得如此之大的利益；正像我说的那样，这确实比老老实实坐在那儿有更大的乐趣，更能使心灵获

① 第二部，第339—352页。——原注
② 《鲁滨逊漂流记》，第2—6，216页。——原注
③ 《人类理解新论》，第二部，第二十一章第三十一—四十节。——原注
④ 《思想》双月刊，第139期。——原注

得满足。安静地坐在那儿,对我来说尤其是生活中的不幸成分"[①]。因此,在《鲁滨逊漂流记》中,克鲁梭计划要再次开始有利可图的奥德赛式的出游。

经济个人主义的这种基本趋向阻止了克鲁梭无论是作为一个儿子还是一个丈夫对家庭的纽带予以更多的注意。这与他在《家庭指导者》这样的说教作品中对家庭在社会中和宗教上的重要作用的重点强调是直接相矛盾的。但是,他的小说反映的不是理论而是现实,在总体限制的情况下,它们派给这些纽带的是一个很不起眼的小角色。

个人对自己的经济利益的详细合理的考察,会使他像不受家庭限制一样也几乎不受国家的羁绊。无疑,笛福对个人和国家同样予以重视,主要是基于对它们的经济价值的考虑。因此,他的最富有爱国热忱的言论采取了一种独特的表达形式——要求他的同胞要比其他国家的工人每小时劳动产量更高些。[②] 我们看到,被沃尔特·德·拉·马尔公正地称之为笛福的"有择亲和势"的克鲁梭,[③]他所畏惧和憎恨的是经济道德缺乏的那些地方。而当那种经济美德存在时,比如在那个西班牙总督、那个法国天主教教士、那个可信的葡萄牙船长那里他所遇到的情况,他是对其大为称赞的。另一方面,他又谴责了很多英国人,像岛上他的那些英国移居者,因为他们不够勤劳。人们觉得,克鲁梭对国家比对家庭更少情感的羁绊;他以人为满足,不论他们的国籍怎样,只要他们于生意有益便可,他像摩尔·弗兰德斯一样,觉得"只要口袋里有了钱,便可四海为家"[④]。

乍看起来,也许会把《鲁滨逊漂流记》置于有点独特的"旅行和冒险"的范畴中,实际上并非完全如此。小说情节对旅行的依赖确实易于使《鲁滨逊漂流记》处在小说发展行列的边缘位置,因为它把主人公从他桌子旁边通常的座位和联系密切的社会关系的模式中拉了出来。但是,克鲁梭不仅是一个自由自在的冒险家,他的旅行,像他免于社会羁绊一样,总体上看,都只是现代社会中习以为常的趋向的稍稍有点极端的例子。因为,凭借使追求赢利成为一种基本动机,经济个人主义已大大增强了个人的灵活性。尤为特殊的是,鲁滨逊·克鲁梭的生涯,像现代学术成果所表明的那样,[⑤]足以详细描述航海探险家的开拓事迹的浩繁卷帙中的一部分为基础的,那些航海探险家在16世纪功劳卓著,他们提供贸易扩张所依赖的黄金、奴隶和热带植物,从而推动了资本主义的发展;17世纪时,他们通过开发资本主义进一步发展所依赖的殖民地和国际市场,依然继续这一进程。

---

① 《冒险记续集》,艾特肯编,1902年伦敦版,第214页。——原注

② 《英国商业计划》,1928年牛津版,第28、31—32页。——原注

③ 《荒岛与鲁滨逊·克鲁梭》,1930年版,第7页。——原注

④ 《摩尔·弗兰德斯》,艾特肯编,1902年伦敦版,第一卷,第186页。——原注

⑤ 见 **A. W.** 西科德的《笛福的叙述方法之研究》(1924年厄巴纳版)。——原注

笛福的情节表达了他生活的时代的某些最重要倾向，正是这种情节使他的主人公与文学作品中绝大多数的旅行者区分出来。与奥托里古斯[①]不同，鲁滨逊·克鲁梭不是一个活动于虽然广阔但仍很熟悉的地区的商业旅行者；与尤利西斯不同，他也不是一个试图返回家园，返回故乡的不情愿的航海者；获取利润是克鲁梭唯一的使命，整个世界都是他的领地。

个人经济利益的首要地位的趋向，削弱了人际关系以及群体关系的重要性，对以性别为基础的关系尤其如此；因为，正像韦伯指出的那样，[②]性是人类生活中最强烈的非理性因素，它是个人对合理的经济目的的追求最大的潜在威胁，因此，正像我们将要看到的，它在工业资本主义的意识形态中，被加以了特殊的控制。

浪漫爱情肯定未曾在小说家中遇到比笛福更大的敌手。即使他谈到性的满足，也往往是压缩在最少的文字之内；他曾在《评论报》上撰文反驳说，"其中被称作愉快的那种琐事"，是"不配忏悔"的。[③] 至于婚姻，他的态度很复杂，因为，对男人来说，经济和道德的美德没有一种有益的婚姻投资可作保证——在他的周围，"像世上常常出现的情况一样（神意确实的英明的目标处于一种我无法言说的事物分配之中），两个诚实的人有两个坏透了的妻子，而三个死有余辜的恶棍，偏偏有三个聪明、勤劳、细心而又纯洁的妻子"[④]。他的令人不解的插语为问题的严重性提供了雄辩的证据。据此，他观察到了天命的合理性中的裂痕。

因此，爱情在克鲁梭的个人生活中几乎没有位置，甚至在他获得最大胜利的场面中，在那个岛上，性的诱惑仍然被排斥在外，就不足为怪了。当克鲁梭真正注意到他那里缺乏"社会"时，他为了求得同伴的安慰而祈祷，但我们发现他所渴望的是一个男性奴隶。和星期五在一起，他享受了一种没有女性恩泽的田园牧歌——这是一种革新性的对传统式期待的背叛，而那种期待则是自《奥德赛》至《纽约人》所有作品中描绘的荒岛生活必然产生的。

当克鲁梭最终返回到文明生活中时，性依然严格地屈从于生意事务。只有当他的经济状况由于又一次更远的航海得到了充分保证时，他才结了婚；对此他告诉我们的一切就是，那"对我来说既不算不利，也没什么不满意"。三个孩子的降生，妻子去世，这些只构成了一个句子的前一部分，而这个句子的结尾却仍是一次更远的航行计划。

女人所扮演的唯一重要角色，还是经济意义上的。当克鲁梭的移民为五个女人抽签时，我们非常高兴地获悉：

---

① 奥托里古斯，莎士比亚剧本《冬天的故事》中的无赖汉。——译注

② 韦伯《社会学论》，格斯大林和米尔斯译，1946年纽约版，第350页。——原注

③ 第一期（1705年），第42页。——原注

④ 《思想》双月刊，第78页。——原注

他抽到的签允许他第一个挑选女人……那个女人被认为是五人中最朴实而又最年长的，他的选择使大家都笑了起来，但伙伴们觉得她确比其他几个人都更出色，她是适用而又有利生意的，他们正期望能像在别的方面一样得到更多的援助；她被证明是这批货中最好的妻子。①

“这批货中最好的妻子”，这句商业用语使我们想到，狄更斯曾根据笛福对妇女的态度判定，他本人一定就是“一件异常枯燥而又讨厌的商品”。②

同样的非经济因素的贬值也可以在克鲁梭与其他人的关系中看出来。他对待他们的态度完全根据他们的商品价值。最明显的例子就是摩尔少年修利。他曾帮助克鲁梭从奴隶主的手中逃脱出来，在另一次事件中他献出了自己的生命，从而证明了他的耿耿忠心。克鲁梭曾非常适当地决定“从那以后一直爱他”，并允诺“要把他培养成一个大人物”。但他遇到葡萄牙船长出价八人六十个金币的机会时，这个犹大第二便不能抵御这桩好买卖的诱惑，终于把修利卖作了奴隶。确实，他也曾有过瞬间的犹豫，但当新主人保证“如果那孩子改信基督教，那么十年后便给他自由”时，他的受谴责的良心也便得到了廉价的满足。懊悔后来也曾出现过，但那只是在岛上的生活任务使劳动力比金钱更有价值的时候。

克鲁梭与星期五的关系也很像是自我中心主义的。他不问他的姓名，却给他取了个名字。甚至在语言上，克鲁梭也是一个地地道道的功利主义者，而语言正像他在他的《严肃的思考》中写到的那样，③是人类比动物能有更多的彼此交流的工具。“我又教了他说‘是’和‘不’”，他告诉我们；但恰如笛福同时代的批评家查尔斯·吉尔顿所指出的，在克鲁梭和星期五漫长的关系结束的时候，星期五说的还是蹩脚的英语。④

然而，克鲁梭却把这种关系视为理想。“他的日子过得十足地幸福——如果在尘世生活中真有‘十足的幸福’这种东西的话。”只有偶尔被“不，星期五”，或可怜的“是，主人”打破的人为的寂静，那是克鲁梭快乐岛屿上的洪亮的音乐。似乎人的社会本性、对友谊和理解的需要，完全可以被正常的赠与、感激的收条、仁慈而又不需花费什么的恩赐态度所满足。的确，克鲁梭后来曾像对修利那样，保证说要为他的仆人“做很多的事情，如果他比我活得长久的话”。幸好，当星期五死在海上时，他的牺牲也就不需要仅仅简单的一句话式的对死者的同情作为报答了。

---

① 《思想》双月刊，第77页。——原注

② 约翰·福斯特《查尔斯·狄更斯传》，雷修订，1928年伦敦版，第611页。——原注

③ 《鲁滨逊·克鲁梭的严肃的思考》，艾特肯编，1902年伦敦版，第66页。——原注

④ 《对鲁滨逊·克鲁梭的研究与评论》，多汀编辑，1923年伦敦和巴黎版，第25页。——原注

一般说来，感情纽带和人际关系在《鲁滨逊漂流记》中扮演了一个很不起眼的小角色，除非当它们集中在经济事务上的时候。例如，克鲁梭离开荒岛之后，他信任的里斯本老代理人告诉他，现在他是一个大富翁了，只有在这时，我们才发现了一些达到高潮的情感：“我顿时面如死灰，心里非常难受，若不是老人家连忙跑去给我拿了点提神酒来，我相信这场突如其来的惊喜一定会使我精神失常，当场死去。”只有现代意义上是财产的金钱，才是引起深情的适当原因，友谊也只适用于那些可以将克鲁梭的经济利益放心相托的人。

我们看到，对鲁滨逊·克鲁梭来说，静坐是“生活中最不幸的部分”；业余消遣几近邪恶。在这方面，他与他的作者相类似，他的作者似乎也不承认这类世人皆宜的娱乐。笛福与文学也没什么情谊可言。作为一个大作家，却对文学极少兴趣，更不必说关心文学的利益——笛福或许是这方面独一无二的例证。[①]

美学经验上的茫然无知，克鲁梭与笛福可相提并论。我们可以说克鲁梭正是马克思所说的资本家原型，“享乐是服从于资本的，享受的个人是服从于攫取资本的个人的”[②]。《鲁滨逊漂流记》的一些法文译本让笛福对自然大唱赞美诗，以“噢，大自然啊！”[③]为其开端。其实笛福并未如此。岛上的自然景象需要的不是敬仰，而是开发；克鲁梭看到他的任何地方的田产都只是为其经营成果高兴得仰天大笑，而无暇注意它们也构成了一种景色。

当然，克鲁梭也曾以一种冷漠的方式享受过他的乐趣，如果说他没有像塞尔科克那样与他的山羊跳舞，[④]至少他和它们一块玩耍过。他还和他的鹦鹉及猫逗笑取乐。但是，他最大的满足却来自检查他贮存的货物之时：“样样东西都摆在手头，用起来很方便。我看见所有的东西都安置得整整齐齐的，而且一切应用的东西都收藏得那么多，心里很痛快。”

如果鲁滨逊·克鲁梭的性格在很大程度上是随经济个人主义的心理趋向和社会趋向而定，那么，对读者来说，他的冒险欲望似乎主要是由现代资本主义的另一重要伴生情况——经济专门化——的结果衍生而来。

小说之所以可能出现，劳动分工起了很大作用；部分原因是社会经济结构越特殊，当代生活的特性、观点和经验的重要差异就越大，这是小说家可以描绘的，也是他的读者所感兴趣的；部分原因是由于闲暇时间的增多，经济专门化提供了小说与之相关的大量读者；部分原因是这种专门化产生了小说才能满足的那种特殊的读者需要。

---

① 见詹姆斯·R.萨瑟兰《笛福》，1937年伦敦版，第25页。——原注

② 译自《〈哲学与政治经济学〉评注》，载《哲学论文集》，莫利特编，1937年巴黎版，第六卷，第69页。——原注

③ 见威廉·爱德华·曼的《法国的鲁滨逊·克鲁梭》，1916年巴黎版，第102页。——原注

④ 《严肃的思考》，艾特肯编，第322页。——原注

至少，这是 T. H. 格林[①]的总的观点，"在进步的劳动分工中，在我们作为公民变得越发有用的同时，我们作为人的完整性也就似乎丧失掉了……现代社会的完备组织改变了冒险的刺激和个人奋斗的需要。在我们的工作中，能触动我们的人的兴趣更少了……"格林总结说，"这种境况的缓解药只能在报纸和小说中找到。"[②]

很有可能，作为经济专门化的一种结果，日常工作的多样化和刺激作用大为缺乏，这在很大程度上是要由我们的文化中个人对印刷品，尤其是新闻和小说形式提供的代用经验的独特的依赖来补偿。但是，《鲁滨逊漂流记》是格林的论题的更为直接的说明，因为它的大部分感染力产生于笛福的主人公在"经济王国"中作"个人奋斗的需要"的那种特殊性，而这种个人奋斗是能通过想象产生共鸣的。这种奋斗的感染力肯定在于经济专门化使之丧失了深刻内涵的那些方面的生活，其丧失的深远本质由我们的文明作为补偿式娱乐再现的某些基本的经济工作方式所表明：对园艺、家庭纺织、制陶、露营生活、木工和养畜等项工作，我们只能分享环境强加给笛福的主人公的那些形式独特的满足了；而且，像他一样，我们也明白了原本不会明白的道理："只要我们对一切事情都用理性加以分析，人人迟早都可以掌握每种工艺技术。"

笛福肯定意识到了，作为他的时代生活特色之一的日益增大的经济专门化，已经使绝大多数"工艺技术"让他的读者感到非常陌生了。例如，当克鲁梭做面包的时候，他想到，"我相信，很少人曾经想到过，面包这样小小的东西，要把它生产、晒、筛、烤制出来，需要多少奇奇怪怪的必要的繁琐手续"。笛福的描绘长达七页之多，这些内容不会引起中世纪和都铎时代的人的什么兴趣，他们在自己的日常家务中不断地看到了这种工作和其他基本经济生产的工序。但是到 18 世纪初时，正像卡尔姆报告的那样，绝大多数妇女都不"烘烤面包了，因为每一个教区或村庄都有了一个面包师"[③]，因此，笛福可以期望他的读者会对详而又详的经济生活的描述感兴趣，而这种描绘则构成了他的叙述中非常重要、殊难忘怀的部分内容。

当然，《鲁滨逊漂流记》与笛福自己的时代和所处的实际生活环境并不相关。把正常的个人手工劳动表现为有趣的或鼓舞人心的，这或许稍稍有悖于劳动分工下的经济生活的事实；用亚当·斯密的《国富论》中那个著名例子来说，[④]在制造一根针的过程中，从事着许多独立劳动程序之一的人，不可能像克鲁梭那样，发现自己的工作引人入胜、生动有趣。因此，笛福拨回了经济的时钟，把他的主人公置于一种原始的环境之中，在那里，劳动才可以被表现为富于变化而又鼓舞人心的，那里也有着与家

① T. H. 格林(1836—1882)，英国哲学家。——译注

② 《对现代虚构故事的价值和影响的评价》，见内特尔希编辑的《作品集》，1888 年伦敦版，第三卷，第 40 页。——原注

③ 《卡尔姆对他访问英国的说明……》，卢卡斯译，1892 年伦敦版，第 326 页。——原注

④ 第一部，第一章。——原注

庭制针者更为重大的区别，即个人付出的努力和个人所得的报酬绝对相等。这是得自于当代经济条件的根本性变化，而那些条件又是笛福得以对劳动分工在意识形态的对应形式——劳动高尚——给予叙述性表现所必需的。

劳动高尚的信念并不完全是现代的。古代的犬儒主义者和禁欲主义者就曾反对过对体力劳动的诋毁，体力劳动是奴隶社会价值尺度的一个必不可少的组成部分；后来，起初主要与奴隶和穷人相联系的基督教，也曾竭力消除对劳动的极端厌恶。但是，这种观念只是在现代得到了充分的发展。大概，由于使体力劳动贬值的经济专门化的发展，它的补偿性断言变得更为必要了；而且，这种信念本身是与新教的出现密切相关的。劳动是上帝对亚当的不驯从的惩罚，这种想法是加尔文教特别倾向于使它的教徒忘掉的，为此，它特别强调那种与之大为不同的观念，即做一个上帝赠与的这种物质礼物的尽心竭力的管理人，是一种至高无上的宗教和道德的义务。①

克鲁梭的管理人的本质是无可怀疑的；他几乎不给自己休息时间，甚至新劳力星期五的出现也不是一个可以松懈的信号，而是一个扩大生产的契机。显然，笛福属于禁欲主义新教的传统。他写的许多东西听起来都像是韦伯②、特罗尔采③和汤尼④的系统阐述；例如，迪克利·克朗克有这样的格言："当你发现自己在一日之晨还在睡觉，那么唤起你自己，你应想到你还身负重任，你应在属于你的岁月里有所成就，你应保证你的性格和行动像一个人。"⑤他甚至还带着一种诡诈的愚钝提出这样一种观点；对经济实效的追求，确确实实是一种对救世主的模仿："有效才是极大的乐趣，而且它公正地被所有的好人认为是最真实、最高尚的人生目的，在此，人才最接近于救世主的性格，他就是忙于有所成就的。"⑥

在此，笛福的态度显示了一种宗教价值观和实际价值观的混淆，对此清教的劳动高尚的信条负有特殊的责任；一旦最高精神价值附属于日常工作的完成，那么作为自主的个人，他下一步就会把他的成就认作是准神性的对环境的制服。很可能这种加尔文主义的管理人概念的世俗化，对小说的兴起有着相当重要的意义。作为第一部虚构叙述品，其中一个普通人的日常活动成为了文学的持续不断的关注中心，从这个意义上说，《鲁滨逊漂流记》无疑是第一部小说。的确，这些活动并未完全以一种世俗的眼光加以看待，但是，后来的小说家们却能继续笛福的对人的俗世活动予以的认真关注，而且并未将其置于一种宗教的框架之中，因此，很有可能，清教的劳动高尚的观

① 见厄恩斯特·特罗尔采《基督教的社会财富》，怀恩译，1931 年伦敦版，第一卷，第 119 页；汤尼《宗教与资本主义的兴起》，斯科特编，1948 年伦敦版，第 197—270 页。——原注

② 韦伯(1864—1920)，德国社会学家。——译注

③ 特罗尔采(1863—1962)，德国学者。——译注

④ 汤尼(1880—1962)，英国经济史学家。——译注

⑤ 《卡罗莱纳州新教非国教派的状况》，1706 年出版，第 5 页。——原注

⑥ 《基督教的社会教育》，第一卷，第 328 页。——原注

念有助于实现小说的一般性前提；个人的日常生活成为文学的合适的主题，是有着充分的重要性和趣味性的。

＝补充材料＝

在社会中进行生产的个人，——因而，这些个人的一定社会性质的生产，自然是出发点。被斯密和李嘉图当作出发点的单个的孤立的猎人和渔夫，应归入18世纪鲁滨逊故事的毫无想象力的虚构，鲁滨逊故事决不像文化史家设想的那样，仅仅是对极度文明的反动和想要回到被误解了的自然生活中去。同样，卢梭的通过契约来建立天生独立的主体之间的相互关系和联系的社会契约论，也不是奠定在这种自然主义的基础上的。这是错觉，只是美学上大大小小的鲁滨逊故事的错觉。这倒是对于16世纪以来就进行准备、而在18世纪大踏步走向成熟的“市民社会”的预感。在这个自由竞争的社会里，单个的人表现为摆脱了自然联系等等，后者在过去历史时代使他成为一定的狭隘人群的附属物。这种18世纪的个人，一方面是封建社会形式解体的产物，另一方面是16世纪以来新兴生产力的产物，而在18世纪的预言家看来（斯密和李嘉图还完全以这些预言家为依据），这种个人是一种理想，它的存在是过去的事；在他们看来，这种个人不是历史的结果，而是历史的起点。因为，按照他们关于人类天性的看法，合乎自然的个人并不是从历史中产生的，而是由自然造成的；这样的错觉是到现在为止的每个新时代所具有的。斯图亚特在许多方面同18世纪对立并作为贵族比较多地站在历史基础上，从而避免了这种局限性。

马克思：《政治经济学批判》导言，《马克思恩格斯论文学与艺术》(一)，第441—442页。

《鲁滨逊漂流记》想要让人相信一个富于冒险精神的年轻商人真实的生活和冒险史。鲁滨逊不是漂流到一个荒岛，而是漂流到一个拥有相当可观自然资源的岛上，那里有大量野生但是可以驯养的动物，甚至还有可能有用的土人。鲁滨逊应用社会文明给予他的各种工具，包括教育、发明才能和技术，还有更具体的铁、种子等东西，创造了丰富多彩的幸福生活，这已经不是古老意义上的冒险故事了。我们进一步提出的问题不是“接下去他命运如何?”而是“接下去他做了些什么?”强调的重点不是神奇可怕的偶然事件，而是机智有效的活动。人自始至终占主导地位。大自然是他进行创造的原料，而不是他膜拜的神。大自然有时候很棘手很难对付，但它永远不是有意和恶意的，因此任何受过教育、聪明能干、自力更生、埋头苦干、深谋远虑并有一定福分——即概率法则（或上帝的仁慈）可能提供给他的福分——的人都可以驾驭它，使用它。在小说的第九、第十一和第十二各章，笛福描写了鲁滨逊为保证不受一切可以预见到的天气变化和突然事变之虞而储存了充分的粮食，你简直很难想象出一种更加完美的方式来表现原始资本主义积累怎样依靠自己的勤俭和占用他人财产，建立起它最初的小资产的核心，并且发展起实用的新教作为它的理论基础，小说中几乎每一个其他情节的核心，不论是重要的还是不重要的，也都同样写得极其准确而又现实。

由于笛福自称他的小说写的是真实报道，从而强调了表面上的现实主义，这种现实主义既宝贵又有趣，但它在《天路历程》和《格列佛游记》等更早期的其他当代寓言式书中已经充分发展起来了。《鲁滨逊漂流记》取得第一部英国小说的荣誉地位靠的是它的主题，而不是它的技巧。笛福是彻底完成卢卡什(Lukasch)提出的小说家独特任务的第一人——“把各种客观事物作为一个整体来描写”，即描写一个人或一群人，不仅写他们之间的相互关系，而且写他们与周围的物质世界和社会的关系。换句话说，即使这部早期的、不拘形式的小说，也不是把具体的历史社会作为一成不变的背景，而是作为性格发展中一个基本的变化的要素。它把大自然作为人的意志与世界相互作用的一个必要因素，这种相互作用塑造了个人的和社会的历史进程，笛福在小说中使用的“世界”，无论从社会的还是经济的意义上说，当然都还是简单的，只局限在他所生活的海岛范周之内，但是我们总是感到，它像一座冰山，露出水面的只是整体的一小部分。我们很快就认识到，我们这位领航员完全知道水面底下还有整个一大块。我们发现，朝气蓬勃、利己主义的中产阶级在它还有前途，为了驾驭现实还能面对他必须了解的现实的一切本质，在鲁滨逊身上表现得更加清楚。

在这部杰作中，笛福毫不犹豫地选择了资产阶级一切进步因素的基本核心——他们领导人类征服和利用自然的伟大斗争的能力——作为他的主题。

尽管鲁滨逊还有笛福，完美地表现出他本阶级的这一历史成就，但是他们二人都不是那一阶级的普通成员。从笛福的生平中，我们已经清楚地看到了这一点。我们不应忘记，鲁滨逊是不听他中产阶级父母的劝告，到海上去进行冒险航行，被迫用自己的体力与自然搏斗，并在荒野上创造出自己富饶的庄园的。我们也不应忘记，当鲁滨逊用来记录自己经历的墨水用完时，他把它看成是最大的困难之一！

无穷无尽的生命力、态度的灵活性、对人生的理智探索、为远景目标而奋斗的自我约束能力、进行实验性和选择性工作的能力、从每次经验中学习，这些既不是资产阶级独有的、也不是普遍皆备的美德。但是在18世纪初，他们确实是具备这些品质的典型。战后第一个资本主义时代之所以能取得如此伟大的神话般的成就，原因就在于此。

（美）鲁宾斯坦：《英国文学的伟大传统》之一“从莎士比亚到奥斯汀”，陈安全等译，上海译文出版社，1987年版，第338—341页。

＝问题研讨＝

1. 小说是否是文学的一种"现代"形式？现代意义上的小说是否就是"现实主义"的？小说与先前的"散文虚构故事"有何区别？18世纪"小说的兴起"是否意味着西方文学形式上的重大转型？"个人主义"与"小说的兴起"有什么关系？在什么意义上说,《鲁滨逊漂流记》是"第一部小说"？

2. 是什么在"召唤"鲁滨逊去航海冒险？在鲁滨逊看来,什么是生活中的"不幸"？作为一个"真正的资产者",鲁滨逊具有什么样的性格特征？

3. 马克思所谓美学上"鲁滨逊故事的错觉"指什么？鲁滨逊是个"自然人"吗？他的荒岛生活是"经济个人主义"的神话或"回归自然"的象征吗？

4.《鲁滨逊漂流记》的"现实主义"叙事风格体现在哪些方面？

＝研究实践＝

1. 论现代小说与现实主义的关系。(参阅《小说的兴起》第一章"现实主义和小说形式")

2. 比较《鲁滨逊漂流记》与《礼拜五或太平洋上的虚无飘渺境》(米歇尔·图尔尼埃著,余中先译,安徽文艺出版社,1999年版)

3.《帕美拉》:爱情主题还是婚姻主题？帕美拉是一个"伪君子"吗？"美德有报"提出了何种女性观？(参阅《小说的兴起》第五章"爱情与小说——《帕美拉》")

4. 黑格尔将小说称为"近代市民阶级的史诗",菲尔丁称自己的创作为"散文滑稽史诗",如何理解？(分别参阅黑格尔《美学》第三卷下册第三章"诗"中史诗一节、《小说的兴起》第八章"菲尔丁和小说的史诗理论")

选文:卢梭思想的一致性[①]

导言——

朗松(Gustave Lanson,1857—1934)是法国当代著名文学批评家,曾任巴黎大学教授,巴黎高等师范学校校长,长期从事文学教学与研究,著有《法国文学史》等书。"卢梭思想的一致性"原发表于《卢梭年鉴》第8卷(1912)。

---

① (美)昂利·拜尔编《方法、批评及文学史——朗松文论选》,徐继曾译,中国社会科学出版社,1992年版。

长久以来，人们对卢梭有许多尖锐的批评与指责，其中之一便是卢梭的思想支离破碎、前后矛盾。卢梭的思想有无一致性？如何理解卢梭思想的深刻之处和其片面性？在这篇充满论战意味的文章中，朗松对人们加之于卢梭的激烈指控进行了反驳。

朗松首先提醒人们注意卢梭独特的个性，随后细心地考察了卢梭不同时期的著作，从那些矛盾之处辨识其思想的"一致性"，即"总的思想倾向"。朗松认为，卢梭的作品"各式各样，纷繁杂乱，汹涌澎湃有如惊涛骇浪，但到了一定时刻，各个方面就在总的精神上衔接起来，一致起来"。

人们还常常指责卢梭的文章与他的人品脱节，生活极不道德，近年出版的一部书中还称卢梭是一个"有趣的疯子"①。如何看待卢梭思想与他的生活的关系？可以结合卢梭的《忏悔录》谈谈使卢梭成为卢梭的"作品和人之间的这个对立"。

我在拙著《法国文学史》中曾引用《对话录——卢梭论让-雅克》中一段众所周知的话，在这段话里，卢梭为他的体系的一致性辩护，并说他的全部著作都不过是把他在范塞纳橡树下构思出来的方案加以发挥而已②。

他并没有说服批评界，人们对他批评得最尖锐的莫过于他所说的他各种思想间体系上的一致性和逻辑上的严密性了。法盖在他的《18 世纪》以及一切可能利用的场合，儒尔·勒梅特尔先生在他最新的那部作品中，都在这个问题上对卢梭挪揄备至，但我还没有看到比埃斯比纳先生在《国际高教评论》(1895 年)中发表的那两篇文章更坚决、更严厉、更猛烈的指控了。

照这些杰出的作者来说，卢梭整个儿都是支离破碎、前后矛盾的，《社会契约论》跟《论人类不平等的起源和基础》无法调和，跟《新爱洛绮丝》也不能相容。《政治经济学》这篇文章和《论语言的起源》都跟《论人类不平等的起源》背道而驰，《论戏剧书》这封信则受到两种戏剧作品左右夹攻，这两种戏剧作品都在拆它的台。③

卢梭一会儿被说成是狂热的个人主义者，一会儿又被说成是专横的社会主义者。他先说自然的人是善的，后来又说他是恶的。他一会儿主张学校公立，一会儿又主张学校私办。他一会儿说社会是人为的东西，一会儿又说社会是自然的产物；一会儿说

① 见(英)保罗·约翰逊《知识分子》，杨正润等译，江苏人民出版社，1999 年版。

② 1749 年 7 月，狄德罗因发表含有唯物主义观点的《论盲人书简》而被投入巴黎范塞纳监狱。卢梭多次步行七八公里前往探监。有次途中休息，从所带的《法兰西信使》杂志上看到第戎学院公告次年征文题《科学与艺术的复兴是否有助于敦风化俗》，当即进行构思，后来写出了引起全法国瞩目的获奖论文《论科学与艺术》。——译注

③ 卢梭的《致达朗贝论戏剧书》(1758)是为反对达朗贝提出的在日内瓦修建剧场的建议而作。他认为悲剧给人以不良的刺激与冲动，喜剧则养成人们讥诮的恶习，两者都足以伤风败俗。卢梭不主张演剧，而主张举办民众参加的节日欢庆活动。——译注

社会败坏人心，一会儿又说社会有益于人；他有时把社会说成是一种机械装置，有时则把社会说成是一个有机体。他把财产说成是该受诅咒的东西，不一会儿又说它神圣不可侵犯。他把无神论者描绘成为有德行的人，却把无神论判处死刑。

他不断摧毁他自己的思想。他缺乏自信，他对想把他的思想付诸实践的人们予以责难，向他们泼冷水，而他自己则收回自己的思想；他先组织民主制度的平等主义的专制政治，马上又疯狂地追求绝对君主制度的独断的专制政治。

他身上别的什么都没有，只有狂热的词藻，极端狂乱的激动。他的著作显示不出一个努力保持自身一致的思想家的方法，只显示一个“诗人和修辞学家的技巧”（埃斯比纳语）。《爱弥儿》是“长篇大论的骗局”（埃斯比纳语），康德这个没头脑的也上了当。总之，卢梭要不就是一个江湖医生，要不就是一个疯子，至多是个可怜巴巴的幻想家，是受前后不相连贯的暗示和图像愚弄的玩物。

这些来自目光锐利的作家和不同凡响的思想家的批评当然是能扰乱人心的。如果我不想一想，人们多容易在最严肃的哲学家的体系当中找出一些矛盾来的话，这些批评就更能扰乱人心了。人的言语，即使是最高超的思想家所用的言语，也有不足之处。这种不足之处就容易让我们施展小技，把一些提法跟另一些提法对立起来，使得通过我们的解释，显示它们的无法相容。

攻击如此偏激夸张，使我们不得不产生怀疑。稍加考察，便发现其中有严重的方法上的错误。他们把卢梭的每一部作品化为一个简单而绝对的公式。《论不平等》是反社会的个人主义，《社会契约论》是专横的社会主义。《新爱洛绮丝》是贵族家长制，而《社会契约论》则是平等主义的民主制。这点工夫一下，作品本身就不去管它了，就根据给作品列的公式来进行理论，通过纯逻辑的操作，从中提取矛盾之处。把公式当作作品的等价物看待，那么每部作品中除此以外就什么也没有了？

要不然就是把与卢梭的说法相应的抽象概念拿来加工，却不愿费神去用具体事实或特定行为来代替这些抽象概念——其实这些概念只是那些事实和行为的一般符号而已，这样一来，就把一项常识化为离奇古怪，荒诞不经的东西了。

人们要就是抽出几个句子，离开了它们原来的位置，跟一切限定它们、阐明它们的文句隔绝开来，然后赋予它们过头的或者错误的意义。请看看勒梅特尔先生那部书的第270至271页，再看看卢梭的原著，然后请各位自己想一想卢梭到底是不是收回了他在《社会契约论》中所表达的思想？埃斯比纳先生同样也是不顾上下文，硬以为自己从《论不平等的起源》开篇当中找到了什么矛盾，他说卢梭一开始就“撇开一切事实”，声称他并不是把他的那些观点当作“历史真理”提出来的，而他整篇演讲却都表明他确实是想告诉我们文明经历了哪些前后相随的阶段。假若我们注意到，卢梭出之于谨慎和尊重，是把《创世纪》上所说的故事称之为历史事实和历史真理的，这样一来，矛盾也就烟消云散了。卢梭是在摆脱《圣经》，而在信徒心目中，《圣经》就是真正的人类历史，是由上帝亲自证实了的，卢梭在他“假设性的推断”中则勾勒出了一个人类历史的进化轮廓；

他搞的是含有猜测成分的人类学和社会学，他搞的(或者想搞的)是科学。

……

过头的评论和狂热的成见有这样一个毛病，那就是它们迫使我们在做出答复的时候要采取与之对应然而方向相反的态度，迫使我们在那些人以法官的口吻讲话之后以辩护律师的身份来发言。我却要抵御这样的诱惑，对原告的某些话不予答复或者说某些与原告有利的话也不介意，我并不想勾勒出一个彻头彻尾合乎逻辑的卢梭，只想勾勒出卢梭的真实面目。

为此需要怎样的方法才能既正确又合理呢？这里有一些一般要求，我想用几句话把它概括一下，以便于记忆：仔细掂量文字的涵义和意义，更多地考虑其精神而不是其字面，永远不忘其应用范围；有些尽管推导得很正确的推论，但请勿强加于作者，因为他也许可能做出过同样的推论而拒绝予以接受，尤其不要把我们推导出来的推论来替代作者本人的思想；应该区别作者所表达的各种概念的不同价值，不要把经过深思熟虑后写出的篇章跟应时而作或者一时冲动而随便写出的一封信当中的心血来潮或者呼号牢骚看成是价值相当，可以等量齐观或者互相替换的东西；不要漫不经心地把对文本的涵义所作的任意假设引入我们的推理之中……

除了这些一般要求以外：还要考虑对我们的对象，也就是卢梭应该用些什么特定的方法。对亚里士多德、笛卡尔、斯宾诺莎、康德、黑格尔，对勒努维埃先生或者柏格森先生，可以用辩证的和抽象的讨论法，对卢梭却不适用。

我们面前的研究对象并不是一个由头脑在抽象之中构筑出来的体系，这个头脑在运行过程之中，尽可能把一切不是纯粹观念，不是智力行为的东西都排除出去。我们面前的研究对象也不是由谁以明确的逻辑关联与协调一致，以严谨而清楚的意志，以决不让矛盾得以产生的专注精神，一个零件又一个零件、有条不紊地装配起来的体系。

我也跟埃斯比纳先生一样，并不相信卢梭是在范塞纳的橡树之下看到了他那整个的体系，把他那整个的体系构筑了起来，也不相信他的全部作品都是以实现这个时刻制订下来的计划为目的。即使在他给马尔泽尔布先生的信里，他也只说当时仅仅是得到了一点为他指引方向的灵感，仅仅是进行了既无一定方法也无一定计划的模糊而泛泛的沉思而已。

所谓卢梭的体系实际上是一个有生命的思想，它在生活条件之中发展起来，接受氛围中的一切变化和风暴的影响，受制于或者出于人的情感冲动，或者由于环境的激励或阻挠而产生的一切变异和纷扰。

我们应该时刻不忘卢梭是怎样一个人：他是一个情感和想象力丰富的人，是他的幻想和欲念的永恒的玩物，他自尊心强，好享乐，热情，浪漫，追求奇遇，抗拒任何纪律束缚，不会做出牺牲，不适于行动，易于做出努力去放弃什么东西而不易于做出努力去争取什么东西，善于通过幻想来享受由于他的惰性而无法真正占有的东西；他是一个天真纯朴，高傲而腼腆，疑神疑鬼，缺乏信任感的人，对他中年以后投身进去的那个上流社会的人也好，礼仪也好，光彩夺目的生活也好，都是既感到高兴又为之痛苦，在那里感到别扭，总是不得舒畅，面对出身于这上流社会的笨蛋们那种从容不迫的翩翩风度而感到自愧不如。

特别应该记住下面这两点：

（一）这一个易于激动的人总是处于极端的状态；他总是用呼叫来表达思想，他的言语总是愤激的、绝对的、不妥协的，什么"全都完蛋了"，什么"孤注一掷啦"，什么"骗子手"，什么"坏蛋"之类，都是他的常用词汇。其实"全都完蛋了"只是"你睁眼看一看"的意思，所谓"骗子手"就是上流社会当中富有的上等人。他从来都控制不住自己，他耽于想象，多愁善感，理性从来都不能排除情感而单独运行，难以把他的种种思想合理地结合起来，难以冷静地把它们加以调配。他的种种思想一阵阵地冒出头来。他自己也就一会儿冲到东边，一会儿冲到西边。如果他在某个方向上跑得太远，突然发现事物的另一面，他就会扑向相反的那个斜坡。把两个纯粹的音赤裸裸地并列摆出来，这就是他求得两者的中间音符的惯用手法。

（二）他从不或者几乎从不出之于理智的好奇，或者出之追求理性的认识或者科学的认识的需要而进行思维。他的一切思想或者几乎是一切思想以及一切思想的构筑物，追本溯源，都是出之于为了表现情感上的苦恼，他那些最抽象的理论也都是他的情感的延伸，而这些情感则是他为之不快、受到伤害的现实的反映。要想确定他那些理论的确切意义和价值，必须由思想追溯到情感，再由情感追溯到那个社会事件或者家庭事件。

出之于这两点观察，我就不再像人们通常所做的，也是我从前曾经做过的那样，去探索卢梭的体系是否包含从纯辩证观点看来是矛盾的东西，而是去探索人们所说的那个体系当中的观点从1752年前后发表以后，他的思想当中是否遵循了某些一定的方向，是否有某些说法一直保持下来，贯穿起来。

……

卢梭的另外三部巨著尽管渊源和性质很不相同，却也是符合上面这种精神的。第一是《新爱洛绮丝》，它出之于一场以伦理道德教育形式表现出来的感官享受之梦。其中显然有两个部分，一是个人的伦理道德，一是社会的伦理道德。

在第一部分中，朱丽爱着圣普乐，也得到后者的爱。这是一对身心健全的青年男女之间无邪的、自然的爱。社会——体现在朱丽的父亲埃当日男爵身上——则反对这份爱情。人为的偏见、出身和门第的不平等，把这一对由自然结合起来的情人拆散了。朱丽嫁给了德·服尔玛先生，那么社会留给她的是怎样一条出路呢？正像发生在埃皮奈夫人，发生在乌德托夫人①，发生在那么多别的女人身上的一样，那就是通

① 埃皮奈夫人是贵妇人、作家，经常在家接待迪克洛、伏尔泰、狄德罗、格里姆等人，也是卢梭的保护人，曾让他全家住在她在巴黎北郊蒙莫朗西森林中的退隐庐中多年。乌德托夫人是她的小姑子，是诗人圣朗贝的情妇，卢梭曾与之热恋。——译注

奸，上流社会对这种事睁一只眼闭一只眼，免得闹出丑闻来。但通奸是可耻的共同享受，是一种背叛，是一种谎骗，这是社会对个人造成的败坏。

朱丽的良心依靠宗教而得以自救。她通过克制自己而恢复忠实、坦诚的生活。她从一个无邪的姑娘变成一个守德的妻子，虽然无幸福可言，但她重新取得了心地的宁静，如醉如狂的激情没有了，但她尝到了做忠实的妻子和善良的母亲的深挚温馨的感情，这就说明人是可以抵御那围绕着他，深入他内心的社会之惑的；这也说明也是可以在自己身上恢复自然的无邪与自然的幸福的等价之物的。

在第二部分中，卢梭为夫妻之间、家庭主妇与仆役之间、雇主与工人之间、大地主与农民之间的关系定出了规范，服尔玛和朱丽的善心使得他们从来也不利用他们已有的社会利益来获取能加强人间不平等的新的社会利益，与此相反，他们两人全都通过公正行善之心，将平等精神引入不平等的制度之中。

因此，《新爱洛绮丝》就是一幅个人在他的内心生活和家庭生活中进行改革的一幅图景。第二是《爱弥儿》。这是一部“论述人类原始善心的书”，讲的是在儿童身上保持本性并加强本性的方法，使得这个本性不至在成人时被社会生活所扼杀。

从而就产生出首先要让儿童免于社会影响这样一种想法。在法国现实社会中，没有哪种公众教育不是败坏人心的教育，因为是社会在办学校，社会把它的精神充斥于学校之中。

从而就产生这样一种想法，要进行没有书本，不学文学作品和历史的教育，因为文学和历史是社会中的人的不幸与腐败的两面镜子。

从而也表明，爱弥儿教育的进步重现了《论人类不平等》中所说的人类的进步。爱弥儿就是自然的孩子，是野人；他一步一步地走向财产所有制，走向社会生活，走向理智，走向伦理道德，走向宗教，走向文学。每走一步，卢梭都做出努力，让他的学生心中保持自然意识中的正直性，保持自然生活的幸福，他努力在爱弥儿心中把天真的本能化为经过思考的善心，努力把自由思想和平等思想在他心中深深扎根：使他永远也既不受人压迫也不去压迫别人。

第三，《爱弥儿》和《新爱洛绮丝》改造的只是个人的意志，《社会契约论》改造的或者解释的则是社会制度，使得平等和自由这两种丧失已久的原始之善得以在各项社会制度中重现。我说的是“改造”或“解释”，因为卢梭撰写的事实上不是一部宪法草案而更多的是一部公民教育计划，一部公民教科书。《社会契约论》所提的那些原则更多地不是推荐这样那样的社会制度，而是介绍理解各种社会制度的方法。只要引导他撰写《社会契约论》的那种精神有朝一日在首脑以及臣民们的意识中产生出来，《社会契约论》就可以不经革命而得到实现。只要有朝一日，当国王的——不管是暴君也好，苏丹也好——成了共和派，按共和精神来施展他的权威，那就无需宣布共和国的成立了。《社会契约论》当中有些议论揭露孟德斯鸠有个错误，说他认为有什么本质上就是自由的，必然是自由的社会政治制度。

《爱弥儿》和《新爱洛绮丝》跟《社会契约论》的根本不同，就在于在前两部作品中，卢梭是从人的意识，从人的家庭关系来观察私人生活中的人的，而在后面这部作品中他观察的是作为公民的人，是同等状况下的各成员之间建立起来的种种关系。

毫无疑问，就文字形式来说，《社会契约论》跟那两篇应征论文、《论戏剧书》、《新爱洛绮丝》，甚至跟《爱弥儿》形成鲜明的对比。卢梭显然不愿在他的文章中充满激情，雄辩滔滔；他宁愿用平淡、精确、教条、科学、斩钉截铁的语言。

这是因为，从历史的观点看，《社会契约论》出之于我在前面说过的那个在1750年以前就出现的思潮。我觉得《社会契约论》从头到尾都受到《论法的精神》的影响。卢梭之所以采取孟德斯鸠平淡而刚劲的文风，也是为了显示孟德斯鸠的影响。

但就思想内容的本质来说，《社会契约论》是跟卢梭其他作品完全一致的。

自然状态既然一去不复返，财产所有制是社会状态的基础，那么最好的社会就是在自然的不平等之外添上的人为的不平等最少的社会。因此，公民之间要平等，法律要至高无上，所有的人要服从公意；而压迫者力量的大小通常与财富的多寡成正比，因此要采取措施预防财富过分不平等，这样一来公民间的平等也就不再是一种空想了。《社会契约论》因此是对不平等这个问题做出了一个近似的、有实际意义的答案。

跟《致达朗贝论戏剧书》一样，《社会契约论》也显示了作者对小城邦的偏爱，在这样的小城邦里，财富的不平等比较不那么突出，习俗也比较一致，有一个共同的精神，公民都认识公共利益所在，也能直接进行管理。尽管这本书具有普遍意义，作者认为对一切制度、一切国家都能适用，但在日内瓦实施起来要更容易、更能立见功效。要说这些理论能在什么地方付诸实施的话，那当然不是别处而是在日内瓦，当然是由童年的回忆和1754年返乡时的幻想所理想化了的日内瓦。在《社会契约论》和《论戏剧书》中，日内瓦都是比巴黎离自然状态更近些的。

《新爱洛绮丝》没有谈到政治社会的问题，那也许是因为沃州人从来也用不着当公民①。但沃州总还有政治机构，有财产所有制，这些东西支配着服尔玛家的生活。朱丽和她丈夫是按《社会契约论》的精神行事的，他们无需改造国家，就按照自然状态的理想来改造自己，使得政治机构失去压迫人和屈辱人的权力。正是这样，《社会契约论》使我们看到，无论是在君主制社会也好，是在特权阶级的等级制社会也好，人都可以立身处世。

最后，《社会契约论》还有一个原则，那就是个人应该服从公意。而我们知道，卢梭是把这个公意假设为善的，但他并没有任何办法确保人民的意志就是这个理想的公意，而不是多数人的自私主义的表现，或者是许多特定利益的组合体。

要使《社会契约论》不至成为纯粹的空想，还需要些什么呢？那就是《爱弥儿》，也

① 沃州(Vaud)在瑞士西南部，以洛桑为首府。日内瓦的居民有公民与市民之分，前者有参政的权利和义务。——译注

就是教育。公意的共和国只能是许许多多个人的善良意志的共和国,随着教育使得越来越多的爱弥儿进入社会生活,随着自然的人变为文明的人,《社会契约论》就会逐步得以实现。任何一部宪法,要想保存自由与平等这两项无法估价的善,公民的道德是不可或缺的,这也就是说,《爱弥儿》是《社会契约论》的补充。反过来说,在任何宪法当中,公民的善良意志和德行总都是有用的,这也就是说,《新爱洛绮丝》是《社会契约论》的等价物。

这并不是说所有细节上的矛盾就全都消失了,只能说是其中的大多数都在这一贯的大方向当中抵消了、抹掉了。

最后我还要就《忏悔录》说几句话,我们可以在这部作品里看到,作者不露痕迹地想以他自己一生为例,说明我们当中每一个人都可以在一定程度上回归自然,在我们身上恢复自然的心灵,把自己重新置于自然生活的条件之下,卢梭先是在社会影响下迷入歧途、思想变质、受到败坏,后来有了恢复冷静的机会,1752 年德行的地位在他身上得到恢复,1756 年又重新获得幸福,自此以后,就更多地像自然的人而不像文明人那样生活。当然,他不是没有阻力,不是没有遭到社会的报复——社会无法使他重新变成坏人,却经常想法使他不幸。他在童年和少年的欢乐岁月,在成年乃至老年的全部幸福的时刻全都是得之于听从自然本能的支配,全都是对自然需求的享受,正因为卢梭自己有过这样的机会,所以他向爱弥儿保证,他在童年时期时常能回归本性,回归自然,社会从来也不曾把他完全败坏,而他终于能够上升到德行和幸福的境界。

我对卢梭作品的看法是:他的作品各式各样,纷繁杂乱,汹涌澎湃犹如惊涛骇浪,但到了一定时刻,各个方面就在总的精神上衔接起来,一致起来了。

有些读者自然会认为我对有些人所指责的卢梭的某些矛盾,而且是最重要的矛盾,并没有予以解决,而是在解释过程中加以确认了。从纯粹逻辑的观点看来,这是可能的。但我有意要使读者感到,纯粹逻辑的观点在卢梭这个问题上并无价值,必须把所有的问题从纯粹逻辑的领域转移到心灵的领域,而在抽象地看来可以算得是矛盾的东西,到了内心生活世界中就根本无矛盾可言了。

说到底,一个豁达大度而富有情感的心灵先后被事物的两面所吸引,以同样强烈的感情表现这两个方面,决不为这一现实而牺牲另一现实,为这一真实而牺牲另一真实,这样一个心灵的两种不同态度不是比那些只知道一条原则,对现实生活连看都不看一眼就进行片面推导的论证家的狭隘观点更为可取吗?卢梭的这种连续爆发照亮了天际的两边。帕斯卡尔同时肯定两个对立物,黑格尔同样对待命题和反命题,卢梭是以他丰富的情感做了跟他们两人做的同样的事情。

不错,卢梭通常是不下综合这番工夫的,他也并不说是具有进行综合所必需的冷静。我想我在这里触及了卢梭真正的、深刻而无法消除的矛盾。

卢梭这个人是个极其灵敏的情感的气压计,那变化突如其来,大起大落,永无休止。他一会儿激昂奔放,一会儿垂头丧气,一会儿满腔热忱,一会儿痛心疾首,有时是富有田园色彩的梦幻者，有时却是愤世嫉俗的叛逆者，就这样他的激情有时使他的思想光芒四射，有时使他的思想刻毒伤人。自然，等到他正常理智恢复，纠正对现实的错误观察的直觉恢复的时候，他的激情之流也就平静下来。因此，在他的作品里，凡是有战斗性、谴责性、揭露性的，凡是激起读者愤怒，鼓动他们行动起来的地方，总是要比呼吁读者克制、缓和、宽容的地方无可比拟地激烈得多，煽动性强得多。

他对社会的宣战，对财产和富豪的诅咒，对阶级仇恨的煽动，对阶级斗争的号召，他那要求平等的呼号，他对纪律的彻底的藐视，他那强烈到近乎孤僻的自尊心，这些东西使读者产生的是一种印象。他回复到现实主义的谨慎，考虑事情的各式各样的可能性，劝人慎重，劝人听天由命，以及他在实践这些东西时的才智使读者产生的又是一种印象。这两种印象难以相提并论。《论不平等的起源》是一首急风骤雨般的反叛精神的交响乐，可其中也有说教人不可能回到自然状态，应该服从法律的一段镇静剂式的小曲。但许多读者却听而不闻，这不能全怪他们。卢梭的真实思想要耐心阅读他的作品的冷静的评论家才能提炼得出来，一般读者的反应总是很快地在一瞬之间突然产生出来的。读者心中得不出作者的忠实形象，他得到强烈印象的只是那渲染了的部分和耀眼的闪光，结果呢，作家此人是个耽于幻想而腼腆的可怜的人，临到要行动时总是战战兢兢，要采取各式各样的预防措施，而在考虑他那些最大胆的学说的实施方案时总要设法让保守派放心，满足那些见机行事的人的需要。他的作品则是脱离作者而有其独立的生命，按它们固有的特性而起作用。它们装满了革命的炸药，使得卢梭为自我满足而加进去的温和妥协的成分归于无效，只能激起读者愤怒和反抗之情，点燃他们的热忱，煽起他们的仇恨；他的作品是暴力之母，不妥协精神之源，推动千百万普通人去修养那不同凡响的美德，发狂地追求那个绝对——而这个绝对今天通过无政府状态，明日则通过社会专制生义而体现出来。

作品和人之间的这个对立——你要把它叫做矛盾也可以——这是不应该加以掩盖的，因为正是这些使卢梭成为卢梭。

＝补充材料＝

他（指卢梭——编者）在整个一生中只是有所感觉，在这方面他的敏感性达到我从未见过任何先例的高度；然而这种敏感性给予他的，还是一种痛苦甚于快乐的尖锐的感觉。他好像这样一个人，这人不仅被剥掉了衣服，而且被剥掉了皮肤，在这情况下被赶出去和猛烈的狂风暴雨进行搏斗。

休谟论卢梭，见（英）罗素《西方哲学史》（下），第232页。

卢梭是另一个牛顿。牛顿完成了外界自然的科学，卢梭完成了人的内在宇宙的科学。正如牛顿揭示了外在世界的秩序与规律一样，卢梭则发现了人的内在本性。必须恢复人的真实观念。哲学不是别的，只是关于人的实践知识。

康德论卢梭，见徐葆耕《西方文学之旅》(上)，第237页。

狂放的卢梭，作茧自缚的哲人，
从此地开始他不幸的一生：
使情欲美化，而且雄辩地
把罪孽说得人们无法非议，
他是为世人的苦痛而说教的天才。
他能把疯狂的性格描述得美丽端庄，
把不规的行为和思想涂上灿烂的色彩，
他的言语就像眩眼的日光，
使人的眼睛忍不住流下同情的泪水。

(英)拜伦：《恰尔德·哈洛尔德游记》，新文艺出版社，1956年版，第146—147页。

排斥理性而支持感情，在我认为不是进步。实际上，只要理性似乎还站在宗教信仰的一边，谁也想不到这一招。在卢梭当时的环境里，像伏尔泰所主张的那种理性是和宗教对立的，所以，要轰走理性！何况理性是奥妙难懂的东西；野蛮人甚至吃过了饭都不能理解本体论证明，然而野蛮人却是一切必要智慧的宝库。卢梭的野蛮人——那不是人类学家所知道的野蛮人——乃是个良夫慈父；他没有贪婪，而且抱有一种自然仁慈的宗教信仰。这种野蛮人倒是个方便人儿，但是假如他能理解了那位好牧师信仰神的种种理由，他知道的哲学想必要比我们料想他那样纯朴天真的人所能知道的多一些。

撇开卢梭的“自然人”的虚构性质不谈，把关于客观事实的信念的依据放在内心情感上，这作法有两点缺陷。一点是，没有任何理由设想这种信念会是真实的；另一点是：结果产生的信念就会是私人信念，因为心对不同的人诉说不同的事情。有些野蛮人凭“自然之光”相信吃人是他们的义务，甚至伏尔泰笔下的野蛮人，虽然理性之声使他们认为只应当吃耶稣会士，也不算满惬意的。对于佛教徒，自然之光并不启示上帝存在，但的确宣示吃动物的肉是不对的。但是即使心对所有的人诉说了同样事情，那也不足以成为我们自己的情感以外存在着什么事物的证据。不管我或者全人类如何热烈向往某种事物，不管这种事物对人的幸福多么必要，那也不成其为认定这种事物存在的理由。保证人类要幸福的自然律是没有的。人人能了解，这话是符合我们的现世生活的，但是由于一种奇妙的牵强附会，恰恰就是我们今生的苦痛被说成了来世生活较好的道理。我们切不可把这种道理运用到其他方面。假若你向一个人买了十打鸡蛋，头一打全是臭的，你总不会推断下余九打一定其好无比；然而，这却是“内心”当作对我们在人世间的苦痛的安慰而鼓励人作的那种推理。

（英）罗素：《西方哲学史》（下），第235—236页。

＝问题研讨＝

1. “百科全书派”对推动法国启蒙运动起了怎样的作用？启蒙文学的思想和文化背景是什么？哲理小说的艺术性何在？伏尔泰是一个“悲观主义者”吗？小说《老实人》结尾提出“耕种自己的园地”，如何理解？

2. 卢梭是何种类型的启蒙思想家？他对“自然”和“激情”的崇尚意义何在？如何看待卢梭思想及创作中的矛盾？如何看待其“作品和人的对立”？卢梭对人类文明的看法是“深刻”还是“片面”？卢梭的“自我”是一种“矫情”吗？如何面对卢梭的思想及文学遗产？

3. 在“文明与自然”的问题上，伏尔泰与卢梭的分歧在哪儿？伏尔泰的《天真汉》构成与卢梭观点的论战吗？卢梭对文明的批判与斯威夫特在《格列佛游记》中表达的观点是否一致？卢梭为什么要将《鲁滨逊漂流记》作为爱弥尔的“第一部必读书”？

4. 《忏悔录》是“自传”还是“小说”？卢梭“忏悔”了什么？是“忏悔”还是“辩解”？

＝研究实践＝

1. 比较“穴居人”（《波斯人信札》）和“黄金国”（《老实人》）故事的乌托邦特征。

2. 何谓“教育小说”？以卢梭的《爱弥尔》或歌德的《威廉·迈斯特》为例说明其特征。

3. 比较18世纪欧洲三部书信体小说：《帕美拉》、《新爱洛绮丝》和《少年维特之烦恼》。

4. 在西方文学史上，还有哪些重要的自传性“忏悔录”？卢梭的“忏悔意识”与其人性本善的思想是否矛盾？（参阅蒋承勇《西方文学“两希”传统的文化阐释》第六章第六节“卢梭小说之两希传统”）

5. 卢梭为何被尊为“浪漫主义文学之父”？（参阅萨利·肖尔茨《卢梭》“导论”，李中泽、贾安伦译，中华书局，2002年版；另参阅勃兰兑斯《19世纪文学主流·流亡文学》第二章“卢梭”，张道真译，人民文学出版社，1980年版）

选文：浮士德和靡非斯特[①]

导言——

卢卡契(George Lukács，1885—1971)是匈牙利杰出的马克思主义批评家，著述丰富，影响甚大。此文选自他的《歌德和他的时代》(1955)一书中有关"《浮士德》研究"(1940)的第三部分。原文中"靡非斯特屈勒司"可简称"靡非斯特"(Mephisto)。

浮士德和靡非斯特是《浮士德》中两个主要人物。如何理解两者的关系？如何把握"靡非斯特"的本质？这些向来是《浮士德》研究中的重要问题。

卢卡契认为，靡非斯特本身是一个活生生的艺术形象，而不仅仅是体现"恶"的原则，也不仅仅是浮士德内心世界的一个组成部分。卢卡契分析了浮士德与靡非斯特之间既斗争又合作的辩证关系。靡非斯特的所作所为不仅成为浮士德内在世界的一个推动因素，他所象征的"恶"也是历史发展中"作为客观进步的手段"。当然，卢卡契强调的是两者之间的对立，着重分析的是两者之间在不同阶段的斗争及浮士德"胜利"的性质和意义。

为人的内在核心而斗争是《浮士德》实际情节的对象，它的历史社会范围我们前面已经概述过了。这个斗争集中地表现在浮士德与靡非斯特两人的格斗之中。那么，什么是这场斗争的对象？它经历了哪些主要阶段？靡非斯特在《天上序幕》里清楚地说出了他的纲领："要他高高兴兴地以土为粮"。这个纲领的基础，就是他对人和对人需要理性的看法：

> 人称此为理性，而且只使用理性，
> 结果比任何禽兽更像禽兽。

这样一来，靡非斯特对生活的看法和他行动的意向就清楚地勾画出来了。但是，在具体实施这些的时候，却是气象万千，令人眼花缭乱，从未只归结为一个抽象的原则。这正表现了歌德艺术创作的深度。正是由于这个原因，靡非斯特就成了一个活生生的艺术形象，而不仅仅是体现"恶"的原则。任何人要想给靡非斯特这个形象"下定义"，那都是浪费时光，而且会把人引上歧路。

确定靡非斯特的活动半径和他作用力的场，比给他下定义要重要得多。像在传

① 选自《卢卡契文学论文选》(第一卷)，范大灿编选，人民文学出版社，1986年版。

说中一样，靡非斯特的目的就是获得浮士德的灵魂。但在具体贯彻这一目的时候，歌德深沉的世界观却背离了传说的世界观。传说的世界观还完全是中世纪的，它的出发点是，在为争夺人的灵魂的斗争中，“善”与“恶”的原则各自独立，泾渭分明。就是莱辛的梦幻剧[①]也保留了这种相互斗争的力量非辩证地生硬分离的成分，只是他根据启蒙运动繁盛期的精神把这仅仅看作一场虚假的斗争罢了。

在歌德的作品里，两人之间的格斗完全变成了内在的斗争。靡非斯特只是当他的本质成为浮士德的灵魂历史发展的一个因素的时候，他才有力量。而且歌德创作上的伟大成就恰恰在于，尽管如此，靡非斯特并没有成为仅仅是浮士德内心世界的一个组成部分，相反，他是有其鲜明独立形态的形象。因此，这样也就自觉地剔除了靡非斯特身上那些人类彼岸的魔鬼式的东西。（由于这个原因，也就清除了浮士德身上的那些神奇的外在的东西，而且在写作过程中，清除得越来越彻底。试比较一下《原稿》的和后来写成的《奥埃尔巴赫斯酒店》一场。）不仅如此，歌德甚至让靡非斯特讥讽地抛弃和否定自己作为魔鬼的本质（如在《巫女之树》一场），或者让他严肃地说：浮士德最终是得救，还是罚入地狱，只是取决于浮士德自己，而与魔鬼或魔鬼的影响毫无关系。因此，在同浮士德对话以后，紧接着有一段靡非斯特的独白，独白的结尾这样说：

> 即使他不把自己交给魔鬼，
> 他也会走向毁灭！

浮士德仅仅承认此岸世界，否认任何一种彼岸世界，这就更有效地加强了这种抛弃彼岸人物的倾向。在开头的伟大对话中，浮士德对靡非斯特说：

> 我丝毫也不考虑什么来世；
> 你先得把这个世界砸碎，
> 才会产生另外一个世界。
> 从这个地球上迸射出我的欢欣，
> 这个太阳照明了我的烦闷；
> 如果我一旦离开了它们，
> 那管它会出什么事情，
> 什么来世的爱和憎，
> 什么来世也有君与臣，
> 这些话我都不愿再听。

① 指莱辛写的《浮士德》片断。——译注

在第二部结尾，说得更加斩钉截铁：

要想超脱人寰谁也办不到，
只有愚人才把眼睛仰望着上天，
以为有自己的同类高坐云端！
人只须站定，向着周围四看，
这世界对于有为者并不默然，
他何须向永恒中晃荡流连！

因此，从根本上来说，不论是浮士德还是靡非斯特都是无神论者。这样，人们又一次看到，歌德从传说的历史真实之中吸取了多少养料。浮士德的这些话摧毁了任何彼岸的存在，把情节彻底地集中到尘世，可又没有失去它历史的外观，这是因为，这样的思想虽然具有歌德式的特色，但又是与柏拉塞尔苏斯、布鲁诺[①]或培根的时代相符合的。

但是，这一切使传说在歌德的作品中成为一场在人的内心里进行的保卫和发展人的核心，反对可能出现的魔鬼的亦即撒旦的本质的斗争。

在歌德的《浮士德》里，撒旦自己并没出场。不过，他在后来删去的《瓦普几司之夜》的几个片断中出现过。歌德让撒旦说出的那几行艺术上非常杰出的诗句，表明了撒旦的本质就是赤裸裸地贪图金钱和赤裸裸的情欲。追逐这两件“最高的财物”是撒旦的“智慧”之所在，因而也就最充分地体现了我们引用过的靡非斯特说的人使用理性这句话的实质。靡非斯特仅仅是这一原则低一等的代表。但也正因他在阴间的等级中处于比撒旦更低的地位，因而他就比撒旦更富有思想，更有才智。为了得以同浮士德有共同的活动领域，为了——虽然常常只是外在地——能触及浮士德内心世界的问题，他就必须从精神上把魔鬼的原则提高升华。因此，他必须把撒旦的“智慧”减弱，使其成为人的语言。

只有用这样的方式，靡非斯特才会成为浮士德（即歌德）内在世界的一个推动因素。安培[②]说，他在靡非斯特身上发现了歌德的特征，歌德同意他的批评。靡非斯特的许多辩解就其本身而言也是正确的，甚至表达了歌德深沉的信念。例如歌德让靡非斯特在《化装游行》(1818)中出场，并通过靡非斯特说出了他内心深处的信念：

我要叫他明白，

---

① 柏拉塞尔苏斯(1493—1541)，瑞士医师、炼金家；布鲁诺(1548—1600)，意大利哲学家、天文学家。——编注

② 安培(1800—1864)，法国文学史家。——译注

生命是为生活而存在的，
……
人只要活着，就有生命力！

一种感情，一个思想，一项行动，究竟是人的，还是魔鬼的，这要看它在特定的具体发展阶段所起的确切的作用而定。有的时候，甚至从孤立的瞬间出发也作不出这种决断，而只有从此刻已经出现，但后来才看清它通向何方的道路出发，才能决断出究竟是人的还是魔鬼的。

但是，向前发展的方向是来自善与恶的斗争；恶也可以用作客观进步的手段。这种辩证法就是歌德坚定不移地相信人类未来的基础。靡非斯特谈到自己时所说的那句名言："总是想为恶，但又总是为善的那种力量的一部分"，最精确地表达了歌德的这种世界观。当然，这种世界观绝不是歌德独创的，许多启蒙主义者，特别是对资本主义发展的特殊之处有浓厚兴趣的启蒙主义者（如蒙德维尔①），已经明确地发表过这样的观点。但是，只是在《浮士德》和黑格尔"理性狡诈"的历史哲学中，这种观点才成为法国大革命以后人们从新的辩证观点出发相信进步的基础。

这样，就得同始终变幻不定的事件进行斗争，对浮士德来说危险始终存在：在恶之中可能蕴藏着善的萌芽，但同时在最崇高的感情之中也可能隐藏着撒旦的特性，或者可能由此产生撒旦的行为。这种在刀刃上的平衡就是《浮士德》的内在戏剧性。但是，像任何一种戏剧的、悲剧的智慧一样，这种极其危险的来回摆动并没有产生虚无主义。正如黑格尔在哲学上所做的那样，歌德从文学上把道德和社会的相对主义作为一个要素吸收到整个辩证法之中。

首先发现善与恶辩证法的这种新形式的，是以最敏锐的目光来观察资本主义发展的人，这不是偶然的。撒旦赤裸裸地贪图金钱，这有点空泛和一般化，它对所有的阶级社会都适用。只是在靡非斯特身上，金钱的资本主义的特殊意义才表现出来，它是人的"延长"，是人支配人和支配环境的力量：

我假如出钱买了六匹马
它们的力量岂不就是我的？
我驾驭着它们威武堂堂，
真好像我有二十四只脚一样。

青年马克思认识到这段话对刻画资本主义性质的意义。他在他的《1844 年经济

① 蒙德维尔(1670—1733)，英国哲学家。按照蒙德维尔的观点，社会进步和繁荣的基础不是美德，而是恶习，特别是自私自利的个人主义。——译注

学哲学手稿》中对这段话作了如下分析："由于货币而为我存在的东西，我所能偿付的东西，亦即货币所购买的东西，就是我这个货币持有者本身。货币的力量有多大，我的力量就有多大。货币的特性就是我这种货币持有者的特性和本质力量。因此，我是什么和我能够是什么，这绝不是由我的个性来决定的。我是丑的，但是我能为自己买到最美丽的女人。所以，我并不丑，因为丑的作用，它的使人见而生厌的力量，被货币化为乌有了。我——就我作为一个个人的性质而言——是个跛子，可是货币给我弄到二十四只脚，所以，我并不是跛子。我是一个邪恶的、不诚实的、没有良心的、没有头脑的人，可是货币是受尊敬的，所以，它的持有者也受尊敬。货币是最高的善，所以，它的持有者也是善的。此外，货币还使我不必为成为一个不诚实者伤脑筋，所以我事先就被认定是诚实的。我是没有头脑的，可是货币是万物的头脑，它的持有者又怎么会没有头脑呢？而且，他还可以给自己买到头脑聪明的人，而有权支配头脑聪明的人的，岂不比他们更头脑聪明吗？既然我能够凭借货币得到人的心灵所渴望的一切东西，我岂不具有人的一切能力吗？总之，我的货币岂不是把我的一切无能变成它的反面吗？"

假如考虑一下靡非斯特特别是在第一部里的那种神奇的作用，人们就会发现，就其本质来说，确实存在着马克思所分析的通过货币而奇妙地扩大了的人的活动半径。在第二部，正如我们已经看到的，靡非斯特在有关古代文化的那几场是不怎么出头露面的。可是在第二部的其他各场，由于整个背景转变为"大世界"，靡非斯特的作用也就具体体现为完全是社会的了。因此，如我们已经看到的，靡非斯特正是在行将崩溃的封建世界中发明了纸币，象征着货币统治了这种封建的社会关系。但由于没有改革生产关系，也没有发展生产力，因而货币的渗透只是加速了这种社会关系的僵化和腐朽。

最后，浮士德通过靡非斯特的这种神奇获得了他通过人的实践来征服自然的活动天地。可是，在这里，靡非斯特又成了浮士德实现其最崇高追求的无法解脱的同事。……当过着田园生活的裴莱蒙和鲍栖时的小块土地妨碍了浮士德扩大他的财富的时候，靡非斯特给予了浮士德类似的帮助。浮士德想让可怜的老人迁到别的地方，并说要赔偿他们的损失。但他们不同意，于是靡非斯特和他的帮手就以烧杀强行抢夺。没有靡非斯特的帮助，浮士德就无法实施他的伟大事业，而这些帮助处处都表现出所谓资本"原始积累"的特征。这些特征在 18 世纪英国伟大作家的文学和政论作品中已经做过精彩的表述，但只有在靡非斯特身上，这些特征才集中成为一种象征性的文学形象。

把资本主义的这种魔鬼——犬儒主义的要素以这样的方式表现在靡非斯特的身上，这并不意味着他是什么资本主义的"代表"，或者他只代表了资本主义"邪恶的方面"。这里之所以要大力强调靡非斯特这个形象在一定程度上具有资本主义的基础，那是因为在有关浮士德的文献中——除了我们引用过的马克思的评述以外——都自然而然地对靡非斯特性格中的这一具有决定意义的要素毫不理解。但是,歌德所刻画的浮士德与靡非斯特之间的精神道德的格斗,必然地远远地超出了我们概述的那个基础,虽然这一格斗的绝大部分现象人们可以通过相当复杂的中介归纳到这个基础之上。他们之间这种格斗实际上扩展到了人类生活的一切重大问题。正是因为靡非斯特的因素和倾向对浮士德的灵魂起了作用,因而这一格斗就表现出灵活的戏剧性的起伏;只是斗争的全部过程才对上帝与魔鬼的赌赛做出了答复,才给浮士德的命运做出解答,才产生了歌德式的人类未来前途的远景。

歌德把撒旦的"智慧"简化成金钱和情欲。靡非斯特的神奇力量和犬儒主义就是为撒旦的目标服务的,而这个目标就是把人变成野兽,就是建立一个"精神的动物王国"(黑格尔语)。

这样,同传说的区别就特别醒目了。对中世纪的宗教观念来说——在这方面路德正统派保存了许多中世纪的东西——人的情欲和自然生活是邪恶的;根据这种看法,自然本身也就成了魔鬼的势力范围,撒旦是此岸亦即"世界及其雄伟壮丽王国"的主人。只是由于人恪守基督教禁欲主义的彼岸戒条,他才能抑制魔鬼。相反,对启蒙运动、对从这个运动中生长起来的歌德来说,同自然的关系则完全是另外一样;这个自然既指作为人的认识和活动领域的外在自然,也是指自然形成的人自己的本质。这两者对歌德来说,都是人类所有的发展及其伟大的有机的基础。因此,歌德不仅反对公开出现的中世纪世界观的残余,而且也否定他同代人思想中一切与此相类似的东西,尽管他们在其他方面是很进步的。……

人的行动,客观上总是一再生产不同于他在激情中原来所希望的东西。人类社会的运动和发展,是从个人的激情出发的,而它的结果又超出了个人,并使行动着的人依附于他自己行动的结果。这种观点贯穿着《浮士德》的整个结构,而且这也是歌德为什么必须从思想上和艺术塑造上要超越仅仅是个人道德的一个原因。靡非斯特说:

可是最后我们却依附于
我们造出来的畜生。

按照歌德的观点,人就是生活在这样一些被限定的罗网之中。人自己同时也是一部分自然,是一个"小宇宙",在"大宇宙"中发生作用的那些自然力在这里也起作用。歌德把人的激情也看作一种像是自然力那样的东西,直接地看来它产生于未知的根源,由于一种(好像是偶然的)因素它就燃烧起来,而一经释放出来,就会向不可测度的目标汹涌冲去。

但是,歌德认为,激情只是具有自然性,而不是简单地同自然等同。激情甚至关系到全部文明生活,它同文明生活的最高对象亦有关系。没有激情,就不可能有文明的进步，但同时也就不可能有对文明的危害和破坏，就不可能把文明转变成混沌和野蛮。控制激情，使它净化，把它引导到人类的真正伟大目标，这就是歌德的伦理学！歌德并不是像康德派的小市民所认为的那样，是反道德的；更不是像激进的市侩们所断言的那样，是反社会的。歌德的道德是要寻找一条道路，在这条道路上每一种激情都能为了人类的利益而充分施展它的力量，并能得以发展。歌德所理解的控制激情，并不是像康德那样，从狭隘的禁欲主义出发去抑制激情。歌德像文艺复兴时代的人一样，同时也像傅利叶那样，他眼前浮现着那样一种人的以及人与人关系的状态，在这种状态之中，人与人之间的相互影响以及激情在人的活动中所经受的考验，将使人真正意识到他们自己，也就是说，使他们的全部才能得以充分发挥，使充分发挥了作用的激情达到和谐和平衡，也就是说，人的内在和谐应是他同他周围的人协调一致的推动力。

歌德明白，他的这种努力在当时必然是矛盾重重，甚至具有悲剧的性质。但是，认识到悲剧性，对他来说，并不意味着放弃这种努力。有时，他设想一些乌托邦的人与人关系和社会状态的图像，在那里这样一些倾向看来是可以实现的（如两部《威廉·迈斯特》就以不同的形式回答了这个问题）；有时，他描写一条（相对来说）最大限度地和（相对来说）完整无损地实现这种发展可能的个人道路。《浮士德》就是这两种倾向的艺术综合体。

只有从这里出发去考察，才能理解浮士德—靡非斯特的格斗。《天上序幕》客观上提出了全人类的善与恶（上帝与魔鬼）的问题；浮士德的命运在这里只是作为一个例子而出现。关于这场赌赛，在研究《浮士德》的文献中，相比之下争论不大，可是关于这场赌赛在主观道德上是如何实现的，那争论就多了。评论家们一再提出这样的问题，靡非斯特是不是在同浮士德的赌赛中还是获胜了呢？浮士德最后的话（“你真美呀，请停留一下！”）是不是意味着条件得到了满足？

实际上，浮士德与靡非斯特相会，这是在赌赛的时候也是战场上的遭遇，是一种火力交叉。虽然他们都同意赌赛，但他们对同样的话的理解却完全相反。靡非斯特向浮士德提供生活快乐和充分的生活享受，这不仅同浮士德迄今为止所过的学者生活相比是积极的，而且抽象地看这也符合浮士德的追求。但只是抽象地看是这样，具体地来说，浮士德所设想的完全是另外一回事。就是说，他追求的并不是生活享受（这只是手段和道路），而是满足和发挥他个人的一切可能性，在世界中考验这些可能性，探索、认识和征服现实。浮士德由于对抽象的认识和直观的直接认识都感到失望，从而被推向绝望的境地，因而他的心情是强烈地反禁欲主义的。但是，就在他还没有弄清楚最内在的倾向的当儿，他也是鄙视纯粹的享乐主义，鄙视以官能享受为目的的生活享受，鄙视靡非斯特意义上的生活。

歌德对生活和生活享受的理解，总是被人误解，虽然他就此一再一清二楚地表述过他的看法。我只援引一个例子，就是他在魏玛初年写给拉瓦特信中的一段话：

……世界丰富多彩的活动创造了无数的杰作，我确实非常乐意地共享过其中的一小部分。像掷骰子一样，厌烦、希望、爱情、工作、困苦、冒险、无聊、仇恨、幼稚、愚蠢、喜悦、盼到了的和不期而来的事情、平庸的和深沉的东西，样样都有。

歌德的这种生活观点和生活享受的观点，也见于浮士德同靡非斯特赌赛时开头说的话：

我假如会心满意足地躺在安乐椅上，
那也就等于我的一生已经完结！
如果有朝一日你能谄媚地引骗我，
引骗我生出自我得意的念头，
如果你能用享受把我蒙骗，
那就是我最后的末日！
我们来打赌罢！

“请停留一下！”是这种向往在想象中的实现！而按照歌德对现实以及他自己的现实的理解，向往是实现不了的，而且在作品中事实上也没有实现。浮士德最后说的话，是一种幻想，是一幅未来的幻象。针对未来的幻象，而且仅仅是针对未来的幻象，而不是针对已经经历过的那个瞬间的现实存在，浮士德说：

对那一瞬间，我也许会说，
你真美呀，请停留一下！
预感到这样的洪福，
我将享受这最高的片刻。

正如前面紧接着的诗句一样，歌德在这里也是从语言运用上强调了实现是非现在时态的，是带有祈愿性质的。（他说：“希望”，“也许会”，“在预感中”。）这一点，还通过靡非斯特的辩护作了具体说明，并予以强调。靡非斯特对浮士德的激动完全不能理解。他根本看不到这也是一种向往的实现，看不到这也是生活享受；他把浮士德老人的激动看作是一种老糊涂的表现。

连最后的空虚不吉的瞬间，
这可怜的人也想捉住。

他顽强地向我反抗，
时间占了上风，老人死在地上。
时钟已经停止——

这里，他们俩斗争的结局就完全清楚了，浮士德没有像靡非斯特打算的那样“以土为粮”；他在幻象中而不是在现实中看到的实现，同靡非斯特所指的那种生活享受毫无关系，而且从来也不曾有过关系。就什么是生活享受这个问题，浮士德与靡非斯特从来就是各执己见。

尽管如此，他们的格斗并不是虚假的斗争，因为靡非斯特的要素，就是在浮士德的那些最崇高的时刻也是存在的；靡非斯特的那些玩世不恭的挖苦常常击中了浮士德内心斗争的中心。靡非斯特在个别情况中对错与否，他在斗争中是胜是负，这并不总是十分肯定的。

当然，在不同的形势下，他们接近和疏远的程度不同，斗争的特殊重点也有不同的转移。而且浮士德受靡非斯特威胁的节奏也绝不是简单地直线下降的，这种节奏更不是就等于情节在高雅的或低劣的，在个人的或公众的氛围中所显示的那种节奏。在《巫女之厨》、《奥埃巴赫酒店》以及《瓦普几司之夜》（这一场按照它的思想内容是前两场幻想式的升级）中，靡非斯特是向导，而浮士德则是有时感兴趣有时感到无聊的观众。同样，在宫廷各场——表演海伦的那一场除外——浮士德也是走过场，他根本心不在焉，可是靡非斯特在这里却是积极的主角。在上述这些场次中，到处弥漫着只图官能痛快的低级本能（贪食、酗酒、女色），人们都为了狭隘的虚荣心而追逐功名（它们的历史表现形式就是变戏法，吹牛行骗），但这一切都没有决定性地触动浮士德本质的中心。另一方面，正如我们已经看到的，在古代文化复兴的时候，靡非斯特的作用却降到了合唱队的作用。为了理解歌德对生活享受和情欲的观点，必须强调的是，歌德把浮士德对海伦的爱情描写成公开表露出来而丝毫不加掩饰的古代朴素的情欲，这就引起像费肖尔这样的道学家的愤慨。浮士德与靡非斯特的对立，绝不是禁欲与官能痛快之间的对立，而是在官能的生活享受范围之内人与兽之间的具体的现实的辩证法。

根据上面的分析，浮士德与靡非斯特的格斗，除去那些正是由于它们的反面作用而在艺术和道德方面具有重要意义的插曲不算，总共有三个高峰，这就是我们上面已经谈到的赌赛、甘泪卿悲剧和浮士德实践活动的阶段。

在甘泪卿悲剧中，“小世界”中的所有问题，亦即个人发展的所有问题，都达到了它们的顶点；社会和历史只是起着背景和环境的作用。特别是因为只有从这个悲剧出发才能理解整个作品的结尾，所以它的意义特别重大，因而我们对它必须专门加以研究。这里我们只能就与靡非斯特有关的方面作一些说明。

我们说过，浮士德是作为感到无聊的观众在奥埃巴赫酒店出场的。那里赤裸裸地表现出来的纯粹的官能需要，同浮士德对生活的向往没有多少相同之处。可是——而且这是一个非常深刻的"现象学"的特征——浮士德对甘泪卿的爱情关系，并不是一开始就是像随着情节发展而变成的那种高尚的、真正人的关系。相反，浮士德经历了个人爱情所有的重要阶段，即从粗俗下流的官能快活以及随之而来的各种玩世不恭的非人的表现，直到精神与官能相统一的真正的和悲剧性的爱的激情。（就在浮士德爱的激情的发展中，个人爱情也表现为人类爱情发展史的缩影，这就使甘泪卿悲剧有别于青年歌德其他的爱情描写。）而且因为——这在后面将详细谈及——对阶级社会的爱情来说（尤其是像在甘泪卿悲剧中那样，相爱双方的社会处境和教育程度极不相同的话），靡非斯特的那些要素几乎是无法排除的，因此，浮士德与靡非斯特之间斗争正好是随着爱恋之情越来越强烈和越来越向高处发展而越来越激烈。正因如此，我们前面把《林窟》称为浮士德对甘泪卿爱情的转折点。为了避开这场爱情，浮士德逃向寂静之地。炽热的爱情和对自然的观察使他的精神和心灵振奋，并因而从内心里克服了地神悲剧。但同时他对甘泪卿真正的高尚的爱情更像一团烈火熊熊燃烧。他逃开甘泪卿是为了爱护她和拯救她，但同时他又急不可待地渴望接近她。因此，当着靡非斯特玩世不恭地揭露了任何一种兴奋都是自我欺骗，当着他把浮士德的思念仅仅看作是赤裸裸的情欲的结果，这虽然并没有击中浮士德内在的中心，但至少击中了浮士德内心冲突的一个中心问题：

靡非斯特：凡夫俗子已全部消亡，
现在该是高尚的直观——
（做丑恶的表演）
我不好说得具体——就此了结。
浮士德：呸，你放屁！
靡非斯特：我的话你不爱听，
你有权文明地骂人放屁。
对着贞节的耳朵本来是，
不能说贞节的心不能缺少的东西。

靡非斯特的相对正确性是很清楚的。用散文写的惊心动魄的《晦暝之日》一场，与此也极为相似。靡非斯特说："这样的人不只她一个"，"是谁把她推向堕落，是你，还是我？"这些话真正揭示了浮士德道德冲突的中心，由于悔恨而心碎胆裂的浮士德对此无言以对，因为靡非斯特对他说的话是完全正确的。

歌德写的这一悲剧的广度和深度，就表现在，通过它，所有道德生活的问题都直接或间接地说出来了，靡非斯特几乎处处都可对浮士德的疑虑和激情进行挖苦讽刺，而且具有很大的合理性。我们只举一个例子。为了诱骗甘泪卿，靡非斯特要浮士德为玛尔特·施魏得莱的丈夫伪造一张死亡证明。最初浮士德拒绝了。有趣而又深刻的是，靡非斯特并没有论证，要实行预定计划实际上就必须这样做，而是提出了一个对浮士德来说非常核心的问题：

啊，圣人，你又恢复了你的常态！
你假造证据难道这是第一次？
你用了很大的力量给神，
世界和世界中的生机下定义，
给人以及他们头脑和心灵中想的东西下定义，
那难道不是厚颜大胆的欺诈？
你假如天良发现了时，
你应当承认，你对这些东西，
同对施魏得莱的死一样，都是一无所知。

所以说，以广义上讲，整个爱情悲剧都是在靡非斯特划定的范围之内进行的。虽然，他无法侵入爱情最内在的核心，他自己也承认，他不能直接影响甘泪卿。但是，从整体来看，他那魔鬼的作用和因素处处都可看到。第一部结尾他那句令人生畏的话，“到我这儿来！”（有人把这句话理解成浮士德完全被战胜）从艺术和道德的角度看，是这整个形势必然产生的结果。

第二部结尾的几场与此完全不同。外在的形式是独白，可是内在的方面也许更富有戏剧性和悲剧性。这几场主要是用独白的方式写的，这是因为靡非斯特并没有直接参加浮士德在内心里进行的同靡非斯特的决定性的斗争和悲剧式的厮杀。如我们已经看到的，浮士德已转向实践，转向制服自然；甚至他也已经渡过了通过艺术享受世界的阶段，当然这种享受经过扬弃被当作不可丧失的因素而被接受了下来，但是，实践，亦即人类摆脱中世纪的妖魔鬼怪所造成的混沌唯一现实可能的出路，所受的靡非斯特的威胁，比个人爱情所受的威胁还要厉害。请回想一下已经分析过的浮士德同资本主义的那种深沉的内在关系。

浮士德的“过错”——例如他对毁灭斐莱蒙和鲍栖时所负的罪责——在这里并不是像在甘泪卿悲剧中那样是个人的。大多数评论家是这样来理解浮士德的所谓“过错”的，但这只表明他们肤浅平庸。在斐莱蒙和鲍栖时死后，浮士德虽然也咒骂靡非斯特，但他随之而来的内心斗争，同在企图拯救甘泪卿时候的那种个人道德的悔恨并不是一回事。这种斗争更加深沉，它针对的是他那所以必然会产生毁灭斐莱蒙和鲍栖时的整个行动方式以及整个环境的总联系和社会与人的基础。因此，他的思虑不再是针对起导火线作用的个别事件。

在这里，浮士德面对的是拟人化的“忧虑”。“忧虑”按其精神实质是靡非斯特的使者。它出现的意义和内容，就是人类为从善而做的一切努力都是徒劳的；只不过这种倾向在靡非斯特身上表现为玩世不恭的冷嘲热讽，在“忧虑”那里则不是这样，而是表现为公开绝望的悲观主义。它体现了由于人的追求无法付诸实施，由于认识到这种追求的——用黑格尔的话来说——“邪恶的无穷性”和原则上不能实现而产生的绝望心情：

谁若被我占有，
世界对他就没用处。
永恒之夜罩临，
日不没也不升，
……
富有者也得挨饿，
不问是欢是苦，
尽都推到明晨，
前途纵有期待，
万事一无所成。

这种诱惑，亦即变成了公开绝望的靡非斯特的犬儒主义的“智慧”，浮士德坚决予以拒绝，可是，他并不是没有感到，这些话确也是切中要害地说出了他最深沉的追求，虽然是通过魔鬼式的歪曲说出来的。

滚开！你这些喋喋不休的浑话，
实在太坏，就连最聪明者也会受蛊惑！

浮士德在说出他灵魂最深处的内容以前，他已意识到：

前进就会遇到困苦和幸福，
但对眼前总是不会满足！

因此，“忧虑”不具有支配浮士德的精神的或道德的力量。它只能从肉体上、而不能像对大多数其他人那样，从精神上使浮士德失明。

但是，这场胜利地通过了的斗争，又是同另外一场斗争紧紧地交织在一起的；而在这另外一场斗争中，浮士德只是纯主观地，只是按其趋向和追求来说占了上风。在斐莱蒙和鲍栖时插曲之后和“忧虑”出现之前，亦即在他已经听到门前有疑为幽灵的声音（其中有“忧虑”的声音）之后，浮士德想总结他的一生，提出新的纲领：

我还没有冲出重围走向自由。
但愿能把神奇魔力从我的生路清除，
把那咒文符箓完全忘怀；
自然呀，在你面前能是一个堂堂男子，
那才值得努力做一个人。
当我在幽暗中探索之前，
我曾以大胆傲慢的言词诅咒过我和人间。
如今空气中也充满妖气，
谁也不知道，怎么才可避免。

浮士德特别谈到同靡非斯特的结盟，而且决心要摆脱靡非斯特的魔力，这还是第一次。

从主观方面看，亦即就他内心的道德问题而言，浮士德在同"忧虑"斗争的一场中是胜利了，他抑制住了借助咒语驱赶"忧虑"的打算。但是，他对能否从魔力中解放出来却不抱多大幻想，"我知道，精灵谁也难以摆脱"。而且，当他逐散了"忧虑"的诱惑之后，全力以赴地献身于想在他死前一定要完成的伟大事业的时候，他又不加思索地继续使用了靡非斯特和他的那些鬼怪们所提供的帮助。

浮士德已经到了他可能达到的完善的极限，因而他想摆脱魔力，但又只能少许摆脱一点点。那么，他想要摆脱的这种魔力是什么呢？现代平庸肤浅的天才崇拜者认为，这种魔力正好就是浮士德"超人"的性质。按照海尔曼·蒂尔克的看法，浮士德抛弃了这种魔力就成了纯粹的市侩。这是叔本华的观点，而不是歌德的观点。对叔本华来说，天才就是"古怪加无节度"；而对歌德来说，天才则是得到充分发展的正常人。实际上——而且按照歌德的观点也是这样——浮士德在他试图从魔力中解脱出来的那几场中比以往任何时候站得都高。

在《浮士德》里，从未给魔力的含义下过定义，这在艺术上是正确的。如我们刚才所看到的，浮士德自己把它理解为他同靡非斯特结盟的结果，理解为一些力量的总和和原则，正是借助这些力量他才做出了他那些特殊形式的成就。因为我们正在讨论的是整个作品的顶峰和终点，也就是为控制自然力而进行的卓有成效的技术经济活动，因而在这里，我们已经指出过的靡非斯特身上的资本主义成分就具有决定性的重要性。我们再重复一次，靡非斯特并不仅仅代表资本主义成分。他同时也是中世纪的鬼怪，这与前者是不可分割地联系在一起的。歌德这样做，表现了他的天才。这种艺术概括的天才之处，正好在于靡非斯特势力范围的广阔和它的局限。他控制着一切社会力量，包括转化为社会力量的自然力和人的激情，走向"精神动物王国"的倾向或者至少是可能性就存在于这些社会力量之中。

所以，靡非斯特对甘泪卿是无能为力的。他这样说："我没有力量支配她！"只是通过赠礼，通过唤起好奇、虚荣和追求装束，通过玛尔特居中拉线搭桥，通过勾引起一切潜在的低劣的本能，他才能偷偷摸摸地来到甘泪卿的附近。靡非斯特的力量就在于，一切现存的丑恶的可能，一切还隐蔽着趋于恶的倾向，他都可以毫不费力地变成实在的现实；而他的魔力就在于他无限地掌握着用于这种目的的外在手段，用这些手段可以轻而易举地战胜一切只要不是来自灵魂最深处的反抗。

歌德一再强调，靡非斯特的魔力所表现出来的形态与人并无任何区别。帮助靡非斯特打败伪帝及其强盗军队以及消灭了斐莱蒙和鲍栖时的那些"象征性的流氓"劳弗博尔德、赫贝巴德和哈尔德费斯特[①]，就他们的心理状态而言，只不过是变得无法无天的15、16世纪的雇佣军。他们同当时的"正直士兵"之间的区别，与其说在于他们的本质，倒不如说在于他们的言论。（"人们已经知道正直是怎么回事，它就是纳贡。"）只是出于外在力量的扩大，个人活动范围的扩大，因而使人觉得他们像是具有了魔力。从马克思对靡非斯特六匹马的解释，我们就充分地知道了从社会的角度看这种魔力是什么。

因此，到浮士德想要从魔力中解放出来的时候，他就是想要争得一种正常的人的生活，在这种生活中，他用自己的力量，通过自己的活动就能实现已认识到的正确的东西。但是，歌德知道，并且浮士德也预感到，这是不可能的。如果没有靡非斯特的帮助，浮士德就必然得再回到开始时在书斋里的那种绝望的无能为力的状态。至于说，这种返回也许可能是到一个资本主义企业里去当一个受人管辖的工程师，不过对这个问题来说，这并不是要紧的事。

这一点，歌德不论是开头还是在结尾都以小心谨慎的方式予以强调。浮士德在他第一个伟大独白中列举了他世界观当中的所有冲突之后，说道：

> 我既无财产又无金钱，
> 更不享有世界的荣誉和荣华。
> 这种狗一样的生活，谁还想苟延，
> 因此我只好靠魔力。

在"忧虑"那一场之前，出现的也不只"忧虑"一个，它只是四个女人中的一个。可是其余三个，即"穷困"、"罪过"和"苦难"，却迈不过浮士德的门槛，"里面住着一个富人……"因此，浮士德只是因为在靡非斯特的基础上成为有钱有势的人，才只须同"忧虑"亦即悲观主义的世界观进行斗争，而无须同"穷困"或者"苦难"斗争。这一点在后来删去的一个残片中说得更清楚。如前面提到的，在这个残片中浮士德也要同靡非

① 原文意为"暴徒"、"见财就抢的人"和"守财奴"。——译注

斯特最终分离。但靡非斯特觉得这一点也不值得悲伤：

因为任何人都以为靠自己就行，
甚至没有钱也会觉得他有钱。

浮士德在从事实践的时候生命中止了，在实践中实现了他世界观当中对理论与实践统一以及人类实际进步的渴求。可是正是这样的实践，没有靡非斯特的有力帮助客观上是不可能的！在资产阶级社会，生产力的发展只能用资本主义的方式。因此，浮士德想要内在地摆脱魔力的尝试是徒劳的，他对人类光明未来的梦想只能是一场梦。

但是这场梦的内容极为重要。浮士德像歌德一样，是反对任何一种革命的。到目前为止，浮士德只是自在地，只是在他自己个人的发展（当然也是为了人类的发展）之中来实现人类最高的目标。可是现在，当着他至少在主观上要同靡非斯特的魔力决裂的时候，在他为实现人类最高目标的追求中第一次表达出自觉的愿望：要在自由的基础上同他的同胞一起为这一目标而斗争。因此，他最后的独白（它以赌赛的内容已得到"满足"为结尾），具有决定意义的重要性，是主观上对魔鬼原则最高的和最坚决的拒绝：

我为千百万人开拓疆土，
虽然不很安全，但可自由而勤劳地居住。
……
即使海潮啮岸，堤有崩溃的危险，
众人合力，立即会把缺口堵住。
是的！我完全献身于这种思想，
这无疑是智慧最后的结论：
要每日每时开拓生活争取自由，
才能享受生活取得自由。
这样，纵有危险环抱，
男女老少都会度过有为之年。
我愿意看到这样熙熙攘攘的人群，
在自由的土地上生活着自由的人民。

我们已经知道，现实同这个梦境是尖锐对立的。就是在浮士德说这些话的时候，死灵们根据靡非斯特的命令正为他挖掘坟墓。这种丝毫没有减弱或明显地要加以调和的对立，同我们一再指出的歌德在评价资本主义的进步时所持的思想上的两点论是正好符合的。歌德看不透资本主义的经济社会生活，但他以作家的直观形象地描绘了资本主义在人类发展中的矛盾作用，为浮士德未来梦境作伴奏和作注释的那种令人毛骨悚然毁灭一切的节奏，准确地表达了歌德认识到这种对立没有解决，也不能解决。

但是，歌德从不为资本主义以前的田园生活遭到毁灭而浪漫地表示悲痛(因此，浮士德对斐莱蒙和鲍栖时因为他的过错而遭覆灭并不后悔)，强调这一点在这里是非常重要的。歌德对资本主义发展问题所抱的态度同黑格尔或李嘉图是一样的。那些在文学描写中处于尖锐对立的矛盾，如果从思想上把它们联系起来，那么，实际上就是：资本主义生产力的发展，客观上同靡非斯特的原则是不可分离的；但它客观上又是最重要的而且走上了正路的人类实践，它日后的发展将导致在原来的基础上产生把人类真正从靡非斯特里解救出来的力量(这一点是歌德，也是李嘉图和黑格尔在内，所预想不到的)。因此，由于浮士德不得不把实施他毕生事业的重任交给了靡非斯特，那也就等于把这样的可能交到魔鬼之手，他可以神秘莫测地把这一事业逆转成它的反面，甚至——当然是对个人的事业而言，而不是对人类的事业而言——可以毁灭这一事业。

从歌德的观点亦即资产阶级思想的最高观点来看，这些复杂的矛盾客观上是无法解决的。歌德作为大作家，他的伟大之处，就在于，他在刻画这些不可解决的矛盾时丝毫不加掩饰。在这方面，歌德同李嘉图和黑格尔一样是正派的。

歌德所能做的，只是把现实的这种尖锐矛盾同未来的主观梦景相对照。但仅仅这一点就已经够了不起的了。特别是，因为矛盾的尖锐化也是由于内在的原因引起的，而且在同靡非斯特的斗争中，浮士德身上的人的核心完整无损，甚至正是在靡非斯特看来明显地处于不可战胜的形势下，浮士德的人的核心变得更清澈纯洁，这就指出了远景，提供了这样一种信念的现实基础，即相信尽管有靡非斯特，尽管有资本主义，人类并不是注定要沦为魔鬼，注定要“以土为粮”。

对歌德来说，这是唯一能作为未来远景的希望，因为它有“现象学”的根据，因而可以刻画得令人信服，在艺术上可以得到认可。因此，歌德既没有堕入主观主义的康德式的道德说教，但又完全正确地把主观因素看作是解救浮士德的关键：

> 谁只要是努力追求，
> 我们总能解救。

歌德在同艾克曼的一次谈话中，把结尾的这几行著名诗句称作是理解整个作品的一把钥匙。

在已知的地球上，歌德看不出有能够成功地战胜靡非斯特的客观的社会力量，所以他不能，因而也不愿去写它。(范大灿译)

＝补充材料＝

《浮士德》的副标题是“一出悲剧”。文艺复兴时期的人们试图在特定的自我和特定的世界中发现绝对的努力失败了。但要返回原封未动的经院哲学对浮士德的灵魂来说又是不可能的，在这种哲学里，上帝在历史传统里直接被毫无疑虑地交给了人，世界成为通向上帝的一条直接的连续的阶梯。

浮士德最后接受了自己的局限和令人困惑的信仰的匮乏，这是易于失败的信仰。绝对通过自己的否定而存在，有限的生命价值是永远不能控制并代表它的，但要发现绝对又绝对不能脱离它们，排除它们。它就靠自己的有限生活，并以此证明自己是它们的救世主。

但丁的《神曲》以及歌德的《浮士德》两者都提供了一种对立的统一，一种辩证的生命结构。但但丁是从永恒的统一和统一本身来看并表现这种辩证法的，而歌德则将我们置于这种统一的辩证运动中间。在《浮士德》中，我们看不到但丁那种明晰的宁静和安静的透明，而是发现我们自己身处现实的、暂时的过程中的最激烈处，而这一过程的结果在任何时刻对参加者来说都是含糊的模棱两可的。生命既是自己的地狱，同时又是自己的炼狱。美之爱是两部诗的动力和向导，这是那种促使但丁经过地狱、炼狱到达天堂的爱，她被视作万物存在的基础，这也是那种驱使浮士德不断获得自己的快乐和失望的爱：

狂野欲望，不再占据我们身心，
激情行为，不再将我们束缚，
人类之爱，在我们心中复活，
上帝之爱，也重放圣光。

美之爱是诗中一切人和宇宙层面的灵和肉的象征性统一。贝亚特丽采和玛格丽特是同一个人。

但在但丁的诗中，既然矛盾的冲突和辩证法的极点在这些极点中是彼此分离的，而且这种生活的所有阶段都是从外部来看的，所以《神曲》贯穿始终的是一种宁静沉思的崇高严肃的格调，而《浮士德》的基本风格则是嘲讽。这种嘲讽是敬神和渎神、严肃与幽默、悲剧和喜剧因素之间的平衡。

浮士德的每一次提升都遭遇到靡非斯特的对立。靡非斯特是矛盾精神，他甚至嘲讽自己的否定性，特别是在第一和第二部中与学生在一起的几幕，或者如另一个例子，即他讽刺自己抽象的科学主义时所说的话：

听这番高论，先生实在很有学问！
凡摸不着的，您便以为远在天边，
凡抓不住的，您便根本不予承认，
凡算不出的，您便否认事实确凿，
凡没称过的，您便相信分量为零，
凡非您铸的，那金币便不值分文。

每一种计划的目的都与实际的意义正好相反。魔鬼与浮士德一样不停地处于失望之中。

当浮士德教海伦学押韵时，诗歌自身已将嘲讽当作了自己的风格理论。艺术媒介在巧妙地约束着自己的严肃性，整个美学真实领域被艺术表现为一种有限的真实——这是海伦及其留给浮士德的外衣的意义。这种美的嘲讽与哲学思想的辩证法中的认识领域的逻辑局限是类似的。

就是因此，黑格尔才宣称嘲讽是“现代艺术”的根本风格原则，《浮士德》则代表着一种“绝对的哲学悲剧”。

(美)古斯塔夫·缪勒：《浮士德》的哲理内涵及风格，
《文学的哲学》，第128—130页。

《浮士德》的外表其实也就是一个悲剧。

它披着一件中世纪的袈裟，而包裹着一团有时是火一样的不知满足的近代人的强烈的冲动。那看来分明就是矛盾，而这矛盾的外表也就形成了《浮士德》的庞杂性。不过我们不要为这庞杂的外表所震惊，尽管诗人在发挥着他的最高级的才华，有时是异想天开地闹得一个神奔鬼突，甚至乌烟瘴气，但你不要以为那全部都是幻想，那全部都是主观的产物，都是所谓“由内而外”。它实在是一个灵魂的忠实的纪录，一部时代发展的忠实反映。因此我也敢于冒险地说，这是一部极其充实的现实的作品，但它所充实着的不全是现实的形，而主要的是现实的魂。一个现实的大魂（时代精神）包括各种各样的现实的小魂（个性），诗人的确是紧紧地把它们抓住了，而且时而大胆，时而细心地把它们形象化了。他以他锐敏的直觉，惯会突进对象的核心，大之更能朗豁地揭露世界进展的真理，他是把辩证法的精神把握住了。

我们请看他那个和浮士德对立的靡非斯特的构成吧，他是恶魔，然而绝不是宗教家们所认识的恶魔，诗人曾经给他一个名字叫“否定的精灵”。诗人假借上帝的口来说：“人们的精神总是易于弛靡，动辄贪爱着绝对的安静；我因此才造出恶魔，以激发人们的努力为能。”因此，他并不是单纯的恶的形象化或万恶的结晶，他是非恶非善，或亦恶亦善。诗人又从司芬克斯的口中把他说成一个哑谜：

你对于善人恶人都是必需；
对于善人是甲胄，节欲精进，
对于恶人是伴侣，任意胡行，
而两者都使宙斯大神高兴。

这是静的反对动的，无为的反对有为，反过来他也是动的反对静的，有为的反对无为。他是否定的精灵，但有时又是肯定的一面，他是肯定的否定，否定的肯定。

有两种精神居住在我的心胸，
一个要想同别一个分离！
一个沉溺在迷离的爱欲之中，
执拗地固执著这个尘世；
别一个是猛烈地要离去凡尘，
向崇高的灵的境地飞驰。

这说的其实也就是浮士德与靡非斯特的对立。这是一个灵魂的两态。虽然在形式上是浮士德为主而靡非斯特为奴，但在实质上是主奴不分，而在诗人的气质和一时的感兴上，有时倒是主奴易位的。这种个性发展的辩证式的看法，是整个《浮士德》悲剧的中心线索。个性是在发展，而且取着辩证式的发展，推而广之，时代的发展是这样，甚至宇宙的发展也是这样。

郭沫若：《浮士德简论》，见《外国文学教学参考资料》(二)，福建人民出版社，1980年版，第592—593页。

歌德的《浮士德》在其历史观的深度和广度上、在其道德的想象力与政治的领悟力上以及在其心理的敏感程度和洞见上，都超过了其他的作品。它在现代的自我意识中开创了新的层面，亦即浮士德的神话始终在探索的东西。它的宏伟博大，不仅是眼界和志向的宏伟博大，而且还有真知灼见的宏伟博大，使得普希金把它称之为“描写现代生活的《伊利亚特》”。歌德于1770年左右着手写作《浮士德》，当时他21岁，此后断断续续地写了60年；一直到1831年，即他83岁逝世的前一年，他才觉得完成了这部作品；完整的作品是他逝世后才出版的。因此，这部作品的写作过程贯穿了世界史上最动荡不定的革命时期之一。它的很大一部分力量就来自这段历史：书中的主人公及其周围人物都带着个人的激情，经历了歌德与他的同时代人所经历的大量世界—历史性的事变和创伤；作品的整个演变过程是范围更大的西方世界的演变过程的一个缩影。

《浮士德》的写作始于一个时代，这个时代的思想和感悟力虽然已具有20世纪的读者也能一眼将其认出来的现代性，它的物质和社会条件却仍然是中世纪的；而当作品完成时，世界已进入了工业革命的精神与物质的大变动之中。作品始于一个知识分子的孤独小屋，在抽象和孤独的思想中展开；而当它完成时，世界已进入了广泛的生产和交换过程，为巨大的公司和复杂的组织所统治，浮士德的思想帮助创造了这些东西，反过来这些东西又使得浮士德能够创造更多的东西。在歌德的《浮士德》中，转变的主体和客体不仅仅是主人公，而且是整个世界。歌德的《浮士德》戏剧化地描述了一个过程，正是由于这个过程，到了 18 世纪末 19 世纪初，诞生了一个与众不同的现代世界体系。

使歌德的《浮士德》具有生命、并使得它不同于先前的浮士德作品而增添了许多亮丽和活力的关键力量，是我要将它称之为发展欲望的一种冲动。早先的文学人物浮士德，在出售其灵魂时所换取的都是一些人们在生活中普遍追求的明确价值：金钱、性爱、权力和名声。歌德笔下的浮士德则告诉靡非斯陀匪勒司，不错，他想要这些东西，但这些东西就其本身而言却并不是他所要的。……这个浮士德想要的东西是一种生气勃勃的过程，它包含着每一种形式的人类经验，既包括快乐也包括悲苦，并且将把这些人类经验都融合为他自我的无止境的发展；即便是自我的毁灭也将是它的发展的一个组成部分。

歌德的《浮士德》中最有创见和最富成果的观念之一是，文化上的自我发展理想与导致经济发展的现实社会运动两者之间存在着联系。歌德相信，在这两者中的任何一种典型的现代理想得到实现之前，这两种形式的发展必定会走到一起，必定会融合为一体。浮士德和我们都将发现，现代人转变自身的唯一途径就是，根本转变他生活于其中的整个物质的、社会的和道德的世界。歌德的主人公成为英雄的途径是，将受压抑的人的巨大能量解放出来，不仅仅是他自身的能量，而且还有他所触及的一切东西的能量，最后是他周围的社会的能量。但是，他所开创的各种伟大发展——理智的、道德的、经济的、社会的——最终都将使人不得不付出巨大的代价。这就是浮士德与魔鬼的关系的含义：人的力量只有通过马克思所谓的"魔鬼"，即可能以可怕的力量爆发出来而人类根本无法加以控制的各种令人恐惧的黑暗能量，才能得到发展。歌德的《浮士德》是第一个并且还是最好的一个发展的悲剧。

（美）马歇尔·伯曼：《浮士德》：发展的悲剧，《一切坚固的东西都烟消云散了》，
徐大建、张辑译，商务印书馆，2003 年版，第 48—50 页。

＝问题研讨＝

1. 浮士德和靡非斯特之间存着怎样一种关系？靡非斯特这一形象的本质和意义是什么？

2. 如何把握浮士德坚持不懈的人生追求？为什么浮士德在得出"智慧的最后结

论”后倒地而死？为什么靡非斯特在赌赛中一再落败，而浮士德的灵魂最终升天？如何理解《浮士德》是一部“悲剧”？

3. 什么是“浮士德难题”？什么是“浮士德精神”①？荣格说，“不是歌德创造了《浮士德》，而是《浮士德》创造了歌德”，怎么理解？

4. 浮士德的学者生活必然是一个“知识悲剧”吗？为什么？如何理解伯曼所说《浮士德》是“发展的悲剧”？

5. 卢卡契认为歌德的创作标志了西方古典艺术的终结，而桑塔亚那称歌德是位“浪漫主义诗人”，你认为歌德的创作是“古典的”，还是“浪漫的”？

═研究实践═

1. 在18世纪市民剧运动中，狄德罗倡导“严肃喜剧”，莱辛提出“市民悲剧”，分别以《费加罗的婚礼》和《爱米丽雅》为例分析这两种戏剧新概念的意义。

2. 以席勒的《阴谋与爱情》和歌德的《少年维特之烦恼》为例分析“狂飙突进运动”的主要精神。“狂飙突进运动”是启蒙运动的“发展”还是“反动”？

3. 恩格斯认为，在歌德的“心中经常进行着天才诗人和法兰克福市议员的谨慎的儿子、可敬的魏玛的枢密顾问之间的斗争；前者厌恶周围环境的鄙俗气，而后者却不得不对这种鄙俗气妥协，迁就。因此，歌德有时非常伟大，有时极为渺小；有时是叛逆的、爱嘲笑的、鄙视世界的天才，有时则是谨小慎微、事事知足、胸襟狭隘的庸人”②。如何理解歌德的“伟大”与“渺小”、“天才”与“庸人”的矛盾？

4. 论述歌德的“世界文学”思想。（参阅《歌德谈话录》“1827年”部分）

5. 谈谈西方文学中“浮士德”形象的历史演变。（参阅阿尼克斯特《歌德与〈浮士德〉》“本源”）

═延伸阅读═

1. （英）伊恩·P. 瓦特：现实主义和小说形式（伊恩·P·瓦特《小说的兴起》第一章）

2. 杨绛：菲尔丁的小说理论（《春泥集》，上海文艺出版社，1979年版）

3. 李赋宁：菲尔丁和英国小说（李赋宁《英国文学论述文集》，外语教学与研究出版社，1997年版）

---

① 斯宾格勒在其《西方的没落》一书中将“浮士德精神”作为西方近代的文化特征，以区别于古代文化和基督教文化。——编注

② 恩格斯《诗歌和散文中的德国社会主义》，《马克思恩格斯论文学与艺术》(一)，第494页。

4. (法)瓦莱里：伏尔泰(瓦莱里《文艺杂谈》,段映红译,百花文艺出版社,2002年版)

5. (英)托马斯·卡莱尔：作为文学家的英雄：卢梭(托马斯·卡莱尔《论英雄与英雄崇拜》第六讲,张志民、段忠桥译,中国国际广播出版社,1988年版)

6. (英)保罗·约翰逊：卢梭:"有趣的疯子"(保罗·约翰逊《知识分子》第一章,杨正润等译,江苏人民出版社,1999年版)

7. (美)保罗·德曼：论《忏悔录》(保罗·德曼《解构之图》,李自修等译,中国社会科学出版社,1998年版)

8. (美)乔治·桑塔亚那：歌德(乔治·桑塔亚那《诗与哲学》第三章,华明译,广西师范大学出版社,2002年版)

9. 冯至:《浮士德》里的魔(冯至《论歌德》,上海文艺出版社,1986年版)

10. (美)马歇尔·伯曼:《浮士德》：发展的悲剧(马歇尔·伯曼《一切坚固的东西都烟消云散了》第一章,徐大建、张辑译,商务印书馆,2003年版)

下编

第六章　浪漫激情

导　论

“浪漫主义”一词可有多种解释，它可以指一种人生态度，当然也可以指文学艺术上的一种创作倾向。从欧美文学史的角度下定义，则特指 18 世纪末至 19 世纪初欧洲各国先后出现的一股强劲的文学思潮。

其时欧洲文坛上出现了一批对旧有文学秩序大造其反的年轻人，他们分属不同的国家，并未有意协调彼此的步调，即使以“同仁”、“战友”的面目出现（比如德国的“耶那派”、英国的“湖畔”诗人、法国聚集在雨果周围的一批人），他们的创作主张和实践可以相去甚远。德国的浪漫主义不同于英国的浪漫主义，英国的浪漫主义又不同于法国的浪漫主义，而事实上当事人并未揭出“浪漫主义”的旗帜，也未必理解该词的意义——那只是后人对文学现象的描述与追认。

对这些年轻人一概赠以“浪漫主义”的冠冕，理由之一是，他们都是反叛者，如果说他们的主张千差万别的话，他们却有一个共同的对立面——古典主义文学。我们尽可将浪漫主义看做表示他们的作品如何与前人不同的一种尝试。

浪漫主义有何特征？我们从 17、18 世纪欧洲文坛上占据统治地位的古典主义逆推便可知晓，浪漫主义作家恰是从对古典主义的反动中获得自家的立场。古典主义强调理性，这里的理性与启蒙主义的理性既有一致之处，又有相异之点，它的特定前提是对现存秩序——不论是社会政治秩序还是文学秩序——的认可。古典主义文学因此是一种讲规矩的文学，创作有一定之规，而一切的规则都已在古希腊罗马文学、在亚里士多德那里交待得清清楚楚，模仿古人，戴着镣铐跳舞是作家唯一的选择。

与古典主义文学相反，浪漫主义文学推崇情感。古典主义者视理性为人的本质，浪漫主义者则改写了“人是有理性的存在物”的公式。他们心目中的“人”不是作为社会成员存在，而是作为与社会对立的个体；与之相应，他们推崇的情感是承载着法国大革命后高涨的个人主义诉求的个体的情感。对情感的推崇其来有自，远的不说，卢梭的思想、德国的狂飙突进运动，皆可视为先声。但是 18 世纪显然属于伏尔泰，理性王国具有无上的权威，卢梭的思想只是一股潜流，直到世纪末，卢梭的思想方才浮出地表，席卷整个欧洲。卢梭是浪漫主义文学的精神导师，他所建立起的一系列的二元对立，诸如“情感/理智”、“社会/个人”、“文明人/自然人”、“文明/自然”，以及“情感—个人—自然—自然人”、“理性—社会—文明—文明人”之间的对应关系，在浪漫主义作家中可谓深入人心，以“情感”反“理性”，成为浪漫主义文学的路标，而浪漫主义文学中形形色色的人物，径可看做卢梭“自然人”的种种变体。

与古典主义文学相反，浪漫主义文学拒绝一切现存秩序。若谓浪漫主义首先是对现实的一种态度，18 世纪末 19 世纪初的浪漫主义作家便将否定的姿态演绎得十分彻底。对于他们，现实是平庸、琐屑、肮脏、不足道的，生活永远在“别处”。既然如此，现实就不值得“模仿”，驰骋想象，拥抱理想世界才是无上的选择。他们都是现实的逃逸者或批判者，尽管他们面对着不同的现实：对于施雷格尔们，那是小国寡民，平庸透顶的普鲁士市侩生活；对于“湖畔诗人”，那是丑陋的工业化社会；对于拜伦、雪莱，那是上流社会的虚伪，人间存在着种种的压迫。有的时候，他们的逃逸是空间上的，比如华滋华斯们的遁迹于自然，在此山水花草已然不单是仅以悦目的自然景观，而成为理想的寄托、价值的证明，成为大写的“大自然”。逃逸也可以是时间上的，可以遁入过去，比如“海德尔堡派”诸人之迷恋中世纪；也可以召唤未来，比如雪莱之描绘空想社会主义的天堂。当然，也可以像德国“耶拿派”诸子，彻底地遁入内心，紧紧攀住心目中的“蓝花”。自然、宗教、中世纪、异域情调……浪漫派作家钟爱的奇异世界各不相同，却总是作为现实的对立面出现。对现实的拒绝不仅在审美的意义上进行，而且拜伦将文学锻造成干预生活的武器，“立意在反抗，旨归在动作”，诗人与斗士的形象合二为一，浪漫主义文学从此与现实之间有了更直接的对抗关系。

浪漫主义文学的兴起有着复杂的社会文化背景，举其大者，法国大革命后欧洲社会各阶层的心理状态，“自由、平等、博爱”的理念激发的个人主义诉求，德国古典主义哲学及空想社会主义学说的影响等，均不可不察。以文学发展的内在理路而论，浪漫主义则是古典主义走火入魔逼出来的结果。是故浪漫派的反叛首先是对古典主义文学秩序的反叛。如法国浪漫派领袖人物雨果所言，浪漫主义是一种“文学上的自由主义”，古典主义有多强调规矩，浪漫主义就有多唾弃规矩。从写什么到怎么写，浪漫派一概与古典主义唱反调。古典主义强调“不逾矩”，浪漫派鼓吹的则是“从心所欲”，每个作家似乎都有了理由去扮演文学的立法者。于是古典主义上尊下卑的严整秩序被打乱，普遍主义的绝对标准受到挑战，不同文类之间的界线也被轻而易举地跨越。

作为一种主“情”的文学，浪漫主义文学有着强烈的抒情性，对绝大多数作家而言，抒情的冲动压倒了叙事、说教等其他冲动，自然而然地，最具抒情性的诗歌成为这一时期占主导地位的文类。这不仅因为绝大多数作者选择了诗歌，而且因为诗的精神已然渗透到小说、戏剧等其他文类，雨果的“历史剧”诚然是诗人的戏剧，缪塞的小说《一个世纪儿的忏悔》同样有着强烈的抒情氛围。我们不妨说，浪漫主义时期正是一个诗的时代。

卢梭虽然被尊为“浪漫主义之父”，但浪漫主义作为一种理论自觉和文学运动，可能由歌德和席勒“开创先河”，18世纪下半叶德国“狂飙突进运动”就带有背离理性启蒙的情感冲动。当歌德和席勒走向“魏玛古典主义”时，施莱格尔兄弟、诺瓦利斯、蒂克、霍夫曼等青年天才已掀起“德国浪漫派”文学新潮。与此同时，在法国大革命的风暴和拿破仑帝政之下，夏多布里昂、斯达尔夫人这些贵族文人以“流亡文学”吹响“反动”的文学号角。英国的“湖畔派”诗人则高扬“自然”这面旗帜，勃兰兑斯认为，这个时期的英国诗人全都是“大自然的观察者、爱好者和崇拜者”。

19世纪40、50年代，霍桑、麦尔维尔、爱默生、惠特曼等构成了美国浪漫主义作家群体，爱伦·坡则被认为是个“伟大的幻想家”（布鲁姆语），虽说在诗歌创作和文学批评颇有争议，但其短篇创作影响深远，并成为后世如侦探小说、科幻小说这些文类的创始者。法国的波德莱尔作为象征派诗人，他的诗歌主张与浪漫派诗人颇有差异，然而作为资本主义时代的“抒情诗人”（本雅明语），他与浪漫派又实有相通之处，他之被视为“后期浪漫派”，不为无因。

研究19世纪欧洲浪漫主义文学运动的权威性著作当推勃兰兑斯的六卷本巨著《19世纪文学主流》。阐述西方浪漫主义文论的有美国艾布拉姆斯的名著《镜与灯》。

本章选了安诺德评华滋华斯、波德莱尔论《悲惨世界》、别林斯基论《叶甫盖尼·奥涅金》及托多罗夫评述“爱伦·坡的界限”、雷蒙评述“波德莱尔的诗歌传统”共五篇论文，三组补充材料大多涉及浪漫主义理论及创作的有关问题。

选文：评华滋华斯[①]

导言——

安诺德（Matthew Arnold，1822—1888），英国维多利亚时代著名的诗人、文艺批评家。本文系安诺德为其所编华滋华斯诗选写的序言，后收入《安诺德评论集》（1888）。

作为一部诗歌选集的序言，具体作品的品评赏鉴、取舍理由的揭橥当然是题中应有之义，但更值得注意是作者的文学史评价，他以整个英国诗歌史（乃至欧洲诗歌史）为背景给华滋华斯定位，将其置于所有浪漫派诗人之上。以当时拜伦、雪莱等人如日中天的地位，该文可以视为安诺德使华滋华斯“经典化”的一次尝试。

更值得注意的是安诺德给诗人排座次时依据的标准。在安诺德看来，“能够崇高而深刻地把观念应用到生活上，是诗的伟大的最基本的因素”；“一个伟大的诗人，是要在诗的美与诗的真的规律所严格规定的条件下，把他亲自取得的‘关于人，关于自

① 选自《外国文学评论选》上册，易漱泉等选编，湖南人民出版社，1982年版。

然，和关于人生的'观念，应用到他的不拘什么样的题材上"。而对他而言，"观念"总是意味着道德观念。为避免对"道德"二字的狭隘理解，安诺德强调道德即生活："怎样生活，这一个问题的本身，就是一个道德观念"。严肃地面对生活，"亲自"从中悟出深刻的观念，并在诗歌中表而出之，构成了他认识伟大诗歌的一条线索，而这几方面，他在华滋华斯的优秀诗作中领略到了。

他的最长的诗，《漫游》和《序言》，绝不是他的最好的作品。他的最好的作品是短篇的；而在短篇中确有许多篇诗可以说是头等的。但在他七大本作品里，最好的和许多最坏的诗节混在一起；而坏的要比好的差得多，以至于使我们奇怪，这两种诗竟是一个人的作品。莎士比亚也常有些情调很不对头的诗行、段落，简直配不上这一位伟大诗人。但如果我们在极乐世界里碰到他，就这样跟他说了，我们可以想象他会会心地一笑，然后回答我们说，他是完全晓得的，不过那有什么关系呢？但是华滋华斯的情形却不同了。在他写出完全低劣的，没有一点儿灵性的，平淡无奇的作品时，他却不晓得这些作品的缺点，而且以同样诚恳严肃的态度，把它当作最好的作品，送给我们读。要晓得，一个剧本或一首叙事长诗，它会独占了读者的心思，使他不想到本文以外的事；但在一本短诗集里，这前一首诗所造成的印象，就需要后一首诗衔接下去，能支持前面的一首。而在阅读华滋华斯时，前一首很好的诗所造成的印象，却常被下一首品质低下的诗给弄得模糊了，给破坏了。

华滋华斯写作六十年；而我们要说他的真正头等好诗，都写在1798到1808年的十年之内，却也不算夸大。其余的在这黄金时代以前或以后所写的东西，都是低劣之作；它们混淆在头等的作品中间，成为头等作品的绊脚石，阻碍着我们接近好作品，并常在我们读过他的好作品后所被引起的热情上，给泼下冷水。要使华滋华斯被远近读者承认为大诗人，要使他成为古典作家，为大家承认的古典作家，华滋华斯身上背着沉重的包袱，就需要给解除。做这种解除包袱的工作是必要的，除非我们还让他只作很少数人的诗人，——而这样对待他的时候，确是过于低估他的价值了。

还有一点。华滋华斯的诗，不是按照一般适用的分类方法排列的，而是按照心理活动的类型排列的。他有幻想诗，想象诗，感伤，感想等诗。他的排列法，虽然很新奇，却非常不自然；实行的结果，是不能令人满意的。分在不同类型里的诗，在题材和处理方法上，是联系着的；而这种联系，比华滋华斯把它们和另外诗篇分到一起时所想象的那种心理的联系，是更为重要，更为密切的。

古希腊人对这类事情的办法是万无一失的。我敢说我们要把希腊诗类划分法加以改进，是不容易的，我认为他们把诗分为记事的、戏剧的、抒情的等等类别，是自然而适当的，是我们要遵循的。有时一首诗似乎很难说定是属于两类之中的哪一类；不能说定这一首诗或那一首诗是叙事体，还是抒情体，是抒情体，还是挽歌体。但无论在那一首好诗里，总可以找出一种主调，一种占有优势的情调，从这便能决定这首诗是属于这些类别里的这一类，而不是属于那一类；这也就证明了这种分法的优越性，和遵守它的好处。华滋华斯的诗要不从这种杜撰的排列中解脱出来，要没有更自然的分类，是不会产生应有的效果的。

我听到许多人说，华滋华斯最好的诗，要从那么多碍眼的低劣的作品中清理出来，固然会显出它们的美妙无双；可惜就怕为数太少，可能至多也不过六七首了。然而我却有不同的估计：华滋华斯之所以使我惊异，使我认为是一位卓越诗人，正是因为在去掉他的低劣的作品之后，他还能剩下很多有力的作品。他留给我们可作为依托的，能传达他的精神，维系我们思想的东西，真是太多了！

这一点是十分重要的。如果每一诗人只拿出一首诗，或三四首诗作比较，我不敢说华滋华斯会绝对高于格雷、彭斯、柯勒律治、济慈、孟佐尼或海涅。我认为他的特别优越的地方，在于他有那么多有力的作品。当然他的好作品，真正有价值的作品，也不是价值相同的。有几种诗，它们本身就是低级的。歌谣体是低级的，说教体也就更低些。后面说的这种诗的价值，有时还是部分地因为它有自传的兴趣，并不是完全因有纯诗的兴趣；但是那要看写诗的人，是否有华滋华斯那种力量与地位，那种绝不是只由他的说教诗肯定下来的力量与地位。总之，我说华滋华斯所以卓越，是在于他留下来那么多有力的重要的作品，尽管我们尽量地减缩，尽量地淘汰它们。

展示华滋华斯的这些最好的作品，清除作品周围的各种障碍，让它们自己替自己表白去——这是每一个爱好华滋华斯的人所企求的。这些事情要没有做好，我们这位敬爱的，我们都认为是伟大诗人的华滋华斯，在这个世界上是没有机会的。可是一旦这些事情做好了，他就用不着我们操心；就凭借着他自己的价值和力量，所向无敌了。我们是可以无忧虑地让他自己开辟自己的道路的，因为我们相信有非常的价值与力量的诗，会引起人类共鸣的感觉，会取得他们的承认的。然而在开始，在华滋华斯还不为世人所了解与承认时，如果我们指出他的非凡的力量与价值藏在哪里，不在哪里，我想这样做大概是对华滋华斯有帮助的。

好久以前在讲到荷马时，我说能够崇高而深刻地把观念应用到生活上，是诗的伟大的最基本的因素。我说一个伟大诗人，是要在诗的美与诗的真的规律所严格规定的条件下，把他亲自取得的“关于人，关于自然，和关于人生的”[①]观念，应用到他的不拘什么样的题材上；他所以成为卓越诗人的显著特征，就在于这种应用。上面引证的那一行诗，是华滋华斯自己写的；他的诗所以卓越，就在于他在最好的诗里，能把“关于人，关于自然，和关于人生的”观念，有力地运用在、有力地应用到他的题材上。

感觉特别锐利的伏尔泰曾经十分正确地说过：“任何国家在诗里，都没有像英国那样有力地、深刻地处理道德观念。”他接着说，“我觉得英国诗人的伟大的功绩就在

① 华滋华斯《隐居者》，第754页。——译注

这里。”伏尔泰说“在诗里处理道德观念”这句话的意思，并不是指道德诗与说教诗；要是这种意思，这句话就没有什么重要性了。他的意思，也就是我上面说的，“崇高而深刻地把观念应用到生活上”的意思；而且他也意味着这一种观念的应用是要受到诗的美与诗的真的规律给我们所规定的条件的限制的。如果有人说，把这些观念叫做道德观念，会引起强烈的有害的局限性，我的回答是，决不会的，因为道德观念实在就是人类生活的主要部分。怎样生活，这一个问题的本身，就是一个道德观念；而且这一个问题，是对任何人都最有趣味的，任何人都经常是在这一个问题上忙着的。当然对于道德这一名词，我们要给它以宽泛的解释。无论什么事，凡与“怎样生活”这一问题有关的，便是道德的。

对生活不爱也不恨；有什么生活，
就要安于它；寿夭只好听天了。①

弥尔顿在这两行诗里所说的，哪个人都能立即看出来，是一种道德观念。然而济慈用这样一行诗：

你将永远爱她，她永远美丽——

来安慰希腊古瓶上向前探着身子的情人——这一个还不曾吻到情人却被雕刻家用巧妙的手给不朽地雕出来的形象，他这样说的一句话，也是一种道德观念。当莎士比亚说：

我们只是
梦幻的材料，而我们这小小生命，
将由长眠结束。②

这样的话也是一种道德观念。

伏尔泰认为英国诗的特点是对这种含意宽泛的道德观念的有力而深刻的处理，——这种认识是正确的。他是诚恳地想要赞扬我们，并不是要贬抑，或暗示什么局限性；而认为这种事实——就像伏尔泰所指出的这种事实——必然会造成诗的局限性的那些人，是错误的。如果伟大的诗人的特点是有力而深刻地把观念应用到生活上，——我想这一点是不会有人否认的——那么在观念这一名词的前面加上道德

① 弥尔顿《失乐园》(二)，第553—554行。——译注
② 莎士比亚《暴风雨》，第四幕第一场，第156—158页。——译注

这一形容词，我们是几乎没有改变它的原意的，因为人类生活的本身，在绝对优越的程度上，是道德的。

所以最重要的，我们要抓住这一点：归根结底，诗是生活的批判；诗人的伟大，在于把观念有力而美丽地应用到生活上，——应用到怎样生活的这样一个问题上。道德时常被人们看得狭隘而错误；被人们联系到一时得势的思想与信仰体系上；落在腐儒和职业贩子手里；变成我们许多人所讨厌的东西。我们有时甚至爱读公然违反道德的诗；爱读那些可用莪默伽耶[1]的话——"让我们把浪费在寺院里的时间，补偿在酒馆里吧"——作题词的诗。或者我们爱读与道德无关的诗；喜欢不管内容是什么只要形式巧妙而精致就好的诗。在这两种情形中，我们是在欺骗自己；要想不受骗，我们最好信赖生活这一个含义无穷的名词，直到我们能想进它的深长的意义里去。违反道德观念的诗，就是违反生活的诗；对于道德漠不关心的诗，就是对生活漠不关心的诗。

厄庇克托斯[2]在把这类事情，像感官的活动，文学的形式与技巧，或辩争的才华等等和如何生活的问题，或如他所说的，和我们"最好的，最主要的事情"作比较的时候，给我们一个很巧妙的比喻。他说，有人对前面提出的这类东西，表示畏惧，或厌恶，或给予最低的估价。这种人是错误的，他们是不知感恩的人，或者是懦夫。但这类东西也可能太被重视，单纯地被看做是目的了（那当然不是的）。这些东西和生活的关系，"好像一个人回家，路上遇到一个很舒适的客店，爱上了它，就想永远住在这里一样。先生，你忘掉了你的目的了；你的旅程不是到这里为止，而是从这里经过。可是这客店多么可爱呀！不过还有多少可爱的客店啊，还有多少田野和牧场啊！但这些不过是经过的地方罢了。你是有目的的；你要回家，要去服务你的家人，朋友，和同胞，要求得你的内心的自由，宁静，快乐，知足。可是你爱上了风格，你爱上了词令，于是你忘掉你的家，要同它们住一起，永远地住下去，理由呢，是它们可爱，谁否认它们可爱呢？但是你要把这些当作经过的地方，当作客店看呀！我这样说：你也许认为我在攻击风格，攻击词令，不是的；我攻击的是停留在它们那里，不再想到它们以外还有目的"[3]。

当我们遇到像戈节[4]那样的诗人时，就是碰见了一位在店安家，不想再往前赶路的诗人。我们之中的哪一个人，也许在哪一天，会心血来潮，爱上了他，跟他很亲热；但毕竟我们改变不了关于他的一个真理，——就是我们和他是住在他的客店里，然而

---

① 莪默伽耶，11 世纪末波斯诗人，著有诗集《鲁拜集》。1859 年，费兹杰尔德（Fitzgerald）将之译成英文，颇为英国读者所爱好。——译者

② 厄庇克托斯，公元 1 世纪时希腊斯多噶派诗人。——译注

③ 见"厄庇克托斯讲义集"，第一集，第二卷 第 23 章，第 248 页。——译注

④ 戈节（1811—1872），法国诗人，批评家，浪漫运动领袖。——译注

当我们遇到像华滋华斯这样的诗人在歌唱：

真理，壮丽，华美，爱情和希望，
为信仰所克服了的忧虑与恐怖，
在苦难呻吟中得到的幸福与慰藉，
坚强的道德以及过人的智力，
和普通老百姓人人享有欢愉。（《隐居者》，767—771）

我们就碰见了一个全心放在"最好的，最主要的事物上"的想要回家的诗人。我们可以简洁地说，他是处理生活的，因为他处理生活真正包括的内容。这就是伏尔泰称赞英国诗人的意思——处理真正的生活，而处理生活也就是伟大诗人的标志；所以要说英国诗人以处理生活著称，也就等于说英国是在诗里特别有力地表现了天才——这句话当然是正确的。

华滋华斯处理了生活，而他的伟大就在于他能非常有力地处理它。我们在前面提过许多有名的诗人；我认为他应该排在这些人之上。他应当排在诗人如伏尔泰、屈莱顿、蒲伯、拉辛、席勒之上，因为这些著名人物，即使有多大才力与优点，却不曾，或几乎没有，得到崇高的真实的诗人——"那歌声不玷辱诗神阿波罗的诗"①——所特有的境界。彭斯、济慈、海涅，不用说我们所列举的别人了，是有这种境界的；——谁能怀疑这一点呢？而同时他们又幽默滑稽，词藻富丽，情思激昂；这都是华滋华斯所办不到的。那么华滋华斯的长处在哪里呢？他的长处是在这里，他所处的生活要比他们多；总的说来，他把生活比他们处理得更为有力。

华滋华斯派不会怀疑这一点的。而且热烈的华滋华斯派如斯蒂芬先生②还要进一步说，华滋华斯的诗所以宝贵，因为他的哲学是健全的；他说，他的"伦理体系是清楚的，可以解释的，正如勃特勒主教的一样"；他说，他的诗是贯穿着"自成科学体系"的观念的。但是，我们要替华滋华斯取得他应得诗人的地位，就必须谨防这些华滋华斯派。华滋华斯派总是在不当赞扬的地方赞扬他；他们过于重视他们所谓华滋华斯哲学了。他的诗是真实的东西，而他的哲学——至少是那些可以放在"思想的科学体系"的形式和外衣内的东西；尤其那些最容易放在这种形式和外衣内的东西——却是幻觉。有一天我们也许懂得这种意见，扩大一点说，诗是真实的，而哲学是幻想的。但只就华滋华斯的情形说，我们要不取消他的正式的哲学，我们对他是不公平的。

《漫游》是充满哲学的，所以这首诗是华滋华斯派的——不会是一般诗的爱好者的——最满意的作品。在《漫游》里，华滋华斯说"责任存在着"，接着又说：

---

① 维吉尔《伊尼特》Ⅳ，第662行。——译注

② 斯蒂芬(1830—1904)，英国传记家及文学批评家。——译注

……这些典章与形式，
万古长存，给我们生活以支持；
这一切原都来自抽象的智慧——
那一个没时空限制的王国。

于是华滋华斯派高兴了，以为这里是哲学与诗的微妙的结合。但是无所谓的诗的爱好者觉得这几行诗并没有领他到什么文字以外的境界；他只觉得这几行诗不过是一套崇高而抽象的字句，完全不合于诗的性质的。

或者就让我们直接地看一下华滋华斯的中心哲学吧，那"伦理体系，是清楚的，可以解释的，正如勃特勒主教一样"的哲学——

只有一种适当的支柱，
能支撑我们忍受人生的苦痛，
也只有一种；那就是坚定的信念：
认为一生的命运，无论如何
悲苦与不定，却全由一个造化者，
以无限仁慈与力量，在暗中主宰着；
他的全面规划的永恒目的，
是要使人生凶险，都化为吉祥。(《漫游》，Ⅳ，10—17)

这是我们也在教堂里听到的教义，是宗教的哲学的教义；而忠心的华滋华斯派最爱的是有这种教义的段落，于是把它们捧出来让大家看他们诗人的优美。但无论华滋华斯的道理是怎样真实，像这里的段落却没有诗的真实，没有我们向诗人所要求的而为华滋华斯所擅长的那种真实。

就是一般人认为是华滋华斯哲学体系的基本的那首著名的"颂歌"的"暗示"①，——暗示的是这种观念：人在童年时代显示的那种崇高的直觉与感情，可以证明他是离开天堂不久的，待年岁日增，这种直觉与感情，便逐渐消逝了——这种观念，要当作诗人的幻想的活动来看，是有不可否认的优美的，但它没有最高的诗的真实性；它没有真实的基础，华滋华斯小时候，无疑地是感到他对自然和自然之美有一种特别强烈的直觉的。但要说这种直觉在每个人的童年时代都特别强烈，而且说它后来也都消逝了，就未免大有问题。许多人，也许是大多数的受教育的人，在十来岁时，几乎还没有爱好自然的感觉，而到三十岁时这感觉才加强了，发作了。图库狄得

① 华滋华斯《永生的暗示颂》。——译注

斯谈到希腊民族早期的成就时说："这样荒远的年代，不可能说得很明确；但从我们可能研究的材料来看，我应当说那时的成就大概是不大的。"关于童年的这种直觉，也就是所谓华滋华斯的哲学体系的基础，我们也正可以这样说。

最后，华滋华斯的"思想的科学体系"至少给我们像下边这样为虔诚的华滋华斯派所欣然接受的诗——

但愿那一个光辉的时代来临，
在我们帝国领域内，确把知识
看作崇高的财富，防身的卫兵；
纵然使四海宾服，帝国本身
却要担负起感化教育的责任，
对那些天生便该听命的人民；
它要用法律严格地限制自己，
给那些国土以内的子女儿孙
以粗通文字的能力，使他们一个个
了解宗教的真理和人生的道德。（《漫游》，Ⅸ，293—302）

华滋华斯说伏尔泰不活泼，他一定是把这些反伏尔泰式的诗行当作一种批判而写的了！我们可以听到在社会科学大会里有人引证这诗；我们可以想到这个集会的全景。一个小城镇的一间阴暗的大屋子；灰尘飞扬，阳光慵困，长凳上满坐着秃头顶的男人，戴眼镜的女人；一个讲演人从一张两面写满了字的讲稿上抬起头来，朗读华滋华斯这几行诗，而许多闲游到这里来的爱好自然的人们，却在灵魂上感到一种言语难以形容的悲哀、惋惜与痛苦。

"但我们不要理睬"，像华滋华斯说的那样，"这些大胆的坏人"①，这些在社会科学大会里出没的人。我们也要小心提防那些展示与赞赏华滋华斯诗里的"思想的科学体系"的人。把他的诗这样展示时，是不会对头的。他的诗所以伟大，原因很简单，很容易说明。华滋华斯的诗所以伟大，是因为他非常强烈地感到自然给我们的愉快和简单的基本的感情与责任给我们的愉快；是因为他非常有力地把这种愉快一次一次地展示给我们，使我们能分享这种愉快。

他这样吸取的快乐的根源是人生快乐里的最真实的最可靠的根源。是每个人都可以接触到的根源。所以华滋华斯给我们带来的，正像他自己的有力的诗行说的那样，是关于

① 华滋华斯《赠弗莱鸣夫人》。——译注

普通老百姓人人享有的欢愉。

这就是一个诗人占便宜的地方。华滋华斯讲的是大家所寻求的东西,他讲到了最真实最好的根源,而且是人人还可以去吸取的根源。

然而我们也可以想象华滋华斯即使站在这样美丽的永恒根源上写诗,也不能首首都是至宝。华滋华斯派就容易说这样没分寸的活。例如他们讲到《水手的母亲》时所表现的那种毕恭毕敬的态度,就和他们讲《露西·格雷》时一样。他们这种粗枝大叶的态度,是对他们的老师有害的。《露西·格雷》是首成功的美丽的诗,而《水手的母亲》是很不成功的。能正好给人他想要给人的东西,能把给人的东西解说得好,表现得好,——这不是华滋华斯常有的本领。哪个诗人也没有把握;这是缪斯的,灵感的,神的,"不是我们自己的"力量。然而就华滋华斯而论,我们可以说,灵感的偶然性是特别重要的。一旦灵感来了,大概哪个诗人也没有他那样生龙活虎般的力量;等灵感不在时,也没有哪个诗人像他那样"软弱得像破碎的浪花一般"。我记得他说,"歌德的诗没有到足够的不得已的程度"。这评语是不平凡的,也很真实;歌德的任何一行诗,正如歌德自己说的那样,除作者自己知道为什么放在那里以外,别人是不晓得的。华滋华斯说对了,歌德的诗不是不得已的,像自然的不得已的情形一样。这好像自然不只给他诗的内容,而且还替他把诗写好。他是没有风格的。他很熟悉弥尔顿,所以有时不会不捉到他的老师的一些表现方法;他有很好的弥尔顿式的诗行;但他不像弥尔顿,自己没有确定的诗的风格。他每逢要写出风格时,就陷入笨重而浮夸的文字里。我们在《漫游》里看见的风格,便是他自己创造的艺术表现,虽然杰夫雷①看不到华滋华斯的真实伟大处,却在批评《漫游》的风格时,并没有说错了:"这简直不行"。然而华滋华斯虽然掌握不了这样不易捉摸的稳定的诗的风格,却掌握另一种跟风格同样重要的东西。

一切对这类事有敏感的人,感到一个有风格天才的人怎样用微妙的波澜与光彩来装饰自己的诗。像在莎士比亚的这一行:

After life's fitful fever, he sleeps well. ②
(历尽了生活的骚扰后,他现已安息了。)

像在弥尔顿的这两行:

……Though fall'n on evil days,

① 杰夫雷(1773—1850),苏格兰批评家。——译注
② 莎士比亚《麦克佩斯》。——译注

On evil days though fall'n, and evil tongues. ①
(……我虽然遭到了坏时运，
坏时运我虽然遭到了，和恶人的口舌。)

我们是可以感到风格的力量的。弥尔顿在写作《失乐园》时的想象并不很高，然而这首诗还不失为好诗，不失为伟大的诗篇，却因为弥尔顿的诗的风格的力量是无与伦比的。华滋华斯不常有，也不常运用这种风格；但是他有诗的灵性，他熟读了大诗人的诗，所以他不能不像我已提到的那样，偶尔地抓住这些风格。不只在他的弥尔顿式的诗行里我们发现了它，像下面这样句子里也发现了它，——这里的风格却完全是他自己的，不是弥尔顿式的了：

the fierce confederate storm
of sorrow barricaded evermore
Within the walls of cities;(《隐居者》,831)
(联合进攻的
风暴一般的悲痛，永远隐藏在
都市的城垣里面；)

虽然就在这里，他这不可否认风格的力量，主要地还是散文式的雄辩，而不是诗的风格所形成的微妙的色调与情趣。《劳达米亚》之所以有力，主要地也是由于风格，由于风格色调的作用。然而如果我们要想找到他的有个性的表现形式，最好是选《莫克尔》这类诗里的这样的诗行：

And never lifted up as single stone.
(于是便不再落起一块石头。)

严格地说，这一行并没有什么奇妙的东西，没有什么诗的风格的润色或加工；然而这却是最高的表现，最有表现力的表现。

华滋华斯从彭斯学了不少东西；一种完全朴素的，全凭忠实的表现力以发挥效果的风格，彭斯已经做给他看见了——

The poor inhabitant below
Was quick to learn and wise to know,

① 弥尔顿《失乐园》。——译注

And keenly felt the friendly glow
And softer flame;
But thoughtless follies laid him low
And stain'd his name. ①
(是一名可怜的人睡在这，
他善于求知，敏于求学；
强烈地感到朋友的亲切，
和爱情的温柔；
但糊涂行为招来了灾祸，
和身后的诅咒。)

每人会觉到这几行诗和华滋华斯的诗很接近的；如果华滋华斯用这种崇高而朴素的风格写出了伟大的诗，我们要记住，——其实华滋华斯自己也一定会愿意承认的——彭斯是在他以前已经这样用过了。

然而华滋华斯应用这种风格时，还有些独特的而且是无敌的地方。我说过，自然仿佛从他手里接过笔去，用它自己的赤裸的、纯净的、洞察的力量，替他写诗。这里有两个原因：一方面是由于华滋华斯对他的题材有深刻而深沉的感觉，一方面是由于他的题材本身有十分真诚与自然的特质。他对于这种题材只能用，因而也就实际用了一种十分简单、直接以及几乎严峻的自然手法来处理。他的表现，例如在《决心与独立》这首诗里，可以称为赤裸的表现；但这种赤裸，恰似赤裸的山巅那样，是在赤裸中藏着雄伟的。

在华滋华斯的诗里，我们要遇到题材的真实与技巧的真实平衡时，他就是无敌的。他的最好的诗，能把这种平衡表现得恰到好处。我对于《劳达米亚》，对于那首伟大的《颂歌》是相当爱好的；但如果让我说出真话来，我觉得《劳达米亚》有些造作，《颂歌》还不能完全脱离讲演的腔调。如果我要选一些足以显示华滋华斯的独特的风格的最完美的诗，我要选《马克尔》、《泉》、《高原刈者》这类诗。而具有这些诗的特殊的优美的诗，华滋华斯写出了很多。此外当然也有许多别的诗，虽然不像它们这样稀奇珍贵，却也是很高级的。

总之，就像我在开始时说的那样，华滋华斯之所以卓越，不只因为他的最好的作品是优美的，还因为他给我们留下来的好作品是很多的。我不能拿他来比古人。在许多方面，古人是优于今人很多的，然而有些我们的东西，是他们不能给我们的。丢开那些古人，让我们来看看基督教世界里的诗人和诗吧。但丁、莎士比亚、莫里哀、弥尔顿、歌德，这些人在诗的天空里都是比华滋华斯更大的、更灿烂的明星。但我不知

① 彭斯《诗人的墓志》。——译注

道在现代诗人里，除上述诗人外，还能在哪里找到比华滋华斯更优越的诗人。

这一部诗集编辑目的，是要选出足以代表诗人力量的诗，以献给英文读者和世界人士。当然我不能说华滋华斯有趣味的诗，全部包罗在内了。除《马克莱特》——这个故事原来就和《漫游》其他部分不是一起写的，而且是属于英国的另外一个地方的事——以外，我不敢随便取消哪首诗的任何一部分，也没有改变华滋华斯原来的形式。但在这种保留的条件下，我想这本书，对大多数诗歌爱好者说，是包括了一切对华滋华斯有利的诗，没有任何一首对他不利的诗。

我对华滋华斯派太不客气了；然而我们要使读者群和全世界承认华滋华斯，便不能以小集团的精神推荐他，而必须以不偏不倚的诗歌爱好者的精神推荐他。不过我自己也是个华滋华斯派。我可以愉快而有益地阅读他的《彼得白尔》，《宗教十四行诗》的全卷，那首赠给维尔肯孙铁铲的诗，以至于《感情颂歌》，——我想除去《沃达克尔与朱丽》以外，我喜欢华滋华斯的一切诗篇。我自小就受到教育要尊敬这一个值得被崇敬的人，我看见过他，听过他讲话，在他的附近居住过，和他的家乡很熟悉，像我这样的人，不会毫不受他的影响的。任何一个华滋华斯派不能像我这样亲切地爱戴这一位纯净而智慧的老师，不能像我这样不在乎他的缺点的。但华滋华斯是一个超过一个忠诚小集团的纯洁而智慧的老师的，所以我们在他确已恢复他的真正地位以前，是不能甘心的。他是英国诗的主要的光彩之一；而英国的最大光彩，也就是诗。让我们把妨碍他不得光荣地被承认的一切障碍给移开，让我们努力奋斗，要尽可能广阔地，尽可能真实地实现他对于自己的诗所讲的话："它们要和人生与社会的良好倾向合作，要尽它们的力量有效地使人们变得更加聪明，更善良，更快乐。"（殷葆琪译）

═补充材料═

诗人或则就是自然，或则寻求自然。在前一种情况下，他是一个素朴的诗人；在后一种情况下，他是一个感伤的持人。

只要当人还处在纯粹的自然（我是说纯粹的自然，而不是说生糙的自然）的状态时，他整个的人活动着，犹如一个素朴的感性统一体，犹如一个和谐的整体。感性和理性，感受能力和自发的主动能力，都还没有从各自的功能上被分割开来，更不用说，它们之间还没有相互的矛盾。这时，人的感觉不是偶然性的那种无定形的游戏，人的思想也不是想象力的一种空洞的游戏，毫无意义。他的感觉出发于必然的规律；他的思想出发于现实。但是，当人进入了文明状态，人工已经把他加以陶冶，存在于他内部的这种感觉上的和谐就没有了，并且从此以后，他只能够把自己显示为一种道德上的统一，也就是说，向往着统一。前一种状态中事实上所存在的和谐，思想和感觉的和谐，现在只能存在于一种理想的状态中了。它不再内在于他，而是外在于他；它只是作为一个思想的概念而存在，他必须开始在他的自身里面去实现它；它不再是事实，不再是他生活中的现实了。现在，让我们谈一下诗的观念，那无非是尽可能完善地表现人性。将这一观念应用到前面所说的两种状态，我们就会被引向这样的推论：一方面，在自然的素朴状态中，由于人的全部能力作为一个和谐的统一体发生作用，结果，人的全部天性就在现实的本身中表现出来，诗人的任务必然是尽可能完善地摹仿现实。反之，在文明状态中，由于人的天性这种和谐的竞争只不过是一个观念，诗人的任务就必然是把现实提高到理想，或者是表现理想。实际上，一般说来，诗的天才也只有通过这两条道路，才能显示它自己。它们之间的重大差别是十分明显的，然而，纵使它们极其相反，却有一个较高的观念包蕴了它们二者，如果这个观念是与人性那个观念相一致的话，这也不足为怪。

……如果我们只把现代诗人和古代诗人，不根据他们所可能采取的偶然形式，而根据他们的精神，加以比较，我们将会易于相信这一想法所含的真理。古代诗人打动我们的是自然，是感觉的真实，是活生生的当前现实；近代诗人却是通过观念的媒介来打动我们。

自然给予素朴诗人一种恩惠，他经常都是以一个不可分割的统一体去行动，随时都是同一的、完满的，并把人性最高的价值在现实世界中予以再现。反之，自然给予感伤诗人的却是一种强大的能力，或者毋宁说自然把一种热烈的感情印在他身上：这就是要代替抽象给他摧毁了的那种初次的统一，要在他身上完成人性，要从一个有限的状态走入一个无限的状态。素朴诗人和感伤诗人都企图充分表现人性，否则他们就不是诗人；但是比起感伤诗人来，素朴诗人经常具有感觉的真实这一优越性，从而把感伤诗人所只能向往的东西，当作一个现实的事实。这一点，每个人读素朴的诗而感到快乐时，都会体验到。这里，我们感到人的各种能力都被投入活动中去，不感到空虚；我们有了统一的感觉，对我们所经验的事物，并不加以区分；我们既享受到我们的精神活动，也享受到我们的感性生活的丰富性，感伤诗人所引起的心情，却十分不同了。在这里，我们只是感到一种活跃的向往之情，要在我们身上产生一种在素朴的情况下所有的意识和现实之间的和谐；使我们自己成为一个单一而又同一的整体；把人性的观念在我们自身全部实现出来。因此，在这里，精神完全处在运动中，紧张中，徘徊于相反的感情中；至于在此以前，则是宁静而平息的、自身和谐的、得到充分满足的。

然而，如果素朴诗人在现实性方面优越于感伤诗人，如果使感伤诗人只对之引起强烈冲动的事物，乃是生存于现实之中，那么，作为弥补，感伤诗人却有大大胜过素朴诗人的地方。他处在这样一种地位，能给这一冲动提供一个比他的对手所能提供的更为伟大的目的，而且这也是他所能够提供的唯一目的。我们都知道，所有的现实都要低于理想，所有存在的事物都有种种限制，而思想却是无限的。处于感觉的现实中的每一种事物都要受到这一限制，因此对素朴诗人来说，这一限制是一种不利。至于理想方面那种绝对的、无条件的自由，对于感伤诗人来说，却是有利的。没有疑问，前者完成他的目的，但这一目的是有限的；后者，我承认，没有全部完成他的目的，但他的目的是无限的。此地，我想诉之于经验。素朴诗人把我们安排在一种心境当中，从那里我们愉快地走向现实生活和现实事物。可是，另一方面，感伤诗人除少数时刻外，却经常会使我们讨厌现实生活。这就是因为无限的特性在一定程度上把我们的心灵扩大到它的自然限度之外，以致它在感官世界中找不到任何事物可以充分发挥它的能力。我们宁可回到对于自身的冥想中，在这里，我们会给这个觉醒了的、向往理想世界的冲动找到营养。至于在素朴诗人那里，我们则要努力从我们自身向外流露，去找寻感性的客观事物。感伤的诗是隐逸和恬静的子孙，并引向着这一方面；素朴的诗则为生活的景象所激动，它把我们带回到生活中去。（蒋孔阳译）

（德）席勒：论素朴的诗和感伤的诗，《西方文论选》（上卷），上海译文出版社，1979年版，第489—493页。

我把“古典的”叫做“健康的”，把“浪漫的”叫做“病态的”。这样看，《尼伯龙根之歌》就和荷马史诗一样是古典的，因为这两部诗都是健康的、有生命力的。最近一些作品之所以是浪漫的，并不是因为新，而是因为病态、软弱；古代作品之所以是古典的，也并不是因为古老，而是因为强壮、新鲜、愉快、健康。如果我们按照这些品质来区分古典的和浪漫的，就会知所适从了。

古典诗和浪漫诗的概念现已传遍全世界，引起许多争执和分歧。这个概念起源于席勒和我两人。我主张诗应采取从客观世界出发的原则，认为只有这种创作方法才可取。但是席勒却用完全主观的方法去写作，认为只有他那种创作方法才是正确的。为了针对我来为他自己辩护，席勒写了一篇论文，题为《论素朴的诗和感伤的诗》。他想向我证明：我违反了自己的意志，实在是浪漫的，说我的《伊菲姬尼亚》由于情感占优势，并不是古典的或符合古代精神的，如某些人相信的那样。史雷格尔弟兄抓住这个看法加以发挥，因此它就在世界传遍了，目前人人都在谈古典主义和浪漫主义，这是五十年前没有人想得到的区别。

《歌德谈话录》，朱光潜译，人民文学出版社，1978年版，第188、220页。

这些诗的主要目的，是在选择日常生活里的事件和情节，自始至终竭力采用人们真正使用的语言来加以叙述或描写，同时在这些事件和情境上加上一种想象力的色彩，使日常的东西在不平常的状态下呈现在心灵面前；最重要的是从这些事件和情境中真实地而非虚浮地探索我们的天性的根本规律——主要是关于我们在心情振奋的时候如何把各个观念联系起来的方式，这样就使这些事件和情境显得富有趣味。我通常都选择微贱的田园生活作题材，因为在这种生活里，人们心中主要的热情找着了更好的土壤，能够达到成熟境地，少受一些拘束，并且说出一种更纯朴和有力的语言；

因为在这种生活里，我们的各种基本情感共同存在于一种更单纯的状态之下，因此能让我们更确切地对它们加以思考，更有力地把它们表达出来；因为田园生活的各种习俗是从这些基本情感萌芽的，并且由于田园工作的必要性，这些习俗更容易为人了解，更能持久；最后，因为在这种生活里，人们的热情是与自然的美而永久的形式合而为一的。我又采用这些人所使用的语言（实际上去掉了它的真正缺点，去掉了一切可能经常引起不快或反感的因素），因为这些人时时刻刻是与最好的外界东西相通的，而最好的语言本来就是从这些最好的外界的东西得来的；因为他们在社会上处于那样的地位，他们的交际范围狭小而又没有变化，很少受到社会上虚荣心的影响，他们表达情感和思想都很单纯而不矫揉造作。因此，这样的语言从屡次的经验和正常的情感产生出来，比起一般诗人通常用来代替它的语言，是更永久、更富有哲学意味的。一般诗人认为自己愈是远离人们的同情，沉溺于武断和任性的表现方法，以满足自己所制造的反复无常的趣味和欲望，就愈能给自己和自己的艺术带来光荣。

但是，我也知道，现在有几个作家偶尔在自己的诗中采用了一些琐屑而又鄙陋的思想和语言，因而遭到了一致的反对，我也承认，这种缺点只要存在，比起矫揉造作或生硬改革，更使作家丧失名誉，可是同时我认为，这种缺点就其全部后果看来并不是那样有害。这本集子里的诗至少有一点和这些诗不同，即是，这本集子里每一首诗都有一个有价值的目的。这不是说，我通常做诗开始就正式地有一个清楚目的在脑子里；可是我相信，这是沉思的习惯激励了和调整了我的情感，因而当我描写那些强烈地激起我的情感的东西的时候，作品本身自然就带有着一个目的。如果这个意见是错误的，那我就没有权利享受诗人的称号了。一切好诗都是强烈情感的自然流露。这个说法虽然是正确的：可是凡有价值的诗，不论题材如何不同，都是由于作者具有非常的感受性，而且又深思了很久。因为我们的思想改变着和指导着我们的情感的不断流注，我们的思想事实上是我们以往一切情感的代表；我们思考这些代表的相互关系，我们就发现什么是人们真正重要的东西，如果我们重复和继续这种动作，我们的情感就会和重要的题材联系起来。久而久之，如果我们本来具有强烈的感受性，我们就会养成这样的心理习惯，只要盲目地和机械地服从这种习惯的引导，我们的描写事物和表露情感在性质上和彼此联系上都必定会使读者的理解力有某种程度的提高，他的感动也必定会因之增强和纯化。（曹葆华译）

（英）华滋华斯：《抒情歌谣集·序言》(1800)，《西方文论选》(下卷)，上海译文出版社，1979年版，第5—7页。

=问题研讨=

1. 浪漫主义作为一种文学思潮或运动，其产生和发展的社会及文化背景是什么？浪漫主义理论包括哪些思想内涵？浪漫主义的文学特质是什么？它与古典主义有哪些重大分歧？浪漫主义有“积极”和“消极”、“激进”和“保守”、“革命”和“反动”之分吗？

2. 席勒称现代诗是“感伤的”，歌德认为“浪漫的”即是“病态的”，勃兰兑斯认为18世纪早期存在一种“忧郁”病，三人表述不同，但他们是否共同注意到了浪漫主义文学的情感取向？

3.“湖畔派”诗人和“恶魔派”诗人创作的区别何在？他们对“自由”有何不同的认识？对自然的表现有何不同？（参阅徐葆耕《西方文学之旅》上册第五章中“自然神：英国浪漫派的三种类型”）

4. 拜伦的“革命精神”表现在哪些方面？他的创作个性是什么？为什么说他是一个“蔑视一切”的讽刺诗人？

═研究实践═

1. 丹麦文学史家勃兰兑斯的名著《19世纪文学主流》主要论述欧洲19世纪上半叶浪漫主义文学运动。全书六册，分别论述哪“六个不同的文学集团”？其中，“流亡文学”之“流亡”、“法国的反动”之“反动”、“英国的自然主义”之“自然主义”怎么理解？

2. 美国学者艾布拉姆斯在其名著《镜与灯》中分别以“镜”与“灯”为隐喻指称哪两种西方文论及批评传统？浪漫主义“表现说”位于四要素坐标的哪一端？（参阅艾布拉姆斯《镜与灯》第一章“导言”，北京大学出版社，2004年版）

3. 华滋华斯既认为“一切好诗都是强烈情感的自然流露”，又认为“凡有价值的诗，不论题材如何不同，都是由于作者具有非常的感受性，而且又深思了很久”，你认为这两种看法是否矛盾？华滋华斯的诗作更偏重何者？（参阅丁宏伟《理念与悲曲——华滋华斯后革命之变》绪论，北京大学出版社，2002年版）

4.“摩罗诗派”即“恶魔派”或“撒旦派”，这一骂名出自谁之口？指称哪些诗人？他们为什么被斥为“恶魔派”？（参阅勃兰兑斯《19世纪文学主流·英国的自然主义》第九章）

5. 罗素认为拜伦和卢梭之间有许多相似之处，但也有着深刻的区别，因为“卢梭是感伤的，拜伦是狂热的；卢梭的懦怯暴露在外表，拜伦的懦怯隐藏在内里；卢梭赞赏美德，只要是纯朴的美德，而拜伦赞赏罪恶，只是要霹雳雷火般的罪恶。这种区别虽然不过是反社会本能的反抗中两个阶段的区别，还是很重要的，它表现出运动正在发展的方向”。你赞同罗素的看法吗？

6. 什么是“拜伦式英雄”？《该隐》的主人公与“拜伦式英雄”有何不同？（参阅袁可嘉“拜伦与拜伦式英雄”，见《现代派论·英美诗论》，中国社会科学出版社，1985年版）

7. 歌德在《浮士德》第二部的哪一幕唱出悼念拜伦的“挽歌”？为什么？

8. “众心之心”，这简洁的铭文属于谁？为什么说他是一个“天才的预言家”？谁是“一个姓名用水写成的人”？为什么说他的诗歌是“英国自然主义最芬芳的花朵”？

9. 鲁迅在其介绍欧洲浪漫主义文学的《摩罗诗力说》(1907)中，将哪些诗人归入“摩罗诗派”？（参阅赵瑞蕻《鲁迅〈摩罗诗力说〉注释、今译、解说》中“解说”部分，天津人民出版社，1982年版）

选文：评《悲惨世界》[1]

导言——

波德莱尔(Baudelaire,1821—1867)，法国著名的诗人和批评家。波德莱尔对年长他20岁的雨果非常尊敬，1861年，他在题为“对几位同代人的思考”的系列文章中，积极肯定雨果在诗歌创作方面的成就，并注意到诗人怀有道德热情，对穷人和弱者发出“爱的声音”。1862年，处于流亡生活中的雨果出版小说巨著《悲惨世界》，波德莱尔随即发表了这篇评论。

波德莱尔敏感地抓住了雨果创作的一个重大特征，即同情弱者的人道主义情怀。他高度评价雨果创作小说《悲惨世界》的道德目的，认为这是一部面向苦难、对穷人怀有手足之情的“慈善的书”，也是一部面向读者、提出社会问题的“发问的书”。波德莱尔指出，雨果的文学追求真实、崇高和美，但雨果从不回避人世的苦难和社会的黑暗，因而，《悲惨世界》就是对社会一声“震耳和呼唤”，是一份为“悲惨的人们的辩护词”。

波德莱尔认同书中作为仁慈的化身的主教和受其感化的冉阿让，而对可憎的沙威表示厌恶。这一情感倾向与雨果的创作意图基本吻合，并不认为作为法律化身的沙威是“正派人”，似乎也不接受作者对沙威最终悔过结局的安排。

一

几个月之前，关于法国最有活力、最知名的伟大诗人，我写过下述一些话[2]，不久之后，较之《静观集》和《历代传说》，这番话就有了一个更为明显的针对性：

“如果篇幅允许的话，这里无疑可以分析一下笼罩和贯穿着他的诗的明显地属于作者本人性情的道德氛围。在我看来，这种道德氛围具有一种明显的特征，即对很强

① 选自《波德莱尔美学论文选·1846年的沙龙》，郭宏安译，广西师范大学出版社，2002年版。

② 即题为“对几位同代人的思考”系列文章之一的“维克多·雨果”，发表于1861年6月。中译版见《波德莱尔美学论文选·1846年的沙龙》。——编注

大的东西和很弱小的东西的同等的爱，这两个极端对诗人所产生的吸引力来自一个唯一的根源，即力量本身，他所拥有的原初的活力。力量使他欢悦，使他陶醉，他走向它如同走向一位亲人，这是手足的吸引力。因此，他不可抗拒地被引向无限的各种象征，海洋、天空；被引向力量的各种古老的代表，荷马史诗或《圣经》中的巨人、勇士、骑士；被引向巨大而可怕的动物。他一边玩耍一边抚摸着那使一双软弱的手害怕的东西，他在无限之中活动而不感到眩晕。同时，由于一种出自同一根源的不同的倾向，诗人又总是表现出他是一切软弱的、孤独的、悲伤的、一切具有孤儿性质的东西的温柔朋友，这是父子的吸引力。强者在一切强大的东西中找到了兄弟，而在一切需要保护或安慰的东西中看见了他的孩子。正是从给予强者的力量本身或信心之中产生出公正和仁慈的精神。因此，在维克多·雨果的诗中不断地对堕落的女人、对被我们社会的齿轮碾碎的穷人、对成为我们的贪婪和专制的牺牲品的动物发出爱的声音。很少有人注意到善良带给力量的魅力和愉快，而这在我们的诗人的作品中屡见不鲜。一个巨人的脸上出现了一丝微笑和一滴眼泪，这是一种近乎神圣的独创。就是在他的那些写感官之爱的小诗中，在那些写充满快感和旋律的忧郁的诗节中，人们也听见了仁慈深沉的声音，仿佛是一个乐队的不间断的伴奏。在情人的外表下，人们感觉到那是一个父亲，一个保护人。这不是那种喜欢训诫的道德，那种因其学究的神气、教训的口吻能够败坏最美的诗的道德，而是一种受神灵启示的道德，它无形地潜入诗的材料中，就像不可称量的大气潜入世界的一切机关之中。道德并不作为目的进入这种艺术，它介入其中，并与之混合，如同融进生活本身之中。诗人因其丰富而饱满的天性而成为不自愿的道德家。”

这里只有一句话要更动，因为道德是作为目的直接进入《悲惨世界》的；这也是诗人的自白，作为序言的形式出现在书的开头：

“只要因法律和习俗所造成的社会压迫还存在，在文明鼎盛时期人为地把人间变成地狱，并且使人类与生俱来的幸运遭受不可避免的灾祸；只要本世纪的三个问题——贫穷使男子潦倒，饥饿使妇女堕落，黑暗使儿童羸弱——还得不到解决……那么，和本书同一性质的作品都不会是无用的。”

“只要……”唉！等于是说永远！但是，这里不是分析此类问题的地方。我们只想公正地评价诗人据以引起公众注意的绝妙的天才以及他像一个懒惰的小学生一样倔强，把脑袋顽固地伸向社会苦难的巨大深渊。

二

诗人在他热情洋溢的青年时代更多地乐于歌唱生活的壮丽，因为生活所包含的辉煌和丰富特别吸引青年人的目光。相反，到了中年他则怀着不安和好奇的心情转向了问题和神秘。贫穷在财富这个太阳上所形成的黑子中，或者说财富在苦难的巨大黑夜中形成的亮点上有某种绝对怪异的东西。一位诗人，一位哲学家，一位文学家，除非丑恶到了极点，否则是不能不对此感到激动、惊讶，甚至焦虑的。肯定，这样的文学家是不存在的，也不能够存在。所以，区别这一位和那一位的唯一的分歧，在于弄清楚艺术品是否应该只以艺术为目的，艺术是否应该只表现对自身的崇拜，或者，是否能让它必须追求一种高尚或不那么高尚、低级或高级的目的。

我说，诗人们只有在正值盛年的时候才能感到他们的头脑爱上了某些不祥的、难以理解的问题，这些问题是吸引他们的怪异的深渊。然而，要把维克多·雨果置于那种等待如此之久才向世界良心最感兴趣的这些问题投去讯问的目光的创造者之列，那就大错特错了。可以说，从一开始，从他的辉煌的文学生涯开始的时候起，我们就在他身上发现了那种对弱者、被遗弃者和不幸者的关心。在他的作品中，正义的概念很早就通过对昭雪的兴趣透露出来。《啊，永远不要辱骂一个堕落的女人！》、《在市政厅的舞会上》、《玛丽蓉·德洛尔莫》、《吕伊·布拉斯》、《国王取乐》这些诗足以证明这种为时已久的倾向，甚至我们几乎可以这样说，这些诗足以证明占据他心灵的思想。

三

有必要具体地分析《悲惨世界》，更确切地说《悲惨世界》的第一部吗？这部作品现在是人手一册，大家都知道它的含义和结构。我觉得更重要的是看看作者为阐明他为之服务的真理所使用的方法。

这本书是一本关于慈善的书，也就是说，是为了引起、激起慈善精神而写的一本书；这是一本发问的书，提出了复杂的社会问题，其性质是可怕的、令人伤心的，它对读者的良心问道："怎么样？您作何感想？您得出什么结论？"

至于书的文学形式，与其说是小说，还不如说是诗，我们在《玛丽·都铎尔》的序言中已经发现了先兆，这向我们提供了新的证据，说明这位杰出的作者道德和文学观念的牢固：

> 真实面临的暗礁是渺小，崇高面临的暗礁是虚假……诗人的可钦佩的全能！他制造了比我们还要高大的东西，它们跟我们一样有生命。例如，哈姆莱特，他像我们每个人一样真实，但更高大。哈姆莱特是巨人，然而是真实的。因为哈姆莱特不是您，不是我，而是我们大家。哈姆莱特，他不是某一个人，而是人。
>
> 不断地从真实中分离出崇高，从崇高中分离出真实，据这出戏的作者看，这就是戏剧诗人的目的。这两个词，崇高和真实，包含了一切。真实包含着道德，崇高包含着美。

很明显，作者想要在《悲惨世界》中创造有血有肉的抽象概念，创造理想的形象，每一个都代表着为展开他的论点所必需的一种基本典型，从而被提到一种史诗的高度。这是一部以诗的方式构筑起来的小说，其中每一个人物都因他用以代表一种普遍性的夸张方式而成为一个例外。维克多·雨果用以构思和写作这部小说的方式，他为得到一种考林辛式①的新金属而将通常用于各种不同作品的丰富成分冶于一炉的方式，再一次证实了在他年轻时引导他变旧颂歌和旧悲剧为我们所认识的诗和正剧的那种命运。

所以，卞福汝主教是夸大了的仁慈，是对于自我牺牲的永久信念，是对于被当作最完善的教育方式的仁慈的绝对信任。在这一典型的描绘中，有些色调和笔触的细腻是令人惊叹的。可以看出，作者是乐于把这个天使般的模特儿写得尽善尽美的。卞福汝主教把一切都给了别人，自己则一无所取，他唯一的乐趣就是一贯地、不断地、甘心情愿地为穷人、为弱者，甚至为罪人牺牲自己。他谦卑地服从教条，并不费神去理解它，只是一心一意地按着福音书的话去做。“宁做拥护法国教会自主的人，不做教皇绝对权力主义者”，他是个上流社会中人，像苏格拉底一样具有讥讽和诙谐的力量。我听说过去某朝有位圣罗克，对穷人肯倾囊相助，有一天他受窘于新的要求，立刻把他的所有家具、名画和银器送往拍卖行。这一点正符合卞福汝主教的性格。不过，圣罗克神甫的故事还没有完，这一行动，在上帝的人看来，是很普通的，可根据人世间的道德，却是过于高尚了，于是议论纷纷，直传到国王那里，最后，这位惹麻烦的神甫被传到总主教府，受到委婉的斥责，因为此类英雄行为可以被看做是对无力达到那种高度的所有神甫的一种间接的谴责。

冉阿让是个天真无邪的粗人，是个无知的无产者，他犯了一个毫无疑问我们大家都会加以原谅的错误（偷了一块面包），但是，这个错误受到法律的惩罚，把他投入恶的学校，即苦役监牢。在那里，他的思想形成了，并通过对于苦役的沉重思考而变得成熟起来。最后，他出来了，变得狡猾、可怕和危险。他对主教的款待报之以新的偷窃，但是后者用善意的谎言救了他，坚信宽恕和仁慈是能够驱散一切黑暗的唯一光明。果然，这颗灵魂受到感悟，当然还没有那么快，习惯的野兽还在他心中，他又堕落了一次。冉阿让（现在是马德兰先生了）成为一个正派、富裕、强有力的人。他当了一个穷镇的镇长，使它富裕起来，差不多文明化了。他披上了一件令人钦佩和尊敬的外衣，他用慈善事业来遮盖并保护自己。但是，不祥的一天到来了，他获知一个假冉阿让，一个愚蠢卑鄙活像他的人将代他受到判决。怎么办？他若自首，那么他将自己亲手毁掉他艰苦而又光荣地建造的新生活的构架；他能肯定，他的良心，这内心的法律，会强迫他这样做吗？“人生来就带给这世界的光明”足以照亮这复杂的黑夜吗？马德兰先生胜利了，但是经过了怎样可怕的斗争啊！他走出了焦虑之海，因为热爱真理和正义而重

① 这个词源出“科林斯”，古希腊一城市名。这里的意思近乎“希腊式的”。——译注

新成为冉阿让。人与其自身的斗争以及他的犹豫、迟疑、矛盾、虚假的安慰和绝望的欺骗在一部分(《头盖骨下的风暴》)中受到细腻、缓慢、有分析地描述,这一部分包含着一些不仅可以使法国文学甚至可以使思想着的人类的文学永远感到骄傲的篇章。写出这样的篇章,对理性的人是一大光荣!必须进行大量的、长久的、很长久的搜寻,才能在另一本书中找到可以与之媲美的篇章。这些篇章以如此悲壮的方式展示了一个普遍的人心中所进行的有史以来最骇人的决疑。

在这个痛苦和惨剧的画廊里,有一个可怕的、讨厌的形象,那就是警察,苦役犯看守,严厉的、无情的、不会作解释的法院,未经解释的法律,从不理解何谓从轻处理的野蛮的智力(这还能叫做智力吗?),一句话,即徒有其表,而这就是可憎的沙威。我听见几个还算得明白事理的人谈到沙威时说:"说到底,这还是个正派人,他有他的崇高之处。"这里正用得上德·迈斯特①的一句话:"我不知道正派人为何物!"至于我,我认为,虽然有被打成罪犯的危险("那些发抖的人感到了自己有罪。"罗伯斯庇尔那疯子说),沙威在我眼里是个不可救药的怪物,他渴望法律就如同一头猛兽渴望带血的肉,总之,我认为他是一个绝对的敌人。

此外,我想在这里提出一个小小的批评。无论一首诗的理想形象具有何等不凡和果决的轮廓和动作,我们都应该设想它们与生活中的真实形象一样,具有一个开端。我知道人可以在所有的职业中表现出超出热情的东西。他在所有的职务中都变成了猎犬和斗犬。这肯定是一种美,来源于激情。因此,一个人可以怀着热情当一名警察,然而,他是在热情的驱使下进入警察局的吗?相反,这不是那种人们只能迫于某种情势的压力、为了一些与狂热无缘的理由而从事的职业吗?

我想,没有必要讲述和解释维克多·雨果加给芳汀这个人物的所有那些温柔的、悲惨的美,她是一个堕落的女工,现代的妇女,身处没有成果的劳动和合法的卖淫两种命运之间。我们早就知道他是多么善于表现处于深渊之中的激情的呼喊以及被夺去幼仔的母狮愤怒的呻吟和哭泣!这里,通过一种完全自然的联系,我们又一次看到这位强有力的画家、这位巨人般的创造者是多么准确、多么轻巧地给孩子的双颊涂上颜色、画好了眼睛、描绘了活泼而天真的动作,真好像是以与劳伦斯和委拉斯开兹较量为乐的米开朗琪罗。

四

因此《悲惨世界》是一本关于慈善的书,是要一个过于钟爱自己、过于不关心永恒的博爱精神的社会恢复秩序的一声震耳的呼唤,是一篇出自当代最雄辩的口中的给悲惨的人们(那些经受苦难并因此而蒙受耻辱的人们)的辩护词。尽管书中存在着有意的弄虚作假,以及从严格的哲学观点看,问题的解决方式也有着无意识的偏颇,我

① 德·迈斯特(1753—1821),法国政治家、哲学家、作家。——译注

们仍然和作者的想法完全一致：**“和本书同一性质的作品都不会是无用的。”**

维克多·雨果是为人的，然而他并不反对上帝。他信任上帝，但他并不反对人。

他拒绝造反的无神论的狂热，但他并不赞成摩洛们[1]和特塔泰斯们[2]的血腥的饕餮。

他相信人性是善的，但是，即便面对着人类不断的灾难，他也不谴责上帝的残暴和狡黠。

有些人在正统理论、在纯粹的天主教教义中找到了对生活的各种令人不安的神秘的解释，这一解释即使不完整，至少是更能令人接受的，即便对这些人来说，维克多·雨果的这本新作也是应该受到欢迎的(像主教一样，他讲述了他们战无不胜的仁慈)，这是一本值得称赞的书，一本值得感谢的书。诗人和哲学家不是应该时不时地揪住自私的幸福之神的头发，一边把它的鼻子按进血和粪中，一边对它说“看看你的作品吧，喝了你的作品”吗？

唉！经过了这么多许诺了如此之久的进步，原罪依然留下了足够的痕迹，让人们看到了它数不清的现实！

选文：论《叶甫盖尼·奥涅金》[3]

导言——

别林斯基(Виссарион Григорьевич Белинский，1811—1848)，俄国著名批评家，他所进行的严肃、敏锐、才气横溢的文学批评对19世纪俄国文学的发展产生了重大影响。别林斯基重视并高度评价普希金的创作，在他后期的《论普希金》(1838—1841)这部专著中，对普希金的文学活动作了全面而深刻的阐发。此书是普希金研究中的重要文献。该书第八、九两章专论《叶甫盖尼·奥涅金》，本文节选第八章论这部作品的历史意义及奥涅金形象的有关内容。

别林斯基纵观俄罗斯社会和文学的发展，认为“俄国文学是从普希金开始的”，《叶甫盖尼·奥涅金》是一首“历史长诗”；他继果戈理之后，再度肯定普希金是一位杰出的“民族的诗人”，认为他的创作表现出俄罗斯民族的人民的特性；他还强调普希金创作的“现实主义”特征。别林斯基认为奥涅金是那个时代的产物，在他身上体现出后来俄国批评家概括的“多余人”性格。

---

① 摩洛是《圣经》中提到的恶神。——译注

② 特塔泰斯是古代高卢人崇拜的神。——译注

③ 选自《外国文学名家论名家》，智量编选，华东师范大学出版社，1985年版。

《奥涅金》是普希金最心爱的作品，是他想象力的最可爱的孩子，并且也只有在极少数的一些作品中，诗人的个性才能够像普希金的个性在《奥涅金》中一样，如此充分、光辉而鲜明地反映出来。他的全部的生命、心灵和爱全在这里；他的情感、概念和理想全在这里。

我们在《奥涅金》中首先看到的，是俄国社会在其发展过程中最重要的一段时间里的诗体的画面。从这一点来看，《叶甫盖尼·奥涅金》是一部真正名副其实的历史的长诗，虽然它的主人公当中并没有一个历史人物。它在俄罗斯是这类作品中第一个获得成功经验的，这也是一次光辉的经验，因此这部长诗的历史优越性也就很高。在这部作品中，普希金不仅是一位诗人，而且是社会中刚刚觉醒的自我意识的一位代表者；史无前例的功勋啊！普希金之前，俄国诗歌只不过是欧洲缪斯的一个聪敏好学的小学生而已——因此那时俄国诗歌的一切作品都更像是习作临摹，而不像是独特的灵感所产生的自由作品。

这种又是民族的，又是艺术的作品之中，首屈一指的，便是普希金的《叶甫盖尼·奥涅金》。年轻诗人决心要来表现俄国最现代的阶层的道德面貌，这就不可能不证明出，他是一位民族的诗人，并且他自己也已经深刻意识到了这一点。他了解，史诗的时代已经过去，为要描写当代的社会，在这种社会中活着的散文已如此之深地侵入了生活的诗歌本身，所需要的是长篇小说，而不是史诗。他把这种生活抓住了，而不是仅从其中抽取了诗意的瞬间；他抓住了它的全部的冷漠，全部的平淡和庸俗。如果这部小说是打算用散文来写的话，这种大胆的精神也许还不那么令人敬佩；然而，在那个时候，即使在散文中，也还没有一部像样的用俄文写出的小说，而他竟写出了这样一部诗体的长篇小说来，——这种已经获得成功的大胆精神便毫无疑问地证明了诗人的天才。不错，俄文中已经有了一部在当时看来是漂亮的作品，一部类似诗体的中篇，我们指的是德米特里耶夫的《摩登妻子》；然而它与《奥涅金》之间却毫无共同之处，这是仅仅从以下这一点上便可以证明的，《摩登妻子》很容易被人当作是一部法国作品的改写或意译，正像它被轻易地认作是道地的俄国作品一样。如果说普希金作品当中可能也有某一篇与德米特里耶夫的漂亮而机智的小故事有些共同之处的话，那么，就是我们在上一篇文章中指出过的《卢林公爵》；但即使在那里，相似之处也仍然不在于两部作品的诗的特征上。《奥涅金》这种长篇小说形式是拜伦创造的，至少是，这种讲故事的格调、现实描写中的散文与诗的混融、诗人谈起自己的那些插笔，并且尤其是，这种诗人在其作品中作为一个角色的过于显然的存在——这些都是出之于拜伦的。当然，把别人的一种新形式拿来用于自己的内容上，这和自己创造一种新形式完全是两回事情；然而，拿普希金的《奥涅金》和拜伦的《唐·璜》、《恰尔德·哈罗尔德》及《别坡》比较一下，除开形式和格调之外，是找不出任何其他共同之点的。拜伦的这些长诗不仅从内容上，而且从精神上排斥着它们与普希金的《奥涅金》有重要相似之处的任何可能性。拜伦为了欧洲在描写欧洲，这个主观精神是如此强壮而深刻，这一个性是如此之巨大、骄傲和不屈不挠，与其说他是要描写当代人，毋宁说他是要对其过去和当今的历史进行裁判。我们再说一遍，这儿找不出任何一点相似的影子来。普希金为了俄国在描写俄国，——我们看出他那独特而富有天资的才能的一个特征，是他忠于自己的天性，一种与拜伦全然对立的天性；是他忠于自己艺术的本能，他绝不是因为醉心于创造出某种拜伦似的东西来，才写这部俄国小说的。他如果这样做了——众人真会把他抬得比天上的星星还高；这是昙花一现的光荣，但这种虚伪的 tour de force(迅速转变)所得到的奖赏可能是巨大的。然而，我们再说一遍，普希金作为一个诗人是太伟大了，以至于他不可能去建立这种让平庸的才能感到如此诱人的滑稽功勋。他所关心的，不是模仿拜伦，而是成为他自己，并且忠于那在他以前尚无人问津的、原封未动的现实，那在他笔下泉涌而出、不可自已的现实。因此他的《奥涅金》是一部最高度独特的、俄罗斯的、民族的作品。

《奥涅金》的内容人人都很熟悉，毋需详细述说了。然而为要论及其中的基本思想，我们也用这样几句话来谈谈它：一个在偏僻的乡村中教育长大的年轻好幻想的姑娘，爱上了一个彼得堡的年轻人，用当今的话来说，他是一头狮子，是过厌了社交生活到自己的庄园里来享受烦闷的。她决定给他写一封洋溢着天真热情的信；他口头答复说，他不能够爱她，他不认为自己生来是为了享受“家庭生活的幸福”的。后来，出于一种毫无意义的理由，奥涅金挑起了我们这位迷恋于他的女主角的未婚妹夫与他决斗，并且把他杀死了。连斯基的死长久地分开了塔吉雅娜和奥涅金。青春的梦想幻灭了，这位可怜的姑娘屈从于老母亲的眼泪和恳求，嫁给了一位将军，因为对她说来，既然不能不嫁一个人，那么，不管嫁谁都是一样的。奥涅金在彼得堡又遇见了塔吉雅娜，几乎认不出她来了，她的变化是那么大，一个朴素的乡下小姑娘和一位尊贵的彼得堡夫人之间的相似之点在她身上是那样的少。奥涅金心中燃起了对于塔吉雅娜的热情，他写信给她，而这一次是她用口头来回答他了，她说，虽然她是爱他的，可是，由于一种道德上的自尊心，她却不能够属于他了。这就是《奥涅金》的全部内容。很多人一直认为，这部书中没有任何的内容，因为这部小说并没有任何结局。的确，这儿既没有死亡(不论是由于痨病或是由于剑伤)，也没有结婚——在所有的尤其是俄国的长篇、中篇小说和戏剧中，这一类的结局是享有特权的。尤其是，这里有多少不合情理的东西啊！当塔吉雅娜还是一个少女的时候，奥涅金对她那热情的表白只报以冷淡；可是当她已经变成为一个妇人，——他却又疯狂地爱上了她，即使他自己也不相信她还有爱他的可能。不自然，完全不自然！这人的品格是多么不端正；他冷冷地对这个爱他的姑娘宣讲道德，而不是立即抓住她、爱上她，然后再按规矩向她最亲爱的双亲大人要求父母的永远牢靠的祝福，用合法的婚姻纽带与她缔结良缘，从而变成一个天下最幸福的人。再说奥涅金杀死连斯基这个有着金色希望和五彩梦幻的青年，也是一件毫无道理的事情，——并且，哪怕让他哭他一次也好呀，或者至少是，说几句令人感动的话，提到什么血淋淋的幽灵等等。许多"最可尊敬的读者"过去和现在一直是这样评论着《奥涅金》的！至少是，我们曾经听到过许多这样的意见，这些意见在当时曾一度激怒过我们。而今却只让我们觉得有趣而已。某位伟大的批评家甚至在报刊上说，《奥涅金》中没有什么完整的东西，说这只是一部诗体的东拉西扯的胡说八道，此外是什么也没有了。伟大的批评家做出这种结论的根据是，首先，长诗的结尾既无婚礼，也无葬仪，其次，诗人自己这样证明过：

许许多多日子已飞逝不返，
从那时起，当年轻的塔吉雅娜
还有奥涅金和她一道，最先
在模糊的梦境中向我显现——
一部自由小说的远景图画，
那时，透过魔术的水晶，
我还不能够看得分明。

伟大的批评家没有想到，由于诗人的创造本能，他即使没有事先想好作品的提纲，也能够写出完整的和彻底的作品来的，也会在小说本身绝妙地结束和收场的地方停止下来的——他停止在奥涅金听完塔吉雅娜的解释后恍然若有所失的那个场面上。关于这一点，我们将在适当的地方来谈，我们还将同样地谈到，在整个小说的发展过程中，奥涅金对待塔吉雅娜的态度是最自然不过的，奥涅金绝不是一个恶棍，不是一个放荡淫乱的人，虽然同时也完全不是一个道德的英雄。他没有按照时髦的样式去描写罪恶行径的怪物和道德的英雄，而只写了普普通通的人，这正是普希金的一个伟大的功勋。

许多读者根本否认奥涅金也有灵魂和心灵，他们认为他是一个冷漠而又枯燥乏味的人，一个天生的自私鬼。不能把一个人了解得比这更错误和更歪曲的了！不仅如此，好些人还一直诚心诚意地相信，诗人自己就是想把奥涅金描写成为一个冷酷的自私鬼的，这就是所谓的：有眼无珠，视而不见。上流社会的生活并没有扼杀奥涅金的情感，而只是使他不再热衷于无谓的激情和琐碎的消遣而已。请看诗人描写他和奥涅金怎样相识的几节诗吧：

像他一样避开浮华的人生，
摆脱了社交界规约的重担，
我那时和他建立了友情。

我爱他身上的种种特点，
爱他对幻想不自主的忠诚，
爱他那无法仿效的古怪性情，
和他那愉快而又冷静的智慧。
我那时愤激，而他则紧皱双眉，
两人都尝过情场变幻的味道，
两人都受过生活的折磨，
两人都已燃尽了心头的火；
在我们两人生命的清早，
盲目的福杜娜和世上的人，
已经心怀恶意在等待我们。
谁生活过、思想过，谁就不可能
不在灵魂深处傲视人寰；
谁有知觉，那永逝的岁月幽灵，
就会不停地拨动他的心弦；
他早已不再为任何事入迷，
那往事的蛇蝎一般的回忆
与悔恨，不停地噬咬着他。
而这一切往往能使谈话
变得非常地美妙动人。
最初奥涅金的那根舌头
让我感到惶惑；而天长日久，
我对他出口不逊的争论，
和他玩笑中所含的一半辛酸，
他恶毒阴郁的警句，都逐渐习惯。

夏天往往有这种情景：
涅瓦河上夜晚的晴空
那样的光辉、那样的透明，
在河水那面愉快的镜中
也不映出狄安娜女神的面庞，
回忆起昔日的艳遇桩桩，
回忆起当年的一段恋爱，
我们又感到淡漠，忧伤满怀，
夏夜以它善良的呼吸，

令我们无声无息地悠然忘情！
仿佛一个囚徒，在迷茫的梦境，
被送出牢狱，送进一座森林里，
幻想就这样带领着我们
回到了青春生命的早晨。

从这些诗行里我们显然看出，至少，奥涅金是既不冷漠、也不枯燥、更非无情的，他的心中活跃着诗意，并且一般说来，他还并不是个普通的、平凡的人。对幻想的不由自主的忠诚，多情善感，欣赏自然美景，与回忆早年的浪漫生涯和爱情时的悠然神往，所有这些都说明着一种情感与诗意，而不是冷漠枯燥。问题仅在于，奥涅金不喜欢沉溺于幻想，他更多地去感受，而更少地去说话，他不把心思对每个人都讲出来。激愤的思想也是一种高贵性情的特征，因为有激愤思想的人往往不仅不满意别人，也是不满意他自己的。平凡的人总是自我满足的，而如果他们官运亨通，则是满足于一切，生活不会去欺骗傻瓜，相反地，它会给他们一切，他们向它要求的恩惠也少得可怜——饮食温饱，再有几件供宽慰他庸俗而渺小的自尊心的玩物就足够了。对生活、对人、对自己的失望心情(如果它是真实而朴素的，不说空话，不炫耀漂亮的哀愁)是只有那些希望“很多”，而不满足于“任何”的人才会有的。读者们还可记得奥涅金书房的那一段描写吧(见第七章)：整个奥涅金都在这段描写中。尤其突出的是谈到那例外地不曾失宠的两三本小说时：

这些作品反映出了时代，
将当代人如实地刻画出来，
他们那卑鄙、龌龊的灵魂，
他们的自私自利的冷酷，
他们对幻想无休止地追逐，
他们虽然有愤世嫉俗的精神，
到头来却只是空忙一场，
这一切都写得跃然纸上。

人们说，这是奥涅金的肖像画。也许如此吧；但这倒是有利于证明奥涅金道德上的优越，因为他能在一幅肖像中认出自己来，跟这幅肖像如两滴水一样相似的人是很多的。然而能够从其中认出自己来的却为数很少，大多数人都是只用头偷偷地指一指彼得(译者按：俄谚。意为悄悄地指别人，以为这是说他，而从来不想这也可能说的是自己)。奥涅金不是在自尊自爱地欣赏这幅肖像，而是在因它之酷似本时代的许多子民而暗中痛苦。使得奥涅金和这幅肖像相似的，不是天性、感情，不是个人的谬误，而是时代。

和连斯基——这位年轻的幻想家，我们的公众都非常喜欢他——的来往最为响亮地反驳了认为奥涅金是麻木不仁的那种虚假见解。奥涅金看不起众人，

不过任何事情都有个例外，
有些人他还是另眼相看，
他虽冷眼待人，却也尊重情感。
他在听连斯基讲话，面带微笑：
诗人的谈吐那么热情奔放，
他的思绪是那么模糊动摇，
还有永远闪烁着灵感的目光——
一切都让奥涅金感到新鲜，
他尽量设法在自己的嘴边
压住冷言冷语，不吐出来，
他想，我何必愚蠢地妨碍
他享受这一时之间的欢乐；
没有我他也有清醒的一天；
让他且相信世界的美满，
且这样在世上生活生活；
应该原谅年轻时代的狂热，
和年轻的冲动、年轻的胡扯。

一切都会使他们两人吵架，
一切都引起他们的思索，
过去种族之间的约法，
科学的成果，善与恶，
以及世代相传的偏见，
以及坟墓中宿命的疑难，
接着便是人生和命运——
一切都遭到他们的议论。

不言而喻，作为一个人的奥涅金，说他有着骄傲的冷漠和枯燥，说他有着目空一切的麻木心情，这都是因为许多读者粗率地不能理解诗人如此真实地创造出来的性格。然而我们并不就此打住，我们还要把全部问题都搞搞清楚。

他是一个怪人，危险而又阴郁，

创造他的，是地狱、还是天堂？
他是天使，还是傲慢的魔鬼？
到底是什么？是照他人依样仿造？
是一本异邦奇谈的说明书，
还是一个幻影，不值一顾？
是莫斯科人穿了哈罗德的外套？
是一部堆满时髦话语的辞典？
还是一篇滑稽文，戏语连篇？
……
他还是老样子，或者已经温驯？
或者仍然冒充怪人，一如往常？
请问，他回到这里是什么原因？
目前他又给我们个什么印象？
他以什么姿态出现？梅尔摩特，
或是一个世界主义者，爱国者，
或是哈罗德，伪君子，教友派，
或者还有其他面目可以戴戴，
或者只不过是一位好好先生，
如同你和我，如同整个的社会？

而至少，至少，我要奉劝诸位：
必须把陈腐的时髦抛弃干净。
他把社会已戏弄得够瞧……
——你们可知道他？——也知道也不知道。

为什么一提起他的名字
你们就如此的缺乏好感？
是因为我们爱多管闲事，
忙于对一切妄加针砭？
是因为热情心灵的疏忽，
见到爱好虚荣的渺小人物
便要去侮辱或取笑他一阵？
是因为智慧爱舒畅，使排挤他人？
是因为我们把说到当作做到，
而且太乐意像这样待人接物？

是因为蠢材们轻浮而且恶毒？
是因为要人的胡扯也很重要？
而只有平庸这一种东西
对我们恰好适合而不稀奇？

谁在年轻时就很年轻，
谁能不迟不早地成熟，
谁逐渐对生活的冷酷不幸
学会忍受，谁就算幸福；
谁不沉溺于荒唐的迷梦，
谁不躲避社交界的俗众，
谁二十岁时是个浪子或光棍，
而在三十岁上合算地结了婚，
谁能把公私一切的欠款
到五十岁都能摆脱掉，
谁能按部就班地得到
名誉、官职、地位和金钱，
整个社会便都会承认，
某某某真是个出色的人。

然而想起来确是令人悲苦，
我们白白地辜负了青春，
我们时刻都在做青春的叛徒，
而青春她也欺骗了我们，
我们的许多最美好的愿望，
和我们的许多新鲜的梦想，
在倏忽之间，便烟消云散，
像秋天腐烂的叶子一般。
真难容忍呵，你面前只有
长长一串餐饭，吃了又吃，
对生活，如同对待一种仪式，
尾随着循规蹈矩的人流
向前走，而你和他们之间
既无激情，也无共同意见。

这些诗句是探索奥涅金性格奥秘的钥匙。奥涅金不是梅尔摩特，不是恰尔德·哈罗德，不是恶魔，不是一篇滑稽文，不是摩登的怪物，不是天才，也不是伟人，而只是一个“好好先生，如同你和我，如同整个的社会”。诗人公正地把那种处处都能发现，到处都在寻找天才和不平凡人物的风气，称之为“陈腐的时髦”。再说一遍，奥涅金——他是一个普通的好好先生，同时也是一个出类拔萃者。他不配称为天才，不配侧身于伟大人物之列，然而生活中的闲散和庸俗又在窒息着他，他甚至不知道他需要的是什么，他想要些什么；然而他却知道而且很清楚地知道他既不需要、也不想要那自尊自爱的平庸之辈因之而如此满足、如此幸福的东西。

小说是以塔吉雅娜的一番自白结束的，读者在奥涅金一生中最恶劣的一分钟和他告别了……这是怎么回事情？故事在哪里？它的含义是什么？——我们认为正是有这样一种小说，它们的意义恰在于它是有头无尾的，因为现实生活中恰是常有一些没有结局的事件，没有目的的存在，不确定的、没人了解的、甚至自己也不了解自己的人物。一句话，就是法国人称之为“毫无用处的人”，并且这种人往往是赋有巨大的道德优势，巨大的精神力量的；他们许诺很多，但实行很少，或者什么也不实行，这不决定于他们自己，这儿有一种“命运”，它包含在那像空气一样地围绕着他们的环境里，人们是既无力、也无能为力去摆脱它。另一位诗人也给我们拿出了另一个名叫毕乔林的奥涅金来；普希金的奥涅金是从某种自我牺牲的心情沉溺于呵欠之中，莱蒙托夫的毕乔林则是拼命地和生活搏斗，想从它手中夺回自己的命运，路径不同，结果则一，两部小说都是有头无尾的，正和这两位诗人的生活和事业一样……

奥涅金后来怎样？他那为了新的、更符合人类尊严的忧患而产生的一股激情复活了没有？或者是，这股激情已经扼杀了他心灵中所有的力量，他的毫无慰藉的愁苦已经转变为一种僵死、冷酷的淡漠？——不知道，并且又何必去知道它呢？既然我们已经知道这个有着丰富的天性的人有力量却无处施展，知道生活是毫无意义，知道小说是有头无尾的。只要知道了这一点，也就不再想知道得更多了……（智量译）

＝补充材料＝

瞧！一种新的宗教、一个新的社会已在眼前；在这双重的基础上，我们应该看到一种新的诗学也在成长了起来。请原谅我再重复一下读者自己从上文也能得出的结论，即，直到那时为止，古代的纯粹史诗性的诗歌艺术也像古代的多神教和古代哲学一样，对自然仅仅从一个方面去加以考察，而毫不怜惜地把世界中那些可供艺术模仿但与某种典型美无关的一切东西，全都从艺术中抛弃掉。这种典型美在开始的时候是光彩夺目的，但就像一切已经秩序化的事物所常有的情形一样，到后来就变成虚伪、浅薄、陈腐了。基督教把诗引到真理。近代的诗神也如同基督教一样，以高瞻远瞩的目光来看事物。她会感到，万物中的一切并非都是合乎人情的美，她会发觉，丑就在美的旁边，畸形靠近着优美，丑怪藏在崇高的背后，美与恶并存，光明与黑暗相共。她还将探究，艺术家狭隘而相对的理性是否应该胜过造物者无穷而绝对的灵智；是否要人来矫正上帝；自然一经矫揉造作是否反而更美；艺术是否有权把人、生命与万物都割裂成两个方面；任何东西如果去掉了筋络和弹力是否会动得更好；还有，作品是否要不完整才能达到和谐一致。正是通过这些探讨，诗着眼于既可笑又可怕的事物，并且在我们刚才考察过的基督教的忧郁精神和哲学批判精神的影响下，将跨出决定性的一大步，这一步好比地震的震撼一样，将改变整个精神世界的面貌。它将开始像自然一样动作，在自己的作品里把阴影掺入光明、把滑稽丑怪结合崇高优美而又不使它们相混，换而言之，就是把肉体赋予灵魂、把兽性赋予灵智；因为宗教的出发点也总是诗的出发点。两者相互关联。

这是古代未曾有过的原则，是进入到诗中来的新类型；既然增加了一种条件会改变整体，于是在艺术中也发展了一种新的形式。这种新的类型，就是滑稽丑怪。这种新的形式，就是喜剧。

根据我们的意见，滑稽丑怪作为崇高优美的配角和对照，要算是大自然给予艺术的最丰富的源泉。毫无疑问，卢本斯是了解这点的，因为他乐于在皇家的仪典中、在国王加冕典礼中、在荣耀的仪式里，也安插进几个丑陋的宫廷小丑的形象。古代庄严地散布在一切之上的普遍的美，不无单调之感；同样的印象老是重复，时间一久也会使人生厌。崇高与崇高很难产生对照，人们需要任何东西都要有所变化，以便能够休息一下，甚至对美也是如此。相反，滑稽丑怪却似乎是一段休息的时间，一种比较的对象，一个出发点，从这里我们带着一种更新鲜更敏锐的感受朝着美上升。鲵鱼衬托出水仙；地底的小神使天仙显得更美。

并且，我们未尝不可以说，和滑稽丑怪的接触已经给予近代的崇高一些比古代的美更纯净、更伟大、更高尚的东西；这也是理所当然的。当艺术本身合情合理的时候，就更有把握把各种事物表现得彻底。

(法)雨果：《克伦威尔》序，《雨果论文学》，柳鸣九译，
上海译文出版社，1980 年版，第 30—35 页。

一提起普希金，立刻就使人想到他是一位俄罗斯民族诗人。事实上，我们的诗人中没有人比他高，也不可能比他更有资格被称为民族诗人。这个权利无论如何是属于他的。在他身上，就像在一部辞典里一样，包含着我国语言的一切财富、力量和灵活性。他比任何人都更多更远地扩大了我国语言的疆界，更多地显示了它的全部疆域。普希金是一个特殊的现象，也许是俄国精神的唯一现象；他是一个高度发展的俄国人，说不定这样的俄国人要在两百年以后才能够出现。在他身上，俄国大自然、俄

国灵魂、俄国语言、俄国性格反映得如此明晰，如此纯美，就像景物反映在凸镜的镜面上一样。

他的生活本身就完全是俄国式的。俄国人有时在幻想中所追求的、生气勃勃的俄国青年经常喜爱的那种豪饮和自由自在的生活都反映在他进入社交生活的初年里。命运好像故意把他抛往那些地方，在那里俄国的边陲显出它的鲜明而雄伟的特色，在那里，俄国无边无际的平川被高入云霄的山峦所截断，并且吹拂着南风。在暑热的盆地里，硕大无朋、终年积雪的高加索使他惊叹不已；可以说，高加索唤起了他心灵里的力量，粉碎了束缚住他的自由思想的残余锁链。剽悍山民自由而富有诗意的生活、他们的格斗、他们那迅雷不及掩耳的无法抵抗的袭击都把他迷住了。从这个时候起他的画笔便具有那种广阔的规模，那种速度和勇气，使刚刚形成的俄国读书界为之惊奇和感动。他描写切禅人和哥萨克的格斗——其笔法有如闪电，像闪闪发光的马刀一样光芒四射，比战斗本身还要迅疾。只有他才是高加索的歌者：他以整个心灵和全部感情爱着高加索；高加索奇异的郊野、南方的天空、绮丽的格鲁吉亚溪谷和美妙的克里米亚夜晚和花园都渗透和浸润了他的全身。也许是由于这个原因，当他的心灵接触到南方的时候，他在作品中便表现得更加热情和炽烈。在这些作品中，他不由自主地倾注了自己所有的力量。因此，他那些描写高加索、契尔克斯人的自由生活以及克里米亚之夜的作品便具有一种神奇的魔法般的力量。连那些由于不太感兴趣、智力不够发展，因而不能很好理解他的作品的人也感到惊异。大胆的描写更能使人接受，能更强烈、更广阔地打开人们的心灵，尤其是那些还在一味寻求不平凡事物的青年的心灵。俄国没有一个诗人像普希金具有如此令人羡慕的命运。没有一个人的声誉传播得这样迅速。所有的人都适当或不适当地认为有责任谈谈，有时则是肆意歪曲他的长诗中某些光辉的片断。他的名字就包含着某种电能，只要有一个百无聊赖的文人把它摆在自己的作品上，这作品就可以到处通行。

他一开始就是个民族诗人，因为真正的民族性不在于描写俄罗斯的无袖长衣，而在于表现民族精神本身。诗人在描写与本民族完全无关的世界时甚至也可能具有民族性，只要他是用本民族土生土长的眼睛，用全民族的眼睛来观察世界，让他的同胞们觉得诗人的感受和所说的话正是他们自己的感受和所要说的话。如果一定要谈到组成普希金特点的那些长处，以使他区别于其他诗人，那么这些长处就是描写的极其迅疾和用不多的几个特征表现出整个对象的非凡的艺术。他的形容语是如此明晰与大胆，有时一个形容语就可以代替整段的描写，他的画笔飞一般地描画着。他那篇幅不大的作品往往抵得上整整一首长诗。对于任何诗人来说，他那短小的作品都不可能容纳下像普希金那样多的雄伟、朴素和力量

（俄）果戈理：关于普希金的几句话，《普希金评论集》，冯春编选，上海译文出版社，1993 年版，第 6—8 页。

＝问题研讨＝

1. 如何确切地把握斯丹达尔对“拉辛与莎士比亚”所作的区别？他们分别是“古典主义”和“浪漫主义”的代表吗？（参阅司汤达《拉辛与莎士比亚》，王道乾译，上海译文出版社，1979 年版）

2. 如何理解雨果的“浪漫主义是文学上的自由主义”？雨果的“美丑对照原则”是一种浪漫主义的美学理想吗？

3. 雨果如何在《悲惨世界》中提出和描述 19 世纪的“三大问题”？冉阿让这一形象表达了作者的什么思想？冉阿让从窃贼到善人的改造过程及沙威的最终悔悟可信吗？善与爱能感化恶与恨吗？

4. 果戈理和别林斯基都称普希金是一个“民族诗人”，意义何在？奥涅金是一个“披着哈洛尔德式斗篷的莫斯科人”吗？他为什么患上忧郁症？他为什么拒绝塔吉雅娜的爱情？

＝研究实践＝

1. 什么是“《欧那尼》决战”？（参阅勃兰兑斯《19 世纪文学主流·法国的浪漫派》第三章“浪漫主义”）

2. 以《巴黎圣母院》为例，分析雨果的“美丑对照原则”。

3. 法国的“浪漫派”主要包括哪些作家？勃兰兑斯将斯丹达尔和巴尔扎克归入“浪漫派”，你是否认同？为什么？

4. 什么是俄国文学中的“多余人”？比较奥涅金和别巧林这两位贵族青年形象。

5. 什么是“诗体小说”？拜伦对普希金的创作产生了什么影响？

6. 论司各特和大仲马“历史小说”的浪漫主义色彩。

选文：爱伦·坡的界限[①]

导言——

托多罗夫（Todorov，1939—），法国当代著名批评家。爱伦·坡因其个性和创作的怪异长期遭受冷遇，直到 19 世纪中下叶，由波德莱尔和陀思妥耶夫斯基先后“发现”并给予很高的评价。托多罗夫这篇评论发表于 20 世纪 70 年代，既是对爱伦坡小

① 选自托多罗夫《巴赫金、对话理论及其他》，蒋子华、张萍译，百花文艺出版社，2001 年版。

说创作的深入剖析，也是与上述两位爱伦·坡的崇拜者进行一种“对话”。

波德莱尔和陀思妥耶夫斯基都很看重爱伦·坡创作的诗情诗意，而托多罗夫主要探究爱伦·坡的故事叙述特征。他认为“怪异”是爱伦·坡小说的概括性特征。他着力透过爱伦·坡文体的多样性寻找其“共有的生成原则”，认为“坡是极端、过分和最高级事物的制造者；他把任何事物都推至极限，可能时就超出极限”。死亡主题、用词及描写的极端性、超常人物均与这一原则有关。在托多罗夫看来，严密的结构、“叙事的消失”、元文学故事，这些爱伦·坡小说的特征也是选择极限原则的结果。托多罗夫称爱伦·坡是一个“极限作家”：对小说界限的揭示和破坏。

若是初次阅读由波德莱尔翻译的爱伦·坡的三部故事集——《怪异故事集》、《新怪异故事集》和《滑稽和严肃故事集》，人们一定会强烈感受到作品惊人的多样性。除了像《黑猫》、《梅特森格辛》这类非常著名的怪诞故事，人们还能读到一些似乎源自于一种反向进行的故事，坡本人称它们为“推理”故事，如《金甲虫》、《被窃的信》。在同一部集子里，既有预示“恐怖”体裁的故事，如《跳蛙》、《红色死亡的面具》，又有“滑稽”(grotesque，乃当时的用语)体裁的故事，如《瘟疫国王》、《钟塔里的魔鬼》、《狮性》。坡擅长写纯粹的冒险故事(《井与钟》、《深入挪威西海岸大漩涡》)，同样深谙于一种描写性和静态的体裁，如《仙女岛》、《阿纳汉姆领地》。但这不是全部，还必须加上哲学对话(《言语的力量》、《莫诺思与乌纳的讨论》)和寓意故事(《椭圆形肖像》、《威廉·威尔逊》)。有的人在其作品中看到了侦探小说(《莫格街的双重凶杀案》)或科幻小说(《一个叫汉斯·普法尔的人的空前冒险》)的起源……这一切足以使爱好分类的人左右为难！

除了这第一种就广度而言的多样性，还有体现在同一部作品里的另一种多样性。坡受到(并继续受到)批评家们的关注；批评家们认为他的著作是对某种理想的最完美的说明。但这种理想每次都不一样。波德莱尔在为《新怪异故事集》写的序言中，说坡是颓废精神的典范，是为艺术而艺术论者的楷模；波德莱尔在坡作品中所见，实是他本人的兴趣所在。而在瓦莱里眼里，坡完美地体现一种倾向：驾驭创作过程，并将此过程归纳为一套法则，而不是把创造力全然托付给盲目的灵感。玛丽·博纳帕特[①]对坡作了最著名的(和最有争议的)心理分析批评研究：坡的作品是对近期发现的所有重要的心理情结的有力解说。巴什拉尔[②]把坡解读为物质想象的大师。让·里卡杜[③]则视其为换位造词游戏的行家……这一份清单远未结束！这里说的是同一

① 玛丽·博纳帕特(1882—1962)，法国女心理分析家。——译注

② 加斯东·巴什拉尔(1884—1962)，法国哲学家。——译注

③ 让·里卡杜(1932—)，法国作家，对新小说颇有研究，著有批评著作数种。——译注

位作家吗？同样的作品怎么会变成如此大相径庭的评论倾向的例证，而且是备受优待的例证呢？

可见，对任何著述人来说——在此尤为明显，坡的作品向评论家提出了挑战；那么具有如此多样性的作品是否共有一个生成原则呢？坡的故事是否构成这幅由亨利·詹姆斯阐明其寓意的“地毯里的画像”呢？我们就来看看这个问题，即使为此需要放弃一些既定的断语。

此生成原则已由坡的最早的崇拜者命名（如果一位诗人的价值取决于其崇拜者的价值，那么坡就在最伟大的诗人之列）；这些崇拜者是波德莱尔和陀思妥耶夫斯基。但他们似乎未曾估量此原则的全部意义，只是从某个具体作品中感知它，而不是视其为一种基本的运动。波德莱尔说是例外，但他随即补充说：在精神领域里；他断言：“还没有人比他更具魔力地讲述人类生活和大自然里的种种例外”，但随后他只满足于罗列一些主题内容。如出一辙，陀思妥耶夫斯基说：“他几乎总是选择最罕见的事实，并将其主人公置于最不寻常的客观或心理环境之中。”

然而，这些故事与其说拥有一个主题共同点，倒不如说它们无一不隶属于一个抽象的原则，该原则能产生人们所说的“视点”，也能产生“手法”、“风格”或“故事”。坡是极端、过分和最高级事物的制造者；他把任何事物都推至极限——可能时就超出极限。他所感兴趣的是最大或最小：某种性质所达到的最高程度，或者（这往往是一回事）是使该性质有可能转向其反面的程度。同一个原则决定了其作品的万象森罗。波德莱尔为作品起的标题“怪异故事集”或许最能概括此特征。

我们就从作品主题这个最明显的部分说起。前面已经提及一些怪诞故事；所谓怪诞，不过是对同一些事件所作的自然解释和超自然解释之间的持续犹豫。它不过是有关自然—超自然这一界限的游戏。对此，坡在其怪诞小说的开头说得相当明确，并确定了这样的两者择一：要么是疯狂（或梦），亦即自然解释；要么是超自然的介入。比如在《黑猫》中：“的确，当我自己的感觉拒绝读者作证时，倘若我仍然怀此期待（读者的信任），那我一定是疯了。我没有疯——而且我肯定不是在做梦……或许以后会有一个聪明人把我写的幽灵变成老生常谈——这个聪明人比我更冷静，更有逻辑性和更不易激动，从我怀着恐惧讲述的种种变故中，他所发现的仅仅是一连串普普通通、非常自然的因果关系。”或者，在《泄露的心》里：“我非常神经质，令人害怕地神经质——我一向如此；你凭什么说我疯了？”

这类对界限的探问并非总是那样庄重；在《四兽合一》这篇鹿豹王故事中，人们在人兽之间犹豫不决的方式就非常令人愉快；在《沥青博士和羽毛教授的方法》中，对疯狂—理性这一界限的犹豫也是如此。但是，在主题层次上，死亡界限比其他界限更吸引坡，这不难理解，因为死亡是一个真正的界限。爱伦·坡作品的每一页几乎都与死亡相伴。

挥之不去的死亡与形形色色的视点相联系，阐明了非生命（non vie）的各个方面。不难想象，凶杀扮演了首要角色；它以各种形式出现：锐器（《黑猫》）、窒息（《祖露的心》）、毒药（《邪魔》）、终身监禁（《仿蒙蒂亚酒酒桶》）、火焚（《跳蛙》）或水淹（《玛丽·罗盖特的秘密》）……自然"死亡"的命定性，不管是集体的（《红色死亡的面具》、《影子》），还是个人的（《M.奥古斯特·贝德厄的回忆》），也是一个循环主题；属于同一主题的还有死亡在即的威胁（《井与时钟》、《深入挪威西海岸大漩涡》）。坡的寓意常常针对死亡（《仙女岛》、《椭圆形肖像》），其哲学对话的主题则是来世，如《莫诺思与乌纳的讨论》或《艾络斯与查马奥的谈话》。来世生活尤能阐明生死界限，故在此领域涉足频繁：木乃伊幸免一死（《与木乃伊的一次简短讨论》）、催眠术求生（《M.瓦尔德马案的真相》）、在爱情中复活（《莫莱拉》、《利盖亚》、《埃莱奥拉》）。

尤其令爱伦·坡着迷的是死亡的另一面，亦即安葬活人。安葬的起因是杀人欲（《仿蒙蒂亚酒酒桶》），或者是藏匿尸体（《祖露的心》）。最让人吃惊的是下葬起因于谬误：把活人错当死人而葬之。伯赖纳斯和马德琳·厄舍的情况就是如此。坡对造成这种混淆的各种蜡屈病症状作了描述："这种致命的和严重的发作使我堂妹的身心发生了可怕的剧变，由此引起的众多系列疾病中，必须提及一种癫痫，这种癫痫让人痛苦不已，也最顽固，最后常常演变成蜡屈症，后者与死没有什么区别，但在某些场合会突然从死亡中复苏"（《伯赖纳斯》）。蜡屈症把界限游戏提升到一种超常力量：不但生中有死（如同任何死亡），而且死中有生。下葬是死亡之路；但过早下葬则是否定之否定。

但必须明白，这种死亡魅力并不直接来自什么说不清楚的病态冲动；它产生于坡对界限所作的系统性探索这一总趋势（人们可称之为"最高级化倾向"）。此生成原则具有更大的普遍性，证明是人们能够观察到它达及一些远非那么可怕的事实，比如坡的风格中一些几乎属于语法范畴的特征，亦即最高级词语的大量使用。读者在每一页中都可找到这类用语；让我们信手摘引若干实例："不可能还有什么策划得更加周密的阴谋活动。""难道狂怒的风儿没有把他的无耻透顶的行径传播到世上最遥远的角落？""自修室是整幢房子——甚至世上——最宽敞的房间。""当地没有再比我那凄凉破旧的祖宅更荣华、更古老的城堡了。""毫无疑问，还从未有什么人像罗德里克那样，在如此短的时间里发生了如此彻底的变化！""啊，这是些最冷酷的人，最凶恶的人！……"坡笔下的这类比较乃至描写始终具有极端的性质："这一声尖叫，一半是恐惧，一半是欢呼，似乎只能来自地狱"；"突然间，一个可怕的念头使我的血液一阵阵涌向胸口"；"一声震耳欲聋的吼叫，犹如滚雷轰鸣！"等等。

最高级用语、夸张、对照，是这种有点肤浅的修辞法的手段。也许，对于一个习惯于更隐蔽的描写的当今读者来说，这是坡作品中最具时代印记的地方。坡在他的文字里耗掉了那么多过度的感情，以致无从留给读者什么了；"恐怖"一词让人无动于衷（不予命名而只作暗示的联想手法可能引起害怕）。他惊叹："啊，凄凉可怕制造恐怖和凶杀、垂死和死亡的机器！"或者，"啊，这天大的悖论，多么残酷无情，竟容不下任何解决办法!”叙事人如此激情奔放,其合伙人亦即读者真不知道如何处置自己的感受。但是,如果人们从坡的作品中只看到这种“乏味”——如同只看到其中关于死亡幻觉的直接表达,那就错了。坡的最高级用语,犹如他对死亡的着迷,都源自于同一个生成原则。

关于这一原则所产生的结果,人们尚未尽数列举。因为坡对所有的界限——包括赋予其作品以文学、小说地位的界限——十分敏感。我们知道他写过为数众多的评论文章(有一些已由波德莱尔译成法文);但是,除了这些论著,还有多少其地位无法确定的作品让编注家们犹豫不决,难以将它们归类!《催眠术的启示》有时被列为评论,有时则被归入“故事”;《马埃齐尔棋手》也是如此。像《沉寂》、《影子》、《言语的力量》、《莫诺思与乌纳的讨论》、《艾络斯与查马奥的谈话》仅保留了若干与小说地位相关的微弱痕迹(但还是保留了下来)。最令人难忘的例子要数《邪魔》;波德莱尔将它置于《新怪异故事集》之首:读了前三分之二,我们以为这是一篇“理论研究”,是在阐述坡的见解;而后突然转入叙事,从而深刻地改变了前述内容,并促使我们修正最初的反应,因为迫在眉睫的死亡给先前的冷静思考增加了一种新的意义。如此,小说与非小说之间的界限得到揭示——也遭到破坏。

这仍然是坡作品的一些可直接察知的表面特征。但界限原则却通过基本的审美选择对坡做出了更为本质的限定。任何作家都要面对这一基本的审美选择,坡则再次选择了一种极端的解决办法。一部传统的虚构作品必须同时是模仿亦即与世界和记忆的关系、游戏亦即规则,以及作品本身诸要素的安排。作品的要素——场面、背景、人物——总是产生于某种双重限定:作品其他共存的要素的限定和“逼真性”、“现实主义”亦即我们对世界的认识所强加的限定。这两种因素之间达成的平衡极不稳定,随着作者由“形式主义”转向“自然主义”而变化不定。然而,诸因素的失衡程度能达及坡作品者实属罕见。在坡的作品中,绝无模仿,一切都是构成和游戏。

如果要在坡的故事里寻找 19 世纪上半叶美国生活的图景,那只能是枉费心机。故事的情节一般都被确定在古老的庄园、阴森可怖的城堡、遥远陌生的国度。故事背景则完全是特定的,是情节展开所需。厄舍家的住宅附近有一池塘,以便住宅倒塌,而不是由于该地方因拥有池塘而遐迩闻名。人们看到,他的故事中不仅有大量的最高级用语,而且有众多的超常人物,他们是坡故事里的居民,而不是当时美国的居民。这一规则也有一些例外,但这些例外只能进一步证明规则的严密:也许《威廉·威尔逊》中对学校的描写建立在坡本人在英国的经历之上;也许起死回生的女人,利盖亚和埃莱奥拉,使人联想到他的年轻早逝的妻子。但是,实际体验与这些情节,与这些超自然的、行为极端的人物相去甚远!波德莱尔本人也屈服于现实主义和富有表现力的幻想,相信坡是位大旅行家;实际上,出门远游的是坡的弟弟,而讲述旅行见闻的则是爱伦·坡,因为他所探索的是各种精神可能性、艺术创作的奥秘和空白页的秘密。

对此，坡自己也在一些文艺批评论著中作了评述。波德莱尔翻译了其中一部，叫《创作哲学》（副题：《一首诗的产生》），但他对坡的真诚有所怀疑。的确，坡讲述了他的著名诗作《乌鸦》的产生经过：没有一句诗，没有一个词语产生于偶然（这同样意味着产生于同“实在”的关系）；而是产生于跟其他词语、其他诗句的关系。坡说：“我描写了风雨交加的夜晚，其目的首先是说明乌鸦要寻找庇护，其次是制造与房间里具体的宁静形成对比这一效果。同样，让乌鸦落在帕拉斯女神半身雕像上，那是为了造成大理石与羽毛的对照；人们不难猜度雕像的构思仅仅是受了乌鸦的启发；选择帕拉斯女神雕像，首先是因为雕像与情夫的博学有密切的关系，其次是因为帕拉斯一词本身的音质。”在别的场合，坡还公开表达了他对模仿原则的厌恶：“各门艺术进步迅速——可以说愈少模仿者，进步愈快”；或者，“对自然界事物的模仿，不论多么正确，都不能成为任何人获取艺术家这一神圣称号的理由”。

故此，坡不是“生活的画家”，而是形式的建造者、创立人；所以才有上面提到的对各种各样体裁的探索（即使不是发明这些体裁）。如何安排故事诸要素，这对坡来说，远比使它们符合我们对世界的认识来得重要。在此坡再度触及到了一个界限：取消模仿，异乎寻常地强调结构。

此基本选择产生不少结果，而这些结果成了坡作品最显著的特征。现在让我们对其中几个结果作一番考察。

首先，坡的故事（如同他的其他作品）始终具有非常严密的结构。坡在阐述短篇小说创作理论时（在一篇关于霍桑故事的分析文章中），已对此必要性作了肯定。“一个精明的作家是构建故事。他若懂行，就不会根据事件去思考，而是先深思熟虑设想某种独特的效果，而后要求自己制造这一效果，并构思那些有利于获得最佳预想效果的事件，也就是策划一些事件。倘若第一句句子无助于产生此效果，那他一开始就已失败。在整个作品中，落在纸上的每一个词语都必须间接或直接地有利于实现该预定目标。”

在前面摘自《一首诗的产生》的引文中，人们可以识别两种内在约束：一种属于因果关系，属于逻辑严密性；另一种属于对称、对照和层递，也赋予作品一种严密性，人们可称之为空间严密性。因果关系严密性产生一些按照坡所钟爱的演绎法意图构思的故事，如《金甲虫》、《被窃的信》或《莫格街双重凶杀案》。但是，此严密性也带来一些不那么直接的结果；人们会想，坡发现了“邪恶魔鬼”，这一发现是否不在此列。此特殊的精神状态在于“因为不该为”而为；但是，坡无意停留在这样一种消极发现上，而是宁愿构建一种决定这类行为的人类精神能力。这样，表面上最荒诞的举动就不会得不到解释，它也属于一般的决定论（坡同时还发现了某些无意识动机所起的作用）。从更一般的意义上讲，可以认为坡受到怪诞体裁的吸引，其原因恰恰在于他的理性主义（并非出于无心）。如果人们坚持自然解释，那就必须接受生活安排中的偶然、巧合；如果人们希望一切都得到规定，那也必须接受某些超自然的原因。陀思妥耶夫斯基则以他的方式表达了同样的看法："如果他是怪诞的，那也只是表面上的怪诞而已。"坡是怪诞的，因为他是超理性的，而不是非理性的，而且怪诞故事和推理故事之间并无矛盾。

因果严密性夹带着一种空间的、形式的严密性。层递是许多故事的法则：首先，坡对他要讲述的离奇事件作一个总的预告，借以吸引读者；接着便不厌其详地介绍情节的全部背景；而后加快节奏，直至引出——常常如此——最后一个句子，而此句的意义至关重要，它既阐明了被巧妙保守的秘密，又宣布了一般说来十分可怕的事实。例如《黑猫》的结束语是："我已将怪物砌进了坟墓！"《祖露的心》的末句是："这是他那颗丑陋的心在跳动！"同样，在《厄舍古宅的倒塌》中，一切都导向这句话："我们将它活活装进了坟墓！"

此形式决定论在不同层次上得到运用。最具说服力者是音响层次，众多故事读起来如同文字游戏，特别是几则滑稽故事，如《狮性》、《瘟疫国王》、《与木乃伊的一次简短讨论》(后者的主人公名叫 Allamistakeo，也就是说"全是错")。其他故事往往也是如此，虽然形式决定论表现得不那么明显；让·里卡杜证明了语言对应在《金甲虫》、《M. 奥古斯特·贝德厄的回忆》等短篇小说中所起的作用。最后，孕含结构，即在一则故事中讲述另一则与其毫无二致的故事，在坡的作品中颇为常见，而在《厄舍古宅的倒塌》中尤为明显：背景故事既仿效一幅画，又模仿它要告诉我们的一部书的内容。

作品的每一结构层次服从一种严格的逻辑关系；此外，这些层次彼此配合，严丝合缝。在此我们仅举一例：收入《新怪异故事集》的怪诞和"严肃"故事，始终由第一人称叙述，特别是由主人公叙述，故叙事人与叙事之间就不存在距离(叙述环境所起的作用极为重要)，这种情形见诸于《邪魔》、《黑猫》、《威廉·威尔逊》、《祖露的心灵》、《伯赖纳斯》等故事。相反，像《瘟疫国王》、《钟塔里的魔鬼》、《狮性》、《四兽合一》、《与木乃伊的一次简短讨论》这些滑稽故事，或像《跳蛙》、《红色死亡的面具》这类恐怖故事，则用第三人称讲述，或由旁观者而不是角色来叙述；于是，事件被距离化，语气也被风格化。任何重迭都不可能出现。

坡做出的极限选择(反对模仿，主张构成)所产生的第二个结果是叙事的消失，至少也是叙事之简单和基本形式的消失。这一断言可能令人感到意外，因为坡被认为是一位出色的叙事人；但是，如果仔细阅读坡的作品，我们就会相信他的作品中几乎从无相继事件的简单接续。甚至在讲述最具连贯性的事件的故事里，比如《在酒瓶中找到的手稿》或《亚瑟·戈登·皮姆》，叙述始于一系列惊险事件，后转入神秘，并迫使我们回顾叙述本身，更仔细地重读它所讲述的谜。推理故事也是如此，故从这一意义上讲，这些推理故事与现今的侦探小说形式相去甚远。在坡的推理故事中，情节逻辑被代之以求知逻辑，我们看到的绝不是因果连贯，而只是事后的因果演绎。

少了传统的叙事，也就少了作为短篇小说构成手段的一般心理分析。人们常常发现，事实决定论代替了心理动机，所以坡作品中的人物是某种超越他们的因果关系之受害者，总是缺乏深度。坡无力构思一种真正的相异性；独白是他偏爱的手法，甚至他的对话（……讨论、……谈话），仍然是改头换面的独白。心理分析只有作为一个问题，作为一个有待识破的秘密时才令他感兴趣；是作为对象，而不是作为构成方法。故事《被窃的信》便是明证：在这个故事中，邓宾这个缺乏任何小说意义上的"心理分析"的傀儡人物，却清醒地提出了人类精神生活的准则。

叙事在本质上是模仿的，它所展示的事件接续恰似读者所翻书页的接续；所以坡要设法摆脱此境。首先，最显见的办法是用描写代替叙事；在描写过程中，则用被描写的事实的静止来阻挡词语的运动。结果产生一些离奇的描写性故事，如《仙女岛》、《阿纳汉姆领地》，或如《兰道小屋》；在这些故事中，坡事后又引入了一种接续，但这种接续属于观察程序，而不是属于被观察的事实。更重要的是，这同一种倾向将一些"叙事性"故事改变成诸静止时刻的断续并列。《红色死亡的面具》如若不是舞会、令人不安的面具和死亡景象这三个画面的静态排列，那又是什么？又如《威廉·威尔逊》：整整一生被简化成若干被描写入微的时刻。还有《伯赖纳斯》，这是一则用未完成过去时写的（故具有重复的而不是独有的情节）长篇叙事，继而是死者的形象，而后此形象被一行省略号，被叙事人的房间描写所分隔。在停顿过程中，即在书页的空白处，则是最重要部分：墓地被盗、伯赖纳斯苏醒，以及伯赖纳斯的牙齿探入埃格斯的书桌上那个乌木盒的非常之举。呈现在我们面前的只是静止，后者让人去推测情节的漩涡。

坡描写全体的一些部分；而在这些部分中，他所描写的仍是细节；故他实施的，用修辞学术语说，是双重提喻。陀思妥耶夫斯基也曾注意到此特征："他的想象能力具有一种任何人都没有的特点，即细节的力量。"尤其是人体被归结为它的一个部分。比如伯赖纳斯的牙齿："它们在那儿，在这儿，它们无处不在，——就在我眼前，看得见，摸得着，长长的，窄窄的，白得耀眼；嘴唇毫无血色，扭着，歪着，像以往一样松松垮垮的可憎可怕。"又如《祖露的心》中老头的眼睛："他的一只眼睛活像秃鹫的眼睛，——一只淡蓝色的眼睛，还长有角膜翳……我看得清清楚楚—— 整个眼睛蓝里透灰，覆盖着一层可怕的薄膜，令我透体冰凉。"（老头的形象仅由一只眼睛和一颗跳动的心组成。）我们又怎能忘记黑猫那只瞎眼呢？

细节被如此堆砌，便不再是产生现实感受的途径（比如福楼拜或托尔斯泰作品中的细节描写），而变成了寓意。寓意可以将就叙事的消失——坡作品的特征，因为寓意是深度而不是广度的展开，与静止，故与描写有某些相似之处。坡的全部作品倾向于寓意（这也解释了——顺便提一下——心理分析批评为何迷恋坡的作品）。有些故事明言是寓意（有一则故事的副题是："包含一个寓意的故事"），如《沉寂》、《椭圆形肖像》、《与木乃伊的一次简短讨论》或《威廉·威尔逊》；其他则较难把握，它们向着寓意解释敞开，但未必非此不可（如《莉盖亚》，甚至《被窃的信》）。

坡的基本选择带来的第三个(非最后一个)结果是:他的故事倾向于把文学当作对象,这是一些元文学故事。坡对叙事逻辑如此关注,以致把叙事本身作为他的一个主题。我们已经看到,他的一些故事构筑于"孕含形象"之上;更为重要的是为数众多的短篇小说采用了不乏嘲弄色彩的模仿格调;这些作品既指向它们的表面对象,也针对某个先前的文本或体裁:这又是些滑稽故事,波德莱尔仅翻译了其中几则。此类故事必须以熟悉某种文学传统为前提,所以公众对它们的认识显然受到影响。

因此,从各种意义上讲,坡是一个界限作家,这是他的主要成就;但是,冒昧说一句,这也是他的局限。他是新形式的创造者,未知空间的探索者,故他的作品必然带有一种边缘性。好在任何时代都还有一些偏爱边缘而冷落中心的读者。

选文:波德莱尔的诗歌传统①

导言——

瑞士学者马塞尔·雷蒙(Marcel Raymond,1897—1984)为"日内瓦学派"文学批评家群体之核心人物。原文选自雷蒙的著作《从波德莱尔到超现实主义·导言》(1933),导言有五节,系统介绍了源自波德莱尔的现代诗歌传统。本文选自导言第一、二节,标题另加。

马塞尔·雷蒙通过剖析"后期浪漫派"诗人波德莱尔既渴望崇高又沉醉深渊的复杂灵魂,指出情感极度矛盾、渴望逃逸的波德莱尔既是醒世诗人又是以艺术解救心灵的唯美诗人,由此诞生了一种新美学传统。

马塞尔·雷蒙思索并提炼了波德莱尔传统中的启示性问题。雷蒙认为,应该重视波德莱尔将诗歌去尽铅华,从情感、真实与教导束缚中解脱出来的做法。雷蒙还密切注视波德莱尔将大自然看作象征的森林、想象力之兴奋剂的态度。在雷蒙看来,在自然界寻求对应物以及应和现象的此类努力有助于加强法国诗歌中的神秘主义和超感觉倾向。

马塞尔·雷蒙认为,波德莱尔的作品同时具备了批判性思维与超自然的神秘主义倾向,不愧为典范之作,它们构筑了影响巨大的波德莱尔诗歌传统。

在波德莱尔身上,他那放射出夺目光彩的才华首先来自于"人的灵魂"的非常的复杂性,以及他提出的某些最激烈的浪漫主义要求时的大胆泼辣。他介于上升、一直上升到静观"九级天使和权德"的高度的愿望和品尝罪孽的琼浆的需要之间,愿望和

① 选自《波佩的面纱——日内瓦学派文论选》,周国强译,社会科学文献出版社,1995年版。

需要时此时彼，有时也一起出现。受各种极端——爱情呼唤嫉恨，嫉恨充实爱情——吸引和排斥，受这种残酷的情感矛盾折磨的人沉没于对某种精神恍惚的恐惧，以凝固在自身之中告终。“绝对的直率，独特的手法。”毫无疑问。然而，波德莱尔身上的这种“直率”，在变成艺术手法之前，首先符合某种急切的需要，一直走到他生命所能的终端的需要，以异常的心境之极度意志力进行培植的需要。“哀歌作者全都是无赖”，他如此肯定，拒不看到在他们身上除了忙于自我欺骗还有别的东西。再没有谁比他更既唯灵又唯物了，在某种意义上，再没有人比他更是肉体和“难以理解的感觉”的奴隶了。此外，同传统的道德和心理决裂后，他把物质和精神的紧密联系作为明显的事实而接受，在他的诗作里，他善于利用对这种联系的最初推论。一种“充斥懒散”的香味能连贯起他各种各样的能力和“改变他的灵魂”。这种对最高级和最卑下的东西之间长期意想不到的关系所产生的深刻感觉，对无意识的要求和崇高的向往所产生的深刻感觉，一句话，这种对精神生活的统一性的意识，这便是波德莱尔诗作的重要启示之一。

只是，诗人恨“这具肉体和这颗心”——这正是我们说到的情感矛盾的标记——他却又满怀深情地依附着“这具肉体和这颗心”。他极有洞察力地强调道：“憎恶生活，迷恋生活。”因此他被注定永远生活在不满足之中，被迫过分地劳累已心力交瘁的自身；不断地寻找可以不感觉到“可怕的时间负担”的新方法。从此，人世生活的“正常”环境不管给他怎样的乐趣无不迅速变成痛苦，唯有忘却一个有限得可悲的世界才能暂时使他凌驾于这片充满烦恼的灰色土地之上。他的经历铭记在《旅行》一诗的开头几行，以及这首诗末端表示的愿望：“深入未知找寻新奇！”

然而，这里提及的悲剧并不只牵涉到一个病人，一种奇特的人格，波德莱尔出于到达“世外不管什么地方”的强烈欲望，把反叛和逃逸的浪漫主义主题推进到悲剧的顶峰。以致我们不得不到这基本的协调中去寻找他那有关现代感觉的作品所起的决定性作用的秘密，在情感与他赋予了外形及时代的阴暗而渴望的灵魂的憧憬之间，人们耗费时间来领会那个秘密。人们提到他时称之为“后期浪漫派”。让我们且保留这“后期”二字，但这个“后期”同时带有深奥的意义，它连接在人的精髓上。因此，《恶之花》只能被视作是对“为艺术而艺术”的诗学一个审慎的说明，它也不能被坚定的意图冷淡地解释为别的什么东西，而只能说是做了拉马丁、缪塞、维尼、雨果已完成过的事情。它的思想和哲学（就广义而言）内容是不能被忽略的。如果说在波德莱尔的作品里有部分是游戏之作，那么这种游戏也不是纯净的。

然而，醒世诗人只有在作为他灵魂的一半的唯美诗人的帮助下才能——暂时地——摆脱他的苦恼。波德莱尔在评述德拉克洛瓦时说：“他热切地受情感的控制并且冷静地下决心寻找表达这种情感的方法……”这其实也是在说他自己。这便是为什么有那么多的声明，不管它们是或不是受艾德加·爱伦·坡的启发，全都把创造者独具慧眼的意愿放在诗歌起源的首位。就这样，今天存在着一种由《恶之花》建立起来（继而又得马拉梅的延续和颂扬）的美学传统，一些诗人依附于这种传统，对他们来说，波德莱尔所经历的人性波折很可能仍是一件朴素的“珍品”。

关于这种源自波德莱尔的艺术传统，我们还得提一下它令我们的同时代人深思的问题。

首先是必须纯化诗的思想，抛弃糟粕，抛掉累赘，它们在过去的大部分作品里败坏诗的光泽或拖累诗的步履，把它们抛开，只保留相当于心灵流溢物的东西，或相当于一股高压电流，能伴随着最大成功的机会，来行使可以要求诗歌做到的暗示力。我们知道那段名言，波德莱尔继坡之后区别诗和情感，情感“是心灵的陶醉”；区别诗和真实，真实“是理智的食粮”。他挺身而起反对“教导的邪说”，教育意义的“邪说”，这种“邪说”的后果是把诗拴在凡间，拴在散文上，固定着我们智力上的注意力，阻止“灵魂的升华”，阻止“人类对最崇高的美的向往”，这种美是诗的目标和准则。基本概念和喜怒哀乐无疑都能作为不可或缺的原始成分进入作品，但它们只有在经受真正的质变，接受改变它们性质的精神“冲动”渗透后才能变成诗歌流体的良好导体。

这种理论赋予艺术以完成神秘的净化的功能，我们知道，最近布勒蒙神甫对此作过富有说服力的陈述，为了有利于陈述他列举了大量的证据，其中大多数源自于盎格鲁—撒克逊。实际上，美学家波德莱尔是坡的信徒，也是柯勒律治和英国早期浪漫主义作家的信徒。然而还需要区分理论和实践，坡，像他的许多同胞，是柏拉图学派的高尚纯洁的诗人，《恶之花》（最初它的书名应是《地狱的边境》）的诗作者所创造的却是一种更富人情味的美，他并不能永远摆脱情感的羁绊，有时还沉入一种地狱味儿胜过天堂气息的氛围，无疑，构成他本性基础的道德情节曾阻止他完全实现“纯”诗人的愿望。况且，不管我们同不同意布勒蒙神甫的唯灵论解释，波德莱尔的诗显得比前期浪漫主义诗人的作品感情淡漠得多，却明显地要“通灵”得多。它们对“灵”或“深层的我”说的话更多于对“心”说话，旨在动摇我们感觉以外、灵魂中比较幽暗的区域。

另一方面，波德莱尔对外界的大自然采取一种极其值得注意的态度。他在大自然身上看到的不是通过其本身和为了其本身而存在的现实，而是一个巨大无边的同类物的容器，也是一种对想象力的兴奋剂。“整个能见的宇宙，”他写道，“只是一个图像和象征的仓库，想象力给予那些图像和象征以相应的地位和价值，它是食粮，是想象力应该消化和改变的”。由此可见，创作应被视为一系列需要加以辨认的象征——就像，按照拉瓦特尔的说法，我们从一个人脸上的五官形状察知他的性格——或者就像一帧神秘的寓意画——波德莱尔说：“一片象征的森林”——必须发现它隐藏的涵义。对事物（其实只是事物这个词所指的一部分）的唯一“实在的”真正涵义的了解使某些有天赋的人——在这种情况下即指命中注定的诗人——能进入包围着能见世界的精神彼世，在那里随意运动。"因为所有能见的事物，"诺瓦利斯说，"均建立在不可见的基础上，能被理解的建立在不能被理解的基础上，能被触知的建立在不能被触知的基础上。"在这些感觉中重要的是，在某些情况下，它们导致我们与神秘进行交流的能力。在此，波德莱尔参照经斯维登堡[①]更新的神秘学传统，霍夫曼、拉瓦特尔、奈瓦尔、巴尔扎克、傅立叶也曾依附于这种传统，他们引导他进入这种神秘主义哲学、这种奇特的诸说混合论的制作，他仿佛相信这种诸说混合论，却又并不为此而牺牲诗人的自由。

看看诗人的自由将如何随心所欲。波德莱尔告诉我们，这就是给形象和象征以"一个相应的地位和价值"——对人的灵魂是相应的，对他决心完成的作品也是相应的——的想象力的作用。诗人借助感知或记忆为他提供的这些乱七八糟的材料建立一种秩序，这种秩序对某个时刻和一定的状况而言，对"目前的境遇"（如果真有一天能实现这样的理想）而言将是他的灵魂之必然的表现。这种表现——尽管其组成部分似乎与自然界的事物有联系——本质上并不因此而不那么神奇。因为灵魂，就它的来龙去脉而言，只有在大自然沉浸于其中的精神彼世才能找到它真正的故土。诗的使命便是开启一扇朝向这另一个世界，其实就是我们的世界的窗户，允许自我逸出它的极限，并不断扩大直至无限。精神的回归一元便以这种扩展运动起始和完成。

为了了解波德莱尔如何着手在类似事物的世界里为自己开辟一条通道，如何着手组合和理顺自然为他提供的材料，我们不妨再读一读十四行诗《应和》[②]：

自然是座神庙，从那里的活柱子
有时模模糊糊地会发出些话音，
人从庙里走过，穿越象征的森林，
森林用亲密的目光将他注视。

如同悠悠回声遥遥地便已混合
在一个幽暗而深邃的统一体中，
浩淼广袤如同黑夜又如同光明
芳香、色彩和声音互相起伏应和。

有的芳香清新如若童稚的肌肤，
柔和如同双簧管、茵茵如绿草场

① 斯维登堡(1688—1772)，瑞典学者和神智学家。——译注
② 有人译作"通感"，指各种感觉之间"有某种类似性的和某种秘密的结合"。——编注

——还有些则沉腐、浓郁，爱喧宾夺主，

清新的芳香无极无限舒展飞扬
一如龙涎香、麝香、安息香、乳香，
它们歌唱着精神和感官的执狂。

因此，诗人的使命，就从本身所具有的预言意义来说，是觉察具有隐喻、象征、比喻或寓意的文学外貌的类似事物、应和现象……

═补充材料═

批评家，甚至有些优秀的批评家，常常都是出于一些最为稀奇古怪的理由赞赏坡的故事。坡是真正的南方人，他讨厌爱默生，坚定地认为爱默生（和惠特曼、林肯一样）不是基督徒，不是保皇党人，也不是古典主义者。自助，作为爱默生对原罪的回答，在坡的世界里根本就不存在，在那里，你必须受诅咒，你注定要毁灭，注定要忍受忧愁。但是，我认为，坡痛恨爱默生与霍桑和麦尔维尔更狡猾地厌弃他是出于同样的理由，这些理由也存在于在世的最著名的美国作家罗伯特·潘·沃伦那里，存在于我国当前许多学院派文学批评家那里。如果你不喜欢爱默生，那你可能就是喜欢坡。爱默生孕育了实用主义；坡孕育的恰恰是虚无，这正是他所需要的方面。伊伏尔·温特斯曾指责坡的蒙昧主义，但这一如实的指控并不能损害坡丝毫，同样，说他没有一丝的审美鉴别力也无济于事。不管怎么样，爱默生过去是且现在还是美国的灵魂，但坡过去是且现在还是我们的歇斯底里，是我们在压抑中表现出来的不可思议的一致性。我这么说的意思当然不是指坡无论在哪方面都比爱默生更深刻。爱默生高兴地和有意识地抛弃过去。批评家们却喜欢分享坡的轻松的历史主义；他们也许根本就不了解它，却心满意足地认为坡的每一个故事都有着极为明显的历史主义意味，甚至故事刚一开始就显露出来了。我们不必等到马德琳·厄舍和厄舍俯倒在可怜的罗德里克身上；他们早在叙述者讲到这里之前就已经倒在他身上了。爱默生鼓吹自由，他和梭罗有意地称自由是"蛮野放任"。而在坡那里，没有人是自由的或蛮野的，或能够获得自由与放任，一些学院派的推崇者确实喜欢坡将每一件事和每一个人都束缚在广阔的过去。谋划行动就是为了成为自由的，就是为了成为神一样的人，成为爱默生或杰弗逊意义上的亚当。但是，在作家看来，成为自由的是会使人陷入困惑的，甚至会使人陷入疯狂。美国作家和他们的评论家一知半解地爱上坡，其实他们喜欢的不过是坡的弗洛伊德式的多元决定的、强迫的、原始的和不可思议的意义和感觉。瓦尔特·佩特曾经说过，博物馆之所以让他感到压抑是因为它们使他怀疑有谁曾经年轻过。在坡的故事中，没有人曾经年轻过。正如劳伦斯曾经愤怒地指出的，在坡那里，所有的人都是吸血鬼——尤其是坡本人。

(美)哈罗德·布鲁姆:无可逃避的坡,《批评、正典结构与预言》,吴琼译,中国社会科学出版社,2000年版,第64—66页。

寓言是波德莱尔的天才,忧郁是他天才的营养源泉。在波德莱尔那里,巴黎第一次成为抒情诗的题材。他的诗不是地方民谣;这位寓言诗人以异化了的人的目光凝视着巴黎城。这是游手好闲者的凝视。他的生活方式依然给大城市人们与日俱增的贫穷洒上一抹抚慰的光彩。游手好闲者依然站在大城市的边缘,犹如站在资产阶级队伍的边缘一样。但是两者都还没有压倒他。他在两者中间都不感到自在。他在人群中寻找自己的避难所。对众生面貌描绘的早期贡献可以在恩格斯和坡的作品中找到。人群是一层帷幕,从这层帷幕的后面,熟悉的城市如同幽灵般向游手好闲者招手。在梦幻中,城市时而变成风景,时而变成房屋。二者都走进百货商店的建筑物中。百货商店也利用游手好闲者们销售其货。百货商店是对游手好闲者最后的打击。

像游手好闲者一样,知识分子走进了市场。他们自以为去观察它——但事实上,它已经准备抓住这个买主。在这一中间阶段,他们仍有文艺资助者,但已经开始使自己熟悉市场。这时,他们便以波希米亚人的形象出现。他们经济地位的不稳定与他们政治地位的不稳定是一致的。职业密谋家为这一方面提供了可观的证据。而这些人也不例外地属于波希米亚派。他们最初的活动点是军队,后来转到小资产阶级中。然而这伙人在无产阶级领导人身上看到的是他们的敌人。《共产党宣言》结束了这伙人的政治生命。波德莱尔的诗便从这伙人叛逆的感情中汲取力量。他们站到反社会一面。他只跟一个妓女有了性关系。

通向地狱的道路是容易的

维吉尔《伊尼德》

女人和死亡的意象交融在第三个意象——巴黎的意象中,这是波德莱尔诗的独到之处。他诗中的巴黎是一座沉陷的城市。与地下相比更似沉落到海底。这座城市的地狱神因素——它的地貌,它的古老的被遗弃的河床——在他身上找到了模式。然而,在波德莱尔那里,这座城市的“酷爱死亡的田园诗”中,确定无疑地存在着社会的,现代的潜在层次。“现代的”是他的诗的主要的重音;作为忧郁者,他碾碎了理想。但幻想出史前史的却恰恰总是现代人。这种情形是通过社会关系和这一时期的事件所持有的含糊才在这里发生的。含糊是辩证法的比喻形象。辩证法的法则此时处于停滞状态。这种停滞状态便是乌托邦。辩证法的意象因此也就是梦的意象。商品明确地提供了这样的意象,作为偶像既是房屋又是星星的拱门街也提供这样的意象。

这样的意象是由融售货员和商品为一体的妓女所提供的。

发现我的地理学的旅行

《狂人日记》,巴黎,1907

《恶之花》的最后一首诗“旅行”,“噢,死亡,老船长,时间到了,让我们起锚吧”。游手好闲者最后的旅行:死亡。它的目的,新奇。“到前所未知的深度去发现新东西”。新奇是不依靠商品的使用价值的一种品质。它是不可分割地居于意象的幻觉的源泉。这种意象产生于集体无意识。它是错误意识的精髓。流行时髦是错误意识不知疲倦的促成者。这种新奇的幻觉被反映在无限相同的幻觉中,就像一面镜子反照在另一面镜子里一样。这种反映的结果是“文化史”的梦境。资产阶级为对它的错误意识而自鸣得意。艺术开始怀疑其功能,不再是“同功利不可分的”了,它被迫把新奇当成它的最高价值。它的“新的真实见证”成了势利眼。他对艺术的态度就像花花公子对时髦的态度一样。

诚如在17世纪寓言是辩证法的意象准则,在19世纪新奇成了辩证法的意象准则。新奇杂志与报纸并肩前进。新闻界组织了一开始颇见兴旺的精神价值市场。反对派抗议这种艺术向市场的投降。他们聚集在“为艺术而艺术”的旗帜下。从这一口号中产生出了艺术作品整体的概念,它的目的是要使艺术同技术的发展脱离开。那些用来庆祝这种艺术的仪式与美化商品的心醉神迷完全异曲同工。二者都是从人的社会存在中抽象出来。波德莱尔上了瓦格纳的钩。

(德)本雅明:波德莱尔与巴黎街道,《发达资本主义时代的抒情诗人》,张旭东、魏文生译,三联书店,1989年版,第189—191页。

═问题研讨═

1. 爱伦·坡对短篇小说有哪些理论阐述?他的短篇小说如何分类?他是哪些小说类型的草创者?如何解释其小说的“怪异”和“恐怖”?

2. 作为美国南方作家,爱伦·坡的创作与超验主义作家,如霍桑、麦尔维尔的创作有何不同?

3. 何谓“后期浪漫派”?为什么说波德莱尔是个醒世诗人和唯美诗人?何谓“恶之花”?《恶之花》表现了“为艺术而艺术”的美学倾向吗?波德莱尔开启了什么样的诗歌传统?如何理解他的“象征的森林”、“应和”这样的诗学理论?

4.《恶之花》全诗由几个部分构成,它们之间如何构成一种“有头有尾”的内在联系?波德莱尔说他要“发掘恶中之美”,何为“美”?这种“美”与“恶”是什么关系?巴黎有着怎样的“风光”?

＝研究实践＝

1. 概述拉康《关于〈被窃的信〉的研讨会》。

2. 爱默生与超验主义。

3. 论“红字”、“白鲸”作为“恶”的象征。

4. 比较波德莱尔的“恶中之美”与雨果的“美丑对照”。

5. 波德莱尔与爱伦·坡在个性和创作上有何“相似”之处？

6. 波德莱尔所谓“应和”是否就是梁宗岱所说“契合”或钱钟书所说“通感”？（参阅梁宗岱“象征主义”，见《诗与真·诗与真二集》，外国文学出版社，1984 年版；另参阅钱钟书“通感”，见《旧文四篇》，上海古籍出版社，1979 年版）

7. 为什么说波德莱尔是一个“发达资本主义时代的抒情诗人”？在本雅明的笔下，波德莱尔呈现出怎样的现代文人姿态：密谋者？游手好闲者？拾垃圾者？

8. 美国学者伯曼认为波德莱尔是“第一个现代主义者”，你认为呢？（参阅马歇尔·伯曼《一切坚固的东西都烟消云散了》第三章“波德莱尔：大街上的现代主义”，徐大建、张辑译，商务印书馆，2003 年版）

＝延伸阅读＝

1.（美）欧文·白壁德：浪漫主义的忧郁（欧文·白壁德《卢梭与浪漫主义》，孙宜学译，河北教育出版社，2003 年版）

2.（美）勒内·韦勒克：文学史上浪漫主义的概念（勒内·韦勒克《批评的诸种概念》，丁泓等译，四川文艺出版社，1988 年版）

3.（英）玛里琳·巴特勒：英国的浪漫主义问题（玛里琳·巴特勒《浪漫派、叛逆者及反动派》，黄梅、陆建德译，辽宁教育出版社，1998 年版）

4. 赵瑞蕻：读华兹华斯名作花鸟诗各一首（赵瑞蕻《诗歌与浪漫主义》，南京大学出版社，1993 年版）

5. 王佐良：拜伦的杰作《唐·璜》（王佐良《英国文学论文集》，外国文学出版社，1980 年版）

6. 袁可嘉：读雪莱的《西风颂》（袁可嘉《现代派论·英美诗论》，中国社会科学出版社，1985 年版）

7.（俄）陀思妥耶夫斯基：论奥涅金现象（《普希金评论集》，冯春编选，上海译文出版社，1993 年版）

8.（英）赫伯特·格里尔森：司各特：历史与小说（《司各特研究》，文美惠编选，外语教学与研究出版社，1982 年版）

9. (法)波德莱尔：再论埃德加·爱伦·坡(波德莱尔《1846年的沙龙》,郭宏安译,广西师范大学出版社,2002年版)

10. (美)亨利·詹姆斯：霍桑及其《红字》(《外国文学名家论名家》,智量编选,华东师范大学出版社,1985年版)

11. (德)本雅明：论波德莱尔的几个主题(本雅明《发达资本主义时代的抒情诗人》,张旭东、魏文生译,三联书店,1989年版)

12. (英)查尔斯·查德威克：波德莱尔的《应和》(查尔斯·查德威克《象征主义》,周发祥译,昆仑出版社,1989年版)

第七章　现实之镜

导　论

丹麦文学批评家勃兰克斯将18世纪末19世纪中期欧洲文学的演进概括为“对古典主义的反动，以及这个反动的被压倒”。所谓“反动”，指的是浪漫主义对古典主义的反叛，所谓“被压倒”，指的是浪漫主义被继起的现实主义所取代，——尽管他并未使用我们所熟知的“主义”。

现实主义文学是对浪漫主义文学的反拨。浪漫主义文学的特征是“务虚”，现实主义文学则倾向于“务实”。正像无法准确给出浪漫主义的起迄时间一样，很难具体给出现实主义文学出现的时间，国内的教科书大多将其定在19世纪30年代以后。其时资本主义政治经济秩序在西欧开始形成，经济活动成为人们生活中的主旋律，渗透到社会每一角落，物质利益受到越来越多的关注。在坚硬漠然、再无“温情脉脉的面纱”可言的资本主义秩序下，浪漫主义的梦幻益显其虚无飘渺，不合时宜。整个社会心理及风气随之一变，趋于“务实”，文学亦为时风所染，其表征即是亢奋的浪漫主义开始降温，现实主义成为文学的主潮。

现实主义与浪漫主义之间并不构成类于浪漫主义与古典主义之间那种全面对抗的关系。相反，浪漫主义文学的某些要素和创作手法，比如对现实的质疑，对人物情感世界、心理活动浓墨重彩的刻画，等等，皆被现实主义文学承袭下来，前者更成为作家意识背景的一部分。事实上，许多被视为现实主义文学大师的人物最初都是反古典主义的浪漫派阵营中的活跃分子，司汤达便是显例。

就对现实的怀疑抗拒而言，现实主义作家与浪漫派作家实在并无二致。不同处在于，前者不再坚执峻急的反叛姿态，不再走逃避/超越的路线，正视现实、力图理解和把握现实是他们的选择。浪漫派作家大多靠激情和想象写作，他们则通过观察现实来写作。相应地，他们关注的重心从自我转向了社会。观察并不意味着放弃倾向性，相反，现实主义作家在其写作中显现出鲜明的立场，在大多数时候，这立场就是人道主义。以人道主义的标准去丈量，现实在他们的心目中显得令人不快，而“现实主义”在此往往就意味着对社会阴暗面的暴露，高尔基因此将19世纪现实主义命名为“批判现实主义”。

现实主义作为一种创作倾向在古希腊以来的欧洲文学中一直存在，19 世纪现实主义的独特性在于它的近代科学背景。19 世纪细胞学说、能量转化学说及进化论的建立不仅具有重大的科学史意义，而且造成了对科学的普遍崇仰。科学的态度和方法，亦即客观、冷静的态度，分析、研究的方法，超出自然科学的范畴，被认为是普遍有效的。许多人文学者与作家因之将其用于人类社会的解释。他们相信，人类生活是可以解释的，正像自然界可以清晰地加以解释一样。文学中的“科学主义”走向极致，便有左拉等作家径直以最新的科学研究的最新成果作为创作的根底。大多数作家并不如此走极端，但是类于科学研究式的冷静、客观的态度还是渗透到他们的写作中。他们力图像科学家观察自然现象那样观察人类活动，巴尔扎克甚至将自己对法国社会的描摹看作是分门别类的“研究”。

现实主义文学特别强调虚构世界与现实之间可指认的关系，要求作家真实地反映生活的本来面目。浪漫派作家悬“美”为鹄的，现实主义作家则对“真实”孜孜以求。受孔德实证主义哲学的影响，19 世纪的现实主义文学在模仿生活时更追求一种准确性、逼真性，“镜子”因此成为关于文学功能的最常用的比喻。这面“镜子”可以称为时代之镜——此前还没有哪一个时代的作家集体地对当代生活表现出如此巨大的兴趣，而对于当代生活的摹写几乎总是以大量的细节来完成，繁复的细节描写因此成为 19 世纪现实主义的一个重要表征。

因于作家们的写实意图，小说这种看似最客观、最适于“模仿”、最能容纳大量细节描写的体裁成为最有吸引力的品种。众多一流作家涌入这一领域，导致了小说创作的空前繁荣。经司汤达、巴尔扎克、福楼拜、狄更斯、托尔斯泰、陀斯妥耶夫斯基等大师之手，小说的表现力得以大大提升，不仅可以细致状写人与人之间的关系、人与环境之间的冲突，而且可以表现最隐秘的内心活动。尽管以往的小说中不乏《堂吉诃德》、《汤姆·琼斯》那样的杰作，小说作为一种文类尚未得到普遍的尊重，而在 19 世纪现实主义作家的手中，小说已成为真正的艺术，足以与文学家族中资格更老的成员诗歌、戏剧相颃颉。

须说明的是，现实主义在文学中的大行其道，并不意味着他种文学即销声匿迹。乔治·桑直至 50 年代以后仍坚持浪漫主义立场，而被恩格斯举为英国现实主义代表性作家之一的夏洛蒂·勃朗特其实与现实颇有距离。此外，被归入现实主义的作家并非个个体现出上面归纳出的诸般特征，真正伟大的作家其实是不会为某种“主义”拘范的，选文中讨论的作家大多可以证明这一点。

英法两国是 19 世纪欧美现实主义文学的“重镇”，本章 5 篇选文主要涉及小说繁荣时代的几位代表性作家。

选文:《傲慢与偏见》叙述的透视方法①

导言——

E. M. 哈里代(E. M. Halliday)是现代美国文学史家与批评家,本文译自美国加州大学1960年出版的《19世纪研究》杂志。

虽然奥斯丁的评论者大多认为她的文学天地过于狭小,但少有轻视她的艺术匠心的,她"最善于运用特定的手段来达到她的目的"。哈里代所说"叙述的透视方法"涉及小说的叙述视角和叙述中心。哈里代认为,在《傲慢与偏见》中,奥斯丁借助叙述视角的移动转换构成情节的统一,达到小说的反讽目的,并使伊丽莎白成为叙述的中心。奥斯丁在小说的头几章巧妙地利用叙述视角制造悬念,随着情节的展开才渐渐将叙述中心聚焦到伊丽莎白身上,这是为让读者获得充足的理由,并怀着美好的渴望,期待着达西和伊丽莎白消除各自的傲慢与偏见,投入彼此的怀抱。

奥斯丁高超的叙述艺术有助于读者享受阅读的快感。

细想一下《傲慢与偏见》开头的那个句子:"凡是有钱的单身汉,总想娶位太太,这已经成了一条举世公认的真理。"叙述者似乎站在故事之外,尚未观察他的人物,只是注视着中景,思考着一般的人生问题。然而,这个印象没有维持多久。班纳特先生和"他的太太"一开始对话,事情顿时就清楚了,原来故事的叙述者在讲小说开头那句概括性的话时,始终把这两位人物估计在内。我们发现,对于这一见解,班纳特太太会高兴得一边连连小声喊叫一边拍手欢迎——班纳特先生则以嘲弄的方式将这一见解送上愚蠢想法的云端里去。从表面看来,叙述者提出这个主张时是认真负责的;然而,我们从一开始就明白,她观察的结果可能与她笔下人物的见解和观点保持一种反讽的关系。这句话把我们引进弥漫着小说每一页的那种严峻而委婉的反讽的笔调中去,使我们得以在理智和感情之间感觉到一种奇妙的平衡。

简·奥斯丁为了反讽的目的,机敏地掌握了一种全面透视的叙述方法,这一方法还因她最巧妙地操纵观察角度以实现小说的统一而得到加强。就连一个心不在焉的读者在读了这本书的一小部分后也会明白它讲的是伊丽莎白·班纳特的故事。他是怎么知道的呢?书名没有做出暗示,伊丽莎白也不是讲故事的人。开卷几页指明了班纳特家女儿们的婚事是小说的主要情节——但是,那家有五个女儿呢。确实,其中三个看来没有当主角的希望,曼丽是个书呆子;丽迪雅轻佻浮躁;凯蒂傻而无知。然

① 选自《奥斯丁研究》,朱虹编选,中国文联出版公司,1985年版。

而，吉英和伊丽莎白都妩媚动人、多才多艺，从头几章看来，似乎吉英和彬格莱的良缘将把小说的中心情节带向高潮，而伊丽莎白像是只起某种陪衬作用。那么，当我们读到四分之一处，即柯林斯先生向伊丽莎白求婚的那个著名场面时，对于伊丽莎白才是《傲慢与偏见》的女主人公而吉英只是居于第二位的角色这个事实，为什么就能一目了然呢？

在一定程度上，讲故事的人对伊丽莎白绝对大量的关注——这种关注在起首十八章里，迅速地增长着——露出了端倪。当然，这本身就是观察角度的作用。叙述者决意越来越多地注视着伊丽莎白，持续的时间也越来越长。叙述者有注视任何一个处所的特权，然而，事情的有趣在于，她故意限制了这项特权，当小说的情节结构需要她把注意力相反地投向吉英的时候，她严格地应用了这项特权。在第七章里，吉英到尼日斐花园去拜访珈罗琳·彬格莱。她在途中着了凉，因而不得不在彬格莱家耽搁几天。于是，班纳特太太最乐观的希望实现了。然而，请注意，这一切是通过书信转述的；因为我们没有陪吉英一起到尼日斐去。叙述者的透视目光始终集中在班纳特家里，特别是在伊丽莎白身上；直等到伊丽莎白决心把姊妹情谊置于文雅礼节之上，步行三英里，越过泥泞的田野，我们才初次踏进了彬格莱的家。不仅如此，我们简直看不见吉英，只有当伊丽莎白上楼去照料她时，我们才有这样的机会，但那也仅是淡淡的一瞥，因为吉英显然病得很重，连说话的力气都没有了。直至此刻，事情就开始清楚了，叙述者对吉英的关心，仅仅略胜于阴险的彬格莱小姐对她的关心罢了，彬格莱小姐只是看在哥哥的份上才勉强敷衍吉英的。吉英和彬格莱的关系在小说情节中固然重要，但它作为构成伊丽莎白对达西怀有偏见的必要手段的意义，远比它本身重要得多。

事实上，叙述者对吉英的怠慢几乎已达到粗暴的程度。几天以后，当可怜的吉英走出病房时（第十一章），她简直遭到了忽视。当然，谁都彬彬有礼地和她打招呼；然而，尽管彬格莱先生“在她身旁坐下，一心跟她说话，简直不理睬别人”，但是，作者对刚刚萌发起爱情的这对恋人之间的悄悄话却一句都没有转述。但是，另一方面，作者却逐字逐句地复述了伊丽莎白、彬格莱、他的妹妹和达西之间进行的那场生动活泼的谈话，用它写完了这一章；若不是吉英在这个场景中起着她的作用，那么她简直就和那位虽然在场却没精打采、听不到声音、舒伸四肢在沙发上熟睡的赫斯特先生一样。

到了这时，我们开始意识到叙述者不断增长的对伊丽莎白的注意以及对吉英的忽视并不仅是一个凝视方向的问题。在作者诱导下，我们更多地注意起伊丽莎白来，而不去注意她的姐姐；而且我们同时还开始越来越多地从伊丽莎白的角度出发来观察小说情节以及其他人物。举第十章为例（在下一章里，吉英显然变得不引人注目了），从这个场景开始时起，作者着意鼓励我们去和伊丽莎白等同起来：

伊丽莎白在做针线，一面留神听着达西跟彬格莱小姐谈话。只听得彬格莱小姐恭维话说个不停，不是说他的字写得好，就是说他的字迹一行行很齐整，要不就是赞美他的信写得长，可是对方却完全是冷冰冰爱理不理。这两个人你问我答，形成了一段奇妙的对白。照这样看来，伊丽莎白的确没有把他们俩看错。

作者没有告诉我们说伊丽莎白微笑了，也没有措绘出她觉得有趣的任何外部情状，叙述的透视目光深入伊丽莎白的意识，这里的观察角度不仅在生理上，而且在心理上都已成为她的角度了。

简·奥斯丁凭借如此巧妙的技术手法，逐渐将伊丽莎白推向《傲慢与偏见》一书情节的中心，情节中最为本质的一部分发生在她精微隐曲的内心深处，我们对此并不感到意外。当我们读到小说的紧要关头，即达西第一次向伊丽莎白求婚时(第三十四章，恰好在小说的中央，这说明小说结构的精美)，我们知道，随后的一切情节发展都取决于伊丽莎白对达西真正人品的发现。接着，很快就在第三十六章里为此奠定了基础，整个这一章透彻地分析了达西那封解释信在伊丽莎白内心所引起的反应。伊丽莎白的发现主要是一个心理过程而不是外部行动，为了强调这一事实，书中描写她意识到在她的发现中也包含着她对自我的发现。“即使我真的爱上了人家，”她叫道(这里用了个条件句来逗引一下读者)，“也不会盲目到这样该死的地步……因此造成了我的偏见和无知，遇到与他们有关的事情，我就不能明辨是非。我到现在才算有了自知之明。”

因此，叙述的透视方法的运用是构成情节统一的必不可少的手段，这是伊丽莎白的故事，与其说是有关她外部行动的故事，毋宁说是表现她内心理智和感情的故事。然而，这就产生了一个有趣的问题。假如伊丽莎白将成为视野的中心，那么为什么在小说开头的几章里只把她放在与其他主要人物同等的地位呢？为什么迟迟不把她突出来呢？

这里似乎有很充分的理由，必须运用观察角度来制造悬念。《傲慢与偏见》一书中最激烈的外部行动，也许要数伊丽莎白在去尼日斐花园途中跳过一个水洼了。显然，这部小说中的悬念不依仗激烈的行动，甚至也不依仗由此而来的威胁——尽管班纳特太太神经衰弱，担心班纳特先生会和韦翰拼个你死我活。小说的悬念主要依仗我们对伊丽莎白的期待，期待她终会发现两件事：达西是爱她的，她也爱达西。必须引导读者比伊丽莎白本人更早地猜到这两件事，否则就会失去悬念。假如小说一开始就从伊丽莎白的观察角度来叙述，读者就不会知道达西已堕入情网；因为，强烈的偏见使伊丽莎白盲目，做梦也不会想到他的深情。因此，故事的叙述者在情节的早期阶段让我们有几次机会直接窥透达西的心思：在第六章里，他开始发现她的眼睛是迷人的，到了第十章，他不得不暗自承认“以前任何女人也不曾使他这样着迷过”。达西终于不由自主地堕入情网，这个事实一旦确定下来，叙述者就能从容地调整小说的观察角度，从那位怀有偏见的女主人公出发来看问题；从此以后，我们几乎总是看到伊丽莎白处在视野的中心。

至于说伊丽莎白爱上达西，那只是到了全书接近尾声时才完成的；然而，我们一定会感到，在伊丽莎白本人意识到这点之前，这个过程早就已经开始了。要做到这一点就要使我们有机会离开伊丽莎白的偏见去观察达西：要使我们几乎从一开始就认为他这个人至少是值得她爱的。毫无疑问，尽管达西的行为势利，我们却早就用这种眼光来看他了，这在一定程度上是由于我们知道他爱上了伊丽莎白。既然我们自己都非常喜爱她，那么达西不顾她的偏见而爱她应是他的一大优点。说她是个有辨别能力的人。但是，我们看到，如果过早地让伊丽莎白成为视野的中心，那么我们就不可能知道达西爱上了她。在我们确信可敬的女主人公会爱上达西之前，我们就要对他怀有敬意，要做到这一点，关键也在于在一段时间内，小说的观察角度不要从伊丽莎白出发。

伊丽莎白对达西持有特殊的偏见又是怎么一回事呢？如果这里要维持住一个有趣的悬念的话，那么我们决不能一心一意地怀有和她同样的偏见，我们一定要远比她早就认识到她的偏见是毫无根据的，因而可以指望她回心转意。伊丽莎白郑重其事拿来反对达西的理由有三条：她以为他剥夺了吉英与彬格莱缔结良缘的机会；他所以这样做是由于他蔑视她家庭的社会地位；他无理地毁坏了韦翰的前程。在她指控达西犯了这些过错并当面严词拒绝他的求婚以后，他给她写了一封用心良苦的长信，说明自己受到这些指控是毫无道理的。应该注意的是，他为自己辩护的大部分理由早已客观地在书中确立了——也就是说，假如小说的叙述，起初就从伊丽莎白的观察角度出发，那就难以做到或根本做不到这一点了。我们必须有不为伊丽莎白所左右、独立考察这些理由的自由，因而，她和达西可能相爱这件事，早在她本人清楚地意识到之前，就已使我们感到高兴了。

达西首先说，吉英从未表露出对彬格莱的爱情，因此匆匆打发他去伦敦不能看做是伤害吉英的感情——如果我们回顾一下，就会发现作者早在小说开头的几章里，精心地把这一事实确立起来了。吉英的性格过于拘谨娴静，甚至在她因浪漫的热情而心旌动摇时，外表仍显得落落大方、优雅斯文。在第六章里，甚至伊丽莎白也向夏洛蒂·卢卡斯承认过这一点，但她没有想到(读者倒可能会想到的)，彬格莱会窥不透吉英有教养的外表下掩盖着的真实感情。

达西解释他何以要阻止彬格莱和吉英的婚姻时说，他不能容忍他的朋友和一个有着像班纳特太太、丽迪雅、吉蒂以及曼丽这样一些缺乏教养到罕见程度的成员们的家庭联姻，而我们作为读者，从小说开头的客观叙述中，对她们在这方面的充分表演早就欣赏过了。达西对此加以非难，虽然有害于他和伊丽莎白相爱的设想，但真正危害这桩婚事的还是伊丽莎白对他的错误成见，即认为他嫌她家的社会地位太低，攀不上他。

最后，达西解释了他是怎样对待韦翰的，这里主要靠追述他家的历史，这促使伊丽莎白注意到了韦翰对她的行为有某些不正当之处——在第十六章里，这种不正当之处本来已经充分展示在读者眼前了，只是当时伊丽莎白看不清罢了。事实上，这一章是运用叙事的透视方法的精心杰作，观察角度似乎是从伊丽莎白出发的；但是，虽然大量写了韦翰在她内心引起的反应，然而读者仍能做出某种独立的判断，因为这一章的大部分是他们对话的详尽记录——韦翰说的话本身就表明他为人不正当。

因此，叙述的透视方法对构成《傲慢与偏见》艺术上的统一起着突出的作用，但这只能凭借造成戏剧性悬念的某些非常巧妙的修改变换方能成功。通过客观与主观之间微妙的平衡，使我们有了充足的理由，可以怀着美好的渴望，期待着达西和伊丽莎白将会投入彼此的怀抱；总的说来，小说是从伊丽莎白的观察角度出发来写的，但是她对这样一个结局只是到了接近尾声时才开始察觉。

研究中还发现与简·奥斯丁运用叙述的透视方法有关的其他两个要点。其一是关系到她的所谓"动觉"——作者注入小说的一种活动的感觉，以及对这种感觉加以控制的方法，与此紧密相连的另一点是她的选择性。

《傲慢与偏见》中的很多篇章都按照生活本身的节奏而运行：以相当详尽、充分的对话来表现动作，给人以高度戏剧性的感觉。但是，请注意看，当需要把动作加快，推向情节中必不可少的一个场景时，作者能猛然一转，采用提纲挈领的写法。当伊丽莎白正在浪搏恩等待着嘉丁纳夫妇来带她到湖区去旅游时，却接到他们的一封信，说行期必须延迟两个星期，而且行程也比原计划缩短了，她觉得很失望。然而，我们精明的作者并不想无缘无故让我们等得不耐烦，仅用两个进展敏捷的句子就把一整月的事都交待了："舅父母还得过四个星期才能来。可是四个星期毕竟过去了，嘉丁纳夫妇终于带着他们的四个孩子来到浪搏恩。"对于地理环境的交待，同样运用这种轻快活泼的笔调："本书不打算详细描写德比郡的风光"，作者进一步又告诉我们，"至于他们的旅程所必须经过的一些名胜地区，例如牛津、布楞恩、沃里克、凯尼尔沃思、伯明翰等，大家都知道得够多了，也不打算写"。再隔两页，我们的脚就踩在彭伯里庄园豪华的地毯上了，为伊丽莎白与达西再次邂逅作好了准备。

说到选择性，《傲慢与偏见》的作者用以观察生活活动的滤色镜比任何摄影师的都要高明得多，它断然将中庸作家的惯用手段大量删除。伊丽莎白的头发是什么颜色的？在尼日斐花园举行的舞会上她穿的是什么服装？在书中说起的宴会上，这些人物究竟吃些什么？班纳特先生和太太的长相如何？对这些以及上百个类似的问题，作者有权不予回答，我们必须接受他（或她）想要告诉我们的东西。简·奥斯丁对于达西和伊丽莎白（在伊丽莎白终于接受达西求婚的幸福时刻）的观察研究出色地概括了她想要告诉我们些什么："他们只顾往前走，连方向也不辨别一下。他们有多少心思要想，多少情感要去体会，多少话要谈，实在无心去注意别的事情。"思想和感情以及它们在语言词藻上的表现——这就是简·奥斯丁的世界，她驾驭叙述的透视方法的高超艺术，出色地给我们作了阐明。（薛鸿时译）

选文：《简·爱》与《呼啸山庄》[1]

导言——

对夏洛蒂与艾米莉的比较评判在勃朗特姐妹研究中历来占很大比重。选文为20世纪前半叶厚艾米莉薄夏洛蒂风尚中的重要评论。作者弗吉尼亚·伍尔夫(Virginia Woolf,1882—1941)为英国小说家、文学评论家，原文出自其评论文集《普通读者》(1916)。伍尔夫通过比较《简·爱》与《呼啸山庄》，进行了深入两位作者精神层面的细致解读。

选文中，通过比较夏洛蒂与艾米莉截然不同的写作风格，伍尔夫挖掘出两颗迥异而强劲的创造灵魂。与戴维·塞西儿认为夏洛蒂是披露自我的第一个主观小说家的见解略同，伍尔夫认为夏洛蒂是自我中心、自我局限的主观小说家，并将夏洛蒂的创作主旨归纳为“断然声明我爱，我恨，我痛苦”的固定模式。伍尔夫认为《呼啸山庄》是比《简·爱》更优秀的作品，声称艾米莉感于人间苦难，超越了狭隘的个体意识，其作品意旨深远、出类拔萃。伍尔夫欣赏两部作品所蕴涵的诗意，认为勃朗特姐妹具备诗人气质，而艾米莉则是比夏洛蒂更伟大的诗人。

夏洛蒂·勃朗特诞生至今已有一百年之久，现在她已成为那么多传奇、爱戴和文学的中心，然而，在这一百年中，她只不过活了三十九年。要是她能活到普通人的寿命，那么关于她的那些传奇将会大不相同，此事想来真是不可思议。她或许会像她同时代的某些名人那样，成为人们在伦敦或别处经常遇见的人物，成为无数画面和轶事的主题，成为许多小说(也可能是回忆录)的作者，当她离去之时，我们沉浸在对于她中年时期显赫声誉的回忆之中。她或许会生活富裕，一帆风顺。然而，事实并非如此。当我们想起她时，我们不能不想起在我们现代世界中时运不济的某一个人；我们不得不回顾19世纪50年代，想起荒野的约克郡沼泽地带一所遥远的教区牧师住宅。在那教区牧师的住宅里，在那荒野的沼泽地带，她不幸而又孤独，永远处于贫困和精神奋发的状态之中。

这些情况既然影响了她的性格，很可能在她的作品中也留下了它们的痕迹。我们设想，一位小说家必定会使用许多很不经久耐用的材料，来建立他的小说结构，这些材料起初给它以现实感，最后却使它被没用的废料所拖累。当我们又一次翻开《简·爱》，我们无法压抑那种怀疑：我们将会发现，她想象中的世界和那荒野的教区

---

[1] 选自伍尔夫《论小说与小说家》，瞿世镜译，上海译文出版社，2000年版。

牧师住宅一样，是古老的、维多利亚中期的、不合时尚的，那种地方只有好奇者才会涉足，只有虔诚者才会保存。我们怀着这样的心情翻开了《简·爱》，仅仅读了两页，所有的疑虑就从我们的头脑里一扫而光。

> 猩红色帘幕的褶皱阻挡了我右边的视野；左边是明亮的玻璃窗，它虽然保护着我，却不能把我和十一月的那个阴暗的日子隔离开来。当我一页页地翻阅我的书本，我不时停下来思索那个冬日下午的情景。在远方是一片白茫茫的云雾；在近处是湿漉漉的草地和风吹雨淋的灌木，下不完的雨水在一阵长长的狂风哀号声前面疯狂地掠过。

再没有什么比那荒野的沼泽本身更不经久，再没有什么比那阵“长长的狂风哀号声”更赶时髦，也再没有什么比这种兴奋状态更加短命。它促使我们匆匆忙忙浮光掠影地读完整部作品，不给我们时间去思考捉摸，也不让我们的目光离开书页。我们是如此的专心致志，如果有人在房间里走动，他的行动似乎不是发生在房间里面，而是在遥远的约克郡。作者攥住我们的手，强迫我们沿着她的道路前进，迫使我们去看她所看到的东西，她可从来也没有离开过我们，或者让我们把她给忘了。最后我们终于沉浸在夏洛蒂·勃朗特的天才、激情和义愤之中。不同寻常的脸庞、轮廓扎实的人物、性情乖僻的容貌在我们面前一闪而过；然而，那是通过她的眼睛，我们才看到了他们。她一旦离去，我们就休想再找到他们。想起了罗切斯特，我们就不得不想起简·爱。想起了荒野沼泽，简·爱又浮现在我们眼前。想起那个会客室，甚至那些“似乎印上了色彩鲜艳的花环的白色地毯”，那个“灰白色的巴黎式样的壁炉台”，它上面镶嵌着的波希米亚玻璃花饰发出“红宝石颜色”的光彩，还有那房间里“雪与火交相辉映的混合色彩”——要是没有简·爱的话，这一切又算得了什么？

作为一个人物而言，简·爱的缺陷并不难找。她总是当家庭女教师，又总是要坠入情网，在一个毕竟大多数人既非教师又非情人的世界里，这可是一种严重的局限性。和简·爱这个人物的这些局限性相比较，一部简·奥斯丁或托尔斯泰作品中的人物，就会呈现出许许多多不同的方面。他们活着，而且通过他们对于真实地把他们反映出来的许多不同人物的影响，使他们本身又复杂化了。不论他们的创造者是否守护着他们，他们到处走动，而他们所生活的世界，对我们说来，既然他们已经创造了它，这就似乎是一个我们自己可以去拜访的独立的世界。托马斯·哈代在其个性的能力和视野的狭窄方面，和夏洛蒂·勃朗特更为相近。然而，他们在其他方面的差异是巨大的。当我们阅读《无名的裘德》之时，我们并不匆匆忙忙把它看完，我们沉思默想，我们离开了正文，随着枝蔓的思想线索漂流开去，在人物的周围建立起一种诘问和建议的气氛，对于这一点，他们自己往往是意识不到的。既然他们是简单淳朴的农民，我们就不得不让他们去面对着命运和那具有最大内涵的疑问，结果在一部哈代的小说中，最最重要的人物，似乎往往就是那些没名没姓的人。这种独特的能力，这种思索推理的好奇心，夏洛蒂·勃朗特是丝毫也不沾边的。她并不企图解决人生的问题；她甚至还意识不到这种问题的存在；她所有的一切力量，由于受到压抑而变得更加强烈，全部倾注到这个断然的声明之中："我爱"，"我恨"，"我痛苦"。

那些自我中心、自我限制的作家们，自有一种力量去摒弃那种更加广泛、宽容的观念。他们的印象，在狭隘的墙壁之间被紧紧地束缚住了，并且被打上了深深的印记。从他们头脑中产生的东西，无不打上他们的印记。他们向其他作家所学甚微，而被他们所采纳的成分，他们又不能消化吸收。看来哈代和夏洛蒂·勃朗特似乎都在一种拘谨而有教养的报刊文字的基础之上建立了他们的风格。他们的散文的主要成分是笨拙而难以驾驭的。然而，通过艰苦的劳动和最顽强的整体性，他们把每一种思想加以推敲斟酌，直到它征服了文字，使之与它本身化为一体，他们为自己铸造出一种完全合乎他们思想模式的散文，而且它有一种独特的美感、力量和敏捷。夏洛蒂·勃朗特至少没有从广泛的阅读中得到什么好处。她从来也没有学会职业作家的行文流畅，或者获得任意堆砌和支配文字的能力。她写道："我永远也不能从容自如地与强有力的、考虑周全的、温文尔雅的头脑交往，不论对手是男是女。"这似乎很可能出自在外省杂志上投稿的头面作家的手笔；但她集中了火力，增加了速度，接下去用她自己权威性的声音说道："直到我已越过了传统的保留态度的外围工事，跨过了自信心的门槛，在他们内心的炉火旁边赢得一席之地。"就在那儿，她坐了下来；正是那内心之火的红色的、闪烁的光芒，照亮了她的书页。换言之，我们阅读夏洛蒂·勃朗特的作品，并非由于她对人物细致入微的观察——她的人物是生气勃勃、简单粗糙的；并非由于她书中的喜剧色彩——她的书是严厉、粗犷的；亦非由于她对人生的哲学见解——她的见解不过是一位乡村牧师女儿的见解；我们阅读她的作品，是为了它的诗意。或许所有那些具有与她同样不可抗拒的个性的作家都是如此，结果他们就像我们在真实的日常生活中所说的那样，他们只要把门打开，使别人感觉到他们的存在，他们就赢得了人们的好感。在他们的心中，有某种桀骜不驯的、凶猛可怕的力量，永远在和那已被人们所接受的事物的秩序作斗争；这使他们渴望马上有所创造，而不是耐心地袖手旁观。正是这种渴望创作的热情，抗拒了一部分黑暗的阴影和其他次要的障碍，避开了普通人的日常行为而迂回曲折地前进，并且使它自己与他们更加难以表达的种种激情结成了同盟。这使他们成为诗人，或者，要是他们情愿用散文来写作的话，使他们不能容忍它的限制约束。正是为了这个原因，艾米莉和夏洛蒂姊妹俩总是求助于大自然。她们俩都感觉到，需要有某种更强有力的象征，它比语言或行动更能表达人类天性中巨大的、潜伏的种种激情。夏洛蒂最优秀的小说《维莱特》，正是以对于一场暴风雨的描写来结尾的。"夜幕低垂，天空昏暗——一艘破船从西方驶来，云彩变幻成种种奇异的形态。"她就是这样借助于大自然，描述了一种非此不足以表达的心境。然而，对于大自然，她们姊妹俩都不如桃乐赛·华滋华斯[1]观察得那么精确，也不如丁尼生[2]描绘得那么细腻。她们抓住了大地上和她们自己的感情或她们赋予书中人物的感情最为接近的那些方面，因此，她们笔下的风雨、沼泽和夏季可爱的天空，并非用来点缀一页枯燥文字或表现作者观察能力的装饰品——它们使那种情绪继续发展，显示了作品的意义。

一部作品的意义，往往不在于发生了什么事情或说了什么话，而是在于本身各不相同的事物与作者之间的某种联系，因此，这意义就必然难以掌握。对于像勃朗特姊妹那样的作家，则情况尤其是如此。这是带有诗人气质的作家，她要表达的意义和她所使用的文字不可分离，而那意义本身，与其说是一种独特的观察，还不如说是一种情绪。《呼啸山庄》是一部比《简·爱》更难理解的作品，因为艾米莉是一位比夏洛蒂更伟大的诗人。当夏洛蒂写作之时，她以雄辩、华丽而热情的语言来倾诉："我爱"，"我恨"，"我痛苦"。她的经验虽然更为强烈，却和我们本身的经验处于同一个水平上。然而，在《呼啸山庄》中，却没有这个"我"。没有家庭女教师，也没有雇用教师的主人。有爱，然而却不是男女之爱。艾米莉是被某种更为广泛的思想观念所激动。那促使她去创作的动力，并非她自己所受到的痛苦或伤害。她朝外面望去，看到一个四分五裂、混乱不堪的世界，于是她觉得她的内心有一股力量，要在一部作品中把那分裂的世界重新合为一体。在整部作品中，从头至尾都可以感觉到那巨大的抱负——这是一场战斗，虽然受到一点挫折，但依然信心百倍，她要通过她的人物来倾诉的不仅仅是"我爱"或"我恨"，而是"我们，整个人类"和"你们，永恒的力量……"这句话并未说完。她言犹未尽，这也不足为奇；令人惊奇的却是她完全能够使我们感觉到她心中想说而未说的话。它在凯瑟琳·恩肖那句半吞半吐的话中涌现出来："如果其他一切都毁了而他留了下来，我将继续生活下去；如果其他一切都留下而却把他给毁了，整个宇宙将会变成一个极其陌生的地方；我就似乎不再是它的一部分了。"她在死者面前所说的话中，这种思想观念又一次迸发出来："我看到一种无论人间还是地狱都不能破坏的安息，我感觉到对那永无止境的、毫无阴影的来世生活的一种保证——他们已进入了永恒的来世——在那儿，生命无限地绵延；爱情无限地和谐；欢乐无限地充溢。"正是对于这种潜伏于人类本性的幻象之下而又把这些幻象升华到崇高境界的某种力量的暗示，使这部作品在其他小说中间显得出类拔萃、形象高大。然而，对于艾米莉·勃朗特来说，仅仅写几首抒情诗，发出一阵呼声，表达一种信念，是远远不够的。在她的诗歌中，她已彻底做到了这一切，而她的诗歌或许会比她的小说留传得更久。但她是诗人兼小说家。她必须使她自己承担一种更为艰巨而徒劳无功的任务。她必须面对其他各种生存方式的事实，和关于客观事物的机械论作斗争，以

① 桃乐赛·华滋华斯(1771—1855)，英国作家，著名的桂冠诗人威廉·华滋华斯之妹。——译注

② 丁尼生(1809—1892)，英国著名诗人。——译注

可以识别的形态来建立农庄和房舍，并且报道在她本身之外独立生存的男男女女的言论。于是我们达到了这些情绪的顶峰，并非借助于夸张或狂放的言词，而是通过听到一位坐在树枝上摇晃的小姑娘独自吟唱古老的歌谣，看到荒野的羊群在啮草，听见柔和的风轻轻地吹过草地。那个农庄中的生活，以及它的一切荒唐无稽的传说，就赫然呈现在我们眼前了。她给了我们充分的机会，使我们可以把《呼啸山庄》与一个真实的山庄、把希思克厉夫与一个真实的人物互相比较。她允许我们提出疑问：在这些与我们自己通常所见的人们迥然相异的男男女女之中，如何会有真实性、洞察力或那些更为优美的情操？然而，甚至就在我们提出问题之时，我们在希思克厉夫身上，看到了一位天才的姐妹所可能看到的那个兄弟；我们说，不可能会有他那样的人物，然而，尽管如此，在文学作品中，却没有一位少年的形象比他更为生动逼真。凯瑟琳母女俩也是如此。我们说，没有任何女人会有她们那种感受，或者会以她们那种方式来行动。尽管如此，她们还是英国小说中最可爱的妇女形象。艾米莉似乎能够把我们赖以识别人们的一切外部标志都撕得粉碎，然后再把一股如此强烈的生命气息灌注到这些不可辨认的透明的幻影中去，使它们超越了现实。那么，她的力量是一切力量中最为罕见的一种。她可以使人生摆脱它所依赖的事实；寥寥数笔，她即可点明一张脸庞的内在精神，因此它并不需要借助于躯体；只要她说起荒野沼泽，我们便听到狂风呼啸、雷声隆隆。

＝补充材料＝

她（奥斯丁——编者）把她那刻画英国上流社会人士生活外貌的行当干得异常出色。她的绘画犹如中国画一般惟妙惟肖，刻意求工。她不用任何强烈的东西来骚扰她的读者，不用任何深刻的东西来使他不宁。她全然不知激情为何物；她甚至拒绝同那些性情暴烈的姐妹有泛泛之交。甚至对于诸般情感，她也保证不同它们发生超乎偶然的文雅的但疏远的相识关系——如果同它们过从太密，就难免打乱她平滑而优雅的步履。她涉及人的心灵，还不及涉及人的眼、口、手、足的一半。凡属敏锐的观察、伶俐的口齿、灵巧的动作，都适合她仔细揣摩；但凡心灵的剧烈而隐晦的悸动，血液的急速流涌，生命的无形的活动场所，以及死亡的有知觉的袭击目标，——这一切，奥斯丁女士无不置若罔闻。正如每个人用自己的肉眼看不见他起伏的胸膛内的那颗心，同样，她用的心灵之眼，也看不见她的同类的心。（杨静远译）

（英）夏洛蒂·勃朗特：书简，《奥斯丁研究》，朱虹编选，
中国文联出版公司，1985 年版，第 53 页。

《呼啸山庄》是表现艾米莉感情、愿望、创造、思索和理想的一幅图画。总而

言之，是她的真实历史。在这本书中有着更充沛的活力、更丰富的情感、更离奇的炽烈的热情和崇高的爱恋；用来一次又一次地激励和平静无数的英雄人物，无数幸福的或者不幸的人物。

从来也没有什么事情降临到她家里，可是又没有一件事情与她不相干，没有一件事不以一种无比的力量、无比的美、无比的简洁和无比的雄浑来影响她的心灵。既然在她周围发生的一切，她耳闻目睹的一切，到她那儿全都变成了她对生活的思索、感情、宽宏大量的爱、赞赏和崇敬：那么她似乎是没有遇到过什么事情，至少可说，她没有遇见较之其他大多数人更加深有体会和更加实在的事情。

一件事情发生在我们家或邻居家又有什么关系呢？从云层降落下来的雨水，属于那些去盛接它的人，偶然一个动作中所包含的幸福、美、有益的焦虑和宁静，只属于那些学会了思索的人。她从来没有恋爱过，从来没有听见过幽径上响起恋人美妙动听的脚步声。她在二十九岁死去时还是一个处女。可是，她却已经懂得了爱情，谈论了爱情，进入了爱情的最难以置信的神秘之中；以致当那些多次恋爱过的人从她那里读到爱情的言语、激情和神秘时，有时会自问该怎样来称呼他们自己的感情了。与艾米莉所描绘的爱情相比，那种感情显得苍白无力，只不过是逢场作戏罢了！

凯瑟琳对保姆谈到她的恋人——她周围人人讨厌欺侮、而唯独她爱慕的那个人——的时候说："我在这个世界上最大的痛苦就是希思克厉夫的痛苦，而且我从一开始就注视着和感觉到他的每一桩痛苦。我的生活的中心思想就是他。如果别的一切都毁灭了，只要他还在，我就能继续活下去；如果别的一切还在，而他却消灭了，这个世界对于我将成为一个极陌生的地方；我就不会是其中的一部分。我对林顿的爱像是树上的叶子。我完全明白，时间会使它改变，就跟冬天使树木发生变化一样。而我对希思克厉夫的爱就像树下永恒不变的岩石，虽然它不能带来多少有形的欢乐，却是不可缺少的。耐莉，我就是希思克厉夫！他永远永远在我的心里；并不是作为一种乐趣——就像我对我自己并不总是一个乐趣"。"我爱他，并不是因为他漂亮，而是因为他比我更像我自己。不论我们的灵魂是什么材料构成的，他的灵魂和我的一模一样，……"艾米莉是从哪里听到这番可谓是前无古人的言词的呢，还不就是从她心里流露出来的吗？

她怀着一种可能使我们微笑的天真纯洁，绕着爱情转圈子；但是她又是从哪儿弄懂所有这些最深沉、最不合逻辑、最出乎意料、最难以置信然而却又是最真实的爱情的真谛呢？按理说，她必须在这三十年中一直过着狂热的爱情生活，一对命中注定的情侣的狂热之中向我们指出下面这些最为矛盾的行动：使人痛苦的柔情和使人幸福的冷酷，祈求死的真福和伴随生活的悲伤，既欲希望又醉心摈斥希冀，充满怨恨的爱情和在爱情的压力下摇摆着的怨恨……（何琬心、胡宗泰译）

（比）梅特林克：论艾米莉·勃朗特，《勃朗特姐妹研究》，杨静远编选，中国社会科学出版社，1983 年版，第 214—216 页。

＝问题研讨＝

1. 奥斯丁说她喜欢"描绘一个村镇上的三四户人家"，在一块"两吋象牙"上"用一支细细的画笔轻描慢绘"，而最早对奥斯丁小说进行评论的同时代作家司各特也认为她擅长描写"凡人小事"，由此看来，奥斯丁是个题材狭窄、文风纤弱的作家吗？奥斯丁的小说缺乏"深度"吗？你欣赏奥斯丁吗？为什么？如何领会奥斯丁小说的叙述技巧和反讽笔调？

2. 奥斯丁的写作处于浪漫主义时期，但夏洛蒂·勃朗特认为奥斯丁"全然不知激情为何物"，你认为这一指责是否有道理？她的小说是不是"反浪漫主义的"？奥斯丁如何看待"理智与情感"之间的关系？

3. 简·爱为什么要离开桑菲尔德庄园？最后她又为什么回到罗切斯特身边？这个"不美、穷、矮小"的女子具有怎样的个性？为什么说她是文学中一个新型的女性形象？她的爱情是又一个灰姑娘式故事吗？《简·爱》中有哪些"不大可能的情节"？

4. 希思克厉夫与凯瑟琳的爱是一种"非人间的感情"吗？希思克厉夫是一个"恶"的形象吗？小说的"荒原色彩"具有怎样的艺术功能？艾米莉·勃朗特是一位神秘主义作家吗？

5. 勃朗特姐妹在创作上各有什么特色？你认同伍尔夫的观点(即艾米莉比夏洛蒂更伟大)吗？怎样理解勃朗特姐妹创作中的"激情"？勃朗特姐妹评论的重心转移说明了什么？

＝研究实践＝

1. 奥斯丁的小说能否分为前后两个时期？若是，她的后期作品比起她的前期作品来，风格上有无变化？(参阅威尔逊《漫谈简·奥斯丁》，见《奥斯丁研究》)

2. 论奥斯丁的婚姻观。

3. 比较简·爱与蓓基·夏泼。

4. 谈谈"顶楼上的疯女人"。(参阅方平《为什么顶楼上藏着一个疯女人?》，上海译文出版社，1994 年版)

5. 英国作家毛姆论《呼啸山庄》时说，"我想不出另外还有哪本书，把爱情的痛苦、欢乐和残酷无情表现得如此强有力。"你认为呢？

6. 简论哥特小说对勃朗特姐妹创作的影响。(参阅罗伯特·海尔曼"夏洛蒂·勃朗特的'新'哥特体小说"一文，见《勃朗特姐妹研究》)

7. 19 世纪的英国文坛女性作家崛起，成就斐然，堪与男子一争高下，除了奥斯丁和勃朗特姐妹，你还知道哪些女作家？

选文:《匹克威克外传》[1]

导言——

英国小说家杰斯特顿(G. K. Chesterton,1874—1936)是19世纪末20世纪初最著名的狄更斯评论家之一,原文选自他的专著《查尔斯·狄更斯》(1906)。

狄更斯的作品笔调幽默,充满人间烟火的温暖气息,狄更斯已成为英国文学传统的重要组成部分。不过,当时的文学评论家们在关注狄更斯人道主义思想、讽刺才华的同时,对作品的艺术性颇多微词。他们认为,狄更斯的艺术过于夸张,感情矫揉造作,小说结构松散,只塑造了一些扁形人物。

杰斯特顿则独辟蹊径,通过条分缕析地解读《匹克威克外传》,提出不能用小说的通常标准来把握狄更斯的作品,狄更斯并不像普通现代小说家那样追求经验变幻与人物成熟,狄更斯所凭借的是平民的传统,他创造神灵似的人物,夸大人生中的欢畅精神。

在杰斯特顿看来,狄更斯所塑造的人物不是人而似"神",因此必须用另一种标准来解读,即从狄更斯根深蒂固的平民传统出发,以神话与民间文学的标准加以衡量,而狄更斯的成名作《匹克威克外传》,就充满了这类永恒的青春气息——类似诸神漫游英国的气息。杰斯特顿称狄更斯为英国"最后一个神话作家,也许还是最伟大的神话作家"。

通过写《匹克威克外传》,狄更斯从比较低的水平一下跃到很高的水平。他以后再也没有降到《博兹札记》的水平。他以后是否又达到《匹克威克外传》的水平,也很可怀疑。《匹克威克外传》确实不是一部好小说;但也不是一部不好的小说,因为它根本就不是小说。就某种意义来讲,它确实高出小说之上,因为没有一部有情节安排和妥善结尾的小说迸发过那种永恒的青春气息——一种类似诸神漫游英国的气息。这并非一部小说,因为凡是小说都有结尾;而严格来讲,《匹克威克外传》并没有结尾——匹克威克简直就像天使。事实上,我们看到白纸黑字完结的地方并不就是照艺术意义来讲的结尾。我小时候就以为,我那本《匹克威克外传》后面准有一些页被撕掉了,我现在还是觉得好像缺页似的。这部书本来可以在另外随便什么地方结束。可以在匹克威克先生被纳普金斯先生释放之后,也可以在匹克威克先生被人从水里捞出之后,总之可以在一百个别的什么地方结束。这样,我们还是会认为这并不是故事的真正结尾。我们会认为匹克威克先生还是走着同样的大道,经历着同样的冒险。事实上是,这部书刚好在匹克威克先生在德里治附近租了一所房子之后就结束了。

---

① 选自《狄更斯评论集》,罗经国编选,上海译文出版社,1981年版。

但是我们知道他不会就此停步不前。我们知道他会走出去，重新踏上冒险的道路；我们还知道，如果我们在英国不管什么地方踏上这条道路，我们就有可能在小路上冷不防碰到他。

但是关于《匹克威克外传》与严格的小说形式之间的关系，这里还需要再讲几句话，这本来是在探索狄更斯的任何一部小说或全部小说之前就应该讲的。狄更斯的作品根本不能用小说的标准来衡量。衡量狄更斯的作品从来就是看人物，有时是看各类人物，更多的时候是看故事片段，但从来不用小说的标准。人们不能讨论《尼古拉斯·尼克尔贝》算不算一部好小说，或者《我们共同的朋友》算不算一部不好的小说。严格说，并不存在《尼古拉斯·尼克尔贝》这类小说，也不存在《我们共同的朋友》这类小说。它们不过是从那种叫做狄更斯的流动不息的混合物质中分割出来的段落。这种物质中任何一个特定段落必然同时包括一部分特别出色和一部分糟糕的东西。你尽可以按照你的意见说，"克伦姆兰斯这一部分写得好极了"，或者"写波芬夫妇是个错误"。这种情况正像一个人望着河水在身边流过，时而看到漂过水面的花朵，时而看到浮现的片片渣滓。但是你却不能按艺术的标准把狄更斯的产品分成一部一部的书。即使在他最差的著作中也能见到他最好的文笔。《双城记》是一部好小说；《小杜丽》不是一部好小说。但是《小杜丽》中"繁文缛礼局"那段描写却可以同《双城记》中"台尔生银行"那段描写媲美。《老古玩店》比不上《大卫·科波菲尔》，但是斯威夫勒却可以和密考伯相提并论。一般来说，没有任何理由可以认为这些卓越的人物应该在这一部小说而不是在另一部小说中出现。没有任何理由可以认为山姆·维勒在漫游中不应该信步走进《尼古拉斯·尼克尔贝》一书中去。也没有任何理由可以认为巴格斯托克少校不会从《董贝父子》中出来，一下子走进《马丁·朱什尔维特》。对于这个概括的看法要来点修正。《匹克威克外传》别具一格，甚至还具有一种不强求统一的统一性。《大卫·科波菲尔》也别具一格，尽管稍逊一筹，因为写他自己的只有这一本书；《双城记》之所以别具一格则是由于它是狄更斯稍稍改头换面的结果。但是整个看来，应该牢牢掌握住这一点，狄更斯的作品单元——基本组成元素——并不是故事，而是那些影响故事的人物，或者说，更常见的是那些不影响故事的人物。

这是明摆着的事实；但是除非明说出来，亲身感受到这一点，否则狄更斯就可能受到极大的误解和极大的贬低。因为不仅他的整套手法都是为了让某些人物得以达到自我表现的目的，而且在他身上也存在着某种更为深刻和更加非现代的东西。同样真实的是：整个致动机制都是为了表现完全静态的人物而存在的。狄更斯故事里事物的变化只是为了让我们瞥见那些不发生变化的大人物。如果十年后我们见到匹克威克其人，他准还是同样的年龄。我们知道他不会陷入使纽可姆上校①临终前得到快慰和安心的那奇异而美妙的第二次孩童时期。纽可姆在全书中都处在时间气氛

① 纽可姆上校，萨克雷小说《纽可姆一家》中的人物。——译注

的笼罩之下;匹克威克在全书中却不是这样。这一点很可能会被大多数现代人理解为赞扬萨克雷和贬低狄更斯。但这只说明理解狄更斯的现代人多么少。这也说明理解人类信念和寓言的人多么少。这个问题只有用一种说法才能大体上说明白,那就是:严格地说,狄更斯并没有创作一种文学;他创作的是一种神话。

近年来,我们西欧这个角落对于这种我们称之为小说的东西着了迷;换句话说,对于为供我们观赏而写下我们自己的生活或类似我们自己的生活着了迷。但是尽管我们称之为小说,它同旧文学的不同主要在于虚构性的减少。小说不仅模仿生活,而且模仿生活的局限;它不仅再现生活,而且再现死亡。但是超出我们的天地之外,在任何别的国家和任何别的时代,从一开头就有着一种虚构性更强的小说。我指的是现在称为民间传说的人民文学。我们的现代小说照人的本来面目去写人,这主要是社会中一小部分受过教育的人创作的产品。但是另外这种文学却写比人还伟大的巨人——神人和英雄;这就远远不是受教育的阶级所能完成的重大任务。创作奇迹是一种民间流行的行业,就像耕田或砌砖一样;那些架篱笆的人,那些挖沟渠的人,也就是创造神的人。人们不能选出自己的国王,却能选出自己的神。所以我们就面对着一种介于那种叫做小说的东西和那种叫做民间传说的东西之间的基本对比。一种表现出我们日常生活局限内超乎寻常的灵活技巧;另一种则表现出超越那些局限的十分正常的愿望。小说是不平常的人所见的平常的事物。神话故事则是平常人所见的不平常的事物,

随着我们的世界在历史中前进到现在这段时期,这个世界已经变得分工更细,更不带全民性,民间传说也就逐渐变成了小说。但是古时的仙火慢慢才变成了一股写实主义的光亮。在我们的人物穿上世人服装已经若干世代之后,他们身上还是可以看出神的气质。连我们的词汇也充满了这类残余。遇到一部现代小说写一个性格软弱的办事员由于不能确定同哪个女人结婚或者信仰哪一种新宗教而感到惶惑不安,我们还是把这个没勇气的家伙叫做"主角"(英雄)——这原是对阿基里斯高贵品质的称呼。一般人对于"圆满结局"的偏爱并不只是一种肤浅的乐观主义;这是斩魔人获胜这个旧观念的残余,也是天之骄子的最后神化。

但是这种褪了色的超自然主义还有另外一种更加难以捉摸的痕迹——这种痕迹读者感到很真切,但是批评家却把握不住。这是故事插曲中某种无止无尽的气氛,即便在最短的故事插曲中也是这样——这就是在我们读完之后觉得故事还在继续下去的那种感觉。我们现代人对短篇小说的爱好并非由于形式上的偶然性;这是对于时光的转瞬即逝和事物的脆弱易毁真正感受的表现;这表示存在只是一种印象,也许还只是一种幻象。今天的短篇小说带有梦的意味;它带有谎言所独有的那种不可追回的美;我们瞥见了伦敦灰蒙蒙的街道、印度的红土平原,像是鸦片烟引起的幻觉,我们看见了一些人——一些引人注目的、长着一张张热情而吸引人的面孔的人。但是等到故事一完,人物也就无影无踪了。我们在故事插曲后面,察觉不到任何终极的和经久的东西。一句话,我们现代人用短篇小说写人生,因为现代人总是认为人生本身就

是一篇不平常的短篇小说，也许还是一篇不真实的短篇小说。但是在那种古老的文学中，甚至在喜剧文学中（的确，特别是在喜剧文学中），事实却正好相反。人们感到人物是固定不变的东西，我们对人物只能有转瞬即逝的瞥见，换句话说，人们感到这些人物是神。托比叔叔总是说个没完，正像小鬼们总在跳舞一样。我们感到只要我们一敲福斯塔夫的房门，福斯塔夫一定在家。我们这种感觉就像异教徒所感受的一样。异教徒觉得在若干不信神的世代过去之后，如果一声呼喊打破了沉寂，那么阿波罗还是会在神殿里谛听这种声音。这些作家写的可能是些短篇小说，但是我们总感到这些只是一个长篇小说的片段。专为我们的使童们创作的廉价恐怖小说和普通印刷品所具有的特殊意义、甚至特殊神圣之处就在这里。尽管受着低级文化的指责，愚蠢的行政长官的怒骂和愚蠢的教师的讥笑，这里以暗淡和绝望的形式出现的是仍然流行的古老的通俗文学；这里就有不容置疑的大量书册：那许许多多关于神枪手狄克的故事，颇似许许多多关于罗宾汉的故事。这里就有那位了不起的很少显出变化的少年，就是那位在一千卷书里经过一千年也不会改变的少年。这里，在一些陋巷和阴暗的铺子里，在警察的盯梢和侮辱下，人类还是在暗中进行贩卖英雄这号生意。而在另外的国度，在任何其他时代，在更加晴朗的天空下，同样的讲故事则以更大胆的形式永不改变地继续下去，整个人世间也就成了生产神人的工厂了。

与其说狄更斯是一位小说家，不如说他是一位神话作家；他是最后一个神话作家，也许还是最伟大的神话作家。他并不是总能把他笔下的人物写成人，但他至少能把他笔下的人物写成神。他们是笨趣[①]或圣诞老人一类的人物。他们过着不变的生活，永远过着自己的盛夏季节。狄更斯的目的并不在于显示时间和环境对人物所产生的影响，甚至也不在于显示人物对时间和环境所产生的影响。顺便说一下，值得注意的是：只要他想写人物的变化，他准会弄得一团糟，例如写董贝的忏悔或波芬的明显堕落。他的目的乃是把人物悬在快乐的真空当中，悬在一个脱离时间的世界当中，也就是悬在一个基本上脱离开环境的世界当中，虽然这个说法跟《匹克威克外传》里的神圣闹剧连在一起不免显得有些古怪。然而匹克威克所遇到的全部事件，尽管往往荒诞无稽，都只是为了显示灵魂中更大的荒诞，或者尽可以说，有时只是为了让读者感到那种荒诞才构思出来的。作者会在圣诞节用大炮把匹克威克先生射到华德尔家去；作者会把屋顶掀掉，让他掉下来参加鲍伯·索耶的晚会。但是只要把匹克威克先生弄到华德尔家，嘴里喝着混合甜饮料，身边围坐着许许多多衣着华丽的人物，那时他就坐在椅子上寸步难行了。只要他来到了鲍伯·索耶的晚会，怎么去的他就会忘得干干净净；他就会把巴德尔太太和他的故事丢在脑后。因为故事只是召唤神的魔法，而神（杰克·霍布金斯先生）也就带着神的力量出现了。重要人物一旦面面相对，他们借以攀登上来的梯子就被人忘掉而倒下，故事的结构一下子土崩瓦解，故事

① 笨趣(Punch)，英国民间木偶剧中的滑稽角色。——译注

的情节无人过问了，其他人物则在危机时刻纷纷离去；故事中整个街道交通的拥塞都是由于两三个饶舌的人拦住去路。这些人一副安然自得、超脱不群的神气简直就像他们早已进到天国一样。因为他们并不是为了故事而存在；倒是故事为了他们而存在；这一点他们是懂得的。

人们一定希望，从某种意义上讲，每个活着的人都曾遇到过这样的事：某个夜晚，同十分倾心的朋友们围坐桌旁，当时这许许多多的人物都在倾诉自己心里的话，好像热带盛开的花朵。每个人就像在一出即兴演出的、令人高兴的剧中扮演一种角色那样。每个人比在尘世中任何时候都显出更多的本来面目。每个人都成了一幅自己的美好的漫画。经历过这样夜晚的人，就会懂得《匹克威克外传》中的夸大，而没经历过这样夜晚的人则不会喜欢《匹克威克外传》，（我认为）也不会喜欢天堂。因为就像我说过的那样，在这个问题上，狄更斯接近通俗的宗教，这种宗教是最后的可靠的宗教。他设想出一种永无尽止的快乐，他设想出像喜欢恶作剧的妖精和半人半羊的牧神一样永远存在的人物，这类人物想世世代代活下去的愿望是无止境的。作为作家来说，狄更斯的出现不是为了让他的人物模仿生活和模仿生活的狭小圈子；他的出现是为了让他的人物享受生活和享受丰富的生活。因为基督教徒想让生活永不停息就说基督教徒是生活的仇敌，这固然荒谬，因为旧的喜剧作家希望他们那些不变的人物永远存在而说这些作家呆板，那就更其荒谬了。通俗的宗教给人无穷的快乐而旧的喜剧故事则给人无穷的笑谈，这两者在我们这个时代都销声匿迹了。我们已经软弱到不再需要那种永不衰竭的活力的程度。我们相信人们享受好事情会过了头。这种不敬的信念一下子把人们向往的天堂都化成泡影。古代敢于蔑视上帝的大人物并不惧怕永世的折磨。我们却已经变得害怕永世的快乐。我并不想在那些喜欢生活和长篇小说的人同那些喜欢死亡和短篇小说的人之间的对立中赞成哪一方面。我只想指出，有些人认为狄更斯的永不改变的人物以及反复出现的口头语不过是僵硬不化和停滞不前，他们完全不理解他的作品的立意和性质。狄更斯的传统是另一个传统，他的目标也是另一个目标，完全不同于现代小说家的传统和目标，后者所追求的是经验的和人物的成熟。狄更斯站在那里创造神，像所有时代的平民一样，他站在那里，像我说过的那样，夸大生活中的生活面。他内心所赞扬的乃是两位朋友之间通宵对饮畅谈时的那种精神。然而对他来说，他们就是两位永生的朋友，从取之不尽的酒瓶中不断倾酒对饮，彻夜不停地交谈着。

这就是关于《匹克威克外传》第一件要掌握的确凿的事实——其切合《匹克威克外传》的程度超过了任何其他故事。它首先是一篇超自然的故事。匹克威克先生是一位神仙。老维勒也是一位神仙。这并不是说他们适合于荡游丝秋千；这只是说，如果他们从游丝秋千上掉下来，头先着地也不会死去。但是严格地讲，塞缪尔·匹克威克先生并不是那位神仙；他是那位神仙王子；换句话说，他是个抽象的处处感到惊异的漫游者，是个喜剧中的尤利西斯——一个半人半仙的人物，其人性部分足以漫游四方，足以感到惊异，但是仍然带有神人所特有的欢乐的宿命信念，也就是说在最黑暗的时刻，神意会暗示他注定要永远快乐地生活下去。他启程走向天涯海角，但是他心里知道他会在哪里找到栖身的旅舍。

这就把我们带到《匹克威克外传》的独创性中最好的和最大胆的部分上来。我认为人们还不曾察觉到这一点，或许狄更斯也没有察觉到这一点。他确实不是事前安排要这样写，这是慢慢生长出来的，也许来自他灵魂中下意识的部分，像一团慢慢燃烧的火温暖着整篇故事。当然它也改变了整个故事；把它改变得面目全非。围绕后面这一点展开了关于狄更斯的无数小论战当中的一场。他的一部分好斗的虚荣心使他拒不接受哪怕是最温和的中肯批评。另外，他借他那用之不竭的创作才能找到一种辩解，这种辩解一般来说都是事后的回想。在回答批评的时候，他不是含笑地承认俾克史涅夫的光辉形象的不合情理，而是用一种机灵的、非常不公正的讥笑去反驳，说俾克史涅夫一家人居然不承认俾克史涅夫的画像并不使他感到惊奇。当人们反驳说老保罗·董贝的自尊心像木棒那样突然一下折断的时候，狄更斯就想证明那位绅士心中一直在进行着一场动人心魄的心理斗争，由于读者愚蠢才没有察觉出来。我想这是胡说。有些人向他指出了那件明显而不特别使人震惊的事实——我们对于匹克威克的感情在书中第二部同第一部就大不相同，我们在故事开头发现自己陪着一个即使不是个老骗子也是个滑稽可笑的老头子出发，而在故事结尾则发现自己在向一位体面的英国商人告别，这商人正是和蔼可亲、心智健全的典范。狄更斯回答这些人用的是同样的语调。同在别的场合一样，他还是用同样巧妙的自我辩解来回答。他说当然常常发生这样的事，我们刚认识一个人，往往只看到他的古怪的习性，熟了之后才发现他真正的优点。这当然完全正确，但是我认为任何一位真心喜爱《匹克威克外传》的人会觉得这不算一个回答。因为《匹克威克外传》的缺点(如果这算缺点的话)在于一种不在主角身上而在整个气氛中发生的变化。重要的不是匹克威克变成了另外一种人，重要的是《匹克威克外传》变成了另外一类书。不管两部分的艺术性如何，在严格的艺术中，这种结合必然叫做非艺术的结合。一个人写一篇故事，让一个像鲍伯·亚克斯[①]那样怯懦的人变成一个像赫克托耳一样勇敢的人，这在艺术上是站得住脚的。但是写一篇故事，开头的文体像《情敌》，而结尾的文体却像《伊里亚特》，这在艺术上却说不过去。换句话说，我们并不介意主人公在书中发生变化；我们不愿意看到的是作者在书中发生变化。在本书中作者确实发生了变化。他在这本书的中间，做出一个大发现，他发现了他的命运，或者更重要的是，发现了他的责任。这个发现使他由《博兹札记》的作者成了《大卫·科波菲尔》的作者。这个发现构成了我已经说过的那件事实——《匹克威克外传》的突出的、引人入胜的独创特色。

① 鲍伯·亚克斯，18世纪英国戏剧家谢立丹的戏剧《情敌》中的人物。——译注

我已经说过,《匹克威克外传》是一部讲冒险的空想小说,而塞缪尔·匹克威克就是一个富于空想的冒险家。这些都非常明显。但是狄更斯的奇特的和震动人心的发现却在于这一点:在选定一个中产阶级的胖老头作为取笑的好靶子之后,他就发现这个中产阶级的胖老头是塑造空想冒险家最好的材料。《匹克威克外传》之所以特别具有独创性就在于它是一位老人的冒险故事。这是一部童话故事,但胜利者并不是三兄弟中年纪最轻的一个,而是他们叔伯中年纪最大的一个。其结果是高超、新颖和真实都兼而有之。没有比冒险故事更需要单纯的了。没有人比一位上了岁数的诚实买卖人心地更单纯的了。对于空想小说来说,他比一大伙年轻的行吟诗人都更合适;因为趾高气扬的年轻人心里早就料到自己的冒险,正像买卖人早就料到自己的收入一样。因此,在他急切追求冒险和收入的时候,却扑了个空。但是一个四五十岁的人已经习惯于无法避免的贫困,所以他的第一次休假就是重新回到青年时期。一位善良的人年纪越大,心地也就越单纯,这道理萨克雷讲得多么透彻和全面。塞缪尔·匹克威克在青年时期多半是个俗不可耐的花花公子。像金格尔那样的骗子玩弄的那种先取得信任后窃取钱财的骗局,他一概都懂或自以为一概都懂。像巴德尔太太那样狡猾的女人所耍的爱情密谋,他也全都明白或自以为全都明白。但是年岁的增长和现实生活使他忘掉了这种无用的坏知识。他的运气实在太好了。在他丢掉青年时期的愚蠢想法时,他把青年时期的智慧也一起丢掉了。狄更斯使用一种既粗犷而又令人信服的手法,抓住了在人生后期出现的这种独特的纯真。匹克威克那张圆圆的、月亮似的面孔,戴着那副圆圆的、月亮似的眼镜,在故事中到处出现,活像某种圆圆的简单纯真的象征。这些都刻画在婴儿脸上可以看到的那种认真的惊奇表情上,这种惊奇是人类可以得到的唯一真正的快乐。匹克威克那张圆脸就像一面可尊敬的圆圆的镜子,里面反映出尘世生活的所有幻象;因为严格地讲,惊讶是唯一的反映。所有这些都逐渐给狄更斯造成深刻的印象。如果我们想起原来的计划——写尼罗德俱乐部,想起那位原本打算把全部力量放在耍弄他所创造的人物上面的作者,我们就会感到奇怪。他已经选定(或者某个另外的人已经选定)那个大腹便便的老糊涂虫,让他掉进活板门,从涂油的滑梯上滑下去,在被褥叠得像苹果馅饼似的床上挣扎。从马车里掉进饮马池溅得个一身湿。但是狄更斯,也只有狄更斯,在他写下去的时候,却发现这个胖老头多么适合去解太太们的围,敢于藐视大人物,还会跳舞和跳跃,拿生活做试验,能当解救困境的神力,甚至可以当侠客。狄更斯发现了这一点。狄更斯去匹克威克俱乐部原是为了笑骂一番,而后来他却一直在祈祷。

当那位中产阶级的胖老头儒尔丹先生①高兴地发现他一生一直在讲散文的时候,莫里哀和他的侯爵们都觉得很开心。我时常想,不知道莫里哀是否看出在这件事

① 莫里哀喜剧《贵人迷》中的人物。——译注

上儒尔丹远远高出他们每人之上。他没有陈腐的定见,所以能感受新鲜的事物,也能感受由来已久的事物。他能感到散文这种常见的东西跟韵文一样是一门艺术;散文的确是跟韵文同样高超的艺术;散文是语言的奇迹。他能尝到水的微妙的滋味,像咂酒那样用舌头呷着水。他那单纯的虚荣心和贪婪,他对于生活的天真的热爱,他对学问的全然无知的向往,这些都比低声微笑的骑士那副无精打采和浮华派头更充满浪漫气息。他有意识讲的是散文,他下意识想的却是诗。如果我们意识到晚饭就是晚饭,或者生活就是生活,就像这个真正的浪漫主义者意识到散文确是散文一样,那该有多好。在这里儒尔丹是个典型。在另外一个地方匹克威克先生也是个典型。他们都代表这种真正的和被人忽略的东西——中产阶级的浪漫风气。我们这个卑不足道的时代已经以讥笑中产阶级为风气。伦敦艺术家们自称他们认为资产阶级沉闷无聊;那口气就好像艺术家们专管挑剔沉闷无聊的东西似的。颓废派艺术家轻蔑地谈到资产阶级的惯例和它要完成的任务,他们从来不曾想到惯例和它要完成的任务正是保持草绿花红——这种生命力他们已经永远失掉了——的唯一途径。斯蒂文生在他那篇精彩无比的《提灯笼的人》中描写一个男学生把黑大衣的纽扣扣紧,罩住遮光灯,为这件事而欣喜若狂。如果你想要男学生这种狂喜的心情,你就得要这个男学生;但是你一定还得要这个学校。少有的机会和限定的时间正是这一享受的存在条件。像匹克威克先生这样的人一生都在学校,他一走出学校就会把孩子们吓一跳。正像观察敏锐的心理学家维勒先生所指出的那样,他的心比他的身体降生得晚。人们会记得,匹克威克先生遇到文克尔和爱伦小姐有越礼行为的时候,也曾为表演提着一盏遮光灯而感到很大的乐趣,这盏灯由于遮光不够,成了一件大家都讨厌的东西。他的灵魂也跟斯蒂文生那些在哈丁顿的灰色沙滩上玩耍的、在海滨暗处谈话的孩子们在一起。他也属于《提灯笼的人》一伙。我还记得,斯蒂文生说过他们在那个镇上可以买到"廉价的匹克威克(那种很好的雪茄)"。让我们盼着他们吸到这些雪茄,盼着匹克威克的胖胖的鬼影在缭绕的烟气中袅袅上升。

匹克威克抱着一切冒险故事赖以存在的那种神圣的轻信态度投身到生活中去。初出茅庐的人不管在什么事情上最后都是胜利者;从生活中获取最多的人就是这种人。由于匹克威克被金格尔引入歧途,他将被带到白牡鹿旅社,看一下唯一剩下的、在院子里擦皮靴子的维勒。因为他受道孙和福格的骗,他就想当侠客进到狱中,把那两个最对不起他的男人和女人拯救出来。一个聪明到可以受愚弄的人,他的灵魂是决不会热衷于伟大功业和激动人心的事的。他陷进为他安排的圈套里还感到快乐;他会在罗网里打滚、入睡。一个人如果不是只凭勇气,而是具有更富挑战性的温和品性,那么所有的大门都会一下子向他敞开。全部道理可以确切地用一句难得的妙语表达出来——他永远要"上当"。到处上当也就是洞察一切。上当是环境对他的殷勤接待。生活举着火把、吹着喇叭像迎接客人似地接待这个初出茅庐的人;而怀疑论者却让生活给撵出门外。(张金言译)

═补充材料═

我们可以把人物分为扁形人物和圆形人物。

扁形人物在17世纪叫做“脾性”；有的时候人们把它叫做“类型”，有时又把它叫做“漫画”。当扁形人物以最纯粹的形式出现的时候，他们表现了一种单一的思想或品质。当他们身上更多一层因素时，他们就微微隆起，向圆形人物过渡了。真正的扁形人物可以用一句话加以概括，例如“我永远不抛弃密考伯先生”。这句话点出了密考伯太太——她说她不抛弃密考伯先生，她说到做到。密考伯太太就是这个样子。或者是“我要隐瞒东家的贫困，甚至找种种借口也要做到这一点”。这是《拉茂姆新娘》[①]的卡莱布·鲍尔德斯通在说话。这句话他并没有一字不差地说出来，但是它完完整整地表现了这个人物。这句话是他的全部；除此之外，他没有别的存在。他没有欢乐，没有个人的贪欲和个人的痛苦；而这种贪欲或个人的欢乐和痛苦本来会使最诚笃的仆人的性格也变得复杂化。不管卡莱布·鲍尔德斯通做什么事，不管他去哪里，不管他撒什么谎，不管他打碎什么样的碟子，他都是为了掩饰东家的贫穷。他不是偏执狂。因为他身上没有任何实体的部分可以让这种偏执狂的思想在上面扎根。他本身就只是这种思想。他所具有的那种生命是从这种思想的边缘散发出来的。小说中别的一些因素接触到他时，也是这种思想使他的生命发出火花。以普罗斯特为例吧。他的作品里有许许多多扁形人物，像巴马的公主或者勒葛朗廷。这种人物都可以用一句话概括。公主的话是：“我必须特别小心，要表现得和蔼可亲。”公主除了“特别小心”以外，其他什么事情也不做。书中比她复杂的人物一眼就看穿了她，因为她所表现的“和蔼可亲”，不过是她“特别小心”的副产品罢了。

扁形人物的一个很大优点是他们一出现，人们就能轻而易举地认出他们。读者是依靠感情的印象，而不是通过肉眼；因为肉眼只注意到一个人名的重复出现。扁形人物在俄罗斯小说中很少见，但也十分有用。一个作家若能一下子使出全部力量，对他是很有利的。扁形人物对作家的用处很大。因为扁形人物用不着一再介绍，他们永远不会逃跑；人们不用等着瞧他们的进一步发展。他们各自提供了特有的气氛——他们像一些预先定好尺寸的发光的小圆体，在无垠无际的太空和群星之间，像筹码似地被推到东，推到西，十分令人满意。

扁形人物的第二个优点是读者很容易记住他们。他们给读者留下的印象是，他们是一成不变的。因为他们并不随环境而变易。不管环境千变万化，他们依然故我。他们经历了各种情况，但回顾起来，他们却具有一种令人欣慰的品性。即使写他们的书已

① 司各特的小说。——译注

经化为乌有，他们还永世长存。《伊文·哈里顿》[1]中的伯爵夫人是一个很好的小小的例子。让我们比较一下我们对伯爵夫人的印象和对蓓基·夏泼的印象。我们记不得伯爵夫人的一举一动，她的经历和遭遇。我们只记得她的形态和她所惯用的一句老套话，就是"虽然我们为亲爱的爸爸感到骄傲，我们也一定不要流露对他的怀念"。伯爵夫人所具有的丰富的幽默全都出自这句话。她是一个扁形人物。蓓基·夏泼是个圆形人物。她也走在成功的大道上，但是我们不能用一句话概括她。我们想到她的时候，总是联想到她所经历过的、并且改变着她的许多巨大的场景。这也就是说，我们要记住她并不容易，因为她有时得势，有时失势，具有人的多样性。我们大家，甚至是那些阅历深的人，都希望永恒不变。而对那些头脑比较简单的人来说，艺术品的主要价值就在于永恒不变。我们都希望书本都能世代相传，永远成为读者寻找安慰的场所，书中的人物永远是一个样子，而扁形人物总可以证明自己具有这种特性。

尽管如此，那些尖锐观察日常生活的评论家们不赞成用这样的方法表现人性。他们的论点是，既然维多利亚女王不能用一句话概括，还有什么理由用这种方法来表现密考伯太太呢？我们最杰出的作家之一，诺曼·道格拉斯先生[2]，就是这种类型的评论家。下面我将要引他的一段话，有力地说明他为什么反对扁形人物。这段话摘自他给 D. H. 劳伦斯的一封公开信，他在和劳伦斯争论：这两个都是勇猛的斗士。那种格斗激烈的程度使我们大家都像是一群躲在帐篷里的妇女。道格拉斯抱怨劳伦斯为他们一个朋友写的传记中采用了"小说家的手法"，因而不够真实。他接着给"小说家的手法"下了定义：

> 我的意思是，小说家的手法，使人看不到普通人们思想的复杂性。它为了达到文学的目的，选择一个男子或者女子的某两三个特点，大抵是最引人注目的特点，也是人物性格中有用的因素，而对其他因素却置之不顾。任何成分，凡是不符合所选定的特征，都受到排斥——必须予以排斥，否则它所描绘的形象就站不住脚。这些和那些是基本材料；凡是和这些材料不一致的东西统统被抛到大海里去。结果是"小说家的手法"常常从一个错误的前提出发进行论争，喜欢的就采纳，其他的就摒弃。就它所选定的事实本身来说，也许是正确的。但是它所选的事实毕竟太少了。作者说的话可能是真的，但是他并没有反映了真实。这就是"小说家的手法"。它歪曲了生活。

好吧，既然没有一个人是简单的，所以用上面所阐述的那种"小说家的手法"写传记，这种传记必然是拙劣的。但是在小说创作中，"小说家的手法"却有它的地位。任何一部复杂的小说常常既需要圆形人物，又需要扁形人物。他们之间互相撞击，结果使作

---

① 英国作家梅瑞狄斯的小说。——译注

② 诺曼·道格拉斯(1868—1952)，英国小说家。——译注

品和生活十分相似，其精确的程度要胜过道格拉斯所说的。狄更斯的例子很说明问题。狄更斯的人物几乎都是扁形的（匹普和大卫·科波菲尔接近圆形，但并不是扎扎实实的，与其说他们是固体的，倒不如说他们更像泡沫）。狄更斯作品中的每个人物都可以用一句话概括，但却使人奇妙地感觉到了人的深度。可能是狄更斯所具有的那种巨大的生命力使他的人物也颤抖起来；以至于他的人物借助他的生命，好像他们自己也有了生命一样。这好像是玩魔术戏法。我们从一侧朝匹克威克先生看去，会发现他的厚薄不超过一张留声机唱片。但是我们从来没有看到过他的侧面。匹克威克先生太机警，太熟练。他总像是在权衡某一样事物。当他被关进女子学校的橱柜里时，他的重量和掉在温莎洗衣桶里的福斯塔夫几乎完全一样。狄更斯天才的一部分在于他采用了类型和漫画。他的人物第二次一登场，我们就认出了他们；然而达到的效果并不呆板，对于人的认识并不肤浅。那些不喜欢狄更斯的人能说出许多理由。他应该算是个坏作家。但事实上他是我们的大作家之一，而且他在描写人物类型万面所取得的巨大成就说明了扁形的内容可能要比那些比较严峻的批评家们所承认的更为丰富。

或者举威尔斯[①]为例。除了吉普斯和《东诺·邦盖》中的姑妈可能是例外，所有威尔斯的人物都像相片一样扁平。但是这些相片精力充沛，充满活力，使得人们忘掉他们的复杂性只在表面，万一相片给划破，或者卷了边，他们的复杂性也就会消失。威尔斯的人物确实不能用一句话概括。他十分致力于观察，他不创造类型。但是他的人物大多不能靠自己的力量跳动起来。是他们创造者的灵巧和强有力的手使他们动作起来，并且使读者感到他们有一种深度。像威尔斯和狄更斯那样优秀的，但又不是十全十美的作家善于传播自己的力量。他们小说中具有生命的部分使没有生命的那部分活跃起来，使小说中的人物有力地跳动。并且说出令人信服的话。他们和十全十美的小说家不同。十全十美的小说家直接触及他们所写的一切，他们那富于创造性的手指贯穿着每一个句子，每一个字。理查逊、笛福、简·奥斯丁就是这样的作家。他们的作品也许并不伟大，但是他们的手永远不离开他们的作品。他们的小说里没有从按门铃到门铃发出响声时的那一瞬的空隙。但这却发生在那些人物不完全受直接控制的小说里。

我们必须承认扁形人物本身并不像圆形人物那样，是巨大的成就。我们还必须承认扁形人物只有是喜剧人物时，才是最成功的。一个严肃的或悲剧性的扁形人物容易叫人厌烦。他们每次登场喊叫“报仇!”或者“我为了人类而哀痛欲绝!”之类的话，读者的心就凉了半截。当代一个颇受大众欢迎的作家写了一部传奇小说。小说环绕一个萨赛克斯的农民。他的老套话是“我要铲掉那棵野荆豆”。一边是一个农夫，一边是一棵野荆豆；他说要把它铲掉，也的确把它铲掉了，但是这句话和“我永远不抛弃密考伯先生”不同；因为这个言行一致的农夫使我们讨厌，我们对他是否铲掉了那棵野荆豆并不感到兴趣。如果对这句老套话进行分析，把它和作为人的这个农

① 威尔斯(1866—1946)，英国小说家。——译注

夫的其他方面联系起来看，我们就不再感到厌倦。因为，这句老套话不再代表农夫这个人的全部，而只是他的一种怪癖。换句话说，农夫也已经从一个扁形人物变成了一个圆形人物。只有圆形人物才适合扮演不受时间限制的悲剧性的角色，并且除了幽默和恰当的感觉外，能够激起我们的任何感情。(罗经国译)

(英)福斯特：人物面面观，《狄更斯评论集》，罗经国编选，
上海译文出版社，1981年版，第99—104页。

＝问题研讨＝

1. 狄更斯童年的经历对他的创作产生了什么影响？他的小说中有没有一种“孤儿意识”？他有哪几部以孤儿为题材的小说？

2. 狄更斯是不是一个现实主义作家？如何看待他小说中的夸张、怪诞的描写和失真的人物形象？

3. 什么是“扁形人物”？如何评价“扁形人物”？匹克威克先生是一个“扁形人物”吗？狄更斯小说中还有哪些“扁形人物”？

＝研究实践＝

1. 密考伯先生是狄更斯哪部小说中的人物？分析这一人物形象。

2. 谈谈“狄更斯的局限性”。(参阅亨利·詹姆斯“狄更斯的局限性”，《狄更斯评论集》)

3. 蓓基·夏泼是一个“圆形人物”吗？为什么？萨克雷小说《名利场》的书名得名于前人哪部作品？什么是“名利场”？

4. 19世纪前半叶英国“一派出色的小说家”主要指哪几位？

5. 比较狄更斯的《双城记》与雨果的《九三年》。

选文：论巴尔扎克[①]

导言——

马赛尔·普鲁斯特(Marcel Proust，1871—1922)为法国小说家，本文选自其专著《驳圣伯夫》第十一章“圣伯夫与巴尔扎克”。标题另加。普鲁斯特否认圣伯夫

① 选自普鲁斯特《驳圣伯夫》，王道乾译，百花洲文艺出版社，1992年版。此书可能写于1908年，生前没有发表，作者去世后由他人根据手稿整理成书(1954)。

的理论出发点，即作家的生平是作品形成的内在依据，从而为后来兴起的美国新批评开辟了道路。他提出了一系列关于感觉、印象、回忆以及情感、欲望的观点和分析方法。

普鲁斯特于文章起始部分辨析了巴尔扎克为人写作中的庸俗一面，而于本文节选的后半部分表达了对巴尔扎克写作才华的高度肯定。

从读者接受的角度出发，普鲁斯特首先指出读者对艺术家巴尔扎克的热爱。普鲁斯特从多个角度赏析巴尔扎克深厚有力的艺术表现手法：他激赏人物再现法所造成的暗埋伏笔、环环相因的艺术效果。普鲁斯特指出，巴尔扎克的人物源于对现实生活的提炼概括，具有普遍性与真实性，行文中不乏刻画个性、描摹心理的神来之笔；巴尔扎克对人物生平性格的介绍有助于建构深度。普鲁斯特赞美巴尔扎克众多作品所形成的恢弘气象以及巴尔扎克反复处理类似主题的完美绘画效果，认为巴尔扎克包罗万象的写作方法使人物、情节更显精微真实。

普鲁斯特对巴尔扎克小说艺术的高度肯定，对小说人物的欣赏赞叹，同时也正是对圣伯夫文学批评方法的反拨，对“玩文学”文艺批评态度的否定。

巴尔扎克，他的庸俗性，人们知道，开始时往往令人感到不快；继后，渐渐就喜欢他、爱他了，于是对这种天真，他本人就是这么天真，人们也就含笑接受下来；人们固然是热爱他的，不过也带有一点嘲笑，这嘲笑是混在亲切爱意之中的；人们了解他的怪僻，知道他的种种毛病，这一切人们也是喜欢的，因为这正是他性格上最突出的特征。

巴尔扎克在某些方面始终保持着一种缺乏组织的风格，人们可能认为他没有设法使他笔下人物的语言客观化，或者客观化了，但未能时时注意特殊的个性。情况恰恰相反。他一向是把他对历史、艺术等等的看法不加掩饰地和盘托出，把极深的用意加以掩藏，并让他的人物语言描述中的真实性直接表达出来，因为说得非常精致细腻甚至不会引起人们的注意，对此他又不去予以指明。美丽的罗甘夫人有着巴黎女人那样的才智，对于图尔这个城市来说，她又是省长夫人，当巴尔扎克要她说话的时候，如她对罗格龙家中内情说的一些笑话，只有她说得出，的确是属于“她”的，而不是巴尔扎克的！

教士开的玩笑，伏特冷唱的“特兰—拉—拉—特兰—特兰！”葛朗利厄公爵与主教代理官帕米埃谈话中表现出来的那种低能，如：“主教代理官说，蒙特里沃伯爵死了，这个胖人狂吃牡蛎令人难以置信。——他吃了多少？葛朗利厄公爵问。——一天十打。——不难受吗？——一点也不难受。——啊！了不起了不起！爱吃这玩意儿没有让他得上胆结石？——没有，他很健康，他死于意外事故。——意外事故！天性叫他贪吃牡蛎，牡蛎对他说不定是不可缺少的。”又如吕西安·德·吕邦泼雷，即使是讲悄悄话，也带有那种俗不可耐的快活情绪，青年时期缺乏教养留下的那种怪味，但伏特冷喜欢这种东西："吕西安想，他是会玩布伊奥特[①]的。""入迷了。""天生的阿拉伯人！""吕西安对自己说，'我要让他什么都捞不到。'""这是个狡猾的家伙，比起我来，他更不像是教士。"实际上，喜欢吕西安·德·吕邦泼雷的不仅是伏特冷一人。还有奥斯卡·王尔德。可叹的是，生活在后来才让奥斯卡·王尔德懂得他受到的痛苦远比书籍带给他的痛苦更为尖锐更加沉重，早期王尔德说过(他那时说"自从有了湖畔诗人一派，泰晤士河上才有雾")："我生活中最大的痛苦是什么？《烟花女荣辱记》中吕西安·德·吕邦泼雷的死。"其实奥斯卡·王尔德处在他一生最辉煌时期，对吕西安·德·吕邦泼雷有这种偏爱和同情其中自有某种独特的戏剧性在内。他的确对吕西安动了感情，读者如果从伏特冷的眼光即巴尔扎克的眼光去看，也是一样。有这样的眼光，他可说是一位特选的读者，比起大多数读者来，他的确是完全具备这种眼光的上选的读者。人们一定会想到，若干年后他本人也成了吕西安·德·吕邦泼雷。吕西安·德·吕邦泼雷在巴黎银铛入狱的结局，他在上层社会辉煌生涯的彻底崩溃，已有事实证明他一直同一个死刑犯保持密切的关系，吕西安·德·吕邦泼雷的结局无非是王尔德即将到来的结局的预演罢了——只是王尔德当时并未觉察，这倒是实情。

在巴尔扎克的"四联剧"第一部最后一幕(巴尔扎克的小说一部自成一体的不多；他的小说都是一组一组循环组成的，一部小说只是其中的一个组成部分[②])，每一句话、每一个举动都包括有伏笔，有种种隐情在内，这一切巴尔扎克并没有告诉读者，但写得很有深度，而且引人入胜。这种伏笔写法引起一种十分独特的心理效应，一种难以言传的微妙的心理作用，只有巴尔扎克能够做得到，此外没有人可能取得这样的效果。所有这一切，由伏特冷在路上叫住他不认识的吕西安那种举止方式可以看出，他注意的仅限于吕西安的身形体貌，一直到这种无意的举动，即身不由己地挽起吕西安的手臂，这一切并没有透露出生活中关于他对人的支配、两人结盟的学说不相一致的确切含义，等等，还有伏特冷那种伪装成胖教士的模样，在吕西安看来，上述的含义就被美化了，伏特冷的看法或许也是这样，自有一种不可明言的思想隐含其中。写到把有字迹的文件一口吞下肚去，对有这种狂热的人物所写的一段题外话，即写伏特冷这一类人最喜欢的那种学说，隐秘必须尽量不向外泄露，他们的性格特征不是写得很好吗？写得最好的是这两个旅行者从拉斯蒂涅城堡的废墟前经过那一段，也是写得最

① 一种牌戏。——译注

② 巴尔扎克手法是：情节酝酿阶段缓缓推进、展开，主题一步一步扣紧，然后闪电般收拢结束(《金眼姑娘》、《萨拉金》、《朗热公爵夫人》等)，同样还有时间的穿插(《朗热公爵夫人》、《萨拉金》)，很像是不同时期的熔岩混结在地层之中。——原注

美的，这是无可争议的。对此我说是“同性恋的奥林匹欧的忧伤”①；他深愿再看到那一切，泉水旁的池塘。人们知道，在《高老头》中伏特冷在伏盖公寓控制拉斯蒂涅的计划虽未见效，但现在却试图施之于吕西安·德·吕邦泼雷。他虽然没有取得成功，但拉斯蒂涅毕竟已经卷入他的生活；伏特冷叫人杀了泰伊番的儿子，让他娶了维克多丽娜，后来，拉斯蒂涅与吕西安·德·吕邦泼雷相仇，伏特冷装出一副假面孔，要拉斯蒂涅想一想伏盖公寓某些事，并强迫他对吕西安进行保护，甚至在吕西安死后，拉斯蒂涅还经常派人到某一陋巷去会见伏特冷。

若不是巴尔扎克笔下许多人物在他多部小说中一再出现，这种深受赞赏的创造，这样的效果，是无法取得的。这就像是从作品深处射出一道强光，照在一个人的全部生活之上，以其凄切混浊的光芒，一直照射到多尔多涅乡村别墅和这两位旅人旅程中途驻留之地。圣伯夫绝对不会理解多部作品保留人物这样的作法，他说：“这样的意图最终将他引向错误的观念，而且完全违背欣赏兴趣，我的意思是说，让人物如同熟知的不说话的配角在几部小说中反复出现不符合欣赏要求。只有出新才不致挫伤好奇心，不会破坏出乎意料所具有的魅力，而出人意料是小说吸引人之所在。因为人们看到的不是时时都是那些相同的老面孔。”巴尔扎克的天才所包含的思想，圣伯夫也不会理解。可能有人提出，巴尔扎克的思想亦非一蹴而就。巴尔扎克的成套小说其中有一部分是后来才放进去的。这又何妨。《耶稣受难日奇迹》是瓦格纳构思《帕西法尔》之前创作的乐曲，后来才纳入《帕西法尔》。但是，这些附加部分，这种锦上添花之美，在他的作品的各个分开的部分天才突然发现了这种新的关系，各个分开的部分因此结合起来，共生共济，再也分不开了，这不正是天才无比奇妙的直觉吗？巴尔扎克的妹妹曾经讲到他获得上述思想时是多么高兴，他开始写他的作品前怀着巨大的欣喜之情我也同样感受到了。一道强光出现，照射在他的作品上，作品的各个不同部分本来一直是暗淡无光的，现在一下变得生机勃勃，五色缤纷，而光源仍然是出自他的思想。

圣伯夫的批评在其他方面其荒谬也所差无几。圣伯夫指摘巴尔扎克“文体上放纵”，不幸圣伯夫缺少的恰恰是这种“文体上放纵”，圣伯夫还责备巴尔扎克缺乏趣味修养，这在他本人来说也是极其明显的，他常常引出一个句子作为例证，句子原属于一些写得很好的片段，在巴尔扎克那里这类片段所在多有，思想熔铸于其中，文体风格与之交融一致，句子依傍其间密不可分，如说这些老姑娘“居住在城里，她们的生活情况犹如一株植物千千万万毛细管渴求叶片上的露水，她们急于要探听每一个人家的消息、秘密，大力吸收，再把打探到的大量传闻、隐私传给特鲁贝尔神父，就像绿叶

① 《奥林匹欧的忧伤》是雨果的著名长诗。后两句为原诗第13行。——译注

吸收新鲜空气传输给植物的茎一样”[①]。几页之后，圣伯夫又发现有可指摘的句子，“这就是图尔全城沸沸扬扬女人密谈毛细管向外抛出的一些语句的内容”。巴尔扎克居然对女人的弱点，即青春年华消逝(《三十岁的女人》)大加奉承，作品因此受到欢迎，圣伯夫认为他取得成功的原因竟是这样："我的一位十分严厉的朋友说：亨利四世一个城市一个城市征服他的王国，巴尔扎克先生却是以种种弱点征服他的不正常的读者。今天是三十岁的女人，明天是五十岁的女人(还有六十岁的女人)，后天则是萎黄病患者，在克拉埃家族，则是畸形女人”，等等。巴尔扎克在法国各地受到欢迎，风靡一时，圣伯夫说“这是因为他利用巧妙手法选择不同地点展开他的故事情节”。在索缪尔，将有人在一条街上向游客指出欧也妮·葛朗台的住房；在杜埃，也许有人已经指明哪里是克拉埃的住宅。作为一个淳朴的图尔人，格勒纳迪耶尔的所有者，一定会得意洋洋为之笑容满面。作家把他的人物安排到各个城市活动，取悦这些城市，赢得好感。谈到缪塞说他喜欢糖果和玫瑰等等，圣伯夫说："居然喜欢那么多的东西……”他的意思是一目了然的。但是他对巴尔扎克规模宏伟的构思、描绘图景的丰盛繁富也十分不满，说那是杂乱无章的堆积，“拿掉他的故事《三十岁的女人》、《弃妇》、《新兵》、《格勒纳迪耶尔》、《单身汉》，拿掉他的小说《路易·朗贝尔》、《欧也妮·葛朗台》，他的杰作，还剩下大量作品，一大批故事，各类小说，什么滑稽小说，经济小说，哲理小说，磁性感应小说，神智学小说！”但这一切，正是巴尔扎克作品的伟大之所在。圣伯夫说：巴尔扎克是全力投向19世纪的，一如全力投向他的主题，他说社会是一个女人，需要她的画师，而巴尔扎克就是她的画师，他在描绘她的时候完全不顾传统，为描绘这个野心勃勃搔首弄姿的社会他对自己所运用的方法、技巧进行了全面革新，因为这个社会是空前的，无可比拟的。但巴尔扎克并不满足于做出这样的描绘，至少不满足于描绘出单纯意义上的忠实肖像。他的作品培育着美好的观念，关于完美绘画的观念，如果你愿意的话(因为他一直思考着存在于另一种艺术形式中的艺术)，就像这样，在他的作品中孕育着绘画效果，即绘画的观念。正像他在绘画效果中发现某种完美的观念，同样他也能从一部作品的观念看到某种完美的效果。他反复观赏一幅绘画，画上呈现某种引人注目的独创性，赞叹不已。现在，我们不妨设想这样一位文学家，他具备有某种特定的观念，凭借各种知识，处理同一题材，不下二十余次，竭力想创作出某种深刻、精细、有力、具有决定性、独创性、激动人心的作品，就像莫奈画五百幅大教堂、四百幅睡莲一样。一个狂热的绘画爱好者，有时也会一时兴起向往自己也有画出一幅令人倾倒的绘画的意念。一个观念毕竟是一个观念，是一个具有支配力量的观念，而不是像圣伯夫所说，未经事先设想画出的图画。按照他的这种观点，相比之下，福楼拜甚至连预先酝酿的观念也没有了。请注意《萨朗波》、《包法利夫人》的色调。一个主题开始出现，他不满意，于是重新开始，继续工作。所有伟大

① 见《图尔的本堂神父》第9章。——译注

作家在某些点上是彼此相通的,相似的,就像是全人类只有唯一一个天才人物生活在不同的时期,尽管有时不免也有不相一致之处。但福楼拜与巴尔扎克是相似的,因为他说过,"必须给费莉西泰[1]一个光辉的结局"。

巴尔扎克小说写生活中千百种事物,在我们看来,偶然性未免过多,但他表现生活的真实性却赋予这种种事物以一种文学价值。偶然性的规律正好在他的作品中得到自由的展开。巴尔扎克笔下种种事件、人物,我们不去谈它。不是吗,别人没有谈的,我们两人从来不去多谈。但是,譬如说,一个生活不幸的女人读巴尔扎克,对一个并不认识的国家却产生了真诚的爱意;或者,譬如一个有不光彩的过去的人,如一个在政治上名誉扫地的人,来到另一个国家,这里没有人了解他的过去,他结交了许多朋友,周围关系相处甚好,于是他想到,要是这些人追问他是何许人,他们一定会弃他而去,他必须设法避开这样的风暴袭击。他要离开这个风景区,在这种地方不需多久那种令人不快的了解真相的事就会落到他的头上,他孤独一人带着忐忑不安的愁闷心情上路了,不过他也有他的欣慰之事,因为他正在阅读《卡迪央王妃的秘密》,他知道这不过是参与某种文学描写的情境,由此获得某种美的享受。当车子沿着大路在一片秋色中行进,把他带到信任他的朋友那里去,这时心绪不安之间就混有某种感人之处,如果世上没有诗,爱情的烦忧也就没有魅力了。按理说,人们责备他的种种罪愆,如果都是天性中所必有,那么他的忠实的朋友德·阿泰弦、拉斯蒂涅、德·玛赛声名扫地他一定也是不堪忍受了。各种情境中偶然的、个人性质的真实性可能把一些人专有的姓名加在众多的情境之上,例如拉斯蒂涅娶了他的情妇但裴纳·德·纽沁根的女儿为妻,吕西安·德·吕邦泼雷在被捕前娶了葛朗利厄小姐,伏特冷继承了吕西安·德·吕邦泼雷的遗产,这份财产原是他想方设法为吕西安弄到手的,就像德·朗蒂的财产建筑在红衣主教对一个阉人的爱情上一样,这个小老头人人都来拜见他,他积累的一份财产是惊人的。他就是用这种精微深细的真实性让人们在后来仍然能够称道:这是多么真实!这种真实性是他从上流社会生活表层采集而来,无不具备概括面相当大的普遍性品位。(在《夏娃的女儿》中,旺德奈斯夫人和蒂埃夫人两姐妹,她们的婚姻如此不同,她们彼此仍然相互敬爱,大革命以后,妹夫蒂埃不是贵族出身,却成了贵族,而费利克斯·德·旺德奈斯则不然——两位阿姨,德·旺德奈斯伯爵夫人和侯爵夫人,因为姓氏相同竟遇到许多令人不快的遭际。)还有更为深刻的真实性,如帕基塔·瓦尔代斯,她爱上了一个像女人样的男人,和他一起生活,就像伏特冷供养的那个女人一样,她每天可以见到她的儿子萨勒诺弗;又如这个萨勒诺弗娶了德·莱斯托拉德夫人的女儿。以上种种,在戏剧的表层情节之下,却是肉欲与情感神秘法则在运转。

对他的作品作这样解释,有一件事令人感到不安,这就是以上所说的恰恰是巴尔

① 福楼拜短篇小说《一颗单纯的心》中的女主人公。——译注

扎克在他通信中从不涉及的，他在书信中虽然谈到他几部作品认为是卓越的，谈到《金眼姑娘》口气极其鄙视，对《幻灭》的结局，我曾经谈到那个令人赞叹的场面，巴尔扎克竟不置一词。夏娃这一人物，在我们看来，无何可取之处，据说巴尔扎克认为这是又一独特的发现。这很可能恰巧是我们今天的文学与他写出的作品之间有所相似的缘故。

圣伯夫对待巴尔扎克永远都是这么做的。他不谈巴尔扎克写的三十岁的女人，却大谈与巴尔扎克不相干的三十岁的女人。他对巴尔塔扎尔·克拉埃(《绝对之追求》)写上几句之后，大谈现实生活中的某一个克拉埃，此人也留有一部关于他自己的“绝对之追求”的作品，圣伯夫大段大段引这个小册子上的文字，这当然谈不上什么文学价值。他凭他那种文学弄着玩玩的虚伪恶劣的观念居高临下错误地判断巴尔扎克对《贝姨》中斯坦卜克的严肃态度，巴尔扎克认为仅仅是艺术爱好者是不会有所成就、有所创造的，艺术爱好者并不理解艺术家须为艺术献身这样的道理。巴尔扎克说，“荷马……与缪斯姘居共处。”圣伯夫看到这个说法大为恼怒。这句话也许不尽妥切。但事实上，对于过去的杰作的阐释只能根据创作作品的人的观点，保持一定距离，以学术上的尊重态度加以审视，而不应是其他。自上一个世纪以来，文学创作外部条件可能已有变化，文学家职业可能也发生变化，成为更为专一更为专心致志的事务，这是可能的。但是创作活动内在精神的规律不会改变。说一位作家像上等人物那样爱好艺术弄弄文学以欢度余年，也可能不时展现才华，这完全是一种虚伪的天真的想法，这就好比说一位圣徒通过高超的道德生活以便上到天堂能过快乐的世俗生活一样。只有像巴尔扎克那样理解古代伟大人物，才能接近古代伟大人物，像圣伯夫那样理解古人，离古代伟大人物就远了。那种玩玩文学艺术的观念是什么也创造不出来的。贺拉斯无疑更与巴尔扎克相近，而与达吕先生或莫莱先生相去甚远。

选文：居斯塔夫·福楼拜[①]

导言——

本文选自美国文学批评家雷纳·韦勒克(Réne Wellek，1903—1995)的著作《近代文学批评史，1750—1950》(1955)第四卷第一章。

福楼拜研究历来多为文体批评，而韦勒克的这篇文章则主要关注福楼拜的美学思想。韦勒克认为，福楼拜的美学思想阐明了小说与一切艺术长期存在的根本问题。

韦勒克指出，福楼拜在理论和实践上体现了新兴的现实主义：“福楼拜真诚地追

① 选自韦勒克《近代文学批评史 1750—1950》第四卷，杨自伍译，上海译文出版社，1997 年版。

求艺术上的客观性，即一要无我，二要冷漠、超然、中立，无我即反对有用意的小说；冷漠即反对重感情的自传小说。”韦勒克将这些观点构筑成解读福楼拜的内在平台。从这一角度，韦勒克注意到福楼拜创作观点与创作实践的诸多矛盾。具有批评家倾向的福楼拜十分反感现实主义与自然主义潮流。韦勒克还注意到，福楼拜具有与其创作观点相悖的柏拉图主义乃至形式主义倾向。对此，韦勒克的解释是：“福楼拜的核心概念游移于当时的两大趋向：科学作风及客观论与唯美主义及艺术至上论。”然而，“无论理论还是实践方面，福楼拜都未将现实主义和唯美主义综合起来”。

居斯塔夫·福楼拜在理论和实践方面提供了上述要素。① 由于福楼拜的态度，《包法利夫人》令时辈莫明其妙，为之震惊。守旧的批评家阿尔芒·德·蓬马丁所不满的是，“作者完全使其作品达到了无我境界，因此终卷之后读者无从知道他的依违所在”。巴尔扎克、狄更斯、萨克雷及其他作家从未使人在道德上是非莫辨。即便作为短期刊物《现实主义》(1856)编辑而且赞同尚弗勒里观点的迪朗蒂也冷落了《包法利夫人》。他觉得作品冷酷而无生气，更像数学论证而非长篇小说。圣伯夫知道福楼拜的父亲是外科医生，于是意在言外地说福楼拜，“援笔有如手术刀。解剖学家和生理学家不计其数，可谓触目皆是！”在那个年代，福楼拜的理论观点不可能尽人皆知。唯有《致乔治·桑书信集》(1884)和《福楼拜通信集》(4卷，1887)的先后刊行才比较详细地托出了他的理论学说。莫泊桑为前者撰写了长篇序言加以介绍，后者包括创作《包法利夫人》期间(1851—1856)写给路易丝·科莱②的信件。尽管不成条理，心情时好时坏，内容因人而异，这些信件依然产生了深刻的影响，它们不仅评述福楼拜的创作过程，品题侪辈作家，而且表述了一种美学思想，它在若干要点上鲜明扼要地阐说了小说写作和一切艺术长期存在的根本问题。

《通信集》是反映这位作家“献身精神”以及他与语言和棘手的内容进行拼搏的权威依据。福楼拜屡次嗟怨自己进展缓慢，劳瘁终日，成了作品的奴隶：五天才写了一页，一周作文五六页，六周完成二十五页。七周之内仅写了十三页，通宵达旦地搜寻一个形容词。“天哪！真是在拼命！多么苦的差事！多么令人寒心！”他工作时始终处于一种亢奋状态，怀着“对于自己作品的疯狂而执著的热爱，就像苦行僧偏爱那扎疼肚子的粗毛衬衣一样”。好损人的批评家也许猜想福楼拜总要夸大其词，因为他实则是在给一位多愁善感而又要求严格的丰产女作家写信。但他毕竟还是一贯地奉劝她不要凭借灵感，而应尽量少写，用笔精细。对于“艺事的巨疼”之说未可尽信。“他

① 即韦勒克论及巴尔扎克的“现实主义”时说到的，“作者不露面目，态度超然，感情冷漠”。——编注

② 科莱(1810—1870)，法国作家。——译注

的指手画脚、他那愁眉苦脸十足稚气的一面”乃是性情使然。他喜欢离群索居，不事张扬，怯于抛头露面，瞧不起感情发泄，因此他对拉马丁、缪塞、贝朗瑞没有好感。这表明了他对自身存在的强烈的浪漫气息的自我批评。

福楼拜真诚地追求艺术上的客观性。即一要无我，二要冷漠、超然、中立。这些字眼含义不尽相同。客观性是德国人所熟悉的；法国人则觉得是个学究气的新词。1887年莫泊桑竟称之为“可恶字眼”。“无我”起先是行文上的一种说法，指的是作者不可在小说里露面，不可对笔下人物说长道短，不可从中引出寓意或唱高调。福楼拜袭用了先前雨果《克伦威尔・序言》中的一个比喻，要求作家犹如“宇宙之中的上帝，无所不在却又永不显形。艺术既为第二自然，这种自然之创造者便应根据类似程序来着手。应该意识到，事无巨细，无形之中永远要保持中立”。福楼拜以后又以不同的提法重申道：“艺术家不应在其作品中显形，恰如自然中的上帝一样。人不存在，作品就是一切。”所以福楼拜认为“小说家根本无权对于任何事情发表意见。上帝透露过他的天意吗?”这种神圣的客观性，即斯宾诺莎学说中所谓艺术家——创造者的神性论，很容易变为中立、超然、冷嘲旁观、顽固不化、冷漠。于此可见，福楼拜的核心概念游移于当时的两大趋向，科学作风及客观论与唯美主义及艺术至上论。无我即反对具有用意的小说；冷漠即反对重感情的自传小说。

福楼拜鄙视说教艺术，讨厌涉及当代政治和社会的重大问题，不够慎重地提出了凡是真正的艺术本身便合乎道德这一臆说，凡此种种，人们津津乐道。不过这种艺术至上的超然说的某些方面肯定是会令人误解的。“今天我甚至相信有头脑的人(没有三副头脑还成什么艺术家?)既不该有信仰也不该有祖国甚或社会信念”，这段出名的文字似乎是从戈蒂耶《莫班小姐》的序言里照搬来的。但是福楼拜自有其政治观点，时而甚至十分偏激，诸如对巴黎公社的谴责，他所持的社会态度非常明确，比方他憎恨有产阶级，但这并未减轻他对无产阶级大众的蔑视；同时他也有自己的宗教或者毋宁说不信宗教的观点。这些观点非但表现于他的个人生活，而且贯穿于他的小说，谁会曲解《情感教育》或《布法与白居谢》中的政见呢?“假如读者没有从中汲取应有的道德教益，他便是低能儿，要不就是作品背离了正确的观点。”我们应当赞同他的看法。因此那些“有立场的”反对福楼拜的作家的盛怒之情似乎毫无道理，尽管他们正确地指责了他的社会态度。萨特声称，“我以为福楼拜和龚古尔①应对伴随巴黎公社而来的镇压负责，因为他们未写过只言片语加以制止。”萨特如此天真，似乎令人惊奇了。亨利・詹姆斯所作的相反的斥责则更能说明福楼拜蔑视和憎恨乌合之众的原因，“他始终在大门口、在大院外徘徊……他至少应该在灵魂深处倾听一番”。

福楼拜首先关心的问题是产生幻觉，即不必唤起直接感情的虚构世界给人的幻觉。在他看来，这是“某种完全不同于低级等次的成分。那些不值四分钱的情节剧使

① 即同时代的法国作家埃德蒙・龚古尔。——译注

我为之落泪、而歌德从未使我泪水汪汪，我有的只是敬佩”。“幻觉产生于作者的无我境界。”福楼拜使读者确信《包法利夫人》“是一个完全编造的故事”。他多次告诉人们自己“写下了缠绵的篇章而没有爱情，写下了炽热的篇章而没有些微热血”。他谈到变色龙似的诗人天性时俨如济慈：“你可以描写酒，爱情，女人或荣誉，只要你不变成酒鬼、恋人、丈夫或军人。人到中年，对于创作便无好感了；不是给人过多的乐趣便是过多的痛苦。依我之见，艺术家是怪物，是缺乏天性的生物。”这种论调也是狄德罗昔日关于演员的反论。

有时福楼拜滔滔不绝地大谈他对《包法利夫人》的女主角、书中的世界以及主题本身的反感和深深的厌恶。“包法利夫人就是我”这句话时常为人引用，却显然不是真话，推究其源，直至 1909 年才有此说。但他倒是谈起“我的五脏六腑都想呕吐出来”，而且他在书信里并不隐瞒看法，包法利夫人是“故作风雅无病呻吟的女人”。在题材选择方面，他通常予以辩护，称之为“绝招”，习作，“批评或解剖之作”，“本然的意志力的活动”，“苦心孤诣编派而成的东西”。他还站在一般的理论基础上分辩说：一切主题不分高下。“约弗托[①]和君士坦丁堡价值相侔”，因为“艺术家应该升华一切”。自然主义盛行之时，福楼拜又将这句名言反其意而用来抵制于斯曼的早期小说《华达尔姊妹》。“恒河并不比毕埃弗河更具诗意。只是毕埃弗河如今的诗意不及恒河了。我们要防止再度摭拾那些特定的主题和古典悲剧中的造作词汇。因此笔者认为运用粗俗词语可使文笔画龙点睛，而在以往笔下生花全靠精选的字句。”亨利·米勒之流果然应验了这句预言。

但是“包法利夫人就是我”之说不是无中生有的。超然不偏往往又与认同意识相辅相成，倘若认同对象不是女主角，那么至少是一情一景或是七情六欲。福楼拜竟说“对涉及我本人的一切均无兴趣”，“荷马、拉伯雷、米开朗基罗、莎士比亚和歌德在我看来毫无恻隐之心”。但他也有罗曼蒂克的情调。写到包法利夫人初次和罗道耳弗在树林里“堕落”的情景时，他几乎如醉似狂地说道，“今天写的是男人和女人，情夫和情人，秋日午后我在树林里骑马，枯叶阵阵飘来，我就是马儿，落叶，风声，笔下人物的谈话，甚至是使他们微微闭上沉醉于爱乡的双眼的红日。”致泰纳的著名信件用生理学术语叙述了这种认同意识，该信也是对一份科学调查表的答复。“描写爱玛·包法利中毒时，我嘴里有股砒霜味，中毒程度十分厉害，我连着两次反胃——真真实实的两次反胃，因为吃的饭全呕出来了。”要想自圆其说，那是徒劳的。福楼拜的天性和理论上无非有这两个方面，超然与介入，现实主义与浪漫主义。

福楼拜一旦把握住内容与形式、主体与客体的统一性，问题便迎刃而解了。他从早年就看清了“美的思想若无美的形式则无法存在，反之亦然。思想只能通过其形式而存在”。他宣称“意境与艺境的区别”乃是“戏论”。“形式是外衣。不对。形式是思

① 法国塞纳滨海省首府。——译注

想的血肉，恰如思想为其灵魂、为其生命。”或者说形式和内容是“互为依存的两个实体”。但是福楼拜经常忘记了这一卓见。在为人熟悉的下述文字里他已走向形式主义的极端。“我以为美的、我乐于创作的作品无所谓内容，这种作品不假外在依傍而能通过其艺境的内在力量自给自足，好比地球存在于空气之中，这种作品几乎没有主题，或者说主题至少要尽量隐而不现。最美的作品即是那些材料十分单薄的作品。”不过这种论点孤掌难鸣，它所展望的是渺茫的理想，根据这种理想，“主题不分优劣”便成了至理名言。福楼拜本人的作品实则材料充塞，乃至钩稽宗卷，堆叠压载，真是负载沉重。

由此可见，福楼拜对于现实主义的反应极其含糊。在美学上他追求理想美，口吻每每如同柏拉图主义者。参观帕特农神庙是福楼拜没齿难忘的一次经历。“尽管众说纷纭，艺术终非幻觉”。多年之后他怀着万分的喜悦回忆起雅典卫城的一堵墙垣剥落的残壁。“嗬，我感到纳闷的是，”他告诉乔治·桑说，“完全撇开内容的话，一部作品是否产生不出同样的效果。作品的各个部分契合无间，由绝妙的成分所构成，表面精工百炼，呈现为一个浑然整体，在这样一部作品之中一种固有的效能，即有几分神力，有某种定理一般永恒的东西是否不存在呢？”他同时直言不讳地说，“我的言论如同柏拉图主义者。”尽管福楼拜不顾一切地力求把自己的见闻认识清楚，再现出来，同时加以分析解剖，他对于现实和现实主义的反感却变得根深蒂固。“人们以为我留恋现实，”他声辩道，“其实我深恶痛绝。我着手这部小说《包法利夫人》是出于憎恨现实主义。”甚至时隔二十年他还写信给乔治·桑说：“我厌恶一般所谓的现实主义，虽说我已变成了现实派的一员主将。”自然主义在他看来是个同样空洞的术语：“为何无人问津以其‘现实主义’出名的正派人尚弗勒里呢？原来那种愚拙是一路货色，或者毋宁说是一模一样的愚拙。”福楼拜屡次表示要与弟子门徒脱离干系。“依我的看法，现实至多只能是一块跳板。我的朋友们则确信它构成了全部艺术。此类写实作风令人气愤。几乎每个星期一读到我们的好汉左拉的文章我就冒火。现实派之后，我们又碰到自然派和印象派。好一个突飞猛进！这班弄潮儿一心想叫大家相信他们发现了地中海！”

虽然左拉的力量常使福楼拜为之钦佩，他而且把《娜娜》称作“泥足巨人，但毕竟是巨人”，福楼拜仍觉得左拉的理论错误抑或说思路不宽，他将那些理论强加于自己的作品是作茧自缚。

至少以志向而论，福楼拜本人其实是一位理论家和批评家。气头上反对批评家和批评的种种言论固然俯拾即是，但他对于批评的需要乃至批评的历史却抱着较之时辈俗见远为深刻的见地。他还一度设想编著一部“法国诗情史”。“写批评应该像写自然史一样，不带任何道德观念。问题不在于就哪种形式发表高论，而是要阐明它得以存在的凭借，它与其他形式的联系，它保持不朽的奥秘。”他甚至提挈了法国批评的两大阶段：以拉哈伯为首的章法批评，以圣伯夫和泰纳为代表的历史批评。他还发问道："但是何时批评家才能成为艺术家呢？只当艺术家，一位真正的艺术家？何以知道哪里有热情关心作品本身的批评家呢？可以把作品得以产生的环境和形成作品的原委分析得头头是道。但是无意识的诗兴作何交代？它从何而来？诗的谋篇、风格怎样？作者的诗眼高下？"他对泰纳的批评一针见血。他的《英国文学史》的出发点不对。"除了得以活动的环境和作者祖辈的生理条件之外，艺术上还有其他一些东西。运用这类体系可以说明一个系列、一群人物，但决阐明不了一种个别属性，即把某人造就成这个人的特质。这种方法必然导致轻视才能。杰作便仅为一份历史文献而别无意义。"因此福楼拜提出用现在不妨称之为文体批评的方法来取代修辞批评和历史批评。"美学批评一直落后于历史性的和科学性的批评，因为它不具备基础。他们都缺乏的知识即风格剖析"，或者用他的另一种说法来说："他们也许剖析单句，可是风格生理学他们却一窍不通。"福楼拜很早就总结出一个显豁的公式："每件艺术作品均有其得以产生和存在下去的特殊诗艺。"

客观而论，福楼拜深刻地意识到法国散文体的具体问题。他希望使之具有"韵文的首尾照应。一个优秀的散文句子应当犹如一行优秀的韵文，好比韵律般不得更动，仿佛韵文一样声调悦耳"。推敲字眼，即用字恰当，是第一步；但福楼拜同时注重笔调的纯清，段落中的节奏，叠韵文辞的铿锵。普鲁斯特诸人推服福楼拜运用丰富的法语时态的文风。《包法利夫人》里表现农事景象的场面所取得的复杂的对偶效果几乎达到了福楼拜的最高理想——即综合，"迥异事物的谐和"。这使他回想起"贾法，[①]那儿我曾同时闻到柠檬树和死尸的味道；深深挖掘的墓地使人看见半已腐烂的骷髅，我们的头顶却是青枝绿叶，黄澄澄的水果摇曳不已。难道您不觉得这样的诗境十分完美而且体现出巨大的综合之功吗？"福楼拜预示了艾略特的"统一的感受力"之说：谈情说爱，研读斯宾诺莎，还有打字机的响声或是烧菜的味儿。但是这种综合看来无非是一种并列。最终存在着一个无法解决的冲突，一面是福楼拜的科学或者说自诩为科学的观察，是那种奥林匹亚人式的超然，另一面则是对于美、对于刻意求纯的效果和结构的热情追求。这种冲突反映在一片灰色的《情感教育》与鲜血淋漓珠光宝气的《萨朗波》之间的对照之中。无论理论还是实践方面，福楼拜都未能将现实主义和唯美主义综合起来。

＝补充材料＝

我们写什么呢？你呀，不必说，一定要写伤人心的东西，我呀，要写安慰人心的东西。我不知道什么做成我们的生命；你看它过去，加以批评，拒绝从文学观点上加以欣赏，限制自己于描写，同时有系统地、极其小心地藏起你私人的感情，其实读者透过

① 以色列西部港口。——译注

你的言词，照样看得一清二楚；你让你的读者分外忧愁。我呀，我直想减轻他们的不幸。我不能忘记我本人克服绝望是我的意志和一种新的了解方式的成就……

我知道你反对拿私人的学说干预文学。你真就对吗？是不是与其说成是美学原则，不如说成信心缺乏？心里有一种哲学，偏不许它露到外头来，我就办不到。我没有文学建议给你；我没有意见批评你对我说起的你的那些朋友作家。不过我相信，艺术不仅仅是描绘。而且真正的描绘，充满推动画笔的灵魂。艺术不仅仅是批评和讽刺：批评和讽刺只描绘到真实的一面……

我觉得你这一派不关心事物的本质，太在表面上逗留。你这一派用心寻找方式，过于忽视内容，变成文人的读物。不过实际上就没有所谓文人。人首先是人。我们希望在一切历史和一切事件里找到人。这正是《情感教育》的缺点。很久以来，我就在为这部书思索，奇怪怎么会有那么多的人反对一本这样完美、这样牢实的作品。这种缺点就是：人物的动作没有反射到自己身上来。他们承受事件，永不加以占有。好啦，我以为一个故事的主要兴趣，正是你所不愿意做的。我要是你的话，我就试试。相反，你如今又在拿莎士比亚滋养自己，你做的对！就是他，放出人来，和事件斗争；你注意一下，他们好也罢，坏也罢，永远战胜事件。在他的笔底下，他们击败了事件。

正相反，我并非说你不相信，你一生对人的挚情、保护亲友和动人而单纯的善行，证明你是人世最有信心的一个人，可是你一弄文学，我不知道为什么，你就想另变一个人，这个人应当消失、毁灭、不存在！多滑稽的癖好！多错误的良好欣赏力的规则！我们的作品没有价值，永远只看我们自己有没有价值。

谁告诉你把本人放到场面上的？假如不像一个故事那样老老实实写出来，当然不值一文。可是从写的东西里头抽去自己的灵魂，这又是什么病态的幻想？把本人对自己创造的人物的意见隐藏起来，因而让读者对人物应有的意见陷入迷离惝恍，等于甘愿不要人了解；这样一来，读者只好丢开你了；因为，假如他想听听你对他讲的故事的话，就全看你有没有明白指出：这个人强，那个人弱。（李健吾译）

（法）乔治·桑：致福楼拜，《西方文论选》（下），第 209—213 页。

我不是有意写些“伤人心的东西”，相信我吧，不过我不能换掉我的眼睛！说到我“信心缺乏”，唉呀！信心把我活活噎死。我郁结了满腔的忿怒，就欠爆炸。然而说到我对于艺术的理想，我以为就不该暴露自己，艺术家不该在他的作品里露面，就像上帝不该在自然里露面一样。人算不了什么，作品才是正经！这种训练可能从一个错误的观点出发，不过也并不容易遵守。至少对我来说，这是为了适应良好欣赏力而经常做的一种牺牲。说出我的想法，拿词句慰藉福楼拜老爷，我会很称心的，可是这位老爷的重要又是什么？

我的大师，我的想法和你的想法一样，艺术不只是批评和讽刺；所以我从来没有存心在这两方面尝试一下。我总是强迫自己深入事物的灵魂，停止在最广泛的普遍上，而且特意回避偶然性和戏剧性。不要妖怪，不要英雄！

至于泄露我本人对我创造的人物的意见：不，不，一千个不！我不承认我有这个权利。一本书应当具有品德，假如读者看不出来的话，若非读者愚蠢，便是从精确的观点看来，这本书是错误的。因为一件东西只要真，就是好的。淫书仅仅因为缺乏真实性，才是不道德的。人生之中不是“那样的”。

而且注意，我憎恨众口一致叫做现实主义的东西，虽说人家把我派作它的大祭司之一；安排安排这一切看！（李健吾译）

（法）福楼拜：致乔治·桑《西方文论选》（下），第209—216页。

跟乔治·桑和她的作品比肩并立的，有这么一位人物，他的艺术特征，乔治·桑本人说恰好和她自己的艺术双峰对峙。她对她那个时代的社会状态深恶痛绝，极力回避，不但无意对它们进行考察和描述，更有意对它们嬉笑怒骂，避之唯恐不及！在这一点上，她是一个地道的浪漫主义者。而他呢，如果说他对他周围环境并不感到怡然自得，至少也是觉得十分舒适；而且几乎从他的事业一开端，便把他自己的时代和刚刚逝去的前一时代的社会，视为他的艺术财产，视为他取之不尽的宝库。乔治·桑是个善于刻画性格的巨匠，但她几乎更在本质上是个伟大的风景画家；她表现人正如风景画家表现草木；她所表现的是在阳光中探索着和沐浴着的一部分人类。巴尔扎克的观点正好相反：他所理解和喜欢描绘的人生这伙草木的一部分，则是它的根部。维克多·雨果在《历代传奇》中谈到森林之神的话，可以应用到巴尔扎克身上：

他从根部来描绘一棵树，
描绘草木互相残杀的生死斗争。

……他是一个想象丰富、精力充沛、热血沸腾的人，既有丰盛的心灵，又有充盈的头脑。他笨拙而温柔，粗犷而敏感，既是有预感的梦想家，又是细致的观察者。这位人物性格复杂得出奇，他把真诚而多少有些深思熟虑的感情同惊人犀利的眼光结合起来，把科学研究工作者的严肃认真同讲故事人的轻松幽默结合起来，把发明家对于他的观念锲而不舍而又全神贯注的精神，同艺术家把他所观察、所感觉、所发现、所发明的一切赤裸裸地、泰然自若地呈现在大家眼前的冲动结合起来。他之所以被创造出来，仿佛就是为了预言和泄露社会和人类的奥秘。

……

在巴尔扎克的时代前，小说几乎专用一个题材——爱情；然而巴尔扎克同时代人的上帝是金钱；因此在他的小说里，运转社会的枢纽是金钱，或毋宁说是缺乏金钱，渴望金钱。这种观念是大胆而新奇的。在一篇虚构的小说、一部传奇中，把主要人物的收入和支出精打细算，详细罗列，总之，把金钱当作头等大事加以处理，这完全是一个新发展；许多人把这种发展看作庸俗无聊，不，看作粗俗不堪。因为说出人人心中所想而又彼此心照不宣、躲躲闪闪、支吾其词的事情，永远会被认为是粗俗的，而把它公布在一种艺术里，在一种往往被认为是美丽的谎言的艺术里，尤其会被认为是粗俗了。

(丹)勃兰兑斯：巴尔扎克，《19 世纪文学主流》第五分册“法国的浪漫派”，李宗杰译，人民文学出版社，1982 年版，第 186—187、203 页。

我们必须做出一个令人困窘而又普通的结论：现实主义作为一个时代性概念，是一个不断调整的概念，是一种理想的典型，它可能并不能在任何一部作品中得到彻底的实现，而在每一部具体的作品中又肯定会同各种不同的特征，过去时代的遗留，对未来的期望，以及各种独具的特点结合起来。在这个意义上，现实主义意味着“当代社会现实的客观再现”。它的主张是题材的无限广阔，目的是在方法上做到客观。即便这种客观几乎从未在实践中取得过。现实主义是教谕性的、道德的、改良主义的。它并不是始终意识到它在描写和规范二者之间的矛盾，但却试图在“典型”概念中寻求二者的弥合。在一些作家中(但并非所有的)，现实主义成了历史主义的东西：它抓住社会现实并把它作为动态发展的力量。

如果把上述相互联系的特征作一个全面的评述，我们就不得不提出最后一个问题：它符合这个标准，即能够把这一个特殊的时代和文学史上其他的时代区分开来吗？看来，与浪漫主义划分开来是容易的；现实主义确定不移地抛弃了浪漫主义对自我的推崇，对想象的强调，对象征手法的重视，对神话的关注以及浪漫主义的有生命的大自然的观念。现实主义与古典主义的区别在法国和德国都是不大分明的。古典主义像现实主义一样，也追求客观。也要求塑造典型，同样也是强调教谕性的，但显然，现实主义排斥了古典主义的“理想性”前者理解的“典型”是社会典型而不是普遍人性；现实主义摒弃了古典主义认为存在着一种高贵的题材的理论，打破了古典主义的风格层次理论和它固有的社会排外主义。当然，如果我们把 18 世纪的英国文学也包括在古典主义文学的范围之内，那么将 19 世纪现实主义与之清楚地区别开就更为困难一些。在 18 世纪英国小说，特别是菲尔丁和理查生，与通常称之为现实主义的 19 世纪小说之间，无论是在意识形态还是艺术方法上都存在毋庸置疑的直接延续关系。19 世纪小说所具有的新的因素，主要应归因于它产生的历史环境——18、19 世纪之交剧烈变革的意识，工业革命，资产阶级的胜利 (19 世纪英国就已出现了其先声)，随之而来的新的历史感，人是一个社会的存在而不是一个面对上帝的道德的存在这样一种更为伟大得多的意识，以及对自然的解释从 18 世纪的自然神话、目的论和机械论世界观向 19 世纪科学决定论的更加反人性的和非人性的观点的转变。但是尽管存在这些历史区别，我仍然看不出来，在风格上、艺术上，理查生和菲尔丁为什么不应当被称为现实主义者。

(美)韦勒克：文学研究中现实主义的概念,《批评的诸种概念》,
丁泓等译,四川文艺出版社,1988 年版,第 241—242 页。

=问题研讨=

1. 19 世纪欧美现实主义文学具有哪些创作特征？什么是现实主义文学的“现实”？如何表现这种“现实”？能否做到“客观再现”？怎样理解恩格斯所说“现实主义的最伟大胜利之一”？

2. 现实主义是对浪漫主义的“克服”吗？为什么在许多作家的创作中,“现实主义”和“浪漫色彩”常常兼而有之？现实主义排斥诗歌吗？

3. 什么是“典型环境中的典型人物”？在现实主义文学中,性格与环境之间呈现出怎样的关系？司汤达为什么要将“1830 年纪事”作为小说《红与黑》的副标题？巴尔扎克为什么要对人物生活的物质环境作细致的描写？

4. 为什么说《人间喜剧》是 19 世纪法国的一部“编年史”和“风俗史”？《人间喜剧》具有哪些重要的文学主题和人物类型？巴尔扎克为什么关注人的“情欲”？在巴尔扎克的创作中,艺术想象是否影响其对社会关系的洞察？巴尔扎克如何平衡他作为一个记录历史的“书记”与小说家的关系？为什么巴尔扎克特别重视对人的经济生活的描写？

5. 在福楼拜的创作中,现实主义和唯美主义(或艺术至上)是否统一？“无我”与“包法利夫人就是我”是否矛盾？小说家的自我在文本中是否可以流露？福楼拜提出了一种新的小说美学吗？他和乔治·桑的主要分歧在哪儿？

=研究实践=

1. 19 世纪 40 年代俄国文坛的“自然派”,50 年代法国文艺界的“现实主义”,它们当初是作为贬义的批评术语出现的,为什么？(分别参阅别林斯基《1847 年俄国文学一瞥》第一篇和达米安·格兰特《现实主义》第二章)

2. 奥尔巴赫认为,“文学上第一次现代现实主义意识”在司汤达身上开始形成,司汤达就是“现代严肃现实主义的始作俑者”,为什么？奥尔巴赫为什么将 19 世纪现实主义称为“严肃现实主义”？(参阅奥尔巴赫《摹仿论》第十八章“德·拉默尔府邸”)

3. 亨利·詹姆斯在其评论中提出“巴尔扎克的灾殃”,即“《人间喜剧》的那个艺术家被那个历史学家窒息得半死不活”,你是否认同这一看法？(参阅亨利·詹姆斯《奥诺雷·德·巴尔扎克》一文)

4. 论高老头“父爱的悲剧”。分析《欧也妮·葛朗台》中“家庭的苦难”。

5. 描述《人间喜剧》的结构和分类。以拉斯蒂涅或伏特冷为例分析巴尔扎克的“人物再现法”。

6. 在什么意义上，亨利·詹姆斯称福楼拜为“小说家们的小说家”？（参阅亨利·詹姆斯《居斯塔夫·福楼拜》一文）

7. 包法利夫人是“一个故作风雅无病呻吟的女人”吗？比较包法利夫人与安娜·卡列尼娜的性格与命运。

8. 波德莱尔为什么认为包法利夫人“是一个很崇高的女人”？（参阅波德莱尔“论《包法利夫人》”，见波德莱尔《1846 年的沙龙》，郭宏安译，广西师范大学出版社，2002 年版）

＝延伸阅读＝

1. （美）勒内·韦勒克：文学研究中现实主义的概念（勒内·韦勒克《批评的诸种概念》，丁泓等译，四川文艺出版社，1988 年版）

2. （英）弗吉尼亚·伍尔夫：论简·奥斯丁（伍尔夫《论小说与小说家》，瞿世镜译，上海译文出版社，2000 年版）

3. （英）戴维·塞西尔：夏洛蒂·勃朗特（《勃朗特姐妹研究》，杨静远编选，中国社会科学出版社，1983 年版）

4. （法）左拉：论司汤达（《外国文学名家论名家》，智量编选，华东师范大学出版社，1985 年版）

5. （德）埃里希·奥尔巴赫：德·拉默尔府邸（埃里希·奥尔巴赫《摹仿论》第十八章，吴麟绶等译，百花文艺出版社，2002 年版）

6. （法）泰纳：巴尔扎克论（《外国文学评论选》上册，易漱泉等选编，湖南人民出版社，1982 年版）

7. （美）亨利·詹姆斯：乔治·艾略特（亨利·詹姆斯《小说的艺术》，朱雯等译，上海译文出版社，2001 年版）

8. （苏）鲍·艾亨巴乌姆：果戈理的《外套》是如何写成的（《果戈理评论集》，袁晚禾、陈殿兴编选，复旦大学出版社，1993 年版）

9. （法）莫洛亚：屠格涅夫的艺术（《外国文学评论选》下册，易漱泉等选编，湖南人民出版社，1982 年版）

10. （俄）杜勃罗留波夫：什么是奥勃洛莫夫性格？（《杜勃罗留波夫文学论文选》，辛未艾译，上海译文出版社，1984 年版）

第八章　世纪末思潮

导　论

19 世纪下半叶，欧洲现实主义文学日臻成熟，列夫·托尔斯泰、巴尔扎克、狄更斯、莫泊桑等文学大师把现实主义文学推向了艺术的颠峰。在这种背景下，作家开始了新的艺术探索，力求突破业已成熟的传统现实主义文学的创作理念，寻求新的艺术天地。他们对文学传统的反思与突破，为 20 世纪现代主义文学的兴起做了精神上的准备。

以波德莱尔为代表的法国年轻一代诗人以自己的艺术探索旗帜鲜明地提出了新的创作观念。他们反对传统写实主义的"真实观"，认为人们肉眼所见的现实事物只是虚幻的表象，唯有内心的情感、心灵深处隐秘的情绪才是最真实的，艺术家的任务不是像写实主义作家那样去"如实地"描述外在的现实世界，而是应当去表现人的内心深处的隐秘的感受，即"诗表现的是更为真实的东西，即只在另一个世界是真实的东西"。诗人应当使诗歌中表现的每一样现实的实体都象征着人的内心的思想感情。因此，波德莱尔等新一代诗人特别强调艺术创作中的"通感"，即各种感官的相互作用。他们推崇想象，认为正是通过想象，诗人才能透视到宇宙间事物的"交感"，发现主观世界和客观世界之间的相互"感应"，从而达到一个超越现实的世界。这种新的艺术理念为 19 世纪末以法国诗人马拉美为代表的象征主义文学的兴盛奠定了基础。

波德莱尔等象征主义先驱们已经认识到了"诗除了自身之外并无其他目的"，"诗是自足的，永恒的"。这种唯美主义观念在英国作家王尔德那里得到了更为鲜明的体现。王尔德把艺术视为最高的真实，把生活视做一种纯粹的假设形式。生命在艺术中获得永恒。以王尔德为代表的这种艺术观是在艺术日益被社会异化的背景下对艺术独立性的凸显，这种唯美主义文学观念对 19 世纪末 20 世纪初现代主义艺术的兴起有着深远的影响。

19 世纪中叶现实主义文学的繁荣离不开实证科学的发展和理性主义哲学观念的确立。到了 19 世纪后半叶，以法国哲学家柏格森为代表的直觉主义哲学家则开始反对对理性的盲目认可，认为人们只有通过直觉、本能和感情进入隐藏在粗糙的物质外衣下的"永恒的生命洪流"，才能认识一切事物的实质。随后，德国的尼采、叔本华和奥地利的弗洛伊德也都通过各自的学说表明了对传统理性的反叛。这对象征主义、唯美主义等文学观念的产生有巨大的影响。而与此同时，以法国作家左拉为代表的自然主义作家则从相反的途径实现了对传统现实主义文学的超越。在孔德的实证主义哲学和泰纳的环境决定论观点的影响下，左拉树立了自己的创作观念，企图克服现实主义文学在表现社会生活的真实方面做得不够的毛病。他明确提出了“实验小说论”，认为小说不单是忠实地反映现实，而且要从所描写的事物中得出符合某种科学定理的结论。小说家只观察事实，研究事实而不做出结论。小说家必须超越政治与道德。以左拉为代表的自然主义文学流派以自己的方式实现了对传统写实主义的超越。

19 世纪后半叶，现实主义文学自身也在不断地发展，许多现实主义作家也在力图寻求艺术上的突破。陀思妥耶夫斯基以其对人的潜意识的深入挖掘，不仅深化了现实主义的人道主义思想传统，对 20 世纪初现代主义文学的“人的再发现”也产生了重要的影响；契诃夫在其戏剧创作中融进了象征主义与表现主义的艺术理念，崇尚戏剧舞台表现中的“潜流”，摈弃表面化的戏剧冲突，树立了戏剧舞台上“非戏剧化倾向”的新的戏剧观念；以“社会问题剧”著称的挪威剧作家易卜生也在其晚期的创作中走向了象征主义与表现主义的戏剧观念，他们都为 20 世纪戏剧思潮的演变奠定了基础。

象征主义、唯美主义，以及自然主义等文学观念的出现，以及现实主义文学自身的不断更新，活跃了 19 世纪后期的欧洲文坛，预示了世纪之交文学观念转型的即将来临。

本章首篇选文是论 19 世纪俄国两大文豪托尔斯泰与陀思妥耶夫斯基的创作关系的。关于托尔斯泰，国内编选出版了《俄国作家批评家论列夫托尔斯泰》和《欧美作家论列夫托尔斯泰》(中国社会科学出版社)。20 世纪 80 年代以来，我国的陀思妥耶夫斯基研究趋热，首先介绍了俄国学者的重要研究成果，如弗里德连杰尔的《陀思妥耶夫斯基与世界文学》(上海译文出版社)、叶尔米洛夫的《陀思妥耶夫斯基论》(上海译文出版社)、巴赫金的《陀思妥耶夫斯基诗学问题》(三联书店)、罗赞诺夫的《陀思妥耶夫斯基的“大法官”》(华夏出版社)等，编选了《陀思妥耶夫斯基的上帝——陀思妥耶夫斯基研究论述》(社会科学文献出版社)，近年吉林出版社推出欧美研究陀思妥耶夫斯基与俄罗斯思想的系列丛书(林精华主编)，国内学者也出版了研究陀思妥耶夫斯基思想与创作的多种学术专著。自然主义与现实主义的关系历来是一个纠缠不清的问题，本章所选莫泊桑论左拉的文章及左拉有关“实验小说”的论述有助于理解自然主义的主要理论内涵。最后一篇选文论及“现代戏剧”的主要代表易卜生，其“社会问题剧”对中国现代戏剧影响甚大，“易卜生主义”及“娜拉出走”是五四时期文学及社会思想论争的热点。

选文：陀思妥耶夫斯基与托尔斯泰[①]

导言——

本文选自苏联著名马克思主义文艺理论家弗里德连杰尔（Гсоргий Михайлович Фринлеипер，1915— ）的著作《陀思妥耶夫斯基与世界文学》(1979)一书中的"陀思妥耶夫斯基与托尔斯泰"专章。

长期以来，人们形成了一个根深蒂固的观念，认为陀思妥耶夫斯基与托尔斯泰是两个完全对立的作家。弗里德连杰尔明确提出并论证了这两位作家在有着各自不同的创作特质的同时，在更深层次上又有着深刻的内在一致性。文章的这一核心观点颇有学术价值。

文章作者在分析两位作家的各自代表作的基础上，分别阐明了他们在感受自身所处时代的深刻的社会历史及道德心理矛盾方面的内在一致性、对个性道德精神的探索方面的内在一致性、对偶合家庭的表现及对西方文明的批判方面的内在一致性、对俄罗斯人的民族性探讨方面的内在一致性，以及对仁爱精神的宣扬方面的内在一致性。

节选部分以托尔斯泰的《战争与和平》和陀思妥耶夫斯基的《死屋手记》为例，探讨了两位作家在批判"拿破仑主义"思想方面的相似性。又在分析了托尔斯泰的《安娜·卡列尼娜》与陀思妥耶夫斯基的《白痴》的基础上，指出两位作家尽管在心理描写的具体方式上各不相同，但在作品的内在结构、主人公内心精神探索的本质方面又有着潜在而深刻的相似性。

这篇文章以其对两位作家作品的深入把握与精到分析，以其极具说服力的观点阐述，有助于人们进一步理解托尔斯泰与陀思妥耶夫斯基两位俄国文学巨擘的艺术世界。

关于托尔斯泰和陀思妥耶夫斯基在60年代创作思想的相互关系的复杂历史这一特别重大问题，在安娜·西格斯写于第二次世界大战时期的论文中已有精辟的论述，这些论文是在苏联人民同希特勒法西斯主义的英勇斗争激励下写成的。这就是两位伟大的俄国作家批判资产阶级的"拿破仑主义"思想的问题。

在同一些年代里，托尔斯泰正进行《1805年》的创作（这部作品不久就发展为历

① 选自弗里德连杰尔著《陀思妥耶夫斯基与世界文学》，施元译，上海译文出版社，1997年版。

史长篇史诗《战争与和平》），陀思妥耶夫斯基则正在写《罪与罚》。虽然他们互不相干地各自写自己的作品，但对于我们——20世纪的人来说，那些没有引起19世纪批评界注意的共同特征，却在表面上看来如此不同的托尔斯泰和陀思妥耶夫斯基的构思中渐渐显露出来。

与一大批杰出的西欧浪漫主义诗人不同（在他们的心目中，拿破仑的形象外面仍然有一轮英雄主义的或者崇高悲剧性的光环，他们愿意把拿破仑那被诗意般美化过的面貌同他们的庸庸碌碌、平淡无奇的同时代人形象相对照），托尔斯泰和陀思妥耶夫斯基继普希金之后，在拿破仑一世身上看到的不是使他凌驾于资产阶级时代水准之上的东西，而是使拿破仑成为资产阶级时代的先驱和独特的"预言家"的东西。司汤达和缪塞的长篇小说中那些钦佩拿破仑的主人公认为，自己的历史悲剧是"没有赶上"同拿破仑一起登临历史舞台，他们的青年时代又是在其后的一段黑暗的反动政治时期度过的，而在反动政治的掩盖下一个反攻倒算的、充满资产阶级的卑鄙庸俗性的未来王国已经快要成熟了。托尔斯泰和陀思妥耶夫斯基则不仅指出（在这一点上，他们的艺术分析使他们得出了同一个由马克思科学地加以论证过的结论）"老"拿破仑身上已经积存着他那粗俗不堪的侄子"小"拿破仑的很多特征，而且还指出，"拿破仑主义"思想本身就是极不人道的，就其本质而言乃是资产阶级的和反民主的。这是美学方面的，同时也是社会心理学方面的一个巨大发现，对世界文学来说，它的意义是怎么估计都不会过高的。

托尔斯泰早期的短篇小说和《死屋手记》的自传性，一直不断地在托尔斯泰和陀思妥耶夫斯基身上增长着的对人民俄罗斯的强烈兴趣，他们对"拿破仑主义"思想的无情否定，使《战争与和平》时期的托尔斯泰文学审美探索与陀思妥耶夫斯基在他为维克多·雨果的《巴黎圣母院》所作的序言以及从《无神论》和《一个大罪人的传记》（未写成作品）到《卡拉马佐夫兄弟》为止的一系列晚期作品的构思中反映出来的艺术探索相近似的、两位作家对创立史诗小说的那种追求，陀思妥耶夫斯基在写《少年》时对托尔斯泰作品的论战性回顾——这一切都说明他们在创作思想上存在着一种尚未被彻底揭示的紧密的相互关系，这些证据是形形色色的、繁复的。但是，正如本书作者所认为的那样，托尔斯泰的《安娜·卡列尼娜》恐怕是陀思妥耶夫斯基和托尔斯泰的艺术探索异常近似的一个最重要的证据。

不久前，格·阿·比亚雷作了一个有趣的尝试去证明《安娜·卡列尼娜》同陀思妥耶夫斯基的《白痴》相近似，他指出，尽管这两部长篇小说存在着显著的差异（表面的和内在的差异），但是一系列为托尔斯泰和陀思妥耶夫斯基所共有的"永恒"题材在这两部小说中得到了精心的加工，甚至在两部作品的结构中也看得出"近似的特征"。"处于这两部作品中心的都是环境的牺牲品——高傲而又不幸的妇女形象；她既受人折磨，也残酷地折磨着他人，是他人不幸的有意和无意的肇事者……两部小说的另一个中心是思想型的主人公，他是谋求共同的安宁与幸福、彻底改变（虽然是不流血地，然而确是全面而又深刻地改变)世界的思想的体现者……两个主人公都把自己的希望与理想同俄国特有的生活方式联系在一起，这些生活方式是同西方的生活方式截然不同的。无论梅思金，还是列文，就思想气质和天性来说，都是与众不同的贵族民主主义者，这一点同样也是有代表性的……其中一人对社会道德问题最感兴趣，而另一个则对社会经济问题较为注意，但他们的观点和社会自决力的相近则是毫无疑义的。”①

不过，尽管比亚雷的观察很精确，但在我们看来，更有代表性和更为重要的不是他所提到的两部小说中的个别形象和个别问题的“近似特征”，而是《安娜·卡列尼娜》的构思中的最基本的内核。

按照陀思妥耶夫斯基的说法，长篇史诗《战争与和平》是“历史”类的长篇小说。原来的“历史学家”兼小说家在写《安娜·卡列尼娜》时也像《白痴》的作者那样开始直接去分析活生生的“日常”现实生活了。在60年代，托尔斯泰从一个十二月党人自西伯利亚回归的场面想到1825年，以后又想到1812年，甚至想到了1805年。托尔斯泰把农奴改革时代、拿破仑三世和克里米亚战争时代在自己身上引起的思想和印象概括在一部描述另一个时代——即农奴改革时代之前的那个业已告终的、可以加以观察的时代的小说中。我们在《安娜·卡列尼娜》的创作过程中看到一种相反的动态，即托尔斯泰从描写“一个不贞的妻子”那独具特色的历史壮士歌式的情节转向活生生的大众所注意的迫切问题。他在尾声中把主人公的个人悲剧同现实生活中尚未完成的一些事件联系在一起：例如，志愿参军运动和斯拉夫民族的解放斗争。这一切不仅是长篇小说家托尔斯泰个人发展史中的某一进展的结果，而且也是70年代俄国生活和俄国文学整个气氛对他影响的结果。

但是，使《安娜·卡列尼娜》不仅有别于《战争与和平》，而且也有别于托尔斯泰50至60年代的其他作品的一个最主要的因素是，它的女主人公是一个独特的“罪犯”。就像拉斯柯尔尼科夫、索尼娅·马尔美拉多娃或她的父亲那样，是生活把安娜引到了一条非常不幸的界线跟前——托尔斯泰的女主人公在“跨越”这条界线的同时，不仅违反了自己所处环境的常规以及她生活在其中的那个社会的业已形成的传统生活规范，而且也违反了那条以不可磨灭的记号铭刻在她心灵上的最高道德规范。因此在作者看来，安娜的故事不仅是她经受外在的痛苦考验的故事，而且也是女主人公良心发现的历史，她应该饮尽自己斟的这杯迷误与痛苦的苦酒，为的是在临死之前，在良心之“烛”闪现出来的瞬间即逝的明亮烛光下读完自己这部人生教科书中的悲哀的篇章，并从中得出最终的结论。

像陀思妥耶夫斯基的主人公一样，踏上那条非常不幸的道路后，安娜便一直沿着

① 格·阿·比亚雷《19世纪末的俄国现实主义》，列宁格勒大学出版社，1973年版，第55—56页。——原注

这条路走到底。她不是一个软弱的人，而是一个坚强的人，一个认识到上流社会的虚伪并且又不能安于这种社会的人。尽管安娜经常产生疑惑，但她像拉斯柯尔尼科夫那样长期地压抑着这些疑虑，不仅对别人，而且也对自己隐瞒着这些疑惑，并且继续相信自己是正确的，继续让自己对此确信不疑。安娜一生的悲惨结局并不是托尔斯泰女主人公个人的过失或是她的弱点所造成的结果，而是客观存在着的那些无法解决的复杂问题所造成的结果，她的"造反"是与这些问题休戚相关的。

但是，托尔斯泰的女主人公像陀思妥耶夫斯基的主人公那样，不仅是"罪犯"，而且也是"不幸的人"。人们以及安娜本人的良心都谴责她——然而要对她下最后的评断，对她做出只有一种含义的简单判决，小说家毕竟还下不了决心。卷首题词"伸冤在我，我必报应"多半是说，如果女主人公在人们面前是有罪的，那么她也不归法庭所管辖。她的罪过是违反了最高道德准则，所以按照作者的观点，审判她的法官是上帝，而不是人。

托尔斯泰是把《四个发展时期》当作一个人在精神思想上渐趋成熟的发展过程来构思的；作者想在这部作品中彻底研究个性发展的基本阶段——从童年和少年直至成年。在《家庭幸福》中，主人公们相互关系的长期而曲折的发展为慢慢地把这些关系的发展推上转折点作了准备。但是超过这一转折点后，事态也并不具有灾难性质：接踵而来的是主人公们相互关系的新时期，这一时期充满了不断产生的新纠葛和新冲突，但是并不会毁掉他们的爱情，也不会毁掉他们的自身。《战争与和平》中也是这样，尽管作者描写的历史事件规模宏大并具有灾难性，但情节仍像史诗般庄重和从容地发展着。在这儿，无论是在个别主人公的生活中，还是在整个民族的生活中，生与死、飞黄腾达与沉沦堕落似乎都会溶化在宇宙的"呼吸"中，溶化在一年四季的轮转和一代一代人的交替中，溶化在历史这一汪洋大海的周期性循环的潮汐中。而《安娜·卡列尼娜》则不然。这部小说的第一句话就已经在说，习以为常的"秩序"已被破坏，"一切都被扰乱了"——尽管暂时还只限于一个家庭的生活。后来，这种"一切都被扰乱了"的情况渐渐变成小说的生活总气氛及其全部事件的悲剧性主旋律，这种主旋律最有力地表现于安娜和列文的生活经历中，但也并不只是在叙述他俩的遭遇时才有所表现。我们面对的并不是一部普通的小说，而是一部"戏剧小说"，一部"悲剧小说"，它因这一强烈的戏剧性结构而类似于陀思妥耶夫斯基小说的常用形式。

就像在《罪与罚》中那样，在《安娜·卡列尼娜》中也没有冗长的楔子。女主人公以前的经历、安娜性格的形成、她与卡列宁的婚姻、儿子的诞生都被表现为过去的事。故事情节起始于灾难即将来临的时刻。奥布朗斯基家中出事了，安娜来到莫斯科，在途中同渥伦斯基的母亲偶然相识，此后又同他本人相识，舞会上的情景——这就是简短的开篇，此后，主人公们生活中的转折时刻立即来到。对渥伦斯基的爱情做出回报并与他有了关系后，安娜跟陀思妥耶夫斯基的主人公一样被卷到了一系列事件之中，这些事件（不管她的意愿如何）不可抗拒地把她紧紧地吸引住了。关于后来所发生的一切，她可以借用拉斯柯尔尼科夫的话来解释——是"魔鬼"把她拖走了。安娜"跨越"界线之后，小说情节开始有了分析性质：闯祸的后果逐步地显露了出来，因为其中的一个后果必然会引出另一个后果。一大堆事件不可避免地落在女主人公的身上，并且把她卷走。处在左右为难的十字路口时，她没有选择的自由，这一选择是永无反悔地做出的，做出选择后，安娜凭自身的经验也应该明白自己迈出这第一步将会带来的非常不幸的全部后果，所以她应该喝干这杯苦酒。

由于安娜所面临的危险是不可幸免的，小说的情节从开端至结尾进展得越来越快。起先，安娜仍旧住在丈夫家里；有一段时间，表面上看来她生活中似乎没有发生过任何变化。但是后来，灾难就一个接一个降临了。初看起来这些灾难彼此并没有联系。如果孤立地考察其中的每一个灾难，那么完全可以把它看作是各种情况多少有点偶然地凑合在一起的结果。渥伦斯基与安娜的关系可能不会导致她的怀孕，克拉斯诺村赛马大会的结果也可以是另一种光景(那么安娜也不会如此公然和显眼地暴露自己的爱情而当众违反上流社会的虚礼)，等等。不过，正如女主人公渐渐证实的那样，落在她身上的一切打击都是同一根链条上的不同环节。她与渥伦斯基数次做出新的决定，力求改变一下生活，企图逃脱悲惨的结局，但是所有这些尝试都没有得到任何结果，反而加速了这一结局的到来。

事件的灾难性使小说更为引人入胜。读者一直处于紧张状态，总是感到情节没有结束——一个悲惨的结子解开了，但这并不会令读者感到轻松一点，因为几乎立即又打上了另一个结子，主人公四周的黑幕越来越浓，他们的"同盟者"的数量在减少，而他们的有形和无形的敌人却在以几何级数增长。女主人公的孤独更加加剧，而且她本人对这一孤独的感觉也与此一起加剧。动摇不定、焦灼不安和对周围人们的不信任感使安娜对渥伦斯基的炽烈爱情变得特别容易波动，使原来在各方面都是如此单纯和自然的女主人公的举止染上了虚假和不自然的印痕。安娜试图建造一幢大厦，以便躲进去逃避那场必不可免的灾祸，但是它太脆弱了——上流社会继续控制着她和渥伦斯基，并向他们提出种种要求，况且主人公自身与这一社会也是血肉相连的。因此，灾难不可避免。

一位读者在 1876 年 11 月写信给陀思妥耶夫斯基说："在我们俄国只有两位心理小说家——托尔斯泰和您。托尔斯泰的画笔描绘的是精致优雅的事物……您则是在触摸与您截然不同的人的伤口……因而只有您一人能描写出那些对其他人来说简直是不可理解的典型。您了解这些典型人物的情感，您为他们担心，您在精神上同他们一起受尽了折磨，迫使自己按他们的方式去感受，并用这种方式去再现活生生的，然而却是畸形的人。"

这席话大致正确地介绍了陀思妥耶夫斯基和托尔斯泰的心理分析之间的基本差别。在中长篇小说中，托尔斯泰感兴趣的照例是(从其理想和对社会的要求的观点而言的)"正常"人的心理。他的主人公们——尼科连卡·伊尔捷尼耶夫、聂赫留道夫、奥列宁、彼埃尔·别祖霍夫、列文——都感到自己同社会不合拍，但是这种不合拍是因为社会满足不了他们的合理的正常要求而引起的，这些要求则是与每个精神多少有点正常的、尚未被社会所毒害的人的要求相吻合的。陀思妥耶夫斯基笔下的情况就不同了。他注意的中心通常是这样的人：他们不仅与社会不合拍，而且自己身上也带着社会的弊病，并且还以特别鲜明和突出的形式（按照作家本人的说法，是用与“独特的”和“荒诞”的东西相近似的形式）反映出社会的弊病，因为他们身负着由社会引起的谬误思想和幻想的重担。资产阶级个人主义和无政府主义的毒素已经渗进他们的意识，毒化了他们的血液，因此他们本人就是自己最可怕的敌人。社会的弊病和社会的支离破碎状态使他们产生了病态的和支离破碎的意识，在这种意识中周围的人和事都具有“凶险的”、“荒诞的”色调。

尽管作为心理学家的托尔斯泰与陀思妥耶夫斯基不同，他通常注意的中心是正常健全的心理，而不是受到震动的、破碎的“病态”心理，并且也较难得醉心于分析由他那时的社会生活所引起的具有病理学性质的（或者是近乎于病理学的）病态感受，但《安娜·卡列尼娜》中的情况就较为复杂了。安娜和渥伦斯基的爱情起初完全是一种“正常”、健康和自然的激情，但是正像在丘特切夫晚期的诗歌中，像在《赌徒》或《白痴》中那样，它逐渐带上了病态的“不幸”的性质，变成一种道德心理上的“决斗”，在这一决斗中，两位情人有意无意地互相攻击，互相折磨。安娜不时对渥伦斯基怀有一种独特的“又爱又恨”的感情，甚至在她悲惨地死去的那一时刻她也没有完全摆脱掉要对他报复的想法。但是不仅安娜的炽烈爱情和她的妒意具有特殊的、几乎是病态的紧张性，尼古拉·列文同人们的疏远也具有这种强烈的病态性质。正如格·阿·比亚雷准确指出的那样，在这种疏远后面隐藏着陀思妥耶夫斯基笔下的伊波利特也有所感受的那些因人类的命运而产生的隐痛和烦恼。结果，在小说的最后一章，康斯坦丁·列文尽管还有其他心理上的原因，但有时比斯维德利加伊洛夫或斯塔甫罗金更濒临自我毁灭的地步。这一切证明，后期的托尔斯泰已毫无疑义地“迎头赶上”了陀思妥耶夫斯基。

与托尔斯泰的其他小说比较，《安娜·卡列尼娜》的戏剧性结构使小说中出现的巴赫金用来说明陀思妥耶夫斯基小说的“复调性”（巴赫金完全否认托尔斯泰有复调性）成分增加了。小说中不是只有一两个人的声音，而是有很多人的声音，不仅存在一种“真理”，而是有几种“真理”。相互争论的不仅有安娜和卡列宁、安娜和渥伦斯基、康斯坦丁·列文和尼古拉·列文，或是康斯坦丁·列文和科兹内舍夫，甚至还有那些外在气质相去甚远的人物，如安娜和列文、安娜和杜莉·奥布朗斯卡娅、列文和福卡内奇之间也发生争吵。小说的所有人物之间都进行着隐蔽的对话（这一对话并不是一直都暴露出来的，也不是一直都具有唇枪舌剑的性质），这往往是不同举止的、对生活抱不同态度的人们的争论，它不会成为不同意见的公开争论，而是表现为一种相互吸引或者相互排斥，表现为主人公们在单一意义的相同情况下的不同类型的实际行为的矛盾和冲突。况且，尽管作者公开带着自己的"声音"和"独白式"（巴赫金术语）的观点出现于小说中，但主人公之间的争论并没有解决，也没有做出最后的结论，就是说，他们的对话仍在继续，并将永远继续下去。因为正如作者和读者所感到的，在生活中不存在，并且永远也不会有一种大家都要遵守的解决小说所触及的那些问题的办法——一种没有一点儿毛病，对所有的人都同样适用和都能接受的答案。如在陀思妥耶夫斯基的长篇小说中那样，在《安娜·卡列尼娜》中，于提出一些暂时问题的同时也提出了一些"永恒的"、不能被一劳永逸地解决的问题，这些问题在任何社会（其中包括共产主义社会）中都将永远由不同性格和个性的人们（如安娜和杜莉、列文和他的兄弟们）以不同的方式去加以解决。所以，与巴赫金的意见相反，在《安娜·卡列尼娜》中，"独白性"和"复调性"是并存的，它们既不互相否定，也不互相排斥。

在《罪与罚》中，拉斯柯尔尼科夫站在自己的"十字路口"上仔细审视着其他主人公，在心里确定自己与他们之间的"共同点"，并在其中寻找自身之谜的谜底。

我们也可在《安娜·卡列尼娜》中找到某种相似的东西，自然，两者之间有着本质上的差别，即在《安娜·卡列尼娜》中往往不是安娜为了用他人的命运来度量自己的命运而去审视其他的人（尽管也遇到这种情况），而是出现了另一种情况：是列文、吉蒂、杜莉仔细观察安娜（就像列文仔细观察斯蒂瓦、科兹内舍夫、斯维亚日斯基、福卡内奇那样），这有助于列文或者杜莉了解自身，有助于他们用另一种方法去解决类似的问题（或者证明原先已经做出的解释在自己看来是正确的）。

所以我们看到，这里谈的可能不仅仅是格·阿·比亚雷所写的关于《安娜·卡列尼娜》和《白痴》在道德思想问题上的内在近似性、某些形象和情节的类似以及这些形象和情节所起的相同作用，而且还谈到托尔斯泰在这部小说中已从《战争与和平》的史诗性向陀思妥耶夫斯基长篇小说的明确的基本诗学原则迈进了一步，向陀思妥耶夫斯基所创立的、具有强烈戏剧性的、有着陀思妥耶夫斯基艺术所特具的内在紧张性和复调性的思想问题悲剧小说体裁迈进了一步。艺术家托尔斯泰依然是他自己，并没有向陀思妥耶夫斯基作任何谦让。他在《安娜·卡列尼娜》中充分重视时代的要求，重视俄国小说史新阶段的倾向，同时也在一定程度上注意到了陀思妥耶夫斯基的经验及其在艺术上的开拓。所以，《安娜·卡列尼娜》能引起陀思妥耶夫斯基那么多的关注也并非偶然。

托尔斯泰是《战争与和平》的创作者，也是《安娜·卡列尼娜》、《克莱采奏鸣曲》的创作者，最后，也是《忏悔录》的作者——这些都是鲜明地表现出戏剧性甚至悲剧性基调的作品。然而正如我们从陀思妥耶夫斯基的书信和为《巴黎圣母院》写的序言中了解到的，当时陀思妥耶夫斯基虽已年近晚年，却越来越迷恋于宽广宏伟的史诗性构思，并且促使他去创作它们的一个动因就是对《战争与和平》的思考，或总的说来，是对托尔斯泰全部创作的思考。

所以，在国外由美国学者约·施泰纳在他的《托尔斯泰还是陀思妥耶夫斯基?》一书中所推广的“史诗作家”托尔斯泰和“悲剧作家”陀思妥耶夫斯基的对立说法，实际上是同把两位俄国“巨人”的创作互相对立起来的一切企图犯有同等程度的错误。因为在“史诗作家”托尔斯泰的发展过程中，他创作中的戏剧性因素也在增强，这就使托尔斯泰不得不在一定程度上像注意其他当代人那样注意陀思妥耶夫斯基的经验。《安娜·卡列尼娜》是这条道路上的一个最重要的标志。

还应该指出一个重要的特征，它使托尔斯泰和陀思妥耶夫斯基在他们的现实主义探索中互相接近。

无论在西方还是在俄国，19世纪上半叶的现实主义作家一般说来都还没有深化到像在更晚一些和更困难的那个时代的条件下进行创作的继任者那样去分析内在和外在的东西的复杂而矛盾的相互关系、社会生活和个人生活的实质和表象的相互关系。人及其周围现实的形象在他们的作品中有着概括的性质：人物是用“特写镜头”来描写的，摄取的是人物的一些较为重要的生活转折时刻，而处于转折时刻之间的其余生活时刻，不是未被注意到，起码也是没有得到积极的和仔细的艺术分析。自然，也可以找到一些超出这条一般规则的个别例外——有时是极重要的例外，但是它们改变不了总的情况。

我们在19世纪下半叶和20世纪初的作家，首先是在托尔斯泰和陀思妥耶夫斯基身上看到的则是另一种情况。用卢卡契的定义来说，我们可以在他们那儿发现“对人的时时刻刻都在变化的外在生活和内心生活所作的一种在感情上捉摸得出的精确描绘，一种从前一直未获成功的、对变化无常的精神和肉体的精确描绘……这是旧现实主义从未用此种形式向自己提出过的艺术任务”。所以，托尔斯泰的有关“感情细节”对他那时的文学有着头等重要意义以及对它们的兴趣“正在取代对事件本身的兴趣”的那些著名见解，他对“不能忍受的描写风格”的抗议，他对“在情节开始后就被随意弃置的……性格特征”的偏爱，小说家想在讲述一个人的故事之前用“他对我有何影响”、“这件或那件事在人物身上如何反映”去代替对人的干巴巴的描写的意图，这些都是极有征兆性的。

使19世纪初的作家感兴趣的首先是思维过程的“结果”——即由它引导人物去得出的结论，或是由它激起的行为。然而，正如车尔尼雪夫斯基率先指出的，引起艺术家托尔斯泰注意的与其说是心理过程的结果，它的最终结果，还不如说是处于复杂的不断流动中的这一过程本身。正如托尔斯泰意识到并力图向读者表明的那样，他那时善于思索和有感情的人的心理过程的最终结果通常都要比思想过程本身来得更单一、更狭窄、更贫乏；所以，要想展示主人公的内心生活（不是那种毫无生气的机械的东西，而是主人公身上那种生机勃勃的和富有人性的东西），就要把主人公的思绪所经过的各种各样的纠葛的整个错综复杂过程表现出来，要打通一条越过各种不同障碍的道路，要渐渐地去感受主人公外在的和内心的生活以及他的过去和现在的各种不同情况。陀思妥耶夫斯基所特有的对人物心里话的注意，他作品里的人物内心独白向那种对艺术家来说是不可代替的手段——即对人作心理考验和研究的手段的转化，也是由近似的原因引起的。

帕·瓦·安年科夫还写到，普希金不描写为主人公采取某种决定做准备的“思想链条”，“不醉心于灵魂的隐秘活动，它如大自然在地下的隐秘活动那样，是不可捉摸的”。随之而来的以莱蒙托夫、陀思妥耶夫斯基和托尔斯泰为代表的俄国现实主义散文作品，在对普希金提出的现实主义艺术原则作符合于自己时代需要的进一步加工时，应该找到一些新的方法去体现具有更为复杂而深刻的“心灵辩证法”的善于思考的同时代人形象。车尔尼雪夫斯基在一篇论托尔斯泰的“童年和少年”和“战争短篇小说”的文章中指出了这一成就对充实与完善现实主义语言艺术原则所具有的全部意义。

无论是托尔斯泰，还是陀思妥耶夫斯基，都没有局限于描写内心活动过程的总轮廓，而是力求（尽管方式不同）极其充分地展示主人公的思想和感情的流动，因为它富有出人意料的复杂转折、丰富得令人叫绝的纠葛和联想，往往是在同一个封闭圈的界限内流动的，并且在找不到出路的情况下最终又把思想引回它的出发点。这是又一个相当重要的特点，它使他们在美学和“人类心理学”方面的探索渐趋接近。

=补充材料=

……托尔斯泰伯爵所最最注意的是一些情感和思想怎样由别的情感和思想发展而来；他饶有兴趣地观察着，由某种环境或印象直接产生的一种情感怎样依从于记忆的影响和想象所产生的联想能力而转变为另一些情感，它又重新回到以前的出发点，而且一再循着连串的回忆而游移而变化；而由最初的感触所产生的想法又怎样引起别的一些想法，而且越来越流连忘返，以致把幻想同真实的感觉、把关于未来的冥想同关于现在的反省融合一起。心理分析可以采取不同的方向：有的诗人最感兴趣的是性格的勾描；另一个诗人则是社会关系和日常生活冲突对性格的影响；第三个诗人是情感和行动的联系；第四个诗人则是激情的分析，而托尔斯泰伯爵最感兴趣的是心理过程本身，它的形式，它的规律，用特定的术语来说，就是心灵的辩证法。

……我们说过的托尔斯泰伯爵的才华的特点是如此独特，因而必须十分注意地审视它，我们才会了解它对于他的作品的艺术价值所具有的全部重要意义，心理分析几乎是使他的创作才能具有力量的一种极重要的特质。但是心理分析通常具有一种可以说是叙述的性质——拿来一种固定、静止的情感分解为各个组成部分，然后给我们以一张解剖的图表——如果可以这样说的话。在一些大诗人的作品里，除了心理分析的这个方面，我们还会发现另一种倾向，它的表现会对读者或观众发生极其惊人的作用，这就是抓住一种情感向另一种情感、一种思想向另一种思想的戏剧性的变化。但是通常我们看到的只是这个链条的两端的环节，只是心理过程的开端和结尾，这是因为自己才能中具有戏剧性成分的大多数诗人主要是关心内心生活的后果和表现，关心人与人之间的冲突，关心行动，而不是关心思想或感情借以形成的隐秘的过程；就是那看来多半应该作为这过程的表现的独白里，几乎也往往只表现情感的斗争，这种斗争的纷扰诱引我们的注意力离开观念联想所赖以发生的规律和演变过程，——我们感兴趣的是它们的对照，而不是它们产生的方式，——独白即使所包含的不是静止的情感的简单剖析，也几乎常常只是表面上与对话有所不同：哈姆雷特在自己有名的反省里，仿佛分裂为两个人，自己跟自己争论，他的独白实际上是像浮士德和靡非斯特的对话或者波沙公爵同堂·卡罗斯[1]的争论之类的场面。托尔斯泰伯爵才华的特点是他不限于描写心理过程的结果：他所关心的是过程本身，——那种难以捉摸的内心生活现象，彼此异常迅速而又无穷多样地变换着的，托尔斯泰伯爵却能巧妙地描写出来。有一些画家，他们赖以著名的是工于描绘反映在怒波上的闪烁的光芒，簌簌摇动的树叶上的明灭的光影，变幻不定的浮云上闪耀的阳光，因而人们大多会说他们善于捉摸自然生活。托尔斯泰伯爵对于心理生活的极其隐微的变化做出了某种类似的成就。我们觉得这就是他的才华独具的特点。在所有俄国优秀作家中，他在这方面是一位大师。（陈燊译）

（俄）车尔尼雪夫斯基：论托尔斯泰的创作，《俄国作家批评家论列夫·托尔斯泰》，倪蕊琴编选，中国社会科学出版社，1982年版，第27—32页。

作为一件艺术品，《安娜·卡列尼娜》是完美的。它的出现适逢其时，是当代欧洲文学中无双的精品。此外，它的思想是我们自己的，土生土长的，是把我们同整个欧洲世界区别开来的一种东西——它是我们民族的"新语言"，至少是它的开端；这种语言在欧洲还没有听到过；尽管欧洲有那么多值得骄傲的地方，却也极端需要这种新语言。在《安娜·卡列尼娜》里面，提出了一种关于人的罪恶和犯罪行为的观点。人生下来就处在反常的环境之中。罪恶先天就存在了。他们被卷进了一股虚伪的旋涡，犯下种种罪行，然后不可避免地毁灭了。我们看到，书中涉及的是一个欧洲常用的非常古老的题材。但是，这个问题在欧洲到底是怎么解决的呢？在欧洲，这个问题总有一种或两种解决办法。第一种解答是：法律是经过几千年的时间拟具、形成、制定的。善与恶已经有了明确的定义和标准。谁不遵守法律，谁违犯法律，谁就要用自由、财产或生命来偿还——名副其实地、不讲人道地偿还。另一个相反的解答则是，既然社会失常，那么个人就不可能对其后果负责。因此，罪犯是没有罪责的，而罪行并不存在。要消除罪恶和人类的罪行，必须终止社会的反常现象及状态。除这两种解答外，西欧世界对人的罪行和过失没有提供任何其他答案。

但是，这位俄国作家（托尔斯泰）的观点明白地表示，任何消灭贫困、组织劳动的办法，都不能把人类从反常的状态下拯救出来，从而摆脱罪行和过失。这种观点是以惊人的深度和力量，通过对人的心灵的广阔的心理研究，并且用我们谁也比不上的现

[1] 席勒剧作《堂·卡罗斯》中的人物。——译注

实主义艺术手法表现出来的。这种观点表述得十分浅显易懂，它明白地阐明了下面这个道理：恶隐藏在人性深处，比我们那些社会主义医师们所想象的要深得多；没有一种社会状态能够消除恶；人的思想永远原封不动，反常和罪恶都是从那里出来的；末了，人的心灵的规律，人们还远远不知道，科学还远远不能设想，非常捉摸不定，神秘莫测，因而还没有也不可能有治疗它的医生或做出最后裁决的法官，只有他，那说过“伸冤在我，我必报应”的上帝。只有他，才洞悉这个世界上的全部奥秘和人的终极命运。

为了使人不致由于不理解他的出路和命运而在绝望中毁灭，这里给他指出了一条逃避的道路。这一点，在小说前半部中的绝妙场景里，以天才的手笔作了说明。在这一幕里，女主人公已面临死亡的大门，而几个罪犯和仇敌都在转化为更高级的人，转化为互相宽恕了一切的兄弟，转化为通过相互间完全的宽恕而摆脱了虚伪、罪恶与罪行的人，这两个人证明他们充分意识到他们有权这样做①。但是往后，在小说的最后部分，在那随着一个人心灵的堕落而一步步展示的可怕画幅里，对人间的法官、掌管着天平和砝码的人作了那么多的教训，以致他肯定会惊惧交加地喊道：“不，伸冤并不总在我，我不能总是报复！”因而，他不会因为一个不幸的堕落的罪人藐视早已由知识阐明了的道理甚至自觉地拒绝它，而违反人道地将他治罪。（薛鸿时等译）

（俄）陀思妥耶夫斯基：论《安娜·卡列尼娜》，见《欧美作家论列夫·托尔斯泰》，陈燊编选，中国社会科学出版社，1983 年版，第 213—214 页。

托尔斯泰和陀思妥耶夫斯基是两个最伟大的天才；他们以自己的天才的力量震撼了全世界，使整个欧洲惊愕地注视着俄罗斯，这两个人都进入了莎士比亚、但丁、塞万提斯和歌德这些伟大人物的行列，与他们并列而无愧。但他们两人对自己黑暗、不幸的祖国，曾经一度有过不好的影响。

这种影响恰巧发生在那样的时代，那时，我国的优秀人物在为了把人民从横暴的统治下解放出来而进行的斗争中疲惫了，倒下去了，而那些准备接替他们的年轻的力量，却在绞刑台、苦役和谜一样呆板的人民的不祥的缄默面前感到不安和恐怖，并在这种状态中停步不前，人民像大地一样默默地把在争取自由的战斗中流出的热血吞了下去。那些被革命斗争的爆发吓倒了的小市民，在渴望安逸和秩序中疲惫了，他们决心向征服者投降，出卖战败者，并因为这种出卖而获得虽是微小的，但对他们来说总是吸引人的一份权力……

反动势力的沉重的、灰色的乌云浮游在国家上空，希望的明星熄灭了，忧郁和苦闷抑压着青年的心，黑暗势力的血腥的手重又迅速地编织了奴役的网。

① 指在安娜的病床前，卡列宁和渥伦斯基的和好。——译注

在这悲惨的时候，社会上的精神领袖应该以他的理智的正直的力量来说话：

“人民的贫困和愚昧，是我们生活中一切不幸的源泉，是悲剧，在这悲剧里，我们不应做消极的旁观者，因为情况迟早要迫使我们在这悲剧里扮演受苦的和极其重要的角色。在国家看来我们是砖瓦，它利用我们来建筑墙垣和堡垒，以便巩固它的暴虐的政权。它巧妙地使人民和我们分开，使大家在和它那冷酷的机构做斗争时变得软弱无力。当人民还是奴隶和盲目的野兽的时候，任何一个有理智的人也不能够安静，因为人民会恍然大悟，会获得解放，而且会因对他们施用过暴力和蔑视而进行报复。当我们的周围有着这么许多叫花子和奴隶的时候，我们不可能有美好的生活。这个国家把人性绞杀了，为的是要恢复人的兽性，并用这种兽性的力量来巩固自己的政权；它反对那种永远仇视暴力的理智。国家的幸福在于人民的自由，只有人民的力量才能战胜国家的黑暗势力。要明白，在别的国家里，正直的人，有理智的人不会像在我国这样孤单。为自由与正义的胜利而斗争吧，你们会在这胜利中发现美丽。愿你们的生活变成一首英雄的诗……”

“忍耐吧！”陀思妥耶夫斯基在普希金纪念碑行揭幕礼时向俄罗斯社会致辞说。

“自己改善自己吧！”托尔斯泰说，更补充一句道：

“勿以暴力抗恶！”

在这种鼓吹忍耐和勿抗恶的说教里面，有一种非常丑恶和可耻的东西，有一种近乎恶意嘲弄的东西。要知道，这两位世界的天才是生活在这样一个国家里，在那里，压在人民头上的暴力，已经达到惊人的极度无耻的程度。统治阶级横行霸道，肆无忌惮，使整个国家变成一座黑暗的刑场，政权的走狗们，从省长到下级警官，都横蛮地劫掠和折磨千百万人民。愚弄他们，好像猫儿愚弄被捕的耗子。

然而却有人对这些受难的人民说：

“勿抗恶！忍耐吧！”

于是他们用漂亮的词句来歌颂这些人民的耐性。这个沉痛的例子十分清楚地阐明了俄国文学对人民的真正态度。（孟昌译）

（俄）高尔基：谈谈小市民习气，《俄国作家批评家论列夫·托尔斯泰》，倪蕊琴编选，中国社会科学出版社，1982年版，第278—280页。

回想起来，在年青的时候，读了伟大的文学者的作品，虽然敬服那作者，然而总不能爱的，一共有两个人。一个是但丁，那《神曲》的《炼狱》里，就有我所爱的异端在；有些鬼魂还在把很重的石头，推上峻峭的岩壁去。这是极吃力的工作，但一松手，可就立刻压烂了自己。不知怎地，自己也好像很是疲乏了。于是我就在这地方停住，没有能够走到天国去。

还有一个，就是陀思妥耶夫斯基。一读他二十四岁时所作的《穷人》，就已经吃惊于他那暮年似的孤寂。到后来，他竟作为罪孽深重的罪人，同时也是残酷的拷问官而出现了。他把小说中的男男女女，放在万难忍受的境遇里，来试炼它们，不但剥去了表面的洁白，拷问出藏在底下的罪恶，而且还要拷问出藏在那罪恶之下的真正的洁白来，而且还不肯爽利地处死，竭力要放它们活得长久。而这陀思妥耶夫斯基，则仿佛就在和罪人一同苦恼，和拷问官一同高兴着似的。这决不是平常人做得到的事情，总而言之，就因为伟大的缘故。但我自己，却常常想废书不观。

医学者往往用病态来解释陀思妥耶夫斯基的作品。这伦勃罗梭式[①]的说明，在现今的大多数的国度里，恐怕实在也非常便利，能得一般人们的赞许的。但是，即使他是神经病者，也是俄国专制时代的神经病者，倘若谁身受了和他相类的重压，那么，愈身受，也就会愈懂得他那夹着夸张的真实，热到发冷的热情，快要破裂的忍从，于是爱他起来的罢。

不过作为中国的读者的我，却还不能熟悉陀思妥耶夫斯基式的忍从——对于横逆之来的真正的忍从。在中国，没有俄国的基督。在中国，君临的是"礼"，不是神。百分之百的忍从，在未嫁就死了定婚的丈夫，坚苦的一直硬活到八十岁的所谓节妇身上，也许偶然可以发见罢，但在一般的人们，却没有。忍从的形式，是有的，然而陀思妥耶夫斯基式的掘下去，我以为恐怕也还是虚伪。因为压迫者指为被压迫者的不德之一的这虚伪，对于同类，是恶，而对于压迫者，却是道德的。

但是，陀思妥耶夫斯基式的忍从，终于也并不只成了说教或抗议就完结。因为这是当不住的忍从，太伟大的忍从的缘故。人们也只好带着罪业，一直闯进但丁的天国，在这里这才大家合唱着，再来修练天人的功德了。只有中庸的人，固然并无堕入地狱的危险，但也恐怕进不了天国的罢。

鲁迅：《且介亭杂文二集·陀思妥耶夫斯基的事》，
《鲁迅全集》(第六卷)，人民文学出版社，1981 年版，第 411—412 页。

有着众多的各自独立而不相融合的声音和意识，由具有充分价值的不同声音组成真正的复调——这确实是陀思妥耶夫斯基长篇小说的基本特点。在他的作品里，不是众多性格和命运构成一个统一的客观世界，在作者统一的意识支配下层层展开；这里恰是众多的地位平等的意识连同它们各自的世界，结合在某个统一的事件之中，而互相间不发生融合。陀思妥耶夫斯基笔下的主要人物，在艺术家的创作构思之中，便的确不仅仅是作者议论所表现的客体，而且也是直抒己见的主体。因此，主人公的议论，在这里绝不只局限于普通的刻画性格和展开情节的实际功能（即为描写实际生活所需要）；与此同时，主人公议论在这里也不是作者本人的思想立场的表现(例如像拜伦那样)。主人公的意识，在这里被当作是另一个人的意识，即他人的意识；可同时它却并不对象化，不囿于自身，不变成作者意识的单纯客体。在这个意义上说，陀思妥耶夫斯基笔下的主人公形象，不是传统小说中一般的那种客体性的人物形象。

① 伦勃罗梭(1836—1909)，意大利精神病学家。——编注

陀思妥耶夫斯基是复调小说的首创者。他创造出一种全新的小说体裁。因此他的创作难以纳入某种框子，并且，不服从我们从文学史方面习惯加给欧洲小说各种现象上的任何模式。他作品里出现了一种主人公，处理这人的声音同普通小说中处理作者本人的声音采用一样的方法。主人公对自己、对世界的议论，同一般的作者议论，具有同样的分量和价值。主人公的话不是作为刻画性格的手段之一，而附属于客体性的主人公形象，可却也不是作者声音的传声筒。在作品的结构中，主人公议论具有特殊的独立性；它似乎与作者议论平起平坐，并以特别的方式同作者议论结合起来，同其他主人公同样具有十足价值的声音结合起来。

由此可见，只有情节布局所实际需要的事物间和心理上一般的衔接联系，在陀思妥耶夫斯基的艺术世界中就显得不够了。因为这类联系的前提是，主人公在作者的构思中是作为客体、作为对象出现的。这类联系所联结所聚合的，是完成了的主人公形象；他们组合起来的统一世界，是按独白原则感受和理解的世界。这类联系所联结所聚合的，绝不是许多个地位平等的意识以及他们各自的世界。一般的情节线索，在陀思妥耶夫斯基的小说中只起次要的作用，这里它的功能也很特别而不同一般。最终将他小说中的世界焊接成一个整体的，是另外一种手段；他的小说中展现的基本内容，不可能用一般的情节布局来加以解释。

其次，这里叙述的着眼点（不管是以作者名义、讲述者名义或某一主人公的口气叙述，情况都一样），本身也应完全不同于独白型小说。面对这个新的世界，即众多各自平等的主体的世界，而非客体构成的世界，无论叙事、描绘或说明，都应采取一种新的角度。叙述故事的语言，描写的语言和说明的语言，对自己的对象都必须形成某种新的态度。

综上所述，小说结构的所有要素，在陀思妥耶夫斯基的作品中，均有其深刻的独特之处。所有这些要素都取决于一个新的艺术任务，而这个艺术任务只有他陀思妥耶夫斯基能够提出来，并在极大的广度和深度上加以解决。这就是：创造一个复调世界，突破基本上属于独白型（单旋律）的已经定型的欧洲小说模式。

（俄）巴赫金：陀思妥耶夫斯基的复调小说和评论著述对它的阐释，《陀思妥耶夫斯基诗学问题》，白春仁、顾亚铃译，三联书店，1988年版，第29—30页。

═问题研讨═

1. 托尔斯泰是一个“蹩脚的思想家”吗？托尔斯泰只是作为艺术家才是伟大的吗？19世纪80年代初，托尔斯泰为什么会发生思想“激变”？托尔斯泰晚年为什么出走？托尔斯泰能作为“生活的导师”吗？如何评价“不以暴力抗恶”的观念？

2. 陀思妥耶夫斯基的人生苦难对他的思想和创作产生了什么影响？怎样理解陀思妥耶夫斯基对苦难的同情？我们能够“热爱苦难”吗？陀思妥耶夫斯基如何看待

"罪与罚"？拉斯柯尔尼科夫为"思想"而杀人吗？怎样把握《卡拉马佐夫兄弟》中"宗教大法官"的思想？陀思妥耶夫斯基为什么被称为"残酷的天才"？

3. 在文学上，托尔斯泰与陀思妥耶夫斯基的区别何在？心理分析的不同？史诗作家与悲剧作家有何不同？独白性与复调性有何不同？

4. 安娜是一个"不贞的妻子"，一个"独特的罪犯"吗？安娜为何卧轨自杀？高尔斯华绥说"安娜的悲剧在于她自己的欲望的不满足"，怎么理解？小说题辞"伸冤在我，我必报应"表达了作者什么观点？

5. 在陀思妥耶夫斯基的"复调小说"中，各种个性、意识、观点都有"同等的价值"吗？怎样在众声喧哗中辨析出陀思妥耶夫斯基的"声音"？陀思妥耶夫斯基作为作者与其小说主人公关系如何？作者的创作主体性如何体现？其小说的"完整统一性"何在？

═研究实践═

1. 什么是"托尔斯泰主义"？

2. 什么是"忏悔式主人公"？

3. 什么是"心灵辩证法"？（参阅车尔尼雪夫斯基"《童年》和《少年》、《列·尼·托尔斯泰伯爵战争小说集》"，见《俄国作家批评家论列夫·托尔斯泰》）

4. "复活"的涵义是什么？

5. 什么是"复调小说"？概述巴赫金有关"复调"、"独白性"、"多声部性"、"对话性"、"未完成性"诸概念的内涵。（参阅巴赫金《陀思妥耶夫斯基诗学问题》第一章"陀思妥耶夫斯基的复调小说和评论著述对它的阐释"）

6. 巴赫金说"艺术家陀思妥耶夫斯基总是战胜政论家陀思妥耶夫斯基"，这是否意味着"现实主义的伟大胜利"？（参阅巴赫金《陀思妥耶夫斯基诗学问题》第三章"陀思妥耶夫斯基作品中的思想"）

7. 什么是"卡拉马佐夫气质"？高尔基为什么称陀思妥耶夫斯基为"恶毒的天才"？（参阅高尔基《论"卡拉马佐夫气质"》、《再论"卡拉马佐夫气质"》，见《外国文学评论选》下册）

8. "宗教大法官"是《卡拉马佐夫兄弟》中的"插曲"还是"核心"？（参阅罗赞诺夫《陀思妥耶夫斯基的"大法官"》，张百春译，华夏出版社，2002年版）

9. 比较拉斯柯尔尼科夫与伊万·卡拉马佐夫。比较索妮亚与阿廖沙·卡拉马佐夫。

10. 比较托尔斯泰与卢梭。比较陀思妥耶夫斯基与尼采。

选文：左拉与自然主义[①]

导言——

本文的作者是法国小说家莫泊桑(Guy de Maupassant,1850—1893)。他以弟子的身份介绍了左拉的生平与创作,分析了左拉的气质与创作特点,阐释了自然主义理论。原文分三节,本文选自第二节。标题另加。

在责难自然主义粗野机械的一片嘘声中,本文可视为左拉与自然主义的一则辩护状。选文中,莫泊桑将左拉定义为文学上的革新者。莫泊桑介绍了左拉的文学观点,界定了自然主义这一概念,也涉及了左拉的浪漫主义倾向。

莫泊桑认为,革新并不意味发现前所未见的事物,而是对现存因循风气的冲击。作为文学革新者的左拉,用赤裸平易的真实语言对抗弥漫文坛的矫饰作风,而左拉的支撑点在于作品的真实厚重以及众多读者的实际支持。

莫泊桑阐发了左拉定义自然主义的美学名句:“一部艺术作品是透过气质而看到的一部分天性”。莫泊桑指出,“左拉认为作家的特殊气质会赋予他所描写的事物一种特殊的色彩,根据其精神本质具有一种自己的风格”,因为,“绝对的真实,干巴巴的真实并不存在,没有人企图成为一面完美无缺的镜子”。莫泊桑称这一界定为文学上最明确最完全的定义。

在文学上,左拉是个革新者,也就是说,存在过的东西的凶恶敌人。

凡是有活跃智力和热烈求新欲的人,凡是具有活跃的精神品质的人,势必由于厌倦了他过于熟识的事物,而成为革新者。

我们受到浪漫主义的抚育,耳濡目染这个流派的杰作,全身震撼着抒情的冲动,首先经历的是热情澎湃的阶段,即初试身手的时期。不管一种形式多么美好,尤其对于专门搞文学,从早到晚写作,以此为生的人来说,这种形式总是必然变得单调。于是,寻求变化的古怪需要在我们内心油然而生;即使是我们赞赏备至的伟大奇迹,也会令我们厌弃,因为我们过于熟悉其生产方式,像俗话所说,我们成了内行。我们最终要寻觅别的东西,或者不妨说,我们回到别的东西上面去;这种“别的东西”我们掌握了,修改了,完善了,变为自己的东西;有时,我们诚心诚意地以为创造了这种东西。

文学就是这样从这一革新到那一革新,从这一阶段到那一阶段,从不自觉接受别人的这一影响到接受另一影响;因为说到底,当今没有什么东西会是崭新的。维克

① 选自《文学中的自然主义》,朱雯等编选,上海文艺出版社,1992年版。

多·雨果和左拉什么也没有发现。

然而，这种文学革命不会无声无息地进行，因为读者习惯于既存事实，只在消闲时关心文学，不去了解艺术的奥妙，对于不能立刻引起兴趣的东西十分冷漠，不喜欢自己已经确定的欣赏规则受到干扰，凡是迫使他在日常事务以外转换脑力活动的东西，他都感到恐惧。

对他的抵制，得到主张文学固定不变的流派的支持，这支大军由本能地按照辗出的轨迹向前，缺乏进取心的人物组成。这些人永远不会想象超越既存事物，有人向他们提起新的意图时，他们会一本正经地说，"不会有比老样子更好的东西。"这个回答也没有错，但是，我们一方面承认不会有更好的东西，同时也可以认为，能按不同方式去干。不错，源泉是一样的，不过可以改变流向；艺术的流通渠道会是各种各样的，因地形起伏而千变万化。

因此，左拉是个革新者。一个在欣赏他想捣毁的偶像中长大的革新者，就像一个离开祭坛的教士，就像总的来说支持宗教的勒南先生，许多人都以为勒南是宗教不可调和的敌人。

因此，在激烈攻击浪漫派的同时，这位自称自然主义者的小说家也运用夸张的方法，不过方式不同罢了。

他的理论是这样的：我们除了生活，没有别的模特儿，因为我们不能超越自己的感官去设想什么；所以，歪曲生活就要产生坏作品，就是说产生充满谬误的作品。贺拉斯是这样给想象下定义的：

倘若画家给人头连上马颈，
给各种动物拼成的四肢涂上各色羽毛，
上面是体态苗条的女性，
下体是又丑又黑的鱼尾……(《诗艺》)

即是说，我们想象的一切努力只能做到把一个美女的头安放到一匹马的身上，并将这种动物覆盖上羽毛，最后使它变成丑陋难看的鱼，或者产生出一个怪物。

结论如下：凡是不够真实的都是歪曲，也就是变成一个怪物。由此可以断定，想象文学只产生怪物，或者差不多是这样。

确实，人们的眼睛和头脑习惯了怪物，这时怪物便不再是怪物，因为怪物只有在它们引起我们惊讶时才是怪物。

因此，在左拉看来，唯有真实才能产生文学作品。不应去想象；应该观察和细致入微地描绘目睹到的事物。

还要补充一点，作家的特殊气质会赋予他描写的事物一种特殊的色彩，根据他的精神本质，有一种自己的风格。他这样确定自然主义："通过气质看到的自然"；这个定义是文学就一般而言所能下的最明确最完全的定义。这种气质是制造商标；艺术家的才能多少会让他转达给我们的视野或多或少的清新感。

因为绝对真实、干巴巴的真实并不存在，所以，没有人企图成为一面完美无缺的镜子。我们都具有一种精神倾向，引导我们去观察，有时以这种方式，有时以那种方式；对这个人来说好像是真理的东西，对另一个人来说则好像是谬误。企图写出真实，绝对的真实，只不过是一种不可实现的企图，作家最多能够致力于准确地再现见到的事物，像见到的本来面目那样，致力于写出感受到的真实印象，依据的是观察和感受的能力，以及自然赋予我们的固有的接受印象的能力。所有文学方面的争论主要是关于气质的争论；人们往往把精神的不同倾向上升为流派问题、学说问题。

左拉虽然激烈地为描写被观察到的真实而斗争，却深居简出，不熟悉上流社会。那么他干什么呢？他依仗两三处摘录，来自这里那里的一些材料，便重新组成人物、性格，构成他的小说。最后，他尽可能接近地沿着他看来应符合逻辑的路线走去，并尽可能挨着真实向前，发挥自己的想象。

作为浪漫派之子，而且从他所有的方法来看，他也是浪漫派，他身上有一种趋于诗歌的倾向，有一种扩大、夸张、用人与物体作象征的需要。他清晰地感到自己思想的这种倾向；他不断地为此斗争，一直向这种倾向让步。他的教诲和他的作品永远不相调和。

再说，理论并不重要，因为唯有作品永存；这位小说家创作出令人赞叹的小说，不管他的意图如何，这些小说还是具有史诗的气势。这是不想写成诗的诗篇，排除他的先行者采用的老套套，没有任何诗歌的陈词滥调，没有偏见的诗篇，诗篇里的事物不论怎样，同现实里的一模一样，得到扩展而永远不被歪曲，不管是令人厌恶还是吸引人，丑还是美，都反映在作家身上这面使形象变大，但永远忠实可靠的镜子里。

《巴黎之腹》不就是食品的诗篇吗？

《小酒店》不是葡萄酒、烧酒和醉酒的诗篇吗？

《娜娜》不是恶习的诗篇吗？

倘若这不是高级的诗歌，不是妓女生活绝妙的夸大，那么又是什么？

“她站在自己邸宅堆积如山的财富中间，一大群男人匍匐在她脚下。就像古代恶鬼可怕的领地满是尸骨那样，她把脚踩在头盖骨上；不愉快的祸事包围着她：旺德弗尔炽烈的火，在中国海迷航的富尔卡蒙的忧虑，斯泰纳遇到灾难，被迫安分守己地生活，拉法洛亚兹心满意足的愚蠢，穆发一家悲惨的崩溃，昨天出狱的菲力普守护着乔治苍白的尸体。她的由毁坏和死亡组成的作品创造出来了；从郊区垃圾堆里飞起的苍蝇，带来社会腐烂的酵母，只消落在他们身上，便毒害了这些男人。这很好，这是公道的；她为自己的世界，为乞儿和被抛弃的人复了仇。而她的性别在光荣中上升，照亮了这些躺卧着的受害者，她犹如旭日，照耀着大屠杀的现场。她保持着壮美的野兽不知自身的所作所为那种无意识状态，始终是个善良的妓女。”

使得一切革新家的仇敌群起攻击爱弥尔·左拉的，是他的风格的粗犷大胆。他撕毁、戳破文学上“幽雅得体”的成规，这正如一个肌肉发达的小丑要穿过一个纸圈那样。他敢于运用确切的词、粗俗的词，在这方面回到16世纪强有力的文学传统上去；他对彬彬有礼的迂回婉转说法不屑一顾，似乎把布瓦洛的名句据为己有：“我将猫称为猫……”

他似乎甚至发展到向这种喜爱赤裸裸的真实作出挑战，热衷于描述，他知道这样要激怒读者，要把粗俗的字眼塞给读者，教会读者吸收这些字眼，不再表示厌恶。

他的阔大、充满意象的风格，不像福楼拜的风格那样简洁和准确，不像泰奥菲尔·戈蒂耶的风格那样精雕细刻和文雅精致，也不像龚古尔的风格那样行文巧妙地中断，富有创造性，复杂多变，具有微妙的魅力；他的风格像席卷一切、滔滔滚滚的大河，异常丰沛，势如破竹。

他天生是个作家，资质聪颖过人，他不像别人那样，致力于极度完善他的工具，这工具他使用起来得心应手，挥洒自如，但他从不提炼出在某些大师的作品那里可以找到的精美绝伦的句子。他绝不是一个语言大师，有时他似乎甚至不知道某些词句的组合，某些结构的和谐，某些音节不可思议的配合，在狂热追求纤词丽句、为语言而活着、毫不理解语言之外有何物的人的心灵深处，会产生连绵不绝的颤动，几乎不可见的美妙感觉和艺术创作的激动。

上述为语言而活着的那种人确实罕见，非常罕见，当他们谈到自己对句子的热爱时，没有人能理解。人们把他们看作疯子，微微一笑，耸耸肩膀，说道：“语言应该明晰简单，如此而已。”

对没有耳朵的人谈论音乐，那是白费力气。

爱弥尔·左拉对读者说话，对广大读者说话，对所有读者说话，而不是只对那些文人雅士说话。他决不需要这种精巧微妙；他写得明白晓畅，风格优美厚实。这就够了。

落在这位作家头上的有多少讥诮啊！这些讥诮粗俗，千篇一律。确实，永远将一位作家比作一个掏粪工，将他的朋友比作他的助手，将他的作品比作粪池，那就很容易作文学批评了。这类戏谑的话影响不了深感他的力量所在的人。

这种仇恨来自哪里？它有很多根源。首先是在平静欣赏时受到扰乱的人感到的那种愤怒，其次是某些同行的嫉妒，还有他在笔战中伤害过的另一些人的敌意，最后是虚伪面目被揭露后的恼羞成怒。

因为他直截了当地发表过他对隐藏在德行的外表下的人、他们伪装的神态和恶习的想法；可是，虚伪的理论深深扎根于我们身上，我们什么都能容忍，除了这一方面。成为你所愿意成为的人，做你所愿意做的事，不过，要安排好，让我们能把你看作有教养的人；说实在的，我们非常了解你，但你只要装作与本来面目不同就行了；我们会向你致意，我们会向你伸出手去。

然而。爱弥尔·左拉坚决要求，并毫不犹豫地获得道出一切的自由，叙述每个人所作所为的自由。他丝毫不受人世间这部喜剧的欺骗，也不参与进去。他大声疾呼：

“为什么要这样说谎？你们欺骗不了任何人。在这些日常碰到的假面具下，每个脸孔都是熟悉的。你们交臂而过时，互相狡黠一笑，意思在说：我统统知道；你们在咬耳朵、传递丑闻、黄色故事和生活隐私；倘若胆大的人放大喉咙说话，无所谓地、平静地叙述上层人士的公开秘密，那么，喧嚣之声，假装的愤慨，淫荡女人的羞涩，罗贝尔·马凯尔[①]式的敏感就会随之而起。——‘我敢冒犯你，我会成为这个胆大的人。’”左拉就是这样的人。或许在文坛没有人比爱弥儿·左拉挑起过更多的仇恨。他的光荣不止于此，他还有凶恶的、不可调和的敌人，他们一有机会，就像疯子一样扑向他，无所不用其极，而他却粗中有细，巧妙地迎战。他的反击是遐迩闻名的。

有时，他挨了痛打，有点眼青鼻肿，他以什么聊以自慰呢？任何作家都不如他那样，作品流传到世界各地，赫赫有名。在最小的外国城镇里，在所有书店和阅览室都找得到他的作品。他最疯狂的对手也不再否认他的才能；以前他多么缺乏的金钱，如今大量流入他家里。

爱弥尔·左拉福分不浅，在生前就拥有很少人能获得的东西：名声和财富。得到幸福的艺术家屈指可数，而在死后才出名，作品以高稿酬付给后代继承者的艺术家则无法计数。（郑克鲁译）

＝补充材料＝

现在回到小说上来，我们同样看到小说家既是观察者又是实验者。作为观察者，他照观察到的那样提供事件，确定出发点，建立使人物活动和展开现象的坚实场地。然后，他作为实验者出现并进行实验，我的意思是说，使人物在具体的情节中行动，通过情节指出，事件连续的发展过程完全如研究对象的决定因素所要求的那样。这里几乎始终是一个“为了看到”的实验，克洛德·贝纳尔[②]便是这样称呼的。小说家从探索一个真理出发。我以巴尔扎克《贝姨》中于洛男爵这个人物为例。巴尔扎克观察到的基本事实是，一个人由于生性好色而给他本人、他的家庭和社会造成灾祸。他一选定主题，便从观察到的事实出发，建立他的实验，也就是使于洛经受一系列考验，让他经历某些环境，从而指出他的情欲所产生的作用。显然，其中不仅有观察，同样也有实验，因为巴尔扎克并非严格地像摄影师一样将搜集的事实原封不动地记录下来；而是直接介入其中，将人物安放在由他控制的环境中。问题在于了解，从个人和社会的观点来说，在这种环境这种情况下发生作用的这种情欲将会带来什么。实验小说，例如《贝姨》，仅仅是所做实验的一字不差的记录，小说家将它重现在公众眼前。总之，整个创作过程便是在自然中采集事实，然后研究事实的内在关系，通过改变情况

① 罗贝尔·马凯尔是一个大盗形象，以银行家或新闻记者的面目出现。——译注
② 法国著名生理学家。——编注

和环境来影响它们，但永远不能偏离自然规律。最后，从人物的个人行动和在社会中的活动认识了这个人，这是科学的认识。

毫无疑问，我们在这里远未通晓化学，甚至生理学。我们丝毫未了解分解情欲、从而得以分析它们的试剂。我于是在这篇研究文章中要常常提醒各位，实验医学才刚刚诞生，实验小说问世之日比它还要短。不过我无意论证所取得的结果，而只是将这种方法清楚地介绍出来。即使实验小说家依然在一门最晦暗、最复杂的科学中摸索，也并不妨碍这门科学的存在。无可否认的是，如像我们这时所理解的那种自然主义小说，是小说家借助观察而对人进行的一种真正的实验。

……

……下面就是构成实验小说的几个方面：掌握人体现象的机理；依照生理学给我们说明的那样，展示在遗传和周围环境影响下，人的精神行为和肉体行为的关系；然后表现生活在他创造的社会环境中的人，他每天都在改变这种环境，他自身在其中也不断发生变化。这样，我们依靠生理学，从生理学家手中把孤立的人拿过来，继续解决这个问题，科学地解决人在社会中如何行动的问题。

……

因而我们可以得出下面的见解：实验小说是本世纪科学发展的结果，它是生理学的继续并使之完整，而生理学自身依靠的又是化学和物理学，实验小说以自然的人代替抽象的人，形而上学的人，这种自然的人受物理与化学规律的支配，由环境的影响所决定。一句话，它是我们科学时代的文学，犹如古典主义文学和浪漫主义文学分别适应于经院哲学时代与神学时代一样。

……

……实验主义小说家因而是接受已证实的事实的小说家，他描写人和社会，指出科学已掌握的现象的原理，只有在表现其决定因素尚未弄清的现象时，才表现个人情感，同时竭尽所能用观察和实验来检验这种个人情感，这种先验思想。（吕永真译）

左拉：实验小说论，《自然主义》，柳鸣九主编，
中国社会科学出版社，1988年版，第466—498页。

巴尔扎克的人物没有例外地都被一种情欲所控制，这种情欲对于他们来说成了一种生理的命运。即使他们生下来的时候已经带来了这种情欲的苗头，这种情欲也只是在环境影响之下，才慢慢地发展的。可是，情欲一旦发展到最高峰以后，它就变成无上的主宰，它一个接一个地压碎和窒死别的情感，而使它的受害人变成偏执狂的患者，就像高立奥的父爱，葛朗台的吝啬，巴尔达沙·格拉艾[1]的科学研究狂，克勒

① 巴尔扎克小说《绝对之探求》中的人物。——译注

凡[1]的虚荣，于洛男爵的色情等等。巴尔扎克的小说是叙述获得胜利的情欲的史诗：在这诗篇里，人是某一种情欲的玩物，他受这种情欲的控制和折磨，就如在希腊悲剧中人是一种神道的玩物一样，这种神道有时推动他去犯罪，有时推动他去完成英雄的行动。自从埃斯库罗斯和莎士比亚以来——后者也使他的那些人物成为某种情欲的牺牲品，而且让他们被情欲撕碎——没有一个作家像巴尔扎克那样，用不留余地的严格和那么强大的力量，写出那些一直达到顶点，达到疯狂程度的情欲。

左拉自称继承巴尔扎克，但是，无论是在他的哲学、他的语言、或是在他观察事物、写作小说、安插人物、使他们动作以及描绘他们的情欲的方式上，他和巴尔扎克没有相同之处。左拉和巴尔扎克之所以不同，还在于作为左拉作品的特色，由他首先引用到小说中的一种新的表征，这就使他和别的现代小说家相形之下有了无可否认的优越性，虽然他比少数几个小说家有时还是逊色的，在描写的艺术中他不如都德，在心思细巧方面他比不上阿来维。左拉的独特之处在于他表现了一种社会力量把人打翻在地上，而且将他压得粉碎。按照左拉的说法，巴尔扎克的“伟大的独特性在于在文学上给了金钱以现代的可怕的作用”，可是，在敢于有意识地表现人如何被一种社会的必要性所控制和消灭这点上，左拉是唯一的现代作家。

(法)拉法格：左拉的《金钱》，《拉法格文论集》，罗大冈译，人民文学出版社，1979年版，第128—129页。

＝问题研讨＝

1. 左拉如何定义他倡导的“自然主义”？自然主义文学和实证主义思想有什么关系？左拉将文学与科学进行类比是否合理？文学能否“科学化”？“观察和实验的小说”能否代替“纯粹出于想象的小说”？

2. 是否可以将自然主义理解为现实主义的一个支流？两者之间有什么区别？“实验小说”可能吗？自然主义“专从人间看出兽性”来吗？

3. 如何解释左拉身上存在的自然主义与浪漫主义、创作与理论、“实验方法”与“文学气质”之间的矛盾？

＝研究实践＝

1. 为什么将龚古尔兄弟称为“自然主义的先驱”？

2. 概述左拉“实验小说”的理论。(参阅左拉《实验小说论》，见柳鸣九主编《自然主义》，中国社会科学出版社，1988年版)

---

① 巴尔扎克小说《贝姨》中的人物。——译注

3. 左拉的《卢贡—马卡尔家族》包括哪些小说？在构思上与巴尔扎克的《人间喜剧》有什么关系？左拉要写出“第二帝政时代一个家族的自然史与社会史”，这“自然史”主要指什么？

4. 比较左拉与巴尔扎克。

选文：挪威戏剧家亨利克·易卜生①

导言——

1995 年，在北京举行了由中、挪两国学者参加的易卜生学术研讨会。挪威易卜生专家比昂·亨默(Bjorn Hemmer)撰写的这篇论文是唯一一篇总体把握易卜生戏剧创作的论文。

文章指出，易卜生的现实主义现代话剧是欧洲悲剧传统的继承。他所描绘的是他那个时代的中产阶级人物。围绕这一观点，文章作者联系易卜生的生活与创作经历，分别论述了易卜生创造戏剧人物的视角、表现人物的方法、处理情感的方式等问题。

文章作者联系易卜生的生活经历，指出了易卜生戏剧的独特个性——失意生活的经历和虽生犹死的痛苦，其主角都有一个奋斗目标，而这种奋斗又都导致冷酷而孤寂的生活。在精辟分析了易卜生剧作的主角的共同精神特质的基础上，论文作者认为：易卜生所关注的是具有悲剧因素的人。

论及易卜生晚期的创作，论文总结出了一种独特的戏剧形式——现实主义、象征主义和心理上的深层挖掘相互辉映。

论文颇有见地地认为，在易卜生的戏剧中总有一股奋力挣扎的暗流。这是易卜生触及剧中人物精神世界，展示人性冲突的方式。论文作者联系《玩偶之家》、《培尔·金特》、《群鬼》等易卜生各个时期的代表作，总结出了易卜生戏剧艺术的本质性东西：心理分析、思想性和社会意义三大因素。

综上所述，这篇论文对易卜生戏剧创作的整体性观照，代表了当代西方对易卜生戏剧艺术的总体认识。

亨利克·易卜生(1828—1906)的最后一部剧作《当我们死而复苏时》于 1899 年出版时，他把该剧称之为“一部戏剧的收场白”。这部作品也是易卜生创作生涯的一个收场白，因为病魔缠身使他无法再继续创作。在长达半个世纪的岁月里，他把自己

① 选自《易卜生研究论文集》，孟胜德、阿斯特里德·萨瑟主编，中国文学出版社，1995 年版。

的生命和全部精力献身于戏剧艺术，终于赢得了崇高的国际声誉，成为现代最伟大、最有影响的一位戏剧大师。他在提高挪威的国际声誉方面所作的贡献比任何人都大。

易卜生也是一位伟大的诗人，于 1871 年出版了一部诗集。但戏剧始终是他全身心投入的主要领域。在漫长的艰苦岁月里，他曾遭到激烈的反对，但他最终战胜了保守主义以及批评家和观众的偏见。他为欧洲资产阶级戏剧注入了道德力量、深刻的心理分析和社会意义，从而使戏剧艺术产生新的活力。这是莎士比亚时代以后所少见的成就。在这方面易卜生的贡献是无与伦比的，易卜生努力使欧洲戏剧更具活力，拥有更高的艺术水平，使之可与古希腊悲剧媲美。

我们应从这个角度去看待他在戏剧史上的贡献。他的现实主义现代话剧是欧洲悲剧传统的继承。他在这些作品中所描绘的是他那个时代的中产阶级人物。由于突变，这些人的日常生活陷入深刻的危机之中。他们盲目地追求一种生活方式，最终却导致了麻烦，而发生这种危机完全是咎由自取。回顾他们的生活，他们必然要去面对他们自己。然而，易卜生也创作了另一类型的戏剧。事实上，他在过去 25 年中一直在探索这类题材，于 1877 年他终于写出了他的第一部现代话剧：《社会支柱》。

生活与创作

易卜生的传记谈不上灿烂辉煌。作为一位艺术家，他的生活道路堪称崎岖坎坷。他经过漫长而艰苦的斗争才取得了胜利和荣誉，这是一条从贫寒中奋斗最后赢得国际声誉的艰难历程。他在国外，先是在意大利，后来在德国生活了 27 年。1864 年他 36 岁时离开家乡，直到 63 岁才回到祖国，定居克里斯蒂阿尼亚(现在的奥斯陆)一直到他 1906 年去世，终年 78 岁。

易卜生的最后一部剧作《当我们死而复苏时》所描写的是一位艺术家的生活。这在许多方面反映了作者本人的生活。剧中人，一位世界闻名的雕塑家，鲁贝克教授，在国外生活多年后回到挪威，尽管事业成功，也有名誉地位，但并不感到幸福。他的代表作是一座自画像式的雕塑，题为："不堪回首"。在该剧中，鲁贝克不得不承认他是通过损害别人的生活从中取乐。为了艺术他牺牲了一切——他抛弃了青春的爱情和早先的理想主义。在他牺牲了所有必不可少的这一切之后实际上又背叛了他的艺术。这时伊丽娜，他往日的情人和他青年时期为他服务的模特儿，在他生命的关键时刻前来告诉他一个真理：只有当我们死而复苏时，我们才明白什么是无法弥补的损失并会发现我们其实从未真正生活过。

正是悲惨生活的感受使易卜生的戏剧有其独特的个性，那种失意生活的经历和虽生犹死的痛苦；与此相反则是空想主义的自由、真理和幸福的爱情生活。在易卜生的世界里，主角都有一个奋斗目标，但这种奋斗又都导致冷酷而孤寂的生活。当然，也可以选择其他道路，他们可选择人情温暖，拥有亲情的生活。问题是易卜生作品中的主角，无论做出哪种选择，表面上似乎都是好的，但本人却不了解自己所作决定会有什么后果。

在《当我们死而复苏时》这部戏剧中。艺术的冷酷和生活中的温情构成鲜明的对照。从这个角度去看，艺术成为艺术家的牢笼，艺术家不能也不愿意逃出这一牢笼。正如剧中人鲁贝克对伊丽娜说的：

> 我是一个艺术家，伊丽娜。我开不因为自己意志薄弱而羞愧。你知道，我是一个天生的艺术家。不管我做什么，我始终不会变成另一种人。

对伊丽娜来说，这样的借口是不能接受的，因为关键是他背叛了她。她是从另一角度看待事物的。她称他为“诗人”，他能创造出自己想象中的世界，却无视自己和热爱他的人们的人性。艾拉·伦西姆，在《博克曼》(1896)剧中对那个忘恩负义为了自己的事业而牺牲女友的人也发出同样的抱怨。在易卜生的视野里，他所关注的正是具有悲剧因素的人，这似乎是一个无法克服的矛盾。但是这事实并不能使主人翁有理由为自己所作的决定推卸责任。

虽然《当我们死而复苏时》批判了那位艺术家以自我为中心的思想，但把该剧看成作者的自我反省，则是言过其实了。鲁贝克不是作者的自画像。然而一些研究易卜生的学者则把该剧主角看作是作者在艺术观点上的代言人。鲁贝克曾说，公众只看到舞台人物外部的现实主义“真相”，不了解隐藏在这些人物背后的欺骗性动机，在青年时期，鲁贝克曾受到理想主义的鼓舞，追求过更高境界的生活。但生活经历使他幻想破灭转而揭露人性的阴暗面。他深信自己所描绘的都是现实的生活。他认为人是受动物兽性驱使的。这是鲁贝克版本的左拉“人性”观，同时他用下面这段话解释了他的艺术变化：

> 在我想象中，凡是我亲眼所见的周围现实都必须在作品中表现出来，包括……那些从地球裂缝中成群涌现出来的，轮廓模糊的类似动物嘴脸的芸芸众生，也就是我在现实生活中所看到的男男女女。

不难理解，一些研究易卜生的学者也经不起诱惑往往把生活和艺术等量齐观，把这部作品看成是作者的一种无情的自责。但应再次强调，《当我们死而复苏时》绝不是一部作者的自传。鲁贝克同易卜生的关系应从各种冲突中作更深层次的探索。一直到他生命的最后时刻，易卜生始终认为这类冲突是人性中普遍存在的本质问题。

易卜生也是一位心理学家

在易卜生晚年的作品中,我们发现众多的人物都经历着相似的冲突。约翰·盖勃吕尔·博克曼为了获取权力和荣誉牺牲了爱情。建筑师索尔尼斯为了要成为本行业的一名“艺术家”而毁了自己的家庭生活。海达·高布乐为了实现自由和独立的梦想执意去改变别人的命运。这些人为了达到自己的目的不自觉地破坏了别人的生活。易卜生最后十年所创作的都是这类人物。易卜生以心理分析的手法揭露了这些人物思想中的消极因素(他称这种人物为“恶魔”和“侏儒”)。易卜生后期作品中的人物塑造非常复杂——从 1884 年《野鸭》开始,这成为他晚期作品中的一个共同特点。在他最后 15 年的写作中,易卜生把辩证法发挥得淋漓尽致,使之成为一种独特的戏剧形式——其中现实主义,象征主义和心理上的深层挖掘相互辉映。正是这个时期的作品使他获得“戏剧领域中的弗洛伊德”这一称号,至于是否名实相符又当别论。总之,弗洛伊德和其他许多心理学家都利用易卜生对人性的描绘作为他们性格分析的依据,甚至用以阐述他们的理论。其中犹以弗洛伊德对《罗斯莫庄》(1886)剧中人丽贝克·惠斯特的心理分析最为出名。1916 年弗洛伊德把他和其他剧中人物作为“在成功压力下崩溃”的典型。弗洛伊德把丽贝克看成是奥狄浦斯王子恋母情结悲剧中的牺牲品和一个有着乱伦丑闻的人。这种分析中所揭露的或许更多的是同弗洛伊德自己有关,而不是易卜生。但弗洛伊德及其心理分析学说对评价易卜生这位挪威戏剧家方面有着重大的影响。

人们把易卜生看作心理学家时,会很容易忽略他的艺术中同样重要的其他方面。他对人物生活的刻画是从现实社会和理性认识中提炼出来的。或许这就是他的艺术的精华,也是他那探讨人生百态的戏剧的真谛。易卜生的所有作品中都有这些因素,甚至在他 1880 年左右还未成为国际戏剧大师之前的作品里也是如此。

“奋力挣扎的戏剧”

易卜生作为一位作家有着诗人般的思考,认为人们需要过一种不同方式的生活。因此,在他的作品中总有一股奋力挣扎的暗流。这些作品中所描绘的人物总是生活在期望中,追求生活中“需要有点新的东西”,但最终都是幻想破灭。贝内迪多·克罗斯把这类作品称之为“奋力挣扎的戏剧”。

正是这种他们能够获得什么和想要获得什么之间的差距形成这些人生活中的悲剧,在许多情况下也是喜剧的根源。易卜生认为这种意愿和现实的前景之间的矛盾是他的艺术的基础。1875 年在回顾他 25 年的写作生涯时,他宣称他的大多数作品都是关于“能力和期望之间以及意愿和可能之间的矛盾”。在这种矛盾和冲突中,他看到“人世间发生的悲剧和喜剧”。十年以后,他创作了罗斯莫神父和他的教师乌尔里克·布伦德尔等一系列耀眼的悲喜剧人物。这两个人,各方面非常相像,最终都濒临生活的深渊,他们所看到的只是空虚和无聊。

易卜生的12部戏剧，从《社会支柱》(1877)到《当我们死而复苏时》(1899)，一再把我们引到相同的历史背景中去。他剧中的人物都是有殷实经济基础，出身名门，过着体面生活的资产阶级。然而，他们的生活圈不断受到威胁，也威胁着他们自己。人们生活的世界变化无常；旧的价值观念和先前的想法都已格格不入。这种变化打扰了人们的生活，危及既有的社会秩序。我们看到的这种过程既有一种心理上的，也有观念上和社会方面的因素。但是驱动这整个过程的就是人们要求变革的决心。

在这个意义上，易卜生是一位强烈的理性主义作家。这并不意味着他作为一位戏剧家的主要考虑是把剧院用于说教，或是发起一种抽象的意识形态争论。(他同时代以及历来的一些批评家都曾经这样指责过他，不过，易卜生也有相当明显的说教的倾向。)然而，易卜生对人性描写的基础是他的人物的关于人生如何才有意义的看法，即他们的价值观念以及对生活的理解。虽然他们用以描写自己立场的观念可能不明确；他们的自我理解可能是凭直觉的，不充分的。《海上夫人》(1888)中艾丽达·旺格尔对她自己被大海所吸引的描绘是一个很好的例子。但是长期以来，在艾丽达的意识里，就有一种向往自由生活和渴望过不同于旺格尔博士那种资产阶级生活的追求，她要过更具有道德和社会价值的生活。她内心的这种渴望产生了心理上和社会价值上的冲击波。

"人性冲突"

早在1875年的一篇戏剧评论里，易卜生本人对自己的戏剧描写手法作了最为恰当的概括："呈现在我们面前的不是思想冲突，也不是现实生活中的环境。我们看到的是人性的冲突，而在这冲突的深处，思想在斗争——被击败了，或取得了胜利。"

这无疑触及易卜生要求戏剧艺术所具有一些本质性东西：戏剧艺术应当尽可能现实地将三个因素统一起来：即心理分析、思想性和社会意义。这三个因素的有机结合是易卜生戏剧的核心。或许，他只在《群鬼》、《野鸭》和《海达·高布乐》等少数几部剧本中完全成功地做到这一点。有趣的是，与公众的看法相反，他认为自己的伟大作品是《皇帝与加利利人》(1873)。这说明他多么强调内心世界的思想意识，而不是表面的东西，是人们对待生活的不同观点之间的冲突。易卜生认为他运用"现实主义"的手法充分勾画出被遗弃的朱利安的内心冲突。事实上，朱利安身上具有剧作家本人的思想标记——即他所谓的"积极的生活哲学"。作为一位戏剧作家，易卜生最初是由于认真采取别种手法而成功的——即他在谈到《海达·高布乐》(1890)一剧中所说的："我的主要目的一向是描写人，人们在一定社会环境和思想观念支配下的情绪，他们的命运。"

在创作了《皇帝与加利利人》以后的许多年中，易卜生都是沿着这一方向发展的。伟大的历史性思想剧《社会支柱》发表五年后，易卜生开始获得欧洲戏剧大师的声誉。

易卜生的国际影响

1879 年，易卜生把娜拉·海尔茂推向世界，并指出，女人也必须拥有自由发展的权利，使自己成为独立自主的人。《玩偶之家》一剧使这位 50 岁开外的剧作家最终被北欧以外的世界所承认。《社会支柱》使德国为他敞开大门，但真正使他成为欧洲戏剧界先驱者的是他的《玩偶之家》和《群鬼》(1881)。

《玩偶之家》中的一种思想，他在以后的许多剧本中都一再使用，即他的“批判现实主义”。在这方面我们看到个人敢于反抗大多数和社会权威。娜拉这样说道：“我一定要弄清楚谁是正确的，是社会还是我。”

正如前面提到过的，当个人的思想从传统的思想方法中解放出来时，就会发生严重的冲突。在 1880 年前后一段短时期内，易卜生似乎对个人依靠自身的努力获得这种解放比较乐观。虽然娜拉在许多方面前途未卜，但她似乎真的有机会获得她所追求的自由和独立。人们可以批评易卜生要一个生活无着落的离婚女子去面对现实社会问题时所采取的多少有些轻率的处理方式。但是，作为一位作家，他所关心的是道德问题而不是现实生活中的经济问题。

非凡的成就

尽管娜拉的前途没有保障，但在许多国家，娜拉都成为妇女寻求解放和平等的一个象征。在这点上，娜拉是易卜生塑造的人物中最具“国际性影响”的。这是一种非凡的成功。中产阶级观众热烈鼓掌，为一个离开自己的孩子和丈夫的女人欢呼，为彻底冲破资产阶级社会最重要的机制——家庭这个牢笼而喝彩。

这就为易卜生的国际声誉奠定了基础。他把资产阶级家庭中的深刻矛盾和敏感问题搬上了舞台。表面上，资产阶级家庭给人以成功的印象——反映出一种健康而稳定的社会景象。但是易卜生通过打开资产阶级家庭的内心秘密，暴露出社会上所隐藏着的矛盾。他揭露出隐藏在美丽面纱后面的种种丑恶和虚伪：道德上的双重性，思想禁锢，背叛，欺骗和种种不安全的社会现实。中产阶级生活中的这些方面似乎不应公之于众，正如《群鬼》里牧师曼德斯希望阿尔文夫人把她所知道的任何会威胁到玫瑰庄园气氛的东西都保守秘密。同样在《罗斯莫庄》中，社会头面人物向罗斯莫施加压力不让这位牧师说出他已经不再信仰基督教的事实。

但是易卜生没有保持沉默，他的剧本使现实生活中的这些方面作了充分暴露。他打破了资产阶级的平静生活，指出他们的社会地位和权力的取得完全不是遵循他们所鼓吹的要有秩序和安定的思想原则。资产阶级已经背叛了他们自己提出的“自由、平等、博爱”的口号，尤其在 1848 年革命以后，他们已变成现存秩序的维护者。当然在他们阶级内部也有一个自由主义的反对派，易卜生在他第一部现代话剧中就公开加入了这一行列。他把这种追求自由和进步的运动看成是真正“欧洲人”的观点。

早在1870年，他就写信给丹麦的评论家布兰德斯，指出当务之急是重新高举自由、平等、博爱这些法国革命的理想。他声称这些字眼应随着时代的变迁而赋予新的含义。1875年他再次写信给布兰德斯："为什么你和我们这些具有欧洲观点的人在国内如此孤立?"

后来，随着年龄的老迈，他就不大容易接受某些极端的自由主义，即过分强调个人自主和自我实现，以及完全背离历史准则和价值观等思想。在《罗斯莫庄》里，他指出那种完全建立在个人道德原则上的激进主义的危险性。显然这同易卜生关心基督教道德传统中的欧洲文化基础有关。他指出道德准则必需建立在这一基础上，即便人们不再信仰基督教。这当然也是丽贝克·惠斯特得出的结论。

同时该剧，像《群鬼》一样，又同基督教资产阶级传统中那种压抑人性，令人沮丧的消极面发生痛苦的冲突。在这两部作品中，尽管有许多令人失望之处，但都热情地捍卫幸福生活，这同资产阶级社会强调责任、法律和秩序的思想形成鲜明的对照。

到了19世纪70年代，易卜生使自己有了"欧洲人"的观点。尽管他居住在国外，他仍然选择挪威作为他现代话剧的背景。通常我们会发现不知不觉中被作者带到挪威海滨的一个小镇上。这是易卜生童年时代在斯基恩和青年时代在格利姆斯达时如此熟悉的环境。青年时期的生活背景，肯定给易卜生以锐利的眼光去看待由于不同观点而产生的各种社会势力及其冲突。在小城市里，例如典型的挪威海滨小镇上，这类社会和思想冲突比大城市里暴露得更充分。易卜生最早的痛苦经历就来自这样的小社会。他曾经见过道德准则、传统和习俗在控制人性方面的消极作用，带给他们不安并妨碍人们去追求自然而幸福的生活方式。这就是《群鬼》中阿尔文夫人所经历的那种环境和氛围。阿尔文夫人说，这种氛围甚至使人"害怕光明"。

正是他青年时代的这种社会环境使他的作品具有扎实的根基，终于扬名世界。作为一名没有经济保障并生活在一个令人窒息的挪威环境里的作家和戏剧家，他决心要创造出一种新的挪威戏剧。他是以这种民族观念开始从事创作的。与此同时，从他第一次出国后，他就转而接受欧洲的戏剧传统。

易卜生的学习生涯

在戏剧历史上，早在19世纪50年代，易卜生继承了两个风格完全不同作家的传统，一个是法国剧作家奥涅金·斯克里布(1791—1861)，另一个是德国的弗里德里希·黑贝尔(1813—1863)。青年时期的易卜生有11年是完全从事舞台工作，这就要求他充分了解最新的欧洲现代舞台艺术。他参加新剧的彩排而且还要为剧院写剧本。

斯克里布教他如何把戏剧的情节安排得场次分明，结构合理。黑贝尔则以生动的事例告诉他应把戏剧植根于生活的辩证关系并创造出一种现代观念的戏剧。黑贝尔的开创性工作是把当时的意识形态冲突移植到舞台上从而创造了一种"指出问题的戏剧"。他也知道希腊悲剧中那种倒叙的手法可以运用到现代戏剧中来。

换言之，易卜生长期以来都同舞台艺术有密不可分的关系。他在卑尔根的六年舞台生活(1851—1857)和此后从1857年后在克里斯蒂阿尼亚的四五年舞台生活都是相当艰辛的。但他对戏剧艺术和这门艺术可能发挥的作用都已拥有锐利的眼光。

1852年在去哥本哈根和德累斯顿的学习考察期间，他接触到德国新出版的戏剧作品。这就是赫尔曼·赫特纳的《现代话剧》(1852)。这种新题材的戏剧作品对易卜生成为一位戏剧家的发展产生过巨大的影响。在赫特纳中我们也看到斯克里布和黑贝尔的深刻影响，和对莎士比亚的强烈兴趣。易卜生也从其他作家身上吸取知识，最出名的是作家席拉和两位丹麦作家亚当·欧伦施莱尼(1779—1850)和约翰·海贝尔(1791—1860)。

易卜生的学徒生涯长达15年之久，包括剧院的工作。这种工作非常艰难使他感到“每天都有一次失败”；总是有种强大的压力要他创作出点新的作品来。于是他终日忙忙碌碌从各方面去探索。他取得了一点成就，但大多数都失败了。很少人相信他具有足够的天分成为一个戏剧作家。

尽管前途未卜，在这些年里，他始终是一位意志坚强的青年作家。他的奋斗目标显然是要名扬全国。他和他的朋友和同事比昂松(1832－1910)一道于1859年成立了一个为振兴挪威艺术和文化的“挪威剧团”。他们有一个共同的发展计划。易卜生特别重视戏剧这门新兴的艺术在挪威寻找自我的过程中应起的作用。在这一建国事业中，他从这个国家的中世纪历史中去收集材料以使他的戏剧艺术达到尽善尽美。这一点在他创作于1863年的《觊觎王位的人》中十分明显，这一剧作标志着易卜生学徒时期的结束。该剧情节发生在11世纪的挪威，当时这个国家四分五裂。但是易卜生所描绘的则是19世纪60年代的挪威。在剧中他借国王哈康四世之口表达了他对国家统一的想法：

> 挪威曾是一个王国，现在它将成为一个国家……从此将是一个整体，所有人都应知道他们是属于一个整体？

《觊觎王位的人》是易卜生艺术上的一个突破，但直到几年后他才被承认为全国知名的一位重要作家。这一荣誉是他于1866年发表《布朗德》后才获得的。《觊觎王位的人》标志着他同挪威戏剧界亲密关系的结束。这也是他的告别演出。不久他开始长期侨居国外。在此后的岁月里，他离开了舞台转而以广大读者为对象。

伟大的时政戏剧

《布朗德》(1866)和《培尔·金特》(1867)这两部为读者而写的伟大戏剧作品都是立足于易卜生与祖国之间颇成问题的关系的基础之上的。挪威政坛于1864年发生的变化使他对自己的国家的未来丧失了信心。他甚至怀疑他的同胞们对这个国家在历史上是否有存在的必要都缺乏信心。

他早先曾想解决的是国家存在的问题，现在则着眼于个人道德问题。只停留在早先伟大的历史时期并把焦点放在这个国家的存续上已经不够了。易卜生抛开了历史，而去面对他认为当代社会的重大问题——一个国家只能通过个人的坚强意志才能使它在文化上站立起来。《布朗德》这个戏剧主要传达了这样一个信息，即真正的人道主义，只有通过意志坚决的斗争才能获得。这也是获取真正自由的唯一道路——作为个人和整个社会都是如此。

在《布朗德》和《培尔·金特》这两部风格迥异的作品中，其重点都是人物性格问题。易卜生把一个扭曲了人性的机会主义者和一个终生献身于一种崇高事业的人物这两者间的冲突发挥得淋漓尽致。在《培尔·金特》的一幕戏中，作者通过艺术渲染描写了这种冲突的情景。那位年迈的培尔在返回挪威故土的一路上不断安慰自己。他一边回顾自己浪费掉的生命一边剥一头洋葱。他把剥下的每一层代表自己曾经扮演过的一个角色。但是他发现里面正中心却没有一个核。他不得不面对自己已变成“什么也不是的”这一事实，他失去了“自我”。

> 无法形容的潦倒和可怜，一个人回到这灰朦朦的世界里变成什么也不是了。美丽的大地，请不要恼怒，我曾走过你那片草地却没有留下痕迹。美丽的太阳，你徒劳地把灿烂的阳光撒在一间空荡荡的房子里。房里没有人会欢呼你的温暖。人们告诉我，这房子的主人从来都不在家。

培尔是一个虚弱，身躯佝偻的人，与布朗德形成鲜明对照。但这正是易卜生对人物个性“分裂”的生动描绘。某些戏剧历史学家把这看作是现代个人思想的先驱。英国戏剧研究专家罗纳德·盖斯克尔是这样说的：“培尔·金特开创了具有现代思想的戏剧。”他又说：“的确，如果戏剧中的超现实主义和印象主义有任何根源的话，这根源无疑是培尔·金特”。

因此，易卜生早期的这部戏剧——尽管非常具有“挪威”特色和浪漫色彩——在戏剧史上占有关键性地位，虽然这部剧本不是为了舞台演出而写的。事实上，还是《培尔·金特》这个剧本使易卜生赢得了荣誉并成为一位举足轻重的现代作家。因此，不仅仅是他的现代戏剧使他成为戏剧历史上的一位伟大人物。著名的瑞典戏剧专家马丁·拉曼在谈到易卜生的话剧时，同时也强调他那些杰出的作品：“易卜生的戏剧是现代话剧的罗马：条条道路通往它——也发源于它。”

虽然易卜生在 19 世纪 70 年代离开了他的出生地挪威，而成为一名“欧洲人”，但在挪威他仍旧被深深地记忆着。他于 1864 年离开那个国家，而当他首次返回时已是一位年迈的知名人物。返回祖国对他来说不是件容易的事。多年移居国外，为了获得社会承认而作的长期斗争，在他身上留下了不可磨灭的印记。到了晚年，他说他并不对自己那种美妙的生活感到幸福。相反，他感到孤苦伶仃，无家可归——即使在他自己的祖国也无法摆脱这种感受。但是，正是这种挪威特性和拥有欧洲自由文化的外国生活熏陶之间的紧张关系形成了易卜生的个性特点并使他成为一位具有独特风格的作家。他在他称之为“伟大的、自由的文化环境”中的独立地位，使他具有广阔的视野和自由发挥的大地。与此同时，作为一个挪威人，又使他渴望一种更自由幸福的生活。这是一个身处阴暗世界里的作家在渴望阳光。他从来没有否认自己鲜明的挪威人特性。在他生命将终时，他曾对一位德国朋友说道：

> 谁想要了解我，必须了解挪威。那雄伟而严峻的北方自然环境，那种与世隔绝的孤独生活——农场之间相隔几英里之遥——迫使他们只能局限于自己的小天地里。这就是为什么他们变得内向和严肃，忧虑而怀疑，并且往往丧失信仰的原因。但人们又都是哲学家！在那里一旦漫长、黑暗的冬天降临就会使房屋终日被浓雾笼罩。啊，他们是多么渴望太阳！

＝补充材料＝

对于那些愚蠢虚伪地攻击《群鬼》，阻碍它上演，结果倒促使易卜生写出了《人民公敌》的人们，当代人真该感激他们才是。这个剧是他思想最尖锐和最富才智的作品之一。易卜生非常成功地使斯多克芒医生与他自己的性格截然不同，赋以独立的生气，尽管他确实让勇敢幽默的医生成为自己坦白的发言人，在第四幕中大谈一番。

在《人民公敌》中，诗人最基本的高贵原则首次得到清楚地阐明——高贵原则绝不是不包括对大众的友好感情和崇高的愿望。易卜生以前从未如此有力地宣扬过这一教义，即多数人总是错的。确实，此剧得出了基尔克戈德[①]式的似非而是的结论：“世界上最有力量的人是最孤立的人”。在写《布朗德》一剧时，易卜生还没有像在此剧中那样紧密地追随基尔克戈德的脚步。这位伟大的思想家在《人民公敌》问世前约三十年就去世了。他的一生就是这一教义的例证，但却在此剧一批栩栩如生又带有幽默和辛酸讽刺的人物的相互作用中得到了阐明。这又为基尔克戈德本人所不及。(姚俊德译)

(丹)勃兰兑斯：第三次印象，《易卜生评论集》，
高中甫编选，外语教学与研究出版社，1982 年版，第 82—83 页。

伊孛生是 19 世纪后半的挪威的一个文人。他的著作，除了几十首诗之外，其余

① 通译克尔凯戈尔，丹麦哲学家。——编注

都是剧本。这些剧本里面，有一时期是大抵含有社会问题的，世间也称作"社会剧"，其中有一篇就是《娜拉》。

《娜拉》一名 Ein Puppenheim，中国译作《傀儡家庭》。但 Puppe 不单是牵线的傀儡，孩子抱着玩的人形也是；引申开去，别人怎么指挥，他便怎么做的人也是。娜拉当初是满足地生活在所谓幸福的家庭里的，但是她竟觉悟了：自己是丈夫的傀儡，孩子们又是她的傀儡。她于是走了，听得关门声，接着就是闭幕。这想来大家都知道，不必细说了。

娜拉要怎样才不走呢？或者说伊孛生自己有解答，就是 Die Frau Vom Meer，《海的女人》，中国有人译作《海上夫人》的。这女人是已经结婚的了，然而先前有一个爱人在海的彼岸，一日突然寻来，叫她一同去。她便告知她的丈夫，要和那外来人会面。临末，她的丈夫说，"现在放你完全自由。（走与不走）你能够自己选择，并且还要自己负责任。"于是什么事全都改变，她就不走了。这样看来，娜拉倘也得到这样的自由，或者也便可以安住。

但娜拉毕竟是走了的。走了以后怎样？伊孛生并无解答；而且他已经死了。即使不死，他也不负解答的责任。因为伊孛生是在做诗，不是为社会提出问题来而且代为解答。就如黄莺一样，因为他自己要歌唱，所以他歌唱，不是要唱给人们听得有趣，有益。伊孛生是很不通世故的，相传在许多妇女们一同招待他的筵宴上，代表者起来致谢他作了《傀儡家庭》，将女性的自觉，解放这些事，给人心以新的启示的时候，他却答道，"我写那篇却不是这意思，我不过是做诗。"

娜拉走后怎样？——别人可是也发表过意见的。一个英国人曾作一篇戏剧，说一个新式的女子走出家庭，再也没有路走，终于堕落，进了妓院了，还有一个中国人，——我称他什么呢？上海的文学家罢，——说他所见的《娜拉》是和现译本不同，娜拉终于回来了，这样的本子可惜没有第二人看见，除非是伊孛生自己寄给他的。但从事理上推想起来，娜拉或者也实在只有两条路：不是堕落，就是回来。因为如果是一匹小鸟，则笼子里固然不自由，而一出笼门，外面便又有鹰，有猫，以及别的什么东西之类；倘使已经关得麻痹了翅子，忘却了飞翔，也诚然是无路可以走。还有一条，就是饿死了，但饿死已经离开了生活，更无所谓问题，所以也不是什么路。

……

所以为娜拉计，钱，——高雅地说罢，就是经济，是最要紧的了。自由固不是钱所能买到的，但能够为钱而卖掉。人类有一个大缺点，就是常常要饥饿。为补救这缺点起见，为准备不做傀儡起见，在目下的社会里，经济权就见得最要紧了。第一，在家应该先获得男女平均的分配；第二，在社会应该获得男女相等的势力。可惜我不知道这权柄如何取得，单知道仍然要战斗；或者也许比要求参政权更要用剧烈的战斗。

鲁迅：《坟·娜拉走后怎样》，《鲁迅全集》第一卷，第 158—161 页。

＝问题研讨＝

1. 易卜生为什么被称为“现代戏剧之父”？易卜生晚期的剧作与他创作中期的社会问题剧有何不同？

2. 什么是“易卜生主义”？什么是“人的精神反叛”？如何理解“全有或全无”(《布朗德》)、“真理的精神和自由的精神才是社会的支柱”(《社会支柱》)、“世界上最有力量的人是最孤立的人”(《人民公敌》)的思想？

3. 娜拉出走是“不道德的行为”吗？娜拉不走会怎样？娜拉走后怎样？如何理解“不是堕落，就是回来”？易卜生倡导的是“妇女解放”还是“个人反叛”的思想？

＝研究实践＝

1. 比较契诃夫和易卜生的戏剧。

2. 比较鲁迅《伤逝》中的子君与易卜生《玩偶之家》中的娜拉。

3. 谁最早提出“易卜生主义”一词？普列汉诺夫认为“易卜生主义”是一种个人主义和利己主义，你同意吗？(参阅普列汉诺夫“亨利克·易卜生”，见《易卜生评论集》，高中甫编选，外语教学与研究出版社，1982 年版)

4. 胡适所谓“易卜生主义”是否符合易卜生本人的思想？五四时期倡导“易卜生主义”有何意义？

5. 分析中国的“娜拉”形象。(参阅《易卜生与现代性：西方与中国》第二编“易卜生与中国”中相关文章，王宁编，百花文艺出版社，2001 年版)

＝延伸阅读＝

1.(匈)卢卡契：托尔斯泰和现实主义的发展(《欧美作家论列夫·托尔斯泰》，陈燊编选，中国社会科学出版社，1983 年版)

2.(奥)弗洛伊德：陀思妥耶夫斯基和弑父(《20 世纪小说理论经典》上卷，吕同六主编，华夏出版社，1995 年版)

3.(德)本雅明：评陀思妥耶夫斯基的《白痴》(本雅明《经验与贫乏》，王炳均、杨劲译，百花文艺出版社，1999 年版)

4.(俄)巴赫金：陀思妥耶夫斯基的复调小说和评论著述对它的阐述(巴赫金《陀思妥耶夫斯基诗学问题》，白春仁、顾亚铃译，三联书店，1988 年版)

5.(德)埃里希·奥尔巴赫：翟米妮·拉赛特(埃里希·奥尔巴赫《摹仿论》，吴麟绶等译，百花文艺出版社，2002 年版)

6. (法)居斯塔夫·郎松:斯特凡·马拉美(《方法、批评及文学史——朗松文论选》,昂利·拜尔编,徐继曾译,中国社会科学出版社,1992 年版)

7. (英)阿诺德·凯特尔:哈代:《德伯家的苔丝》(《哈代创作论集》,陈焘宇编选,陈焘宇译,中国社会科学出版社,1992 年版)

8. (法)托多罗夫:亨利·詹姆斯笔下的幽灵(托多罗夫《巴赫金、对话理论及其他》,蒋子华、张萍译,百花文艺出版社,2001 年版)

9. (挪)丹尼尔·哈康逊、伊丽莎白·埃德:易卜生在挪威和中国(《易卜生全集》卷一,潘家洵等译,人民文学出版社,1986 年版)

10. 胡适:易卜生主义(《胡适思想小品》,林伟民编,上海社会科学出版社,1997 年版)

第九章　对传统的反叛与形式的实验

导　论

20 世纪的欧美文学呈现出丰富多彩的复杂性和多元化特征。在这个时期里，现实主义文学继续繁荣发展，但与此同时，各种“主义”和“流派”纷纷涌上文坛：表现主义、超现实主义、未来主义、达达主义、意识流、存在主义、荒诞派、新小说派、黑色幽默等等，像走马灯似的轮番上场，使人眼花缭乱。要了解 20 世纪文学，不能回避这些“主义”和“流派”，但是，想要最大限度地接近 20 世纪的文学，却必须从作家和作品着手，不能走任何概括性的捷径。一方面，任何“主义”和“流派”往往都倾向于偏执一辞，它们的理论主张难免具有局限性和盲目性；另一方面，杰出的作家大都具有极大的丰富性，无法被任何相对狭隘的“主义”和“流派”所限定。因此，概括性地考察这些“主义”和“流派”本身，并不是我们的主要任务。在本书的最后两章里，我们集中介绍这个时期的重要作家和作品。

20 世纪上半叶的西方文学以崭新的姿态描绘了现代人内在心理上的复杂性和多元性，更加深入地表现了人的自我形态以及人与社会的关系。它的主要特征体现为：在艺术观念上与西方文化传统发生了猛烈的对抗；在艺术形式上也相应地展开了激烈的变革和实验。弗吉尼亚·伍尔夫在评论“现代小说”时指出，传统的小说虽然在细节的真实性上越来越无懈可击，但是，它们离我们对文学的要求却很远，因为它们没有能够抓住我们所要求的“真实”或“精神”。伍尔夫认为托尔斯泰、陀思妥耶夫斯基和亨利·詹姆斯的心理小说代表了另一种对文学真实的追求，即不再仅仅满足于细节的真实，而是竭力追求心灵的真实，而且，她明确指出，这后一种真实才是现代人所需要的。英国作家康拉德、福斯特和劳伦斯基本上顺应了这样一种新的艺术观念，他们的作品不同程度地展现出了现代西方人内心深处的矛盾和复杂性，但是，他们在艺术形式上仍然保持了传统的写作手法，没有明显的变革。

艺术形式上的大胆实验出现在马塞尔·普鲁斯特、詹姆斯·乔伊斯、威廉·福克纳和伍尔夫等现代作家的笔下。他们正是在追求心灵真实的艺术观念的启发下，创作出了令人耳目一新的意识流小说。换言之，意识流小说的出现不仅标志着文学观念的巨大变化和小说表现领域的巨大扩展，而且意味着小说艺术形式的剧烈变革。普鲁斯特、乔伊斯、福克纳和伍尔夫等作家为了深入到人的意识深处（甚至潜意识领域），去发掘关于人的另一种真实，打破了传统文学叙述中的许多陈规，在叙述时序、叙述视角和叙述语言等方面进行了大胆的实验，其中，最突出的变革是叙述时间的复杂性及其哲学意味和艺术功用。本章关于普鲁斯特和福克纳各选入一篇研究文章，集中讨论了他们对“时间”问题的艺术处理。

乔伊斯的创作在意识流小说的形式实验中具有举足轻重的地位，这不仅因为他成功地创作出了《一个青年艺术家的画像》和《尤利西斯》等优秀作品，也因为他的最后一部作品《芬尼根的觉醒》显露出了艺术形式实验的极端化倾向及其危害性。这里选取的文章没有意识到乔伊斯在形式革新中的这种两面性（事实上，目前国内没有介绍有关这方面观点的文章），但是我们在学习中应该特别注意，因为这不仅关系到如何评价乔伊斯的问题，而且也影响到我们对20世纪后半期的一些艺术观念和形式的清醒认识。

卡夫卡虽然出现在20世纪上半叶，但是他的文学创作不仅在形式上与同时代的文学思潮没有任何明显的关联，而且在思想观念上也显示出醒目的独特性。卡夫卡无疑也是一位描绘人的心灵世界的文学艺术家，但是，他与上述意识流小说家们在很多方面有所不同：他不是通过对人的意识活动的直接描写来展现人的心理现实的，而是采用寓言手法来折射人的心灵世界；他也没有刻意地去再现人的内心，而是力图写出人关于世界的真实感受。卡夫卡最突出的艺术特色是他的寓言，它与西方文学传统上的寓言形式虽有必然的联系，但又具有极大的差别。根据黑格尔在《美学》中的定义，寓言就是人们通过对“一般自然界事物之间，特别是动物之间的一种自然的关系或事件的认识”，“用易为人所理解的方式抽绎出一种道德格言、告诫、教训或箴规”的一种文学样式，例如《伊索寓言》和《列那狐传奇》等等。作为一种文学体裁，寓言一直受到人们的批评和指责。柏拉图在《理想国》中就首当其冲地表露出对寓言的反感。英国诗人布莱克认为寓言故事或寓言是一种截然不同的、劣等的诗。黑格尔也认为，寓言使人们“习以为常地首先想到道德教训，（它）所叙的事件本身只是一个外衣，只是为着阐明教训而完全虚构出来的”。不过，赞美寓言的批评家也大有人在。施莱格尔曾经宣称：一切美都是寓言。伽达默尔在《真理与方法》中也主张恢复寓言本身应有的价值，虽然他对于寓言这个概念仍然是抱有许多偏见的。真正洞见了寓言这种文学形式的艺术功能和重要意义的还是德国文学批评家和思想家本雅明。本雅明在《德国悲剧的起源》中指出：“寓言并不是一个有趣的（playful）说明技巧，而是一种表现形式（a form of expression），恰如言语和书写。”本雅明在分析德国悲剧的寓言特征时，指出了寓言作为一种表现形式的特殊形态：在寓言中，“每一种思想不管多么抽象都被压缩成一个形象，而这个形象不管多么具体都被显示为一种语言形式”。本雅明所理解的寓言与卡夫卡笔下的寓言形式非常接近。本章选入的本雅明这篇关于卡夫卡的研究文章，开头是一个寓言，结尾是一首充满寓意的民歌，文章本身就与卡夫卡的风格非常接近，对于我们理解卡夫卡式的寓言颇有帮助。

选文：弗兰茨·卡夫卡①

导言——

瓦尔特·本雅明(Walter Benjamin，1892—1940)是德国著名思想家和文学评论家，出生于柏林。1933 年因犹太人身份流亡巴黎，1940 年在逃离欧洲的途中自杀。著有《德国悲剧的起源》和《机械复制时期的艺术作品》等。原文写于 1934 年，最初发表于《犹太周刊》，后收入《本雅明选集》第二卷。

同为犹太人，本雅明对卡夫卡的理解似乎具有一种切肤的同情。本雅明曾经多次撰文论述卡夫卡，这里选取的文章从一个小故事和一首民歌出发，切入卡夫卡作品的基本情境。卡夫卡是荒谬的，但是他的荒谬更多地体现出失败的痛楚而不是滑稽；卡夫卡的作品是一个个寓言，它们大都寓指了我们无法回避的生存困境，就如《诉讼》中所指出的，神秘的“审判”发生在我们的身上，它“绝不允许人说明自己无罪，也绝无获得开释的可能”。本雅明认为，我们不应该轻易地从任何先入为主的观念出发来界定卡夫卡，我们所能够做的仅仅是去感受他对生活的感受。卡夫卡的世界无论被限定在任何特殊时代、国家和思想领域之内，都会遭到无情的歪曲和误解。卡夫卡的成功主要表现在，他以超乎寻常的洞察力展现了人的内在经验，它们往往是一些“被遗忘的东西”，一些不仅仅属于个人的东西。

波　将　金②

有这么一个故事：波将金一度患了严重的、或多或少是有规则地反复出现的精神抑郁症，在犯病期间不准许任何人接近他，严禁任何人进入他的卧室。在宫廷里，没有人敢提起他的病，因为人们都知道，即使是暗示一句也会引起卡塔琳娜③女皇的不悦。有一次，总理大臣的这种抑郁症发病的时间特别长，结果造成了严重

① 选自《论卡夫卡》，叶庭芳编，中国社会科学出版社，1988 年版。
② 波将金(1739—1791)，俄国侯爵，政治家和军事统帅，卡塔琳娜二世的宠臣。——译注
③ 卡塔琳娜二世(1729—1796)，俄国沙皇彼得三世之妻，1762 年登基为皇。——译注

的失误。文件柜里堆满了文件，女皇要求速办，而没有波将金的签字却又无法处理。高级幕僚们个个束手无策，一筹莫展。这时，一个名叫苏瓦尔金的小办事员偶然来到总理府的前厅，聚首在那里的枢密院官员们，照例在抱怨不休。“出了什么事情，诸位阁下？我可以为诸位效劳吗？”苏瓦尔金迫不及待地问道。人们向他说明了情况，并遗憾地表示用不上他。苏瓦尔金却回答说：“先生们，假如就这点事儿，那就请交给我来办好了，我恳求你们。”枢密官们觉得这倒未尝不可，于是就同意这样办了。苏瓦尔金将公文包夹在腋下，穿过大厅和走廊，走上了通向波将金卧室的路。他非但未敲门，甚至连脚步都没有停，就去拧门把手，门恰好未锁。在这间半明半暗的卧室里，波将金身穿一件旧睡衣，正坐在床上啃手指甲。苏瓦尔金走近写字台，把羽翎笔蘸上了墨水，一句话未说就把笔递到波将金手中，把最需急办的文件放到他的膝盖上。波将金像在睡梦中一样，漫不经心地瞥了这个闯进来的人一眼，就签了字，接着签署了第二份文件，乃至所有文件。待他签好最后一个文件后，苏瓦尔金夹起文件包，像来时一样毫无表示，转身离开了这间屋子。他高兴地挥动着文件，来到前厅。枢密官们一起向他蜂拥而来，从他手中接过文件。大家都屏住呼吸，深深地向文件鞠了个躬。大家都沉默了，发呆了。这时，苏瓦尔金走上前来，迫不及待地问各位大人为何如此惊异不止。这时，他也看到了签字。每份文件上签的都是：苏瓦尔金，苏瓦尔金，苏瓦尔金……

这个故事像一个先驱，比卡夫卡的作品早问世二百年。笼罩着这个故事的谜就是卡夫卡。总理大臣的办公厅、文件柜和那些散发着霉气的、杂乱不堪的、阴暗的房间，就是卡夫卡的世界。那个把一切都看得轻而易举、最后落得两手空空的急性子人苏瓦尔金，就是卡夫卡作品中的K。而那位置身于一间偏僻的、不准他人入内的房间里、处于似睡非睡的朦胧状态的波将金，就是这样一些当权者的祖先：在卡夫卡的笔下，他们是作为阁楼上的法官、城堡里的书记官出现的，他们尽管身居要职，但是却是些已经没落或者更确切地说正在没落的人，不过，在那些最下层的人和最腐朽的人——看门人和老态龙钟的官员眼里，他们还是威风凛凛的。他们靠什么浑浑噩噩地混日子？也许，他们是那些用双肩支撑着地球的阿特拉斯①巨神的后代？也许，他们正因为如此才把头“向胸前垂得这样低，使人们几乎看不到他们的眼睛”，如肖像上的城堡守护者或者独自一人时的克拉姆？不过，他们所支撑的不是地球，而最平凡琐碎的东西就已有足够的分量了：“他的疲惫不堪是格斗士在格斗后所感到的精疲力竭，他的工作是粉刷官员办公室的一角。”——乔治·卢卡契曾说过，今天，为了能制作出一张像样的桌子，就必须具备米开朗基罗的建筑学天才。如果说卢卡契思考的是时代，那么，卡夫卡思考的则是年代。他在粉刷

① 阿特拉斯，希腊神话中提坦巨人之一，以其头和手（一说用双肩）在世界极西处顶住天。——译注

时需要触动的是一个时期，而这还是以极不明显的手势表现出来的。卡夫卡的人物更多的是常常出于莫明其妙的原因就鼓起掌来。顺便还必须指出，这些手“实际上是汽锤”。

通过持续不断的和缓慢的运动——下降的或上升的，我们认识了这些当权者。他们从陷得最深的腐败中，即从他们父辈那里崛起的时候，最令人生畏。儿子为自己的迟钝的、年老体弱的父亲刚刚虔诚地祈祷过，现在安慰他说：“你安心休息吧，我给你盖好了。”——“不要！”父亲喊道，以这样回答来顶撞他，并用力将被子一推，以致被子全给掀掉了，老头子直立在床上，仅用一只手轻轻地摸着天花板。“你想把我盖起来，这我知道，小崽子，可是我还是没有被你盖住。我还有最后一把力气，对付你还绰绰有余的，也许还用不了！……值得庆幸的是，父亲不用人教就能看穿他的儿子。”……他站在那里悠荡着腿，怡然自得。他为自己有了这样的见识而得意非凡……

“现在，你该知道天外有天了吧，到目前为止，你只知道你自己！你本来是一个无辜的孩子，但是，你更是一个魔鬼式的人！”这位父亲由于抛开被子的负担也就甩掉了一种世俗的负担。为了使父与子这一古老的关系活跃起来并产生重大后果，他不得不使整个时期都动起来。确实，后果何其重大！他判处自己的儿子以死罪——溺毙。这位父亲是一个惩罚者。他像法院官吏一样，承担着罪责。许多迹象表明，在卡夫卡看来，官吏的世界和父亲的世界是一模一样的。不过，这种相似性并不会给父亲们带来荣耀。迟钝、腐朽和肮脏充斥着这个世界。父亲的制服上到处都有污点；他的内衣也是不洁净的。肮脏就是官吏们的生活要素。“他们感到不可理解的是，为什么还要有党派之间的交往。”“‘为了把门前的台阶弄脏’，一位官吏曾这样——看样子是在气头上——回答了这个问题，不过，这对他们说来一直是很清楚的”。如果把官吏们都看作是大寄生虫，那么，从这个角度来看，不干不净确实可以说是官吏们的属性。这当然不适用于那些经济关系，而只适用于那些有关理智和人道的力量——这一伙人正是靠这些力量活着。同样，卡夫卡笔下这个特殊家庭中的父亲也是靠其儿子维持着自己的生命，像一个巨大的寄生虫附着在儿子身上。他不仅消耗着儿子的力量，而且吞噬了他的生存权利。这位作为执法者的父亲，同时又是原告，他责备儿子犯的罪行似乎是某种原罪。因为，卡夫卡所描绘的这种罪行，如果主要不是针对儿子，会是针对谁呢：“原罪，即人所犯的古老的不法行为，就表现为人无休止地发出的非难：人们对待他不公正，对他犯下了原罪。”如果不是由儿子责备老子犯了这种原罪，即犯了留下一个后代的罪过，那又该责备谁呢？这样一来，似乎儿子成了有罪的人了。不过，人们不应该从卡夫卡的这句话中得出结论说，这一指控是有罪的，因为它是错误的。卡夫卡在任何地方都没有说过这种指控是不对的。这里正在审理的是一件永恒的诉讼案，没有什么比揭发出父亲运用了这些官吏、即法庭当局的同情，更糟糕的了。在这些人身上，无止境的腐败并不是最坏的东西，因为这些人的内核就具备这样的特性：由于他们受贿，这就为人道提供了唯一的一线希望。尽管法庭有法令，但是人们读不到它们……K曾猜测说，“人们不仅会受到无罪判处，而且是受到无知判决，这就是这种法制的特点之一”。在史前时期，法令和解释性的法规都不是成文法。人们可能不知不觉地就触犯了它们，犯下了罪。不过，毫无所知的人犯罪，纵然是十分不幸的，但是从法律的角度来看，犯罪的出现不是偶然的，而是命中注定的——命运在这里是以其模棱两可的形态出现的。赫尔曼·科恩[①]在一篇论述古代命运观的短文中称命运是一种“不可逃避的认识”，“看来促成和引起这种犯罪和堕落的正是其制度本身”。对K提起诉讼的法制，也是如此。这就使我们追溯到十二铜表法[②]以前的史前时期，那时取得的最初成就之一就是有了成文法。这时，尽管在法令全书里有了成文法，但仍然是保密的，因此史前时期更是有恃无恐，可以更加肆无忌惮地进行统治。

官场的情形和家庭的状况，在卡夫卡的笔下是以各种各样方式相互交织在一起的。在城堡山麓的一个村庄里，人们都晓得一句流行语，它像一盏明灯照耀着人们的路。“这里流行着一句话，也许你晓得它：‘官方的决定就像年轻的姑娘一样胆怯’”。“这是一个很好的观察，K说……一个很好的观察，这种决定可能还有其他特点同姑娘是一致的。”其最突出的一点是，它们像K在《城堡》和《诉讼》中所遇到的那些怯懦的、像眷恋床一样沉溺于家庭的淫荡的姑娘们一样，依附于各方。她们在K的生命旅途中亦步亦趋地伴随着他；下一步并不困难，如同征服一个酒吧间女招待一样轻而易举。“他们相互拥抱在一起，她那娇小的身躯在K的手臂里激动得滚烫，他们陷入了陶醉之中；K纵然一再试图摆脱出来，然而却是徒劳的。他向前滚动了几下，就砰的一声滚到了克拉姆的门前，他们就躺在积着残酒的坑坑洼洼里和扔在地板上的垃圾上。在那里，又消磨了几小时……K一直有这样一种感觉：他仿佛迷失了方向，湮没在一个从未有人涉足过的陌生之地——在这里，就连空气也缺乏家乡空气的成分，人们因处处感到陌生而窒息致死，这种引诱富于极大的魅力，使你只能继续向前走，进一步陷入迷茫。”关于这种陌生地，我们还会再谈到的。不过，值得注意的是，这些娼妓一般的女人从来都不是打扮得漂漂亮亮地出现在人们面前，相反，在卡夫卡的世界里，美丽只出现在隐蔽的地方：比如在被告身上，“不过，这是一种在某种意义上可以说是奇异的自然科学现象…… 使她们变得漂亮的，不可能是罪过……使她们变得现在这样漂亮的，也不可能是恰如其分的惩罚……而只能是那种以某种方式强加给

---

① 赫尔曼·科恩(1842—1918)，德国哲学家，新康德主义马尔堡派的主要代表人物，著有《哲学的体系》、《康德的经验论》。——译注

② 十二铜表法，亦称十二表法，是公元前五世纪中叶罗马共和国颁布的法律，是已知的罗马法中最早的成文法。——译注

她们的、对她们提起的诉讼”。

从《诉讼》可以看出，这种诉讼对被告说来，常常是毫无希望的。即使当存在被宣判无罪的希望时，也是毫无希望的。也许，正是这种绝望使得人们感到卡夫卡的这些独一无二的人物是美的。至少这一点同马克斯·勃罗德所提供的一个谈话片断是非常一致的，他写道：“我回忆起同卡夫卡的一次谈话。话题是从当今的欧洲和人类的腐败开始的。他说：‘我们都充满了虚无主义思想，充满了自杀的念头——而这些念头是在上帝的脑子里出现的。’这使我首先想到了灵知对世界的认识。——上帝就是凶恶的造世主，世界就是它所制造的人类腐败的典型。他说：‘噢，不，我们的世界仅仅是上帝的一种坏情绪的产物，不好的一天而已。’‘这么说，除了世界这个表现形式之外，还是有希望的？’——他笑了：‘噢，有充分的希望，无穷无尽的希望——只不过不是我们的。’”这些话架起了一座桥梁，它可以通向卡夫卡的那些摆脱了家庭的圈子、也许还有希望的、极其特殊的、独一无二的形象。这不是指那些动物，更不是指那些像“猫羊”之类的杂种，或者臆造出来的东西，相反，所有这些仍然处于家庭羁绊之中。格里高尔·萨姆沙恰恰是在父母的家里醒来后变成了大甲虫，是不无原因的；那个不伦不类的奇怪动物，是父亲财产中的一件遗产，也是不无原因的；这怪物成了父亲的一桩心病，也是不无原因的。但是，那些“助手们”实际上却不属于这个范畴。

这些“助手们”属于那个贯穿于卡夫卡整个作品中的人群。属于这个家族的，有在《观察》中被揭发出来的骗子手，作为卡尔·罗斯曼的邻居深更半夜出现在阳台上的大学生，以及那些居住在南方那个城市里的、永不知疲倦的愚人。笼罩着这些形象的朦胧之光令人想起照射在罗伯特·瓦尔泽①（长篇小说《助手》的作者，卡夫卡非常喜欢他）那些小剧作中的人物身上的摇晃不定的光亮。卡夫卡笔下的助手也属于这一类型；他们既不属于任何其他形象范畴，也不对其他形象范畴感到陌生：他们是活动在它们之间的信使。正如卡夫卡所说，他们同巴纳巴斯相似，而巴纳巴斯是一个信使，他们尚未彻底脱离大自然的襁褓，因此“在地上的一个角里，在两件破旧的女裙上安居下来。他们以占用尽可能落少的空间……为荣……从这个意义上说，他们在咿呀学语和咯咯笑声的伴随下进行着各种尝试，挥舞着手臂和腿脚，蜷缩到一起。因此，在朦胧之中，人们只看到在角落里有一个大棉团”。对他们及其同类，即未成年的和愚笨的人说来，尚存在着一线希望。

从这些信使的行为中所看到的温和可爱的和无拘无束的东西，就是令人感到压抑地展示的整个创造物世界的法律。没有一个创造物有自己固定的位置、明确的和不可变换的轮廓；没有一个创造物不是处于盛衰沉浮之中；没有一个创造物不可以同自己的敌手或邻居易位；没有一个创造物不是精疲力竭的，然而仍然处于一

① 罗伯特·瓦尔泽（1878—1950），瑞士德语作家，精神病患者，作品在第二次世界大战后被发现，被认为是卡夫卡的先驱，作品中充满怪诞与幻想。——译注

个漫长过程的开端。在这里，根本谈不上秩序与等级。接近于此的神话世界比起神话许诺予以拯救的卡夫卡世界来，是年轻得无法比拟的。如果说可以肯定某一点的话，那就是：卡夫卡没有被神话所诱惑。而是另一个奥德修斯：卡夫卡让他那射向远方的目光根本不去看那些赛壬，“而对他那坚定果断的神态，她们都逃之夭夭，当他临近她们时，他却看不到她们任何踪迹了”。在卡夫卡从古代找到的祖先中，包括我们将要谈到的犹太和中国的祖先，是不应该忘记这个希腊祖先的。奥德修斯恰恰处在区别神话与童话的分水岭上。理智与计谋使神话具有某种鬼怪的特点，神话中的暴力不再是不可战胜的。童话是关于战胜这些暴力的传说。卡夫卡热爱传说，他的童话是为辩证论者写的。他把一些小的计谋溶入其中，然后从中看到这样的证明：“即使是一些微不足道的、甚至是幼稚的手段，也是可解燃眉之急的。”他的短篇小说《赛壬的沉默》就是以这句话开篇的。赛壬在他的笔下是沉默不语的；她们有“一件比歌唱更可怕的武器……，即沉默”。她们用它来对付奥德修斯。卡夫卡进一步讲述道，但是他“是非常足智多谋的，是只非常狡猾的狐狸，就连命运女神也无法窥探到他内心的秘密”。也许，卡夫卡确实发现——尽管这是用人的智慧无法理解的——那些赛壬在沉默，从而在诸神面前把这个“传说的”假动作作为一个盾牌加以运用。

在卡夫卡笔下，赛壬是沉默不语的，这也许是因为在他看来音乐和歌唱是一种逃遁的表现，至少是一种可以逃脱的保证。一种我们可以从助手们大显神通的平庸世界中得到的希望的保证；这个世界既渺小，又不完善，极为平凡，然而，同时又是可以令人感到宽慰的，愚昧的。卡夫卡像一个离家外出历险的小伙子。他闯进了波将金的官府，最后在地下室的洞里碰到了那个歌唱着的老鼠约瑟芬。关于她的特点，卡夫卡是这样描述的：“她具有某些可怜的，短暂童年的气质，某种已丧失的、永不复返的幸运，不过也有今天的生命活力，具有令人不解的、然而却始终存在和不可窒息的、小小的生活乐趣。”

驼背小人儿

很久以前，人们了解到，克努特·哈姆松经常在他住处附近那座小城的地方报纸的读者信箱栏里发表自己的见解。就在数年前，在这座小城里，陪审法庭审判了一个杀死自己新生婴儿的侍女。她被判处监禁。不久之后，这家地方报纸发表了哈姆松的意见。他宣称自己将离开这座城市，因为它没有对那个杀害自己婴儿的母亲判以最严厉的刑罚——即使不是绞刑，也得判无期徒刑。光阴荏苒，又过了数年。《大地福音报》照旧出版发行，又报道了关于一个侍女犯了同样罪行的消息，她受到了同样的惩罚，如读者清楚地看到的那样，当然不应该受到最严厉的惩罚。

卡夫卡在《中国长城建造时》一文中留给我们对此的反应，促使我们有必要回忆一下这个事件，因为未及这部遗著出版，就有人针对这些反应写出了卡夫卡评论，热衷于对这些反应做出解释，是为了在他的主要著作上少花点力气。对卡夫卡的著作做出根本错误的评价的有两条途径：顺乎自然的评价是其一，超越自然的评价是其二；这两种方式——不论是心理学分析方式，还是神学分析方式，同样都没有抓住本质的东西。第一种方式以赫尔穆恃·凯泽为代表，采取第二种方式的，现在有为数众多的作者，如汉斯·阿希姆·舍普斯①、伯恩哈德·朗格、格勒图森②。维利·哈斯③也应归属于这一派。他当然从一些我们将要论及的较大的方面提出了一些关于卡夫卡的颇有启示的看法。然而，这也未能阻止他根据一种神学的模式来解释卡夫卡的全部著作。他对卡夫卡作了这样的评论："他在其伟大的长篇小说《城堡》中表现的是上层的权势，即仁慈的范畴，而在另一部同样是伟大的长篇小说《诉讼》中表现的倒是下层的权势，即法庭和惩罚的范畴，在第三部长篇小说《美国》中，则尝试着以极严格的文体表现这两者之间的范畴，即尘世间的命运及其向人提出的极高的要求。"我们可以把这一评论的第一个三分之一看作是自勃罗德以来的所有卡夫卡评论的共同财富的一部分。比如，伯恩哈德·朗格就是根据这种观点写道："只要可以把《城堡》视为仁慈的所在地，那么，从神学的角度来看，这种徒劳的努力和尝试只能意味着上帝的仁慈是无法由人随心所欲地得到和强行取得的。烦躁与心急只会妨碍和打搅神圣的平静。"做这样的解释是很容易的；然而，根据这种解释越是向前去探索，就越看得清楚，这种说法是站不住脚的。最清楚不过的是维利·哈斯，他曾说过："卡夫卡既是克尔凯郭尔又是帕斯卡尔的……产物，甚至可以称他为克尔凯郭尔和帕斯卡尔的唯一合法继承人。这三个人探讨的是一个共同的、极其困难的宗教上的基本问题：人在上帝面前永远是无理的……卡夫卡的上层世界，他的那个所谓《城堡》以及那些不可捉摸的、庸庸碌碌的、难以对付的和十分贪婪的官吏们，他的那个奇怪的天堂——这一切正在同人进行着一场十分可怕的游戏……可是，人甚至在这个上帝面前也是根本无理的。"这种神学甚至远远落后于安塞姆·冯·坎特伯雷④的论证学说，属于粗犷的空论范畴，而且甚至同卡夫卡原话的意思根本不相符。而《城堡》恰恰写道："单个的官吏能够宽恕人吗？这个，也许只有整个当局才能做到，然而，看来当局也不能宽恕，只能进行判决。"这样走的路，很快就会自行堵塞，变成死路的，德尼·德·隆日蒙认为："所有这一切并不是心中没有上帝的人的悲惨境遇，而是这样一种人的悲惨境遇：他们尽管依附于一个上帝，然而，由于他们不明了基督教义，所以并不了解这

① 舍普斯，德国哲学家，生于1909年，著有《犹太宗教哲学史》。——译注

② 格勒图森(1880—1946)，德国哲学家，著有《法国革命的哲学思想》等。——译注

③ 哈斯(1891—1973)，德国文艺评论家，电影剧作家，二次大战期间流亡布拉格，是卡夫卡在文学界的朋友之一，战后担任《世界报》文艺评论员。——译注

④ 安塞姆·冯·坎特伯雷(1033—1109)，英国大主教，前期经院学派的重要神学家，提出了关于知识、教会和国家等方面的学说。——译注

个上帝。”

从卡夫卡遗留下来的笔记中得出一些推论性结论，哪怕只阐明一个在他的长、短篇小说中所出现的母题还要容易，但是，只有这些母题才能提供理解卡夫卡在创作中所探讨的这些史前时期暴力的某些启示；这些暴力当然同样完全可以被看作是当今世界的暴力。而且有谁能说出，对卡夫卡说来，它们是以什么名义出现的？只有一点是肯定的：他未能弄清楚它们。他并不了解这些暴力。只是在史前时期以罪行这种形式置于他面前的镜子中，他看到的未来是以一种法庭（它支配着这些势力）形态出现的。应该怎样认识这个法庭——这是否就是上帝的最后审判：它不会把法官变成被告吧？这种审判不就是一种惩罚吗？——对此，卡夫卡并未给予回答。难道他是在期望这种审判能有所作为吗？还是他更希望将其推迟？在他遗留给我们的故事中，叙述体重新赢得了在山鲁佐德嘴里所具有的作用：使即将发生的事推迟到来。在《诉讼》中，拖延成了被告的希望：愿诉讼不要演变成判决。拖延甚至对族长也是有益处的，尽管他不得不因此交出自己的传统地位。“我可以想象有另外一个阿伯拉罕，他当然不可能当上族长，甚至连旧衣商都干不了，不过他会像一个餐馆跑堂那样乐于殷勤地满足祭献者的要求。但是，他无法敬献任何供奉，因为他丢不开家，他是不可缺少的人物，家中的一切都需要他去照管，天天都有事要他决定，房子尚未造好，而在房子未建成的情况下，没有这个后盾，他是不可能离家外出的，连《圣经》也看出了这一点，它说：‘他要管家。’”

这个阿伯拉罕“像餐馆跑堂一样殷勤”。对卡夫卡来说，始终只能从人们的姿态中去捕捉某种东西，这个他所不理解的姿态，恰恰构成了比喻中的灰暗不明之处。卡夫卡的作品正是从这种姿态中产生的。他对自己的作品采取了何等谨慎的态度，这是众所周知的。他在遗嘱中托付后人将它们付之一炬。这个遗嘱是任何研究卡夫卡的人都无法回避的，它还告诉我们，作者对自己的作品是不满意的；他认为自己的努力是失败的；他把自己归并到那些注定要失败的人之列。而失败的却是他的了不起的尝试：即把文学作品变成学说，并使作为比喻的文学作品重新赢得那种他认为是唯一适合于它的经久性和朴实性的特点。没有任何一位作家像他那样认真地履行了“你不要为自己画像”这一信条。

“羞耻似乎要比他存在得更为长久”——这是《诉讼》的结束语。这种同他的“洁身自好的感情”相一致的羞耻感，是卡夫卡的一个极强烈的姿态。不过，它有两面性：作为人的一种内在反应的羞耻，同时也是一种社会现象。它不仅可以是在他人面前感到的羞耻，而且也可以是为他人而感到的羞耻。这样，卡夫卡的这种羞耻感同控制它的生命和思想相比，同他个人的关系并不更为密切。关于生命与思想，他曾说过：“他并不是为了他个人而活着，他并不是为了他个人在思考着。他似乎是在为维持一个家族而生活和思考……为了这个不熟悉的家族……也不能将他解雇掉。”这个不为人们所熟悉的家族是怎样由人和兽构成的，我们不知道。不过，有一点是明确的，即促使卡夫卡通过写作去触动时代的正是这个家族。遵循这个家族的嘱托，他像西绪福斯搬动石头那样滚动着历史事件的钢板。这样，历史事件中为人们所看不到的一面见了天日。这一面，看上去令人感到不舒服，不过卡夫卡忍受得了，敢于目睹。“相信进步，并不意味着相信进步已实现。这样的信念不能成其为信念。”对卡夫卡说来，他所生活的时代并不比原始时期更进步。他的长篇小说表现的是一个沼泽世界，他笔下的人物还处于巴赫奥芬①称之为乱伦的阶段。这个阶段被遗忘了，并不表明它没有延续到现阶段。相反，它正是通过遗忘延伸到现代。一个比一般人的经验更为深邃的经验发现了它。“我有这样的经验，”卡夫卡在最早期的一篇文章中这样写道，“我说，这是陆地上的一种晕船病，并不是开玩笑。”难怪他的第一篇《观察》就是从写秋千开始的。卡夫卡对经验的摇摆特性进行了不懈的探讨。每一个经验都会做出让步，都会与对立的经验混同起来。“那是夏季的一个烈日，”《敲院门》开头这样写道，“我同妹妹在回家途中路过一个院子的大门。我说不清楚她是出于恶作剧还是由于漫不经心敲了一下门，还是仅仅举起了拳头想敲而未敲。”在第三处提到的动作的这种单纯可能性，就会使人们对前边发生的、起初是毫无恶意的动作产生另外一种看法。这是一种滋生经验的泥沼地，而卡夫卡笔下的女性形象正是从这样一些经验中产生的。她们都是一些沼泽地滋生物，如莱尼，她使劲地把“右手的中指和无名指”拉开，“使得它们之间的皮一直扯裂到两只短短的手指头的最上端的关节”。“那是美好的时光，”态度暧昧的弗丽达在回首往事时这样说道，“你从没有问起过我的过去。”而恰恰是过去可以把人重新引向那黑暗的深夜，夜里在进行交媾，其“放任不羁的频繁程度”，用巴赫奥芬的话来说，“那是为天下任何光明纯洁的势力都感到憎恶的，也是完全有理由用阿尔诺毕亚斯②说的‘低级的享乐’来称呼它的”。

只有从这点出发，才能理解卡夫卡作为小说家所使用的技巧。当小说中的其他人物要对K讲点事情时，即便是极重要或最令人感到意外的事，他们也总是顺便说出来，而且用这样一种方式：仿佛他实际上早已知道了这些事似的，仿佛没有什么新奇的东西，无非是以不惹人注目的方式提醒这个主人公再想起他已忘却的东西而已。从这个意义上讲，维利·哈斯对《诉讼》的进程理解得是很正确的，他说：“《诉讼》所写的对象，即这部令人难以置信的著作的真正主人公是忘却……这本书的主要特征就是把自己也忘记了……在这里，它自己也成了无声的形象，即这个被告形象，一个具有强烈思想感情的形象。”“这个奥秘的中心……产生自犹太教”，大概是不容置疑的。“在这里，虔诚精神作为记忆力起着非常神秘的作用。耶和华有着非常可靠的记忆

① 巴赫奥芬(1815—1837)，瑞士法律学家和文化史家，以其《母权》一书奠定了比较法学的基础。——译注

② 阿尔诺毕亚斯(约3世纪下半叶—4世纪前三分之一)，拉丁语作家，修辞学教授。——译注

力,‘一直保持到第三代和第四代’,甚至到‘第一百代’,这不是耶和华的某一特征,而是他的最突出的特征。最神圣的宗教仪式……就是要从记忆的书本中把罪恶抹掉。”

被遗忘的东西,从来不仅仅是指个人的东西,有了这一认识,我们就可以向着卡夫卡著作的门槛再迈进一步了。任何被遗忘的东西都是同史前时期被遗忘的东西混淆在一起的,通过无数非持久性的、变化无常的结合,不断制造出新的产物来。遗忘是一个大容器,卡夫卡作品中那种无尽头的中间世界就是从这里显露出来的。“在他看来,丰富多彩的世界恰恰是唯一真实的东西,所有精神的东西,要想在这里也能得到一席之地和存在的权利,必须是实实在在的,分门别类的。精神的东西,只要还能起一定的作用,就会变成精灵。而精灵又会变成只顾个人的个体,自我命名,并特别感激崇拜者的名字……众多的精灵无所顾忌地使得丰满的世界变得更为丰腴……蜂拥的精灵在这里无忧无虑地繁衍着,……新的精灵不断变成老的,所有的精灵的名称又各不相同。”当然,这里讲的不是卡夫卡,而是中国。弗兰茨·罗森茨威格[①]在《解救之星》一书中就是这样描述中国的祭祖活动的。不过,对卡夫卡说来,他的祖先世界像那个他认为是由重要事实构成的世界一样无法预测,只有一点是肯定的,这就是他的祖先世界像原始人的图腾一样蜕化成为动物。不过,动物不仅在卡夫卡的笔下是被忘却的东西的收容器。在蒂克寓意深长的《金发的艾克贝尔特》中,一只小狗的被人遗忘的名字——斯特罗米,就成了侦破一件诡秘的犯罪案的暗号。这样,人们也就可以理解,为什么卡夫卡总是不懈地设法从动物身上窥探出被遗忘的东西。写动物当然不是目的,但是没有它们是不行的。请看《饥饿艺术家》,这个艺术家“严格说来无异于通往牲口圈途中的一个障碍”。难道人们没有见过动物在“筑巢穴”或“大鼹鼠”在挖洞时做无谓的思考吗?不过,从另一方面来看,这种思维又表现为某种极为心不在焉的东西。动物总是迟疑地从一种忧虑转向另一种忧虑,试探着各种危险,表现出反复无常的绝望情绪。在卡夫卡的作品中还出现过蝴蝶;那罪行累累、却又不肯认罪的“猎人格拉胡斯变成了一只蝴蝶”。“请不要笑”——猎人格拉胡斯说。有一点是可以肯定的:在卡夫卡塑造的所有形象中,动物是最爱动脑子思考问题的,如果说贪赃枉法是司法界的特征,那么,它们思考的特征就是恐惧。恐惧能使成事不足,败事有余,然而却不失为唯一的希望,由于最容易被遗忘的异体是我们的身体——自己的身体,所以人们也就可以理解,为什么卡夫卡把来自内脏器官的咳嗽称之为“动物”。咳嗽是大的兽群中最前列的岗哨。

史前时期在卡夫卡身上通过罪过制造出来的最奇特的杂种就是“奥德拉代克”。“它乍看上去像是一个平整的、星状的卷线轴,实际上是用线缠成的,不过用的全是些各式各样的和五颜六色的断了头、重新接起来的、相互编织在一起的旧线头。它不单

① 弗兰茨·罗森茨威洛(1886—1929),德国宗教哲学家和教育家,主张恢复犹太教传统,主要著作有《解救之星》。——译注

单是一个线轴，而且从星星的中心还有一根横棒突出口来，在右上角还有一根小棒，同这个小横棒相连接。在一侧有了这最后一根小捧，在另一侧靠着星星射出的光芒，整个东西就可以双脚直立了。”奥德拉代克“经常变换地方，时而来到阁楼上，时而逗留在楼梯间、走廊里、通道上”。也就是说，它喜欢去的地方正是法庭追逐人们犯罪的地方。这些地方的地板是隐藏失效的、被遗忘的地方。也许，要人们来到法庭前受审的这种强制行为，会引起类似的感觉来，如同强制人们走近一个置于地板上的、封锁多年的箱子一样。人们非常希望这件事能尽可能向后推迟，直至K认为他的辩护词写得恰当有力，“让那位变得童稚的先生到退休之后再去干这件事”。

奥德拉代克是处于被遗忘状态的事物所具有的形式，这些事物都是变了形的。变了形的还有“家长的忧虑”，无人知道它是什么；还有那个大甲虫，我们只知道它所表现的是格里高尔·萨姆沙，还有那个大动物，半羊半猫，也许只有“屠夫的刀才能找到解决办法”。不过，卡夫卡的这些人物形象都是通过一系列形态同最原始的变形形象——驼背人——紧密相连的。在卡夫卡的短篇小说的人物形象中，没有哪一个人物比那个把头深深地垂到胸前的人出现得更频繁了。这就是法官们的倦意、旅馆接待处的喧嚣声、画廊参观者戴得低低的帽子。然而，在短篇小说《在流放地》中，当权者却使用了一种旧式机械，在犯人的背上刻花体字，笔画越来越多，花样繁多，直到犯人的背清晰可见，犯人可以辨认出这些字体，从中看到自己犯下的、却不知道的罪名，这就是承受着罪行的脊背，而卡夫卡的背上是一直承受着它的。他在早期的一篇日记中这样写道：“为了使身子尽可能沉一些——我认为这对入睡是有好处的，我将双臂交叉抱起来，把双手置于双肩上，像一个被捆绑起来的士兵躺在那里。”在这里，负重与(睡觉人的)忘却是同时并进的。在《驼背小人》中，有一首民歌表达了同样的意境。这个小人儿过的是一种被歪曲了的生活，当救世主来到时，他就得消失，因为教士说过，救世主不愿用暴力改变世界，只想对它稍加整顿。

我走进自己的小房间，
想上我的小床睡一觉，
一个驼背小人儿站床前，
见了我开始笑。

这就是奥德拉代克的笑声，“听起来像是落叶的沙沙声”。

我跪在小凳儿上，
想做一会儿祈祷，
一个小人儿站眼前，
见了我开始把话讲：

可爱的小宝宝，我请求你，
也为这个驼背小人儿来祈祷。

这首民歌是这样结尾的。卡夫卡在深处触到了基础，这个基础既不是“神话的预知”，也不是“存在的神学”提供给他的，它既是德意志民族性的基础，又是犹太民族性的基础。即便卡夫卡没有祈祷过——这是我们所不知道的，他至少也是一个明察秋毫的人，即马勒勃朗士[①]称之为“灵魂的自然祈祷”。正如那些信奉神灵的人把自己的一切都倾注到祈祷里一样，卡夫卡使自己的人物都同自己的灵瑰息息相通。（王庆余、胡君亶译）

＝补充材料＝

卡夫卡的小说《城堡》是世界的一个缩影；小说中关于某一类型的人对于世界做出的行为进行了详尽的描绘，其准确与细致达到无可比拟的程度。由于每个人都能觉到自己身上也有这种类型的成分——正像他能在自己身上发现浮士德、堂吉诃德或于连·索黑尔也是他的“自我”的一个组成部分一样，所以卡夫卡的《城堡》超越了书中所写人物的个性，成为一部对每个人都适合的认识自我的作品。

卡夫卡通过自传体小说的写法，把主人公简单称作“K”。他的主人公走过了孤独的生活道路。因此正是我们身上的孤独成分才赋予这部小说以超自然的深度，后者以惊人的明晰性出现在我们眼前。另外，这仍然是一种非常确定的比较微妙的孤独之感，一种深深埋藏在我们心中的孤独之感，一种在安静的时刻就会涌上表面的东西。因为卡夫卡的主人公终究还是一个充满善意的人，他既不追求孤独，也不以此为荣。正好相反，孤独是别人有意加在他身上的；因为就他的愿望来说，他最渴望得到的莫过于成为社会的一个有活动力的成员，循规蹈矩，按照惯例与别人合作；他追求一种有用的职业，打算结婚和建立家庭。

但是这一切都失败了。人们比以前更加明确地认识到把K包围起来，使他陷进孤独的那层冷冷的外壁绝不是暂时的现象；另外，K一直想在该村定居的村民们总在躲着他，并且在他所追求的人与人的接触中遇到了一个受所有其他人排斥的农民家庭，这些同样也绝不是偶然的事情。

然而K不论到什么地方都不能像在家一样安然这个谜仍然没有解决。他是个异乡人，碰巧来到一个对异乡人抱有猜疑的村庄。没有做更多的交待；然而人们很快就感到这种几乎带有普遍性的“身居异乡”的心情在一种非常特定的情况下变得具体化了。“谁都不是谁的同伴。”事实上人们甚至还可以进一步说：这就是犹太人特有的

① 马勒勃朗士（1638—1715），法国神学家。——译注

感情,他们想在异乡土壤上扎根,他们使出全副心力使自己变得同那些当地人完全一样以便与之接近,然而他们却从未完成那种融和。

"犹太人"这个词并没有在本书中出现。它也不曾在卡夫卡的其他小说或短篇小说中出现。(形成对比的是:这个词在他的日记中倒的确出现过,而这些日记同他的小说有着千丝万缕的联系)然而你几乎可以具体看出,卡夫卡在《城堡》中已经展示出一幅伟大的和悲剧性的图景,描写进行融合不过是徒劳;在这个简单故事里,他从犹太人的灵魂深处讲出来的犹太人的普遍遭遇比一百篇科学论文所提供的知识还要多。(张金言译)

(奥)马克斯·勃罗德:无家可归的异乡人,《论卡夫卡》,
叶庭芳编,中国社会科学出版社,1988 年版,第 80—81 页。

卡夫卡作品中荒诞离奇的喜剧性,对于当代黑色幽默派作家可能是有影响的;不过,卡夫卡的喜剧性依据的那些假设,我们的同时代人很少采用。卡夫卡笔下的反英雄逐步发展(或者说堕落)成为贝克特和尤奈斯库笔下没有个性特征的机械人,有时甚至还被进一步割裂得肢体残缺不全。然而,被称作存在的这一广阔、不可理解、本质上神化了的世界却消失了(那些反英雄都是在这个世界上展开滑稽可笑的自我斗争的);所谓英雄主义成了一种行动方式,不再是沉思默想;如果说它同语言有关系,那么这种语言是一种冲突、逻辑、分析、无穷无尽的分类的语言,详尽无遗、傲慢自大地试图解剖现实、征服现实的语言。卡夫卡违背整个西方世界的英雄概念,这种概念是为人勇敢,孤高离群,无所畏惧的一面对抗自我的其他方面,当然,也对抗自然,——而自然之所以存在,仅仅是为了让人去征服,或者至少只是供人去分门别类和剖析。要成为英雄,你必须设想有某种搏斗;倘若你渴望成为英雄,而又没有现成的搏斗,那你就必须为自己制造出一场搏斗来。具有讽刺意义的是,在我们这个时代,卡夫卡的最热忱的崇拜者是这样的人,他们通过对卡夫卡的批评分析,从而表明他们完全同卡夫卡笔下受愚弄的英雄,而不是同卡夫卡安排在这些英雄上面并反对这些英雄的幻象,融为一体!——仿佛这种搏斗不是明摆着可以归之为一种态度,一种文化的或者心理上的期待,对于这种态度和期待,自然是一无所知的,自然没有语言,只会消灭。饥饿艺术家,憋着一肚子火,只关心自己,关在笼子的角落里一天天消瘦下去,而一头生龙活虎的幼豹却引起众人的注意——难道我们这些人的注意不也被吸引过去吗?——这不算什么悲剧,因为艺术家承认,他的绝食行动基于一个谎言,而豹子就像格里高尔的妹妹一样,占有"生活的欢乐",这种欢乐存在于自我折磨的领域之外;实际上,豹子丝毫不懂维护一种特殊的自豪命运所进行的各种搏斗,因为它什么也不"懂"。悲剧要求把感情倾注于自我中,倾注于汉姆莱特或俄狄浦斯的特殊命运中,这类悲剧人物——有时带着令人困窘的透明性——为我们把思想苍白无力的特色作了戏剧性的夸张——而他们的思想因为仅仅朝着一个方向发展得太远，到头来总要被消灭。理智是一种认识方法，帮助人生存下去，但也可能发展得太远，被它自己的创造所迷惑（卡夫卡学过法律，这无疑帮助他得到这种认识——尽管卡夫卡的"法律"小说比现实生活里的类似事情简单得多）；另外，理智总要消亡，总要灭种，正如同一些某种特点过分发达的动物（如双角奇大、体积特大）必定要被淘汰，让位给更能适应环境的物种。陀思妥耶夫斯基笔下的"地下室的那个人"以蔑视的口气说过，理智只懂得已经听到过的事情。所以，如果我们绝对相信理智，不是就被科学有限的发展，被事实有限的积累束缚在往事之中了吗？卡夫卡笔下英雄的理性探索是违反自然的探索，甚至可以说是"不自然的"探索，因为自然完全不懂，人为什么要分等级，它只知道在各种关系和谐的领域中，在一定程度之内，生存也可能出现不和谐和残酷。《变形记》并不是只关系到格里高尔·萨姆沙，作品还涉及到一种既包含着他同时又超越他的变形。（俞其歆译）

（美）乔伊斯·欧茨：卡夫卡的天堂，《论卡夫卡》，第683—685页。

＝问题研讨＝

1. 为什么说卡夫卡是西方现代派文学的奠基者？卡夫卡是一个表现主义作家，还是超现实主义作家？或是存在主义作家？或是荒诞文学作家？或是黑色幽默作家？

2. 卡夫卡的小说是现代社会的"寓言"吗？如何看待卡夫卡小说的寓言性？如何解读卡夫卡小说中人物的孤独和焦虑的生存困境？

3. 什么是"卡夫卡式"风格？卡夫卡如何调和其作品"整体的悖谬"与"细节的真实"？

＝研究实践＝

1. 论"变形"与"异化"的关系。

2. 卡夫卡有一种"异乡人"情结吗？卡夫卡创作灵感的源泉是什么？如何解读卡夫卡小说中的父亲形象？

3.《诉讼》[①]中的约瑟夫·K为什么被捕并受审？他有罪吗？他能为自己申辩吗？

4. "城堡"象征了什么？为什么可望不可及？

5. 什么是"卡夫卡现象"？（参阅米兰·昆德拉《小说的艺术》第五章"在那后面某个地方"，孟湄译，三联书店，1992年版）

① 一译为《审判》。——编注

选文：普鲁斯特论[①]

导言——

塞缪尔·贝克特(Samuel Beckett，1906—1989)是用法语和英语写作的爱尔兰剧作家和小说家。代表作品有两幕剧《等待戈多》等。这篇论述普鲁斯特的文章发表于1931年，它不仅是普鲁斯特研究领域里的重要文章，同时也有助于我们理解贝克特本人的文学创作。

原文主要从“时间”、“习惯”和“记忆”(分为“自主记忆”和“非自主记忆”两种)三个角度论述了普鲁斯特独特的小说叙事艺术。贝克特认为，在“时间”、“习惯”和“记忆”这三者之中，“时间”是普鲁斯特小说的中心线索；而“习惯和记忆便是时间肿瘤的症状，它们主宰着最为简单的普鲁斯特的故事情节”。贝克特关于“非自主记忆”的分析以及它对普鲁斯特的浪漫主义倾向的强调，对于我们理解普鲁斯特具有特别重大的启发作用。贝克特认为，普鲁斯特用极其感性化的笔触拒绝了当时法国文坛上流行的现实主义和自然主义，并且也与波德莱尔的象征主义大有区别。这是因为，现实主义、自然主义过分拘泥于生活，即使是象征主义，也似乎与“平庸的生活”藕断丝连，而普鲁斯特则坚信：“在平庸的生活与神奇的文学之间横亘着一道巨大的鸿沟。”

普鲁斯特有个糟糕的记忆力——正像他有个不怎么发挥效力的习惯。一个记忆力很好的人什么也记不住，因为他什么也忘不了。他的记忆力千篇一律，是常规的产物。同时也是他毫无瑕疵的习惯的条件和功能，他的记忆是一件备以查询而非用来发掘的工具，对这种人的记忆的赞美诗是：“我记得跟昨天一样那么清楚……”，这赞美诗亦是墓志铭，它对这种记忆的价值做了精确的表述，记忆力好的人与他无法记住明天一样，也不能记住昨天。他能冥想着与最潮湿的8月银行节[②]一起挂在更远一点的那根晾衣绳上的昨天，因为他的记忆就是一根晾衣绳，他对过去事物的印象就是那些被赎回来的脏衣服，是他怀旧时需用的忠实得意的仆从。回忆明显地被感知所限。好奇心是无条件反射，是用最初级的表现形式对危险刺激的反应，且很少免于，却常常带有功利打算——即使表现为一种高高在上，表面上最无所谓的形式。好奇心是长在我们习惯上的根根倒竖的毛发。我们的注意力在多多少少的程度上很少不

① 选自《普鲁斯特论》，沈睿、黄伟等译，社会科学文献出版社，1999年版。

② 8月银行节：英国的公休日，通常在这一天人们都放假，所有的商店打烊，但并无特殊意义。——译注

被好奇心这种动物性元素所染。好奇心是猫的卫士，而不是猫的死亡，不管这猫是穿着裙子还是趴在地上①。我们的兴趣越浓，好奇心记录下来的印象就越长久。好奇心的战利品随时供应，因为好奇心的侵略行为是自我防御的形式，这就是恒定不变的功能。在极端的情况下，记忆与习惯是如此紧密相连以至记忆这个词血肉丰满起来。当记忆在紧急状态中发挥不了作用时，习惯强制发生。这就是尽管我们没有注意如何发音，但我们的发音器官仍能与我们所想的一致发出这个音。我重申重复记忆，就其最高意义来说，不能适用于那些从我们的焦虑抽出的要点。严格地来说，我们只能记住我们极度不经心时注意的事物，并将它们贮藏在我们生命终极和不可到达的地牢里，习惯没有打开这座地牢的钥匙，也无需打开，因为那里面没有保存任何可恶而又有用的战争工具。但这里在这禁止我们的探测器进入的深渊中却贮藏着我们自身的精华，我们许多自我本身中最好的东西，它们的凝结物被头脑简单的人称之为世界。之所以说这些贮藏物是最好的，因为它们是在我们粗俗不堪的鼻子下悄悄地、痛苦地和耐心地积累起来的，是被窒息的神性的优秀本质，这被窒息的神性低吟着"失败"淹没于要拥抱一切的欲望的健康的叫喊之中，它们是那颗可揭穿我们的人造宝石和闪闪发光的锡饰品的珍珠。让我们——当我们在睡梦中或在不能豁免疯狂状态中，我们就逃离到偏离心智的宽敞的偏房中。在这个深深的源头，普鲁斯特升起了他的世界。他的作品不是出于偶然，但作品所拯救之物却是意外所得。那意外的条件将在这预想的顶峰得以展示。一个次一等的高潮总比没有强。但如果不指出潜入者的名字就什么目的也达不到。普鲁斯特称这个潜入者为"非自主记忆"。这记忆不是记忆，而是引自某个人的《旧约》的一段话，他称之为"自主记忆"。这是千篇一律的理性记忆，依靠它，我们可以再产生那些令我们的检验功能也满意的过去有意识地和理智地形成的印象。自主记忆对增添我们平淡经历光彩的那种不经意的神秘因素毫无兴趣。它呈现的往事是单色调的，它们选择的形象与想象所选择的形象同样武断，同样远离真实。自主记忆产生作用的方式被普鲁斯特喻为翻动一本相册的片片插页。它所提供的材料毫无往事的内蕴，只是一个洗去了我们的焦虑和当时行为缘由的模糊而单调的投影——这就是说，什么都没有。普鲁斯特说，一个梦的记忆和现实的记忆没有多大差异。当睡觉的人醒来时，其习惯的使者使他确信他的"个性"没有随着疲劳的消失而消失。(对那些有兴趣于此类沉思的人来说)也许可以把灵魂的复活认为是同一源头的分岔的最后一曲。它坚持那种最必要的、有益的和单调的抄袭——对自身的抄袭。这位十足的民主主义者辨别不清帕斯卡尔《随想录》与肥皂广告的不同。事实上，如果说习惯是呆滞女神，那么自主记忆就是沙德韦尔②，且具有爱尔兰

① 在英语谚语中，有"好奇得如只猫"这种说法。——译注

② 沙德韦尔(Shadwell,1642—1692)，英国剧作家、桂冠诗人，这里也许是指这个人。——译注

血统。非自主记忆是爆炸性的,一种即时、全面而兴味无穷的爆炸。非自主记忆所恢复的,不仅仅是过去的事物,而是既使人迷恋又使人痛苦的拉撒路①;也不仅仅是拉撒路和过去的事物,而是更多,因为不仅仅就是上述二者。说它们"更多"是因为非自主记忆把有用的事物、适逢其时的事情、偶然的事物抽象出来,是因为在非自主记忆的火焰中,它烧尽了习惯和一切习惯的产物,在非自主记忆的光芒中显示了经验的假冒的真实从来不能、也从不愿意显示的东西——真实。然而,非自主记忆是位难以控制的魔术师,对他是难以强求的。它自己选择时间和场合来表现它的奇迹。我不知道这种奇迹对普鲁斯特表现过多少次。我想总有十二或十三次吧。但第一次——浸了茶水的玛德莱纳小甜饼的著名情节——将证明普鲁斯特的整部著作是一座非自主记忆的纪念碑,而且是一部非自主记忆如何发挥作用的史诗。普鲁斯特的整个世界来自于一只茶杯,不仅仅来自贡布雷和作者的童年时代。因为贡布雷把我们引到两条路上并带到斯万面前。斯万可能与普鲁斯特经验和展示其经验的必然的高潮的每一因素有关。斯万在巴尔贝克之后,而巴尔贝克是阿尔贝蒂娜和圣卢活动的区域。斯万直接涉及了奥黛特和希尔贝特,及维尔迪兰和其家族以及凡德伊的音乐和贝戈特神奇的散文;还间接地(通过在巴尔贝克和圣卢)与盖尔芒特家、奥莱妮和公爵、王妃和德·夏吕安等发生牵连,斯万是整座建筑的基石,是叙述者童年时代的中心人物,那非自主记忆的童年时代,被茶水浸过的玛德莱纳小甜饼那久已忘却的味道所刺激和唤醒。于是,童年及其根本的意义便从不可思议的平淡无奇的茶杯的残水中幻化出来,轮廓鲜明,色彩艳丽。

这个伊阿诺斯式②的、具有两面形象的多变的怪物或曰神明,具有三重内涵:时间——由于可导致死亡而成为复活的一个条件;习惯——一方面就其反对危险的变迁而言是一种处罚,另一方面,由于可以减轻生活的残酷又是一种祝福;记忆——则是间医院的实验室,里面既贮有致命的毒药也有有疗效的良方,既有兴奋剂也有镇静药,从他——这个三重复合怪物——心灵产生了由这怪物的专制与警戒所能容忍的逃避,及逃避的酬报和奇迹。当非自主回忆被习惯的忽视或习惯的痛苦所刺激,这生命之中偶然而又短暂的得救才可能意外地出现,而在任何其他条件下都不能、也不必出现。普鲁斯特就是采用了这神秘的体验作为他作品主旋律的。这旋律反复出现,犹如凡德伊·塞普蒂奥③的令人激动的乐句,与其说是主旋律,不如说是神经痛,这旋律持续不断,单调不变,消失于表层之下后又更强烈、更令人神经紧张地再现,再现

① 拉撒路(Lazarus),《圣经》中的一个人物,耶稣使他从死亡中复活。——译注

② 伊阿诺斯(Janus),希腊神话中的两面神,亦是门神。——译注

③ 凡德伊,《追忆似水年华》中的一个人物,是位钢琴老教师,乡村教堂管风琴演奏师,经常作曲。——译注

后的旋律镶嵌着奇异而又必需的装饰音，成为更为自信和更为基本的对现实的表达，而且，通过一系列的精确与提纯，这主旋律攀登到那个峰顶：从峰顶望去，它俯瞰着并清晰地看清了它上升过程中哪怕最不起眼的细枝末节，并在此宣告了主旋律的胜利结束。这旋律第一次在玛德莱纳小甜饼的情节中响起，而后，至少在五种重要的场合重现。最后，在《追忆似水年华》第二卷的开篇，在对盖尔芒特府的最后而多重的观察描写中，达到高潮和得到完整的表达。这样看来，普鲁斯特的解答方式的萌芽已生长在问题本身的陈述中。这“神圣的方式”的源泉和分开点，这共有的元素，来自于物质世界，来自感知的某些偶然而直接的行为。这过程简直可称为一种理智化的万物有灵论。下面就是这些有灵物之表：

1. 经茶水浸过的玛德莱纳小甜饼。(《在斯万家那边》)
2. 从贝斯比埃大夫的双轮轻便马车上看到的马丹维尔钟楼的尖顶。(同上)
3. 弥漫在香榭丽舍大街上公共厕所的霉味。(《在少女们的身旁》)
4. 在巴尔贝克附近，从德·维尔巴里西斯夫人的马车上看见的三棵树。(同上)
5. 巴尔贝克附近的山楂树。(同上)
6. 他第二次在巴尔贝克的海滨大旅社弯腰解靴扣。(《索多姆和戈摩尔》)
7. 在盖尔芒特府内庭院中凹凸不平的鹅卵石。(《重现的时光》)
8. 汤匙碰撞盘子的声音。(同上)
9. 用餐巾擦嘴。(同上)
10. 水管中的流水声。(同上)
11. 乔治·桑的小说《弃儿弗朗索瓦》。(同上)

以上的这个表并不完全。有一些暂时和夭折了的感觉我未将其列入。这些未列入的经验中没有一件真正地构成反复出现的主旋律，但都是向主旋律接近的先兆。在这些朦胧的、未完成的激发情境中，有三件具有特殊意义。在《盖尔芒特家那边》第2卷第80至82页，叙述者在家中等待着德·斯代马里亚小姐（如果那时她来了，她很可能会成为叙述者的阿尔贝蒂娜）。当他看见窗幔上方微明的光线，并与刚刚到达的罗贝尔·德·圣卢并肩走下楼梯；当他看到街上浓雾弥漫，他便时时不断地回忆起在巴尔贝克，董西俟尔和贡布雷的时光。这三件有激发意义的情境虽不完整，却极具强度，因为在这一刻他意识到了他自己的往昔的那些时期是由不同的事物和本质组成的。贡布雷浅黑而粗糙的砂石，与里维贝尔的密实闪光、微微透明、有着玫瑰色条纹的大理石成为鲜明对照。但那一刻，他不是独自一人，他被圣卢所打扰，结果，那本可以成为他生命的转折点的东西，那多年后在盖尔芒特亲王夫人图书馆和庭院中向他显现其形的东西，此刻，只是那些稍纵即逝的先兆之一。

后五种情境——鹅卵石、汤匙与盘子、餐巾、水管中的水声及《弃儿弗朗索瓦》——可以被认作既是一则通告，也是打开叙述者生活和写作之谜的钥匙。第六个有首要意义的经验（这个经验没有那总被引证来说明普鲁斯特的揭示方式的玛德莱纳小甜饼那么为人所知)有着特殊的重要性,它不仅表现了主旋律的基本面貌,而且阐示了普鲁斯特所认为的习惯与回忆的怪僻的行使方式。阿尔贝蒂娜和普鲁斯特的"方法论"已经等得这么久了,还可再等一会儿吧,而读者被盛情邀来似乎只是为了不读那段概括分析的篇章——心脏的间歇 ,这一篇章可能是普鲁斯特所写的最伟大的章节。

这件事(指第六个有首要意义的经验——译者)发生于叙述者第二次去巴尔贝克的头天傍晚。这次他和母亲在一起,他的外祖母已于一年前逝世。但死者吞并了活人,确如法兰西王国吞并了奥尔兰大公的领地。他的母亲变成了他的外祖母,不管是否是通过惋惜的暗示,还是通过对死者的五体投地般的崇拜,以及通过失去外祖母这一令人崩溃的影响。这损失破开了蝶蛹,加速了在返祖状态中胚胎的变形,没有这悲痛的刺激,胚胎的成熟将是缓慢而难以察觉的。她携带着她母亲的手包,戴着她母亲的皮手筒,那本塞维尼夫人的《书简集》也从不离身。这位曾拿她母亲写信时从不忘引用塞维尼夫人或博舍珍特夫人而开玩笑的她,轮到她自己给儿子写信时引用《书简集》或《回忆录》中的语句了。当巴尔贝克这个地名本身仍具有神秘性和美感时,叙述者第二次访问此地的动机——由斯万及其幻想所激发——这种幻想还没有使他不得安宁,在这之前真实用记忆的幻想代替了想象的幻影,并解释清楚了那未知的一切的价值,正如威尼斯将在一定时候被解释清楚一样,以及当地的小马车穿过神秘的大陆的冒险旅程也将被布里肖的词源学及有平息作用的由熟悉而生的轻蔑所解释清楚一样。镶嵌着"浪花飞沫"般的彩色玻璃和由采自诺曼崖的花岗岩筑成的波斯大教堂已被普特伯斯夫人的吉奥尔吕奥内斯克的女仆所取代。

当上次被当作习惯的死亡的例子所剖析的情形一样,叙述者到达时感到疲惫不堪,身体不适,不过现在这条恶龙(指习惯——译者)已变得温顺,而这个洞穴也成了房间。习惯已被重新组织过——犹如进行过一次手术,普鲁斯特把它描绘成一次"比把眼皮翻上来这个过程更长久艰难的手术,这个手术在于强使我们自己的熟悉的灵魂打扰周围环境的可怖的灵魂"。他弯下腰——小心谨慎地,因为考虑到自己的心脏——去解他的靴扣。突然,一个熟悉的神灵出现且充满了他的身心。他再次使自己回到过去的位置,通过那个生命——她的温柔体贴在几年前一个相似的时辰,一个同样忧伤而疲惫的时辰,给他带来片刻的宁静。也就是通过仿佛那时还在那里的外祖母,他又回到了过去。自那儿以后,外祖母一直活着直到那致命的一天——在香榭丽舍大街她中风而死。从此之后,除了一个名字外她什么也没留下。所以,她的死对叙述者来说,就像个陌生的人死了似的没有什么影响。此刻,在她葬礼的一年之后,由于非自主记忆的神秘作用,他才意识到她死了。在任何特定的时刻,我们的整个灵魂,尽管它像一张款额巨大的收支报表一样,实际上只具有虚假的价值。它的结论从来都不是真正有现实意义的。叙述者不仅仅从解靴扣的动作中找回了他丧失了外祖母的这个事实,他还重新恢复了他已经失却了的实在性,即他那丧失了的自己。如果时间的形体可被描述成两条无限延伸的平行线，他的生命，从往昔那遥远的一刻——当外祖母俯下身来抚慰他的忧伤时，就被转换到另一条线上前行，且持续不断地向前。他无法使那些发生于很短时光中的各种事件清晰可见，正是这些事件标明出那长久的中断时期，他也无法在中断期中描述那幅表现着外祖母及他对她的爱的锦缎。但这对往昔生活重新恢复已被无情的年代错位毒害了。外祖母已经死去。自香榭丽舍大街后，即自她死后，这是他第一次恢复了她，她生动、完整，一如往昔多次，在贡布雷，在巴黎，在巴尔贝克，这也是自她死后，他第一次意识到她死了。他意识到是谁死了。在他承认外祖母的死之前，在他承认外祖母再也不能向他表示柔情之前，他必须恢复这个活着的、温柔的外祖母。这种现在与无法挽回的消失之间的对立令人难以忍受。不仅仅是对他们共同命运的回忆——经历——被某种确定性在回溯中所抹平，而且，在命运之前谈论任何确定性都愚不可及，所能确定的只是外祖母不过是一个偶然的熟人，与她相度的这寥寥几年也是一个意外，所能确定的只是在他们相遇之前，他对她毫无意义，那么，在她离去后，他对她还是毫无意义。他不能理解“这种生存与毁灭的令人悲哀的综合”。他写道：“我不知道这种痛苦和此时不可把握的印象究竟能否诞生真实。但就我已知的事来说，如果我曾经成功地从这个世界提取出某种真实，那一定是从这样的一种印象而非其他，这是一种特殊而又自然产生的印象，它既不是由我的理智所构成，也不会因我的优柔胆小而减弱，它已在我的心上刻下重重神秘的皱纹，犹如用闪电所刻，用非人类的和超自然的死亡的利刃所刻，或是死亡所显出来的利刃所刻。”然而，已经存在的意志、生存的意志、不愿遭受痛苦的意志——习惯，已经在从短暂的瘫痪中恢复过来，已为它罪恶而又不可或缺的大厦打下基础，这时，他外祖母的形象开始淡薄，开始失去那神奇非凡的鲜明轮廓，任何周密的重复记忆的努力也不能使那鲜明形象显露或复原。这形象有时可被重新获得：当他看见那堵把他与外祖母分开的隔墙时，这堵墙就像一件工具，表达着他那难以诉说的悲伤，而且，数日之后，在某次列车的一节车厢内，当窗帘在拉上时，外祖母的形象被如此生动和痛苦地唤起，使得他不得不放弃对维尔迪兰夫人的拜访而中途下车。但在这新生的光彩——这复活了的、并被强化了的昔日光彩——最终消失之前，充满惋惜与懊悔的受难地必定已遭践踏。没完没了地回忆对死者所做的种种残酷之事是对自己的鞭笞，因为死去的人们只有继续存在于活着的人们心中时，才是死了。对所遭痛苦的怜悯较之对受痛苦者清醒的评价，是对痛苦的更为严酷、更为准确的表达。因为受痛苦者至少免除了一种绝望——作为旁观者的绝望。叙述者回忆起他第一次待在巴尔贝克期间发生的一件事，就因为这件事，外祖母在他的心中变成了一个浅薄虚荣的老太婆。她坚持让圣卢为她拍照，她希望她所钟爱的外孙这样就可以至少保留一张她近日的可怜的记录了，一连串的昏厥（syncopes）（这个词从海滨大旅社的经理口中说出，成为 symcopes，此刻对叙述者来说，这位经理揭示了外祖母病症的第一次发作，并且，他的可笑的用词错误，无意中成为另一个唤醒痛苦的工具。）与中风使她清楚地看到死亡在逼近。她极为讲究身体的姿势及帽子戴在头上的倾斜度，希望拍下来的是位外祖母而不是某种疾病。所有这些小心翼翼的考虑都被叙述者理解为轻浮与卖弄风情，与米兰达不同，作为她感到痛苦，而他又从未见过她痛苦。他好像是弗朗索瓦丝，看到吉奥托的好心肠的厨房帮手生孩子的痛苦状时无动于衷，看到有人硬把应让它活着的东西宰杀成为吃的东西也漠不关心，但她在听到中国发生地震时却抑制不住泪水，因为她的痛苦只把焦距投向远处。

阿尔贝蒂娜的悲剧在叙述者第一次逗留于巴尔贝克期间酝酿，在巴黎他们的关系中萌芽，在叙述者第二次逗留于巴尔贝克期间发展，在巴黎她被囚禁期达到顶峰。第一次出现在他面前时，她淹没于巴尔贝克的"一小帮"姑娘的光辉之中，推着一辆自行车，是那不可言喻、无法接近的行列中的一分子，这行列在海边展示着而又遮掩着它的优美的形体。而这一切对充满着妒意的倾慕的叙述者来说犹如一条雕饰华美的建筑飞檐或在壁画中的一队行列，永恒地、与世隔绝地无法进入。她不具个体存在意义，她只不过是宾夕法尼亚娇嫩的玫瑰篱笆中的一朵花，这玫瑰篱笆中断了它们波浪起伏的线条。对那一小帮姑娘最初的整体的神秘感使得他在多年之后——当阿尔贝蒂娜已从中被分离出来，成为她的女囚，当这群灿烂的星群已被合成为对一颗单独的星星的迷恋时，他不仅否认他爱她这一客观现实（如同希尔贝特的情形一样），而且还用使另一形象与她同等的方式否认主观现实。一天，她在海边上向他瞟了一眼（这种对阿尔贝蒂娜的识别是回顾性的），他写道："我知道，如果我不能占有她目光中的东西，我就更不能占有这个骑自行车的少女。"他的想象力编织着这个脆弱而又近乎抽象的蛹的茧壳，这一狂欢的骑自行车的美女列队。这由画家埃尔斯蒂尔介绍给她，通过一系列的基础建设般的事情与她接近、熟识，他的幻想与欲望的每一个碎片都在被数不胜数的不那么宝贵的观念所替代。这样一来，她与邦苔扑斯夫人的关系，她最初的和蔼可亲，她下巴上的具有雄辩力的美人痣的效力，她用副词"极棒"来代替"相当不错"的词义的方式，她鬓角上临时发炎而形成的视觉引力中心——她的气质的特点围绕这一中心组织开来，所有这一切加在一起足以构成与第一个阿尔贝蒂娜相去甚远的另一个阿尔贝蒂娜。这朵海滨之花，她的第三个侧面，以她鼻音清晰的发音，以她对俚语的熟稔运用，以她鬓角炎症的消失和她的美人痣从下巴到上唇的奇迹般的转移，而使她与第二个阿尔贝蒂娜相去甚远。这样就建立了阿尔贝蒂娜的绘画式的多重体，这又将及时地发展成立体的和道德的多重体，不再仅仅是外表上的转换，也不再是观察者走向她的角度的结果，而是一种内在的生动变化的表现，是一个具有深刻意义的多重体，一种主体未能控制的客体的和具有内在矛盾的混乱。虽然，面对她千变万化的表情，面对这张能从全然的不动声色、平静而淡漠变成充满欢乐几乎透明的液体状态；能从蛋白石般有欺骗性的冷光变成仙客来般染红的燃烧的脸孔，他已经做出结论说，姓氏是野蛮社会原始状态的一个例证，如同"荷马"或"大海"一样一向不甚确切。他第一次含糊地向她亲近的表示被冷冷地拒绝了。他认为阿尔贝蒂娜是个贞洁的女孩，并认为他最初的假设——她可能是某个自行车赛手或拳击手的情妇，不仅在具体的场合是不正确的，而且，对她性格特性的全部感觉基础也是错的。他得出结论认为，阿尔贝蒂娜是贞洁的，而他在巴尔贝克的第一次逗留便以此种印象结束。

上述印象当在巴黎的一次对阿尔贝蒂娜的拜访时得到了纠正。由于运用一种新的词汇，一些精心选择修饰的词，如"卓越的"、"依我心灵所见"、"日本小木偶"、"时光流逝"等，反映出一个新的、不那么纯真的阿尔贝蒂娜，就像她过去曾吝啬一样，现在她又过于慷慨了。尽管叙述者设想着阿尔贝蒂娜一直是个花样翻新的人物，他依然不能在阿尔贝蒂娜的三个主要侧面中建立一个共同标准：海边上的那个热情奔放的不真实的阿尔贝蒂娜；而他呆在巴尔贝克最后一晚时出现在他面前的那个真实而贞洁的阿尔贝蒂娜，和现在这第三个阿尔贝蒂娜：用第二个的真实性完成第一个的可能性。"知识丰富的我陷于一种即兴的不可知论中。如果最初的假定先被驳倒继而又得到证实，那什么样的定论能成立呢？"而他与阿尔贝蒂娜相处所得的快乐，由于他要把他的精神伸向由她所象征的非物质的实在——巴尔贝克及大海而增强了，——好像对一个客体的物质上的占有，如住在一座城里，能等同于精神上的占有似的。这复合的欲望的客体——一个女人和大海，由于前者的习惯而简单化成后者的元素。一个次一等的复合物可由嫉妒、人的思维的混合物及对大海景致的回顾重构而组成，但这只是一针强心剂而不再是视觉的刺激享受。但即使是这个新的阿尔贝蒂娜也是多重的，就如同最现代的摄影技术可以成功地将一个单独的教堂框入其他教堂的拱廊内，可将一个完整的地平线框入一座桥的拱桥之中或两片相邻的树叶之中，把一个实在的物体的幻觉分解成它的多面的合成的各个部分，所以，他的嘴唇迎向阿尔贝蒂娜的脸颊这个短暂的旅程便创造了十个阿尔贝蒂娜，并将一个平平常常之人转化成了一位多头女神。与她生活在一起的灾难将是什么样的，在他第一次拜访盖尔芒特王妃后，一定已向他更为清晰地显示了，那时，他一个人坐在他的房间中等候阿尔贝蒂娜（由于神秘的斯代马里亚小姐的遮挡，他整个晚上暂时没有想到她），因为阿尔贝蒂娜答应来，但还未到；她的未到达把一种简单的生理刺激升发到心理痛苦的地步。就这样，他倾听着她的脚步或电话的庄严的呼唤，他不是用耳朵和大脑在听，而是用心灵在听，因为在他的焦虑中，他又为这萨尔茨堡的血统增加了另一种晶体，一种需要的晶体。这种需要的晶体在贡布雷时折磨过他，只有他母亲嘴唇的抚慰才能缓解。但当她打来电话解释，当他得知她已经上路，这时他又奇怪，他怎么会把这个与许多人相似，甚至更为逊色的普普通通的阿尔贝蒂娜看成是任何奇迹也无法替代的安慰与拯救的源泉。"一个人只爱他所未曾拥有的东西，一个人只爱他所追求而不得的东西。"

第二次访问巴尔贝克，以他对失去和哀悼外祖母的追忆为开端，完成了把表层创造物转化成深层创造物的过程；这深层创造物深不可测，把一个侧影变成了固体形象。从戈达尔大夫看见阿尔贝蒂娜和她的朋友安德烈(那帮人之一)在安加维尔的游乐场跳舞那刻起,戈达尔大夫便自信地认定,这是一例性变态,她们的关系具有"相互施虐"的特征。从这一刻起,就产生了谎言与对谎言的揭穿,产生了追求与逃避,以及叙述者对阿尔贝蒂娜的爱;其强度与她撒谎的成功度成正比。因为阿尔贝蒂娜不仅仅如那些相信自己被别人所爱的说谎者一样是个说谎者,她还是个天生的说谎者。一系列的事件增加了叙述者对阿尔贝蒂娜的怀疑,也就是说,激化了他对她的爱。她的失约,她编的她与她姨妈的一个神秘的朋友在安弗利维尔有约的谎话,她凝视着镜中布洛克小姐与她表妹的影像:她们俩正在搞同性恋,而后又矢口否认见过她俩。那时,叙述者的嫉妒与无能为力的感觉正处于顶峰,而后他突然放松了,他由于阿尔贝蒂娜身上那种永存的温顺而平静了下来。他对这个不再有任何抵抗的创造物变得无所谓了,他决定与她断绝关系,并把这个决定告诉了他母亲。一天晚上,从拉斯普利埃的晚会上归来,他与阿尔贝蒂娜乘火车返回的路上,他在心中反复盘算着分手的方式。他偶然提到了他对凡德伊的音乐感兴趣。阿尔贝蒂娜,她的音乐的品位与她的对绘画与建筑的欣赏品位一样,正在培养之中呢,但为了创造点令人满意的好印象,宣称她很熟悉凡德伊的音乐,因为她与凡德伊小姐和她的朋友,女演员莱娅关系亲密。醋意大发的叙述者想象着在蒙舒凡的情景,他成了观看两个同性恋女子以亵渎的性虐待狂的动作来增添她们快感的惊恐不堪的旁观者,这些女人不顾凡德伊先生刚刚死去。① 对蒙舒凡情景的想象好像俄瑞斯忒斯报其父阿伽门农被杀之仇一样,他想起了他的外祖母和他对她的冷酷无情,阿尔贝蒂娜,一刻之前还远离并与他的心分开,此刻,不仅仅又成了他的情之所系,而且,又成了他的一部分,就在他的心中,而她要下火车的动作简直要撕裂他的全身,他强求她再陪伴他回到巴尔贝克。海滩与海浪已不复存在,夏季已亡。大海是件面纱但无法掩住那在蒙舒凡的恐怖,那无法忍受的性虐待的淫荡场面,那亵渎的活生生形象。他在阿尔贝蒂娜身上看到另一个拉谢尔和奥黛特,他看那由利害关系支配的爱的毫无效果和徒劳。他看到他的生活是一个毫无快乐可言的黎明的延续,被记忆和孤独的折磨所污损。第二天早晨,他把阿尔贝蒂娜带回巴黎,并将她锁在他的家中。

他与阿尔贝蒂娜共同享有的生活是一座火山,他的心灵被一系列的喷发所折磨:狂怒、嫉妒、好奇、痛苦、骄傲、荣誉和爱情。这最后一项的形式已预先为记忆与想象的武断形象所建立,成为一个人为的虚构,为了使他痛苦,他硬是要这女人与这虚构吻合。阿尔贝蒂娜本人则毫无意义。她不是一个动机,只是一个概念,与真实相去甚远,就如同埃尔斯蒂尔所画的奥黛特的肖像,那肖像的形象不是个被爱者而是已被扭曲的爱情。这样,他的焦虑便无法从阿尔贝蒂娜身上消除,而要以痛苦与激情的全过程——这过程与她本人相连,又借助习惯与之密切相关——来消除。他与阿尔贝蒂

① 这一大段均是叙述者想象中发生的事。——译注

娜的生活，不含有任何积极有益之处，只不过是某种满足，一种独占的象征。而且，这不是一种永远的满足，因为阿尔贝蒂娜具有一种神秘性，这种神秘性当他们在巴尔贝克海滨相遇时他就从她的眼睛中觉察到了，它当时使他神魂颠倒，而现在，则显示了他的占有地位的脆弱，使他巴望着消除它。在他与阿尔贝蒂娜相处的最后阶段，这种消除已露出端倪，就在他的嫉妒与她的欺骗之中。“爱情须被谎言所激发，并只存在于这样一种需求中，即用造成我们痛苦的东西来抚慰我们的痛苦——在这样的世界里，我们怎能还有勇气去生活，我们怎么还会行动起来以求不死？”的确，文学就其整体而言，从没有对孤独的荒漠及人们称之为爱情的互相责难的感情荒漠进行过研究，这种爱情具有如此可怕的寡廉鲜耻的特征。由于此，那使康布尔梅夫人泪水涟涟的《阿道尔夫》①（正如奥丽阿娜·德·盖尔芒特对斯万所说的那样：她的名字消失得正是时候），只不过是一种恶劣性情的涌流——一种口水般的超级分泌液的假冒史诗。阿尔贝蒂娜的每一句话，每个动作都无法逃离嫉妒与猜疑的漩涡，都被嫉妒与猜疑解释或误解，都被嫉妒与猜疑使用或滥用。每一件所记得的事件都被他的不信任的酸液所腐蚀，“我的想象力为这个欲望的代数中的未知数提供着种种方程式”。但阿尔贝蒂娜是个变量，任何对她的价值的表达都不能与之等值，除非在其前面加上某种类似物理学中表示速度的符号。一个静止的阿尔贝蒂娜很快就会被征服，很快就会与除她之外的其他所有可能的被征服者相提并论，她的非限定性并不意味着对其价值的否定，没准还更为可取。他坚持认为爱情只能与一种不满足共存，无论这种不满足状态源于嫉妒或是嫉妒之前的东西——欲望。它代表了我们对整体的占有欲。它的萌动与延续暗示着某种自觉：我们缺少点什么。“一个人只爱那些他没完全拥有的东西。”直到决裂发生——进入战争状态（的确，即使决裂已发生很久，甚至当客体已经死亡，由于回顾性的嫉妒，一种楼梯般旋转的嫉妒），阿尔贝蒂娜偶然地提到她可能去访问维尔迪兰家。字母变位学：“我明天要去看望维尔迪兰夫妇，我不知道。我并不特别想去。”此话却被理解为：“十分肯定，我明天要去看维尔迪兰夫妇，这可能具有最重要的意义。”他想起了莫雷尔曾答应为了维尔迪兰夫人而去陪伴凡德伊·塞普蒂奥，并由此得出结论说凡德伊小姐和她的朋友将是这些客人中的成员，而凭着她那可恶的狡猾，阿尔贝蒂娜早已安排好了同她们的幽会。这样一来，那些少有的能让他解脱的时刻，——这些使他下定决心与阿尔贝蒂娜断绝关系的时刻，从而结束了他的双重奴隶身份：这种奴隶状态阻碍了他的威尼斯之行，阻碍了他的工作，把他与朋友们相隔绝，充其量只是给了他一种苦涩的满足，即他知道没有任何竞争对手能享受那些就连他也无法享受的东西——所有这些相对轻松的罕有时刻都被一种间歇的、新的嫉妒动机切割得更短暂，都被他那永远处于炼狱状态中的心灵的变形作用——那把以往的某些细微之事变成一付加剧他的爱、恨或嫉妒（三种可互换的称谓）的毒剂

① 法国作家贡斯当（1764—1830）的小说。——译注

的变形作用，一付腐蚀其心的变形作用——切割得更短暂。例如，在他最终决定分手之际，她发誓说她姨妈并没有朋友住在安弗利维尔。她的欺骗是无限的，他的痛苦的感觉功能也是无限的。在这个托勒密亚之中，他懂得这个女人没有任何真实性，懂得“我们对一个人的最专一的爱，永远是我们对其他别的东西的爱”。懂得就本质而言，她毫无意义。然而在她的虚无之中，存在着一种有活力的、神秘的、看不见的潜流，这潜流迫使他屈身膜拜于那朦胧莫测，难以满足的女神，并将自己作为牺牲献祭于她的脚前。而这位女神，也要求人们的牺牲与膜拜，其施恩加惠的唯一条件就是腐蚀的可能性——全体人类对她怀有与生俱来的信仰与崇拜，这就是时间女神。任何在时间这个维度中延伸的客体都不能容忍被占有（这里指的是被完全的占有），而只能取得主客体的完全的契合。最普通，最无意义的人类生命的不可测知性也不仅仅是主体的嫉妒的假象（尽管这种不可测知性在某种妒意的伦琴射线之下显得更为突出，更为清晰，这种妒意如此激烈地膨胀，如同在叙述者身上发生的那样，它无疑是其支配情结和儿童心理的一种表现形式，这两种倾向在普鲁斯特身上都发展得极其强烈）。所有这些活跃的，所有这些在时间与空间中包裹住的一切，都被赋予了一种可被描述为抽象的、观念上的及绝对的不可测知性。这样，我们就能理解普鲁斯特的立场了：“我们把我们欲望的对象想象成为包含于一个身体内的、能被置于我们面前的一个生命存在。天啊！那生命存在实际上是时间与空间的各个点的延伸，实际上是已经占据或将占据的时间与空间。如果我们没有与这样的一个地点或这样的一个时间接触，我们就没占有那生命存在。而我们又不可能接触所有的这些延伸点。”还有：“散布于空间与时间里的一个生命存在，不再是某个女人，而是一系列我们无法理解的事件，一系列我们无能解决的难题，是一片汪洋大海，如薛西斯王，[①]我们挥舞着刑杖，妄图惩罚这吞没了我们财宝的东西。”他将爱情定义为：“心可领悟的时间与空间”。他劝阿尔贝蒂娜去看在特罗卡德罗的募捐演出，别参加维尔迪兰家的招待会。她依从了。凡德伊的威胁已被岔开了。他觉得阿尔贝蒂娜像个纠缠不清的东西。他懒洋洋地翻看《费加罗报》，一条演出预告使地猛然惊起：莱娅将登台表演，就是他把阿尔贝蒂娜送去的那场表演盛会；盛会！一阵疯狂之中他派弗朗索瓦丝把她带回来。她回来了，没能与莱娅说上一句话。他的平静刚一恢复就被打破了，因为阿尔贝蒂娜间接地提了一下布特-舒蒙，他怀疑是安德烈。他意识到，只要阿尔贝蒂娜不离开，他就没有安宁与休息可言。他要忘掉她，就像他忘掉希尔贝特·斯万和盖尔芒特公爵夫人一样（而希尔贝特之于阿尔贝蒂娜，就像凡德伊·塞普蒂奥的奏鸣曲一样，——一次实验而已）。而且，他的痛苦即将结束这种想法，比痛苦本身更为不可忍受。“我的爱情的猛狮在遗忘的巨蟒前瑟瑟颤抖”。一天清晨，处于平静的时刻，他下定了决心。阿尔贝蒂娜必须离开他。他不再爱她了。他要去威尼斯并把她忘掉。他按铃叫来弗朗索

① 薛西斯王（公元前519—465），波斯国王，在反对希腊的海战中被打败。——译注

瓦丝，要她去买一份导游手册和火车时刻表。他将去威尼斯，伴着春光融融的大海进入他梦幻的哥特时代。弗朗索瓦丝进来了："阿尔贝蒂娜小组九点钟的时候就走了，她留了这封信给先生。"像菲德拉①一样，他认出了那洞察一切的众神。

那些在我体内侧旁的众神
已在我的血液中燃起致命之火
众神用削弱衰微的死亡之心
来为他自己赢得残酷的荣光

不久之后，阿尔贝蒂娜死于土兰。她的死，她的从时间中的解脱，既没有平息他的嫉妒，也没有加速其执著之情的灭亡——带动此情的齿轮曾是日与时。他们及他们的爱具有两栖性，同时插入过去与现在之中。这里存在着一种心理气候和感觉日历，与之相应的测量仪器不是太阳而是内心。要忘掉阿尔贝蒂娜，他就必须——像个偏瘫患者似的，——忘掉季节，他们的季节，并且，像小孩一样去重新识记那些事情。"为了获得安慰，我须忘掉的不是一个，而是无数个阿尔贝蒂娜，不仅仅是一个我，而是许许多多个我。"因为对任何一个既定的阿尔贝蒂娜，都伴有一个相关的叙述者。尽管时代变化，今是昨非，也不能把被时间结合在一起的东西分割开来。他必须回到现实中，回到位于那痛苦在不断减少的位置中。这样，他的震惊——阿尔贝蒂娜，与他在一起时是如此活泼，居然会死去（她活着的事实受到她已死亡这一概念袭击）——转变为另一种痛苦较小的震惊：即一个死去的人还在继续不断地对他发生影响（她已死去的事实受到她还活着这概念的袭击）。这两个方向不同的磨难的位置重新获得了朝向一个十字架的最初推动力、增长力及加强力。这中间的每一次停顿都使他痛苦地感受到一种幻觉：那已落在他身后的东西，"这就是记忆的残忍之处"。以这种残酷的力量逐渐降低为序，他描述了三个其中的发展阶段。第一阶段，他在布洛涅森林里独自散步，当时街上出现的每个女性形象都是一个阿尔贝蒂娜，在巴尔贝克的明亮而绚丽的自行车队的星群，现已暗淡无光，破碎不堪，并用一种反向的对移方式，进入其星云之中；第二阶段，与安德烈的一次谈话，她揭示出那充斥于她朋友生活中的欺骗与不幸；最后阶段是在威尼斯，当时希尔贝特发来一封电报，告知她与罗贝尔·德·圣卢订婚，由于将希尔贝特的难看而做作的字体认错，竟误认为电报的签发人是阿尔贝蒂娜。但这从死者中升起的阿尔贝蒂娜不会搅扰她真正的墓穴，那唯一的不受侵犯的墓穴是在那心中的蓬乱不堪的墓地中。叙述者在其纯粹的理解过程中——直觉中所见的阿尔贝蒂娜，是第一个也是最后一个海边酒神的女祭司，这位在

① 希腊神话中忒修斯之妻。——译注

卢瓦尔省沐浴时恢复了自由和生命的女囚,在年轻的洗衣女中,她拥有了自己。[①] 这种以最终的证实来确认最初的观点是普鲁斯特塑造人物的典型手法。如此说来,当最后一位盖尔芒特公爵夫人出席她表亲的招待会时,她已与热内维埃芙·德·布拉邦特的上流社会淫荡的后裔重合一致。这热纳维埃芙·德·布拉邦特的后裔第一次出现并引起叙述者的敬慕还是在贡布雷的圣伊莱尔教堂内,在坏家伙希尔贝即盖尔芒特老爷做完弥撒后发生的。她的眼睛中荡漾着长春藤花般美妙的笑容,带着不安,带着穿过他的窗口反射出的阳光的色彩或热纳维埃芙本人身上穿着的紧身裙的色彩,沉浸在墨洛温王朝时代,和她姓名的永不凋谢的传奇般的光辉之中。而希尔贝特则是通过连续地转变其形象而显现出来:从香舍里榭大街上的那位希尔贝特·斯万,到斯万死后变成德·福什维尔小组,到德·圣卢夫人,最后,罗贝尔死后,成为盖尔芒特公爵夫人。叙述者最初在当松维尔见她时,穿过那花篱扶疏的山楂花篱,她拿着花铲,是个没教养的女孩的样子,站在茉莉和古铜色的攀墙花中。而叙述者将自己对阿尔贝蒂娜的爱情认为是对他的最初的洞察力的证实,以及毫无理由地通过再否定而去肯定她给他留下的视觉形象:如一只贪婪而又难以捉摸的海鸥,怀有敌意地,远远地飞翔于大海之上。"在最完全的盲目之中,判断力存在于柔情与偏爱的形式里。因此,在谈到爱情中的某次选择是不当的本身就是错误的,因为选择这个行动就已经暗示其不当之处了。"如前所述,智慧在于消除使人遭受痛苦的官能,而不是徒劳地企图去减少加剧那种痛苦的官能的刺激。"不是由于希望,而是欲望……""一个人渴望被理解是因为他渴望被爱,一个人渴望被爱是因为他在爱。如果我们对他人对我们是否理解无所谓,是因为他们的爱让人厌烦。"

但是,如果爱情对普鲁斯特来说,是人的悲伤之功能,友谊是怯懦之功能,由于二者的"心灵的昏迷",爱情与友谊均不可能实现,但至少,这种实现不了还可能有悲剧所具备的崇高性。而那明知不可能交流还企图去交流则仅仅是种猿猴般的粗俗不堪罢了,或是一出糟糕透顶的滑稽剧,犹如与家具谈话一样疯颠。根据普鲁斯特的看法,友谊是对每个人早就注定了的不可解脱的孤独的否定。友谊意味着对表面价值几乎是怜悯式的接受。友谊是一种社会的权宜之计,如同室内装潢或摆放垃圾的桶,不具有任何精神意义。对一位不关心表面现象的艺术家来说,摒弃友谊不仅合理而且必需。因为精神的发展只在深层的深义上才有可能。艺术所选择的方向不是扩张而是收缩。艺术视孤独为神圣,这里不存在交流,因为不存在交流的载体。即使在某些罕见的场合,词语和姿式恰巧有效地表达了人的个性,而这些表达在穿过位于词语和姿式之前的个性的屏障中已丧失了它们的意义。无论我们的言论与行为是代表我们自己还是代表他人,都是如此。代表自己时,我们的言行被一种并非我们的智力所歪曲,流失了其意义,代表他人时,我们的言行是一种欺骗。"一个人一生都要说谎,"

① 书中暗示阿尔贝蒂娜与这些洗衣女发生同性恋关系。——译注

普鲁斯特写道，“明显的是对那些爱他的人，而首先是对那个陌生者——他的轻蔑会引起他极大的痛苦，即他自己。”当然，几个（或几十万个）不折不扣的傻瓜对一个天才的藐视一定能治疗我们的荒谬的自尊顽固和医治我们所遭受的、被我们称之为侮辱的诽谤的能力。

普鲁斯特将友谊置于疲惫和厌倦之间。他不同意尼采认为友谊应以智性同感为基础的观念，因为他看不出友谊具有丝毫的智性意义。“我们同意那些人，他们的思想（非柏拉图式）与我们自己的思想有同等的困惑。”对他来说，友谊的表示相当于一次献祭——把自己真实而又不可交流的本质献给某个精神上受到威胁的人，他迫切需要一番关怀来重新建立其信心。它呈现出精神上的一种错误的运动方式：从其中到之外，从艺术家所提供的精神上的对非物质事物的吸收、从他从生活中所提炼的事物，到与物质和具体事物直接接触的需摒弃的和不易消化的外壳，到那些我们称之为物质与具体的事物。这样，他去巴尔贝克，去威尼斯，遇见希尔贝特，德·盖尔芒特亲王夫人，及阿尔贝蒂娜，不是被她们本身吸引，而是被她们的独断而又理想化的等值物驱使。唯一富有成效的探索是开掘性的，深入性的，是精神上的收缩，一种下沉。艺术家以否定的态度，积极主动地从环绕四周的毫无价值的外在现象中收缩回来而淹没于那旋涡的核心。他无法发扬友谊，因为友谊是自我恐惧、自我否定的离心力。圣卢在别人看来肯定比实际上的他自己更慷慨大度，——一种最古老的法国贵族风范的产物。他对叙述者的体贴中表现出的美妙与优雅闲适——比如，他在巴黎的一家饭店为使他的朋友不受打扰而做的精美的体操动作所获得的赞赏，不是因为他显示出一种特殊的迷人的个性，而是由于人们赞赏的他极为高贵的出身和良好的教养所造成的那些附属品。“人，”普鲁斯特写道：“不是一座在它外表之上可增加点什么的建筑，人是一棵树，它的干与叶是其内部活力的外在表现，我们是孤独的，我们不能去了解也不能被了解。”“人是这样一种创造物：他无法从自身中走出，他只能通过自身了解他人，而如果有谁对此持相反的见解，他就是在撒谎。”

这里，其他情形也是一样，普鲁斯特彻底摆脱了一切道德上的考虑。在普鲁斯特以及他的世界里，不存在着对与错（除非在谈到战争的某些段落中，在那一时刻，他终止了艺术家的身份，与那些下层的众庶百姓同声叫喊）。悲剧与人的正义无关。悲剧是某种赎罪的证词，但不是那种可悲的赎罪——是一种由一帮无赖为一帮白痴准备的，与实地景况相违背的杜撰性言语。这个悲剧形象体现了对于原罪的赎罪，对于人及其他的厄运之伴的最初及永恒之罪的赎罪，对其与生俱来之罪的赎罪。

人的最大之过
是其被生出

驱车前往盖尔芒特亲王府的路上，他感到一切均已丧失，他的生活就是一系列的丧失，由于什么都不再留存而丧失了真实性，一切都不复存在：他对希尔贝特的爱情，对德·盖尔芒特亲王夫人的爱情，对外祖母的爱。而现在，他对阿尔贝蒂娜的爱也不再存在。贡布雷，巴尔贝克及威尼斯亦化为乌有，只剩下自己记忆中那些被扭曲了的形象。整个的一生，是一个不断的错乱与调整的延续。这里，神秘与美都不再神圣，这里，除了他的不尽的厌烦的金刚石般的硬块外，一切都被岁月奔流的溶液销蚀殆尽。人的一生在过去的时光中是如此的绵长不断，而在未来又是如此的毫无意义，任何个体及永久的需求都如此彻底地被剥夺，以至他的死亡，此刻或明天或一年之后或十年之后，也仅是个终点而不是个结论。他想到贝戈特说的话“精神生活的欢乐”是多么空洞。就艺术而言，长期以来他如此相信这是在这个腐败的世界中的一块理想而纯洁的元素，现在看来，无论是因为他不可救药地才气不足，还是艺术自身先天的虚假性，艺术既不真实也缺乏独创，就像那些出自狂乱想象的建筑物——那总是走调的残缺的手摇风琴；而艺术的材料——无论是贝雅特丽丝还是浮士德，无论是巨大、深蓝的寰宇，还是四面环海的城市，所有这些在这魔术般世界中的绝顶美妙之物，其真实本质如同拉谢尔和戈达尔①一样既鄙俗不堪又毫无价值，如同雪莱的月亮一样，苍白，消沉，冷酷，反复无常，没有乐趣。所以，几年的毫无成果的独处之后，他又毫无热情地把自己拉回社交界——他早已对之失去兴趣。现在，站在这个徒劳无益的世界的边缘上，伴以索然无味的片刻清醒之后的令人厌恶的极度沮丧与疲惫（之所以是“伴以”，是因为某种受挫的记忆所要表达的意图已简化为最直接和功利的呈现形式），他将获得一种与他精神上的极度兴奋紧张一向无缘的神谕，至于这个神谕，他的理解力过去未能从树木、花朵、姿态和艺术的震颤之谜中领悟过，此外，仅就这一神谕用语（这一用语是一种假设，也是一种宣告）可被理解的意义而言，他注定还要遭受一场宗教式的痛苦经历。其结果是他最终将理解贝戈特的预言，埃尔斯蒂尔的成就，来自他个人的天堂的凡德伊的乐句，他个人生活的令人悲哀的必经之路，以及对于艺术家来说那非艺术的一切的无限徒劳。

这场戏分为两个部分：叙述者在盖尔芒特亲王书房面对笛卡儿的热乎乎的精神食粮的神秘体验与深刻思索，以及在聚会本身进行过程中在其心中逐渐成形的这部艺术作品的实际体验的影响。从对时间的战胜，他转到时间的战胜，从死亡的否定性到它的肯定性，这样，在其整个作品结束时，普鲁斯特对生活的每一个条件与环境的双重意义都表示尊敬。最理想的同义反复法是预先假定了一种等式关系以及对这种等式的证实，这个等式只要求一种近似的一致，并且，通过肯定统一性来否定统一性。

穿过庭院时他被鹅卵石绊得跌跌撞撞。他周围的一切都消失了：马车夫、马厩、马车、宾客们，此时此地的全部真实性，他对生命和艺术真实性的焦虑与怀疑，全部消失了。阵阵狂喜的浪潮袭来，使他有眩晕之感，完全沉浸在那样一种已经很少滋润其

① 均是小说中的人物。拉谢尔是个妓女，戈达尔是医生。——译注

孤寂生活的幸福之中。单调的色彩被一种令人难以承受的光明一扫而光。突然间，威尼斯从那一连串被遗忘的日子中浮现出来。威尼斯，它灿烂的光辉，他一直无能表达，因为这一直被那处于工作状态的专横鄙俗的记忆拒之门外，然而此刻，圣马可教堂洗礼所的那稍纵即逝的保持平衡的感觉重现于眼前，这出自于偶然重现的图景从亚得里亚海滩上升起——一个光彩照人，饱含激情的闯入者——降落在德·盖尔芒特亲王的庭院中。但此情此景已经退去，他又恢复了他的社会功能。他被领进书房，因为那位前维尔迪兰夫人，现在的命运女神和那和谐的周期性偏头痛的牺牲品，这众宾之中的女王，正极热切地嚼着莱诺·戈门诺尔[①]以滋润她的黏膜，并经受着最为残酷的斯塔文斯神经痛的折磨。当他独自等待乐曲结束时，院中的奇景以四种不同形态再次浮现。这四种形态都已被讨论过了：一个仆人用汤匙敲着盘子，用浆得很硬的餐巾擦嘴，水管子里的水发出刺耳的鸣响，他将《弃儿弗朗索瓦》从书架上取下。就像在圣马可教堂所感到的脚下铺路石板一高一低时的感觉闯入庭院并表明它光彩而短暂的主导地位一样，眼前的书房也正在接二连三地遭到众多情景的侵袭：一片森林，抽打着巴尔贝克海滩的滔天巨浪，到处是水的海滨大旅舍的宽大餐厅，像个水族馆，伴着落日与傍晚的大海，最后，是贡布雷和它的两条路，还有对那种乏味而过分雅致的话语的恭敬的转述，这些话语由他母亲的嗓音说出来，变得那样柔和与甜美，就像是一支催眠曲，整个一夜都在向一个失眠的孩子剥开包裹它那声音的锡箔纸。

即便最成功的唤醒实验也只能投射出以往感觉的回声，因为，它作为一种智力活动已受制于人们理解上的偏见，这种理解力可从任何特定的感觉中抽象出来，它不合逻辑，也不说明问题，不过是一个不协调的无意义的闯入者，无论是词语或姿态，声音或香味都无法与概念的复杂难懂的谜题相吻合。然而任何新体验的精髓都包含在这种神秘成分之中——对这种成分警觉清醒的意志将它视为不合时宜之物而加以排斥。这是一种轴线，感觉在其周围绕轴旋转，也是一种内聚力的中心。这样看来，任何自主活动都不能完整地建立一种印象，这种印象可以说已屈从于意志，变得支离破碎。但是如果——凑巧了，假定在有利的情境中(主体思维的习惯出现了松弛而记忆的范围又出现了收缩——一段极度沮丧之后，自觉意识的紧张程度普遍降低)，如果运用某种神奇的类比，以往感觉的核心印象就会重新出现，成为一种直接的激发因素——这种东西可被主体本能地与其复制的模型视为一体(这个复制品的整体的纯净已重新获得因为它已被遗忘)，那时，全部以往的感觉，既不是它的回声也不是复制品，而是感觉自身，这个感觉一扫所有的空间与时间上的限制，突然降临，以其不折不扣的绝顶美妙将主体吞没。这样，汤匙敲击盘子的声音被叙述者下意识地与机修工的锤子敲击停在一片树林前面的火车车轮的声音合为一体——对这声音，他的意志原来是将其视作与意志的直接行为无关之物而予以排斥的。而下意识的非功利的感

① 一种药品。——译注

知活动却把这种客体——这片树林——转化成它的非物质的可为精神所消化的对等物。同时,这种纯粹的认知行为的记录不仅与锤子敲击车轮的声音联系在一起,而且成为环绕着它的中心。此刻的情绪,如往常一样,无关紧要。普鲁斯特式的展示的出发点不是水晶的烧结凝聚过程,而是它的内核——已结成晶体的东西。事实上,他说,那些最细微的经验包着逻辑上并无联系的各种成分的外壳,我们的理智自然排斥它们:这些毫不起眼的经验被禁锢在一只花瓶中,带着某种芬芳和某种色泽,被置于某种温度中。这些花瓶停放在我们岁月的高度之上,我们的理性回忆无法接近它,在某种意义上它们免受任何影响,遗忘保证了它们的整体内容的纯度,每只花瓶都保持着其时间上的间隔,固定在特定的日期上。结果是一旦这禁锢的小宇宙遭到所描述的那种方式的攻击,我们便被一种全新的气息,全新的芳香所淹没(之所以新,恰恰由于曾经体验过),我们呼吸着天堂的纯净的空气,它来自那绝非狂人之梦的唯一的天堂——那已失去的天堂。

这种与以往体验的迅速重合,这种以往行为的重现或目前的反应,等于在理想与现实、想象与直接领悟、象征与实体之间的一种参与。这种参与使现实的本质存在——它与沉思的世界或活生生的生活都格格不入——获得解放。现在与过去的共同之处,比单纯的现在或过去都更具本质意义。现实,无论是更接近想象的,还是更贴近经验的,只是一个表象,一个孤立的存在。想象,主要应用于不存在的事物上,在虚空中发挥,不能容忍真实世界的种种限制。在主客体之间也不可能存在直接的和纯粹的经验性接触,因为主体感知的自觉意识会自动将二者分开,而客体也会丧失其纯粹性而仅仅成为纯理性的假托之物或动机。但是,由于这种过去与现在的重叠,这种体验既是想象的也是经验性的,既是一种唤醒,也是一次直接感知,既是真实的又不是实在的,既是理想的又不是抽象的,是理想的真实,是本质的真实,是超越时间的真实。但如果说这种神秘的体验传达出超时间的本质,那是由于此刻这传达者本身就是超时间的存在。结果,就目前已被检验过的而言,普鲁斯特的解式①是对时间与死亡的否定,因否定时间从而否定死亡。死亡死了是因为时间死了(在这点上,想一想《追忆似水年华》这个题目,我认为这个题目本身有点不恰当,这个题目对普鲁斯特的解式的描述几乎是不确切的,犹如那本杰作《罪与罚》的题目——在该小说中既没暗示出犯罪也没论及惩罚。时间并未被重新获得,时间已被抹去了。时间被找回之时,死亡与之共临——当他离开书房来到宾客们中间,他栖息在岌岌可危的衰老之中,在时间的雄心勃勃的高跷之上,用一种使人惊诧的平静的奇迹,不受死亡的侵蚀。如果说这个标题是个好标题,那么书房中的这一幕就是一处败笔)。于是,在走出了时间、习惯、激情及理智的黑暗后,现在的他高居于其短暂的永恒之中,他理解了艺术的必要性。因为只有在艺术的光明之中,那使人困惑的狂喜——他曾在面对一片云

① 解式,数学术语,用来比喻普鲁斯特的写作方式。——译注

朵、一个三角形、一个锥形体、一朵花、一块卵石的不可思议的外表时所曾体验到的狂喜，才能被解释清楚。当那禁锢在事物中的神秘、本质和印象诱发了从旁经过的、裹在其混沌外壳里的主体的思绪，至少，它们还提供了某种永不衰败之美，犹如但丁将其诗歌献于“模糊不清的、扭曲的创造才华”。他理解了波德莱尔为真实所下的定义的含义：“主题与客体的恰当结合”。而且他比以往任何时候都清楚地看到所谓的现实主义艺术的荒谬绝伦——“对轮廓与表面的粗劣陈述”，和那种注释文学①低劣与粗俗。

他离开了书房，面对时间在每个生灵身上所制造的奇观。而一刻之前那还是闪闪发亮的两个遥远的时间的铙钹，被强行置于其间的岁月中——只有一臂之遥，分隔而无法击响，它还服从了一种不可抗拒的相互吸引的冲动，犹如雨云，在闪电和震耳的轰鸣中相撞，此刻，它们之间的一指之距书写在垂死者的面容和衰弱上，雕刻在岁月的重负下，像但丁的高傲——“如铅一般笨拙、迟缓、沉重与苍白”。

在行动中他要有更多的忍耐
他哭着，仿佛在说我再也不行了

我们将向德·夏吕斯先生告别，这位帕拉梅德、德·夏吕斯男爵、布拉邦持公爵、蒙塔吉斯的领主、奥尔良亲王、凯伦西亲王、比亚瓦乔和顿斯亲王，这位难以形容地傲慢的夏吕斯，现在成为一个卑微而令人发笑的李尔王，以其竖起的银发为王冠，这位俄狄浦斯，衰老而无能，俯身阅读祈祷书或抓痒痒，在惊讶万分的德·圣德费尔特夫人面前弯腰鞠躬，这位被他人嘲笑的人物，其极度骄傲的劲头仍如卡卡公爵夫人或皮皮公主一样，这位拉斐尔画中的天使长在其最后的日子里，仍旧鬼鬼祟祟地追逐所有人妖的儿子②，在絮比安的护理陪伴下，这无耻庙堂的君王，他那挽歌似的阴沉忧郁的絮叨就像掘墓人铁锹上掉下的泥块。“汉尼拔·德·布雷奥——死了！安东尼·德·穆西——死了！夏尔·斯万——死了！阿道伯持·德·蒙塔默兰斯——死了！德·塔利兰德男爵——死了！索塞尼·德·道迪奥维尔——死了！”叙述者完成了一系列的鉴别，出于自主和努力的鉴别，——与书房中那非自主的、即兴的鉴别相平衡。从一个可怜的、颤动不已的玩具娃娃般的人身上，从一个乞丐般的小贩似的人身上，从一个垂死的如小丑一般的人身上，他认出了他过去的对头，阿让库尔先生；对过去这位先生的死板生硬、傲慢无礼和一本正经，他还记忆犹新呢。同样，从一个矮胖的贵妇——最初他把她当成了德·福什维尔夫人，他认出了这是希尔贝特本人，所有这些人一一飘浮过去了：奥丽阿娜和盖尔芒特家族，拉谢尔和布洛克，勒格朗丹和奥黛

① 据《追忆似水年华》，注释文学指“表现大众或英雄生活之类”的作品。——译注
② 指他追逐玩弄男孩。——译注

特，以及许许多多其他人，带着土星的重负向着将要升起的光明，向着天王星这安息之日的星奔去。（沈睿、黄伟译）

＝补充材料＝

第一次世界大战之后不久，一种新的文艺技巧受到了人们相当大的欢迎。它几乎完全阻止了作家插手自己的作品，使得不加评述解说的类似内心生活的片断在文学上成为可能，这种技巧曾恰当地被称作“内心独白”或者“意识流”。它不可避免地会引起同巴尔扎克、司汤达的个人独白，白朗宁和丁尼生的戏剧性独白和普鲁斯特的回忆独白的比较。

要想追溯“内心独白”这个词的真正出处是不大容易的。一般来讲，它译成英文就是 interior monologue，或 inner monologue。据我们所知，最早提到这一名词的是在大仲马的小说《二十年后》(1845)里：“公爵怀着焦急的心情听着拉·拉梅的内心独白，以至于他脸上都露出来了。”在戈蒂叶的《丧门神》里也有类似的说法——戈蒂叶的这本小说，我们这一辈人几乎一点也没注意过，但从技巧方面看来，它很有趣味，值得重新加以评价。戈蒂埃曾这样写道：“他的内心独白归结为这样的一句话，他焦急地咕哝着：‘利奥波德号的船长要是把这个家伙扔到大海里就好了。’”

“内心独白”在大仲马和戈蒂叶这两部小说里，大概还不算是 1845 或 1857 年间使用这种文艺技巧的实例。它们只是一些孤例，说明最初把两个词儿连接起来，用以表示那时候还没有适当的文学词汇可以描写的现象。大仲马和戈蒂叶给现代文学的批评词汇增添了一个名词，同时，在运用当中，预示了一种新的艺术技巧。

“意识流”这一名词，当初并不像“内心独白”一样应用在文学作品里，但是使用起来却很有效验。在威廉·詹姆斯的《心理学原理》里曾见过这一名词。这本书当初是 1874 到 1890 年间在刊物上发表的一些文章。与我们有关的两篇，即全书第一卷中的第八、九两章，是在 1884 年《心灵》杂志上发表的。文章阐述了詹姆斯心理学学说最有特色的理论：即把思想比做一股流水的概念和“意识汇合”的观念。这些概念是把心理学词语变成艺术手法的试金石。詹姆斯在他的《心理学原理》第九章里使用“意识流”这种说法至少有五次之多，并且和不大合适的“思想流”的说法经常交替使用。把意识流比做一股流水是贯穿全章的一个隐喻。它给我们当代文学增加了一个固定词汇。它是一个相当生动的说法，出色地表现了徘徊在无意识边缘上的思路。詹姆斯心理学原理的这种定义很容易运用到文学作品上。“意识并不表现为零零碎碎的片断。譬如，像‘一连串’或者‘一系列’等字样都不像起初表现的那样合适。意识并不是片断的连接，而是流动的。用一条‘河’，或者是一股‘流水’的隐喻来表达它是最自然的了。此后，我们再说起它的时候，就把它叫做思想流，意识流，或者是主观生活之流吧。”

批评家们几乎不加区别地使用“内心独白”和“意识流”。用英文写作的批评家们一般惯用后者，用法文写作的则一贯采用前者。这也许是因为，在法文中没有直接相当于意识流这个名词的同义语。……显然，詹姆斯新创的隐喻，就像许多诗中的形象一样，不大容易翻成其他国家的文字。德文正好有一个恰当的同义语，就是 Strom des Bcwusstsein(即意识流)。但是，这个名词几乎完全只限于用在形而上学上。这一事实多多少少解释了至少是上述三种外国文学中的混乱现象。不过它不能说明用英文写作的批评家的难处。他们常常用“意识流”的字眼，把它当作“内心独白”的确切的同义语。

依照罗伯特·汉弗莱[①]的说法，当批评家把这两个名词等同起来的时候，他们正好是把文体——意识流——和技巧——内心独白——混淆起来了。意识流小说应该被认为是一种主要挖掘广泛的意识领域、一般是一个或几个人物的全部意识领域的小说。换句话说，在这部小说里，无论是结构、主题，或者是一般效果，都要依赖人物的意识作为描写的“银幕”或者“电影胶片”而表现出来。我们之所谓意识，实际上就指的是注意力的整个范围，包括逐渐趋向无意识的演变和完全的清醒状态。

(美)梅·弗里德曼：意识流概述，《意识流：文学手法研究》。
申丽平等译，华东师范大学出版社，1992 年版，第 1—3 页。

“在很长一段时间里，我都是早早躺下了。”这是《追忆似水年华》的第一句话，也是全书中最简短、最平白的一句话之一。“时间”这个词出现在小说的法文题目里，自小说的第一个句子开始，以后一句又一句地反复出现在它的开卷或“序幕”(普鲁斯特这样称呼它)中，成为小说潜在的和谐音。至第一段结束时，我们已完全处于时间的颠倒和混乱中，甚至搞不清这开头处于何时、何地。“我实在弄不明白，一个人怎能花 30 页的篇幅来描述他入睡之前如何在床上辗转反侧。”1913 年，拒绝接受《在斯万家那边》的一个出版者这样抱怨道。问题的答案就在于半睡半醒的状态是一种加重觉醒的状态，它主宰了整部小说的感觉方式。小说精彩的开卷不仅仅是一个场景，而是上百个场景。我们不是处在某一单一的时间、地点和叙述中，而是被引入一个复合在一起的情境里——即我们今天认为的“普鲁斯特式”(Prustian)。

在普鲁斯特的“序幕”里，他对时间和空间的感受，他的具有音乐般风格的方式与主旋律，他的抑扬顿挫文字中的节拍，他的感觉的韵律，一切都呈现在我们面前。我们这位叙述者——不仅无名无姓，而且不可思议的是，我们也不知他身在何处——第二个句子中他合起了他的双眼。在第三个句子里，他想，此刻该是入睡的时间了，然而这个念头却使他清醒起来，他一边不断地问自己，“现在该是什么时候了，”脑海中一边映出以往的入睡与不眠，黑暗中别的房间，别的卧床和其他一些场所。这一段文字大部分用的是过去进行时，这一最耐人寻味的时态把我们从现实的时序中托举出

① 当代美国批评家。——译注

来，使我们飘然飞升："我问我自己……我快要入睡了……"普鲁斯特是位独一无二的伟大作家，然而特色并不意味着永远如此特别。相反，特殊的事物会变得普通并且经常发生。此刻的地点转化为一般性的空间，现时的瞬间化为对旧日的回忆。这一切正是他"很长一段时间里"的经常的行为。普鲁斯特为我们构建的是一个绵密而拥挤的宇宙。

在《魔山》的开头，托马斯·曼写道："空间如同时间一样，产生健忘，但同时又使我们超然物外，回复到那种原始的独立的状态。"但在《追忆似水年华》里，时空所产生的诸般效果中，唯独没有健忘。对普鲁斯特推崇备至的塞缪尔·贝克特在他论普鲁斯特的出色著作中有一个精彩的片断，其中写道："普鲁斯特有个很糟糕的记忆力，记忆力好的人不用记住什么。因为他什么也忘不了。"普鲁斯特"糟糕"的记忆力有125万字之长，若无死神存在，本来会更长。并且，正是死神，是普鲁斯特特意要搞清楚的事情，它驱动着普鲁斯特把追寻脆弱的往昔当作自己的根本任务。"当人入睡时，"贝克特写道："他位于一个圆环之中，围绕他的是时间之链，年代的系列，以及天体的秩序。"当人清醒时，他思虑以上诸般的事物，并且马上觉察出自己在地球表面所处的位置，以及在睡梦中逝去的时间。但这种有序的进程易于产生混乱，使秩序遭到破坏。睡眠改变位置，打乱时间，肢解意识，由睡眠产生出一种半清醒意识使人忘了自己究竟是谁。它将人带入托马斯·曼所说的"原始的独立的状态"，即如曼所言："此时，我唯有退化了的存在感。这种感觉或许同样潜藏于动物意识的深处，频频闪现。"

但真正把人唤醒的正是记忆，它是时间和空间的统一。这种记忆并非仅仅关系到我居于何处，而且涉及我曾生活于何处，以及我可能要生存于何处。——它如同"天堂垂落的绳索，牵引我脱离非存在的深渊，脱离靠我自己永远无法逃离之地"。记忆构造空间，塑造或毁坏我们生活的场所，并且为事物命名（普鲁斯特最初计划将其三卷本著作命名为《名之时代》、《字之时代》和《物之时代》）。记忆通过将我们习惯的世界陌生化，重构或再造自我。记忆是不由自主的，是身体和感官的功能："其（身体的）记忆，即来自肋骨、膝盖和肩胛骨的复合记忆，提供了一系列房间，在这里，记忆曾经，而且再一次地睡眠。同时，另一组未曾显现的空间在黑暗中旋转，改写或转换它（指身体）所引起的每一个连续的空间。"这种"不由自主的记忆"是普鲁斯特这部著作中的一个伟大主题。它诱发出小说中的许多重要场景和展示方式，其中最著名的例子是玛德莱纳——浸在马塞尔茶点中的小甜饼——它引发了如此众多的关于失去的时间的世界的回忆。普鲁斯特将不由自主的记忆完全区别于自主的记忆。自主的记忆为理智和目的所支配，为特定的检查和论述目的所控制，表现为群体的一致性。对普鲁斯特来说，记忆是存在的器官，而并非被追忆的某物，它是处于运动中的意识的主动过程。如塞缪尔·贝克特所说，不由自主的记忆是一个不安分的魔术师，可遇而不可求。

不由自主的记忆使世界变得陌生，将熟悉的房间变成陌生的房间。它砰然豁开我们习惯的感觉之门，打开我们在传统上称之为现实的那个东西。它融化并创造出一个环绕在我们身体四周的房间，旋即又将这一房间转化为所有我们曾经在那里睡眠过，体验过各种感觉的房间。它把我们躯体中的各种感觉以及过去时刻的同类感觉连接起来，将各个感觉聚到一起，成为一种联觉形式。然而，当一个人“足够清醒”时，不由自主的记忆就变得系统起来。“确定性这位好天使”指出我们位于何方，将我们带入这一房间(尽管，我们完全不能确定是哪一个房间)。由此，一旦记忆处于运动之中，记忆在夜晚就显得更有条理。“通常我并不急于入睡；一夜之中大部分时间我都用来追忆往昔生活，追忆我们在贡布雷的外祖父母家、在巴尔贝克、在巴黎、在董西侯尔、在威尼斯以及在其他地方度过的岁月，追忆我所到过的地方，我所认识的人，以及我所见所闻的有关他们的一些往事。”这是一种十分有序的回忆，劈开了小说的卷首，又步入小说的正文。下一步，普鲁斯特将我们带回贡布雷，带回童年，带回家门口清脆的门铃声中，带回到通往斯万和盖尔芒特家的路上——小说的社会世界从此可以开始了。

因此，记忆从不倾向于事实报道，而是倾向于意识。普鲁斯特认真区分了不由自主的记忆与意识之间的区别。《追忆似水年华》即是一部有关意识的小说。意识包围了我们的生活，我们感知和活动于其中。意识是某种创作状态，某种艺术发现和艺术创作形式。意识也是一种转变，一种剖析能力，一种对生机勃勃的生活的感知，和对展示方式的探索。意识还如同一个画家所做的那样，是对形态塑造、画面设计的一种全身心的投入，关于意识和心理的这些特征，是作者所在的时代中最受关注的重要问题，这个被关注的问题也是有关存在的“现代”看法的标志之一。

这一新的看法深深地改变了现代小说的形式与结构，创造出一种主观性艺术，内向的感觉和开放的形式，亨利·詹姆斯在他的早期作品《罗德里克·胡德逊》的序言中告诉我们说：“……所有兴趣的中心是罗兰·马莱特的意识，而且，该剧恰恰就是一部有关他的意识的戏剧。”这类内省式的剧作的特点日渐出现在现代小说中，出现在詹姆斯、伍尔夫、乔伊斯、福克纳，当然还有普鲁斯特的作品中。弗吉尼亚·伍尔夫在谈到意识时这样说道：“这（指意识）是一个最基本的东西……无论我们称它为生活还是精神，真理还是现实……”对于所有这些作家来说，意识是兼有心理学和美学意义的奇迹——不仅是探索心理世界和人物感觉的手段，而且是小说的具体形式和结构的窗口，这个窗口使意识本身得到自由，就像伍尔夫说的：“让意识变得更加自我。”然而，这些作家中的每一位在什么是意识、意识的性质、意识的剖析、印象、意识的感觉机制和意识的主观性问题上，均给我们提供了不同的感受。普鲁斯特的“序幕”是一首内心的赞美诗、也是对心理世界的挖掘与探索，又是提高美学层次的一个过程——《追忆似水年华》是所有长篇巨帙中最具有美学特点的作品之一。

因而我们说，关于意识的这个思想，是普鲁斯特构建记忆间桥梁的方法，是一种常有的重新获得和体验到的感觉的积聚和艺术。本书有不少十分晦涩又几经琢磨的思想，其中关于艺术的思想（马塞尔声称它是“一切事物中最真之物”）大概是最难懂的一部分了。下面这句著名的话是作者对现实主义整个传统的挑战，普鲁斯特这样写道："天才在于作家的反映能力而不是在于被反映物自身的特点。"当然，被普鲁斯特所反映的社会场景广大而且深厚。但是他所反映的事物中充满了太多的过去和现在的艺术品。譬如，在描写埃尔斯特的油画的那一大段描写即是如此。这段文字描写的是普鲁斯特创作方法的线索。作品中也有不少艺术家和审美家：如鉴赏家斯万，作家贝戈特，画家埃尔斯蒂尔，作曲家凡德伊。凡德伊的音乐"小片断"在本书中久久萦回，为作品形成其独特的形式助了一臂之力。这些艺术家还帮助马塞尔受到了必要的艺术教育。同时，这部小说被置身于艺术与社会相遇的世界里，在巴黎，各种艺术得到扶植，新的艺术运动欣欣向荣，社会生活通常都发生在话剧院、歌剧院、音乐晚会中。巴黎除了存在着巨大的社会保守势力以外，在这相同的年代里，人们仍能看到新的艺术大爆发，从印象主义、颓废派到立体主义、抽象派，层出不穷。社会本身就是一个艺术形式，是一件典雅的富有表现力的人工制品。社会亦是这一人工制品的赞助者和保护人。这就是为什么像斯万这样有教养的绅士得到了贵族统治者的培养，以及为什么马塞尔在社会中寻找到了自己的家园，并被划分在这两个不同的"那边"之间。

归根结底，《追忆似水年华》是一部故事，讲述的是艺术形式的个人发现和马塞尔从业余艺术爱好者成长为一个艺术家的过程。普鲁斯特在他的一篇文章中说道："人类的心灵永远得不到满足，除非在创作的时刻，心灵能对无意识中产生的思想加以明晰的剖析。"本书是对正在写作过程中的艺术形式的无止境的思索。艺术将随着它的发展，获得它完整的自身，与此同时，作品随着它的完成，也将造就出一位作家。

在他那伟大的虚构性旅程的第一页，当马塞尔沉入睡乡时，他丝毫没意识到自己一直在读着一本书，也许是一部长篇小说，也许是部历史著作，或者是一本乐谱。当他醒来时，他意识到，即使是在睡梦中，他还在继续思考那本书，并且，"似乎我自己就与这本书直接有关"。在书的末尾，马塞尔觉出自己的病弱和衰老。他身居疗养院，感受到了强烈的死亡意识。他虚构的世界变老了，他的记忆更加遥远了。然而，他毕生的任务似乎变得明确了，引领他沿着这些"路"漫步过的记忆将最终达到它的目的地。

在斯万家那边，在盖尔芒特家那边，空间和时间，记忆和意识结合起来，形成了一种艺术形式，实际上，"马塞尔"通过生活于其中，普鲁斯特通过写作这一切，最终结合到一起。所有这些被不同的路线引领的一切被纳入了一个共同的结尾，读者在开始时，还看不到这样的结局。小说最终成书了，那原先梦想着自己会与本书有关的叙述者，最后成了本书的作者。他所走过的各种道路和汲取的教训，促使他选择了自己的职业，普鲁斯特这样写道："真正的生活，最终被揭示和阐明了真谛的生活，真正被生活过的生活，是作家的生活。"最后，这部书，像其他伟大的现代长篇小说一样，是一本关于它怎样出现并存在的书，是一位艺术家的肖像。用现代主义的二律悖反论来说，就是马塞尔在往事回忆的结束（即本书的结束）时，说要开始写作这部书了，而实际上他已经完成了它。"在意识到我将死亡的时刻，我效仿濒死的士兵，像他那样，在我

死之前，我要写些东西。"(王众译)

(英)布雷德伯里：论普鲁斯特，《普鲁斯特论》，沈睿、黄伟等译，社会科学文献出版社，1999 年版，第 126—132 页。

＝问题研讨＝

1. 什么是"意识流"？它是否就是文学中所说的"内心独白"？20 世纪西方意识流小说有哪些重要的艺术特征？它与传统的心理描写小说有何不同？

2. "意识流"是一种小说技巧还是一种小说类型？《追忆逝水年华》是一部"意识流小说"吗？

3. 在普鲁斯特的小说中，"时间"与"记忆"是一种什么关系？什么是"非自主记忆"？通过什么来"寻找失去的时光"？

4. 怎样理解这部小说巨著的"主题"？

5.《追忆逝水年华》中的叙述者"我"就是小说主人公"马塞尔"，就是小说作者"普鲁斯特"吗？

＝研究实践＝

1. 意识流小说的现代心理学基础。(参阅弗里德曼《意识流：文学手法研究》第三、四两章，申丽平等译，华东师范大学出版社，1992 年版)

2.《追忆逝水年华》是小说还是回忆录？它为什么如此"冗长"？

3. 简论"玛德莱纳小点心"在小说中的作用。谈谈"无意识联想"。

4. 解读"斯万之恋"。

5. 只有嫉妒才能维系爱情吗？论马塞尔与阿尔贝蒂娜的情感冲突。

6. 英国作家福斯特认为《追忆逝水年华》是一部"绝望的史诗"，你是否这么认为？(参阅福斯特"普鲁斯特"一文，见《英国作家论文学》，汪培基等译，三联书店，1985 年版)

选文：詹姆斯·乔伊斯[①]

导言——

马尔科姆·布雷德伯里(Molcolm Bradbury，1932—)是英国当代著名小说家

① 选自《外国文艺》，刘凯芳译，1999 年第 2 期。

和评论家。本文出自他 1988 年写作的《现代世界十大作家》。

布雷德伯里在文章中，首先充分肯定了乔伊斯在 20 世纪文坛上的地位，认为他是现代派文学中首屈一指的人物(这样的评价似乎过高)；然后详细介绍了《尤利西斯》的创作背景并分析了这部作品的艺术性。

布雷德伯里认为，《尤利西斯》首先是一部自传性的作品，这可以从“布卢姆日”的日期与乔伊斯本人生平的关系中得到部分的验证；其次，它是一位“现代流放者最伟大的成就之一”，流放是小说的主要标志之一。主人公布卢姆是一个四处漂泊的犹太人，他所对应的古代英雄“奥德修斯也是希腊人中间一名大流亡者”。《尤利西斯》还是一部现代神话和一部描写现代城市的小说。布雷德伯里指出，《尤利西斯》的艺术独创性主要体现在：对神话传说的创作性戏仿、采用超现实的艺术手法来表现最真切的现实生活、强烈的喜剧色彩、开放的包容性结尾等方面。他主张从自然主义、象征主义和戏仿三个层面来理解《尤利西斯》。

詹姆斯·乔伊斯并不是一开始就被视为现代派文学的巨匠的，尽管现在人们已经很难记得有段时候他的声名并不显赫。他就同普鲁斯特一样，是小说中现代思想的重要代表之一，如果要在现代派运动中只推出一名民间英雄的话，那就非乔伊斯莫属了。作为一个作家，他认为在许多方面，文学的任务已经完成，伟大的现代文本已经出现(归根结底，他用十七年时间写成的最后一部出色的小说《芬尼根守灵夜》正是一部“世界历史”)。不过，他比其他用英语写作的现代派作家都具有更多的明显的继承者——尽管这最后一部伟大的小说中使用的与其说是英语，还不如说是一种语义双关的全球性新语言。自从他在 1941 年去世后，大多数主要的现代、或者说后现代作品都多少来源于他。如果说《芬尼根守灵夜》在某种程度上并不只是芬尼根而且也是现代主义的守灵夜，它似乎标志着那伟大的时代已经告一段落，其实在守灵夜之后现代主义还生机盎然。克利斯托夫·巴特勒所作的研究用了一个恰如其分的名字《在守灵夜之后》，它分析了自从该书问世之后在写作上形成的实验性传统，指出乔伊斯的影响得到了无比广泛的传播，他的思想对文学的风格和形式的现代理念具有举足轻重的作用。

很少有人能够或者愿意否认乔伊斯直接的与间接的影响，他同时代的作家将他视作中心。《尤利西斯》于 1922 年出版时显然鲜为人知，当时该书由巴黎的一家美国书店出版，印刷者是第戎的一家印刷厂，排版中错误很多，这些错误长期未能纠正，也就永远留存下来，当时只印行了区区一千册，以作者签名本的形式销售，结果在英国和美国却以有伤风化为名被禁止发行。然而，这本书到处放射出夺目的光辉，在很大程度上促进了在 20 年代余下的岁月中风行一时的实验主义的发展。弗吉尼亚·伍尔夫认为他的作品“品味不高”，但是，如果没有他这部伟大的小说的压力和前提，《达洛维夫人》就不会是现在这个样子,同样的情况也适用于约翰·多斯·帕索斯的作品《曼哈顿中转站》和《美国》三部曲,以及20年代后期威廉·福克纳的伟大的实验性作品如《喧哗与骚动》。到20年代后期和30年代,他成为欧洲文学界的泰斗,成名的作家和文坛新秀为了见他而云集巴黎。

第二次世界大战之后小说发展的方向发生了引人注目的变化,因为现代派的任务事实上已经在乔伊斯手里完成了,但这时仍然可以感受到他的影响。同样来自爱尔兰的塞缪尔·贝克特是他在巴黎时的朋友,有一段时期曾经是他的作品的译者(乔伊斯对他1938年发表的《墨菲》一书表示欣赏,曾恰到好处地写了一首五行打油诗向他致意),他直接师承这位大师,发展了战后小说创作的荒诞派和极简抽象派的形式。1947年发表《在火山下》的马尔科姆·劳里在文坛上至今尚未获得他应有的地位,他认为自己"心甘情愿地乔伊斯化了"。很少推崇别人的安东尼·伯吉斯对他推崇备至,认为《尤利西斯》是本世纪英语文学最伟大的作品,持这一观点的并非仅他一人。如今几乎所有取得某种成功的小说无不受到他的影响,他对语言和现代神话的写作手法进行了重构,对小说虚拟的时间和意识进行了改造。许多现代的评论因为他的缘故才得以产生,这些评论大量借用了他有关现代写作的任务和当今世界的危机的观点。当有人问乔伊斯《尤利西斯》究竟是怎么回事时,他解释说:"我在书中加进了这么多的哑谜,它会让教授们忙上几个世纪,争论其中究竟有何含义,只有这个办法可以保证作家永世不朽。"迄今为止,事实证明他说得一点也不错。

究竟是什么使乔伊斯的作品具有如此强烈的现代风格?斯蒂芬·斯彭德注意到贯穿在20世纪文学创作中存在着两条泾渭分明的路线,在他所著的《现代派的斗争》一书中对此做出了出色的分析。一条路线是"当代作家",另一条是"现代派"。当代作家包括H. G. 威尔斯,安诺德·本涅特,C. P. 斯诺和其他许多人。总的说来,这些作家接受了现代世界的进程,对促成现代社会的变革的种种力量深表同情,他们的作品采取了现实主义、理性和肯定的态度,而"现代派"则是本书所介绍的那些作家,例如T. S. 艾略特与庞德,普鲁斯特和弗吉尼亚·伍尔夫,他们一般对自己所处的时代抱有不同的看法——他们不相信这个时代历史发展的方向,怀疑它的进步,觉得与它的过去发生了疏离,强烈地意识到现代生活和文化的无序状态。因此他们倾向于退缩到艺术的据点之中,通过建造他们自己的更为激进的一系列秩序使艺术更为现代,这就是表示现代生活和意识的片面的互不关联的秩序。斯彭德认为现代文学中有好些作品实际上是这两条路线之间的互相交融的结果——例如托马斯·哈代、E. M. 福斯特和托马斯·曼的作品就是如此。

不过,要是我们对把D. H. 劳伦斯归入到哪种类型的作家之中有些举棋不定的话,对詹姆斯·乔伊斯就不会有这样的问题。毫无疑问,他属于现代派,而且是其中的核心人物。之所以如此主要是因为他的《尤利西斯》和1939年问世的《芬尼根守灵夜》这两部著作明白无误地显示出斯彭德定为现代派特征的"破解"的成分。它们暗示着一种趋于崩溃的传统,一个失去的联系,一个破碎的神话。同时,它们又在追求一种艺术上类似宗教一样的信念,即使生活本身无法提供这一种对艺术表现和史诗式综合的欲望,在创作形式中也许可以获得。《尤利西斯》尤其是"破解"小说的一个伟大的现代范例,这部小说把我们的注意力从它的现实题材引开,转移到它的语言和形式上去。它以史诗的方式接近我们(它的题目和构造上都使人想起荷马),但又起着反史诗的作用。因为聪明的尤利西斯这会儿已经成为利奥波德·布卢姆,那是一个不登大雅之堂的犹太广告推销商,神话中十年的漫游已经缩成了1904年6月16日这一天中的十八个小时(这一天如今被称作"布卢姆日"),他的英雄业绩如今已成为用嘲讽的模仿自然口吻叙述的下层社会的普通故事。在《奥德修纪》中,旅行是英雄的举动,国家的建立或保卫,具有历史的意义,勇敢、贞洁和荣誉这些品质得到景仰。在《尤利西斯》中,所有这些伟大的东西都被破坏、被讽仿。历史不是原因,而是一场恶梦,爱尔兰、利奥波德·布卢姆和斯蒂芬·迪达勒斯都试图以各自不同的方式从这场恶梦中醒来。没有任何传统意义上的英雄主义行为,但是其中却孕育着一种全新的英雄主义,那就是普通的小老百姓试图在现代这个带有嘲讽意味的普通世界上生活。

在那个世界里,古老的神话可能会消失。但在《尤利西斯》中我们见到的是一个正在创造中的新神话。它向我们提问,如何合理地解释这个时代纷乱无序的琐碎的日常生活?《尤利西斯》是一本札记簿,或者是一本描写平庸事物的书,在这本书当中,琐碎的小事获得了一种模式,一种神话般的作用。利奥波德·布卢姆的一些最平常、最隐蔽的行为——在厕所或者浴室当中,在酒吧或者妓院里,他的手淫以及下流地想女人都成为故事的不可缺少的部分。他妻子摩莉的月经和小便,她做的脏梦以及性幻想也是如此。布卢姆的下层市民的生活,他显然毫无目的地在城里的游荡,他被他的潘奈洛佩——摩莉戴上的绿帽子(他那粗俗的妻子对向她求爱的男人可说是来者不拒),他在妓院里和他的帖雷马科——斯蒂芬·迪达勒斯的会面,以及他回到家庭的圣坛——那张丁零当啷乱响的肮脏的床上,所有这一切对史诗的形式既是讽仿又是重构。同时作者也巧妙地采用了更为现代的自然主义的态度,其基本观点就是我们应该精确地记录生活的细节,因为这些细节代表了经验上有形的真相。乔伊斯在描写都柏林的一切时可说是做得最精确不过的了,直到今天,乔伊斯的忠实读者漫步在都柏林街头时仍可以找到他在书中所描述的该城市的种种景物。但是,正如书中斯蒂芬·迪达勒斯这一人物不断提醒我们的那样,这一任务要繁重得多。它要求我们从实质性的事物中发现其变体,要超越城市的有形存在去探索新的语言和形式,因此,乔伊斯的自然主义手法并不仅仅是对都柏林下层社会生活的真实描绘(尽管这一点是很重要的),它们是生活的基础的本质形式,艺术和技术可以使之变形,将它们转化成更完整更全面的东西。

变形和变体实际上是神气十足、体态壮实的勃克·穆利根和他的朋友斯蒂芬·

迪达勒斯的事，在小说开始的时候他们一大早就以穆利根的交叉放着的镜子和剃须刀模仿宗教的仪式。这倒是十分恰当的，因为斯蒂芬·迪达勒斯是个不成功的教士，他信奉了一种新的宗教，那就是艺术的宗教，它本身要求各种仪式和启示。斯蒂芬是乔伊斯的“马赛尔”。他二十二岁，是个经验主义者，又是个唯美主义者，他原先去巴黎，但母亲临终时被召回到颇具乡气的都柏林。他同穆利根一起住在桑迪科沃的马铁洛圆塔里，自己在一所私立学校教书。他这个探寻自己的爱尔兰历史的儿子，在鼻涕青的海，使人阴囊紧缩的海边漫步。因为爱尔兰的确像是乡下一样，这个国家的历史受到了压制，它的艺术就像是“仆人的一面有裂纹的镜子”。你怎么来改变它，或者写它呢？“把它希腊化，”勃克·穆利根建议说，斯蒂芬，或者说他所代表的本书作者确实很愿意这样做。

一开始斯蒂芬的目的就既清楚又复杂，作为艺术家，他在探寻隐藏在物质世界后面的抽象意义，探寻“可见事物的必然特性”：“我在这里解读一切事物的签名。”然而，由于受到大英帝国和意大利教会的双重压榨，爱尔兰历史变得既刻板僵化又孤陋寡闻，因此他几乎无法进行这方面的探索。他说，历史是“我正努力从中醒过来的一场恶梦”。尽管如此，他还是在私立学校里教历史。小说中的“奈斯陀”迪希校长向他提到了某些出色的历史事实（也许并不靠得住），勃克·穆利根也是如此。似乎爱尔兰可能源自希腊，它从来没有接纳过犹太人。我们渐渐地走进他那普洛调式千变万化的内心独白之中，他沉浸在自己的感受和思想之中，由于眼睛不好，他眼前事物的形象产生了变化。语言也同样变化无常，说话和喋喋不休的交谈，哲学和理论，闲谈和通俗歌曲等具有特色的语言抑扬顿挫地搅和在一起在他心灵里滔滔不绝地流淌出来，成为乱成一团的独白。随时获得的印象和他内心的感受也混杂在一起。由于没有遵照母亲的临终嘱托，回到原来的信仰之中，他觉得内疚。也许爱尔兰就是他的母亲，这个国家会给他一个神话，解除他的痛苦。也许他自己就是一个没有父亲的儿子，一个没有书本的艺术家。“试图一显身手的那位可怜的阿里乌老兄，而今安在？他反对‘共在变体赞美攻击犹太论’，毕生为之战斗。”在前三章这些纠缠在一起的感受和乱成一团的词句中可以看到《尤利西斯》全书深层的思想，这就是一部全新的神话的内容。但是，他又想：“无论在什么地方有谁会读这些写下来的文字？”

与此同时，在埃克尔斯街七号另外有人在用早餐，又开始了另一种文体的写作，另一种内心独白，另一种探求。归根到底，在《奥德修纪》中就有两种追求，一是帖雷马科去寻找父亲；另一个是尤利西斯寻找家和妻子。显然这第二种追求更与肉体有关。“利奥波德·布卢姆先生吃起牲口和家禽的下水来，真是津津有味。他喜欢浓郁的杂碎汤、有嚼头的胗、填料后用文火焙的心、裹着面包渣儿煎的肝片和炸雌鳕鱼卵。他尤其爱吃在烤架上烤的羊腰子。那淡淡的骚味微妙地刺激着他的味觉。”犹太人——在爱尔兰还是有犹太人——利奥波德·布卢姆先生离开了还躺在床上的妻子出门，穿过复杂的市街去买腰子，接着回家把邮件递给妻子，沏好了茶，把早餐端给还在床上的妻子，然后去上厕所。同斯蒂芬一样，他的思想在心灵里自由地流淌，这些想法经过了浓缩并且就在说出口之前被抓住了。他的想法却粗鄙得多，他很少想到艺术和神话，而大多是感情，粗俗的罗曼史，食物和肉罐头。他从便秘（“但愿块头不要太大，不然，痔疮又会犯了”）想到流行歌曲和报纸的广告，从家庭问题——一个女儿的信，一个夭折的儿子——想到一些抽象的问题，例如为 metempsychosis，即灵魂转生下定义：“意思就是灵魂的转生。”后来，在他去赴帕狄·迪格纳穆的葬礼的马车里，他瞥见到斯蒂芬·迪达勒斯一眼，两种观察、思考与生活的方式，两种认识爱尔兰的方式刹那间交织在一起，就在此时，我们感到了小说的基调出现了。用最简单的话来说《尤利西斯》写的是两个人的故事，这两个人于 1904 年 6 月 16 日在都柏林相遇了。

对《尤利西斯》来说，有两个重要的日子。一个是布卢姆日，那长长的一日一夜中，詹姆斯·乔伊斯确实成功地构建了他的现代神话。另一个是 1922 年 2 月 22 日，乔伊斯的四十岁生日，他精心安排在这天出版此书。但本书在出版之前就已享有盛名，书一出版立即就被当代作家和严肃的读者誉为战后伟大的小说。T. S. 艾略特在一篇著名的评论中认为本书具有突出的现代性，同时又具有突出的复杂手法，他说这种手法“对当代历史这一无聊混乱的状态作了全景式的描绘，并赋予它含义，它是一种控制，或者组织的方式”。因此，这部书与艾略特本人的《荒原》具有同样重要的意义。它被公认为最成功地表现了战后巴黎的实验性和国际性精神的小说，人们将它作为新“语言革命”的基本典型。它是一部伟大的国际性小说，是一部描写现代城市的小说，它是现代流放者最伟大的成就之一，它是一部运用了新手法的作品，尤其是我们称之为“内心独白”或“意识流”的手法，即表现了作者心灵上稍纵即逝的印象，但又深入到潜意识，到无意识的状态之中，小说末尾摩莉·布卢姆的长长的梦幻可说是人类心灵的内在本性的伟大表现。

但是，这部书又同时是一部以二十年前作为其背景的历史小说，它写的并不是充满了战后的危机的世界，而是处于欧洲边缘的一个城市，这个城市迫使它的许多作家流亡他国。从故事描述的日子到小说出版这一段时间之内，世界已经发生了变化，在欧洲爆发了一场大战，这场战争也影响到了作者，他原先那种浪迹国外的艺术家生活变成一种形式更为混乱的流亡。爱尔兰也发生了变化，成立了爱尔兰自由邦。斯蒂芬·迪达勒斯所积极予以回应的美学革命的精神——在很大程度上是凯尔特曙光和凯尔特复兴的精神——似乎已经成为过去，小说本身表现了它自身长长的距离感，这既是时间上的距离，也是地理上的距离，全书结尾是摩莉·布卢姆在性生活和感情上表示接受的那著名的几个词：“于是我说好吧我愿意好吧。”但这并不是最后几个词，因为紧接着还有几个同样重要表示时间的词“的里雅斯特—苏黎世—巴黎，1914—1921”。

第一次世界大战之前和之后对现代作品来说分属两个不同的时代，《尤利西斯》就同现代派的许多著作一样，在这两个时代之间建立了一座复杂的桥梁。因此我们完全可以研究一下乔伊斯为什么把小说的年代放到 1904 年（他于 1914 年大战爆发之前不久在的里雅斯特着手写作此书，全书大部分都是在战时于瑞士写成的）。这其中的理由极为重要，因为 1904 年对乔伊斯是十分关键的年份，在这一年他做出了选择，进行了创造，实际上开始了自我流放的生活，就像小说中的斯蒂芬·迪达勒斯一样（在他身上有作者很大的自传成分），乔伊斯那年也是二十二岁。他出身于都柏林的一个中产阶级家庭，这个家庭就同这个城市一样处于一种衰败的状态，因为他所敬佩的父亲已经把祖传的产业挥霍殆尽，他的母亲是个虔诚的天主教徒，她坚持让他从小受耶稣会的教育，他几乎准备从事教职当神父。后来他进入都柏林大学学院，他对文学的爱好越来越强烈，决定当作家。他开始写作，在大学时就发表了有关易卜生新戏剧的评论。接着他写出了他著名的“不合作宣言”：“我要告诉你我愿意干的以及我不愿意干的事情。我不愿意去为我不再相信的事物服务，无论它是否自称为是我的家、我的祖国或者我的教会；我要尽力自由地完整地以某种生活或者艺术的方式来表达自己的思想，我只容许自己使用几种武器来捍卫自己，这就是沉默、流亡和机巧。”

这些话见于《尤利西斯》之前《一个青年艺术家的画像》之中，该书于 1916 年出版，但写作时间却要早得多，在这部作品中他讲述了他早年生活的故事，他在耶稣会学校中所受的教育，他的美学理想和他要当个艺术家的志向。乔伊斯一心想以教士对宗教的热情为艺术而献身，在很大程度上正是由于这种献身精神，他才为这个带有很大自传成分的主人公选择了“斯蒂芬·迪达勒斯”的名字。在神话传说中迪达勒斯建造了弥诺斯的迷宫，后来又靠着自己用蜡做的翅膀逃了出来。在小说中斯蒂芬令人想起了这个像老鹰一样在大海上空高高飞翔的人，这个“聪明绝顶的巧匠”的形象，他成为“一个艺术家的象征，这位艺术家在他的工作间里将大地上粘稠的东西重新锻造，做成了一个翱翔于天空的不朽的触摸不到的新生命”。他自己的任务就同迪达勒斯一样，是要航行到那些未知的艺术之中，小说的结尾，斯蒂芬自己也飞到欧洲和艺术那里，他高声叫道：“啊，欢迎，生活！我要第一百万次去面对经验的现实，在我灵魂的作坊里锻造我的民族的未经创造出来的良心。”他接着又说：“老父亲，老巧匠，现在请给我一切帮助吧。”

乔伊斯在本书中描写的艺术上的造反发生在 1902 年，这一年他出发去巴黎学医并进行写作。接着，在 1903 年，就像《尤利西斯》开头时斯蒂芬的情况一样，他因母亲生病而被召回都柏林，这一年他母亲因癌症而去世。这次回国又把艺术的职责这整个问题重新提到了他的面前，并且鼓励他从事更大规模的文学创造。的确，1904 年中乔伊斯在创作上取得了很大的成绩。他创作了诗歌集《室内乐》，该诗集于 1907 年出版。他又开始写作一系列互相关联的短篇故事，其内容都与都柏林这一麻痹的城市有关，后来这些故事结集为《都柏林人》于 1914 年出版。这其中有个故事名字就打算叫《尤利西斯》，他写的是个名叫亨特的都柏林犹太人，这是第一件直接与他后来那部巨作的基本构思有关的事，他也开始创作他带自传成分的斯蒂芬·迪达勒斯故事的初稿，这篇文字现名为《斯蒂芬英雄》，在他死后出版。《一个青年艺术家的画像》是根据这一版本修改提炼而成，因而更为成熟。正是在1914年他完成了这一有关献身艺术的小说之后，他再着手写其"续篇"，这个续篇后来就成为《尤利西斯》。

因此，1904年是乔伊斯闯入到未知艺术之中进行探险的年份，这时候，他已经不再是一个青年艺术家，他创造性发现的整个事业从此真正开始了。不过将《尤利西斯》一书的情节安排在1904年6月16日这一天还有另外一个原因。正是在这一天乔伊斯首次同诺拉·巴那克尔诺拉·巴那克尔幽会，这个来自高尔维的女侍后来成为他事实婚姻的妻子，与他终生为伴，他们在1931年才正式结婚，她无论在哪方面都可以说就是摩莉·布卢姆的原型，不过她认为乔伊斯并不怎么理解女人。乔伊斯的父亲说："诺拉·巴那克尔，这个女人是会跟他到底的。"的确是这样。那年10月，他俩去欧洲，过起艺术家的流亡生活来，这种生活一直持续到他死都没有改变。他们正式在的里雅斯特安顿下来，乔伊斯在伯利兹学校教英语。他于1904年在爱尔兰着手写作的东西大部分都在这里完成，也是在这里他开始写作《尤利西斯》。正是在1904年，开始了一个艺术家终生的策划、构建、航行、成熟的使命和事业。

正如这一切所显示的，《尤利西斯》具有现代派主要著作的一些特点。它在很大程度上讲的是小说本身的创作行为，它最初诞生于都柏林，从乔伊斯笔下常常可以看出，这个城市是文学上一个伟大的清谈俱乐部，都柏林充满着19世纪90年代极为活跃的爱尔兰文艺复兴的精神，这种精神存在于萧伯纳和王尔德的记忆，以及W. B. 叶芝、詹姆斯·斯蒂文斯、乔治·威廉·拉塞尔以及奥利弗·戈加蒂的思想之中，戈加蒂便是勃克·穆利根的原型，乔伊斯确实和他同住在马铁洛圆塔之中。刚从巴黎回国的乔伊斯也许会认为它既乡气又麻痹。但都柏林和巴黎之间却有着牢固的关系，都柏林吸收艺术上所有的新闻，不住地寻找艺术上的启示，追求现代的精神。在第一次世界大战期间，弗兰克·伯吉恩在苏黎世与乔伊斯过往甚密，在《詹姆斯·乔伊斯和〈尤利西斯〉的创作》一书中他出色地记录了这段友谊。他在书中写道，乔伊斯把都柏林人描写成最无可救药的、言行不一的无用的骗子，但乔伊斯也相信——他的"独眼巨人"那一节中借市民之口说出来——爱尔兰人在一种本不属于他们的语言上留下了自己天才的印记，和其他文明的民族一争短长："那么这就叫做英语文学。"

乔伊斯在他特有的半流放的状态中，获得了像在喜欢夸夸其谈地议论文学的都柏林流行的闲谈那样流畅的艺术观念。在这时候，他最讲究理论，最最敏感，他也关心艺术上最新的精神，对19世纪90年代发展起来的两大国际文学运动，即自然主义和象征主义作出热烈的响应。我们已经看到，自然主义尤其是指易卜生。从乔伊斯早年所写的易卜生戏剧的评论中可以看出，他极其钦佩这位戏剧家，他一直认为，都柏林这个凯尔特人的城市其实更具有斯堪的纳维亚的特点。自然主义也意味着左拉那种规模宏大的、决定论的社会话语，在他着手写作《都柏林人》中的故事时，他把自己称为是爱尔兰的左拉。“我的目的是要写出我的国家的道德历史的一个章节，我选择都柏林作为其背景，是因为我觉得这个城市是麻痹的中心，”在一封有关该书的信中他写道，“在这本书的大部分中我使用了一种处心积虑的卑琐文体，我相信大胆的作者应该敢于改变自己的预感，更应该敢于将自己的所见所闻以扭曲的方式表现出来。《都柏林人》的故事无不具有自然主义的感情，即我们生活的世界受到条件的制约，对此艺术必须一丝不苟地忠实地加以描绘。”这种精神不仅表现在乔伊斯直言不讳的性描写中（正是这一点使本书在 1906 年遭到出版商的拒绝），而且也表现在他对都柏林的生活细节的描写精确到极点。“昂季街和维克洛是不是在王家交易所选区?”他从的里雅斯特写信回家问。“市政选举会不会在十月份举行?”这种细节上的一丝不苟和“处心积虑的卑琐”正是《尤利西斯》的基本特征。正如乔伊斯所说，他的写作精确到如此地步，即使都柏林被毁掉之后，也可以以这部小说为蓝图重新建设起来。

但是另一个使他兴奋不已的运动是象征主义，这一起源于法国的文学运动在英国得到了叶芝和阿瑟·西蒙斯的大力支持。乔伊斯受到了 fin de siècle（“世纪末”）思潮极大的启发，这使他不是把艺术看作是世界的简单记录，而是创造和不断改变的意识的积极活动，即艺术家的故事。他对象征主义的看法清楚地在斯蒂芬提出的好些观点中表现出来，在《斯蒂芬英雄》和《一个青年艺术家的画像》中他多次提到艺术的内在光辉和超然的美。尤其是那个著名的“顿悟”观点——乔伊斯把这种从宗教中得到的超然的启示运用到艺术上。“所谓顿悟他指的是一种猝然的心领神会，这既可以表现在语言和姿势的粗俗上，也可以表现在心中某一个难忘的词语上，他相信文化人应该极其小心地记录这些顿悟的现象，因为这是最微妙的转瞬即逝的时刻，”他在《斯蒂芬英雄》中写道。在《一个青年艺术家的画像》中，这种看法有了一些改变，斯蒂芬试图变成“一个具有永恒的想象力的神父，将经验上的日常面包转化成进化的生命的光彩夺目的身体”。他的任务是从生活中创造艺术，这意味着艺术家必须站在造物主的对立面，以无形的美学生活来充实一切。“美学的秘密就像物质创造的秘密一样完成了，艺术家就同造物主一样，处于他作品的内层或幕后，外缘或上方，无法看见，升华到飘渺之中，漠不关心地顾自修着指甲。”在《尤利西斯》这本书中，这些观点调和在一起，这部伟大的作品既是一丝不苟的社会记录，又是美学的表达，因此，自然主义和象征主义的联系和混合对即将产生的这一伟大的小说是必不可少的，此外，这两种思潮又把我们带回到 1904 年前后。《尤利西斯》的一些重要的艺术观点在他赴欧洲大陆自我流放之前就已经形成了。

不过《尤利西斯》是一部出自自我流放的作品。我们已经看到，流放对创造现代艺术的“飘零”精神极为重要。自然这对乔伊斯也极其重要，他唯一的一部多少有点模仿易卜生的戏剧就被命名为《流放者》。流放也是这部小说的又一个主要标记。尤利西斯，即奥德修斯是希腊人中间一名大流亡者，他四处漂泊，但在特洛亚战争之后走上回家之路。布卢姆便是四处漂泊的犹太人，他原是匈牙利裔，但娶了摩莉·特威迪为妻，在都柏林定居下来，把姓从维拉格改为布卢姆。斯蒂芬本人就是戴着拉丁区帽子的流亡文人。对这部小说本身来说，它在创作中也经历了一个漂泊不定、不断搬家的过程——从爱尔兰到的里雅斯特，从的里雅斯特到苏黎世，从苏黎世到巴黎，《尤利西斯》这一小说本身长期以来也处于一种流放的状态，作为故事背景的都柏林觉得它大逆不道，由于它自然主义的细节和性描写的直率，它在英国和美国长期遭禁。正是这种流亡的命运使得书中的都柏林成为一个不受时间干扰的永远像小说中描写的那样的现代城市。流亡使乔伊斯深切地体会到他远离固有的文学传统，不受它语言的规则和使用方式的约束，并且促使他的语言惊人地流畅，文字极富表现力，遣词造句高度精确，这些后来都成为乔伊斯主义的标志。因此，流亡也给予《尤利西斯》也许是它最为现代的特性——那就是语言上的移位，它无所不在的讽仿精神，它对一切现存的文学风格均能运用自如，却又不受到任何一家的拘束。

画家弗兰克·伯吉恩于第一次世界大战期间在苏黎世成为乔伊斯的密友，他说，在《尤利西斯》中，也可以见到苏黎世这个国际性的城市的影子，就同都柏林一样，如果按照乔伊斯强调的说法，都柏林可以算作是大英帝国的第二大城市，那么苏黎世就是心理分析的第二大城市。任何一个汤姆·斯托伯特（当代英国剧作家）的剧迷都知道，第一次世界大战期间，在这个城市里居住过的有荣格和乔伊斯，列宁和特里斯坦·查拉——荒诞派艺术达达主义的创始人。毫无疑问，在那儿创作这部书也在作品的形式和主题之间拉开了一段距离，至今我们在阅读它时仍可以感受到这一点。因此，《尤利西斯》这部伟大的现代小说既有确定的地点，又没有地方的特性，既忠实于个人的文学渊源，又在艺术上强行与之分道扬镳。它是一部具有巨大的文化特异性的小说，它也动摇了真诚的自然主义的整个观念。它就像是一部介绍各种不同手法的写作大全，成倍地增加了叙事的模式，取得了声音和语义域的多重性。它的每一章的叙述方式都各不相同，与之平行并被搅乱的不仅是荷马原来的史诗，而且还有艺术的许多语言和形式，这些都可以在一大套叙事中见到。

因此，《尤利西斯》的写作一共进行了二十年之久，它的构造就像特洛亚的布局一样。自然我们可以认为存在着三个版本。一个是自然主义的《尤利西斯》，它是个繁复的故事，描写了大英帝国第二大城市中的生活，包括它的街道、酒吧、旅社、马车停车场、商店、报纸编辑部、产科医院和妓院的生活。这部书显然是一部有关社会和历史的精确记录，它的叙述具有异乎寻常的事实感和对细节的偏爱。另一个是象征主义的《尤利西斯》，这可以用塞缪尔·贝克特描写《芬尼根守灵夜》话来描述："在这里形式就是内容，内容就是形式……他的作品不是有关某些事情的，它就是这些事情本身。"第三个是讽仿形式的《尤利西斯》，许多评论家把这部小说视作现代派讽仿的顶尖之作，其中每一种手法都似乎被颠倒使用，每一种文学理念都成为一个令人不解之谜，每一个完整的句子都带有自我嘲讽的色彩。正是《尤利西斯》的这种多元性使它成为那个时代的伟大的文学著作。书中充满了自然主义的现实，但同时它又是对现实主义的反叛。采用象征主义和超然的启示的手法，但同时又对象征采取玩弄的态度，对启示进行讽仿。正因为这些特点，这部描写边缘的都柏林的十八个小时的长篇小说，使1922年的文学界既无比兴奋，同时又极其烦乱。

这部内容如此丰富，构思如此巧妙的小说会被现代作家奉为圭臬，这是毫不足怪的，它是创作的大全，是对文学语言潜力的伟大探索，又是现代文体的极度的变异。但同样重要的是《尤利西斯》也是一部出色的为普通读者写的小说，这主要因为它的情节在许多方面都来自生活，具有强烈的人情味。理查德·埃尔曼是研究乔伊斯的最优秀的评论家之一（他写了一部出色的乔伊斯传记，最近又经过了修订），他说这部小说在本质上可说是发现了对人生的肯定——这种肯定表现在斯蒂芬面对他亡母的形象时意识到天下人人知道的一个词便是“爱”，也表现在布卢姆游荡一圈之后回到家中妻子的床上，还表现在摩莉说的“于是我说好吧我愿意好吧”。这可以说是一个男子回到母亲或者妻子身边的神话，而这位母亲或者妻子就是生活本身。它又是一部社会政治小说，因为国家也是一个母亲，尽管这个母亲可能会孕育愤怒、侵略主义、粗俗行为和恶毒的仇恨。它也是一部宗教小说，因为宗教也是一个母亲，尽管布卢姆是个持无神论观点的犹太人，斯蒂芬是个持无神论观点的基督徒，但宗教的赎罪意象及其爱的信念对他们俩都是至关重要的。它又是一部性的小说，因为人类伟大的诞生、性交和死亡的仪式正是发生在常常是反常的色欲和性幻想中，在淫秽的交合和通奸之中。它还是一部旅行的小说，因为布卢姆确实是个四处流浪寻找家园的犹太人，尽管他游荡的范围大都是在当地和家中。十一年之前，在他们的儿子鲁迪出生十一天之后夭折，从那时候起他就停止了同妻子之间的肉体关系，因此，布卢姆就像另一个圣杯传说中的鱼王，在一片不毛之地作肮脏的探险，这在本质上其实就是人生的探险。他找到了斯蒂芬，斯蒂芬使他想起了自己的儿子，他将他带回家中，又负担起丈夫的职责，得到了那狡黠而放荡，然而最后却是温柔的摩莉的肯定。

乔伊斯在写作此书使用了大量的独创性的手法，读者必须接受这一规模空前的创造。曾经当过水手的弗兰克·伯吉思后来成画家，在战争期间他在苏黎世的英国商务处工作，他密切关注乔伊斯创作本书时的情况。乔伊斯在谈到该书的创作时同他说：“我正在以尤利西斯的漂泊为蓝本写一部书。就是说，把《奥德修纪》用作全书的基础。不过时间是在最近，主人公的漂泊发生在十八个小时之内。”他说，这部书将会写出一个现代的尤利西斯，他是个全面的人，一个完全的人，一个普通人，他上有老下有小，既是丈夫，又当情人，对朋友来说他完全靠得住，是个有缺点的好人，这样的人具有多重的侧面。全书的章节仿照《奥德修纪》的结构，每一片断都被赋予不同的文学风格，“独眼巨人”那一章中是在酒店里的戏剧性的独白，“刻尔吉”一章中是在妓院里的幻梦般的超现实主义,“伊大嘉”一章中布卢姆和斯蒂芬回到了埃克尔斯街的家中,那是一段滑稽的《教理问答》式的答问,“潘奈洛佩”这一章中则完全是内心独白,在这一章里布卢姆上床和摩莉睡觉,摩莉漫无边际地想起过去,使用尿盆,最后似乎回应了布卢姆的性要求。

这是个气势磅礴的规划,乔伊斯详细列出了它的方案。他告诉伯吉恩,这部小说也与人体各个部分相呼应,每一章写到身体的某一器官。布卢姆的故事开始时放到锅里煎的腰子并不是随便写的,结尾时他要的蛋也是如此。每一章又与一种特定的艺术有关,因此当斯蒂芬和勃克·穆利根说话时对神学的思考就是别有深意的。每一章还与一种特定的象征和颜色相联系,同时还安排在特定的时刻,不过本书最为不同凡响之处还是它的处理方式,书中所有这些抽象的常常是学术性的概念总是被带到了普通人所能理解的层面,真切自然地表现出来,例如,作为独眼巨人角色的鼓吹武力外交的芬尼亚派的市民的观点就是如此,这个人夸夸其谈,满嘴谬论,荒谬绝伦。要是知道摩莉是作为荷马笔下的潘奈洛佩,墓园实际上指冥府,这有助于我们理解全书。不过这一知识上和文学上的构架并不一定需要点明,我们也可以感到这些人物及其行为都似曾相识,而且具有人生的价值。

在《尤利西斯》中(远远超过《芬尼根守灵夜》)我们确实超越了语言深入到生活之中。我们感受到布卢姆精神上的痛苦,作为一个犹太人,他受到了迫害,他妻子与人有染,使他受到都柏林人的嘲笑,因为就当他在城里行走时,他妻子正在和她音乐上的经纪人布莱泽斯·博伊兰、这个“都柏林最坏的家伙”幽会。尽管我们有些怀疑他是故意出门,以便让妻子同情人幽会的,他自己又化名“亨利·弗罗尔”同一个女子秘密通信,尤其是到“夜街”的妓院里去,企图以此来获得满足,但甚至就是这样我们还是对他抱着同情的态度。因为那种超现实的气氛使我们认识到他将屈辱和权力混杂在一起的幻想,他把自己想象成都柏林的市长(“我主张整顿本市的风纪,推行简明浅显的《十诫》……电动洗盘机”)。我们理解他对夭折的儿子的感情,他对斯蒂芬的爱护,他那复杂的犹太血统以及此事对他的影响。同样,我们也能体会到斯蒂芬精神上的危机——他由于母亲去世而悲痛,更因未能向她表示愿意回到教会使她高兴而感到内疚(他“内心的苛责”),混杂在一起的他肉体上和精神上的欲望。我们也能理解摩莉那易于犯错误的天性以及粗俗的肉欲,她感情用事地追求肉体上享乐以及她自身的失落感。

这部小说确实是一部伟大的人间喜剧——最重要的是《尤利西斯》肯定是一部符合小说伟大传统的喜剧,这个传统可以上溯到菲尔丁、斯特恩和拉伯雷。我认为,正是这极其丰富的各种喜剧的手法使小说形成为一个整体,它的意义远远超出各个章节加在一起所产生的效果。一开始神气十足、体态壮实的勃克·穆利根和昏昏欲睡的斯蒂芬进行那番模仿宗教仪式的对话,从这时候起,我们就可以看出《尤利西斯》是一部极其风趣的深刻作品。布卢姆自然是乔伊斯笔下的“完全的人”,但他也是个喜剧角色。“内心独白”的使用可以是文学上的一大创举，是对意识进行探索的新钥匙，但它也是通过并列生成深奥的风趣话语的一种手段，这种并列把各种各样的意象强行组合到了一起。小说的情节可以像史诗那样壮阔，但它也能被浓缩成一个简单的报纸广告：

倘若你家里没有，
李树商标肉罐头，
那就是美中不足
有它才算幸福窝。

肯定的是，在布卢姆回到妻子的床上时，那里会有肉罐头。

乔伊斯的喜剧主要表现在文字的诙谐上，但它也涉及到排泄的污物和插科打诨，贯穿在整个故事里有好些胡言乱语的歌儿和下流的笑话（“我沏茶时就沏茶，就像格罗根老妈妈说的，我撒尿时就撒尿”）。书中包括了男生寄宿学校里笑话如倒置位性交和鸡奸，这对有些学者来说就未免太过分，妓院里那一场面的超现实和幻梦般的描写中，贝洛便是使人精神恍惑并将人变成牲畜的女巫刻尔吉，这些文字也具有精心设计的插科打诨式的喜剧效果，它们出自一系列粗俗下流的双关语。摩莉·布卢姆的那大段喷涌而出的联想建立在精心安排的无意识的联想的基础之上，对荷马史诗的大张旗鼓的影射不仅为全书奠定了基础——它确实起到了这种严肃的作用，而且表现了作者作为一个讽仿大师的精湛的技法，乔伊斯出色的喜剧描写主要来自他写作中的讽仿手法，讽仿使我们认识到，所有的作品都是重写，它既是对某一原作发表的看法，又是大张旗鼓地重新创作，乔伊斯的小说中可以听到多个声音，它们对某些源泉或者文学技法既是推崇又是破坏，或者说它们对某些传统和过分夸张的情感进行了讽刺或嘲笑。这说明作者对语言的运用到了得心应手的程度（乔伊斯一向是如此），而且又对语言表达的限度进行了调侃式的探索。

最能说明问题的就是全书即将结尾时“伊大嘉”那一章了，在这里以《要理问答》的问答式文体写到布卢姆带着斯蒂芬回到家中，然后布卢姆又上了床。采用这种文体写作几乎达到无所不能的境地。我们从中获得了极其丰富的信息，既有将水从威克洛郡朗德伍的水库引来（“通过有过滤装置的第一期施工的单管及夏管地下引水渠，根据合同直线每码的铺设费为五英镑”）一直通到布卢姆厨房里的事，还有布卢姆家里的陈设以及他房间里的书籍。我们也得知他迁移到爱尔兰的历史以及他对人生的理论。事实上《要理问答》提供了一个与下一章中的内心独白同样复杂的记忆机制。我们面前展现了布满星球的宇宙的图像，接着又谈到了撒尿。在布卢姆和斯蒂芬之间的对话中，他们重建了人类口头和书面语言的古怪的历史，接下来将一首歌照原样连谱穿插在文章中，接着布卢姆回到了妻子摩莉——潘茶洛佩的床上，不过其环境要比荷马原文中的情况低下得多：

> 布卢姆如何行动？
>
> 他把几件衣服放在椅子上，脱掉剩下的几件。从床头的长枕下面抽出折叠好的白色长睡衣，将头和双臂套入睡衣的适当部位，把一只枕头从床头移到床脚，床单也相应地整理了一番。然后就上了床……
>
> 他的四肢逐渐伸开的时候，碰到了什么？
>
> 簇新而干净的床单，新添的几种气味，一个人体的存在：女性的，她的；一个人体留下的痕迹，男性的，不是他的。一些面包碎屑，薄薄的几片回过锅的罐头肉，他给撣掉了。
>
> 倘若他微笑了，他为什么会微笑呢？
>
> 他仔细一想，每一个进入者都认为自己是头一个进去的，其实，他总是一连串先行者的后继者……
>
> 先行者有哪一些？
>
> 假定马尔维是那一连串当中的头一个，接着是彭罗斯、巴特尔·达西、西德温教授、朱利叶斯·马斯添斯基、约翰·亨利·门顿、伯纳德·科利根神父……

就这样一直到休·博伊兰。归根结底，荷马喜欢将一切罗列出来。因此布卢姆吻了摩莉的臀部，春情激动起来，接着又同她开始了另一轮《要理问答》式的对话，谈起了斯蒂芬，随后"他休息了，他曾经旅行过"。

这一番饱含嘲讽意味的话语自然并不是本书最后的叙述，接下来还有摩莉的独白，那是小说创作中一个非同凡响的成就，整整二十六页分为八个句子，全文以 yes 开始，也以 yes 结束。在这一章中，究竟摩莉是否最后接受了布卢姆，布卢姆是否恢复了和她的肉体关系，这并无定论——这也是个留给现代的学者去煞费苦心争论的问题。但是本章节奏的变化却隐含他不仅旅行过了，而且到达了目的地——本章开始时，布卢姆已经同全书第四章中大不相同了，他要人把带两个鸡蛋的早餐送到他床头去吃，而且摩莉还将博伊兰和他作了番比较，结果是布卢姆占了上风，正如心理学家所指出的那样，摩莉·布卢姆的半睡半醒中的内心独白是对潜意识状态一次出色的探索，是心理检索的一个不同凡响的尝试。但它同时也是对繁殖力的一大粗俗而滑稽的遐想，这正是拉伯雷式的繁殖力本身的一种形式。我们不能肯定摩莉所接受的情人究竟是过去的事呢还是现在的事，但这却是小说创作中最为非同寻常的结尾之一，这一开放的包容性结尾表明乔伊斯不仅是概念作品，而且还是性描写的大师，

无论从哪方面来说，《尤利西斯》的最后一章都是一个温床——此后的现代派作品无不由此诞生。乔伊斯的后一部作品是《芬尼根守灵夜》，其中的主角安娜·利维

亚·普鲁拉贝尔无疑便是摩莉·布卢姆的进一步延伸，如今她的形象已经公认为代表着意识流和繁殖力。乔伊斯在1922年几乎《尤利西斯》一完成就着手写作此书，它同《尤利西斯》的关系就同《尤利西斯》与《一个艺术家的画像》的关系一样——既是发展，又含有全新的概念。或许没有其他任何一本书有它那样雄心勃勃的构思。作者企图将它写成世界的历史，一本人人都参与其中的书；作者试图建立一种现代的元语言，一种为小说艺术而构造的世界语。“我无法……按照词汇普通的关系来使用它们，”乔伊斯说。他奋斗的同时，视力严重恶化了，在20年代和30年代中，人们急切地渴望这一伟大作品早日问世，作者在这部幻梦般完美的作品中企图将所有的神话吸纳进去，同时又为建造这些神话的艰难困苦树碑立传，使人永记于心。

《芬尼根守灵夜》最后在1939年2月2日出版，恰好是《尤利西斯》问世后十七年。下一年战争就爆发了，乔伊斯又离开了巴黎，回到了他流放生活的老家苏黎世。两个月后他患穿孔性溃疡去世，离开了这个守灵夜之后的世界。现代主义似乎功德圆满，就此结束了，但事实并非如此。《芬尼根守灵夜》这部小说抽象地说到了现代派的伟大任务，那就是既要打破旧的语言和神话，又要构造一个新的自我创建的语言和神话，从而使小说的艺术成为语言本身的艺术。对此我们获益匪浅，许多新的文学实验，以及我们现代语言上的焦虑大都来源于它。但我们从《尤利西斯》获得的更多，这其中就有现代创造的奔放的感情，它以喜剧又以无限的可能性形式出现在我们面前。它成为现代作品勇往直前的精神的一部分，我们如今随处都可以发现它的存在。《尤利西斯》确确实实是个温床。

＝补充材料＝

小说是时间的艺术，小说中的事件是在时间的过程中发展的，尤其是意识流小说中的一切是发生在时间的过程中。作家选择的那些富有意义的瞬间，都处于看来似乎是自发的、持续不断的流程之中。正是作家捕捉的这些自然积累的过程中的瞬间，为我们提供了小说形象，而且意识流小说中所提供的背景要比条理井然的传统小说更为生动和真实可信，如《尤利西斯》中的背景。小说《尤利西斯》具有一种空间感。这类小说中的行动总是处于一种持续不断的变化过程中，但这种变化还没有达到完全的质变的程度；人物那坚硬的性格内核依然如故，而且正是这种坚硬的性格内核决定着这种变化的进程，是变化过程中的调节和控制的因素，它为人物的意识之流开辟着行进的渠道。否则，人物就会失掉他的性格的一致性，就会在故事的结局出现一个完全不同的人物。性格的变化或者发展是存在的，但却不是彻底的改变，不是同过去的突然决裂，而是在变化中蕴涵着本质的持续性。如果没有这种持续性，我们也就不知自己为何人了。

记忆可以保持性格的这种持续性。假如记忆被损坏，对本体同一性的辨认力也随之消失。现在同过去之间的内在通道必须保持其通畅无阻的状态，这样我们才能有清醒的理智。历史上的暴君都企图剥夺他们的牺牲者的记忆权利，对记忆的镇压是最残酷的暴政，因为它是对人身个体的彻底摧残和对人类灵魂的虐杀。大规模的群体健忘症和洗脑运动以及对千千万万人民群众记忆的剥夺是一种对人类灵魂的杀戮，而在没有思想自由的社会中，意识流小说是不可能得到繁荣的。一个人所记忆的东西构成了他作为人的内容。一个人借助于他所记忆的东西而获得其意志自由。一个国家或民族同样如此。

在现代的城市中，个人经常有着孤独感，乡间小镇里那种人与人之间的低头不见抬头见的古老原始的社会关系完全消失了。在《尤利西斯》中，我们看到一首关于城市生活的史诗。在詹姆斯·乔伊斯之前，没有一个作家曾为我们提供一幅如此完整的城市生活画卷。斯蒂芬·德达路斯把自己同上帝和别的人们隔绝开来，与利奥波尔·布卢姆一样，他也是一个没有国籍的人，但他并没有同自己隔绝。虽然这部小说有着辛辣的讽刺，但这是一部充满生活之流、具有现实内容的小说。当我们阅读这部小说的时候，会产生一种惊奇感和精神上的升华。它赞美那些凡俗常事，赋予它们以不同寻常的性状。我们为它完全通过意识之流来揭示一个"普通人"、一个广告推销员利奥波尔·布卢姆的内心世界而感到惊讶，为作者通过司空见惯的事物创造出来的奇迹而叹为观止。与此同时，我们不仅看到1904年6月16日的爱尔兰，也看到了整个西欧。这确实是一个机智的讽喻诗人用双关和滑稽的模仿手段对西方文明的无情揭露，是文学现实主义历史中最巧妙而大胆的对生活的摹写，它对资产阶级的蔑视超过了福楼拜。它呈现出一幅城市人的悲惨景况，它又是对充满五光十色，喧嚣沸腾的20世纪世界的逼真写照。

意识的描述越多，越能给作品带来生气，完全没有对意识的描述，就会扼杀小说的生命。《尤利西斯》是一部富有生气的作品。当我们对小说中所描述的瞬间的领悟愈加深刻，就会增强我们的自我意识，而意识流小说的成功有赖于这种领悟。从时间的无限流程中去捕捉那一瞬间是一件难以捉摸的事情，这是作家面临的一个问题：如何表现那永不停息的内部行动，从而揭示人们的内心世界。意识流手法能够完成这一任务。意识流手法揭示的精神现实，同客观世界的物质现实互相补充，就可以为我们提供一个更加丰满、更加真实可信的生活画面。

(美)利昂·塞米利安：意识流与内心独白，《现代小说美学》，宋协立译，陕西人民出版社，1987年版，第202—204页。

《尤利西斯》与其说是一部歌颂英雄的史诗，倒不如说是一部心理描写作品。我们对书中人物的认识不是通过有关叙述，而是通过深入了解他们的所思所想。这些思想是作为无声的自发的持续不断的意识流表现出来的。对读者来说，这一过程倒像是戴上耳机，把插头插在人物的头脑中，然后操作录音装置，这样，人物的印象，反思，疑问，往事的追忆以及荒诞不经的想法等，无论是由身体感觉触发的，还是由联想触发的，便无休止地传达出来。乔伊斯不是第一个使用内心独白的作家，也不是最后一个。但他把这一技巧发展到了至善至美的高峰，其他作家，除了福克纳和贝克特以外，都相形见绌。

内心独白的确是一个非常难以驾驭的技巧，稍不留神就会使叙述的进展缓慢得令人难以忍受，或者细节面面俱到，令人生厌。乔伊斯一一避开了这些误区，这一方面是由于他天生长于驾驭语言，能把最平常的事物描绘得新奇有趣，好似天外来物；另一方面，把内心独白与自由间接手法及传统的叙事描写紧密结合，句式安排巧妙，富于变化。

乔伊斯创作《尤利西斯》并非全篇所用都是意识流手法。他把心理现实主义发掘得淋漓尽致以后，又在小说的后几章里转向别的创作方法，包括使用模仿和杂拼等：这既是一部心理学史诗，又是一部语言学史诗。但在结尾处，他以莫莉·布卢姆的内心独白结束了全书，这是全书中最著名的内心独白。

利奥波尔·布卢姆的妻子莫莉本来一直是书中其他人物（包括她丈夫）思想、体验和记忆中的对象，但在最后一章中成了主体，成为意识的中心。那天下午，她与歌剧团的指挥布雷兹·博伊兰发生了对丈夫不忠的行为（她是个半职业歌手）。现在是深夜，布卢姆上了床，惊动了莫莉。莫莉躺在他身边，半睡半醒，迷迷糊糊地回忆着当天发生的事，回忆着她过去的生活，特别是与丈夫及另外一些恋人之间的事。事实上，自从几年前儿子夭折给他们带来精神创伤以来，夫妻俩就没有享受过正常性生活的乐趣，但相互熟悉之感使他们一直生活在一起；这种熟悉感也可以说是一种令人气恼加剧的感情，甚至也可以说是一种嫉妒。布卢姆由于意识到了莫莉的幽会，一天闷闷不乐。莫莉那冗长而无标点的内心独白是以猜测开始的，她猜测布卢姆一定有了艳遇，因为他要她第二天早上把早饭端到床上来；他可从来没这样做过，只有一次，那是很久以前他为了博得一个叫赖尔登太太的寡妇的欢心（斯蒂芬·迪达勒斯的姨妈，是把《尤利西斯》中许多零星事件串合在一起的一个小小巧合之一）。他本希望从寡妇那儿继承一笔遗产，但事实上她一分钱也没留给他们，所有的钱都用在做弥撒好让她的灵魂得到安息……（在转述莫莉的独白时我也不自觉地学起了这种自由流动的风格。）

斯蒂芬和布卢姆的意识流是随着各人感觉印象而触发或改变流向；但莫莉是躺在黑暗之中，只有从街上偶尔传来的噪音使她分散注意力。她的意识是随着自己对往事的回忆而流动的，通过某种联想，一件事引起另一件事。斯蒂芬的联想是暗喻性的（一件事暗示出另一件事，其间有某种相似之处，但这种相似性通常也充满神秘或幻想色彩）；布卢姆的联想是换喻性的（一件事暗示出另一件事，二者或有因果关系，或在时空上十分接近）；莫莉的联想则是实实在在的：一顿床上早饭使她想起了另外一顿，就像在生活中一个男人让她想起另一个男人一样。由于她一想到布卢姆，就又想起了其他恋人，有时就很难确定代词“他”指的到底是哪一个人。

（英）戴维·洛奇：内心独白，《小说的艺术》，王峻岩译，作家出版社，1998年版，第53—57页。

＝问题研讨＝

1. 怎样理解《尤利西斯》的“神话结构”？乔伊斯的现代“尤利西斯”故事是“戏拟”还是“反讽”？

2.《尤利西斯》的主题是：幻灭？寻找？还乡？温情？性爱？

3. 乔伊斯为什么将小说第二部分名为“尤利西斯的漂泊”？布卢姆是现代主义文学中的一个“反英雄”形象吗？他能成为斯蒂芬的“精神之父”吗？

4. 你是否认为《尤利西斯》的叙事“混乱”、“枯燥”和“晦涩”？

＝研究实践＝

1. 乔伊斯曾宣布，“流亡是我的美学”，他为什么“流亡”？“流亡”与他的创作存在什么关系？

2.《尤利西斯》与荷马史诗《奥德修纪》在结构上有怎样的对应关系？（参阅陈恕《尤利西斯导读》，译林出版社，1994 年版）

3. 论《尤利西斯》中斯蒂芬的精神特征。

4. 解读《尤利西斯》第十八章，你认为莫莉的心理“粗俗、不堪入目”吗？

5. 比较莫莉和珀涅罗珀。

6. 何为“布卢姆日”？

7. 有学者认为《尤利西斯》还是一部“关于人体的史诗”，怎么理解？（参阅袁德成著《现代尤利西斯》第七章，四川人民出版社，1999 年版）

8. 戴维·洛奇为什么称《尤利西斯》是一部“语言学史诗”？

9. “乔学”与乔伊斯批评。（参阅李维屏《乔伊斯的美学思想和小说艺术》第十二章“乔伊斯批评史概述”，上海外语教育出版社，2000 年版）

选文：关于《喧哗与骚动》：福克纳小说中的时间①

导言——

萨特(Jean Paul Sartre，1905—1980)是法国著名哲学家和文学家，著有《存在主义是一种人道主义》、《恶心》和《肮脏的手》等。福克纳是美国著名小说家，曾于 1949 年获诺贝尔文学奖。本文原载萨特的《处境种种》第一集(1947)。《喧哗与骚动》发表

① 选自《萨特文学论文集》，施康强译，安徽文艺出版社，1998 年版。

于1929年，是福克纳最重要的作品之一。

萨特从哲学的角度，对福克纳的《喧哗与骚动》的叙述手法进行了分析，他特别强调了小说形式和内容之间的紧密关系。萨特指出："一种小说技巧总与小说家的哲学观点相关联。批评家的任务是在评价小说家的技巧之前首先找出他的哲学观点。"在萨特看来，福克纳的时间观念产生于他自己独特的哲学观念。福克纳的时间首先是一种心理时间，而不是以钟表来表示的机械时间；其次，福克纳的时间是一种没有未来的时间，因此他的世界就是一个不断消失的世界，就好像一个人坐在敞篷车里朝后看所得到的印象；最后，福克纳的时间还是一种情感时间，在那里，"过去的次序是情感的次序"，"过去……不按照时间顺序排列，而是根据情感散列为星辰"。萨特还指出了福克纳与普鲁斯特对待时间的相似态度，但是他认为，两个人的差别更值得注意：普鲁斯特在平静中捕捉自己那变动不居的过去，陶醉在"失而复得的时间"和自我之中；而福克纳则恰恰相反，他的昆丁首先要逃避的就是时间，也就是他的过去和他自己。

人们阅读《喧哗与骚动》时，一上来就会对写作技巧的奇特感到突兀。为什么福克纳要把故事的时间打碎，又把碎片搅乱呢？为什么朝这个小说世界打开的第一扇窗户竟是一个白痴的意识呢？读者忍不住要去寻找故事的线索，为自己重建时间顺序："杰生和卡罗琳·康普生有三男一女。女儿凯蒂与达尔顿·艾密司有染后怀孕。不得不赶紧去找个丈夫……"读者到这里就会停下来，因为他发现自己在讲另一个故事：福克纳并非先构思好一个有条理的情节，然后再像洗牌一样把它打乱，他舍此没有别的叙述方法。在古典小说中，故事情节总有一个焦点，如卡拉马佐夫家父亲被害，如《伪币制造者》[①]中爱德华与贝尔纳相会。但是在《喧哗与骚动》中却找不到这种焦点。是班吉被阉割吗？是凯蒂不幸的私情吗？是昆丁的自杀吗？是杰生对他外甥女的仇恨？每一段情节只要遇上我们的目光，便会自己张开，让我们看到它后面的其他情节，所有的情节。什么事也没有发生，故事没有进展，是我们在每个字底下发现故事，它像一个见不得人的、碍手碍脚的东西躲在那里，其浓缩程度则视不同场合而异。如果认为这些反常做法不过是无谓地卖弄技巧，那就错了：一种小说技巧总与小说家的哲学观点相关联。批评家的任务是在评价小说家的技巧之前首先找出他的哲学观点。显然，福克纳的哲学是一种时间哲学。

人的不幸在于他被时间制约。"人者，无非是其不幸的总和而已。你以为有朝一日不幸会感到厌倦，可是到那时，时间又变成了你的不幸了。"[②]这是这部小说的真正主题。如果说福克纳采用的技巧乍一看似乎是对时间的否定，那是因为我们把时间

---

① 《伪币制造者》，法国作家安德烈·纪德(1869—1951)的小说。——译注

② 《喧哗与骚动》，李文俊译，上海译文出版社，1984年版，第119页。——译注

和时序混为一谈了。是人发明了日期和时钟。“经常猜测一片人为的刻度盘上几根机械指针的位置，这是心智有毛病的症象，父亲说，这就像出汗一样，也是一种排泄。”[①]要理解真正的时间，必须抛弃这一人为的计时尺度，它什么也测不出来：“只要那些小齿轮在卡喀卡嗒地转，时间便是死的；只有钟表停下来时，时间才会活过来。”[②]所以昆丁砸毁他的手表这一动作具有象征意义：它使我们进入没有钟表的时间。白痴班吉的时间也是没有钟表的，因为他不识钟表。

这样出现的时间，是现在。这个现在不是在过去和未来之间乖乖地就位并成为两者的理想界线的那个时间：福克纳的现在本质上是灾难性的；它像贼一样逼近我们的事件，怪异而不可思议，——它来到我们跟前又消失了。从这个现在再往前，什么也没有了，因为未来是不存在的。现在从不知什么地方冒出来，它赶走另一个现在；这是一个不断重新计算的总数。“还有……还有……再还有……”福克纳像多斯·帕索斯一样把他的叙述当作演算加法，不过他做得要巧妙得多。小说中的行动即使从行动主体的角度来看，在进入现在的同时就爆炸分裂，散落在四处：“我来到梳妆台前拿起那只表面朝下的表。我把玻璃蒙子往台面上一磕，用手把碎玻璃渣接住，把它们放在烟缸里，把表针拧下来也扔进了烟灰缸。表针还在滴答滴答地走。”[③]这一现在的另一特点是陷入。我用这个词是因为找不到更恰当的词来表示这一无定形的妖魔的某种静止的运动。在福克纳的小说里，从来不存在进展，没有任何来自未来的东西。现在并非首先曾经是一种未来的可能性，就像我的朋友先是我期待的那个人，随后他终于来临那样。不：福克纳的现在无缘无故地出现然后陷入。这一陷入并非一种抽象的看法：福克纳在事物本身中看到它，并且设法让我们也感到它：“列车拐弯了，机车喷发出几下短促的、重重的爆裂声，（他和骡子就那样平稳地离开了视域，）还是那么可怜巴巴，那么有永恒的耐心，那么死一般的肃穆……”[④]还有下文：“马车虽然重，马蹄却迅速地叩击着地面，轻快得有如一位女士在绣花，像是没有动，却一点一点地在缩小，跟一个踩着踏车被迅速地拖下舞台的角色似的”[⑤]。福克纳似乎就是在事物的中心抓住一种被冻结的速度，他碰到一些喷发出来的、凝固成水柱似的东西，这些水柱失色、后退、缩小，但依然不动。

然而这个不易捉摸、不可思议的静止状态还是可以被抓住，并形诸思想的。昆丁可以说：我把手表砸坏了。只不过，当他说这句话的时候，他的动作已成为过去。过

① 《喧哗与骚动》，第 86 页。——译注

② 《喧哗与骚动》，第 96 页。——译注

③ 《喧哗与骚动》，第 87 页。——译注

④ 《喧哗与骚动》，第 98 页。括号内的字母为萨特在引用时略去，但未加省略号。“他”指昆丁把身子探出窗外扭过头去看到的另一个骡夫。——译注

⑤ 《喧哗与骚动》，第 141—142 页。着重号是萨特加的。——译注

去是可以有称谓、被叙述，并在某种程度上固定为概念或被心灵认出来的。我们在谈到《萨托里斯》时已经指出，福克纳总是当一个事件已经发生后才告诉我们这个事件。在《喧哗与骚动》里一切都在幕后进行：什么也没有发生，却一切都已经发生了。这能使我们理解他的一个主人公这种奇怪的表述方式："我现在不存在，我过去存在。"也正是在这个意义上，福克纳可以把人写成一个没有未来的总体："他对各地气候取得的经验的总和"，"他的不幸的总和"，"他有的一切的总和"；我们在每一瞬间都能画一条线表示到此为止，因为现在不过是没有规律可循的传闻，不过是过去将来时。福克纳看到的世界似乎可以用一个坐在敞篷车里朝后看的人看到的东西来比拟。每一刹那都有形状不定的阴影在他左右出现，它们似闪烁、颤动的光点，当车子开过一段距离之后才变成树木、行人、车辆。在这一过程中过去成为一种凌驾于现实之上的现实：它轮廓分明、固定不变，现在则是无可名状的，躲闪不定的，它很难与这个过去抗衡；现在满是窟窿，通过这些窟窿，过去的事物侵入现在，它们像法官或者像目光一样固定、不动、沉默。福克纳的独白使我们想起坐飞机遇上许多空潭；每逢一个空潭主人公的意识就"堕入过去"，重新升起，再行堕入。现在并不存在，它老在变；一切都是过去的。在《萨托里斯》里过去叫做"故事"，因为这都是些经过加工的家族回忆，也因为福克纳还没有找到他的技巧。在《喧哗与骚动》中，这个过去更带有个人性，更游移不定。但是过去纠缠不放福克纳的人物，有时它甚至掩盖了现在——于是现在在影子里行进，像一条地下河流，当它重新露出地面时它自己也变成过去了。当昆丁惹怒布兰特时[①]，他自己毫无觉察：他在重温自己与达尔顿·艾密司的吵架。而当布兰特揍他的时候，这场打架又被昆丁过去与艾密司那场打架所覆盖、隐藏。后来当施里夫将叙述布兰特怎样打了昆丁时，他将描述这个场景是因为它已变成过去，——但是当这幕场景在现在发生时，它不过是隐隐约约的悄悄滑过去的事情。有人跟我讲过一位变得痴呆的中学学监，他的记忆像一只打坏了的表，永远停在四十岁上。他已六十岁了，但自己不知道自己的年纪：他最后的回忆是中学的院子以及他每天在顶棚下兜圈子。所以他就借助这最终的过去来解释现在，整天围着桌子转，自以为在监视学生课间休息。福克纳的人物就是这个样子。更糟的是他们的过去本是有条有理的，却不按时间顺序排列，而是根据情感散列为星辰。无数沉默的天体围绕几个中心主题(凯蒂的怀孕，班吉的被阉割，昆丁的自杀)旋转。于是时序就成为荒谬的，"时钟愚蠢地转圈子报时"也是荒谬的：因为过去的次序是情感的次序。我们切不要相信，现在一经过去就变成我们最切近的回忆。现在经历的变化可以把它沉到记忆最深处，也可以让它浮出水面；只有它本身的密度和我们生活的悲剧意义能决定它的浮沉。

---

① 原书第158—167页(中译本第169—186页)。尤见第162页(中译本182页)的对话。萨特原注："见嵌在昆丁与艾密司的对话中间的他与布兰特的对话：'你有姐妹没有你有没有?'等等，以及他分不清两次打架，把它们混为一谈的做法。"——译注

以上说的就是福克纳的时间的性质。我们是否承认它呢？这个现在非语言所能形容，像漏船一样到处进水，过去突然侵入现在，感情的次序与理性的次序相对立，后者虽然遵照年代顺序但缺乏现实性，记忆千奇百怪、断断续续，但反复涌现，心潮时起时伏……这一切难道不就是马赛尔·普鲁斯特失而复得的时间吗？我并非不知道两者之间的差别，譬如说我知道，对于普鲁斯特来说，解脱存在于时间本身之中，在于过去全部重现。对于福克纳来说，恰恰相反，很不幸过去从来没有丢失，它始终在那里，死死地缠住我们。我们逃避现时世界的唯一方法是神秘的出神忘形。神秘主义者总是一个企求忘记什么东西的人：他想忘记自我，更一般地说想忘记语言或其形象化的表现。福克纳需要忘记的是时间："昆丁，这只表是一切希望与欲望的陵墓，我现在把它交给你；你靠了它，很容易掌握证明所有人类经验都是谬误的 reducto absurdum，这些人类的所有经验对你祖父或曾祖父不见得有用，对你个人也未必有用。我把表给你，不是要让你记住时间，而是让你可以偶尔忘掉时间，不把心力全部用在征服时间上面。因为时间反正是征服不了的，他说。甚至根本没有人跟时间较量过。这个战场不过向人显示了他自己的愚蠢与失望，而胜利，也仅仅是哲人与傻子的一种幻想而已。"[1]《八月之光》中被追捕的黑人正因为忘了时间，才突然获得一种奇特的、残酷的幸福："这不是在你认识到任何东西——宗教、骄傲、任何其他——都帮助不了你的时候，而是在你认识到你不需要任何帮助的时候"[2]。不过对于福克纳和对于普鲁斯特一样，时间首先是起分离作用的东西。我们记得普鲁斯特的主人公们因不能做到像过去一样相爱而感到惊愕，记得《悠游卒岁录》里的情侣们拼命抓住他们害怕消逝但又知道必将消逝的热情。在福克纳的作品中可以找到同样的焦虑："人们是做不出这样可怕的事来的他们根本做不出什么极端可怕的事来的今天认为是可怕的事到明天他们甚至都记不起来了"[3]。还有："一种爱或一种哀愁会是一种事先没有计划便购买下来的债券它是不管你愿意还是不愿意自己成长起来的而且是事先不给信号就涌进了自己的记忆并被当时正好当道的任何一种牌号的神所代替的"[4]。说实话，普鲁斯特的小说技巧本应该也是福克纳的技巧，它是福克纳的哲学在逻辑上必然的产物。但是福克纳是个迷途者，正因为他感到自己迷失了方向，他就不怕冒险，把自己的思想推向极端。普鲁斯特是古典主义者，又是法国人；法国人就是迷路也不会走得很远，他们总能回到正路上来。动人的文采，对清晰观念的爱好以及理智主义迫使普鲁斯持至少保留时间顺序的外表。

---

① 《喧哗与骚动》，第 85 页。着重号是萨特加的。——译注

② 《八月之光》，(英文)现代文库 1950 年版，第 99 页。——译注

③ 《喧哗与骚动》，第 90 页。——译注

④ 《喧哗与骚动》，第 200 页。——译注

应该在一种很普遍的文学现象中寻找这两位作家之所以接近的深刻理由：当代多数大作家，普鲁斯特、乔伊斯、多斯·帕索斯、福克纳、纪德和弗吉尼亚·伍尔夫，都曾经企图以自己的方式割裂时间。有的人把过去和未来去掉，于是时间只剩下对眼前瞬间的纯粹直觉；另一些人，如多斯·帕索斯，把时间变成一种死去的、封闭的记忆。普鲁斯特和福克纳干脆砍掉时间的脑袋，他们去掉了时间的未来，也就是行动和自由那一向度。普鲁斯特的主人公们什么也不去做：他们诚然在作预测，但是他们的预见紧贴在他们身上，不能化作桥梁跨越现在，这都是些白日梦，遇到现实就逃之夭夭。阿尔贝蒂娜出现时不是人们期待的那个人，而期待也不过是局限于一瞬间的一场小小的无关紧要的骚动。至于福克纳的主人公们，他们从不预见什么；汽车把他们脸朝后带走。给昆丁的最后一天投上漆黑阴影的那个将要发生的自杀不在人的选择范围；昆丁没有一秒钟想到他可以不自杀。这个自杀是一堵岿然不动的墙，一件物，昆丁倒退着向它接近，他不愿意，也不能够思考它："你仿佛只把它看作是这样一种经验，它可以说是一夜使你白了头而根本没改变你的形态"。它不是你选择去干的事情，它是一种宿命；在它失去它作为可能发生的事情的性质的同时，它就不再在未来中存在；它已经成为现在，而福克纳的全部艺术旨在向我们暗示，昆丁的独白和他最后的散步已经是他的自杀。我以为这样就可以解释这个奇怪的悖论：昆丁想着自己的最后一天时把这当作过去的事。好像是某人在回忆。但是，既然主人公最后的思想跟他的回忆的爆裂和消灭几乎是重合的，到底是谁在回忆呢？应该回答说，小说家的技巧在于他把哪一个时间选定为现在，由此开始叙述过去。正如萨拉克鲁[①]在《阿拉斯的陌生女人》中一样，福克纳把死亡这一短得不能再短的瞬间选定为现在。所以，当昆丁的记忆开始列举他的各种印象（"我隔墙听到施里夫眠床的弹簧声，然后是他的拖鞋在地板上的沙沙声。我起来……"）时，他已经死了。在艺术上下了那么多功夫，事实上也是耍了那么多不诚实的手段，目的只是为了取代作者缺乏的对未来的直觉。这下子一切都明白了。首先是时间的不合理性得到解释了，现在既然是不期然的、不定型的，它只有借助加重回忆才能明确自身。我们也认识到持续时间[②]是"人类特有的不幸"。假如未来有真实性，那么时间离开过去，趋近未来；但是，如果你取消了未来，时间就成了仅起分离作用，把现在从它自身分割开来的东西："想到你将来不会像这样痛苦，你就再也不能忍受这个想法。"人毕生与时间斗争，时间像酸一样腐蚀人，把他与自己割裂开，使他不能实现他作为人的属性。一切都是荒唐："人生如痴人说梦，充满着喧哗与骚动，却没有任何意义。"[③]

可是，人的时间是否没有未来呢？我知道铁钉、土块、原子的时间处于永恒的现

① 萨拉克鲁(Salacrou，1899—?)，法国当代剧作家。——译注
② 法国哲学家柏格森的术语，指不受空间限制的心理时间。——译注
③ 《麦克白》，第5幕第5场。——译注

在之中。但是人是否一个能思想的钉子呢？如果我们一开始就像投入硫酸池一样把人投入宇宙时间，星云、行星、第三纪的皱褶和各种动物种类的时间。然后讨论这个问题，那么答案是明显的。不过，如果我们相信时间是从外部加给意识的，那么像这样在一个个瞬息之间推来搡去的意识应该首先是意识，然后才取得时间属性。意识只有通过把它变为意识的同一运动变成时间，才能“存在于时间之中”；用海德格尔的话来说，它必须“时间化”。于是就不允许在每一现在时让人停下来，把他定义为“他有的一切的总和”；相反，意识的本性决定它自动向前投往未来，我们只能通过它将来是什么来理解它现在是什么，它通过自身的可能性规定它现在的存在：这就是海德格尔所谓的“可能性的沉默的力量”。福克纳式的人被剥夺了可能性，只能通过他的过去来解释他的现在，你不会和他认同的。请你努力把握自己的意识并且去探测它，你会发现它是虚空，你在这里面只能找到未来。我说的甚至不是你的计划和期待：即便是在你眼前闪过的一个动作，只有在你计划把它延伸到它自身之外，你自己之外，在未来中完成它的情况下，它对你才有意义。你看不见这只茶杯的底——你做完一个动作就可以看见它，但是你还没有去做；这张白纸的背面你也看不见（但是你可以把它翻过来）。茶杯、白纸、所有我们周围的稳定、浑成的东西都在未来中展示它们最直接、最厚实的性质。人不是他有的东西的总和，而是他还没有的东西，他可能有的东西的总汇。既然我们是这样沉浸在未来之中的，现在的未定型的粗暴性岂不因此得到缓和？事件并非像贼一样向我们袭来，既然它从其本性来说是一种已成过去的未来。而历史学家为了解释过去，他的任务难道不是首先寻找这一过去在未来引起的后果？福克纳在人生中看到的那种荒谬性，恐怕是他自己事先加上去的。这倒不是说人生不是荒谬的，但那是另一种荒谬。

那么福克纳和其他许多作者为什么选择了这一种如此不像小说又如此不真实的荒谬性呢？我以为要从我们现在生活的社会状况中去找原因。我觉得福克纳的绝望感先于他的哲学：对他和对我们大家一样，未来已被挡住。我们看到的一切，我们经历的一切，都促使我们说：“不能老这样下去了”，然而变革很难设想，除非它采用灾难的形式。我们生活在一个不可能发生革命的时代，福克纳就用他出众的艺术来描绘一个正在死于衰老的社会以及我们在这个社会里感到的窒息。我喜爱他的艺术，但我不相信他的哲学：被挡住去路的未来仍是一种未来：“即使人的实在‘前面’再也没有什么了，即使它把账都清了”，人的实在的存在仍然取决于这“本身的提前”。譬如说吧，失去一切希望也不至于剥夺人类现实的各种可能性，这不过是“面对这种种可能性的一种存在方式”①。

① 海德格尔：《存在与时间》。——译注

=补充材料=

在《喧哗与骚动》中，昆丁·康普生代表了沙多里斯传统所留下的全部品质。他家的其他成员或者完全屈从于斯诺普斯世界，如杰生·康普生；或者自我麻醉以求与那个世界隔绝开来——康普生先生之沉醉于自己鸡零狗碎的哲学，毛莱舅舅之沉醉于烈酒，康普生夫人之沉醉于宗教和缠绵的疾病，班吉之沉醉于痴呆、但是昆丁的身躯只是"一个空荡荡的大厅，回响着一连串响亮的失败的名字"①。他的世界里充满了"受到挫折和伤害的鬼魂"；虽然昆丁本人"还过于年轻，够不上称为一个鬼魂"，可他仍然应该算作是其中之一。不过，昆丁的传统主义显然已经在形式化的道路上走得很远了，因而也缺乏生命力；他在心理上与巴耶德·沙多里斯和纳西撒·班波本是一脉相通的。当他发现他妹妹凯丹斯跟密西西比州杰弗生镇的纨绔子弟鬼混而怀孕时，为了改变她的处境，他告诉父亲自己和妹妹发生了乱伦关系。这是一个关键性事件。昆丁试图把凯丹斯屈从于斯诺普斯世界的超道德观念这件事，转化为沙多里斯道德准则中的一项罪恶；但是他采用的方法却不符合传统精神，倒是更加接近于一种伪传统和罗曼蒂克的精神；结果他失败了。

昆丁告诉他父亲说，"那是为了要使她脱离那个喧闹的世界，叫它非躲开我们不可。"喧闹的世界即斯诺普斯的世界，康普生的家已经受到这个世界的全面侵扰并隶属于这个世界了。昆丁实际上是在为他的家庭努力创造走向悲剧的条件；他正试图把无意义的堕落转化成有意义的毁灭。可是由于他的道德准则已经不复具有活力，他遭到了失败，终于陷入了一种逃避主义。为了使自己超越时间限制，他砸碎了自己的表，最后，他以自杀来一了百了。只不过他是意识到自己斗争的真正意义的，这场斗争构成了《喧哗与骚动》中的戏剧性紧张气氛。（薛诗绮译）

（美）乔治·马里恩·奥康奈：福克纳的神话，《福克纳评论集》，李文俊编选，中国社会科学第出版社，1980年版，第8—9页。

战争——那还是上一次的战争——结束后，威廉·福克纳回到密西西比州奥克斯福镇。1918年，他作为军校学员参加了加拿大皇家空军。现在他回到家中，却并不感到自在，至少是无法接受战后的世界现实。他正在写诗，绝大多数都是没有价值的，也在成打成打地写不成熟的然而是猛烈而有力的短篇小说。与此同时，他在深刻地思考自己的处境和南方的没落。逐渐逐渐地，他的沉思演变成一个完整的、内部互有联系的图景，这幅图景后来构成了他许多部小说的基本内容。

---

① 此处及下面的引文均出自《押沙龙，押沙龙!》，这是昆丁在其中出现的另一部小说，但这些引文对了解昆丁在《喧哗与骚动》中的作用是必要的。——原注

这幅图景又是根据什么构成的呢？那就是，他童年时代起在奥克斯福的所见所闻，家庭传说的片断（福克纳家在密西西比州的历史上是起过作用的），厨房里黑人厨娘和她那个脾气和顺的丈夫之间的聊天，星期天下午法庭广场上人们的闲扯，穿了工装裤蹲在地上用一只做蜜饯水果的坛子传饮粮食白酒的汉子所讲的故事；总之，是一个密西西州小镇上长大的男孩所熟悉的种种故事——不过全部经过福克纳自己情绪的加工，改造，并赋予了痉挛的生命；以致只要把色彩稍稍加强一点，里面的人物就变得不太像真人。要么英雄化，要么恶魔化，成为古老的南方的象征，战争与重建的象征，摧毁了旧标准的商业与机器的象征。就在奥克斯福，福克纳完成了我们时代还没有别的例子的精神劳动。这是一个双重意义的劳动：第一，创造了密西西比州的一个县，它像神话中的王国，然而包括所有的细节在内都是样样齐全的，栩栩如生的；第二，使他的约克纳帕塔法县的故事成为最边远的南方的寓言和传奇，活在人们的心中。

就像巴尔扎克——约克纳帕塔法体系可能是从他那儿得到启发写成的——将他的《人间喜剧》分成《巴黎生活的场景》、《外省生活的场景》、《私人生活的场景》一样，福克纳也可以把他的作品分成几个方面：种植园主和他们的后裔的故事是一个方面，杰弗生镇上居民的故事是又一个方面，穷白人的故事也是一个方面，还有关于印第安人的，关于黑人的。倘若他想用家庭来区分，那就可以分成康普生—沙多里斯世家，还在往下写的斯诺普斯世家，麦卡斯林世家——包括卡洛瑟斯·麦卡斯林的白种与黑种两方面的后裔，以及拉特里夫—本特伦世家——这都是法国人湾[①]森林深处那些农民的故事。所有这些体系或世家互相都有密切联系；仿佛每一部新作品都是一直在作者头脑里存在的总体系中的一个和弦或环节。有时候，一个短篇小说是早先出版的长篇小说的续篇。例如，我们在《沙多里斯》里读到，拜伦·斯诺普斯从纳西撤·班波那里偷去一束书信；而从五年后发表的短篇小说《从前有个女王》中，我们得悉纳西撤是如何把这些信弄回来的。有时候长篇小说里讲出了短篇小说的下文，有时候一个场面又在别的几个地方重新出现。譬如，在《圣殿》的第一章里，我们听说了"老法国人庄园"的故事，这是一座倾圮的大宅，邻近的居民都到房子周围"怀着秘密与偶尔出现的乐观态度来挖掘金子，据说格兰特[②]去打维克斯堡之役路过本县时，大宅主人曾在这里埋过金子"。后来这件挖金子的事成为登在《星期六晚邮报》上的一个短篇小说《吉姆西德院子里的蜥蜴》的主题。再到后来，这个故事经过彻底改写，成了《村子》的最后一章。（李文俊译）

（美）马尔科姆·考利：福克纳：约克纳帕塔法的故事，
《福克纳评论集》，第 21—28 页。

① 福克纳虚构的约克纳帕塔法县里的一个地名。——译注

② 美国内战中北方著名将领。——译注

═问题研讨═

1. "时间"因素在普鲁斯特和福克纳作品中有何不同形态及其意义?

2. 怎样解读福克纳的"神话"? 福克纳小说象征了"南方的没落",还是象征了现代世界的危机?

3. 昆丁为什么自杀? 凯蒂的失贞意味着什么?

4.《喧哗与骚动》中的意识流手法有什么特色?

═研究实践═

1. 何谓"约克纳帕塔法世系"? 什么是"斯诺普斯世界"? 什么是"沙多里斯传统"?

2.《喧哗与骚动》这一书名取自前人的哪部作品? 表现了小说的什么主题? 福克纳原先给小说取名为"黄昏",有什么象征意义?

3. 福克纳说他将同一个故事讲述了五次,他为什么要讲述五次?

4. 班吉的视角有什么意义? 他为什么总是哭闹不休? 分析《喧哗与骚动》中班吉的声音。

5. 分析黑人女仆迪尔西这一形象。这一形象是否是作者倡导"古老美德",重建价值的希望所在?

6. 论《喧哗与骚动》中时间背景的象征意义。(参阅肖明翰《威廉·福克纳研究》第十章,外语教学与研究出版社,1997 年版)

═延伸阅读═

1. (英)马尔科姆·布雷德伯里、詹姆斯·麦克法兰:现代主义的名称和性质(《现代主义》,胡家峦等译,上海外语教育出版社,1992 年版)

2. (法)加缪:卡夫卡作品中的希望与荒诞(《论卡夫卡》,叶廷芳编,中国社会科学出版社,1988 年版)

3. 余华:卡夫卡与 K(《寻找另一种声音——我读外国文学》,余中先选编,外国文学出版社,2003 年版)

4. 曾艳兵:卡夫卡的"归属"问题(《20 世纪欧美文学热点问题》,曾繁仁主编,高等教育出版社,2002 年版)

5. (法)让-伊夫·塔迪埃:《追忆逝水年华》中的时间(让-伊夫·塔迪埃《普鲁斯特和小说》第十章,桂裕芳、王森译,上海译文出版社,1992 年版)

6.（美）约亨·雷利：乔伊斯与托尔斯泰（张金言译，《世界文学》，2001年第2期）

7.（英）弗吉尼亚·伍尔夫：论心理小说家（弗吉尼亚·伍尔夫《论小说与小说家》，瞿世镜译，上海译文出版社，2000年版）

8.（美）梅尔文·弗里德曼：理查森与伍尔夫：意识流在英国（《伍尔夫研究》，瞿世镜编选，上海文艺出版社，1988年版）

9.（德）埃里希·奥尔巴赫：《到灯塔去》①（埃里希·奥尔巴赫《摹仿论》第二十章，吴麟绶等译，百花文艺出版社，2002年版）

10.（美）E. M. 哈里代：海明威的双重性：象征主义和讽刺（《海明威研究》，董衡巽编选，中国社会科学出版社，1985年版）

① 原标题为“棕色的长筒袜”。——编注

第十章　荒诞体验与文学虚构

导　论

20 世纪是一个多灾多难的世纪，二次世界大战不仅残害了许多人的生命，对于幸存者也产生了极大的影响，许多西方人在轰隆的炮火中最终放弃了已经非常淡漠了的基督教信仰。“上帝之死”对西方人最致命的一击不是别的，正是迫使他们陡然处于意义和价值的真空之中，一时难以自拔。当代美国社会学和宗教社会学家彼得·贝格尔认为，宗教是一种“用神圣的方式来进行秩序化的人类活动”。其中，“神圣”二字具有两种层面上的反义词，其一是世俗，即神圣性质之匮乏；其二是更深层面上的相反范畴，即无秩序。贝格尔强调宗教所假定的神圣秩序是一个巨大的实在，它将人的生命安置于一种有终结意义的秩序之中，一旦丧失，就会造成无秩序的混乱。虽然，宗教所提供的意义是一种虚幻的意义，但对于深受其熏陶的西方人来说，在没有找到新的、为社会所普遍接受的意义之前，仍无法忍受丧失它的痛苦，因为人对意义的需要与对解脱和幸福的需要同样（或更加）强烈。

正是在丧失了宗教所假定的生命意义之后，西方人开始体验到一种无处不在的荒诞。加缪在《西西弗斯神话》中指出：“……对一个不相信永生的人来说，人的存在是一种完全的荒诞”。他的作品《局外人》形象地描写了这种存在的荒诞。萨特在评论《局外人》时对荒诞的种种事实状态做了一个描述，他认为，荒诞集中显现在人与世界的关系上，它的具体形态有：人对统一性的渴望与人的精神与自然之间的隔阂相脱节，人对永生的憧憬与他的生命的有限性相脱节，人对意义的关注及其全部努力的徒劳，死亡，现实世界的不可理解性，偶然性等等。萨特认为，荒诞不是一个简单概念的对象，而是我们在生活中经历了某种顿悟之后所意识到的某种事实。换言之，对于加缪和萨特来说，荒诞不是一种异常，而是我们的无意义的生命的真实本质；而且，荒诞体验并不是一种悲观主义的或病态的思想，而是对人类真实的存在状况的深刻认识。就戏剧而言，贝克特等人的戏剧作品极大地冲击了西方戏剧的写实传统，通过形象地揭示人的存在的荒诞性，重新振作了现代戏剧的艺术地位。本章所选的《荒诞的意义》一文，从多种角度对荒诞派戏剧进行了阐释和研究。

“上帝”的死亡不仅引发了西方人对生命的荒诞体验，还启发他们对文学与现实生活的关系进行了重新认识。从认识论的角度来看，文学与现实生活的关系事实上是通过语言与人的关系以及语言与世界的关系来确定的，所以它也是人与世界的关系的另一个方面。

在西方文化传统中，人们对语言的本质的认识曾经是乐观而自信的。虽然早在古希腊时期就已经存在着两种针锋相对的语言观：一种是把语言看成在本原上与世界、与思想经验最终合一的“逻各斯”；另一种则把语言看成是一种人为的、约定俗成的惯例，词语由其他的词语衍化而成。但是，由于西方古典语言哲学观念的发展在很大的程度上受到了基督教思想的影响，所以，前一种语言观得到了充分的发扬光大，而后一种语言观在20世纪之前则被人们压抑和忽视了。人们把语言看成是对世界的命名，认为语词既标志观念，也标志事物本身的存在，语言、思想和实在被认为具有相同的逻辑一致性。简而言之，人们确信语言与世界相等，掌握了语言的秘密就等于洞察了世界的奥妙，人与世界经由语言这个桥梁最终能够统一起来。

在20世纪初的“语言学转向”思潮之后，人们不仅对传统的语言观提出挑战，而且还重新审视了语言学的历史，从而发掘出了另一条非主流的语言学传统，即由洛克、孔狄亚克、洪堡和索绪尔等为代表的一种传统，这一传统的主导观念是强调语言的人为的和约定俗成的性质；而且，恰恰是这后一种长期被忽视的语言观，对20世纪的哲学和文学产生了巨大影响的。文学作为一种语言的艺术，曾经被认为能够并且应该传达真理和展现真实世界的奥妙，因此，在文学与现实生活的关系上人们所追求的是逼真和一致，文学的虚构性从一开始就是它受到多方指责的根源。但是，通过对语言与世界的关系的重新审视，西方人越来越怀疑语言表现现实的能力，并且逐渐地意识到文学作为一种艺术虚构本身的生命力、它独立存在的理由、它对人和现实生活的反作用力等。在一定的程度上，19世纪末出现的唯美主义就开始显示出文学虚构要求人们承认的微弱呼声。人们开始要求文学具有“真实感”而不是对现实生活的逼真模仿，艺术作品的最高标准不再是“真实”，而是必须拥有强烈的艺术感染力。

20世纪上半叶的文学形式实验，从一个角度来看，正是文学虚构展示自身存在价值的结果（尽管有些作家本人并没有明确地声明自己的主张，甚至也并没有清醒地意识到自己的动机），因为对艺术形式本身的重视就是对艺术虚构的某种程度的认可。20世纪下半叶以来，作家们开始旗帜鲜明地追求艺术形式本身的新颖和感染力，文学形式的实验也愈演愈烈，甚至最终走向了极端（事实上，乔伊斯的《芬尼根的觉醒》就是一个极端化的例证，在它之后，新小说派的一些作家对叙事的放弃、B. S. 约翰逊等人的活页小说等，都说明了形式实验的极端化倾向）。值得庆幸的是，形式实验的极端化倾向很快就为作家们本人所察觉，例如，新小说派的代表人物罗伯-格里耶和娜塔莉·萨洛特等纷纷回归具有相对连贯性和可理解性的叙事，不再简单地追求新奇、破碎和模糊性。

对文学虚构的强调在20世纪下半叶更主要地体现在作家们把虚构本身作为文学表现的对象，这种关于虚构的虚构作品就是所谓的“自我指涉式”的文本，或称为“元小说”。作家们不再像巴尔扎克那样立志充当社会生活的“书记员”了，他们开始惬意地漫游于自己的虚构世界之中，自信自己所创造的这个虚构世界一点也不比真实的世界逊色，因为它对人的精神和情感的触动甚至可能远远超过现实世界对人的影响。纪德、普鲁斯特、卡夫卡等已经隐约表现出对文学虚构行为的真实价值的认识，博尔赫斯和卡尔维诺等则进一步自觉地运用文学虚构来创造奇妙的幻想世界，并且希望这另一个世界将丰富我们的心灵、实现我们无限延伸的愿望和梦想。本章所选的博尔赫斯谈论自己的创作的文章，形象地阐明了作家关于文学虚构的观点。

限于授课时间和本书篇幅等，上一章和本章所选的作家和作品仅仅代表了20世纪欧美文学的一个重要方面，并不能概括这个时期的文学全貌，但是，我们希望这六篇选文能够帮助学生把握住这个时期文学创作的重要特色。

选文：荒诞的意义①

导言——

原文选自马丁·艾斯林(Martin Esslin，1918—2002)的《荒诞派戏剧》(1961)一书。艾斯林出生于匈牙利，曾在维也纳大学学习英语、哲学和戏剧导演。二次世界大战之后，他成为英国广播公司的剧作者和演出人，并担任该公司的广播戏剧部主任。

艾斯林认为，荒诞派戏剧的重要意义首先在于，它采用诗意的方式，揭示了人类现实生活中不曾为人们所察觉的无意义现象；其次，在艺术形式上，荒诞派戏剧具有一种抒情诗形式，一种寓言和联想的模式. 它不满足于对外表的模仿，而是深入探索心灵现实。再次，正因为心灵是一个神秘的世界，在那里，代表着逻辑和理性的语言似乎不再能够传达出真相，所以，荒诞派戏剧采用各种方式来战胜语言或者干脆拒绝语言。

需要注意的是，艾斯林把荒诞派戏剧和20世纪的“语言学转向”联系起来考察，这一角度本身虽然很有新意，但是，他错误地把维特根斯坦的“文字游戏”与荒诞派戏剧“把语言降低为喋喋不休的废话”相等司，没有意识到前者的“游戏”主要指一种人为制定的规则，与“无意义”和“荒诞”颇有差别。另外，语言与现实之间的巨大鸿沟自古就存在，是一个不容回避的真相，它确实是构成人类生存的荒诞性的原因之一，但是并不如艾斯林所说的，是社会衰落的标志。

① 选自《荒诞派戏剧》，黄晋凯主编，中国人民大学出版社，1996年版。

当尼采的查拉图斯特拉下山给人讲道时，他在森林里遇到一位圣哲。这位老人邀请他留在荒野中，不要去人口稠密的城市。查拉图斯特拉问这位圣哲如何在孤寂中消磨时日，他回答说：

> 我制作颂诗而歌唱它们。当我制曲时，我笑、我哭、我低吟：我这样赞美上帝。
>
> 查拉图斯特拉谢绝了老人的邀请，继续他的旅程：
>
> 查拉图斯特拉独自走着，他向自己的心说："这难道可能吗？这老圣哲在他的森林里，还不曾听说上帝已经死了！"

《查拉图斯特拉如是说》一书于1883年首次出版。自尼采时代以来，相信上帝已死的人数大大增加，而且人类已经从某些被用来取代上帝位置的廉价庸俗替代物的虚伪与邪恶性中吸取了痛苦的教训。因此，在两次可怕的战争之后，仍然有许多人试图听从查拉图斯特拉的启示，以便探索一种方法，他们可以用这种方法庄严地面对宇宙，面对世界，这个世界已被剥夺了曾经是它的中心和它的活的目的的东西，失去了被普遍接受的具有综合作用的原则，而这个原则已变得混乱无序，毫无意义——荒诞。

荒诞派戏剧就是这种探索的表现形式之一。它勇敢地面对以下事实：那些认为世界已失去其中心解释和中心意义的人，不可能再接受仍然以继续使用已失效的标准和概念为基础的艺术形式，也就是说，这些标准和概念已失去了这样的可能性，即根据关于人在宇宙中的目的所揭示的确定性，而在一个坚实的基础上来推断并了解行为法则和终极价值。

在表达终极确定性消失后悲剧性的失落感方面，按照一种奇怪的悖论方式来看，荒诞派戏剧也是一种探索的征兆，它也许最能称得上是我们时代真正的宗教探索：它是一种努力，尽管这种努力是小心翼翼的，尝试性的，但它仍要歌唱、欢笑、哭泣及怒吼——如果不是为了赞美上帝（上帝的名字，用阿达莫夫的活来说，早已被用滥了，因而也失去了意义），至少是寻求一种不可言喻的维度。这个努力使人类意识到人类状况的终极现实，给人类再次灌输已消失的宇宙奇迹感和原始痛苦，使他们感到震惊而脱离陈腐、机械、自鸣得意以及丧失了有意识的尊严的生存。因为尤其对于那些过一天算一天，失去了与人类状况的基本事实——及奥秘——的所有联系的芸芸众生来说，上帝已经死了。而在此之前，人们是通过生动的宗教仪式同这些事实及奥秘联系的，这使他们成为一个真正的社交群体的组成部分，而不仅是以原子为单位的社会中的原子。

荒诞派戏剧构成了我们时代真正的艺术家不懈努力的一部分，他们冲破这堵沾沾自喜和机械行为的石墙，面对人类状况的终极现实重新确立关于人类处境的意识。

就这样，荒诞派戏剧完成了双重目的，呈现给观众双重的荒诞性。

一方面，它讽刺性地严厉鞭挞了在对终极现实一无所知中讨生活的荒诞性。这是半无意识生命的麻木感和机械的无意义感，是"藏匿着非人性的人类"的感觉，加缪在《西绪弗斯神话》中对此作了描写：

> 在某些神志清醒的时刻，他们姿势的机械性，他们无意义的哑剧式的动作，使他们周围的一切都很愚蠢。一个人在玻璃隔板后面打电话——人们听不到他讲话，却可以看到他细微的动作。一个人问自己，为什么他是活着的？这种在人类自己的非人性面前感到的不适，这种面对我们实际形象时的极大失望，这种如一位当代作家所说的"恶心"也是荒诞。

这是尤奈斯库在戏剧《秃头歌女》和《椅子》中，阿达莫夫在《滑稽模仿》中，诺·弗·辛普森[①]在《响亮的玎珰声》中所表达的体验。它代表了荒诞派戏剧的讽刺揶揄，它的社会批判，它对不可靠的卑微社会的公开嘲弄。这可能是荒诞派戏剧最易理解，因而也是最为公认的启示，但却远非其最根本或最重要的特征。

在对不可靠的生活方式之荒诞的讽刺性揭示背后，荒诞派戏剧面临一层更深的荒诞性，人类在世界上生存状况本身的荒诞性，在这个世界上，宗教信仰的沉落已使人们丧失了确定性。当人类已不再可能接受神学目的纯粹而完整的价值和启示传统时，生命就必须面对它终极的、严酷的现实。这就是为什么在本书对荒诞派戏剧家的分析中，我们总是看到，人类的社会地位或历史关系等偶然情况都被删去，他们都面对其存在的基本选择和基本状况：人类直面时间，因此在贝克特的剧中是等待，在盖尔伯[②]的剧中是在生与死之间等待；在维安[③]的剧中，人类从死亡身边逃开，越攀越高；在布扎蒂[④]的剧中人类消极地向死亡下沉；在尤奈斯库的《不为钱的杀人者》中，人类以面对死亡、接受死亡来反抗死亡；在热奈的剧中，人类无法摆脱地纠缠于海市蜃楼的幻象中，镜子反映着镜子，终极现实永被掩盖；在玛纽埃尔·德·彼德洛罗的寓言中，人类试图建立其地位或者冲向自由，却发现自己重新被囚禁；在品特的剧中，人类想在笼罩自己的寒冷和黑暗中为自己划出一块有限的地盘；在阿拉巴尔[⑤]的剧中，人类徒劳地力图掌握那些永不为他所理解的道德法则；在阿达莫夫的早期剧作中，人类陷入不可避免的两难境地，全力以赴和消极的无所事事得到的是相同的结

① 诺·弗·辛普森(1919—)，英国剧作家。——译注
② 盖尔伯(1932—)，美国剧作家。——译注
③ 维安(1920—1959)，法国作家。——译注
④ 布扎蒂(1906—1972)，意大利新闻记者、戏剧家。——译注
⑤ 阿拉巴尔(1932—)，出生于西班牙的法国荒诞派剧作家、小说家、电影制片人。——译注

果——一无所用和最终的死亡；在这些大量的剧作中，人类永远孤独，禁闭在主观性的牢笼中，无法与别人沟通。

荒诞派戏剧关心人类状况的终极现实，即生与死、孤立与交流等为数不多的根本性问题，不论它看起来多么怪诞、琐屑和不虔诚，却代表了对戏剧的原始宗教功能的回归——使人类直面神话天地和宗教现实。就像古希腊悲剧、中世纪神秘剧和巴罗克寓言一样，荒诞派戏剧旨在使观众意识到人类在宇宙中不确定的、神秘莫测的地位。

差异仅仅在于，在古希腊悲剧——和喜剧——以及中世纪神秘和巴洛克式的西班牙宗教剧中，所涉及的终极现实是人们普遍了解、普遍接受的形而上学体系，而荒诞派戏剧则表达了任何这类被普遍接受的宇宙价值体系的并不存在。因此，荒诞派戏剧要朴实得多，它并不假装要对人类解释通向上帝的路。它只能以焦虑或嘲弄呈现出一个个体的人体验终极现实时他对这种现实的直觉；呈现出一个人深入到个性深处，深入到梦境、幻想和梦魇中去而得到的结果。

以前人们试图使人类面对其状况的终极现实，从而突出一种关于真理的前后一致的、受到普遍承认的解释，而荒诞派戏剧则仅仅传达出一个诗人对人类状态最本质、最个性化的直觉，他自己的存在意识，他对世界的个人看法。这是荒诞派戏剧的题材，它决定其形式必然代表一种根本不同于我们时代"现实主义"戏剧的舞台常规。

荒诞派戏剧不关心信息的传递，或者表现存在于作者内心世界之外的人物的问题或命运，它不详细阐述一个主题或者讨论意识形态的命题。它也不重视事件的描绘、人物命运和冒险经历的叙述，但它却关心一个人基本境遇的呈现。它是一种境遇剧，而不是情节剧，因此它运用的语言立足于各种形式的具体形象，而不是立足于论据和推论。由于荒诞派戏剧试图呈现出一种存在意识，所以它既不研究也不解决行为或道德问题。

因为荒诞派戏剧突出作者的个人世界，它缺乏客观上有根据的人物性格。它不能表明相反性格之间的冲突，不能研究人类纠缠于冲突中的激情，因此，在已被接受的戏剧概念的意义上它不具有戏剧性。它也不关心讲故事，以便传达某种道德或社会教训，就像布莱希特叙事的"史诗"剧所具有的目的那样。荒诞派戏剧中的情节不是为了讲故事，而是为了传达出一种形式的诗意形象。仅举一个例子：在《等待戈多》中所发生的事并不组成一个情节或故事，它们是贝克特的直觉的形象，即在人类存在中并不真的发生过什么。整个剧作就是由附属的形象和主题的复杂模式构成的深奥难懂的诗意形象，其附属形象和主题就像音乐主题的组成部分一样错综交织。其目的不是像在大多数出色的剧作中那样，是要呈现一条发展线索，而是要在观众心目中形成一种全面而复杂的印象，使他们了解基本的静止的境遇。在这点上，荒诞派戏剧与象征主义诗歌和意象派诗歌类似，它们也表现了在一个彼此互相依存的结构中的一种形象与联想的模式。

布莱希特的叙事剧试图通过引起叙事的史诗因素来拓宽戏剧的范围。而荒诞派戏剧却着眼于一种本质上的抒情诗形式的浓度和深度，当然，所有戏剧中都有戏剧因素、叙事因素、抒情因素。布莱希特自己的剧作，像莎士比亚的一样，有以歌曲形式出现的抒情插入成分。甚至易卜生和萧伯纳在他们最爱说教的时候，也有很多纯粹诗意的瞬间。然而，荒诞派戏剧抛弃了心理刻画、精细的性格塑造及传统意义上的情节，更加无可比拟地强调了诗意成分。虽然具有情节线索的戏剧以一种呈现具体化诗意形象的戏剧形式描绘了一种时间上的发展，但这种戏剧在时间里的扩展却完全是偶然的。荒诞派戏剧表达一种深度直觉，应该在观念上顷刻之间即被理解，只是因为在顷刻之间具体呈现一个如此复杂的形象是不可能的，所以它才伸展在一个时间长度当中。因此，这样一种戏剧的形式结构只是一种表达一个复杂完整意象的手段，它让这个意象在一连串互相作用的因素中展开。

努力传达一种完整的存在意识是一种尝试，要呈现一幅更真实的现实本身的图画，即一个个人所理解的现实。荒诞派戏剧是开始于自然主义的发展线索的最后一环。关于永恒不变本质——艺术家的任务就是要将这些理想形式以更纯于自然界的状态呈现出来——的柏拉图式的理想主义信念，一旦在将现实立足于感性认识和人脑内部结构的洛克和康德哲学的兴起所造成的后果中动摇，艺术就变成了对外部现实的单纯模仿。而对外表的模仿必然是令人不满意的，这就不可避免地导致下一步——心灵现实的探索。易卜生和斯特林堡，在他们一生对现实的探索中为这种开发做出了榜样。詹姆斯·乔伊斯以细节上现实主义的短篇小说开始，以《为芬尼根守灵》的庞杂结构而告结束。荒诞派戏剧家的作品继续同样的开发。他们的每一部作品都是对以下问题的回答："当直面人类的处境时，这个个人有何感觉？他面对世界时的基本心情是什么？作为这样的一个他，到底是想要干什么？"答案是一个简单的、总体的但又是复杂而矛盾的诗的意象——一个剧——或者是一连串互相补充的这类意象——戏剧家的作品。

对人类所见现实的任何真正带根本性的分析导致这样的认识，一切传达我们所见所感的尝试，都由对一个综合的知觉系统的瞬息间的、同时发生的直觉的剖析组成，它使之剖析为一连串细小的概念，这些概念最终构成一句或一连串句子。要把我们的知觉转化为概念化的术语、合乎逻辑的思想和语言，我们就要做一种类似扫描器所做的工作：在电视摄像机中把图像分解成一行行单一的脉冲。诗的意象有其歧义性，并能引起多种因素的感觉上的联想，是我们可以用以传达我们对世界的直觉现实的方法之一，尽管这种传达方式不一定完美。

十分古怪的德国哲学家路德维希·克拉格斯①——他几乎完全不为人所知，这在英语世界里是相当不公正的——系统阐述了基于如下认识的知觉心理学：我们的

① 路德维希·克拉格斯(1872—1956)，德国心理学家和哲学家。——译注

感官向我们呈现出由大量同时产生的印象构成的图像，它们随后在转化成理性思考的过程中被分析和分解。克拉格斯认为，这是批判性的理智不知不觉作用于大脑创造性因素的部分过程——他的哲学巨著叫做《作为心灵对立面的理智》——他要把这种对立转变为创造和分析之间的巨大冲突，这种尝试不管如何误入歧途，但是他认为，理性的、推导性的思想有损于知觉形象的不可言喻的丰富性这一基本思想仍然是正确的，至少作为对这一问题的说明，即诗的意象所传达的是什么，它仍然是正确的。

正是在这种力图传达一种基本的、至今尚未瓦解的知觉总体，亦即一种存在直觉的努力中，我们能找到荒诞派戏剧中语言贬值和瓦解的关键。因为，如果是把总体的存在直觉变为逻辑的、短暂的理性思考过的那种转化使直觉丧失了它的原始复杂性和诗的真实，那么艺术家寻找各种方式来战胜这种推导性言语和逻辑的影响就是情理中事了。诗与散文的主要区别在于：诗是歧义性的、富于联想的，它力图接近完全非理性的音乐语言。荒诞派戏剧把同样的诗的努力实现为具体的舞台形象，它在摆脱逻辑思维和逻辑语言方面可以比纯粹的诗走得更远。舞台是一个多维的媒介，它可以同时运用各种视觉因素、动作、灯光和语言。因此，它尤其适于表达由所有这些因素对位式的互相作用构成的复杂形象。

在“文学”的戏剧中，语言仍然是占优势地位的组成因素。在反文学的马戏和杂耍演出的剧场中，语言降为附属的角色。荒诞派戏剧仅把语言作为它的多维的诗的意象中的一个——有时候很重要，有时候被埋没的——组成部分，从而重新获得了运用语言的自由。通过把场景语言与动作相对照，通过把语言降低为喋喋不休的废话，或者为了联想或押韵的诗歌逻辑而抛弃推论的逻辑，荒诞派戏剧开启了舞台的一个新维度。

在语言贬值方面，荒诞派戏剧符合我们时代的潮流。如同乔治·斯坦纳在两篇题为《撤离语词》的广播谈话中所指出的，语言的贬值不仅是当代诗歌和哲学思想发展的特点，而且更是现代数学和自然科学发展的特点。“如果断言说，现在许多现实都是在语言之外开始的，”斯坦纳说，“这并非什么谬论。……大量有意义的经验现在都归属于非言辞的语言，例如数学、公式和逻辑象征。其他则属于反语言，例如非写实派艺术或无调音乐的实践。语词世界萎缩了。”而且，在数学和象征逻辑的领域中，语言不再作为一种最好的标记手段，这是同公众认为它实际有用的信念明显下降相伴随的。语言显得越来越同现实相矛盾。那些对当代流行思想具有最巨大影响力的思潮都显示出这个倾向。

以马克思主义为例，它在表面的社会关系和这种关系背后的社会现实之间作了明显的区分。客观上讲，一个雇主被看作一个剥削者，因此是工人阶级的敌人。如果一个雇主因此对一个工人说，“我同意你的观点”，他自己也许相信他所说的话，但是在客观上他的话毫无意义。不管他怎样宣称他同情工人，他仍是工人的敌人。语言在这儿属于纯主观的领域，因而没有客观现实性。

这同样适用于现代深蕴心理学和心理分析。今天，每个孩子都知道，在有意识的所思所言和话语背后的心理现实之间有一个巨大的鸿沟。一个儿子告诉他的父亲，他爱他，尊敬他，但实际上，他肯定充满了对父亲深深的俄狄浦斯式的仇恨。他可能不知道这一点，但他却意味着他所说的话的反面。并且，潜意识比有意识的话语具有更高层次内容的现实。

语言的相对化、贬值以及对语言的批判也是当代哲学的流行趋势，可以以维特根斯坦思想发展的最后阶段的以下信念为例，他确信哲学家一定要力求把思想从语法习惯和法则中摆脱出来，这些习惯和法则被误认为是逻辑的法则。"一幅画俘虏了我们。我们无法从画中走出来，因为它存在于我们的语言之中，语言似乎不屈不挠地让我们重复见到它。……既然我们的调查研究似乎只是破坏一切有趣的东西，也就是说，破坏所有伟大而重要的东西，那么我们的调查研究意义何在呢？（就好像只留下一些碎石破瓦的所有那些建筑物一样）。我们正在摧毁的只是一些纸糊的房子，我们正在清理这些纸房子立足的语言基础。"通过对语言的严厉批判，维特根斯坦的追随者们宣称，各种不同的陈述中有大量是没有客观意义的。维特根斯坦的"文字游戏"与荒诞派戏剧有许多共同之处。

但是，比马克思主义的、心理学的、哲学的思考中所有这些倾向更为重要的，是普通人日常世界中的时代潮流。普通人受到永远喋喋不休的大众传播、报刊、广告等无休无止的冲击，变得越来越怀疑他们所面对的语言了。极权主义国家的公民们十分清楚地知道，他们被告知的大部分话都是模棱两可的，没有真正的意义。他们变得擅长于读解字里行间的言外之意，这就是说，揣测语言所隐藏的而不是所揭示的真实含义。在西方，婉转的话和迂回说法充斥着新闻界，回响在讲经坛上。广告则通过不断使用最高级形容词，成功地把语言贬值到这样一步田地：人们在广告牌或杂志的广告彩页上看到的大多数话都像电视广告中唱的歌一样毫无意义，这已经成为一条普遍接受的公理。在语言和现实之间形成了一条鸿沟。

除了语言在大众传播的洪流中普遍贬值之外，生活越来越增长的专业化已使不同生活领域的成员不可能在越来越多的专业问题上交流思想，因为每一个领域都发展了它自己专业化的行话。如同尤奈斯库在总结和详述安托南·阿尔托的观点时所说：

> 随着我们的知识逐步与生活相脱离，我们的文化也与之相似，不再包含我们自身（或者仅仅包含我们自身中毫无意义的那一部分），因为它形成了一个我们没有与之一体化的"社会"环境。所以，问题就在于使我们的生活回到与文化的联系中去，使之再次成为活生生的文化。要达到这点，首先我们就不得不消除对那些白纸黑字写下来的东西的尊敬。打碎我们的语言以便它能被重新组合，这是为了重新建立与绝对，或者，我更愿意说，与多重现

实的联系；必须推动人类，使他们重新接近于看到他们自己真正的模样。

这就是为什么人们之间的交流在荒诞派戏剧中常常以崩溃状态表现出来。这仅仅是对现存事物状态的一种讽刺性的夸大。在大众传播的时代，语言变得无法无天。它必须被降低到它真正的功能上以表达真正可靠的内容，而不是将它隐藏起来。但是，只有当人们对作为交流媒介的口语和书面语恢复了尊敬，支配思想的僵化的陈词滥调（如同它们在爱德华·利尔①的五行打油诗或者杜撰词义者的世界里的情况那样）被真正的生动语言所代替时，这才有可能。同样，只有当逻辑语言、推导性语言的局限性得到认识和尊重，诗的语言的运用得到承认时，这个目的才能达到。

荒诞派戏剧家用以对我们正在瓦解的社会进行——主要是本能的、无意的——批判的手段，立足于使观众突然面对一幅关于一个疯狂世界的怪诞而混乱的图像。这是一种休克疗法，它实现了布莱希特在理论上提出，但在实践中未能实现的"陌生化效果"的原理——禁止观众与舞台上人物的认同（这是传统戏剧古老的、非常行之有效的方法），并代之以一种冷静的、批判的态度。

如果我们把剧中的主要人物等同于自己，我们就会自动接受他的观点，用他的眼睛来看待他在其中活动的世界，感受他的情感。布莱希特本着社会主义教育剧的观点，认为演员和观众之间这种由来已久的心理联结一定要被打破。假如观众接纳了人物的观点，他们怎能以批判的态度看待剧中人物的行为呢？因此，布莱希特在他作为马克思主义者的时期，尝试引进若干打破这种魔幻作用的方法。他从未完全成功地达到目的。尽管歌曲、口号、抽象的舞台装置和其他间离手段被引进到戏剧中，观众们仍继续与布莱希特鲜明动人的角色融为一体，经常忘记布莱希特要他们对剧中人物采取的批判态度。戏剧的古老的魔幻力太强大了，这种趋向于认同的力量是压倒一切的，它起源于人性中一种基本的心理特征。如果我们看到大胆妈妈为她的儿子哭泣，我们就难以抗拒地感受她的痛苦，因此就不可能谴责她接受战争，把战争看作一笔生意，可正是战争不可避免地导致她失去了孩子。舞台上人物塑造得越好，这种认同过程越不可避免。

另一方面，在荒诞派戏剧中，观众所面对的人物，其动机和行为大多都始终难以理解。要认同这样的角色几乎不可能；人物的行动和人物的本性越神秘莫测，他们就越少人性，观众就难于失去自控，以剧中人物的观点看世界。观众不能认同的人物就不可避免地带有喜剧性。如果我们与笑剧中丢了褥子的人物混为一谈，我们就会感到尴尬和耻辱。然而，如果我们使这样一个人物显得怪诞，从而阻止我们的认同倾向，那我们就会嘲笑他的窘境。我们以局外人的身份看待发生在他身上的事情，而不是从他的观点出发。由于在荒诞派戏剧中，动机的不可理喻性以及人物行动往往具

① 爱德华·利尔（1812—1888），英国风景画家，以写打油诗闻名。——译注

有的无法解释的神秘性,有效地防止了认同,因而这样的戏剧就是喜剧,尽管实际上它的主题是忧郁的、狂暴的和痛苦的。这就是为什么荒诞派戏剧超越了喜剧和悲剧的范畴,将笑声和恐怖结合在一起。

但是,正是由于它的性质,它不可能激起富有思想的公正的社会批评态度,而这却是布莱希特的目标。它没有给观众一批社会事实和政治行为的例子。观众看到的是一个失去统一原则、意义和目的的正在瓦解的世界的图像——一个荒诞的世界。如此令人窘迫地使人面对一个真正异化的世界,一个失去了理解原则、真正发疯的世界,观众又该做什么呢?

在这里,我们面对荒诞派戏剧的中心问题,即效果问题,审美功效与确定性的问题。经验的事实是,荒诞派戏剧中的最佳作品无视大部分已被人接受的戏剧规则,但它们却具有戏剧效果——这是荒诞派的常规在起作用。但是为什么它会起作用?在一定程度上,答案已在前面关于喜剧和笑剧效果的性质的叙述中给出了。我们以冷漠的、批判的、不认同的眼光来看待的剧中人物的不幸是有趣的。以疯狂方式行事的愚蠢人物始终是马戏团、杂耍剧场和戏院中嘲笑的目标。但是这样的喜剧人物经常在理性框架中出现,并以观众能够认同的正面角色来衬托。在荒诞派戏剧中,整个剧情神秘莫测、动机不明,并且乍一看去愚蠢而疯狂。

布莱希特式戏剧中的陌生化效果旨在激发观众理智的批判态度。荒诞派戏剧诉诸于观众更深层次的心灵,它激发心理活动,释放并解放隐藏的恐惧和受压抑的敌对心理,尤其是它通过使观众面对一幅描绘瓦解状况的画面,让观众中每一个个人头脑中一个综合力量的活动过程运转起来。

如同埃娃·麦特曼在她关于贝克特的著名文章中所说:

> 在宗教遏制的时代,(戏剧艺术)把人表现为受(原型)力量的保护,引导,有时还受其惩罚;但是在其他时代,它显示的是可见的实实在在的世界,人类在其中完成自己的命运,浑身充满着他自己看不见的无形存在的恶魔本质。在当代戏剧中,一种新的第三倾向正在形成,人类不是被表现为处于一个对神圣力量或恶魔力量加以形象化的世界中,而是被表现为单独与这些力量在一起。这种新的戏剧形式迫使观众脱离了熟悉的倾向。它在戏剧和观众之间创造了一个真空,以致后者被迫经历某种事情本身,无论这事情是原型力量意识的再次觉醒还是自我的重新定向,或者二者兼有……

人们不必成为一个荣格式人物或者运用荣格的范畴才能看到这种判断的实质。人类在日常生活中面对一个分裂为一系列毫无联系的碎片并失去其目的的世界,但是人类已不再意识到这样的状况,意识到这种状况对他们个性的瓦解作用,他们现在被领到这个患了精神分裂症的世界的突出症状面前。"舞台所展示的景象与旁观者之间的真空变得不能承受，以致后者别无选择，只好要么抵制，不予理睬，要么沉溺于剧中之谜，其中没有任何东西能使他想起他在他周围世界中的目的，以及他对这个世界的反应。”一旦掉进戏剧的谜中，观众就被迫向自己的经验妥协。舞台给观众提供了一些不连贯的线索，他们不得不使其同一个有意义的形式相一致。以这样的方式，他们被迫做出他们自己的创造性努力，一种旨在做出解释和综合的努力。时代显得脱了节，荒诞派戏剧的观众不得不重振乾坤，或者说得更确切一点，观众由于看到世界已变得荒诞，于是承认这个事实，从而走出同现实妥协的第一步。

时代的疯狂恰恰在于大量互相不妥协的信念和态度的同时存在——例如，一方面是传统的道德，另一方面是广告的价值；还有科学和宗教间互相冲突的主张；或者是各个部门都大声宣称要为普遍利益而努力，而事实上每一部门都在追求非常狭隘自私的具体目标。在普通人的每一页报纸上，他们都要面对一个不同的矛盾的价值模式。难怪这样一个时代的艺术表现出与精神分裂症状的显著相似性。但是正如荣格在一篇关于乔伊斯的《尤利西斯》的文章中所指出的那样，患精神分裂症的并不是艺术家：“精神分裂症的医学描述仅仅提供了一个类推法，按照这种类推，精神分裂者显然有同样的倾向，即把现实看作对他们来说很陌生的东西，或者换一种说法，他们都使自己与现实相疏远。在现代艺术家身上，这种倾向并不产生于任何个人身上的疾病，它是我们时代的表现形式。”

因而，要求使显得无意义的、破碎的行为获得意义，承认现代世界已失去了它的统一原则这一事实是现代世界令人困惑并毁灭灵魂的实质的根源，这不仅仅是理智方面的训练，它具有治疗作用。在希腊悲剧中，观众意识到人类在命运毫不宽容的力量和神的意志面前的可悲然而英勇不屈的地位——这在他们身上产生宣泄作用，使他们更好地面对他们的时代。在荒诞派戏剧中，观众面对人类处境的疯狂，能够看到他们的境遇充满冷酷和绝望，这样，由于使他失去了幻想或者失去了模糊感到的恐惧和焦虑，也就使他能有意识地面对他的处境，而不是在婉转说法和乐观幻象的表层之下模糊地感受这种处境。而这又形成了一种解放的效果：焦虑由于得到系统阐述而被克服。这就是世界文学中所有绞刑架下的幽默和黑色幽默的本质，荒诞派戏剧是其中最新的例证。通过由于认识到宇宙本质上的荒诞性而引起的令人解放的笑声，同现实明显不协调的幻想的存在所造成的不安就被消解并释放掉了，焦虑和沉溺于幻想的诱惑越大，这种治疗就越有效——因此在圣昆廷《等待戈多》获得了成功。对囚犯来说这是一个解脱，他们在流浪汉悲喜剧式的处境中认识到他们自己等待的奇迹是无望的。他们能够嘲笑流浪汉——以及他们自己。

就现实而言，荒诞派关心的是意象里表现出的心理现实；意象是心灵状态的外在投射，是恐惧、梦幻和梦魇，是作者人格的内在冲突。这种类型的戏剧产生的戏剧性紧张感不同于那种主要通过叙述性情节的展开来揭示客观人物的戏剧产生的悬念。从情节的展开到冲突出现再到最终的矛盾解决这个模式反映了一种世界观，即认为矛盾的解决是可能的，这是建立在一种客观现实可以认识并被普遍接受的形式基础上的一种观点，人们可以理解这种客观现实，以致人类的生存目的及其需要的行为法则都可以从中推断出来。

甚至对于最轻快类型的客厅喜剧，这也是真的。在这类剧中，情节按一种有意受到限制的世界观展开——其中人物的唯一目的就是让每一位男孩追到他的女孩。甚至在自然主义或表现主义戏剧最阴郁的悲观主义悲剧中，最后一幕也总能使观众心中带着公式化的启示或哲学观念回家；答案也许是悲哀的，但是，它却是一种合理阐明的结论。这一点，正如我在导论中指出的，甚至对于萨特和加缪的戏剧也同样适用，这种戏剧是以人类存在的荒谬性的哲学观为基础的。甚至像《密室》、《恶魔与上帝》、《卡利古拉》这样的剧也都让观众把理智上系统阐明的哲学教训带回家。

然而，荒诞派戏剧不是立足于理智的概念，而是立足于诗的意象，它既不在情节中提出理智的问题，也不提供任何可以简化为一个教训或格言的明确答案。许多荒诞派戏剧的剧本都有一种循环结构，其结尾恰恰像其开始一样；其他剧本情节有一点点进展，但也不过是最初情节的逐步强化而已。由于荒诞派戏剧抛弃了这样的观点，认为使人类所有行为都有动机是可能的或认为人的性格基于不变的本质，所以荒诞派戏剧不可能将其效果植根于一种悬念，在其他戏剧惯例中，这种悬念产生于对一种戏剧方程式的解决的期待，这种方程式的基础在于要解决一个包含在开场中引入的明确界定的量的问题。在最富有戏剧性的常规戏剧中，观众总是不断自问这样的问题："下一步会发生什么？"

在荒诞派戏剧中，观众面临的是缺乏明显动机的行为，处在不断变动中的人物，和往往明显发生于理性经验之外的事件，这里，观众也能问："下一步会发生什么？"但是接下来任何事都可能发生，所以不可能根据整个剧中无处不在的以动机和性格刻画为基础的普通的或然律来获得，有关的问题不是下一步将要发生什么的问题，而是现在正在发生什么的问题，是"戏剧情节代表着什么？"的问题。

这构成了一种不同的但一点也不比在常规戏剧中更缺乏根据的悬念。观众不是得到一个答案，而是被要求提出如果他想要探讨该剧意义便必然要问的问题。全部剧情不是像在其他戏剧惯例中那样，从 A 点发展到 B 点，而是逐渐构建出戏剧所表达的诗的意象的复杂形式。观众的悬念在于期待这形式的逐渐完成，这使观众能将这意象视为整体。只有当那个意象整体出现时——在最后一幕之后——观众才可能进行探究，与其说探究其意义，不如说探究其结构、特征和影响。

认为这种新的悬念代表一种更高层次的戏剧紧张性，并因为更有挑战性而在观众中唤起更加令人满意的审美体验，这肯定是有商榷余地的。当然，莎士比亚、易卜生、契诃夫等的伟大剧作的诗的品位总是赋予观众以一种十分复杂的诗的联想和诗意；无论表面看来动机有多么简单，刻画人物所用的敏锐直觉，情节赖以展开的多种层面，真正诗的语言的复杂特质，以一种方式结合在一起，这种方式超越任何想要简单而合理地理解剧情或其结果的企图。《哈姆莱特》或《三姊妹》一类剧中的悬念并不在于一种焦虑的期待，希望看到这些剧如何结局。这些剧的永恒活力与新鲜感在于它们所呈现的人类状况及其无限歧义的诗的意象的丰富性。在《哈姆莱特》这样的剧中，我们确实会问："正在发生什么事？"答案显然是：发生的事不仅仅是为争夺王位而发生的冲突或是一系列谋杀和短兵相接。我们面对一种心理现实的投射，面对裹在永恒之谜中的人类原型。

这是荒诞派戏剧（没有声称要达到最伟大的戏剧家们直觉地达到的高度，也没有声称要达到他们创造力的丰富性）试图使之成为其戏剧传统核心的那种因素。如果尤奈斯库试图追溯他所属的传统而挑出关于理查二世孤独和落魄的那些场面来，这是因为那些场面是这样一些人类状况的诗的意象：

> 所有人都死于孤独；所有价值都在一种悲惨状态中遭贬损；这便是莎士比亚告诉我们的。……也许莎士比亚要叙述理查二世的故事；如果他只是叙述了另一个人的故事，那是感动不了我的。但是理查二世的监狱不是一种被历史潮流超越的真实。它的无形之墙依然矗立，而如此之多的哲学，如此之多的意识形态，却永远消失了。所有这一切之所以持久，是因为这是活的见证的语言，而不是进行推论和论证的思想的语言。正是这种戏剧提供了这种永恒的、活的存在；它无疑符合悲剧真实性的基本结构，舞台现实的基本结构。这是一个戏剧原型的问题，戏剧本质的问题，戏剧语言的问题。

正是这种舞台形象的语言体现了一种单纯的思维力所不能及的真实，荒诞派戏剧就是将这种能力置于它努力的中心地位，以建立一种新的戏剧传统，使舞台技巧的所有其他因素都从属于它。

但是如果荒诞派戏剧致力于舞台形象的活力，致力于潜意识深处挖掘出来的世界幻象的投射；如果它忽视了理性可以衡量的戏剧成分——情节巧妙的剧本的情节和反情节的高度精妙的结构，可以同现实本身相匹敌的对现实的模仿，人物的精明行为——那么它怎么可以由合理的分析来做出判断呢？它怎么可能以客观上可靠的标准来接受批评呢？如果这是作者想象力和情绪的纯主观表现，那么公众又如何能将深深感人的真正艺术品同单纯的冒牌货相区分呢？

这些是现代文艺发展的每一个阶段上都要被人提出的老问题。它们是真正切中要害的问题，这对任何看到职业批评家的狼狈尝试的人来说，都很清楚。这些批评家总是试图屈服于按任何这些新传统进行创作的作品而陷于困惑——在毕加索较为可怖的绘画中看不到"古典美"特质的艺术批评家，以及那样一些戏剧批评家，他们排斥尤奈斯库或贝克特，就因为他们的人物不够逼真，或者违背了客厅喜剧中都应该有的礼貌行为准则。

但是一切艺术都是主观的，批评家用以衡量成功还是失败的标准总是从对已被接受的、根据经验判断是成功的作品的分析中归纳出来的。荒诞派戏剧不是有意识地遵循一种集体制定的纲领或理论的结果（例如像浪漫主义运动的情况那样），而是由一些独立的作者对一个过渡时期的普遍思想运动中固有的倾向做出未经预先考虑的反应的结果，在这样一种现象的情况下，我们不得不分析作品本身，发现它们所表达的倾向的思想方式，为的是可以得到关于它们艺术目的的描绘。一旦我们对它们的一般倾向和目的有了一个清晰的概念，我们就可以对它们在何种程度上同它们打算要做的事情相一致做出十分可靠的判断。

因此，如果说在此书论述中，我们已经确认，荒诞派戏剧本质上关心的是唤起具体的诗的意象，以便向观众传达作者面对人类状况时所感到的困惑感，那么，我们就必须根据这些作品成功地传达这种诗与怪诞的悲喜剧式恐怖的混合物的程度来判断它们的成败。而这又将取决于所唤起的诗的意象的质量与活力。

我们如何才能估价一个诗的意象或这类意象的复杂形式的质量呢？当然，如同在关于诗的批评中一样，总是会有趣味或对某些联想的个人敏感度等主观因素，但总的来说，运用客观标准是可能的。这些标准是以暗示性、创作的原始性、有关形象的心理真实等因素为基础的；是以这些因素的深刻性和普遍性为基础的；是以它们被转化为舞台用语的技巧高低为基础的。等待戈多的流浪汉，或尤奈斯库杰作中的大量椅子，这类复杂意象显然高于早期达达主义戏剧中更为孩子气的胡闹，这就如同艾略特的“四个四重奏”明显高于圣诞卡上的打油诗一样；而且因为同样不言自明的、纯客观的理由——它们有着更高的复杂性，更大的深刻性，更加辉煌而持久的创造力，以及更加了不起的技巧。阿达莫夫本人正确地将一个《泰拉纳教授》这样的剧置于《重逢》这样一个相似主题的剧之上，这是因为前者出自一个真正的梦幻意象，而后者是人为制造的。这里的标准是关于心理真实的标准，即使我们没有作者自己的证明，我们也能通过分析其形象推断出《泰拉纳教授》更大的心理真实，因而也就更加可取。它显然比后来那个剧更有机，更少对称和机械结构，而更加紧张，更加具有连贯性。

这样一类判断上的试金石——深刻性、创作的原始性、心理真实——也许不可以被简化为量的关系，但是它们比起用来区分一幅伦勃朗的绘画和一幅风格主义的绘画，或者区分一首蒲柏的诗和一首塞特尔的诗的相同标准来，并不更少客观性。

在荒诞派戏剧范畴内评价作品的成功，肯定是有可靠标准的。要将这一传统中最佳作品置于整个戏剧艺术的一般等级中，这就难了，可这无论如何也是一项不可能的任务。拉裴尔是一个比勃鲁盖尔更伟大的画家吗？米罗是一个比牟利罗更伟大的画家吗？虽然像在关于抽象画或荒诞派戏剧作品的讨论中经常有的情况那样，认为这样一些表面上不费力的想象产物是否仅仅因为它们没有竭力以创造性去塑造人物形象和巧妙安排情节，就不配有艺术品的称号，这显然是毫无意义的，但我们还是有必要对某些这样流行错误观念加以驳斥。

说构成一个合理的情节比召唤一部荒诞派戏剧作品的非理性形象更具有无限难度，这不是真话，就像说任何小孩都可以画得像克勒或毕加索一样好是不真实的一样。在艺术上、戏剧上恰到好处的荒谬与单纯的荒谬之间有着巨大差别。任何认真地试图写打油诗或想出一个闹剧的人都将证明这一断言的真实性。在结构一个现实主义情节时，就像照人体模特儿画画一样，总是有现实本身以及作家自己的经验和观察可以依赖——人们所认识的人物，人们所目击的事件。而以一种拥有完全的虚构自由的方法写作，则要求创造在自然中没有对应物的形象和境遇的能力，同时，还要建立一个特有的世界，有其自身固有逻辑和一致性，并且立刻就可以为观众所接受。仅仅将不谐调的东西组合在一起只能产生陈词滥调。任何试图仅仅通过写下他脑子里想到的东西而以这种方法进行创作的人都会发现，自发创作的自由翱翔都是假定的，始终没有离开地面，这些翱翔是由尚未被变成一个富于想象的可靠整体的不连贯的现实片断组成。像不成功的抽象画一样，荒诞派戏剧的不成功例子通常具有的特点是仍然明显带有它们用以构成自身的现实片断的标记。它们没有经历那样一种巨变，通过这种巨变，缺乏逻辑或逼真的单纯的消极方面被转变为一个新世界的积极方面，这个世界凭自己的能力造成想象力。

在这里我们看到了证明荒诞派戏剧优点的真正标志。只有在其创作出自深刻体验到的深层次情绪的时候，在它反映了作者潜意识中真正着魔的情感、梦幻和可靠意象的时候，这样一部艺术品才会具有那种真实性，那种立刻就被认出的普遍的，完全不是仅仅同个人有关的合情合理，它使一个诗人的想象力同精神失常者的妄想相区别。想象力的这种深刻性和一致性是立刻就可以认出的，要花招也没有用。不管技巧上成熟到何种程度，靠单纯的精明是不可能在这里像具象派艺术或戏剧领域里的情况那样，掩盖起有关作品内部核心的贫乏的。

要写一部巧妙的问题剧或一部情趣横溢的风俗喜剧，就会因此而更加吃力，或要求更高程度的独创性和智慧。另一方面，要创造一种普遍有效的人类状况的诗的意象，要求有不寻常的感觉深度和情感强度，以及层次远高得多的真正创造性想象力——简单地说就是灵感。这是一种普遍然而庸俗的谬论，它把艺术成就的高低立足于写作过程单纯的难度或费力程度上。如果争论取决于价值尺度的地位问题并不是从一开始就是无用的，那么这样一种尺度也只能仅仅立足于作品本身的质量，作品本身的普遍可取性，作品本身观察力、想象力的深度，无论它是在几十年耐心的埋头苦干里产生，还是在灵感的一闪念中一蹴而就的。

荒诞派戏剧的成就标准不仅是虚构性，唤起诗的意象的复杂性，以及将意象组合在一起并使其持续下去的技巧，而且更关键的是这些意象所体现的视觉现实和视觉真实。荒诞派戏剧尽管在虚构和自发性方面十分自由，但它所关心的是要传达一种存在经验，在这样做的过程中，它力图毫不妥协地诚实无畏，从而揭示出人类状况的现实。

鉴于这样的考虑,"现实主义"戏剧和荒诞派戏剧之间的争论才有可能得以解决。肯尼恩·泰南在同尤奈斯库的争论中正确地认为,他期待一个艺术家传达的东西是真实的。但是尤奈斯库同泰南的要求一点也不矛盾,他断言,他关心的是传达他个人的视觉。尤奈斯库也努力要说出真实的东西——关于他对人类状况的直觉的真实。确实,视觉现实比任何关于一种客观现实的描述更直接,更接近于经验的核心。难道梵·高画的一株向日葵不如植物学课本图片中的向日葵真实,不如它那样具有客观真实性吗?也许在某些意义上是,但在其他意义上当然不是。梵·高的绘画将比任何科学书中的插图都具有更高层次的真实性和现实性,尽管梵·高画的向日葵花瓣的数量可能不对头。

视觉现实和知觉现实像数量上可以核实的外部现实一样真实。在声称表现客观现实的戏剧和声称表现主观现实的戏剧之间并没有真正的矛盾。两者都同样是现实主义的——但关心的是具有巨大复杂性的现实的不同方面。

这也解决了一种适应政治形式的意识形态戏剧和似乎非政治性的、反意识形态的荒诞派戏剧之间的明显冲突。比方说,一个关于死罪这样一类重要主题的主题剧将会设法提出一套论据,呈现一组环境,来图解它的问题。如果呈现的环境是真实的,那么这个剧就是令人信服的。如果呈现的环境明显地带有偏见并受到操纵,那么这个剧就将失败。但是关于这个剧的真实性的检验必须最终取决于它传达有关人物真实体验的能力。在这里,关于其真实性和现实主义的检验最终将同其内在现实相一致。无论关于这个剧的统计资料和描述性细节有多么正确,它的戏剧真实性将取决于作者传达受害者的死亡恐惧,即人类尴尬处境的现实的能力。也是在这里,关于真实性的检验将取决于作者的创造力,他的诗的想象力。这正是我们可以用以判断一种不关心社会现实的纯主观戏剧作品的真实性的标准。

矛盾不在于现实主义和非现实主义的、客观和主观的戏剧之间,而仅仅在于以诗的想象力、诗的真实、富于想象的现实为一方,以枯燥无味、机械呆板、毫无生气、诗学上不真实的作品为另一方的两者之间。一部像布莱希特这样一个伟大诗人写的主题剧是像尤奈斯库的《椅子》那样对个人梦魇的探究一样真实的。具有悖论意味的是,在布莱希特一些剧中,诗人的真实性显示得比论题更为强烈,这些剧也许政治上不如尤奈斯库实实在在攻击了上流社会和资产阶级谈话方式的荒谬的那个剧更为有效。

荒诞派戏剧在试图探讨人类状况的基本事实时不求理智上的理解,而求通过活生生的体验传达一种形而上的真理,这时它涉及了宗教领域,在观念领域内知道某事是怎样情况和将某事作为一个活生生的现实来体验,这两者之间有巨大差别。所有伟大宗教的标志是,它们不仅拥有一套可以以宇宙论信息或伦理法则来教授的知识,而且还在仪式中不断重复出现的活生生的诗的意象中传达这一套教义的精髓。后面这个领域是对所有人类深沉的内在需要做出反应,正是这个领域的丧失,作为一个我们文明中深深感到的缺憾而随宗教的衰败留给了我们。我们至少接近一种以科学方式思考的有条理的哲学观，但我们缺乏使之成为一个活生生的现实，一个人们生活中体验到的中心点的方法。这就是为什么剧院，一个人们聚集在那里以体验诗或艺术洞察力的地方：在许多方面都有替代教堂的功能。因此极权主义信条都十分重视剧院，这些信条充分意识到必须使其教义成为其追随者活生生体验到的现实。

荒诞派戏剧虽然乍看显得悖理，但它可以被视为一种尝试，要传达科学态度背后的形而上的经验，同时通过使以科学态度提出的片面世界观变得圆满，并将它综合在一种关于世界及其谜的更广阔视觉中，从而对科学态度做出补充。

因为如果荒诞派戏剧把世界视为无意义的，缺乏一种统一原则，那么它也仅仅是按照那样一些哲学观来这样做的，那些哲学观都是从这一观念出发：人的思维能将宇宙总体降低为一个完整的、统一的、有条理的体系。这只是来自那样一些人的观点，他们不能忍受这样一个世界，人在这样一个世界上不可能知道世界为什么被创造出来，不可能知道人类在其中被指定为什么角色，不可能知道是什么构成了正确行为和错误行为，以致一幅关于缺乏所有这些明确定义的宇宙的图景就似乎失去了意义，失去了心智的健全，显得令人悲叹地荒诞。然而，现代的科学态度抛弃了关于一种完全有条理的、简单化的解释的假设，这种解释曾被认为必定可以说明世界上的所有现象、目的以及道德法则。在致力于经历磨难和错误——经历假设的建立、检验和放弃——而缓慢地、艰难地探究有限范围的现实时，科学态度欣然接受这样的观点，认为我们必须带着这样一种认识来生活，即大部分知识和体验将长期，也许永远，留在我们认识范围之外；终极目的不可能也决不会被人知晓；因此我们必须接受这个事实：以前的形而上学体系，即神话体系、宗教体系、或哲学体系，它们企图解释的许多东西必然永远是无法解释的。根据这个观点，任何坚持某种思想体系，认为它可以提供或旨在提供关于世界及人在世上地位的完满解释的做法都显得稚气，显得不成熟，这是逃避现实、遁入幻想和自我欺骗中去。

荒诞派戏剧表达了由于以下认识而形成的忧虑和绝望：人类被无法穿透的黑暗层层包围，他们决不可能知道他们的真正本性和目的，没有人会向他们提供现成的行为法则。正如加缪在《西绪弗斯神活》中所说：

> 确定一个赋予生活以意义的上帝之存在，同知道没有上帝人们就可以不受惩罚地作恶相比，前者具有更大得多的吸引力。在这两者之间作非此即彼的选择不会很难。但是没有什么可选择，这就是痛苦的由来。

但是通过正视忧虑、绝望，承认神示的非此即彼的选择并不存在，忧虑和绝望才会被克服。轻易找到的答案破碎了，所怀的幻想消失了，这时的失落感只有在心中仍坚持有关的幻想时才能保持它的刺痛力。一旦幻想被放弃，我们就不得不重新调整自己，以适应新形势，面对现实本身。因为我们为之痛苦的幻想使我们更难以应付现实，失去幻想将最终被感觉是令人高兴的。用贝克特喜欢引用的德谟克利特的话来说，就是："没有任何东西比一无所有更现实。"

勇敢地面对人类状况的极限，这不仅相当于面对科学态度的哲学基础，而且也是一种深刻的神秘体验。正是这种在宇宙基础上对不可言喻性的体验，对空与无的体验，构成了东方以及基督教神秘体验的内容。因为，如果老子说"无名，天地始；有名，万物母"的话，那么，十字架的圣约翰则谈到灵魂的直觉："它根本无法拥有上帝"，而埃克哈特大师则用以下话表达了同样的体验："上帝是可怜巴巴的，赤裸裸的，空空如也的，好像他并不存在；他一无所有，一无所欲，一无所求，不劳不获，……上帝空无所有，就好像他不存在一样。"换句话说，面对人类无能拥有宇宙意义的状况，认识到上帝完全的超然存在，认识到他截然不同于我们用自己的知觉所能理解的一切，这时，伟大的神秘主义者体验到一种振奋感、解放感。这种振奋也来自这样的认识：以实践经验为根据的思维语言和思维逻辑不可能充分恰当地处理好现实的终极本质。因此，像禅宗佛教那样一种高度神秘的哲学立足于对理性思维本身的抛弃：

色即是空，
空即是色。

西方国家近来对禅宗兴趣的增加是解释荒诞派戏剧之成功的同样倾向的表现——一种对终极现实的关注，一种这样的认识：最终现实是不可能单单通过理性思维来接近的。有人引述尤奈斯库的话说他对禅宗佛教徒的方法和荒诞派戏剧作了一个比较，事实上禅宗大师们的教导方式，他们以拳打脚踢来回答关于启蒙性质的问题，并提出荒谬的问题，这都很像荒诞派戏剧的某些传统做法。

从这个角度看，语言和逻辑的废黜构成了一部分针对现实基础的本质上神秘的态度，这种态度认为现实太复杂，同时又太统一，太铁板一块，因而不可能以有序的句法和理性思维的分析方法将现实恰到好处地表达出来。神秘主义者凭借诗的意象，荒诞派戏剧亦如此。但是如果荒诞派戏剧表现出同神秘主义方法、意象的相似性，那么它又如何能同时被认为是表现了怀疑主义，被认为谦卑地拒绝提供一种体现为科学态度特点的关于绝对事物的解释呢？

答案仅仅是以下两种认识并不矛盾：一方面承认人类通过将现实综合在一个单一价值体系中而理解所有现实的能力的局限，另一方面是承认一切理性都无法理解的神秘而不可言喻的一体性，这种一体性一旦体验到，就会造成心理上的宁静和面对人类状况的力量。这事实上是同一问题的两个方面——对终极现实的绝对的另一性和不可言喻性的神秘体验，是关于人类感觉与理智的局限性的合理认识在宗教方面和诗的方面的对应物。人类感觉与理智的局限性使人类不得不通过磨难和错误来缓慢地探究世界。这两种态度都基本上同那些宗教的或意识形态（如马克思主义）的思想体系相矛盾，那些思想体系都声称为所有关于终极目的和日常行为的问题提供完满答案。

搞清楚以诗的意象进行思维有其同理性思维并驾齐驱的可靠性，坚持对两种方式的功用和可能性有一种清晰的认识，这都不等于回到非理性主义去；相反，这打开了通往真正理性态度的道路。

最后，荒诞派戏剧这样的现象并不是反映绝望，或者是要回到黑暗的非理性力量那里去，而是表达了现代人的努力，他们尽量对他们在其中生活的那个世界做出让步。荒诞派戏剧试图使现代人面对真正的人类状况，使他们免除幻想，因为这些幻想必然会不断造成错误判断和失望。在我们的世界上有巨大的压力，这些压力试图诱惑人类通过被拽入忘却之中——通过大众娱乐，肤浅的物质上的满足，对现实的伪解释以及廉价的意识形态——而承担信仰和道德信念的损失。在那条道路的尽头是赫胥黎由无意识的欣悦自动装置构成的勇敢新世界。今天，死亡和年龄越来越被隐藏到委婉说法和安慰人的信口瞎扯背后，生命受到威胁，将在催眠式的老一套庸庸碌碌的大众消费中窒息，因此，使人类面对其处境现实的必要性就比以往任何时候都大。因为人的尊严在于他面对完全无意义的现实，毫不畏惧、毫无幻想地自由接受这个现实——以及嘲笑这个现实的能力。

这就是荒诞派戏剧家们以各种各样个别的、朴实的、堂吉诃德方式献身的事业。(杨恒达等译)

＝补充材料＝

我所有的剧本都源自两种基本精神状态，它们时此时彼支配地位，有时又两者结合。这就是说，既意识到事物的消逝，也意识到它的常在；既意识到一片虚无，也意识到庞杂存在；既意识到人间虚假的透明度，也意识到它的混浊度；既意识到光明，也意识到黑暗。我们每个人都会在一瞬间确实感到人生犹如梦幻一般，壁垒不再森严，仿佛能看穿一切，进入一个由纯净的光芒色彩织成的茫茫无垠的宇宙；整个人生、整个世界史，都在那一刹那间变得无足轻重，毫无意义，根本不存在。你如果还没超越这种茫然失措的境界——因为你确实有一种正在警觉到人生变幻莫测的印象——那么，这种消逝感就会使你苦恼，使你昏眩。但是，这一切又同样可以导致一种异常欣喜的感觉，苦恼顿时化为解脱；在我们重新获得这种自由的时候，一切都变得无所谓了，唯独对于存在感到惊异，新奇地意识到存在于清新的晨曦下的生命；在一个现在看来充满幻觉和虚假的世界里，人类的一切行为都表现得荒诞无稽，整个历史绝对无益，这个存在的事实使我们惊讶万分。一切现实和语言都仿佛失去了意义而土崩瓦解；在这万事皆休，无足轻重，仅余嘲笑的时刻，还可能剩下什么反应呢？在这样的时刻，我自己觉得彻底自由自在，同时获得这样一种印象，那就是我可以利用那样一个世界里的语言和人物来干我想干的任何事情，那个世界对我来说则已不再是什么了不起的东西，而不过是一个无根无据、荒诞的赝品罢了。

这种精神状态当然是难得出现的，这种由于活在一个不再搅扰我、不再存在的宇宙里而感到的欢乐和惊奇，只勉勉强强存留一会儿，而更通常的是那种相反的感觉占据优势，轻的变重，透明的变为浑浊的，人间变得压抑不堪，宇宙在把我压垮。一道帷幕——一堵不可逾越的墙，横在我和世界之间，横在我和我自己之间；物质充塞每个角落，占据一切空间，它的势力扼杀一切自由；地平线包抄过来，人间变成一个令人窒息的地牢。语言以一种不同的方式坍塌了，词汇像石块或死尸一般坠落下来；我觉得自己受到强大的力量的侵袭，要抵制它，我只能打一场不可能取胜的仗。

评论家认为《秃头歌女》是我唯一的一出"纯喜剧性的"戏剧。而喜剧性对我来说，又像是表达异常事物的一种方式。但是，在我看来只有最平淡无奇的日常工作、最乏味的言语被应用得超过限度时，才会从其中涌现出异常事物来。感觉到荒诞，感觉到不可能有日常经验，也不可能有人与人之间沟通思想的尝试，这已经进入一个更深的阶段了；在这样做之前，你必须首先让自己处于饱和状态。喜剧性是异常纯粹而简单的，没有什么比陈词滥调更让我感到惊讶的了；"超现实"其实就在我们日常谈话之中，唾手可得。（屠珍、梅绍武译）

（法）尤奈斯库：起点，《现代西方文论选》，伍蠡甫主编，
上海译文出版社，1983 年版，第 350—353 页。

尤内斯库偶然获得的一个有原创性的艺术见解，是发现了平庸的诗意。他说他的第一个剧本《秃头歌女》几乎是偶然写成的，那时他正决定学习英语，借来了阿希米尔编纂的英语常用语手册，在"家庭"词条下发现了"史密斯一家"、"马丁一家"这种用法。尤内斯库此后所有的剧本都延续了这种风格，至少，在开场部分，人物你一句来、我一句去地满口陈词滥调。延伸开来看，对陈词滥调的诗意的发现将导致对无意义的诗意的发现——所有的词语都可能彼此转化（因此《雅克或驯服》一剧的末尾出现了一场冗长乏味的"聊天"）。人们一直说尤内斯库的早期剧本是"关于"无意义的，或"关于"交流之不可能性的。但这种说法忽视了这么一个重要的事实，即在众多现代艺术中，人们实际不再可能在传统意义上谈论题材。毋宁说题材就是技巧。尤内斯库的作为这并非平凡的功劳——是把现代诗歌的那些伟大的技巧发现中的一个挪用到了戏剧上，即像外国人一样从外部来看待一门语言。尤内斯库揭示出了这种态度所蕴含的戏剧资源，它长期以来虽为人所知，但到此为止仅限于现代诗歌。他的早期剧本不是"关于"无意义的，而是试图以戏剧的方式来利用无意义。

尤内斯库对陈词滥调的发现，意味着他拒绝把语言当作一种交流或自我表达的工具，而是把它当作可替换之个人在某种形式的恍惚状态中所分泌的一种奇异的物

质。他的另一个发现，是把语言当作一种可触摸到的东西（因此，《上课》里的那个教师以“刀子”这个词杀死了那个学生），这一点在现代诗歌里早已为人所熟知。把语言变成物的关键技巧是重复。这种字句的重复被尤内斯库剧本的另一个万变不离其宗的场景进一步戏剧化：物质材料的逐步的、非理性的增加（因此，《未来尚在卵中》的鸡蛋、《椅子》中的椅子、《新房客》中的家具、《凶手》中的盒子、《以身殉职》中的杯子、《雅克或驯服》中罗贝塔二世的鼻子和手指、《阿梅代，或怎样摆脱它》中的尸体一步步增加）。这些不断重复的词语，这些着魔似的不断增加的物体，只有靠遗忘才可消除，如梦中的情形一样。从逻辑和诗意两方面来看——而不是根据尤内斯库对个人与社会的性质所持的“观点”——他的剧本势必要么以从头重复一遍结束，要么以难以置信的暴力结束。以下是几个典型的结尾：屠杀观众（此为《秃头歌女》的拟议的结尾），自杀（《椅子》），埋葬和沉默（《新房客》），莫名其妙和动物的呻吟（《雅克或驯服》），骇人听闻的身体压迫（《以身殉职》），舞台的坍塌（《未来尚在卵中》）。在尤内斯库的剧本中，反复出现的梦魇有关一个被物质全部塞满和侵吞的世界（就《新房客》中那些家具和《犀牛》中那些犀牛而言，这一梦魇显而易见）。因此这些剧本势必以混乱或非存在、毁灭或沉默来收尾。

对陈词滥调的诗意和作为物的语言的诗意的发现，给尤内斯库带来了一些非凡的戏剧性材料。然而，随后却产生了观念，一种有关这种无意义戏剧的意义的理论进入了尤内斯库的作品。最时髦的现代体验被召唤出来。尤内斯库和他的辩护者们声称他的创作始于他对当代存在的无意义性的体验，然后才发展出那种充满陈词滥调的戏剧来表达这一点。但更可能的或许是，他先是发现了平庸的诗意，然后，唉，才召唤一种理论来守护这个发现。这种理论不外乎那些批判“大众社会”时最固定不变的混杂一团的陈词滥调——异化、标准化、非人化。为归纳这种再熟悉不过的不满之感，尤内斯库最喜欢使用一个充满辱骂色彩的词，即“资产阶级”，有时或者是“小资产阶级”。尤内斯库所说的资产阶级与在左派修辞中最经常被当作靶子的那个对象毫无共同之处，尽管他的这个概念或许是取自这个来源。对尤内斯库来说，“资产阶级”意指一切他所不喜欢的东西：指戏剧中的“现实主义”（与布莱希特使用“亚里士多德式的”这个词的所指相仿），指意识形态，指墨守成规。当然，假若这一切仅仅是尤内斯库对他的作品的看法的问题，那倒不要紧。要紧的是，这一切逐渐开始影响到他的作品。尤内斯库越来越倾向于毫无愧色地“标示”他正在做的事（在《上课》的结尾，当那位教授准备处理他的学生的尸体而套上一只带有纳粹标记的袖章时，人们作畏缩状）。一开始，尤内斯库描绘的是一个幻觉，即那个被语言傀儡所占据的世界的影像。他并没有批评什么，更谈不上发现他在某篇早期文章中所说的那种“语言的悲剧”。他只不过发现了语言可被使用的一种方法。只是到了后来，他才从这种艺术发现中抽取了一系列粗糙的、简单化的态度，对全都匍匐在一个被称作“资产阶级”或“社会”等名称的脑满肠肥的食人妖魔脚底下的人类在当代的标准化和非人化之下的态度。

随之,就到了肯定个人、反对这个食人妖魔的时候。

（美）苏珊·桑塔格：尤内斯库,《反对阐释》,程巍译,
上海译文出版社,2003 年版,第 135—137 页。

＝问题研讨＝

1. 荒诞体验的思想根源是什么？它在 20 世纪中后期文学创作中有哪些表现形式？

2. 19 世纪西方荒诞文学与存在主义哲学的关系是什么？

3. 萨特和加缪如何定义"荒诞"？面对荒诞,他们主张如何应对？

4. 在"荒诞"状态下,人生还有意义吗？人与人之间还能交流沟通吗？

5. 为什么说"荒诞派戏剧"是一种"先锋派戏剧"？它是一种"反戏剧"吗？

＝研究实践＝

1. "戈多"是谁？他们为什么"等待戈多"？他们必须"等待"吗？

2. "秃头歌女"与此剧内容有什么关系？为什么？

3. 比较尤奈斯库和贝克特。

4. 论现代派文学中对"墙"、"物"的思考和表现。

5. 论"荒诞派戏剧"的戏剧风格(悲剧？喜剧？悲喜剧？)。（参阅黄晋凯《荒诞派戏剧·序》）

选文：作家豪尔赫·路易斯·博尔赫斯谈博尔赫斯[①]

导言——

阿根廷作家豪尔赫·路易斯·博尔赫斯(Jorge Luis Borges,1899—1986)是 20 世纪最有特色的小说家之一。其作品体裁丰富,有诗歌、散文、随笔、短篇小说和文学评论等。博尔赫斯曾屡次被提名为诺贝尔文学奖候选人,但从没有中选。但是他曾获得西班牙塞万提斯奖等多种文学大奖。博尔赫斯的文学创作虽然以拉丁美洲为主要背景,但是,由于他深受欧洲文化的熏陶,作品中反映出了多种文化遗产的影响,跨越了不同的时间和空间,展现了一个丰富多彩的神秘世界。

---

① 选自博尔赫斯《巴比伦彩票》,王永年译,云南人民出版社,1993 年版。

原文出自维尔杜戈·富恩特斯的《与博尔赫斯谈话录》，大约创作于20世纪80年代。文章采用作者惯用的自我指涉(self-reference)的语气，言简意赅地总结了自己创作的主要特点。文章前面的引文首先点明作者是一个具有怀疑精神的人，而正是这种怀疑精神，使他能够成为20世纪最合格的代言人之一。博尔赫斯还反思了自己的文学创作与哲学的紧密关系，特别指出他自己对时间问题的深入思考和特殊关注。在文学与现实的关系问题上，博尔赫斯也具有自己的独特见解，他声称自己的目标就是创造一个神秘的世界，在这个世界里，人们仍然可以相信永恒、理想、美和爱等一切被现实世界所毁灭的东西。这个神秘世界是对我们的现实世界的补充，是柏拉图梦想过的世界，也是每个人的希望之乡。

一个在智慧的学校里皓首穷经的人带着博大精深的学问最后死了，来到永恒之国的门口。吉祥天使迎上去，对他说：

“喂，凡夫俗子，别往前走啦，你得先向我证明你有进天堂的资格！”

那人回答说：

“且慢！我要先问问你，你能不能向我证明这里是真正的天国，而不是我死后昏瞀心灵的急切的幻想？”

天使还没有搭腔，门里有个声音说：

“放他进来！他是我们中间的人。”

——引自苏菲派教徒的言论

我不太喜欢博尔赫斯写的东西，但我没有选择余地。我是八十多岁的人了，相当孤独，双目失明，并不富有。我去过的地方本应比现在多些，因为我只在受到邀请的情况下才外出，而我很喜欢旅行。

博尔赫斯出版的书籍中，书名让我从小就喜欢的唯一的一本是《老虎的金黄》，其余的书名不是起得太抽象，就是太杳渺。

不管怎样，我认为每个人总是写他所能写的、而不是他想写的东西。这一点使我有点惊愕：我认为博尔赫斯盛名之下，其实难副。

他写的短篇小说中，我比较喜爱的是《南方》、《乌尔里卡》和《沙之书》，他有一个集子就用《沙之书》作为书名。散文体裁，他已弃置不用，因为他事实上并不是一位散文作家。我认为散文一般要表达作者的观点，而我不知道他的观点是否重要；对作者来说也许能起激励作用，不过观点总是在改变的，至少聪明人是这样的。

他一生没有读过报：也不主张读报，因为报上都是转瞬即逝的消息，是一些急就章。

他写作，如果不写作的话，我就会感到不幸，倒不是因为他写的东西精彩，而是因为他干不了别的事。

经过七十个寒暑的文学活动之后，我认为他的全部作品没有给他丢脸；那些篇章的作者是行家，懂得锤炼字句，知道它们的文学价值。我固然相信有许多人能把博尔赫斯说的东西说得更好，我仍旧希望博尔赫斯用他独特的方式来说，那些东西可能并不重要，但我迫切感到必须要求他保持自己的风格。

他从不在自己的生活中寻找创作题材，我从来没有这种想法。听说有人为了写一个国家而专程前去，使我觉得可笑。

至于灵感，我不知道他是从哪里取得的。也许来自我为他念的所有书籍，我认识的人的闲谈，我听到的东西……

此外，他不是思想家。他是利用哲学问题作为文学素材的作家。叔本华有句名言：我们阅读时是用别人的头脑思索，除了从这层意义来说之外，我不是思想家。博尔赫斯曾用休谟、赫拉克利特、贝克莱等人的头脑思索，但我得重说一遍：他不是思想家，因为除萦怀的时间问题外，我对任何哲学问题都没有得出结论。时间问题启发他写了不少东西。神话始终给他深刻印象。至少比现实主义小说的印象更为深刻。再说，我们生活在充满神话的世界。当他就苏格拉底之死探讨永生之类使他感觉兴趣的问题时，他运用的论证糅合着抽象的思维和神话。听众并没有觉察其中的差别。只见他同时在两个层次中思索，我们已经失去了那种本领。

对于希腊人来说，即使在柏拉图的时代，两种思维方式也是互相混淆的，我猜想今天的情况并没有不同，我们不是生活在理性而是在神话的世界。在睡梦中，心灵还会回到神话的世界。但这只是猜想而已，我希望思维的仁慈和偶然性能帮我们弄清楚。

至于批评，我认为围绕博尔赫斯的作品进行的讨论是有丰富它们的作用的，因为批评揭示了我没有认识到、但是客观存在的事物。我深信作品必须超越作者意识到的领域，否则就没有价值，因为我认为受到别人批评能丰富自己。

博尔赫斯活一天算一天，关于人类的目的、我生活的目的和他一生的作为都没有什么理论。在这方面，我没有什么可说的。

此外，有这种想法也未免荒唐，因为连我自己都不相信自己，有谁会信他呢？因此，他不能谈他作品的目的或者任何别的目的；他不是神秘主义者，也不认为自己受到天启。我只是一介文人。

有一首诗，如果可能的话，博尔赫斯希望以它为伴，呆在图书馆里默默无闻；那首题名为 everness 的诗是这样的：

> 不存在的事物只有一件。那就是遗忘。
> 上帝保全了金属，也保全渣滓，
> 在他预言的记忆里

寄托着将来和逝去的月亮。
一切都已停当。从黎明到黄昏，
你的脸庞在镜中已经留下
并且今后还要留下
千百个反映出来的形象。
宇宙是记忆的一面多彩的镜子，
一切都是它的组成部分；
它艰巨的过道无穷无尽，
你走过后一扇扇门相继关上；
只有在太阳西下的那一方，
你才能见到典型和耀光。

Everness 这个词是威尔金斯在 17 世纪造的，意思是永恒，但比永恒更有力。他还创造了一个更为有力、更为可怕的词，从没有人用过，那就是 neverness，指的是永远不会发生的事物。因此，博尔赫斯借用了 everness 一词，写下这首特别悲怆的十四行诗，因为他想说明，在这个世界上一切事物都是镜花水月。

这首诗产生的时候，我还以为人死后有某种幸福，因为那时候我还相信所谓的永生，在博尔赫斯的理念里如今这种想法已荡然无存，当他写下“不存在的事物只有一件，那就是遗忘”的时候，他描绘了一个被回忆压垮的苦恼的人，对一个将他抛弃的女人的回忆，尽管作了极大的努力，我还是忘不了她，现在只能永久生活在那痛苦的回忆之中。

人们设想，上帝的存在是在永恒中发展的，而永恒则是许多昨天的持续不断的、无休无止的进展。正如莎士比亚在《麦克白斯》中所说，它并不是我们所有的昨天的总和，而是对可能存在的事实一览无余的过去、现在和将来的总和。因为上帝的记忆也将成为上帝的预言。

博尔赫斯写这些诗句时，谈到镜子和反映的形象，显得像是唯心主义者，因为他谈宇宙时并不把它当作一个特殊的问题，而把它当作简单的暂时的交替，或者把它当作我们不妨称之为上帝的、用大写字母书写的“某位人物”的梦境或幻想。

诗人还说，随着每一瞬间的逝去，有一扇门在我们背后关上，我们再也不会打开。所有的东西都成定局，因为它们属于不可侵犯的规律，但是希望还是有的，希望来自太阳西下的彼方，那里有典型和耀光在等待。

按照那首诗的说法，我们生活在充满假象的世界，在我已背弃的另一个世界可能隐藏着永恒的模式。今天我愿意相信另一个世界的存在。也许那是柏拉图梦想的世界，那里有永恒和十全十美的事物。

这些事情都是另一个人，是博尔赫斯的遭遇。多年前我就试图从他身上排除自己，从外围的神话转入时间和无极的游戏，但是那些游戏现在被博尔赫斯接过去了，我要想些别的消遣。是啊，我一生是场逃避，我丧失了一切，一切都已遗忘，或者与我无关。

博尔赫斯也许活得不值，但我觉得我应该认为他的一生是有意义的，尤其现在母亲留下我孤零零一个人，我更有必要加强这一信念。

我不知道我们两人之中是谁同你谈话。

＝补充材料＝

博尔赫斯是我们当中最富智慧和最善于抽象的作家，同时又是最杰出的短篇小说家，人们怀着着迷的兴趣阅读他作品中的故事，比如侦探小说，这是他开拓的种类，特点是给惊险故事里注满玄学思想。而对长篇小说，他则持蔑视的态度。凭借预见，他讨厌现实主义的倾向，因为长篇小说这个种类，尽管有詹姆斯·乔伊斯和其他一些优秀作家是例外，但它似乎终归注定要与人类的体验——思想和本能、个人和社会、生活和梦想——搀和在一起，长篇小说总是不肯在纯粹思辨和艺术的天地里就范。长篇小说这一先天性的欠缺——依附人类污泥的特性——是为博尔赫斯所不容的。因此，他在 1941 年为《小径分岔的花园》作序时说："写作这些大部头的怪癖是既辛苦又要受穷的，是把一个可以用几分钟就说得完全明白的想法偏偏扩展到五百页稿纸上的胡闹。"这句话的前提是：一部著作就是一次思想领域的探索，就是一个道理或或者论点的展开。如果这个前提成立，那么一部虚构小说的细节也就仅仅如同是藏在贝壳里的珍珠那样，是一串可以剥离出来的思想的无用外衣。《堂吉诃德》、《白鲸》、《巴马修道院》、《魔鬼们》可以缩小为一个或者一些思想吗？博尔赫斯这句话不能用来给长篇小说下定义，但是却有说服力地预示出他的虚构小说的形状：有猜想、假设，有思辨、纯理论研究，有定义、主义和似是而非的道理。

短篇小说以其简短性和浓缩性而成为适合博尔赫斯有兴趣创作的题材的文学种类，由于博尔赫斯掌握了高超的文学技巧，使得这些空泛和抽象的题材充满了魅力，甚至充满戏剧性。这些题材是：时间、本体、梦、游戏、真实性、双重性、永恒性。对这些题材的关注是以变成故事的形式出现的，这些故事往往巧妙地用极为现实主义的准确描述的细节为开头，有时这些细节很有地方色彩，或者采用按语和眉批的形式，而随后以难以觉察或者突如其来的方式向着虚幻转化或者消失在哲学或者神学类的思考之中。在思考这些哲学或者神学问题时，事实本身从来都不是最重要的，事实也不是真正原来意义上的事实，最重要的是理论，是对理论的阐释。对于博尔赫斯如同对他笔下《一个疲倦的人的乌托邦》的那个幽灵般的人物一样，"事实纯粹是编造故事和论证理论的出发点而已"。真实和非真实由风格和自然统一起来，叙述者以此围绕着真实和非真实流动，与此同时总要炫耀一种嘲弄性和令人哑口无言的学问，总要炫耀一种深藏不露的怀疑主义，但是减少了这一理论中可能有的过火部分。

在一位如此敏感的作家身上——又如此有教养和一向体弱多病，自从长期的失明症几乎使他变成残废之后，尤其如此——居然在短篇小说中会有这么多的流血和暴力事件，这可能令某些人感到惊讶。但不必如此，文学是一种补偿性的现实，像博尔赫斯这种情况，文学中比比皆是。动刀子、犯罪、酷刑拷打在他的作品中处处可见，但是这些残暴行径被温文尔雅的讽刺拉开了距离，这种讽刺仿佛一种光环，它常常把残暴行径环绕起来；这些行径还被他文章中冰冷的唯理论拉开了距离，而他的作品从来是要追求轰动效应和动人心弦的。这就给肉体恐怖一种雕像的特性、艺术成品的特性、非现实的现实性。

博尔赫斯总是被神话所吸引，总是被郊区"坏蛋"或者草原上玩刀子骑手的粗犷印象所吸引。这些有血有肉的男子汉，天生就有野性，无拘无束，他们的性格与博尔赫斯截然对立。他在自己的许多故事里布满了这种人，同时赋予他们一种博尔赫斯式的尊严，即艺术和智慧的尊严。无可置疑的是，他笔下所有这些好打架的人、彪形大汉和可怕的杀手，如同他那些鬼怪人物一样都具有文学性——具有非现实性。他有时让这些人物穿上"彭丘"①，有时让他们模仿土生白人中爱吹牛的人或者乡下加乌乔人说话的方式，这样的做法并不会把这些人变得比在各自的故事中当主角的古往今来世界上的大学问家、不朽的英雄、朝圣的博士和异教创始人更有现实主义色彩。所有这些人物并非来自生活，而是来自文学。他们首先来自意念，经过一位文学魔术大师巧妙的语言搭配，这些意念魔幻般地变成了实体。

博尔赫斯的每一部短篇小说都是一件艺术珍品，其中有一些——比如《特隆，乌克巴尔，奥尔比斯·特蒂乌斯》、《圆形废墟》、《神学家们》、《阿莱夫》等——是短篇小说中的大师之作。在一个完美无缺、具有严格实用性的结构上总要加上主题的意外性和敏锐性。手段的节俭已经成为癖好：无论素材还是语言都一点儿也不浪费，哪怕有时一些成分被省略之后使得读者要费一番心思也在所不惜。异国情调是一种必不可少的要素：事情总是发生在遥远的地方，因为远距离使得时间和空间更加美妙、生动，要么就发生在充满神话色彩的布宜诺斯艾利斯郊区。博尔赫斯在一篇著名的序言里谈及一个人物时说道："原来新闻里那个家伙是个土耳其人，为了更容易地凭直觉了解他，我把他写成了意大利人。"的确，他早已经习惯逆向处理的方法。让时间和空间距离他和读者越远，他就可以更好地驾驭它们，可以发挥时间和空间特有的神奇属性，或者可以让他那些往往不可思议的体验变得更有说服力。但是，请注意：博尔赫斯短篇小说中的异国情调和地方色彩与乡土文学的特点大不相同，比如与里卡多·吉拉尔德斯或者西罗·阿莱格里亚②那样的作家就大不一样。在乡土文学作家

① 一种印第安斗篷，状如长方毛毯，中间开有套头的口子。——译注

② 西罗·阿莱格里亚(1909—1967)，秘鲁小说家。——译注

笔下，异国情调是无意为之，作家所认同的风土人情结果给人的印象是非常土气和落后的。在博尔赫斯那里，异国情调是一个不在犯罪现场的借口，为的是经过读者同意——起码是趁读者不注意——以快速和难以觉察的方式逃离现实世界，向着那个非现实性跑去，因为博尔赫斯如同《秘密奇迹》[1]中的英雄一样认为：非现实性是“艺术创造的条件”。

在博尔赫斯的短篇小说中，学问、某种专业知识，通常几乎总是文学的，不过也有语言学、历史、哲学或者神学的，是与异国情调不可分的补充。这些知识是随随便便，甚至有些傲慢地显示出来的，达到卖弄学识的程度，但是从不越轨。博尔赫斯的学识非常渊博，而他在故事中介绍学问的理由，当然不是给读者传授知识的。这又是博尔赫斯创作艺术的重要手段之一，它类似“异国情调”中的人物和地点，给故事注入一些色调，赋予故事一种特有的气氛。换言之，这个手段履行着一种文学独有的职能。改变某些学问中作为专业知识的内容，换掉这些内容或者让这些内容从属于在故事里应完成的任务，有时是装饰性的，有时是象征性的任务。这样，在博尔赫斯的短篇小说中，神学、哲学、语言学和一切作为专业知识出现在作品中的东西，都变成了文学，都失去了原来的本质，但得到了虚构的精髓，因而成为文学想象力的组成部分和内容。

博尔赫斯对《我们的作家》一书的作者路易斯·哈尔斯说过：“我浑身浸透了文学”。不仅他这个人如此，他所开创的虚构世界也完全浸透了文学。这是个最有文学性的世界，还没有哪个作家曾经创造过，因为在这个世界里，长期以来由别的作家创作的人物、神话和语言是以连续不断的群体方式出现的，其形式是如此的生动，以至于在某种程度上篡夺了文学作品中背景的地位，通常那应当是客观世界。博尔赫斯的虚构讲述的不是客观世界，而是文学的世界。“发生在我身边的事情很少，而我阅读的东西很多。确切地说，比之叔本华的思想和英语的悦耳声音，值得记忆的事情就很少了。”他在《创造者》的结语中这样乔装打扮地写道。此话无需一丝不苟地认真对待，因为任何实际的人类生活，比起最深刻的诗歌或者最复杂的思想体系来，都隐藏着更多的财富和秘密。但是，这句话告诉我们一个关于博尔赫斯艺术特性的居心叵测的真相，即比起任何一位创造现代文学的作家来，博尔赫斯给这一文学打上了他自己的烙印，从而使世界文学得到了新陈代谢。他那相对短小的叙事性作品，充满了通向文学疆域四面八方的踪迹和回响。毫无疑问，从事发明性批评的人们经常激发的热情与此有关，因为他们能够无休无止地在博尔赫斯极其丰富的史料中钩沉和认证。毫无疑问，这是一桩苦差使，是无用功，因为使得博尔赫斯短篇小说宏伟和具有独特性的不是他所用的素材，而是他改造出来的东西；一个小小的虚构世界，里面布满了老虎和知识渊博的读者群，充满了暴力和奇怪的宗派、胆怯和孜孜不倦的勇敢精神；

---

① 博尔赫斯所著的一篇短篇小说名。——译注

那里面，话语和梦幻代替了客观现实；那里面，论证想象力的脑力劳动压倒了一切生命表现。

那是一个幻想的世界，但这仅仅是说那里有超自然的人和种种怪事。而不是博尔赫斯所说的不负责任、玩世不恭、脱离历史甚至人性的世界。（博尔赫斯从年轻时参加极端主义诗歌运动开始就养成一种挑衅的态度，而且从来没有放弃过，他有时这样使用这一称谓。）虽然毫无疑问他的作品中有许多游戏的成分，对于生与死、人类命运与来世等根本性的问题怀疑多于确信，但他的作品不是一个脱离生活和日常体验、毫无社会根源的天地。这个天地建立在生存变形的基础上，即人类共同的本质上，如同那些不朽的文学作品一样。难道还有别的可能吗？任何逃避生活、不能给读者以光明或者不能解除读者在生活中的某些痛苦的虚构作品，都不可能永久存在。博尔赫斯世界独一无二的特性在于：在那里，生存、历史、性、心理学、情感、本能等等，都被消解了，都被压缩为仅仅属于精神的天地。生活，这个沸腾和混乱的骚动，是经过博尔赫斯的过滤变成神话，经过升华成为概念之后来到读者面前的。他的过滤属于从逻辑上进行清洁的工作，它是那样的完美和彻底，以至于有时会让人觉得他不是要纯净生活，而是要废除它。

在博尔赫斯的创作中，诗歌、短篇小说和散文是互相补充的，有时很难猜出他的文章究竟属于哪一类。他的有些诗歌是讲述故事的，而有许多故事又具有散文诗的浓缩性和巧妙的结构（那些最短小的尤其如此）。但在博尔赫斯作品中互换成分最多的种类还是短篇小说和散文，它们甚至互相打破界线，混合成一个独立的单位。纳博科夫的《微暗的火》，一部采用诠释诗篇的外观的虚构长篇小说，它的问世作为功绩受到西方评论界的高度赞扬，当然，那是一件功绩。但是，实际上，博尔赫斯早在多年以前就在进行类似的物质世界幻觉化的事业，他使用了完全相同的娴熟技巧。有些经过反复加工的故事，例如《接近阿尔莫塔辛》、《〈吉诃德〉的作者彼埃尔·梅纳德》和《赫尔伯特·奎因作品分析》，都假装是图书介绍文章的样子。而在大部分短篇小说中，他在编造虚构的现实时，总是走一条曲折的小路：佯装回忆历史或者评论哲学或神学问题。由于这些杂技的智力支撑点非常坚固，因为博尔赫斯总是了解自己说的话，所以他短篇小说中虚构成分的性质是模棱两可的，真中有假或者假中有真，这是博尔赫斯世界最典型的特征之一，而他的许多散文则可以说刚好相反：比如《永恒史》或者《幻想动物学教科书》，以坚实的知识为基础，同时经由知识的缝隙渗入一种补充成分，它具有魔幻性质，属于想象和非现实，纯粹的编造，使散文变成虚构作品。（赵德明译）

（秘）巴尔加斯·略萨：博尔赫斯的虚构，《世界文学》，1997年第6期。

我们知道文学体裁中近期最大的发明，是由短篇小说大师博尔赫斯完成的。他的这一发明实际上是他发现了自己的叙述才能。他四十多岁时才由写评论转向写小说，用一种看起来很难实际上很容易的写作手法，克服了曾经限制他写作的障碍。博尔赫斯的发明在于，设想他要写的小说已由别人写好了，由他不认识的虚拟的作者写好了。这个虚拟的作家操着另一种语言，属于另一种文化。他的任务则是描写、复述、评论这本假想的著作。1940 年博尔赫斯用这种方法创作的第一篇短篇小说《靠近阿尔蒙塔辛》在《南方》杂志上发表之后，就出现过这样一件奇闻，说他的这篇小说真是对某印第安人作家的一部小说的评论。对博尔赫斯的评论也是这样。他每发表一部作品，总会有人说他通过阅读某个想象的或真实的图书馆里的图书，通过阅读某些古典的、深奥的或幻想的书籍，来扩大他作品中的空间与时间。我觉得应该着重指出的是，他能非常流畅地实现向无限的时空过渡，能够清晰、严谨、流畅地划分阶段，能够做到叙述简明扼要且用词准确具体。他的发明表现在叙事节奏和句法结构的变换上，表现在对各种形容词的与众不同的选用上。博尔赫斯的发明创造了一种乘方与开方的文学，用后来法国人使用的术语来说，一种“潜在文学”。这种“潜在文学”的先兆已经可以在博尔赫斯的设想中看到，或者说可以在他假想的作家赫伯特·奎因的作品中看到，因为正是这位虚构的作家的作品使他得到启发并向他提供各种模式。(萧天佑译)

(意)卡尔维诺：速度，《卡尔维诺文集·美国讲稿》，吕同六、张洁主编，译林出版社，2001 年版，第 362 页。

═问题研讨═

1. 从文学与现实生活的关系来看，对文学虚构的强调有什么理论意义？博尔赫斯为什么认为他创作的是一种“幻想文学”？他所谓“神话”具有什么涵义？

2. “元小说”的基本叙事特点是什么？“互文性”与后现代主义文学的关系是什么？

3. 博尔赫斯为什么被称为“后现代小说之父”？

═研究实践═

1. 论《作家豪尔赫·路易斯·博尔赫斯谈博尔赫斯》中“博尔赫斯”与“我”的关系。

2. 《小径分岔的花园》中的“小径分岔的花园”指什么？小说叙述的是一个“关于迷宫的故事”吗？博尔赫斯对“时间问题”有哪些思考？

3. 分析《接近阿尔莫塔辛》的文体特征。

4. 论《赫尔伯特·奎因作品分析》的叙事模式。

5. 比较卡夫卡与博尔赫斯。

=延伸阅读=

1.（法）加缪：论荒诞（加缪《西西弗的神话》，杜小真译，三联书店，1987 年版）

2.（法）尤奈斯库：论先锋派（《法国作家论文学》，王忠琪等译，三联书店，1984 年版）

3.（法）罗杰·加洛蒂：萨特的戏剧与小说是我们时代的见证（《萨特研究》，柳鸣九编选，中国社会科学出版社，1981 年版）

4.（法）罗伯-格里耶：未来小说的道路（《现代西方文论选》，伍蠡甫主编，上海译文出版社，1983 年版）

5.（法）吕西安·戈德曼：新小说与现实（《20 世纪世界小说理论经典》下卷，吕同六主编，华夏出版社，1995 年版）

6.（古）阿·卡彭铁儿：美洲的神奇现实（《20 世纪世界小说理论经典》上卷，吕同六主编，华夏出版社，1995 年版）

7.（美）哈罗德·布鲁姆：论博尔赫斯（哈罗德·布鲁姆《西方正典》，江宁康译，译林出版社，2005 年版）

8. 残雪：卡夫卡与博尔赫斯的小说（残雪《解读博尔赫斯》附录，人民文学出版社，2000 年版）

9.（美）乔·拉·麦克默里：《阿莱夫》与《百年孤独》（《加西亚·马尔克斯研究》，林一安编，云南人民出版社，1993 年版）

10.（美）伊哈布·哈桑：后现代主义概念初探（《后现代主义》，社会科学文献出版社，1993 年版）

附录：

文学史及参考文献

《外国文学史》(上、下)，郑克鲁主编，高等教育出版社，1999年版。

《外国文学史》(欧美卷)，朱维之、赵澧主编，南开大学出版社，2004年版。

《欧洲文学史》(三卷本)，李赋宁等主编，商务印书馆，1999年版。

《法国文学史》(上、中、下)，柳鸣九主编，人民文学出版社，1979—1991年版。

《英国文学史》(五卷本)，王佐良、周珏良主编，外语教学与研究出版社，1994年版。

《德国文学史》，余匡复著，上海外语教育出版社，1991年版。

《意大利文学史》，张世华著，上海外语教育出版社，2003年版。

《新编美国文学史》(四卷本)，刘海平、王守仁主编，上海外语教育出版社，2002年版。

《俄苏文学史》(三卷本)，曹靖华主编，河南教育出版社，1993年版。

《20世纪欧美文学史》(四卷本)，张玉书、李明滨主编，北京大学出版社，1995—1999年版。

《欧洲中世纪文学史》，杨慧林著，译林出版社，2001年版。

《西方文学之旅》(上、下)，徐葆耕著，河北教育出版社，2003年版。

《西方文学"两希"传统的文化阐释》，蒋承勇著，中国社会科学出版社，2003年版。

《剑桥文学指南丛书》(英文原版)，上海外语教育出版社。

(美)鲁宾斯坦著：《英国文学的伟大传统》(三卷本)，陈安全等译，上海译文出版社，1998年版。

(英)桑德斯著：《牛津简明英国文学史》(上、下)，谷启南等译，人民文学出版社，2000年版。

(美)埃默里·埃利奥特主编：《哥伦比亚美国文学史》，朱伯通等译，四川辞书出版社，1994年版。

(德)埃里希·奥尔巴赫著：《摹仿论——西方文学中所描绘的现实》，吴麟绶等译，百花文艺出版社，2002年版。

(美)古斯塔夫·缪勒著：《文学的哲学》，孙宜学、郭洪涛译，广西师范大学出版社，2001年版。

(英)利维斯著：《伟大的传统》，袁伟译，三联书店，2002年版。

(美)哈罗德·布鲁姆著：《西方正典》，江宁康译，译林出版社，2005年版。

“大学研究型课程专业系列教材”
书　目

《古代汉语研究导引》　高小方等　编著

《古代汉语研究导引》按照古代汉语课程文选阅读与专题研究相结合的新思路，从现当代著名语言学家的代表性论著中精选篇章，分为音韵、文字、训诂、词汇、语法、方法论等六大专题。每一专题有导论，点出掌握此章内容的核心问题，说明本章选文之用意；每篇选文前有导言，标明本文之出处，交代写作的背景，提示文章之精义等，甚便学习。此书与南京大学新编的《古代汉语》教材互为表里，相配而行。

《普通语言学研究导引》　郭　熙、盛　林　编著

本书是大学本科课程语言学概论的新型教材。研究性、参与性是其特点。旨在通过对经典论文的系统性研读及对言语生活的观照，引导学习者较为全面而深入地了解普通语言学这一学科的研究状况，掌握本学科的学习研究方法。本书分为绪论、语言的性质和特点、语言的要素、语言的产生和发展、语言研究方法和语言学流派五个部分。

《现代汉语研究导引》　杨锡彭　编著

基于本科课程以“问题”为中心的教学思路，以选文的论题为中心，讨论现代汉语研究中的基本学术问题，内容涉及现代汉语概论、语音、文字、词汇、语法等方面的专题研讨，以点带面地反映了现代汉语研究的学术概貌。

《戏剧学研究导引》　吕效平　编著

本教材讨论戏剧作为文学艺术一种样式的特殊文体本质问题。它试图描述人类戏剧的共同本质，同时也试图描述中、西方戏剧的不同本质，描述中、西方戏剧各自在古典阶段和现代阶段的不同本质，描述在交流与冲突中中、西方戏剧本质各自所受到的对方的影响。本教材在比较戏剧学的视野上对中国本土戏剧提出了全新的系统阐释。本教材可供戏剧影视文学专业和戏剧戏曲学专业本科生、研究生理论学习之用。

《中国现当代文学研究导引》 刘 俊等 编著

本书为现当代文学课程教材，在写法上一改过去教材撰写的模式，以具有经典意味的论文为依凭，从四个方面，通过对文学发展过程中关键问题的解析，求得对文学史的认识。本书既是本科教材，也是现当代文学专业研究生重要的阅读、参考材料。

《文学理论研究导引》 汪正龙等 编著

本书选择文学活动中的十四个基本问题为章节结构全书，融问题导论、研究论文及导读、延伸阅读、问题与思考、研究实践为一体，以图架构一个中西对话、古今对话和师生对话的平台，体现了全新的教学理念与教材理念。本书适宜作大学中文系本科生文学理论课程教材及文艺学与相关专业硕士研究生的学术启蒙读物。

《中国古代文学研究导引》 许 结等 编著

本书以学术的经典性、教学的实用性为原则，收录近现代学人古典文学研究论文32篇，分为中国文学的传统、神话与历史、诗骚与比兴、诸子与散文、赋家之心、文学的自觉、乐府与五言、唐音宋调、文与道、词别是一家、戏曲与小说等十一章，以供大学生研究学习。每章前的导论综述文学史发展及文学研究概况，选文前的导言以提摄论文研究之精髓，而选文后的延伸阅读、问题与思考、研究实践，则意在培养与提升学生对古典文学的研究能力。

《欧美文学研究导引》 唐建清等 编著

本书是欧美文学研究文选，精选中外学者的文学评论和研究性论文三十余篇。本书可以作为教师组织教学，学生进一步学习、研究和撰写论文的参考资料，也可以作为教学改革和教材创新的一种尝试和新思路，积极参与课堂教学。本书在尊重文学阶段性发展的基础上，注重把握不同时代的文学精神和文化内涵。本书的基本思路是以作品为中心，强调对文本的阅读、讨论和研究，变单一的灌输性教学为多元的启发性教学，变被动学习为主动学习，培养学生动口（讨论）动手（研究）的能力，倡导开放的、对话的、过程的新型教学理念。

图书在版编目(CIP)数据

欧美文学研究导引 / 唐建清等编著. —南京：南京大学出版社，2006.4(2008.5 重印)
(大学研究型课程专业系列教材·中国语言文学类)
ISBN 978-7-305-04591-2

Ⅰ.欧...　Ⅱ.唐...　Ⅲ.①文学研究-欧洲-高等学校-教材②文学研究-美洲-高等学校-教材
Ⅳ.I106

中国版本图书馆 CIP 数据核字(2006)第 040469 号

丛 书 名　大学研究型课程专业系列教材·中国语言文学类
书　　名　欧美文学研究导引
编　　著　唐建清等
出版发行　南京大学出版社
社　　址　南京市汉口路 22 号　邮编 210093
电　　话　025-83594756　传真 025-83328362
网　　址　http://press.nju.edu.cn
电子邮箱　nupress1@public1.ptt.js.cn
　　　　　sales@press.nju.edu.cn(销售部)
印　　刷　南京新洲印刷有限公司
开　　本　787×960　1/16　印张 27　字数 541 千
版　　次　2006 年 4 月第 1 版　2008 年 5 月第 2 次印刷
ISBN　978-7-305-04591-2
定　　价　38.00 元
